U0159954

硅藻土功能材料制备与应用

杜玉成　编著

中国建材工业出版社

图书在版编目（CIP）数据

硅藻土功能材料制备与应用/杜玉成编著. --北京：中国建材工业出版社，2020.5

ISBN 978-7-5160-2759-2

Ⅰ.①硅…　Ⅱ.①杜…　Ⅲ.①硅藻土-建筑材料-研究　Ⅳ.①TU521.3

中国版本图书馆CIP数据核字(2019)第273110号

内 容 提 要

本书系统介绍了硅藻土矿物成因、微观结构、物理化学属性，以及独特吸附净化、吸声降噪、助滤/过滤功能。从硅藻土应用需求及有效提高吸附效能角度，着重介绍了硅藻土表面微结构调控、活性基元担载、纳米结构氧化物原位沉积制备全过程；并对硅藻土功能化的方法与机理进行解析，有助于深入感知、探索利用硅藻土环境净化功能。本书技术性强、实用；既深层次介绍硅藻土，又力求简单易懂，为其规模化、工业化应用提供可借鉴信息。

本书可供地质、矿物加工、环境净化材料等部门及高等院校有关专业相关人员参考，可作为相关专业研究生教材，也可供硅藻土等矿物材料加工企业相关投资管理、生产加工、科研开发等工作人员使用参考。

硅藻土功能材料制备与应用

Guizaotu Gongneng Cailiao Zhibei yu Yingyong

杜玉成　**编著**

出版发行：中国建材工业出版社

地　　址：北京市海淀区三里河路1号

邮　　编：100044

经　　销：全国各地新华书店

印　　刷：北京天恒嘉业印刷有限公司

开　　本：787mm×1092mm　1/16

印　　张：20

字　　数：480千字

版　　次：2020年5月第1版

印　　次：2020年5月第1次

定　　价：98.00元

本社网址：www.jccbs.com，微信公众号：zgjcgycbs

本书如有印装质量问题，由我社市场营销部负责调换，联系电话：（010）88386906

前　言

硅藻土是亿万年前硅藻遗骸形成的一种生物成因硅质沉积岩，隶属于黏土类非金属矿物。其短程有序的微孔结构和活性二氧化硅组分，赋予了硅藻土独特的吸附净化、保温隔热、吸声降噪、助滤/过滤等功能。硅藻土表面微孔结构的天然特征，使其在制备相应功能材料方面具有很强的技术经济优势。科技的发展与材料性能高质化的要求，给提高硅藻土及其衍生制品技术性能带来机遇与挑战。提升硅藻土品质、研究开发新型功能材料，并使硅藻土制品被大众和社会接受，成为相关科技工作者关注的热点。例如"硅藻泥"作为可吸附净化室内空气的新型装饰材料逐步被人们所认可，硅藻土助滤/过滤材料在啤酒、饮料等食品中被广泛使用，硅藻土在污水治理中对重金属离子吸附及对铬、砷毒性降解，硅藻土修复改良土壤等，逐步被各行业接受就是其功能化的成功表现。

硅藻土表面微结构的调控、活性基元担载、纳米结构金属氧化物原位沉积等可有效提升硅藻土作为吸附剂的吸附效能（吸附容量、吸附速率、污染物去除率和性价比），这也是研究工作者所要追求的目标。本书作者与研究生团队开展了硅藻土表面微孔结构和活性组分重构的系统研究，有效提升了硅藻土后继衍生制品的技术经济性，取得的研究成果已进行工程应用，为硅藻土功能材料的规模化应用提供了技术支持。

本书力图对硅藻土结构、物理化学性能进行系统介绍，对硅藻土功能化的方法过程与制备机理进行解析，为深入感知硅藻土神奇结构和探索利用硅藻土环境净化功能提供可借鉴的信息。鉴于硅藻土矿物材料制备内容多，涉及的应用领域广，本书只对硅藻土作为功能材料制备与应用方面进行介绍，即“硅藻土功能材料制备与应用”。硅藻土所涉及的环境净化方面的材料制备与工程应用，即“硅藻土环境净化材料制备与应用”，另做介绍。

本书共10章，由杜玉成编写。郑广伟参与了第五章的编写工作；王学凯参与了第五章、第六章的编写工作；王学凯、靳翠鑫协助编印工作。参与相关研究工作的研究生有：史树丽、卜仓友、孔伟、颜晶、范海光、王利平、郑广伟、孙广兵、张时豪、王学凯、李强、张丰等。在此表示衷心感谢。

中国地质大学白志民教授对全书进行了审稿；硅藻土系列书稿结构与内容规划得到了北京特种工程研究院侯瑞琴研究员、河北工业大学梁金生教授的帮助与指导。在此表示衷心感谢。

本书在出版过程中得到了吉林远通矿业有限公司、蓝天豚绿色建筑新材料有限公司的大力支持；同时也得到了国家重点研发计划项目“难处置工业废水高效净化矿物材料制备技术研究及应用示范”（编号2017YFB0310804）的资金支持。在此表示衷心感谢。

由于时间仓促、编者水平有限，本书错误之处在所难免，欢迎各位读者提出宝贵意见。

编　者

2020年3月

目　录

第1章　硅藻土矿物

1.1　硅藻的形态与结构

硅藻是一种单细胞藻类，其形体大多在十几微米到几十微之间，最小的硅藻只有2.5μm，最大硅藻壳体可达700μm。通过电子显微镜，可清晰地观察到硅藻的形态、微细结构。硅藻在地球上分布极广，几乎有水的地方均存在硅藻，甚至在潮湿土壤环境中也能发现硅藻的踪迹。硅藻能进行光合作用，自制有机物，繁殖速度快。在某些特定环境条件下，生活在水体中的硅藻能以惊人的速度生长、繁殖，经地质变迁或环境变化，大量聚集的硅藻被掩埋沉积，其遗骸即成为现在的硅藻土。

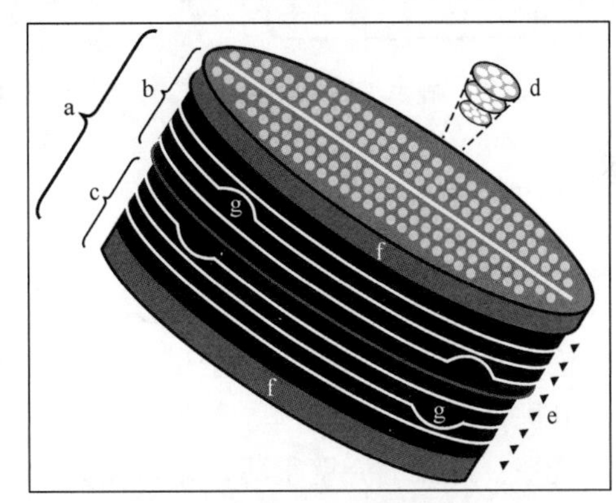

图1-1　硅藻壳细胞壁结构的示意图

a—硅藻细胞壁结构；b—上壳；c—下壳；d—周期性孔隙结构；e—连接带；f—壳面；g—壳套

每个硅藻细胞均由上、下两个壳相互扣合而成，每个壳都由壳面、壳套和连接带三部分组成。实物与结构示意图，如图1-1、图1-2所示。上、下壳相连部分叫环面（带面）。每个硅藻细胞上壳来自母体细胞，并扣合在下壳的子细胞上，生长期是一个上壳外径缩减的过程，当壳体直径缩短至一定程度，将通过复大孢子形式来恢复其壳体的外径，导致硅藻细胞上壳较下壳稍大。每个硅藻细胞的内部有一个细胞核，细胞核内有一个至多个核仁，整个细胞核被细胞质所包裹，细胞内还含有载色体、淀粉粒和油粒。硅藻壳由蛋白石组成。硅藻在生长繁衍过程中，吸附水中的胶质二氧化硅，并逐步转变为蛋白石。这也是富含 SiO_2 的玄武岩地区地下水域易于硅藻生存的原因。

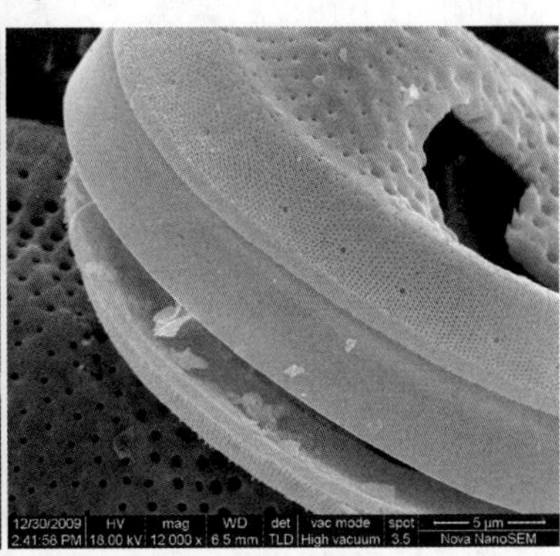

图1-2　圆盘硅藻细胞遗骸

硅藻细胞外形主要有两大类：一种是以圆形为主，壳面呈放射状对称，依据此类硅藻细胞壳面直径与壳面高度的比例，有圆筒形、圆柱形和圆盘形之分；另一种呈针形、线形、棍棒形等，壳面呈两侧对称，此类硅藻细胞因其环面较窄，显微镜下观测到的一般是其壳面。每个硅藻细胞（或硅藻壳体）都有三个轴，即顶轴、切面轴和贯壳轴。由这三个轴组成的壳体的三个轴面（壳面、顶轴面、切顶轴面），其中壳面由顶轴和切顶轴组成、顶轴面由顶轴与贯壳轴组成、切顶轴面由切顶轴与贯壳轴组成，如图 1-3 ~ 图 1-5 所示。

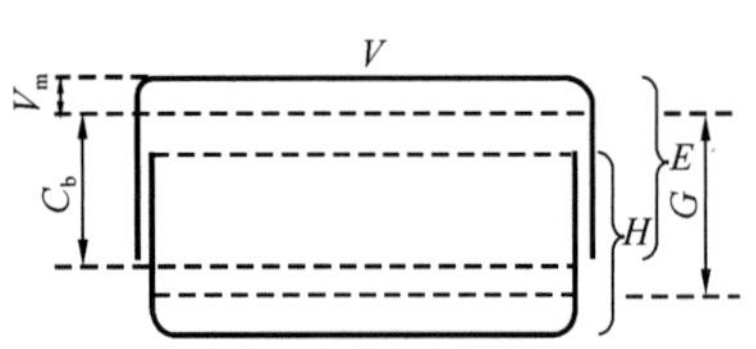

图 1-3　硅藻细胞纵切面

V—壳面；C_b—连接带；*G*—环面；

V_m—壳缘；*E*—上壳；*H*—下壳

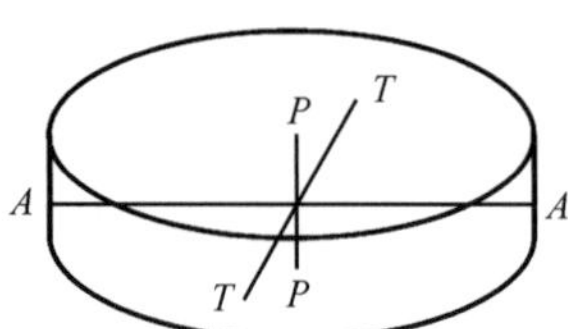

图 1-4　硅藻细胞三个轴

AA—顶轴；*TT*—切顶轴；

PP—贯壳轴

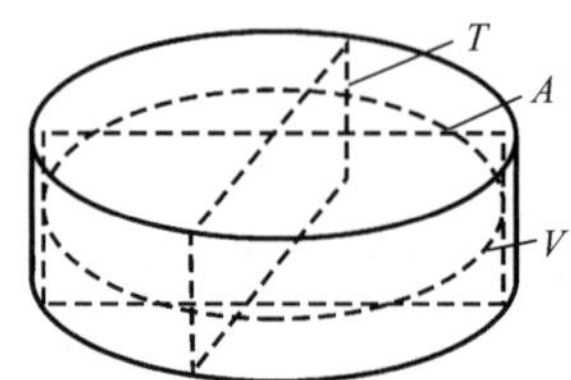

图 1-5　硅藻细胞三个轴面

V—壳面；*A*—顶面（纵切面）；

T—切顶轴面（横切面）

硅藻细胞遗骸的壳体结构是影响硅藻土矿物特性、应用领域、功能调控的关键，其后期功能材料的制备均以此为基础。硅藻壳体结构主要是指硅藻壳体的壳壁组成、微孔纹理、孔隙结构、壳缝架构等。

壳壁：硅藻的壳壁很薄，大多在 1μm 以下，由非晶态 SiO_2 和胶体组成。硅藻壳壁有内、外两层，硅藻壳壁外层有呈不同形式排列的小孔（孔结构呈有序性），孔径介于微孔与介孔之间。这些微细孔的形态、大小、排列方式，是导致壳壁结构千变万化的主要原因，也是影响后期硅藻土功能特征的关键所在。硅藻壳体中有些小孔不穿过内层壳壁，而有些小孔则能穿过内层壳壁与细胞体腔相通，形成整个硅藻壳体的贯通孔结构。硅藻壳壁四周和边缘还分布有小刺，这些小刺有的起壳体与壳体之间的连接作用（如直链藻属和脆杆藻属），有些仅仅起增大浮力作用。而这些小刺为后期硅藻土微结构调控或硅藻土功能化，提供了很好的活性反应中心。

纹理：硅藻壳体中，微孔纹理有点纹、线纹和肋纹三种。点纹是指孔径较大、孔与孔之间存在一定间距的小孔；显微镜下观察，这些小孔呈现互不相连的点纹。线纹是指由孔径较小、紧密排列的小孔组成的阵列；显微镜下观察，这些小孔阵列呈现线纹状。肋纹专指羽纹藻属壳面上呈羽纹状排列的粗壮线纹；显微镜下观察，是由呈蜂窝状排列小孔组成的粗壮线纹；该类孔纹又称为长室孔（蜂孔），长室孔的孔间距称为肋。这些孔纹是硅藻细胞体内、外物质交流的通道，也是硅藻分类的重要依据。

壳缝：壳缝是硅藻土壳面的一个特有结构，它通常沿壳面顶轴方向分布，显微镜下观察呈线形（图 1-6、图 1-7）。但有时随其内部结构变化呈现宽线形、窄线形或宽、窄线纹相间。壳缝是活的硅藻细胞借助原生质流动时与体外水流产生摩擦以使其壳体移运的一种器官。在硅藻分类学上，壳缝也是一个重要的依据。在后期硅藻土功能材料制备过程中，壳缝为原位生长活性官能团提供了有序排列支持。

图 1-6　圆盘状硅藻细胞遗骸（a）和线状硅藻遗骸剖面（b）及局部放大图（c）

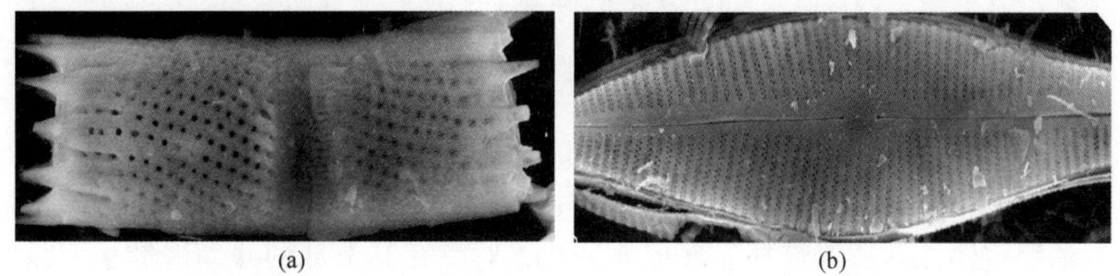

图 1-7　圆筛藻壳体（a）与羽状直链藻壳体（b）的水平切面形貌图

1.2　硅藻土的基本特征

硅藻土是一种生物成因的硅质沉积岩，它主要由古代硅藻的遗骸组成。其化学成分以 SiO_2 为主，可用 $SiO_2 \cdot nH_2O$ 表示。硅藻土中的 SiO_2，在结构、成分上与其他非金属矿物和岩石矿物中的 SiO_2 不同，它是有机成因的无定形蛋白石矿物，即非晶态二氧化硅，通常称为硅藻质氧化硅（diatomite silica）。硅藻土除含有水和 SiO_2 外，还含有少量 Fe、Al、Ca、Mg、K、Na 等杂质，物相组成除硅藻外，常伴生有各种黏土矿物（高岭石、蒙脱石、水云母等）及石英、长石、白云石等。

纯净的硅藻土，一般呈白色，因含各种铁、锰氧化物及有机质等杂质成分，而呈灰白、灰色、灰褐色、棕褐色等。硅藻土矿物中的杂质成分通常分为三类，即游离于硅藻壳体外的矿物杂质、硅藻孔隙中的黏土杂质和硅藻骨骼中的微量元素杂质。通常依据硅藻土原矿物中硅藻壳体、黏土矿物和游离矿物三者的占比（以其体积或质量）及原土中的化学组分，对硅藻土进行划分和命名。目前我国硅藻土可划分为硅藻土、含黏土硅藻土和黏土质硅藻土三类。硅藻土是指原土中的硅藻壳体含量在 80% 以上、原土的化学组分中 SiO_2 含量在 75% 以上的硅藻土，可进一步划分为一级土、二级土和三级土。含黏土硅藻土是指原土中的硅藻壳体含量在 70% ~80%、原土的化学组分中 SiO_2 含量在 65% ~75% 的硅藻土，还可按各自具体情况再次进行等级划分。黏土质硅藻土是指原土中的硅藻壳体含量在 55% ~65%、原土的化学组分中 SiO_2 含量在 60% 左右的硅藻土。

我国民间对硅藻土也有其他别称，如白土、矽硅藻土、观音土等，主要是依据其外貌和在某些特定历史及地理条件下的形象命名。硅藻土的英文名称在我国有多个版本，据统计有 12 个不同译名，但正确的硅藻土英文名称（单词）应为 diatomite 或 diatom earth。

1.3 硅藻土的成因

硅藻土是水中硅藻微生物经地质变迁沉积后的遗骸，分为海相硅藻沉积硅藻土和非海相硅藻沉积硅藻土。其中，海相硅藻土是以咸水硅藻微生物沉积为主；非海相硅藻土是以淡水、微咸水硅藻微生物沉积为主。无论是海相硅藻沉积硅藻土还是非海相硅藻沉积硅藻土，其成矿均需满足特定条件，即硅藻生存且能形成大量堆积体，才能够形成后期硅藻土矿。硅藻土矿的形成通常受下列因素影响：

（1）湖盆或封闭稳定的海湾：1g 硅藻土矿中含有几千万个甚至上亿个硅藻遗骸，一个硅藻土矿所含硅藻数目巨大，如此众多的硅藻要生长、发育和繁殖，必须有一个良好的生存环境。硅藻可在各种水体（淡水、微咸水、咸水、潮湿）中生长、繁殖，但要形成硅藻土矿，则只有在稳定的水域中或在宁静的湖盆中，其遗骸才能沉降到湖底，逐年堆积保存下来形成矿床。且该水域具有一定深度，其底部是由较坚硬致密的岩石组成，确保其底部硅藻遗骸不会渗漏、流失才能形成大量硅藻遗骸聚积体。只有坚硬、致密的岩石底部保持相对的稳定性，不易随着外界环境而变化，对赋存其上部的硅藻遗骸也不易产生污染，才能形成高品质的硅藻土矿物。

（2）具备硅藻生长、繁殖所需充分的养分：数以亿万计硅藻在湖盆内生长、繁殖，除需要充足的阳光和二氧化碳外，还需要从其生存的水体中摄取各种养分。这些养分来自两方面：一是由外来水源带入；二是来自湖盆基底和周围岩石的溶解物。因此湖盆周围及其基底岩石的属性与硅藻的生长、繁殖有密切关系。资料显示：玄武岩地区地下水中的 SiO_2 浓度比花岗岩地区地下水中的 SiO_2 浓度高 5 倍左右。地质勘察资料证明，硅藻土矿在玄武岩地区的分布远比其他岩石（如花岗岩、变质岩）区广，这可能与玄武岩能为硅藻生存提供大量的 SiO_2 有关。

（3）形成过程外界环境条件：大多数硅藻壳体都只有十几微米至几十微米，它们的壳壁又十分薄（不到 1μm），所以当它们死亡后，遗骸因受水的浮力作用，沉降速度很慢，有人曾对硅藻壳体的沉降速率进行过计算，单个硅藻壳体（平均直径为 6 ~ 50μm）的下沉速度为 2 ~ 7m/d。这一数字说明硅藻遗骸的沉降过程是很缓慢的，若此时湖盆周围环境动荡不安，就很难使这些微小的“颗粒”沉淀到水底，即使已沉淀到水底也会因波动的水流搅动而使“沉渣泛起”。特别是一些面积不大、湖水深度不大的湖盆，对周围环境的变化更是十分敏感。只有当湖盆内的水体能处在一个较长时期的宁静环境下，这些微小的“颗粒”才能日积月累地堆积成层，积聚成矿，这一点从我国许多地区厚层硅藻土层的沉积得到印证。

另外，宁静、稳定的环境对硅藻的生长、繁殖是十分有利和必要的。倘若湖盆周围环境经常处于动荡之中，生活在湖盆内的硅藻就难以迅速生长、繁殖。这种稳定时期的长短与硅藻土层的厚度、矿层变化是前后呼应的。

（4）成矿物后外界变化条件：一旦湖盆中生活的硅藻因各种条件急变（湖盆干涸、火山活动、山洪暴发或暴雨）不能继续生长、繁殖时，湖盆中堆积成矿的硅藻土层上若没有其他岩层覆盖，硅藻土层就裸露在空气之中。由于硅藻土本身很轻、很疏松，因此很易被风刮掉，或被外来水流或雨水冲刷掉。所以在硅藻土成矿之后，必须有较坚硬的岩石（如火山熔岩）或其他较厚的土层（如黏土、泥炭、粉沙土）迅速覆盖或堆覆在硅藻土层之上，这样才能使已积聚成矿的硅藻土层得到保护；假若在那些已积聚成矿的硅藻土层之上没有这些“保护层”，久而久之，这些硅藻土层就会被剥蚀殆尽。这也是在有些成矿条件很好的地区，至今未发现硅藻土层的原因之一。

要特别指出的是，硅藻土矿的这些成矿条件都是相互依存的，只有在这些条件都具备时才能形成今日为人们所开采、利用的硅藻土矿。若在成矿过程中某一条件不具备，则无法形成硅藻土矿（层）。

基于上述硅藻繁殖、生长环境和矿物成因，可以探讨硅藻土成矿的年代、地质条件、矿区环境与位置等成矿规律，为硅藻土矿的探矿、矿床走向与矿物储量提供理论支撑。目前较有共识的观点是硅藻土大多成矿于晚第三纪各类盆地中，特别是一些以玄武岩为基底的新生代盆地中。大多数硅藻学者认为，硅藻在地球上出现的最早时代是侏罗纪，但不论是硅藻种类还是硅藻壳体数量都十分稀少，直到白垩纪才见到一些硅藻种群，而大量形成硅藻土矿（包括海相和非海相的硅藻土矿），则是在中新世及其之后。如已发现的当前世界上较大的海相硅藻土矿——美国加利福尼亚州的隆波克（Lompoc）硅藻土矿，中国吉林省长白朝鲜族自治县马鞍山硅藻土矿、西大坡硅藻土矿、云南省寻甸县先锋硅藻土矿、山东省临朐县解家河硅藻土矿和浙江省嵊县硅藻土矿都是在中新世形成的。另有一些硅藻土矿如四川省米易县回汉沟硅藻土矿、中梁子硅藻土矿、吉林省蛟河县南岗硅藻土矿以及云南省腾冲县观音塘硅藻土矿等则分别在上新世和更新世形成。所以在晚第三纪以后的一些湖相（海相）盆地内寻找新的硅藻土矿源成为勘探界的共识，特别是那些新生代以来玄武岩分布较广的地区。

1.4　硅藻土结构特征与种类

1.4.1　硅藻土结构与物相

硅藻土的天然微孔结构具备有序性，硅藻盘上孔结构呈现规整排列。一般而言，其小孔孔径为 20 ~ 50nm，大孔孔径为 100 ~ 300nm。依据硅藻的藻型，其外观形貌有圆盘状、针状、直链状、羽状、牛角状等，如图 1-8所示。整个硅藻骨架中的非晶态 SiO_2，是由硅氧四面体相互桥连而成的网状结构，其网状骨架结构中的硅原子数目不确定，导致网络中存在配位缺陷和氧桥缺陷等，使其表面存在大量 Si—O— “悬空键”，容易结合 H 而形成 Si—OH，即表面硅羟基。表面硅羟基在水中易解离成 $Si—O^-$ 和 H^+，使硅藻土表面呈现出较高的活性。

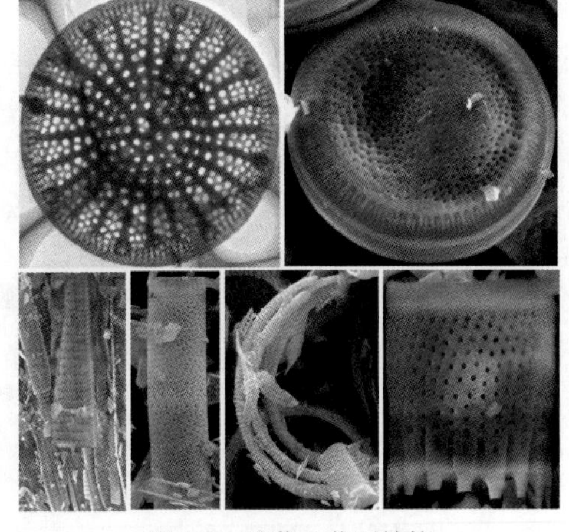

图 1-8　硅藻土藻型结构

1.4.2 硅藻种类

目前世界上已发现硅藻土的藻属300余种，藻型有一万多种。我国已发现硅藻土有38种藻属的近1000种藻型，其中吉林马鞍山硅藻土矿发现有29藻属的120藻种，以直链藻属、小环藻属、冠盘藻属、双壁藻属、四环藻属较常见，其中的横纹小环藻和具沟直链藻变种在我国仅见于该矿。而山东临朐和吉林靖宇发现有管状、冠状直链藻。

我国已发现的硅藻藻属与藻种类型归纳如下（表1-1）。

表1-1 我国硅藻藻属、藻种分类

硅藻分类	硅藻藻属	硅藻藻种
我国硅藻种类	直链藻属	模糊直链藻、沙生直链藻、具沟直链藻、颗粒直链藻、波纹直链藻、变异直链藻等
	小环藻属	扭曲小环藻、中平小环藻、眼纹小环藻、斜纹小环藻、横纹小环藻、嵊县小环藻等
	冠盘藻属	埃及冠盘藻、星形冠盘藻、偏心冠盘藻
	圆筛藻属	圆丘圆筛藻、六角贺筛藻
	四环藻属	椭圆四环藻、无缘四环藻、岩生四环藻、湖治四环藻等
	脆杆藻属	短纹脆杆藻、连结脆杆藻、羽纹脆杆藻、变绿脆杆藻、拉普兰脆杆藻
	针形藻属	头状针形藻、尺骨针形藻、尺骨双头变种针形藻
	短缝藻属	克氏短缝藻、双齿短缝藻、梳形短缝藻、多峰短缝藻、肾形短缝藻
	卵圆藻属	虱形卵圆藻、扁圆卵圆藻、细雕卵圆藻
	弯杆藻属	短小弯杆藻、膨大弯杆藻、尼木弯杆藻、披针形弯杆藻
	美壁藻属	舒曼美壁藻、短角美壁藻、短角美壁藻截形变种
	长篦藻属	虹彩长篦藻、虹彩长篦藻款头变种
	双壁藻属	椭圆双壁藻、芬兰双壁藻、卵圆双壁藻
	辐节藻属	双头辐节藻、紫心辐节藻
	舟形藻属	凸尖舟形藻、胃形舟形藻、矛状舟形藻、钝顶舟形藻、长圆舟形藻、披针形舟形藻 眉状舟形藻、放射舟形藻、赖氏舟形藻、盾形舟形藻、嵊县舟形藻、塔什库舟形藻
	羽纹藻属	北方羽纹藻、绯红羽纹藻、亚日羽纹藻、双眉羽纹藻、显赫羽纹藻、小十字羽纹藻
	双眉藻属	海豚双眉藻、卵形双眉藻、卵形双眉藻利比亚亚种
	桥穹藻属	匣形桥穹藻、凸尖桥穹藻、爱氏桥穹藻、瑞士桥穹藻、胡氏桥穹藻、平滑桥穹藻、缘弯桥穹藻、膨胀桥穹藻、单凸桥穹藻
	异端藻属	急尖异端藻、宽肩异端藻、缢缩异端藻、格氏异端藻、复杂异端藻、长角异端藻 橄榄异端藻、四点异端藻、具球异端藻、拟楔形异端藻
	网眼藻属	赖氏网眼藻、鼠形网眼藻、斑马网眼藻、三角形网眼藻、海德曼网眼藻
	棒杆藻属	驼峰棒杆藻、多隆棒杆藻
	菱形藻属	急尖菱形藻、双栖菱形藻、细齿菱形藻、缘弯菱形藻
	波纹藻属	椭圆波纹藻、草履波纹藻
	双菱藻属	双纹双菱藻、卵形双菱藻、扇状双菱藻
	弯楔藻属	弓形弯楔藻
	胸隔藻属	施氏胸隔藻
	细齿藻属	温泉细齿藻

1.4.3　硅藻土种类

目前所发现的硅藻土矿，其地质时代均以中新世、上新世为主。

按其硅质岩地质成因可分为两大类：一类是生物或化学成因，有硅藻土、板状硅藻土、蛋白石等；另一类是非生物成因形成，如碧玉岩、燧石岩、硅华等。

按其 SiO_2 的来源，淡水湖沉积形成硅藻土可分两个亚类：一个是火山物源硅藻土矿床硅藻土；另一个是陆源沉积矿床硅藻土。无论是火山物源矿床还是陆源沉积矿床硅藻土，其品质好坏，在于硅藻土矿床形成过程中，如火山喷发等，其外界陆源物质侵入硅藻遗骸成分多少，如果外界陆源物质侵入少，则形成的硅藻土的纯度将非常高。如临江硅藻土隶属吉林长白马鞍山矿六道沟矿区，其 SiO_2 含量高达 95%，硅藻含量可达 98%。火山物源矿床硅藻土矿，其硅藻土形成于玄武质火山喷发间歇期的湖盆中，其底以玄武岩为主，硅藻大量沉积形成硅藻土矿。如吉林长白、敦化，山东临朐，浙江嵊州等中国东北部、东部的硅藻土矿。陆源沉积矿床的 SiO_2 主要是岩石经风化分解、搬运形成，没有玄武岩层，但周围常有时代较早的玄武岩，它是 SiO_2 的物质源岩石。如云南寻甸、四川米易等地矿床硅藻土。此外，广东雷州半岛所发现的硅藻土矿床，其硅藻土为半咸水型硅藻土。

按其 SiO_2 的含量可分为三个大类：硅藻土矿物中的有效成分是硅藻壳体内的 SiO_2，其杂质成分分为三类，即游离于硅藻壳体外的矿物杂质、硅藻孔隙中的黏土杂质和硅藻骨骼中微量元素杂质。杂质矿物一般为：石英、长石、黑云母等；黏土矿物主要为：膨润土、高岭土、水云母等；硅藻骨骼中的杂质一般为元素杂质。另外还有一些有机杂质等。目前各硅藻土矿物区按硅藻土矿物中 SiO_2 的含量可分为：一级土，SiO_2 的含量大于 80%；二级土，SiO_2 的含量为 70% ~80%；三级土，SiO_2 的含量为 60% ~70%。

1.5　硅藻土的物理化学性质

1.5.1　硅藻土的物理性能

纯净硅藻土，一般呈白色，因含各种铁、锰的氧化物及有机质，而呈灰白、灰色、灰褐色、棕褐色等。原矿外观呈土状，因含有一定的黏土类矿物，常呈现团聚体的块状，经烘干打散后呈松散粉体状，其颗粒粒径一般小于 45μm。质轻，堆密度为 0.3 ~0.5g/mL；比表面积 20 ~40m^2/g；孔体积 0.6 ~1.0cm^3/g；孔半径 20 ~200nm；硅藻数量 1.0 亿 ~2.5 亿个/g。能吸附自身质量 3 ~5 倍的液体。折射率 1.40 ~1.46，高温煅烧后可达 1.49；熔点一般在 1400 ~1650℃；导热系数，粉体为 0.04 ~0.06W/（m·K）、硅藻土制品为 0.06 ~0.09W/（m·K）。热稳定性：硅藻土加热煅烧后在 450 ~650℃失去羟基水和有机物，850℃煅烧成方石英结构，1050℃煅烧成莫来石结构。

1.5.2　硅藻土的化学组成

硅藻土的化学成分为非晶态 SiO_2，含有少量 Al_2O_3、Fe_2O_3、CaO、MgO、K_2O、Na_2O、MnO_2、P_2O_5等和一定量的有机质。硅藻土中的非晶态 SiO_2 在酸性或弱碱性条件下稳定

（不溶解），但在氢氟酸或强碱性条件下溶解。硅藻土中各化学成分分别从属于硅藻土壳体内部和壳体外部杂质，非常纯净的硅藻土（即100%硅藻壳体），其SiO_2含量也达不到100%。硅藻土中各化学成分的从属介绍如下。

硅藻土中的SiO_2主要存在于硅藻壳体和杂质矿物（如石英、长石、高岭石、蒙脱石等）中。其中，硅藻壳体中SiO_2为非晶态，杂质矿物中石英、长石、高岭石、蒙脱石为晶态SiO_2。一般认为，硅藻土中SiO_2含量越高硅藻土，品质越好；较为科学或严谨的表述应为，硅藻土中非晶体SiO_2含量越高，品质越好。

Al_2O_3主要赋存于硅藻土中的黏土类杂质矿物，如蒙脱石、埃洛石、云母等，这些杂质一部分是游离的杂质黏土矿物，另一部分是掺入硅藻土微孔结构中的黏土。一般而言，Al_2O_3越低越好。但当硅藻土用作涂料功能性的填料时，黏土矿物还可起增稠作用。作为轻质保温材料烧制时，可增加制品的强度。对于制备吸附剂、助滤剂等应用时则相对要求较严，有必要时可进行擦洗提纯处理。游离的黏土矿物杂质较容易去除，而硅藻土微孔结构中的黏土杂质较难去除。

Fe_2O_3主要赋存于硅藻土中的褐铁矿、黄铁矿、菱铁矿等含铁类杂质矿物中。这类物质对硅藻土任何用途都是有害的，尤其是对硅藻土的白度影响非常大。其含量有较严格的要求，一般要求在1%以下较好，而当硅藻土中的Fe_2O_3较高时，可采用适当的选矿提纯方式加以处理，如磁选、擦洗、酸洗等。

MnO_2与Fe_2O_3相似，是影响硅藻土白度的主要杂质矿物，如黏土矿物中含的菱锰矿、锰方解石等杂质矿物，是有害的杂质，当硅藻土中MnO_2含量过高时，也需进行选矿提纯。

CaO主要赋存于硅藻土中的黏土类杂质矿物，如风化后的长石、方解石矿物等。CaO组分对硅藻土后期功能化加工无用，但也不存在危害。一般硅藻土中的CaO含量在1%以下时，无须加以处理。但当方解石矿物较多时，则要进行选矿处理。

MgO与CaO相似，虽然也是硅藻土中的无益组分，但也不存在危害性，且一般含量都非常低，无须专门加以处理。

P_2O_5主要赋存于硅藻壳体内部，如骨骼里面的羟基磷灰石等，影响硅藻土的白度，因其为痕量元素，无须加以选矿提纯。

烧失量是硅藻土原土中经650℃煅烧后减少的质量部分，它与硅藻原土中的有机物含量有关。我国大部分硅藻土的烧失量都在10%以下，而当硅藻土中有机杂质含量过高时，其烧失量会升高至20%～30%，如内蒙古克什克腾旗直链硅藻土，其烧失量最高可达32%。

1.5.3 硅藻土原矿性能表征

1. *矿物组成与晶体结构表征*

硅藻土矿物组成中，常伴生有石英、长石和黏土等杂质矿物，而这些杂质矿物中均有SiO_2成分，但表现为晶体SiO_2。当进行硅藻土原土化学组分分析时，这些杂质中的SiO_2与硅质生物壳体的非晶体SiO_2是无法区分开来的。因此，要对一个硅藻土样品质量做出评价，需要在分析化学组成的基础上，再进行X射线衍射测试（XRD测试），两者结合可以较准确地进行硅藻土质量评价。图1-9为吉林长白兴华矿区硅藻土原土和经850℃煅烧后硅藻土助滤剂样品的 XRD 和 SEM。图 1-9 样品 X 射线衍射测试为标准的硅藻土 XRD 图谱，即为非晶态物质的特征衍射峰，其中的个别晶体特征衍射峰（图中五角星标注），为石英杂质所致。而该矿区硅藻土经高温煅烧后的助滤剂，为标准方石英结构特征衍射峰，表明该样品已为晶态结构的 SiO_2。

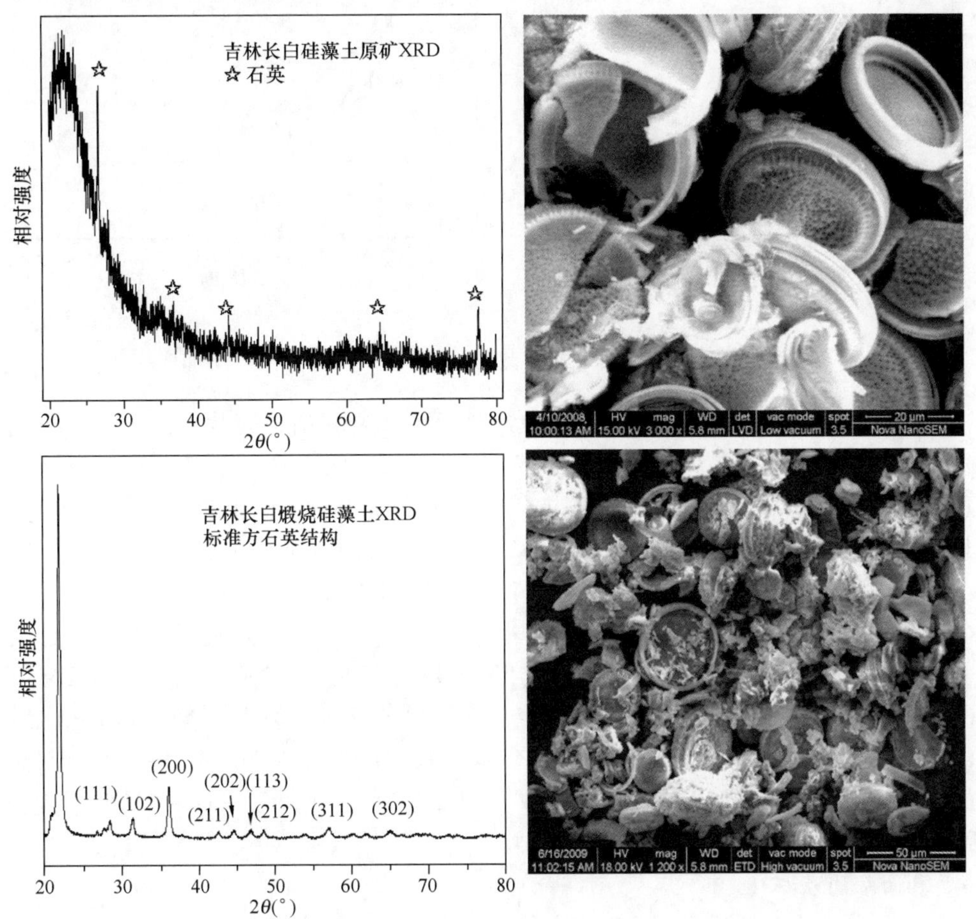

图 1-9　吉林长白硅藻原土与经 850℃煅烧硅藻土助滤剂样品的 XRD、SEM

2. 孔结构表征（BET、BJH）

硅藻土的最大特点为具有天然微孔结构，因此其样品的孔结构表征非常重要。对硅藻土样品进行孔结构测试分析，如比表面积测试（BET）和孔径分布测试（BJH），可得知硅藻土样品的比表面积、吸附容量、孔体积、孔径范围等数值，对于评价一个硅藻土品质非常重要。图 1-10 为吉林长白兴华矿区硅藻土原土的 BET 与 BJH（内图）分析测试。由图 1-10 可知，该硅藻土样品的氮气吸脱附曲线为典型的Ⅱ型曲线，即存在微孔和大孔吸附，吸脱附迟滞环为 H3、H4 型，孔结构呈狭缝状，孔径多分布于 70nm。样品的比表面积为 26. 54m^2/g。

3. 表面成分表征（XPS）

XPS 是一种探测物质表面化学组成及元素价态的表面分析工具。硅藻土表面 XPS 分析可准确地表征出其表面化学元素的组成和价态，从而为硅藻土功能化过程提供科学判

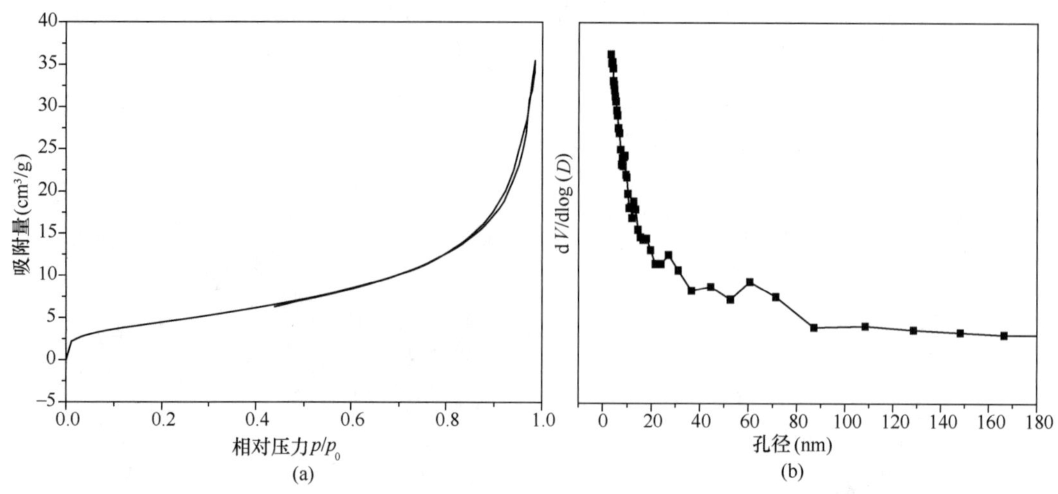

图 1-10　吉林长白兴华硅藻原土样品氮气吸脱附曲线（a）及孔径分布曲线（b）

据。图 1-11、图 1-12 分别为吉林长白圆盘状硅藻土和吉林靖宇管状硅藻土的 XPS 分析，其中（a）图为全元素分析，（b）图为 Si 2p 轨道，（c）图为 O 1s 轨道，（d）图为 Fe 2p 轨道，（e）图为 Al 2p 轨道。由图 1-11、图 1-12 可知，两种硅藻土的 XPS 图谱基本类似，从图 1-11、图 1-12（a）、（d）、（e）中可以看出：硅藻土表面存在的元素主要为 Si、O、C 及少量 Fe 和 Al；图（b）中可以看出 Si 2p 平峰可以分为 Si 2p1/2（103eV）以及 Si 2p3/2（102eV），这是 Si—O 键的特征峰；图（c）中可以看出硅藻土中的 O 主要来源于 Si—OH 键（532.57eV）、Si—O—Si 键（532.54eV）以及 Si—O—Al 键（531.58eV）。图（d）中 726eV 及 713eV 处的峰对应于 Fe 2p1/2 和 Fe 2p3/2 轨道，表明硅藻土表面存在 Fe（Ⅲ）。由图（e）中可知，Al 2p 的结合能约为 74eV，来源于 Si—O—Al 八面体中的 Al 位点。综上所述，硅藻土表面存在≡Si—OH、≡Al—OH 以及≡Fe—OH 等活性位点，且活性位点数目依次减少。

4. *表面基团表征*

FT-IR 是一种探测物质表面聚团或官能团结构及化学组成的分析工具。通过对硅藻土进行 FT-IR 分析测试，可探明硅藻土表面硅羟基结构以及硅氧价键结构特征。图 1-13 为硅藻土原土的 FT-IR 图谱。由图 1-13 可知，其为典型的硅藻土红外光谱，其中波数在 $3471cm^{-1}$ 和 $1617cm^{-1}$ 处宽而强的吸收峰分别是由吸附水中的 O—H 伸缩振动和扭曲振动引起的；$465cm^{-1}$ 和 $1082cm^{-1}$ 处的吸收峰是由硅藻土本身 Si—O—Si 键的不对称伸缩振动模式引起的；$798cm^{-1}$ 处的吸收峰，是由 Si—O—Al（由硅藻原土中杂质成分）引起的。

5. *样品差热分析*（TG/DSC）

图 1-14、图 1-15 分别为吉林长白圆盘状硅藻土和吉林靖宇管状硅藻土的 TGA/DSC 图谱。从图 1-14 盘状硅藻土原矿物样品 TGA/DSC 曲线可以看出：TGA 曲线揭示了盘状硅藻土有 3 个阶段的质量损失。第一阶段发生在 25 ~ 150℃，盘状硅藻土质量损失约 2.23%。第二阶段在温度 150 ~ 570℃ 区间，质量损失约为 4.11%。此阶段 DSC 曲线在 283℃ 有一个较宽的放热峰，推测其质量损失来自硅藻土表面的有机物（如腐殖酸等）。最后质量损失阶段在温度为 570 ~ 1200°C 区间，质量损失约为 3.13%，由 DSC 曲线可以看出，在

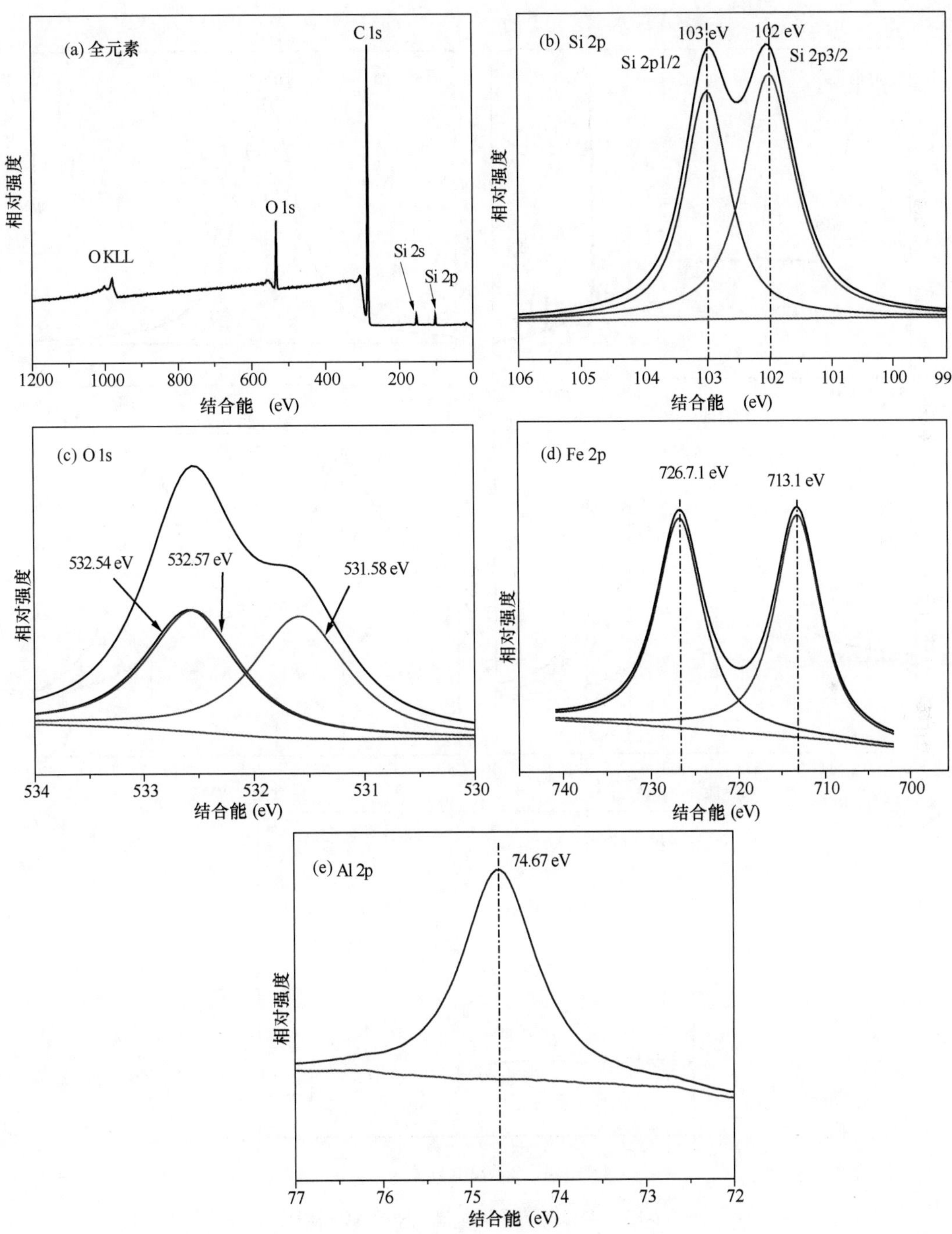

图 1-11　吉林长白圆盘状硅藻土样品 XPS 谱图

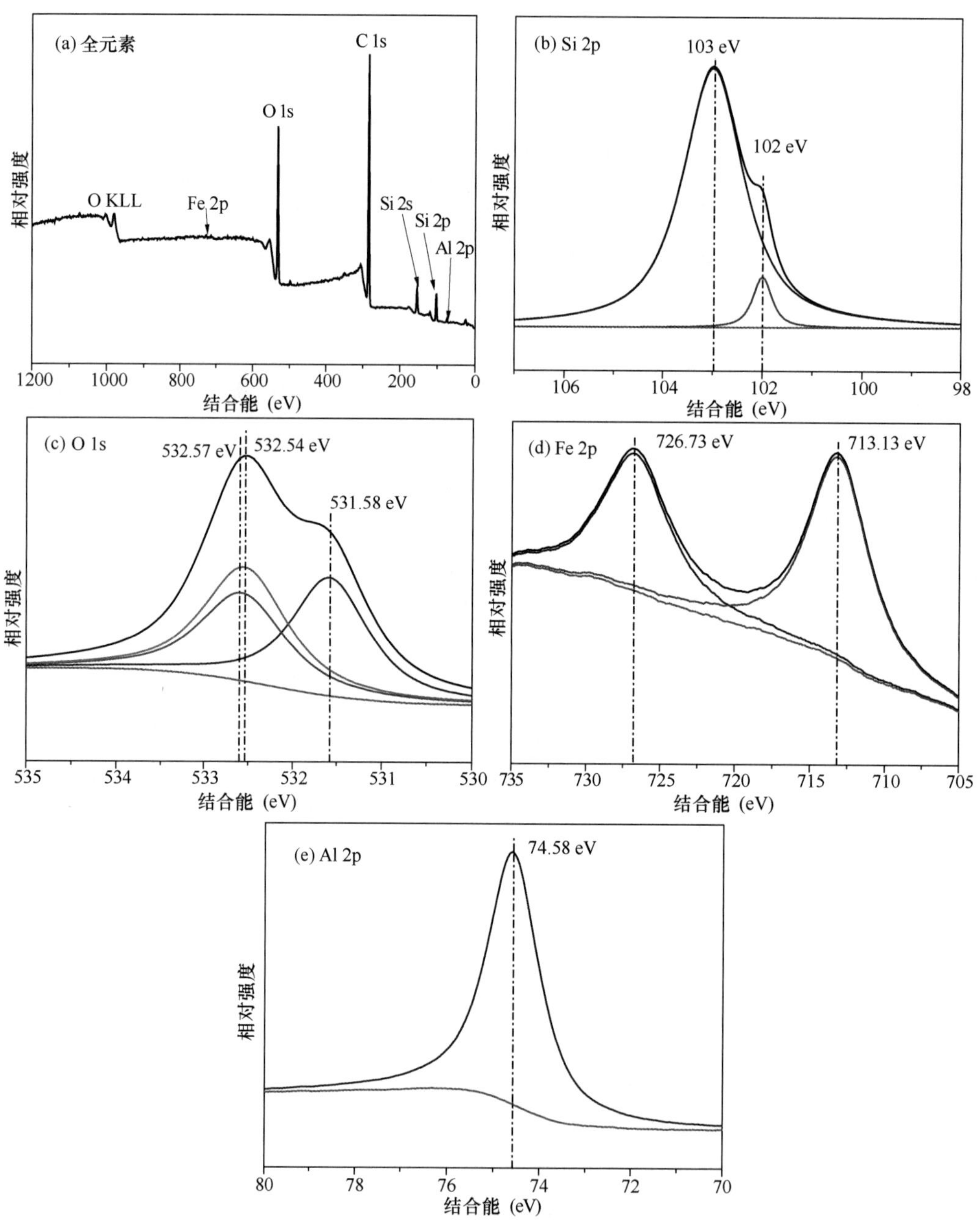

图 1-12　吉林靖宇管状硅藻土样品 XPS 谱图

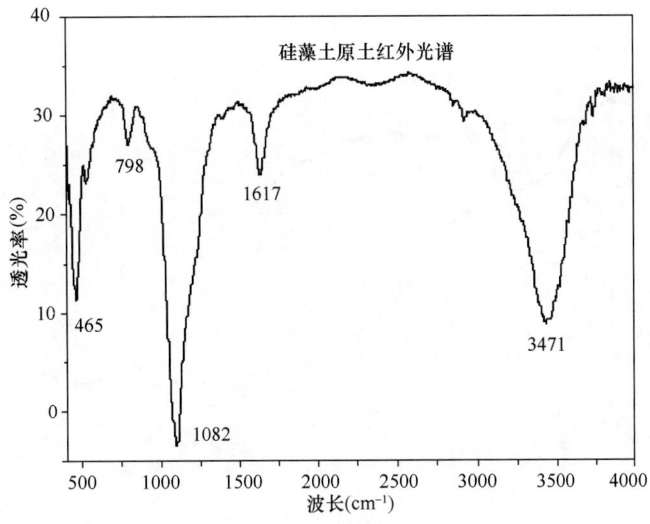

图 1-13　硅藻土原矿物样品 FT-IR 谱图

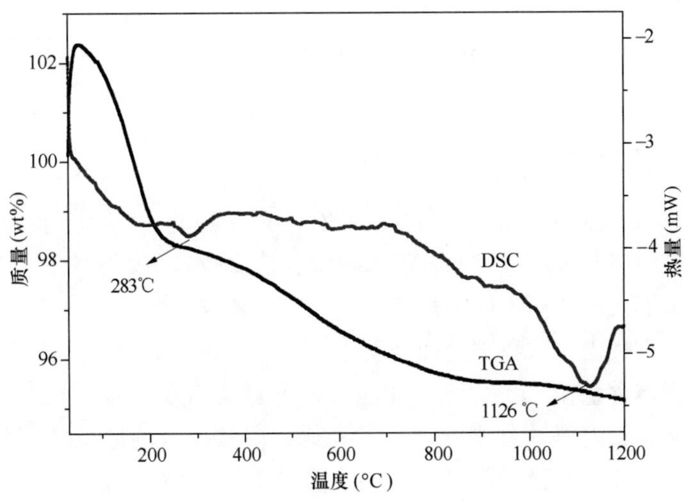

图 1-14　盘状硅藻土原矿物样品 TGA/DSC 曲线

1126℃有一明显的放热峰，可能是非晶态 SiO_2 的结晶放热峰。从图 1-15 管状硅藻土原矿物样品 TGA/DSC 曲线可以看出：TGA 曲线揭示了管状硅藻土有 3 个阶段的质量损失。第一阶段发生在 25～100℃，硅藻土质量损失约 0. 72%。第二阶段在温度 100～470℃区间，质量损失约 1. 85%；此阶段 DSC 曲线在 283℃有一个较宽的放热峰，与盘状硅藻土温度接近，推测其质量损失来自硅藻土表面的有机物（如腐殖酸等），在温度约为 425℃时，有一个很小的吸收峰，推测为失去与金属阳离子相互作用的结构水所造成的。第三阶段是在温度为 470～1200℃区间的质量损失（2. 41%）。在温度大约为 983℃时，可归因于高温阶段硅藻土晶体结构中氧气的慢慢释放。从以上 TGA/DSC 分析可以看出，硅藻土在 1200℃以下除了有机杂质和表面水以外，其骨架结构仍然完好，表明硅藻土的热稳定性比较高。

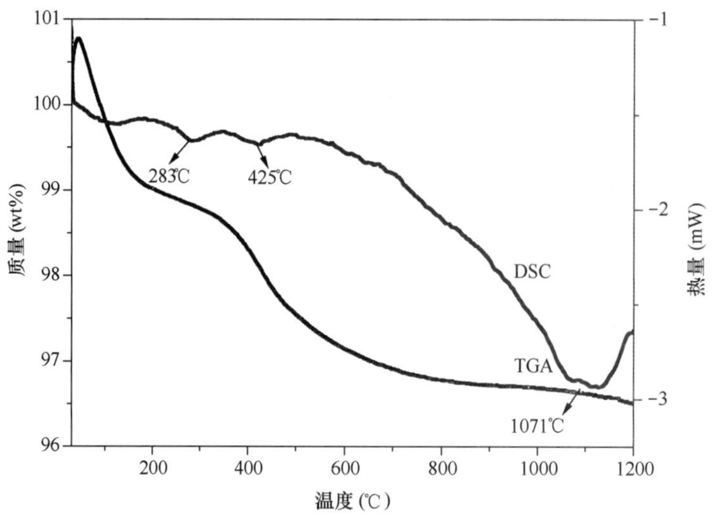

图 1-15　管状硅藻土原矿物样品 TGA/DSC 曲线

1.6　国内外硅藻土矿特性与开发应用现状

1.6.1　国内硅藻土矿特性

硅藻土资源分布：我国已在 14 个省发现 70 余个硅藻土矿区（点），主要分布在东北部、东部、四川攀西以及云南省的东部、西南部；形成时间从中新世纪开始一直延续到全新世，其中中新世形成的硅藻土矿床规模较大，以吉林省长白马鞍山矿、浙江省嵊县矿和云南省寻甸先锋矿为代表。从我国已知硅藻土矿的原土质量来看，硅藻土矿中优质土占比很少，其中硅藻壳体含量在 85% 以上，非晶质 SiO_2 的含量在 80% 以上的只有吉林长白马鞍山矿、西大坡矿和云南腾冲县观音塘矿。其他大多数矿区的原土都属中等质量的硅藻土，这些原土中硅藻壳体的含量在 70% 左右、非晶质 SiO_2 的含量在 65% 左右。我国各省所发现硅藻土矿物资源及特性简述如下。

1.6.1.1　黑龙江省

（1）鸡西硅藻土矿：硅藻土原土呈浅灰黑色、深灰色，比表面积 33.6 ~ 62.00m^2/g，孔体积 0.42 ~ 0.82cm^3/g；化学成分：SiO_2，58.14% ~ 68.12%；Al_2O_3，16.12% ~ 22.26%；Fe_2O_3，5.73% ~ 12.06%；CaO，0.39% ~ 1.38%；MgO，0% ~ 1.38%；TiO_2，0.85% ~ 1.41%；烧失量：12.53% ~ 19.82%。

硅藻属种：直链藻属和圆筛藻属。地质储量（未探明储量）：1000 万吨。

（2）讷河硅藻土矿：硅藻土原土呈浅灰白色、浅黄色，平均堆密度为 0.36g/mL；硅藻土层化学成分：SiO_2，82.40% ~ 91.65%；Al_2O_3，2.16% ~ 7.06%；Fe_2O_3，0.91% ~ 3.32%；CaO，0.42% ~ 0.94%；MgO，0.20% ~ 0.97%；烧失量：4.25% ~ 6.84%。含黏土硅藻土化学成分：SiO_2，63.92% ~ 68.05%；Al_2O_3，10.20% ~ 11.68%；Fe_2O_3，4.65% ~ 6.57%；CaO，2.85% ~ 3.69%；MgO，2.57% ~ 3.89%；烧失量：3.66% ~

3.74%。

硅藻属种：连结脆杆藻及它的突出变种。地质储量：硅藻土14000t，黏土硅藻土53000t。

1.6.1.2　吉林省

（1）马鞍山硅藻土矿：硅藻土原土呈绿色、灰黄色、灰白色；化学成分：SiO_2，68.97%～86.99%；Al_2O_3，2.94%～12.30%；Fe_2O_3，0.55%～6.41%；CaO，0.23%～1.31%；MgO，0.28%～3.82%；烧失量：2.45%～3.82%。

硅藻属种：共有120种藻类，隶属于29个属，以直链藻属、脆杆藻属、短缝藻属、舟形藻属、桥穹藻属和异端藻属为主。探明地质储量：1013万吨。

（2）新民屯硅藻土矿：硅藻土原土呈浅灰黑色、深灰色；化学成分：SiO_2，74.65%；Al_2O_3，11.59%；Fe_2O_3，3.02%；CaO，1.47%；MgO，0.13%；烧失量，6.80%。地质储量仅有几千吨。

（3）西小山硅藻土矿：硅藻土原土呈白色、灰白、灰黄和浅灰色，比表面积20.6m^2/g，主要孔半径1000～8000Å；化学成分：SiO_2，61.38%～89.21%；Al_2O_3，3.03%～14.93%；Fe_2O_3，1.09%～6.51%；CaO，0.31%～1.67%；烧失量：3.30%～5.74%。

硅藻属种：横纹小环藻。探明地质储量：92万吨。

（4）桦树林子硅藻土矿：硅藻土原土呈灰白、白色；化学成分：SiO_2，79.31%～90.70%；Al_2O_3，0.14%～4.60%；Fe_2O_3，2.12%～4.80%；CaO，2.15%～3.0%；MgO，0.07%～0.21%；烧失量：1.31%～4.84%，相对密度2.18g/cm^3，堆密度0.69g/mL。

硅藻属种：直链藻属和圆筛藻属。地质储量：10万吨。

（5）珠子河硅藻土矿：位于靖宇县三道湖镇珠子河和半拉山一带，硅藻土原土呈灰黄色。化学成分：SiO_2，65.0%～71.0%；Al_2O_3，8.05%～14.93%；Fe_2O_3，3.57%～5.94%；CaO，0.83%；K_2O，3.0%～4.0.%；烧失量：4.72%，相对密度2.32g/cm^3，堆密度0.71g/mL。

硅藻属种：管状直链藻属。地质储量：100万吨。

它是目前国内唯一在开始利用的管状硅藻土。

1.6.1.3　内蒙古自治区

西东营子硅藻土矿：硅藻土原土呈灰黄色、灰白色；化学成分：SiO_2，61.50%～70.36%；Al_2O_3，9.68%～15.33%；Fe_2O_3，4.57%～6.93%；CaO，0.83%～3.5%；烧失量：3.95%～12.23%。

硅藻属种：以直链藻属为主。

1.6.1.4　河北省

（1）郭家村硅藻土矿：位于张北县城北约20km郭家村的冲沟内，矿点露头厚5.37m，共分12层，其中第8、第6、第5、第4层含硅藻黏土。

硅藻土原土呈浅绿色、浅灰绿色、浅黄绿色、浅褐黄色。

硅藻属种：直链藻属、圆筛藻属、四环藻属、脆杆藻属、针杆藻属、短缝藻属、周形藻属和羽纹藻属等14种藻属。

（2）阳村西山硅藻土矿：硅藻土原土呈灰绿色、白色、灰白色；化学成分：SiO_2，62.14%～72.87%；Al_2O_3，12.42%～17.08%；Fe_2O_3，3.34%～5.19%；CaO，0.58%～1.15%；MgO，0.32%～2.00%；烧失量：6.62%～9.32%。

硅藻属种：直链藻属、圆筛藻属、脆杆藻属和羽纹藻属。

1.6.1.5 山东省

（1）解家河硅藻土矿：硅藻土原土呈灰白色、黄白色、灰绿色；比表面积 $64m^2/g$；化学成分：SiO_2，60%～73.15%；Al_2O_3，6%～12%；Fe_2O_3，6%～10%；CaO，1.13%～1.69%；MgO，1.13%～1.5%；TiO_2，0.86%～2.05%；烧失量：12.53%～19.82%。

硅藻属种：以直链藻属，脆杆藻属为主；地质储量：407 万吨。

（2）青山硅藻土矿：硅藻土原土呈浅灰黑色、深灰色；化学成分：SiO_2，50%～60%；Al_2O_3，11%～16%；Fe_2O_3，5%～15%；烧失量，12.13%；堆密度：0.16g/mL。

硅藻属种：直链藻属；地质储量：26 万吨。

1.6.1.6 浙江省

嵊县硅藻土矿：硅藻土原土呈灰白色、青灰色；化学成分：SiO_2，62.53%～67.69%；Al_2O_3，14.17%～16.84%；Fe_2O_3，2.82%～4.14%；CaO，0.38%～0.59%；MgO，0.69%～0.99%；TiO_2，0.69%～0.78%；SO_3，0.02%～0.04%。

硅藻属种：以直链藻属为主；地质储量：2 亿吨。

1.6.1.7 福建省

梧岭硅藻土矿：硅藻土原土呈灰白色、浅灰色、灰绿色；化学成分：SiO_2，40.26%～51.38%；Al_2O_3，20.27%～29.93%；Fe_2O_3，0.68%～5.93%；TiO_2，0.56%～1.85%；烧失量：17.74%～23.40%。

硅藻属种：以直链藻属为主；地质储量：458 万吨。

1.6.1.8 广东省

田洋硅藻土矿：硅藻土原土呈灰白色、灰黄色、深灰色；化学成分：SiO_2，67.42%～81.79%；Al_2O_3，1.92%～9.83%；Fe_2O_3，1.46%～9.74%；CaO，0.31%～0.85%；MgO，0～0.79%；烧失量：12.35%～17.61%。

硅藻属种：以直链藻属、舟形藻属、异端藻属、脆杆藻属为主。

1.6.1.9 四川省

（1）回汉沟硅藻土矿：硅藻土原土呈灰白色、黄白色；比表面积 $64m^2/g$；化学成分：SiO_2，60%～64%；Al_2O_3，12.28%～19.48%；Fe_2O_3，3.92%～12.71%；CaO，0.72%～4.11%；MgO，1.56%～2.92%；烧失量：3.77%～6.5%。

硅藻属种：以舟形藻属、桥穹藻属、脆杆藻属为主；地质储量：300 多万吨。

（2）半坡硅藻土矿：硅藻土原土呈灰白色、灰褐色；化学成分：SiO_2，57%～67%；Al_2O_3，12%～16%；Fe_2O_3，5%～7%；CaO，3%～4%；MgO，2%～3%。

硅藻属种：以直链藻属、脆杆藻属为主；地质储量：700 万吨。

1.6.1.10 云南省

（1）先峰硅藻土矿：硅藻土原土呈暗褐色、灰褐色、灰绿色；比表面积 18.28～23.70m^2/g；化学成分：SiO_2，48.27%～51.27%；Al_2O_3，8.87%～11.56%；Fe_2O_3，

5.52% ~ 8.40%；CaO，1.64% ~ 4.76%；MgO，1.05% ~ 1.07%；TiO_2，0.89% ~ 1.40%；烧失量：30%。

硅藻属种：以直链藻属为主；地质储量：7759 万吨。

（2）倪家堡硅藻土矿：硅藻土原土呈灰白色、黄白色、灰绿色；比表面积 22.99m^2/g；化学成分：SiO_2，50.88% ~ 75.72%；Al_2O_3，9.95% ~ 25.56%；Fe_2O_3，2.42% ~ 7.71%；CaO，0.18% ~ 1.4%；MgO，0.88% ~ 1.66%；烧失量：11.11% ~15.56%。

硅藻属种：以直链藻属、小环藻属、脆杆藻属为主。

（3）观音塘硅藻土矿：硅藻土原土呈灰白色、白色；比表面积 21.98m^2/g；化学成分：SiO_2，69.83% ~91.9%；Al_2O_3，3.94% ~15.76%；Fe_2O_3，0.7% ~3.4%；CaO，1.08% ~ 1.22%；MgO，1.13% ~1.5%；TiO_2，0.86% ~2.05%；烧失量：6.72% ~16.22%。

硅藻属种：以脆杆藻属为主。

（4）北海硅藻土矿：硅藻土原土呈灰褐色、深褐色、灰绿色；化学成分：SiO_2，53.16% ~ 63.44%；Al_2O_3，9.84% ~ 17.24%；Fe_2O_3，2.70% ~ 6.37%；烧失量：14.70% ~22.40%。

硅藻属种：以直链藻属为主。

1.6.1.11　其他各省

（1）西湖庙硅藻土矿：位于琼山县龙桥乡西北，硅藻土原土呈灰白色、白色，块状，质较轻；化学成分：SiO_2，72.45% ~ 86.39%；Al_2O_3，0.94% ~ 4.79%；Fe_2O_3，0.71% ~4.05%；CaO，0.12% ~2.63%；MgO，0.30% ~2.46%；烧失量：3.52% ~ 8.15%。

矿区内可见到硅藻种类多达 100 余种，隶属于 23 个藻属；最主要的硅藻藻属为直链藻属和短缝藻属。地质储量：10 万吨。

（2）羊山硅藻土矿：位于琼山县龙桥乡一带，硅藻土原土中以硅藻壳体为主，含少量黏土矿物、碎屑矿物和腐殖类有机物，呈灰白色、白色。化学成分：SiO_2，66.62% ~ 88.47%；Al_2O_3，0.17% ~ 7.90%；Fe_2O_3，0.71% ~ 7.80%；CaO，0.07% ~ 2.63%；MgO，0.15% ~2.40%；烧失量：2.17% ~4.65%。

矿区硅藻种类主要为意大利直链藻粗壮变种，其次为短缝藻属的壳体，也存在舟形藻属。地质储量：6 万吨。

（3）张村硅藻土矿：位于山西省武乡县城北 15km 处的张村，含碳酸钙较高，称为含碳酸钙硅藻黏土。硅藻土原土呈白色、灰白色、黄色。化学成分：SiO_2，31.39% ~ 46.19%；Al_2O_3，6.82% ~13.03%；Fe_2O_3，2.26% ~5.99%；CaO，7.28% ~24.34%；CO_2，4.15% ~17.92%；烧失量：19.22% ~26.75%。

硅藻种类以羽状藻属为主，是品质较差的硅藻土。

（4）广昌硅藻土矿：位于江西省广昌县头坡村一带，硅藻土原土呈灰色、灰白色，局部有铁质浸染，质较轻，相对密度 2.03 ~2.58g/cm^3，堆密度 0.43 ~0.77g/mL。化学成分：SiO_2，60.98% ~ 71.04%；Al_2O_3，12.98% ~ 20.09%；Fe_2O_3，3.29% ~ 8.82%；K_2O，1.68% ~2.13%；MnO，0.05% ~0.07%；烧失量：4.84% ~10.57%。

硅藻藻属以小环藻属为主，其次为冠盘藻属，同时也存在有弯杆藻属、双壁藻属、舟形藻属、脆杆藻属、棒杆藻属、桥穹藻属等。硅藻壳体中含有大量黏土矿物和碎屑矿物，原土品质属中下等，是典型的含硅藻黏土类矿物。

（5）梧岭硅藻土矿：位于福建省漳浦县佛昙镇西6km处。硅藻土原土呈灰褐色、黄褐色，风干后呈浅灰色、灰白色；质细较软；堆密度0.90～1.15g/mL。化学成分：SiO_2，40.26%～51.38%；Al_2O_3，20.27%～29.93%；Fe_2O_3，0.68%～5.93%；TiO_2，0.56%～1.85%；烧失量：17.74%～23.40%。

硅藻土藻属以直链藻为主，多属于颗粒直链藻；其次为舟形藻属和羽纹藻属；另存在有其他种类硅藻。地质储量：458万吨。硅藻壳体中含有石英、钾长石、钠长石；含铁矿物以菱铁矿为主；含黏土杂质较高，为含硅藻黏土。

（6）羊八井硅藻土矿：位于西藏自治区拉萨市西北90km处羊八井盆地内。硅藻土原土呈白色、灰白色；块状，质较轻。化学成分：SiO_2，67.73%～73.46%；Al_2O_3，7.88%～11.36%；Fe_2O_3，1.53%～5.14%；S，0.07%～0.48%；TiO_2，0.22%～0.36%；烧失量：5.76%～8.72%。

羊八井硅藻土矿硅藻藻属比较有代表性，发现多个藻属，其中：直链藻属2个，小环藻属3个，冠盘藻属、平板藻属、扇形藻属各1个，等片藻属2个，峨眉藻属1个，脆杆藻属4个，针杆藻属2个，短缝藻属2个，弯杆藻属3个，舟形藻属8个，羽纹藻属3个，双眉藻属3个，桥穹藻属5个，异端藻属6个，双菱藻属3个，是目前硅藻藻属较全的一个硅藻土矿区。地质时代属于全新世中期。

（7）安岗硅藻土矿：位于西藏自治区中部尼木县城北17km处，硅藻土原土呈白色、灰白色；化学成分：SiO_2，55.54%～62.58%；Al_2O_3，13.34%～18.01%；Fe_2O_3，2.83%～5.26%；CaO，0.84%～1.24%；MnO，1.12%～2.36%；烧失量：2.48%～6.76%。

整个矿区发现有硅藻70种，隶属于29个藻属，该硅藻土矿区藻属较多，但原土质量属中下等，是典型的含硅藻黏土岩。

1.6.2 国外硅藻土矿特性

世界硅藻土资源分布：迄今为止的资料显示，世界上近20个国家发现了硅藻土矿物，硅藻土的地质储量在35亿吨以上，其中亚洲地区地质储量在15亿吨以上，主要集中在中国，其次是日本、伊朗。欧洲地区的地质储量在10亿吨以上，主要集中在德国、法国、捷克斯洛伐克、丹麦、俄罗斯、格鲁吉亚。美洲、非洲和大洋洲的地质储量也在10亿吨以上，主要集中在美国、巴西、智利、肯尼亚、几内亚、澳大利亚、巴布亚新几内亚等。世界已发现的硅藻土资源中，就品质而言，绝大多数的原土都属中、低品位硅藻土，只有少部分原土属高品位，可以不经选矿直接加工生产硅藻土助滤剂等相关产品。且大多为小储量的硅藻土矿，如澳大利亚，在全境内发现二十几处硅藻土矿，但规模均较小。在世界范围内原矿地质储量在1000万吨以上的，目前世界上只有三处：一处是美国加利福尼亚的隆波克矿区，另两处是中国吉林省长白县八道沟的马鞍山矿区和西大坡矿区，这三处矿区所产的一级品原土，其非晶质SiO_2含量都在80%以上。世界范围内已知硅藻土矿的地质时代基本相同，都在中新世至全新世。就沉积相而言，绝大多数的硅藻土矿属非海相沉积，只有少数的硅藻土矿是海相沉积的。

现就其他国家发现的硅藻土矿物资源及特性简述如下。

1.6.2.1 美国

美国在十多个州发现有硅藻土矿（加利福尼亚州、内华达州、俄勒冈州、华盛顿州、犹他州、爱达荷州、堪萨斯州、佛罗里达州、马萨诸塞州、新罕布什尔州和缅因州等），主要集中在佛罗里达州、马萨诸塞州、新罕布什尔州和缅因州等四个州，其中加利福尼亚州最多。资料显示，其已探明硅藻土地质储量为 2.27 亿吨，远景储量估计在 4.5 亿吨以上。

（1）加利福尼亚州：是美国硅藻土储量最大的州，硅藻土矿主要分布在圣巴巴拉县（Stnta Barbara County）的隆波克（Lompoc）镇和拉森县（Larson County）的哈雷路亚杰克逊（Hallelujah Junction），以及皮特河（Pit River）、布里顿湖（Britton Lake）。美国硅藻土加工主要集中在该州，约占 60%。

隆波克矿是美国最大、质量最好的硅藻矿，属海相硅藻土矿，该矿也是世界上迄今为止最大、品质最好的海相硅藻土矿。18 世纪 60 年代发现，20 世纪 90 年代开采。该矿矿层沿圣伊内斯山北部的丘陵地带分布，矿层底部为晚侏罗世纪砂、页岩及玄武岩等，矿区下部硅藻土层为厚层状，最厚处有 300 余米，内中共有 25 层具有工业开采价值的矿层。下部硅藻土层地质时代为中新世，上部矿层的地质时代为上新世。

境内现有两家硅藻土公司——琼斯-曼维尔公司（赛力特公司前身，现已被法国国际矿业公司收购）和格雷夫可公司，在两个矿区进行露天开采。

（2）内华达州：该州在美国硅藻土矿储量和产量仅次于加利福尼亚州，位居第二位。境内有 5 个硅藻土矿，其中雷诺（Reno）附近的洛夫洛克（Lovelock）矿和克拉克（Clark）矿是硅藻土的主要产区。矿层厚度变化大，最薄处只有 1m 左右，最厚处达百米以上；矿层大多呈水平状分布，倾角小于 30°。硅藻土呈白色或灰色，其中杂质含量很少，只有少量石英、黏土矿物或火山灰。其中 SiO_2 含量最好，可达 86%，Al_2O_3 含量 5.27%，Fe_2O_3 含量 2.12%，CaO 含量 0.34%，MgO 含量 0.39%，在局部岩层中有铁质浸染。此矿区的硅藻土层地质时代为中新世晚期到上新世。该州境内有 3 家硅藻土公司进行开采和加工硅藻土（伊格尔-皮切尔公司、格雷夫可公司和塞浦路斯公司），其中伊格尔-皮切尔公司的主要产品为粉状、粒状硅藻土，农业化肥抗结剂、杀虫剂载体。

（3）俄勒冈州：境内硅藻土矿分布在该州南部莱克县（Lake County）圣诞谷一带和哈尼县（Harney County）附近，均为淡水湖泊相沉积硅藻土矿，矿层地质时代为中新世，其中后者是 20 世纪 80 年代发现的大型硅藻土矿。该州主要是伊格尔-皮切尔公司进行硅藻土开采与加工。

（4）华盛顿州：境内 18 个县发现有硅藻土矿，多为零星分散的小矿体。该州西部地区硅藻土矿床常与泥炭共存；东部地区硅藻土矿则主要分布在一些玄武岩的洼地之中。最大硅藻土矿在中部基提塔斯县（Kittitas County）。威特科公司在该州进行硅藻土的开采与加工。

1.6.2.2 德国

德国硅藻土矿主要分布于下萨克森州的汉堡和汉诺威之间的于尔岑（Uelzen）和策勒（Celle）一带，地质总储量约 12.00 亿吨。其中黑顿多夫（Hefendorf）矿和诺茵赫（Neuohe）矿最具代表性。德国每年产硅藻土原矿石 10 万 ~20 万吨，其中 30% 用于生产硅藻土助滤剂，50% 用于填料，20% 用于催化剂载体。

（1）黑顿多夫硅藻土矿：位于策勒北偏西约30km处。矿体出露部分长约2000m，宽约500m。矿体由东向西北延伸，产状平缓，倾角小于3°。矿层呈层状，厚薄相差很大，最薄处仅为几米，最厚处达30余米。硅藻原土呈灰黑色，风化后呈棕黄、棕褐色，块状，干燥后为薄层片状。化学成分：SiO_2，58.70% ~61.30%；Al_2O_3，1.77% ~2.25%；Fe_2O_3，6.24% ~7.70%；CaO，0.02% ~1.48%；MnO，0.01% ~0.21%；烧失量：20.60% ~31.15%。

硅藻壳体的含量一般在60% ~80%，其中主要属种是冠盘藻属和直链藻属，其次是舟形藻属、异端藻属和羽纹藻属等，据介绍此矿层中有硅藻330余种，隶属于37属。

（2）诺茵赫硅藻土矿：位于黑顿多夫矿的东侧，属更新世间冰期的沉积物。化学成分：SiO_2，68.40% ~78.40%；Al_2O_3，1.21% ~1.93%；Fe_2O_3，1.60% ~3.10%；CaO，0.22% ~0.23%；MnO，0.07% ~0.08%；烧失量：0.07% ~0.08%。

硅藻土原土质量较差，经过选矿提纯之后可用于生产硅藻土助滤剂及有关产品。

1.6.2.3 法国

法国硅藻土主要分布在中央高原的盆地之中，如普里瓦的科良德尔（Collandres），属第三纪、第四纪淡水湖盆。地质储量在2300万吨左右，具有代表性的硅藻土矿有3个。法国是欧洲主要的硅藻土生产国，每年产硅藻土50万吨左右。

（1）里奥姆-勒斯-蒙泰纳斯硅藻土矿：位于康塔尔省，原土质量好，呈白色，但为坑道开采。此矿层地质时代为中新世，是湖相硅藻土。

（2）圣保萨尔硅藻土矿：位于阿尔代什省，为湖相沉积硅藻土矿，矿区内有两层含矿层，上部矿层有铁质浸染，下部矿层原土质量优于上部，原土呈白色。

（3）穆拉尔硅藻土矿：位于康塔尔省，硅藻土矿为层状，其地质时代为上新世。

法国进行硅藻土开采加工的公司有两家，分别是碳化和活性炭股份有限公司（CECA）和德维斯（Devicees）硅藻土股份有限公司。德维斯公司是与美国琼斯-曼维尔公司的合资企业。

1.6.2.4 捷克

捷克境内硅藻土资源较为丰富，地质储量在10亿吨以上，主要分布在西喀尔巴阡褶皱带中部和波西米亚地块北缘的一些微咸水或淡水盆地中。因该地区火山活动频繁，为盆地湖泊中硅藻生长、繁殖及硅藻土的形成提供了良好条件。每年产硅藻土25万吨左右。

捷克境内有5个硅藻土矿，原土质量均属中等，在5个硅藻土矿中伯罗瓦内（Borovavy）硅藻土矿是主要矿区之一，位于博迪耶维策（Budejouice）东南15km处。矿体长约4000m，矿层最厚处达70m左右，为早古生代、元古代片麻岩，硅藻土层时代则属晚第三纪。该矿硅藻土分两大部分：一部分（上部矿层）原土呈灰绿色，含泥质（黏土质）成分较多，为含硅藻黏土和含黏土硅藻土；另一部分（下部矿层）原土为白色、灰白色，质轻、细腻。化学成分：SiO_2，75% ~86%；Al_2O_3，10% ~15%；Fe_2O_3，2%；CaO，0.10% ~0.58%；MnO，0.01% ~0.21%；烧失量：6% ~8%。

硅藻壳体含量为60% ~85%，主要硅藻属种是直链藻属，其次为冠盘藻属和针杆藻属。

1.6.2.5 丹麦

丹麦硅藻土矿主要分布在丹麦的日德兰（Jutland）半岛西北部的莫斯（Mors）岛和

富尔（Fur）岛上。硅藻土层出露良好，呈水平状分布，层理清楚，由于受地壳运动影响，有些矿层呈扭曲现象。属海相沉积。原土呈灰黄色、泥黄色或浅褐灰色，夹有棕褐色薄层杂质。化学成分：SiO_2，75% ~85%；Al_2O_3，8% ~12%；Fe_2O_3，3%；烧失量：10% ~15%。

丹麦进行硅藻土开采与加工的公司有两家：斯卡摩尔（Skamol）公司和丹摩林（Damolin）公司。主要产品为轻质隔热保温材料、工业吸附剂和杀虫剂载体等。丹摩林公司生产粉状、粒状硅藻土每年约消耗硅藻原土 10 万吨。

1.6.2.6　俄罗斯

俄罗斯境内具有的硅藻土储量约占原苏联硅藻土地质储量的 70.9%，有数亿立方米。硅藻土矿大多属非海相沉积，其成矿地质时代从晚第三纪到第四纪。共有 27 个硅藻土矿和含黏土硅藻土矿进行开采，年产量约为 70 万立方米（约合 30 万余吨）。主要产品为：水泥的添加剂、轻质隔热保温材料、硅藻土助滤剂、吸附剂、催化剂载体和填料等。

1.6.2.7　日本

日本境内有大小硅藻土矿（点）78 处，主要集中在本州东北部的秋田地区、中部的石川地区和西部的冈山地区，以及九州岛的一些地区。矿床规模大小相差甚大，有的矿区地质储量在百万吨以上，有的只有近万吨，总的地质储量近亿吨。原土的质量也有很大的差异。优质原土少，其中最好的原土化学成分：SiO_2，86%；Al_2O_3，5.8%；Fe_2O_3，1.6%；CaO，0.70%；MgO，0.28%。

矿床时代从晚第三纪到第四纪，但以中新世和更新世为主，这些矿床既有海相沉积的，也有非海相沉积的。

日本的硅藻土加工厂家较多，年产硅藻各类制品近万吨的有 8 家，其中最大的公司是 Showa Kaga-Kogyo 公司。

1.6.2.8　格鲁吉亚

格鲁吉亚硅藻土矿（“基萨季勃”矿）位于 Akhaltsikhe 地区，总储量约为 780 万吨，系前苏联最大的硅藻土矿。原土呈白色板、片状构造，相对密度约为 2.12g/cm^3，堆密度 0.63g/cm^3，比表面积较大（45m^2/g），孔体积 1.03cm^3/g。以圆盘藻为主，少部分直链藻、羽纹藻，部分藻体较完整，部分呈破碎状。圆盘藻呈圆盘状，个体细小，大部分直径 0.003 ~0.014mm（3 ~14μm），小量颗粒稍大，直径 0.02 ~0.04mm（20 ~40μm）；直链藻、羽纹藻分别呈链状、长舟状，个体有大有小，长 0.02 ~ 0.35mm、宽 0.008 ~ 0.048mm。硅藻生物体紧密堆积，大范围分布，成分为蛋白石，均质性。

该矿硅藻土化学组分分布约为：SiO_2，> 85%；Al_2O_3，3.0% ~5.0%；Fe_2O_3，0.5% ~1.5%。烧失量较小，吸水率较低。属晚第三纪至第四纪时代的非海相沉积成矿，因外界陆源物质浸入硅藻遗骸成分较少，所形成硅藻土纯度较高，是目前国内外所发现白度最好的硅藻土矿。

1.6.2.9　澳大利亚

澳大利亚已发现 6 处较大型硅藻土矿物，主要集中在东部（东北部和东南部），以管状硅藻土为主，且白度较好、纯度较高。以苏维尔矿区硅藻土矿为最好。硅藻土矿物呈白色、带淡黄色调块状，硬度低，质感轻，孔隙度高。硅藻占 87% ~89%，黏土质占

10% ~12%，石英约1%。硅藻：无色，普通为中心硅藻土（管状硅藻），极少量为羽纹硅藻土。大部分较完整，少部分呈破碎状，硅藻粒径普遍细小。中心硅藻土以直链藻为主，少量圆盘藻。直链藻呈管状，长 0.004 ~0.035mm、宽 0.003 ~0.012mm。圆盘藻呈圆盘状，直径0.004 ~0.014mm。羽纹硅藻为羽纹藻，呈长舟状，局部可见。硅藻生物体较紧密堆积，大范围分布，成分为蛋白石，显均质性。黏土质：为蒙脱石、高岭石等黏土矿物，呈显微鳞片状集合体，部分呈细小团粒状集中，部分零散分布硅藻间。石英：为细小粉沙、沙，零星散落硅藻间。样品 SEM 如图 1-16 所示。

图 1-16　澳大利亚管状硅藻土扫描电镜图

矿床时代从晚第三纪到第四纪，矿床既有海相沉积的，也有非海相沉积的。成规模硅藻土加工厂有 3 家，以农业制品加工或硅藻土原矿物出售为主。

1.6.2.10　其他（肯尼亚、伊朗）

肯尼亚发现多处硅藻土矿物，较好的硅藻土主要集中在纳库鲁地区的苏沙要布和卡兰杜斯，硅藻土品质较好，纯度高、白度好，以羽状硅藻为主［样品如图 1-17（a）所示］。肯尼亚硅藻土矿大部分处于待开发状态，生产商为非洲硅藻土工业有限公司。

伊朗发现硅藻土矿物 3 处，主要集中在伊斯法罕、呼拉桑、哈马丹等省。硅藻土品位较低，但白度较高，以直链硅藻为主［样品 SEM 如图 1-17（b）所示］。伊朗发现硅藻土

图 1-17　肯尼亚地区羽状硅藻土扫描电镜照片（a）和伊朗地区直链硅藻土扫描电镜照片（b）

开发水平较差，以销售硅藻土原矿物为主。

1.6.3　国内外硅藻土研究现状

硅藻土虽然是个小矿种，但因其具有独特的天然微孔结构，其深加工利用研究一直非常活跃，除作为传统三大主体材料（过滤材料、吸附材料、填料）制备研究与衍生品更新外，近年来国外在仿生材料、医用材料、生物材料、生态修复材料等方面有大量相关研究报道，主要是基于硅藻土表面微结构调控，如孔结构修饰、活性组分负载、官能团有序组装等，来完成硅藻土功能化制备。国外的相关研究综述如下。

1.6.3.1　硅藻土表面非共价共沉淀制备研究

这种修饰方法是通过非共价相互作用将功能材料沉积在表面。有多种方法，例如，将功能分子包裹在硅藻壳的孔隙中、吸附（物理吸附和化学吸附）、热退火、原子层或逐层、超声波和化学浴沉积等。

功能材料不仅可以沉积在完整的硅藻细胞上，也可以沉积在它们的部分硅藻壳上，第二种方法最常用。例如 Thakkar 等人在相应条件下用 $ZrOCl_2 \cdot 8H_2O$ 处理直链硅藻的培养物，得到了 ZrO_2/硅藻复合材料。在碱性条件下，ZrO_2 颗粒固定在硅藻表面，加入浓硫酸并在 200℃下加热后，经过絮凝、离心、洗涤和最终去除有机原生质后，得到的复合材料很容易回收。该复合材料可作为一种有效的纳米孔吸附材料用于水脱氟。用氯化钠和氢氧化钠溶液洗涤复合材料时，氟化物的解吸可使该复合材料在使用后很容易再生。

改性生物硅藻壳体更常见的方法，是利用去除功能性材料表面的生物物质和随后沉积物获得干净的硅藻壳用于初步分离。已有通过保存二氧化硅纳米结构来去除原生质的各种实验研究，但对纯度有一定要求。基于处理高浓酸（HCl、H_2SO_4）或混合酸和氧化剂（2M H_2SO_4 和 10% H_2O_2 的水溶液），例如药物输送硅藻壳体骨架的研究，Gnanamoorthy 等人处理凹盘状硅藻，用过氧化氢酸水溶液培养清洁的硅藻外壳，然后在硅藻表面或内孔孔隙里负载链霉素药物。药物负载后观察到孔径尺寸减小，表明链霉素分子存在。但这种药物传递系统的效率迄今为止并不理想。原因在于硅藻壳对链霉素的不稳定物理吸附，前 6 小时内观察到 60% 药物分子从硅藻壳外表面迅速释放，在第 7 天后方能检测到全部药物从孔中释放。

研究表明，多孔三维载体的硅藻壳对生物分子具有较好的吸附作用，为光学检测在生物传感中的应用奠定了基础。Wang 等人发现，在玻璃表面加入一滴生物分子（例如蛋白质、抗体、DNA）溶液，完全覆盖预清洗的硅藻壳，在溶剂蒸发的过程中，多数生物分子会选择性地聚集在硅藻壳上，而不是玻璃基底。这一现象主要是由于硅藻壳的比表面积和孔通透性比玻璃基底大。吸附也取决于玻璃玻片上沉积的硅藻壳的大小和形貌。小而双侧对称的硅藻壳，例如 10μm 的羽状藻，在抗原的传感上比径向对称的大硅藻壳更有效，例如长约 80μm 的圆盘藻。前者的体积小，导致比表面积大，抗体吸附密度高，对抗原分析的敏感性高。硅藻壳的大比表面积和小孔径是快速检测的关键因素，因为抗原很容易通过毛孔，并且可以与吸附在外壳表面和内壳表面的抗体完全接触，这与玻璃片上唯一可能发生的抗原运动模式相反。

Lim 等人研究了硅藻壳对鸡蛋清中牛血清白蛋白（BSA）和溶菌酶（Lyz）等蛋白质

的吸附作用。发现由于表面硅醇基团的面积和密度较高，因此中心硅藻威氏海链藻的小尺寸硅藻壳比羽状硅藻和硅藻土对蛋白质的吸附更有效。蛋白质测定的灵敏度强烈依赖于pH值，在蛋白质中性形式稳定存在的等电点效果最佳。在此pH值条件下，存在最小化的蛋白质排斥作用，并观察到硅藻壳吸附的生物大分子最大堆积密度。在等电点，吸附以化学吸附为主，主要基于二氧化硅表面羟基与蛋白质氨基或羧基之间的氢键相互作用。化学吸附比物理吸附更适合蛋白质的检测，因为氢键相互作用比典型的物理吸附中静电作用、疏水或范德华尔相互作用强，这可能导致蛋白质降解，并对测定的灵敏度产生负面影响。

Yang等人基于银纳米粒子（NPs）在硅藻壳表面的自组装，研究了更适合于开发超灵敏免疫分析生物传感器。结果表明，这些粒子光子晶体特性增强了吸附Ag纳米粒子的表面等离子体共振特性，从而提高了它们表面拉曼散射（SERS）的灵敏度。在这种情况下，完整干净的硅藻壳通过热退火，羽状硅藻单体优先附着在玻璃片，然后用氨基修饰，以利于它们在生物二氧化硅表面与纳米银粒子产生静电相互作用。将羊抗鼠免疫球蛋白抗体吸附在纳米粒上，用BSA蛋白阻断银表面的其他吸附位点，减少免疫分析的非特异性结合。再用羊抗鼠IgG抗体和强拉曼活性剂5,5-二硫代比（2-硝基苯甲酸）修饰纳米粒（DTNB），提高了抗原敏感性。免疫分析结果表明，该免疫分析方法对互补抗原（鼠免疫球蛋白）具有高度特异性，而不是非互补（人免疫球蛋白）类似物，对小鼠的检测限度达到了10pg mL^{-1}IgG，比平板玻璃上的传统胶体SERS传感器提高了约100倍，表明这种混合等离子体-生物二氧化硅纳米结构实际上可以作为免疫分析的有效材料。

Lin等人论证了用精密定位器控制相当大直径（100～200μm）的威氏圆状硅藻单个干净壳的定位和位置的可能性，以精确覆盖基于电化学阻抗谱原理的多传感器阵列平台上金微电极的整个125μm表面（先前涂有多聚赖氨酸）。作为人血清中C反应蛋白（CRP）和髓过氧化物酶（MPO），每个电极吸附性壳的介孔度极大地提高了生物传感器对特异性炎症蛋白的灵敏度（≈1pg mL^{-1}）。

各种金属或金属氧化物纳米粒子可以通过原子层或多层技术沉积在硅藻壳表面。原子层沉积（ALD）是一种有效的技术，它在不改变硅藻壳分层结构的情况下，能够很好地控制沉积层的厚度以及最终的孔隙尺寸。例如，Losic等人使用ALD来均匀覆盖两种中心硅藻圆盘状和海链状硅藻壳表面，并将其用超薄的TiO_2层覆盖起来。分别以挥发的四氯化钛（$TiCl_4$）和水作为钛和氧的前驱体，对硅藻壳进行连续曝光沉积。根据ALD循环，TiO_2层的孔径可从40nm减小到5nm以下，TiO_2层的最终厚度可从几十纳米减少到几个原子层。该方法还可应用于Al_2O_3、ZrO_2、SnO_2、V_2O_5和ZnO等多种金属氧化物薄膜中，为提高硅藻膜的潜在过滤性能提供了范例。然而，尽管具有很好的连通性，这项技术还是导致了有限的金属氧化物表面体积比，克服这一限制的一个可能的选择是逐层沉积技术。

Jia等人在硅藻土上沉积TiO_2颗粒时，通过逐层技术获得了较高的TiO_2比表面积。这种技术是基于原位制备的一层带正电的胶体TiO_2颗粒和一层带负电的植酸分子之间的静电相互作用。这种沉积必须多次重复才能实现良好的粒子间接触，这需要一段作用时间。据报道，逐层沉积法也是一种有效的方法，用贵金属（Ag、Pt、Au）和半导体（CdTe）

纳米粒子包覆直链藻和圆盘藻的硅藻壳。在这种情况下，带正电荷的聚烯丙胺盐酸盐（PAH）和带负电的纳米粒子之间会发生静电相互作用。结果表明，所得材料适用于表面组分的 SERS 增强、催化和扫描电镜（SEM）图像质量的改善。特别是负载铂纳米粒子的硅藻壳在六铁氰酸盐与硫代硫酸盐的氧化还原反应中表现出较高的催化活性，高于 Pt 胶体和通过羧基与生物二氧化硅氨基缩合作用而共价结合到硅藻壳表面的 Pt 纳米粒子。采用逐层包覆硅藻壳技术而不是共价连接技术的方法导致 Pt 在催化剂样品中的沉积量较低，但反应速率提高了 1.5 倍。

化学浴反应也是硅藻土表面沉积特定组分的有效方法。例如，以氯化镉和硫脲分别作为镉和硫化物来源进行间歇反应，采用化学浴沉积（Cbd）方法在硅藻表面沉积了半导体 CdS 纳米粒子。加入氢氧化铵后，在硅藻壳上加入间歇溶液，引发了 CBD 反应，在 80℃条件下，通过可控制计量的水浴反应，在多孔硅藻壳表面生成 CdS。结果表明，这些硅藻壳有致密、均匀和纳米结构的 CdS 覆盖，其光致发光光谱检测出 CdS 纳米粒子典型的黄色锐利发射。其结果为具有可调谐光致发光特性的新型纳米结构材料开辟了道路，并有望在光电探测器、太阳能电池许多其他光电子设备等领域得到应用。

基于化学反应也可以在硅藻壳表面沉积银纳米粒子。例如等离子体处理过的硅藻壳加入硝酸银溶液中，有利于银的阳离子静电黏附到生物表面。然后加入氢氧化钠生成 AgO 纳米粒子固定到表面，很容易将葡萄糖通过氧化还原反应还原为 Ag 纳米颗粒。该材料被用作硼氢化钠快速还原玫瑰孟加拉染料的有效光催化剂。

Cai 等人报道了一种硅藻的正硅酸锰-锌涂层。将生物硅壳浸入醋酸锌和醋酸锰溶液中。随后在 105℃下过滤和加热，得到了形状保持不变的硅藻壳，涂有致密、连续、共形和绿色的掺锰的 Zn_2SiO_4 层，用于光子应用。

Guo 等人报道了一种简单的制备硅藻土 TiO_2、MnO_2 复合材料的方法，该复合材料适合作为超级电容器的电极材料。硅藻粒子的非晶态二氧化硅不是一种好的半导体材料，但当涂覆这种金属氧化物时，其半导体行为足以用于包括电容器或太阳能电池在内的众多器件中。在这种情况下，硅藻土的生物二氧化硅表面通过水解和 TiF_4 的甲基化反应，涂覆了一层 TiO_2 纳米球。然后，通过 $KMnO_4$ 的水热分解，在二氧化钛层上进一步沉积 MnO_2 纳米薄膜。TiO_2 层具有高度多孔的纳米结构，并通过沉积的 MnO_2 提供了开放的孔道，增强了 MnO_2 的电子传输，而 MnO_2 与电解质的离子接触很好。结果表明，该复合材料具有良好的长期电化学稳定性，在 2000 次的充放电循环后，其总电容损失仅为 5.9%，这是超级电容器实际应用所需要的关键特性。在 2000 次的循环中观察到极高的库仑效率（98.2%～99.6%），这意味着充放电过程是高度可逆的。

Toster 等人提出的一种非常有效的在生物硅壳表面沉积二氧化钛的方法，即等离子体处理二氧化钛的表面活化。这是一种清洁、无试剂的工艺，基于生物二氧化硅对等离子体源的快速去除特征，通过离子轰击除去表面上的甲基，有利于形成亲水性硅烷基团，从而有效地与二氧化钛纳米颗粒结合。这些纳米粒子是在活化硅藻壳存在下，通过控制水解钛（Ⅳ）异丙醇原位合成的。随后在 500℃下进行热处理，得到在锐钛矿相中包覆 TiO_2 纳米粒子的生物二氧化硅。在重复 3 次实验以提高二氧化钛层连通性后，将改性后的生物二氧化硅与乙基纤维素和松油醇共混，作为染料敏化太阳能电池（DSSC）光阳极的基材。该底物对 N719 钌染料的吸附非常有效，与无硅藻壳制备的标准二氧化钛电池相比，具有更高的捕光能力和30%的能量转换效率。这是由于生物二氧化硅介孔引起的多重光反射，增加了光子被染料吸收的概率，也增加了注入二氧化钛半导体的电荷。

Mao等人采用基于氯化钛前体超声化学缩合和550℃热处理方法，在硅藻壳的孔内装配二氧化钛，从而获得具有光催化效率的改性生物硅，用于降解废水中不需要的有机染料。在这种情况下，可以通过改变反应时间来控制孔内TiO_2的量，并因此控制光催化性能。经过12h的超声处理和5h的煅烧后，所得的介孔二氧化钛负载的生物硅，相对于参照商业二氧化钛基催化剂P25尽管只有30%的二氧化钛量，但由于硅藻壳的介孔性，其表现出改进的光催化性能。

超声波处理方案也被应用于高折射率ZnS纳米颗粒涂覆在圆盘状硅藻的硅藻壳表面，该纳米颗粒可广泛用于光学和光子学。超声波可促进二氧化硅反应自由基中的初始水解分离，提高在壳表面植入醋酸锌效率，再进行乙酸-硫化物交换。由于ZnS与空气相的介电对比度较高，因此在光子学方面具有广阔的应用前景，保留了它们的形貌和光子晶体特性，并显示出增强的带隙反射率。

1.6.3.2 硅藻壳表面共价功能化制备研究

当需要空间位阻分子的稳定锚固时，共价功能化比非共价基方法更有利。这主要是生物分子例如抗体、酶和DNA菌株的本征特性，在硅藻壳表面上的稳定连接使混合纳米结构能够被构建来用于生物传感。基于共价结合的大多数途径均涉及生物硅表面上的硅烷醇基团与功能化有机硅烷，如3-氨基丙基三甲氧基或3-氨基丙基三乙氧基硅（分别为APS和APTES）缩合的初步步骤。该步骤产生一层有机硅烷部分，可锚固到硅藻壳表面之外彼此结合，因此形成暴露反应性锚定基团。例如氨基可用于共价功能化的稳定外部网络，这确保了相对较大的生物分子的黏附和稳定植根，可通过双官能间隔基团锚定到有机硅烷部分，使生物分子共轭能够克服硅藻壳表面上的空间位阻。该方案在开发常规生物/化学分析的微型总分析系统（μTAS）或片上实验分析（LOC）中特别有用。

Townley等人用APS（Ⅱ）和N-5-叠氮-2硝基苯并氧基琥珀酰亚胺（ANB-NOS）（Ⅲ）制备的间隔物，将威氏圆筛藻的表面功能化，固定抗IgY（免疫球蛋白Y），该抗体从兔子体内生成。锚定的抗IgY被证实与辣根过氧化物酶（HRP）结合的免抗体特异性相互作用。基于该功能化，设想用硅藻土锁定来自血清样品的总抗体，然后用多种与不同荧光染料结合的第二抗体来探测。这样的过程只需要极小的样品量，并且功能化的硅藻壳可以用于抗体阵列或免疫沉淀反应以检测抗原或蛋白质-蛋白质相互作用的存在及数量。De Stefano和Gale等人通过APTES分子与戊二醛间隔物和共价连接的生物探针（如鼠单克隆抗体UN1）的缩合来修饰硅藻壳表面，首次证明即使连接至无定形二氧化硅表面，抗体仍然有效地识别它们的抗原，导致生物硅光致发光强度的变化。这一发现揭示了可应用硅藻壳作为光学生物传感器的换能器元件。

Bayramoglu等人使用APTES和戊二醛进行表面修饰，将酸性和等离子体处理的硅藻生物硅表面的酪氨酸酶接枝。研究发现，与游离酶相比，固定在硅藻壳上能够增强该酶的催化活性，相对于酚类化合物的生物降解以及其热稳定性和储存稳定性均较好。此外，由于易于回收和可重复循环使用，酪蛋白酶功能化的生物硅大规模生物技术的应用可以为酚类污染物降解连续性提供技术支持。

Rosi等人用TMS和4-[对马来酰亚胺苯基]丁酸双官能团分子修饰针杆藻和舟形硅藻

的表面，以共价结合荧光团标记硫代 DNA 链，得到的 DNA 修饰的硅藻壳作为用互补硫醇基 DNA 寡核苷酸功能化的金纳米颗粒的序列特异性组装的模板。用互补 DNA 链功能化的金纳米颗粒的特定组装被迭代以建立一个保持硅藻模板尺寸和形状的多维材料（多达 7 个纳米颗粒层），可作为 SERS 的有效基底材料。

Zhen 等人将能够结合 1,3,5-三硝基甲苯（TNT）的单克隆抗体的单链可变片段(scFv)，共价链接到羽状硅藻壳的表面，该硅藻壳用丙基三甲氧基硅烷（APTMS）和二琥珀酰亚胺辛二酸酯（DSS）交联剂预先修饰。所得材料用于开发高灵敏度和选择性的无标记抗体生物传感器，检测 TNT 和其他爆炸性分析物。检测过程中免疫复合物不需要任何额外的化学标记来启用 TNT 检测，因为在 TNT 连接时，由于 TNT 的硝基的亲电子性质，导致可及时观察到硅藻生物硅的固有蓝光致发光的淬火效应。以上所述化学或生物传感应用的硅藻功能化方法都与实验室芯片平台兼容，并通过将单硅藻附着在微毛细管上，证明了该方法的可行性，将功能化硅藻引入微流控通道。

表面功能化以及孔隙率、高比表面积和生物相容性的固有性质使功能化硅藻的生物硅对药物传送的应用极具吸引力。多巴胺修饰的 Fe_3O_4 磁性纳米粒子共价固定在硅藻表面，为吲哚美辛的药物递送提供磁性引导的微载体。烯-二醇多巴胺配体被用来覆盖氧化铁纳米粒子，其被静电自组装到硅藻表面上，可形成坚固的磁性 DOPA/Fe_3O_4 层。通过控制它们在外部磁场中的运动来证明改性硅藻的磁性，并且证明水溶性吲哚美辛在 2 周内会持续释放。

Cicco 等人研发了一种多功能药物释放材料，其方法是在硅藻表面缩合一种三乙氧基硅化功能化的 TEMPO 自由基清除剂，并装载环丙沙星，这是一种用于治疗与骨科或牙科设备有关的感染的抗生素。所产生的物质将 TEMPO 的抗氧化性能与环丙沙星的药物传送能力结合起来。TEMPO 功能化的硅藻壳也被证明适合作为细胞生长和组织再生的支撑。特别是对功能化硅藻的生物相容性数据及其在体外对骨环境的影响进行了研究，研究作为底物的 TEMPO 功能硅藻壳上成纤维细胞和骨样细胞的生长。

Yu 等人采用含巯基(—SH)、氨基酸($—NH_2$)和乙二胺基($—NH—(CH_2)_2—NH_2$)的有机硅烷自组装单分子膜进行硅藻土表面修饰，来获得功能化的吸附过滤材料。该过滤材料可从水溶液中去除 Hg(Ⅱ)离子。特别是能观察到有巯基功能化硅藻，其吸附效率显著提高，主要由于其与 Hg(Ⅱ)离子的亲和力较高。

在很多情况下，硅藻生物硅在器件中应用需要具体的硅藻壳表面变化，以赋予特定的电子、光学或化学特性。例如，为了实现在直链硅藻壳表面上成功沉积致密、连续和共混的纳米晶体 SnO_2 层，Weatherspoon 等人采用增加作为氧化锡锚定基团的表面羟基官能团数量来提高材料性能。羟基的树枝状扩增通过在硅藻壳表面上进行初步 APTES 缩合和迈克尔加成反应以锚定基于丙烯酸酯的分子和三（2-氨基乙基）胺的树枝状层来实现。丙烯酸酯端基膜与 D-葡糖胺盐酸盐的最终反应导致硅藻壳表面暴露的羟基活性位增多。

通过溶胶－凝胶工艺，基于对 2-丙醇锡、2-丙醇和氢氧化铵溶制备的富含羟基的硅藻壳，较裸露的类似物涂覆 SnO_2 层效果更好。在 700℃退火之后，所得材料可制造用于 NO 气体的 SnO_2 传感器。

由于硅藻生物二氧化硅的半导体惰性，对硅藻表面进行共价改性，以开发出更适合能源生产或光电子学的技术材料。例如，利用硅藻壳官能化同时还原石墨烯氧化物(GO)，实现了一种还原型 GO-生物二氧化硅复合材料，被认为是一种检测阳离子生物分子的电极。GO 中的羟基和羧基以及硅藻二氧化硅的硅烷醇(Si—OH)和硅氧烷(Si—O—Si)基，通过直接酯化反应和同时还原用来形成 Si—O—C 键。

1.6.3.3 生物硅藻壳体内修饰制备研究

通过硅藻土孔道结构调控进行硅藻壳功能化，是具有独特和创新性的方案，可提供具有高度有序纳米结构和功能分子的生物二氧化硅功能材料。这种功能化方法非常简单，利用生物硅藻的生理能力来吸收合适剂量的功能分子，并将其纳入生物硅纳米结构内部，形成细胞。因此，这种方法提供了纳米结构的功能材料，其不能通过普通的合成路线制造。例如，Stöber 通过二氧化硅纳米化粒子的途径可以导致整体功能化，但不能再现硅藻壳的纳米结构形态。体内功能化方法基于将分子简单地添加到培养基中作为人造营养素。这种生物硅改性的生物技术途径可以为生产各种生物杂化纳米结构材料提供技术支撑，这些纳米结构材料具有将功能分子紧密结合到硅藻壳块状生物硅中的特性。

体内修饰方法的早期研究是对生物成像的应用，因为具有特定结构的有机染料可以结合到活硅藻细胞中，以研究其生长和生物硅化机理。发现了合适的官能团，例如羧基、氨基、氨基丙基或三乙氧基甲硅烷基，当硅藻生物产生时对于染料在二氧化硅沉积囊泡中的摄入和积累发挥至关重要的作用。Desclés 等人使用溶酶体蓝（DND160）和溶酶体黄（HCK-123）在一系列活硅藻中对生物硅进行选择性成像，并且在将它们并入硅藻壳本体纳米结构中之后，发现两种染料都能抵抗高锰酸钾和硫酸进行酸氧化处理，其可用于从有机自养物质中分离荧光硅藻。同样作者也证明了结合在体内和体外的方法，使用两种不同的有机荧光团分别在主体和表面上给硅藻染色的可能性。三乙氧基甲硅烷基官能化的 FITC-APS 绿色染料在体外共价连接到原生质分离的硅藻壳表面上，原生质先前已用 DND-160 在体内染色。有机荧光材料（如激光染料）在硅藻中的集成，是探索天然生物硅化过程的有效策略，也是生物杂化发光纳米材料在光调制器或微谐振器等光子学领域具有潜在应用前景的有益途径，因为它们可以将染料的释放与硅藻壳的光子晶体性质结合起来。Kucki Fuhrmann-Lieker 设想了这种可能性，在体内将一系列羧基功能化的罗丹明激光染料加入格氏圆筛藻和威氏圆筛藻的硅藻壳中。这些硅藻与染料共同孵育，形成了荧光纳米结构，而不改变硅藻壳的形态。发现纯分子荧光团 PL 光谱（光致发光光谱）与染色的硅藻壳相比有显著差异，说明纳米生物二氧化硅的局部环境对染料的释放有一定的影响。

Lang 等人也证明了有机烷氧基硅烷分子可以代谢地插入硅藻壳中的原理。他们特别将 3-巯基丙基三甲氧基硅烷（MPTMS）和四甲氧基硅烷（TMOS）作为饲养剂添加到威氏海链藻培养物中，并通过 SEM-能量色散 X 射线光谱（SEM-EDX）证明处理过的硅藻表面上存在硫醇，在从细胞原生质中分离后，特别是基于 TMOS 和 MPTMS 在培养基中的初步水解，生成硅酸的迁移以及随后在母细胞囊泡的硅沉积和在生殖过程中子代细胞巯基修饰部分的遗传，提出了一种可能的包容机制。虽然观察到孔尺寸减小，但代谢结合的发生保持了硅藻壳的形状没有改变，这可能是由于在 MPTMS 结合之后二氧化硅网络的密度降低。

体内方法也可以用于将金属、金属离子或金属氧化物结合到大块壳纳米结构中，因为已知的活硅藻会从周围的水环境中自然地在二氧化硅中积累微量元素。将 $CaCl_2$ 水溶液添加到盐威氏海链藻的培养基中，导致在大硅藻块体中掺入 Ca^{2+}，这种功能化作用在经过 H_2SO_4、$KMnO_4$ 和 H_2O_2 的酸氧化清洗过程后的 EDX 和 FTIR 分析中仍然可以看出。由此产生的富钙生物硅壳成为一种骨细胞生长的合适材料，并在再生医学领域得到应用。

Rorrer 等人很早就发现碎片菱形藻和羽状硅藻能够代谢地将锗吸收到它们的硅藻壳中，并且根据藻种的不同，这种体内修饰会导致掺杂部分的纳米结构发生特定的改变。这表明体内掺入法可成为一种合适的生物技术路线来制备具有不同的纳米和微结构特征的新无机材料。两种培养物在气泡柱光生物反应器中进行两阶段培养，以控制营养物质的输送速率：第一阶段，硅藻细胞悬浮液生长到缺硅状态；第二阶段，$Si(OH)_4$ 和 $Ge(OH)_4$ 分别作为可溶性硅和锗源，促进细胞在吸收锗过程中分裂。在一次细胞分裂后，形成两个新的子细胞，每个细胞都带有一个母结构和一个新的掺锗的部分。在体内将锗掺入羽状岩藻细胞后，新的下半部分体呈现出意想不到的双面纳米梳状结构。对这种结构变化的一个可能解释是，在自然条件下，生物硅化过程导致羽状硅藻出现新的部分，首先是肋骨结构的形成，然后由二氧化硅以形成有序孔的方式填充：锗的代谢插入被认为是在这个过程中引入缺陷，减少硅的吸收，并消除在肋骨结构中形成多孔阵列的最后一步。通过酸氧化法分离出的纳米梳掺锗生物硅部分，显示了蓝光发光特性，是生物科技工程如何进行活细胞培养的有价值例子，可导致新纳米结构材料形态和光物理学性质与未经过处理的原始硅藻不同。相反，采用两阶段培养过程，在体内将锗掺入中心羽状硅藻的硅藻壳中，一个细胞分裂产生的掺锗部分保持原中心对称，但具有不同的多孔纳米结构，因为在非掺杂部分它们只保留一层大尺寸孔（200nm）的生物二氧化硅层，不再具有 50nm 纳米孔阵列的薄层。因此，在这种情况下，孤立的掺锗部分类似于二维光子晶体板，它们被认为是适合于发光二极管的电致发光材料。实际上，采用 Ge 旋涂于羽状硅藻表面，在紫外线-绿（300～500nm）和红-近红外（640～780nm）区域都检测到了电致发光。在 ITO 涂层玻璃基板上掺锗部分，再沉积一层硅酸氢介质和铝阴极。为了证明锗在硅藻块体中所起的作用，用非掺杂硅生物部分制作了结构相同的参比二极管，没有检测到电致发光信号。

Rorrer 等人也采用了两阶段培养过程，在体内将二氧化钛混入羽状藻硅藻壳中。整个研究存在钛源在水培养基中的低溶解度的技术瓶颈问题。因此，在第二阶段控制可溶性 $Ti(OH)_4$ 的摄食速率是避免其在细胞吸收前在水环境中沉淀的关键所在。采用酸-氧化法分离出的硅藻壳中含有 2.5%（*w/w*）的钛作为钛酸盐纳米相，优先沉积在每个孔的衬底基体上，通过热退火，最终转化为纳米晶 TiO_2 锐钛矿相。为了克服溶解度极限，Lang 等人使用水溶性钛（Iv）双（氨性）-二氢氧化物（TiBALDH）在体内饲养威氏海链藻硅藻，并成功地分离出形态未改变、含有 30%（*w/w*）钛的硅藻壳。研究发现，钛改性活硅藻在紫外光照射下表现出光催化活性，促进大肠杆菌（E. coli）共培养物的降解，并证明了富二氧化钛清洁的硅藻壳具有光催化活性，是光降解亚甲基蓝染料的有效催化剂。van Eynde 等人研究了六种不同钛源［包括二氧化钛 P25 纳米粒子、水化钛和四种水溶性配合物（Ti-H_2O_2、Ti-TEA、Ti-EDTA 和 TiBALDH）］在羽状硅藻中的体内掺入情况。经浓 HNO_3清洗后，TiBALDH 处理的硅藻壳中的钛含量最高（10.4%），在降解乙醛等气体污染物方面表现出良好的光催化活性。

Gautam 等人的研究表明，二氧化钛纳米粒子在谷皮菱形藻的活硅藻中的代谢掺入，导致位于胞孔内的 TiO_2 纳米管的形成。分离的二氧化钛纳米管掺杂的硅藻壳被用作 DSSC

中光电阳极的涂层基质，相对于使用 TiO_2 替代代谢改性硅藻壳的参考装置，记录到了几乎两倍（9.45%比4.20%）的功率效率。此外，还提出了一种新的生物源 DSSC 原型概念。并提出直接利用二氧化钛改性硅藻培养技术建立太阳能转化和生物燃料生产的 DSSC 装置的可能性。一种可能的装置工作机理可以描述为：通过在体内掺入二氧化钛纳米粒子两阶段培养过程后，可以在输送介质中添加卢戈氏碘作为电解质，钌复合物作为光活性染料；在光吸收时，观察到弱光电流，增强硅藻分泌脂质生物燃料滴的自然能力，而不影响细胞生存。因此，硅藻除了被认为是纳米生物二氧化硅的天然生物工厂外，最近还作为藻类生物精炼中生物燃料和其他有价值代谢产物的平台生物引起了人们的兴趣。

硅藻细胞作为活的生物工厂应用是由 Chirinboga 和 Rorrer 于 2017 提出的。两种藻类环状藻和海链藻具有产生甲壳素的特殊能力，即具有生物医学性质的 N-乙酰氨基葡萄糖生物聚合物，从硅藻细胞中挤出成直径为 50nm、β-晶型纯度高的刚性微纤，并报告了一种优化的营养培养策略，以刺激小环藻边缘硅藻壳内部孔中的壳质纤维的生产和挤压。该研究还采用了两阶段培养工艺，第一阶段使硅藻细胞悬浮液处于缺硅状态，第二阶段以可溶性硅酸和硝酸盐作为甲壳素生产氮源的缺硅细胞的连续培养。为了有利于甲壳素的生产，必须控制饲养速度，以减少细胞分裂，并允许细胞完全吸收所提供的可溶性营养物质。从硅藻中挤出纯甲壳素纳米纤维是生物技术方面的一个关键，因为它提供了纯形式的甲壳素和具有单分散结构尺寸的甲壳素，这与生物体内部真菌细胞产生甲壳素相反，后者需要复杂的分离方案。

1.6.3.4 基于硅藻壳表面纳米结构化学组装制备研究

硅藻壳经历过“生物碎片和形状保存无机转化”基本过程，导致各种非天然材料保留纳米结构的形态，但具有完全不同的化学成分，这适用于由于二氧化硅的绝缘性质而妨碍原始硅藻壳的各种应用。在改变生物二氧化硅成分的同时又不失去其结构精细特性的基本途径有多种，主要依靠气体/二氧化硅置换反应、保形涂覆方法以及置换和共形涂层工艺相结合的方法。

Sandhage 等人首次指出，基于镁热还原或甲基化反应的气体/二氧化硅置换过程是将直链圆柱状硅藻生物二氧化硅硅藻壳转化为 MgO/Si 复合材或 Si 或 TiO_2 纳米结构并保持硅藻壳形状的合适方法。

特别是镁热还原是一种气固置换过程，在较低的温度（650～750℃）下，固体镁被蒸发，当它与硅藻生物二氧化硅接触时，允许在气相中发生反应：

$$SiO_2(s) + 2Mg \longrightarrow 2MgO(s) + Si(s)$$

当二氧化硅还原为硅时，镁蒸气被氧化为氧化镁。

这一工艺可以在大大低于硅熔点（1414℃）的温度下进行，从而使正在减少的二氧化硅结构的形状得以保留。因此，所制备的 MgO/Si 复合材料保留了硅藻壳的形貌和纳米尺度特征，还可以通过与盐酸反应，将氧化镁作为可溶于水的 $MgCl_2$ 漂洗，从而很容易地转化为纯 Si 复制品：

$$MgO/Si(s) + 2HCl(l) \longrightarrow Si(s) + MgCl_2(aq) + H_2O$$

除了表现出光致发光效应，硅藻细胞的复制品在暴露于气体一氧化氮时也表现出快速的阻抗变化，Sandhage 用它建立了一个微型的单硅硅藻细胞基气体传感器。

镁热还原和酸处理产生的硅复制品可以通过其他方法进行进一步的化学修饰，以适应从生物分子传感到能量转换和储存等各种特殊用途。例如，Chandrasekaran 等人通过与烯丙基硫醇的氢化硅化反应，功能化直链硅藻的 Si 复制品表面，使其稳定地与镀金玻璃片结合，作为光电化学电池的工作电极，用于太阳能转换。在金电极上沉积的硅复制品表面再用化学浴沉积 CdS 光催化剂，证明是提高光电流产生的有效方法。

Campbell 等人在硅藻土的镁热还原和盐酸处理下，通过乙烯化学气相沉积，包覆了纳米结构的硅。他们在铜箔电极上沉积了聚乙炔黑（AB）和聚丙烯酸（PAA）结合剂的碳包覆硅纳米结构混合物，并将其作为锂离子电池的阳极。高孔碳涂层硅比表面积高于原始硅藻土，循环性能好。研究表明，C/Si 基阳极即使经过 50 次循环后，依然有高的放电容量（$1102.1 mAhg^{-1}$）。镁热反应也被应用于提供具有硅藻壳形貌的掺杂硅复制品。特别是 Chandrasekaran 等人首先用硼掺杂直链状硅藻的二氧化硅硅藻壳，并用镁热转化成硼掺杂的硅复制品，这证明其适合作为 P 型半导体材料。通过水分解法制备用于制氢的电化学电池的高效光电阴极，首先将之前用磷化铟纳米晶体和铁硫羰基络合物 $Fe_2S_2(CO)_6$ 作为电催化剂涂覆的掺杂硼的 Si 复制品沉积在金涂层载玻片上。

硅藻的贵金属（Ag、Au、Pd）复制物在催化中具有潜在应用，Sandhage 通过一个可扩展的多步骤的过程获得了传感和光电方面的应用：①镁热反应还原硅藻壳硅的复制品；②纳米多孔金属湿化学沉积硅表面；③以加热 NaOH 水溶液处理的选择性溶解硅模板。

Sandhage 等人首次研究了在 350℃时，直链状硅藻壳生物二氧化硅与 TiF_4 气体之间发生的化合气固置换反应，硅作为 SiF_4 气体被除去，生成锐钛矿型 TiO_2 硅藻复制品：

$$SiO_2(s) + TiF_4(g) \longrightarrow SiF_4(g) + TiO_2(s)$$

这些纳米结构也经过与熔融 $Ba(OH)_2$ 或 $Sr(OH)_2$ 的水热处理，得到了 $BaTiO_3$ 或 $SrTiO_3$ 钛酸盐硅藻复制品，由于其铁电和压电性质，是适合于电容器、电光器件、压电致动器、被动记忆存储装置和传感器的活性材料。

生物硅壳的有机聚合物复制品已通过共形涂覆或软光刻方法获得。通过以下步骤来制造直链藻硅藻壳的环氧仿品：①将生物硅胶壳体浸入环氧前趋体溶液中；②过滤并干燥涂覆的硅藻壳；③通过硬化剂固化涂层；④最终使硅藻壳体暴露到 HF 溶液中，以溶解下面的二氧化硅。保形涂覆方法，必须仔细控制涂覆溶液的浓度，以产生连续沉积层，不完全填充或覆盖起始硅藻中存在的细孔或窄通道。当涂覆后二氧化硅溶解时，复制品的外壁看起来是空的，由圆柱形支柱分开的薄内层和外层组成。

Pandit 等人通过以下方式制造保留威氏海链藻硅藻壳的三维形态特征的聚合物纳米结构的方法：①通过共价连接 2-溴异丁酰溴活化生物硅表面；②嫁接原位制备的基于甲基丙烯酸酯共聚物到活化表面；③共聚物的乙烯基交联以产生更刚性的外有机层；④用 KOH 处理最终获得溶解生物硅芯。

除了用于制造具有保留 3D 纳米结构的阳性复制品的合适模板之外，硅藻生物二氧化硅壳也可用于产生阴性复制品。例如，Losic 等人使用软光刻方法产生圆筛藻和海链藻硅藻土壳的阴性和阳性聚合物复制品。该方法包括：①控制壳的固定，将其外部（凹面）或内部（凸面）表面暴露于基材；②基于模制一个柔软且有弹性的聚合物的阴性复制，由此弯曲成具有与原始硅藻壳互补形状的纳米结构；③进一步的复制步骤，以将 PDMS 阴性模具转化为另一种聚合物，例如巯基酯 UV 可固化聚合物 NOA 60 的阳性复制。这种复制过程具有良好的重现性和精度，因为多孔壳结构已成功地转移到阴性 PDMS 复制品上，显示了由一系列小柱子装饰的顶部表面，以及 NOA 60 阳性复制品。

PDMS 和 NOA 60 都是光学透明和廉价的聚合物，经常用于光学、微流体学和生物分析。这些聚合物复制品可以作为光学元件，如微透镜和光栅、纳米制造和生物传感器件组件来应用。此外，该成型方法用途极为广泛，通过适当选择硅藻种类和聚合物组成，可以制造各种具有不同仿生形状、几何形状和有序图案（六边形、方形）的纳米结构材料。

类似的方法也被用来制造硅藻壳的阴性金复制品。Losic 等人报道了一种直接的方法，该方法是在硅片上固定硅藻壳，然后在固定的硅藻壳上热蒸发金，得到的连续金层用聚酯胶粘在玻璃支架上，最后机械地从硅片上剥离。去除粘在玻璃上的金层后，硅片上保留了大部分的硅藻壳模板，少量硅藻壳附着在金表面，可以通过氢氟酸溶解去除硅。这种方法是昂贵的光刻程序的一种有用的替代方法，因为它导致沉积了一层具有纳米结构特征的金层，其结构特征和光学性质与硅藻壳的互补，如局域表面等离子体共振（LSPR），可作为生物传感器的组成部分。

Belegratis 等人报道了基于有机材料的双光子聚合的 3D 激光光刻技术（3DLL）的功能，这是一种非常精确的方法，来制造具有反向结构设计的人工硅藻微米和纳米结构。具体地说，将负性光致抗蚀剂滴在玻璃基板上并烘烤，直接激光写入导致了一种具有阴性硅藻壳设计的人造模具可被复制以获得一种耐用的纳米压印光刻硬模（NIL）。作者还证明了这种技术的极高精度，构建新的生物激发材料，其常规纳米图案结构类似于不同天然硅藻种类的硅藻壳。这种技术可以避免培养硅藻天然壳可能的缺陷或不同的尺寸。尽管它们具有高重复性，但人造模具缺乏由不同孔隙重叠的生物硅层制成的生物体硅藻壳自然实现的最佳层次结构。

1.6.3.5 硅藻的遗传学功能化制备研究

利用硅藻生物二氧化硅以在技术应用中精细定制微藻特定“功能”的互补的基因重组，是一种全新特殊制备技术，提供了操纵生物衍生材料的独特可能性。

自从对假微型硅藻基因组进行测序和分析以来，硅藻生物学的研究进入了后基因组时代，新的分子工具现在可以用于硅藻的基因操纵，导致了更多的具有设计形状和受控形态的定制（非自然）纳米材料。

Vriling 等人通过改变生长介质中盐的浓度，实现了细胞孔径和比表面积的形态变化。虽然这一结果突出了 SDV 发育的内噬机制和 SDV 腔的化学成分，但这种方法在纳米技术中应用硅藻结构的适用性相当有限，因为硅藻只能在很窄的盐浓度的范围内生长。

基因组方向的第一个方法，被称为“活硅藻二氧化硅化（LiDSI）”，是通过在基因工程硅藻（假微型海链藻）的纳米孔生物二氧化硅结构中对细菌酶 HabB 进行体内固定化而得到的。这是通过将 tpSil3-HabB 融合基因整合到基因组中并表达 tpSil3-HabB 融合基因来实现的，得到的融合蛋白在体内被整合到硅藻中，在分离细胞壁后稳定地附着在硅藻上，并具有催化活性。LiDSI 法被应用于更“复杂”的酶，这些酶只作为低聚物有活性，需要金属离子、有机氧化还原辅助因子修饰以提高活性。Sheppard 等人将 β-葡萄糖醛酸酶、葡萄糖氧化酶、半乳糖氧化酶和辣根过氧化物酶结合到基因工程硅藻结构中，证明了这些酶能保护它们免受蛋白质变性和蛋白降解的影响。这也是首次将葡萄糖氧化酶在体内固定化到如此精细的基因构建，作为硅藻基因工程的第一个负选择标记。

LiDSI 技术在酶表面共价固定化方面有着重要的优势：首先，LiDSI 不需要分离酶，固定化是在生理条件下进行的；其次，生物二氧化硅的遗传操作保证了蛋白质的折叠和稳定性，而工程硅藻中酶的产生是一个消耗 CO_2 的过程，因为它与光合作用密切相关。Delalat 等人首次通过基因修饰的硅藻壳将抗癌药物靶向输送到肿瘤组织中，将 LiDSI 方法用于将抗体结合蛋白结构域并入硅藻生物硅中，以及将药物分子整合到二氧化硅结合载体中。假微型海链藻硅藻是通过将蛋白 G19 的免疫球蛋白 G(IgG) 结合结构域掺入生物二氧化硅中进行基因修饰的。另外，水溶性差的抗癌药物 7-乙基-10-羟基喜树碱被掺入阳离子脂质胶体（脂质体或胶束）中，并通过静电作用吸附到带有负电荷表面的抗体标记的生物二氧化硅颗粒上。基因修饰硅藻生物二氧化硅靶向传送药物，是抗体功能化介孔二氧化硅纳米颗粒传送药物的一种有价值的替代方法。Ford 等人扩大了可在硅藻生物二氧化硅中基因固定的重组蛋白的范围，包括单链抗体，用于结合大分子和小分子抗原，并可在环境传感和治疗或位点特异性亲和标记方面应用。为了解决这些问题，假微型海链藻被靶向二氧化硅转化为编码单链抗体的表达载体。通过与炸药 TNT 等低分子量抗原和炭疽杆菌 EA1S 层蛋白等高分子抗原的结合试验，得到了用于生物传感的多功能介孔二氧化硅材料。

由于对重组蛋白的需求非常大，尤其是在医学和工业领域，一种高效、不需要大量纯化就能将重组蛋白分泌到培养基中的理想表达系统，仍是一个热门的研究领域。在这一领域，硅藻与经典的表达系统相比，具有生长速度快、操作简单、提供真核修饰等优点。此外，硅藻被光合作用所消耗的二氧化碳所驱动，这使得它们作为低成本的环保型蛋白质工厂非常有意义。利用微藻作为生物技术工厂，组分操控条件下，在特定的培养基中合成和分泌特定的生物分子，早期是为了利用转基因海洋硅藻作为化石燃料的替代物来生产生物燃料。这些研究突出了基因工程硅藻作为分泌复杂分子的新蛋白工厂的潜力巨大，这些分子在培养基中其功能仍能维持数天。特别是，能够高效率地向培养基中分泌一种完全组装且功能良好的抗乙型肝炎病毒表面蛋白（CL4mAb）的人 IgG 抗体，并且使用相同的硅藻用于生产聚-3-羟基丁酸酯（PHB），这是一种具有热塑性特性的生物技术相关的生物聚合物聚酯。通过将细菌 PHB 通路引入细胞室，获得的 PHB 水平藻类净重高达 10.6%，这种低成本和环境友好基因工程硅藻系统具有巨大的潜力。

1.6.3.6　介孔二氧化硅仿生制备研究

硅藻壳体生物二氧化硅是一种复合材料，它包括在体内生物硅化过程中起关键作用的特定物种的有机生物分子，调节硅藻细胞内二氧化硅的生成和沉积。Krger 和 Sumper 早期通过用 pH = 5 的氟化铵水溶液温和处理筒柱状硅藻，分离出生物分子。该方法可将二氧化硅转化为可溶的六氟硅酸铵，并可萃取一整套有机分子，这些分子被鉴定为多阳离子肽和长链多胺（Lcpa）。在新制备的亚稳态硅酸溶液中加入每种生物萃取多肽后，在几秒钟内就能观察到直径为 500 ~ 700nm 的二氧化硅纳米球的快速沉淀，发现与所应用的多肽的数量成正比。从硅藻中提取的多肽由于其与二氧化硅的亲和力及其在沉淀过程中的关键作用，被称为硅藻素（Silaffins）。Krger 等人研究发现，在单硅酸溶液中添加不同分子量的 LCPAs，可诱导不同尺寸的二氧化硅纳米球的沉淀，而亲硅蛋白和多胺的联合添加会影响二氧化硅纳米粒子聚集体的形态。这一发现表明，亲硅蛋白和 LCPAs 的协同作用可能在体内介孔生物硅壳的物种特有的纳米结构形态的形成。

这种开创性的结果除了有助于将光投射到活硅藻的生物硅化过程之外，还具有极高的生物技术相关性，为开发一种新的仿生合成二氧化硅纳米材料的方法开辟了道路。该方法可用于从生物传感到催化及药物传送等。与溶胶-凝胶法和 Stober 法合成二氧化硅纳米粒子相反，仿生路线利用温和及生物相容性的实验条件，以中性 pH、低温和无毒溶剂为基础。由于硅藻壳生物萃取物的复杂性及其有效性的限制，模拟合成添加剂也被用作模拟二氧化硅沉淀过程的模型化合物，提供了各种形态和尺寸严格依赖于所用添加剂的二氧化硅纳米结构。Baio 等人证明，仅由赖氨酸（K）和亮氨酸（L）氨基酸组成的 LK 肽能有效地启动不同生物硅纳米结构的体外形成，特别是通过适当选择所用 LK 肽的疏水周期，可以选择性地制备单分散纳米球、拉长棒状结构和单分散纳米棒。硅纳米管可以使用添加剂获得，例如阳离子纳米管，用寡丙基氨基侧链功能化的朗雷肽八肽或纤维素生物聚合物，类似于硅藻的 LCPAs。l-型和 d-型的聚赖氨酸，结合磷酸盐或硅酸盐等多价离子，也被报道以螺旋构象的形式沉淀非晶态二氧化硅的六角形板。Jin 和 Yuan 还研发了一种仿生方法，在任意形状的基底上沉积纳米玻璃状二氧化硅层，该基片表面初步涂有线性聚乙烯亚胺（LPEI）和铜络合物的薄膜，从而导致二氧化硅沉淀。大量模拟硅藻的硅藻素和 LCPAs 作用的合成方法和添加剂可以用来开发纳米二氧化硅基材料的新途径。仿生研究领域还处于初级阶段，到目前为止，它还没有达到生物硅藻在构建其有序介孔细胞壁方面所达到的高度形态控制水平。

综上所述，硅藻的生物激发材料是一个极具研究潜力的全新领域，相关研究表明，自然界和纳米技术可以有效结合在一起，并在多个应用中获得智能的纳米结构多功能材料。大量的化学和生物方法的应用可以互补地应用于改变硅藻的组成，在保持硅藻主要形态特征的同时，为低成本和可伸缩的纳米结构材料的生产提供强大的支持。这些材料的特性是为特定的应用量身定做的。例如定制分子（如药物、酶、抗体）或金属基纳米粒子在分离的硅藻壳的生物二氧化硅表面上的吸附和共价连接，可直接生产出具有纳米结构的材料，其性能和应用涉及其纳米结构和表面化学改性。例如生物激发的药物传送、生物传感或催化材料，就是以这种方式实现的。基于体内化学或基因修饰的生物技术方法是改变硅藻实体和表面组成的更为有效的方法。例如，锗和二氧化钛等半导体材料的代谢插入证明了利用硅藻代谢产生用于光电子的纳米材料的可能性。用特定的蛋白质使硅藻壳体纳米结构功能化是一种非常好的方法，包括通过两个 DNA 片段的缩合得到的质粒表达来对硅藻进行基因修饰，这些质粒分别编码硅藻和外部蛋白质（例如抗体、酶）的天然硅藻结构域。这种方法已被证明特别适合于选择性传感和抗癌治疗应用的介孔材料的开发。

生物碎裂和保形转换可提供多种不同化学成分和性能不同于生物二氧化硅的新型纳米结构复制体，使其应用于电子、光学、微流体学和纳米压印光刻等领域。在体外模拟硅藻的硅酸盐蛋白和长链多胺产生高度有序二氧化硅的能力，是一个迅速出现的研究领域，它可以为大量不同形状和尺寸的纳米结构二氧化硅材料开辟道路。因此，将硅藻的产生与化学或遗传学结合起来，可以拓展出新的材料设计概念。从更广泛的角度来看，通过植入微生物并用多种可能的方法改变其功能成分，可以获得新的生物激发材料。

第2章　硅藻土消光剂的制备研究

2.1　概述

亚光涂料或低光涂料作为可降低光环境污染的表面涂装材料，在被人们认识并接受后，得到了快速发展，应用体量也在逐年增加。而降低表面涂层光泽主要采用在涂料中添加消光剂来实现。消光剂作为涂料的功能性助剂，其选取应用均有很高的技术性能和标准要求，即不能影响或改变整个涂料体系的储存、施工和涂装制品的物理化学性能，尤其对消光剂的光折射率、光透明度、色度、色相有非常严格的要求。目前涂料用消光剂可分为有机消光助剂和无机消光助剂两大类，而无机消光助剂是以非晶态二氧化硅为主。硅藻土作为具有天然微孔结构且以非晶态二氧化硅为主要成分的非金属矿物材料，具有加工高品质消光助剂的潜质和性能优势。本章将主要讨论以硅藻土为原材料通过特殊加工后，制备可满足涂料工业应用要求的消光剂的制备技术问题及与应用相配套的技术支持问题。

2.1.1　消光剂的种类及功能

1. 消光剂

本书所述消光剂主要是指用于涂料助剂而言，即涂料消光剂。其确切的定义可描述为：能使涂料表面光泽明显降低的物质。

2. 消光剂的分类

用作涂料（水性涂料和油性涂料）、油漆的消光助剂主要有三类：①二氧化硅消光助剂；②金属皂类消光助剂；③合成蜡类消光助剂。

也可分为有机类消光剂和无机类消光剂两大类。

3. 消光剂的功能

涂料表面的光泽主要是涂层表面对光的反射特性，即当光线投射到涂层表面时会对光产生吸收、散射、反射、折射4种作用，而光的散射部分也会透过涂膜再反射出来，只是产生了角度变化后强度减弱。因此，在涂层表面光的反射和光的折射将产生表面光泽；光的吸收部分是不会产生光泽的；光的散射部分会大大降低光泽。其中涂膜对光的吸收主要取决于涂层的基料（树脂或乳液）性质，当涂料配比基本确定以后，制备表面光泽可控的涂层（即高光涂料、反光涂料或亚光涂料），主要通过调节涂层表面对光的散射作用大小来实现。对光的反射和折射程度多采用有机类消光剂加以调节。

2.1.2　涂料用消光剂的技术性能及要求

1. 消光剂的技术性能

作为涂料用消光剂，所要求的各项性能一般为：外观形态、黏度、真实密度、堆积密度、比表面积、吸附量、折光率、透光率、热分解性能等。

2. 涂料选用消光剂的技术要求

一般而言，各涂料体系对消光剂既有共性要求，也存在各不同涂料体系的特殊要求。共性要求主要是考虑其影响因素，如干膜性质：透明度、漆膜爽滑、抗刮性和耐候性；应用特性：如黏度、抗沉性、再分散程度和光泽一致性等。具体要求如下：

（1）消光效率：在满足涂料刮板粒度测试要求条件下，消光剂的平均粒径越大越好。消光剂的平均粒径越大，消光效率就越高。但如颗粒太大，会导致漆膜表面太粗糙，影响手感和外观。孔隙率（孔容）尽可能高，孔隙率越大，单位质量粉料含量就会越高，消光性能就越好。

（2）透明性：平均粒径适当降低，配方中同等添加量的情况下，消光剂的平均粒径越小，漆膜的透明性就越好，但相应消光效率也会降低。需要指出的是，细粉含量太高，对透明度会产生负面影响。消光粉表面处理，会影响其与基料的润湿分散性，从而会影响漆膜的透明性，故需要调整消光剂与基料之间的匹配性，也可通过添加润湿分散助剂来改善。

（3）爽滑效果：通常表面经过有机处理的消光剂，手感会比没有经过处理的好一些；就粒子大小及粒径分布来讲，颗粒越细的消光剂，漆膜的手感越细腻。粒径分布越窄，大颗粒越少，手感在一定程度上要好些。

（4）悬浮性：消光剂随着涂料存放时间延长，均会出现分层与沉淀，表面经过有机处理的消光剂的防沉淀性能会好些。涂料配方设计时，为避免消光剂沉淀，也可添加适当的防沉助剂。

（5）表面抗刮、耐磨性：用消光剂进行表面处理过的涂料，漆膜的表面抗刮伤性及耐磨性有一定的改善。

除上述共性要求外，不同涂料体系对消光剂也有特殊或限定性要求，下面就常见的各涂料体系对消光剂的要求介绍如下。

（1）溶剂型涂料：在透明清漆中，消光剂加入不能在储存时产生硬的沉淀，也不能影响最终漆膜的透明度。应选用有机物处理的消光剂，并能带来表面滑爽、抗擦伤性能强等效果。

在色漆体系中，颜料的密度要远大于消光剂，消光剂不存在沉淀问题，可以选用无表面处理的消光剂，以节约成本。当为改善漆膜的手感和抗擦伤性时，可选用有机处理的消光剂。

溶剂型体系中，消光剂的粒径要根据涂料体系的干膜厚度和所需的漆膜表面性质来决定。比较细的消光剂会使漆膜表面比较平滑，手感较好，但其消光效率不如较粗的消光剂，而闭孔式木器漆，手感要求较高，所以要选用较细的消光剂。

消光剂的添加量取决于树脂体系、固体含量、干膜厚度、消光剂的型号、干燥方法和所要求的光泽度，需选择最佳消光剂和计算所需用量，绘制出所考虑的涂料体系在近似实际使用条件下的消光曲线。

（2）水性涂料体系：水性涂料，多采用二氧化硅类消光剂，特别是用于木器的水性涂料，对二氧化硅消光剂的需求也越来越多。传统的消光剂虽然可以对水性涂料进行消光，但存在许多弊端。水性涂料体系黏度较低，因此要求消光剂对其体系的影响尽可能小，即二氧化硅吸油量尽可能地小，同时也必须有利于在水性体系中分散。

（3）紫外光固化涂料体系：紫外光固化涂料很难消光，消光能力取决于配方的本性、树脂的反应性以及固化的条件。低的反应性和慢的固化条件有利于消光，高反应固化系统难以消光。绝大部分紫外光固化涂料体系对消光剂要求均不应影响其体系黏度，因此二氧化硅的吸油量要尽可能地小。这种消光剂的制造工艺有别于传统意义上的二氧化硅消光剂。同时，吸油量较小的消光剂往往堆密度较大，易沉淀，须经特殊处理才可使用。

不饱和聚酯类紫外光固化涂料的消光相对较容易，与传统的消光剂机理相同。丙烯酸类的紫外光固化涂料与传统的涂料体系相反，往往有机物处理以及小粒径消光剂有较好的消光效果。

（4）高固体分涂料体系：高固体分涂料固体含量高，需增加配方中消光剂的用量。普通的消光剂往往会造成黏度的显著增大，应选用孔隙率高的和可以接受的粒径最粗的消光剂。为得到更好的消光效果，常采用粒径与涂料干膜厚度相当的消光剂。

（5）粉末涂料体系：粉末涂料因其固化时涂膜收缩很少，采用传统的颗粒状二氧化硅很难消光，即使粒径粗的消光剂，也只能达到半光。要想获得更低的光泽，可通过添加凝胶法二氧化硅和特殊混合树脂来共同完成。选择消光剂就是使漆膜表面产生微粗糙度，而不影响涂料的外观和膜的机械性能。

2.1.3　二氧化硅类消光剂

2.1.3.1　二氧化硅消光剂

涂料用二氧化硅消光剂均为非晶态二氧化硅，即无定型类二氧化硅，也称为白炭黑。因其折射率为 1.46，与各种涂料用树脂的折射率（1.4 ~ 1.5）接近，因而具有很好的透明性，对涂料体系的光学性质影响非常小；二氧化硅为无机类消光剂，具有很强的化学稳定性，即化学惰性高。影响二氧化硅消光剂性能的主要因素还有孔隙率、粒径和表面特性。目前可用于涂料的二氧化硅类消光剂主要有三类：一类是粒度为微米级的沉淀水合二氧化硅，其颗粒呈链状堆积，粒度小。因其价格低，目前在涂料中应用比较大。另一类是粒度为微米级的二氧化硅气凝胶，其颗粒呈三维空间网状结构，粒度分布窄，比表面积非常大，孔容大于 1.5mL/g。消光性和透明性非常好。第三类是气相二氧化硅，比表面积高，消光性能好，透明性佳，但易于产生沉淀，需做表面处理。

2.1.3.2　二氧化硅消光剂的特点及影响因素

（1）化学性质稳定。二氧化硅消光剂的纯度高、化学惰性高，不溶于水、各种有机溶剂和一般的酸、碱，只与浓碱和氢氟酸发生反应，不会带来涂料体系内的化学变化。

（2）消光效率高。二氧化硅消光剂的粒径在微米级，且具有多孔结构，因此只需 2% ~6% 的加量即可达到消光效果。

（3）透明性好。二氧化硅的折射率为 1.46，与涂料工业中使用的大部分树脂的折射率（1.4 ~ 1.5）接近，因此应用于清漆中具有良好的透明性。

（4）易添加。二氧化硅表面带有羟基，可以在极性和非极性溶剂中得到很好的分散。

（5）储存性好。经特殊表面处理后，可以具有很好的悬浮性，可以长时间储存。

（6）孔隙率。二氧化硅类消光剂多不是实心颗粒，在微观结构上是海绵状的多孔性颗粒，有大量的孔隙，孔隙中充满空气，导致其密度很低。高孔隙率二氧化硅单位质量所含有的颗粒数目比低孔隙率的多。由于光泽度的降低是颗粒效应，所以对于给定粒径来说，高孔隙率的二氧化硅其消光效果更好。

（7）粒径。消光剂用二氧化硅平均粒径及其粒径分布，对于涂料光泽度的降低起重要作用。对于给定涂料和涂膜厚度，在最佳粒径分布时消光效果最好；粒径分布越窄越好。当粒径分布范围较宽时，在涂料刮板粒度测试过程中，会出现大量“细”颗粒和“粗”颗粒，“粗”颗粒会使涂膜表面过度粗糙，导致粒度测试不合格；而“细”颗粒会降低消光效果，还会增大涂料的黏度，对涂料体系产生不利影响。

（8）表面特性。二氧化硅可通过有机涂覆物（主要是高分子蜡）进行表面处理，得到容易分散的消光剂，并能改进涂膜的抗划伤性，防止涂料在储存过程中出现硬沉淀。经过处理的二氧化硅对消光效果稍有影响，多用在木器清漆及工业罩光涂料中。

2.1.3.3 二氧化硅消光剂的制备

1. 沉淀法二氧化硅消光剂

以硅酸钠为原料，采用酸析、陈化、过滤洗涤、干燥打散制备工艺。硅酸钠系二氧化硅与氧化钠的胶体溶液 $Na_2O \cdot mSiO_2$，其中 m 为硅钠比，即模数，模数不同，其酸、碱度不同，一般 m 为 3.5 左右最好。

（1）制备工艺

① 酸析：$Na_2O \cdot mSiO_2$ 为碱性物，加一定量酸（以 H_2SO_4 为主）后，可生成含盐的 SiO_2 凝胶。

② 陈化：酸析过程是 SiO_2 凝胶的形成过程，其实验参数（如搅拌速度、加热温度、pH 的调节等）可决定最终产物的质量和性能。

③ 过滤洗涤：过滤水分及盐的清洗，将凝胶中的 Na_2SO_4 清除干净，洗涤至 pH 为 7 时为好。

④ 干燥打散：在水分尚未完全干燥后，应尽可能将凝胶分散开，以免最终产物的团聚。

制备过程中的化学方程式为：

$$Na_2O \cdot mSiO_2 + H_2SO_4 \xrightarrow{Na_2SO_4} mSiO_2 \cdot nH_2O + Na_2SO_4$$

（2）制备过程

① $Na_2O \cdot mSiO_2$ 水溶液的制备：$Na_2O \cdot mSiO_2$ 与水按 1∶3 制备成水溶液；在 100mL 烧杯中称取 20g $Na_2O \cdot mSiO_2$，放入 200mL 的锥形瓶中，称取 40mL 蒸馏水，洗涤盛放 $Na_2O \cdot mSiO_2$ 的容器后，倒入 200mL 的锥形瓶中；再补加所需蒸馏水。

② 硫酸溶液的制备（40%）：根据 $Na_2O \cdot mSiO_2$ 的模数、浓度计算一定的 $Na_2O \cdot mSiO_2$ 所需要的 H_2SO_4 反应量，注意 H_2SO_4 应过量。称取一定量硫酸，放入 100mL 的烧杯中待用；将已配制好的 $Na_2O \cdot mSiO_2$ 水溶液放置可加热的搅拌装置中，加热至 50 ~ 60℃搅拌均匀（约 20min）；将已配制并称量好的 H_2SO_4 溶液缓慢加入上述反应装置中，测量 pH 的变化，在形成初期（pH 约为 10）沉淀后，应强烈搅拌，并继续滴加 H_2SO_4 溶液，至 pH 为 9.5 时，到达反应终点。H_2SO_4 溶液的滴加要注意，前期的速度可增大，在接近反应终点时，要缓慢。反应完全后，70℃陈化 20min；将凝胶过滤洗涤（pH 为 7 时为洗涤终点）。取适量样品烘干，进行性能测定。

2. 气相法二氧化硅

气相法二氧化硅主要生产工艺为高温水解法（Aerosil 法，1941 年被德国 Degussa 公司首度开发）。制备工艺是以四氯化硅为原料，将气化后四氯化硅与氢、氧气流在 1800℃高温条件下进行水解反应：此时生成的二氧化硅颗粒极细并与气体形成凝胶，通过聚集器聚集后形成较大颗粒，然后经过旋风分离器分离收集，再用氨气脱酸处理，最终制得气相法二氧化硅。

3. 凝胶法二氧化硅

凝胶法二氧化硅为另外一种超细二氧化硅制备方法。生产原料与沉淀法相同，都是水玻璃和硫酸，工艺路线也与沉淀法相似，不同的是其在酸碱反应过程中要经过“溶胶-凝胶”阶段。在“溶胶-凝胶”阶段，分子间通过缩合作用形成多聚硅酸，即硅溶胶，再经胶凝形成多孔的三维网络结构的二氧化硅，这个阶段决定了成品的孔容和比表面积，是决定产品质量的重要阶段。

2.1.4　高档二氧化硅消光剂的表面处理

涂料用高档二氧化硅消光剂，除要求具备良好的消光性、透光性外，还要求具有良好的分散性和储存稳定性。超微细的粒度组成和窄级别的粒度分布可实现良好的消光性、透光性。但由于粒度的微细化，造成颗粒产生很高的表面自能，往往容易产生颗粒团聚，不利于其在涂料体系中的分散使用，并会导致储存稳定性差。采用表面活性剂或有机高分子材料对其表面进行改性处理，能较好地解决上述问题。如用高分子蜡处理的二氧化硅消光剂用于水性透明木器涂料，分散性非常好，其涂膜具有优异的光学性能，在使用过程中只有软沉淀。在高固体分涂料中使用二氧化硅消光剂，其最大的优点是在得到所需要的消光效果的同时对涂料的黏度影响很小。因此对超细二氧化硅消光剂进行表面改性处理，成为涂料原材料供应非常重视的技术。下面就白炭黑类二氧化硅表面改性处理作以介绍。

非晶态二氧化硅（白炭黑）表面改性是利用一定的化学物质，通过一定工艺方法使白炭黑表面羟基与化学物质发生反应，消除或减少其表面活性硅醇基量，以达到改变表面性质、减少其表面活性自由能的目的。白炭黑表面改性有无机物改性和有机物改性两种，无机物改性如用 TiO_2 包覆 SiO_2；有机物改性是白炭黑表面改性的主要方法。有机物改性技术的关键在于有机基团取代白炭黑的表面羟基，又称有机硅烷化。有机物改性常用的方法分为干法、湿法和压热法。

干法是采用干燥的白炭黑与改性剂（有机物）蒸气在固定反应器或流化床反应器中高温条件下接触反应。目前国内外采用此法进行改性白炭黑较普遍。其主要特点是过程简单、后处理工序少、改性工艺容易同气相白炭黑生产装置相连接，易于实现规模化工业生产。缺点是改性剂消耗量大、操作条件严格、设备技术要求高，导致产品成本高。

湿法有两种：①将干燥白炭黑与改性剂及一种有机溶剂（苯、甲苯等）组成的溶液一起加热煮沸，回流反应，然后分离、干燥。其主要特点是工艺简单、产品质量容易控制、改性剂消耗量小。缺点是产品后处理过程复杂，且造成有机溶剂污染，较难实现规模化工业生产。②将干燥的白炭黑或洗涤后的沉淀白炭黑滤饼配制成水溶液浆料，可加入水溶性有机溶剂如醇类或表面活性剂等，然后加入改性剂进行有机硅烷化反应；或者将改性剂直接加入合成沉淀白炭黑的原料中，合成反应的同时进行改性反应；还可以在合成沉淀反应完成后的悬浊液中加入改性剂。其主要特点是工艺简单，辅助设备少，可以对沉淀白炭黑尤其是沉淀白炭黑的半成品进行改性，有利于降低产品成本。如在硅酸钠和硫酸沉淀反应后的悬浊液中加入蜡乳浊液，得到的改性白炭黑可用于高档涂料的消光剂。

常用的改性剂有：①卤化硅烷类，如二甲基二氯硅烷、三甲基氯硅烷；②硅烷偶联剂类，如六甲基二硅氮烷、六甲基乙基硅氮烷、乙烯基乙氧基硅烷、三甲基乙氧基硅烷、甲基三甲氧基硅烷等；③硅氮烷类，六甲基二硅胺烷等；④硅氧烷类有机硅化合物，如八甲基环四硅氮烷（D4）、六甲基二硅氧烷、聚二甲基硅氧烷、八甲基环三硅氮烷等。此外，其他改性剂还有醇类（丁醇、戊醇），是利用醇酯化反应、有机聚合物类（聚乙烯醇、聚乙烯蜡等）等。

2.1.5 二氧化硅消光剂研究现状

二氧化硅类消光剂的制备与应用研究方面，美国、德国、英国等相关企业一直处于领先地位。其研究主要集中在可用于高档涂料的二氧化硅消光剂的性能提高与改进方面。具体而言，如大孔容易分散及高透明性、低粉尘及表面处理等。美国 W. R. Grace Davison 公司作为二氧化硅消光剂产品的全球领先者，其 SYLOID 品牌是中国市场认可度较高的消光剂产品，在 ED 系列的基础上又推出了性能更加优越的 C 系列消光剂，将二氧化硅孔隙率由原来 1. 8mL/g 提高到 2. 0mL/g，由于孔隙率的提高，具有更好的消光效率。其 W 系列二氧化硅消光剂由于在二氧化硅的孔隙中含有水分，使高孔隙率的二氧化硅可不再吸收配方中的游离水，因而不会产生粉尘，适用于水性涂料体系，更符合环保涂料要求。

作为二氧化硅生产巨头之一的德国 Evonik Degussa 公司，也是首先将气相法二氧化硅实现工业化的先导者，推出气相法生产的 TS 系列高档二氧化硅消光剂，还研制出以沉淀法生产的 HK 和 OK 系列高效消光剂。

英国在二氧化硅消光剂生产与石粉方面，主要是 Crosfield 公司、Ineos 公司，为提高在国际上的竞争力，两家公司合并，更加大了在二氧化硅消光剂方面的研究与生产。以他们的专利生产的 GasilmHP 系列二氧化硅消光剂畅销世界各地。Crosfield 公司最新产品 WP2 二氧化硅消光剂的孔体积可达到 2. 0mL/g，其消光效率提高了 30% 。

此外还有法国 Rnodia 公司生产的“TIXOSIL”系列、美国 PPG 公司生产的“Lo-Vel”系列，亚洲的日本和韩国也推出自己的二氧化硅消光剂产品。其中 PPG 公司的 Lo-Vel2010 蜡改性二氧化硅消光剂，其消光性和分散性均得到改善，可更好地满足 UV 防水卷材涂料的技术要求，其典型的黑格曼（Hegman）指数等于 5。Degussa 公司经有机物表面处理的 OK-500 消光剂，在涂料体系中极易分散，广泛用于各种高档涂料。Rhodia 公司的 HP34M 消光粉，吸油值每 100g 高达 380mL，粒径分布窄，当经有机物表面改性后，具有很高的吸附力和低磨损性，消光效果极佳，涂膜具有优良的表面手感，可用于高质量的家具或汽车的清漆中。

在二氧化硅类消光剂的表面改性处理研究方面，国外一是起步早，二是研究比较深入。国外二氧化硅类消光剂的表面改性研究起步于二十世纪六七十年代，研究重点主要集中在改性方法、改性工艺、改性剂的选择等方面。

二十世纪七八十年代，德国、日本、美国已有大量相关专利。如 1988 年欧洲专利介绍了一种气相白炭黑改进的处理工艺技术，该技术是将 100 质量分的气相白炭黑（比表

面积 $200m^2/g$、含水量 4%），在室温下连续通有机卤化硅烷（10 份 Me_2SiCl_2 和 10 份 Me_3SiCl），然后在150℃下保持3h，去除盐酸后得到疏水气相白炭黑，该产品不仅可用作涂料消光剂，也可用作硅橡胶补强剂。1982 年日本通过对改性剂的深入研究，在制备方法上有了很大改进，并申报相关专利。其专利采用有机卤化硅烷对沉淀白炭黑进行处理，把常规所制备的沉淀白炭黑悬浊液加热到 50～90℃，再加入有机卤化硅烷，对生成物过滤、洗涤、干燥，在 300～600℃进行热处理，得到疏水性沉淀白炭黑类产品，该产品可用作橡胶填充剂、消光剂助剂等。1975 年德国在日本申请了“疏水白炭黑的制备方法”专利，该专利首先在反应器中将聚乙烯醇溶解于水中加入硅酸钠，升温到 82℃后，同时加入硫酸和硅酸钠，得到 pH 值为 2.5 的悬浊液，并通过过滤、洗涤、干燥和粉碎得到有机改性产品，该产品可用作油漆消光剂、增稠剂等。另有美国专利介绍将白炭黑置于流化床中，在 300～600℃下，使用 Me_2SiCl_2、HCl 及表面活性剂配成的混合改性剂，得到疏水白炭黑可用作高档涂料的消光剂。

我国在二氧化硅类消光剂制备研究方面起步较晚。20 世纪 80 年代后期，主要是借助超细粉碎设备与技术的进步，以及相关新型改性剂的生产，对二氧化硅类消光起到促进作用。1984 年起开始进行超细气凝胶的研制和生产工作，当时主要由天津化工研究设计院进行，经过二十余年对二氧化硅性能的深入研究，开发出可应用于各种涂料使用的消光剂系列产品。但在高档涂料及薄膜涂料（如皮革用消光剂）等领域的应用与国外产品还存在很大的差距，一直无法取代进口产品。我国虽然在二氧化硅表面改性处理方面做了大量研究工作，但研究方面居多，没有工业化产品，其实验产品的性能在分散性、储存稳定性及消光效率等方面都难以与国外进口产品相比，只能在中低档涂料中作消光剂。

国内研究者也曾采用微粉蜡与超细二氧化硅进行机械混合的方法生产改性二氧化硅类消光剂，未获成功，使用效果不佳，表面修饰处理的品种在中国还是一项空白。天津化工研究设计院采用特殊的合成工艺及有机处理工艺研制开发出了新型沉淀法二氧化硅消光剂，它的原始粒径为 15～20nm，聚集体平均粒径为 5μm（激光衍射法），孔隙率达到 1.8mL/g，已是一款性能不错的消光剂，具有良好的透明度、良好的分散性能、高消光效率、优异的悬浮性和储存稳定性，并能提高漆膜的光滑性，使之具有良好的手感及抗划伤性。该产品可代替进口产品，性能已达到进口产品的性能要求，可广泛应用于清漆和色漆中。其系列化产品还可广泛应用于塑料、皮革、造纸、激光墨粉及水性涂料中。随着中国对高档涂料的需求增加，中国消光剂的研究和生产部门逐渐增多，如天津大学、吉林大学、上海精细化工研究所以及广州大学等单位也加入二氧化硅类消光剂的研究与产品开发行列，有大量论文发表。如天津大学刘廷栋等将二氧化硅和丙烯酸、丙烯酸酯复合制成复合二氧化硅消光剂。该产品与聚酯涂料和丙烯酸涂料混合使用，可大大提高涂料的稳定性，改善涂层的物理性能、抗冲击强度和耐酸腐蚀性能。

二氧化硅类消光剂国内外技术差距有以下方面：

（1）微孔结构控制：虽然国内消光剂产品的总孔隙率可达到 1.2～1.6mL/g，但粒径分布宽，孔分布较为分散，而国外产品孔分布较为集中，导致消光效果和国外产品相比尚显不足，影响其涂膜的外观及手感。

（2）表面改性技术：国外表面改性产品非常多样化，有无机改性和有机改性。有机改性在改性剂选择上也非常多样化，有硅烷偶联剂、有机硅硫醇、高分子聚乙烯蜡、四氟乙烯，还有双组分有机物协同作用，因而其产品适应广泛。我国产品改性仅局限于聚乙烯蜡等。

（3）产品系列化及质量稳定性：国外二氧化硅类消光剂品种繁多，各公司生产的二氧化硅消光剂都形成了系列化品种，牌号多达十几个甚至几十个，每个产品都有其详细使用说明及应用范围，产品性能稳定、质量可靠。我国二氧化硅类消光剂生产厂家虽然很多，但产品性能单一、质量稳定性较差，难以满足涂料行业高品质、多元化工业生产的需要。

2.2 硅藻土消光剂及制备方法

2.2.1 硅藻土制备消光剂性能要求

用作涂料（水性涂料和油性涂料）、油漆的消光助剂主要有三类，即二氧化硅消光助剂、金属皂类消光助剂、合成蜡类消光助剂。其中合成蜡类消光助剂主要用于油性涂料，化学稳定性较差，导致耐老化性能低、价格昂贵，往往会导致漆膜具有陈旧感。金属皂类消光助剂以油性涂料为主，水性涂料也可用，但同样存在化学稳定性较差，导致耐老化性能低、价格昂贵的缺点。因二氧化硅具有良好的化学稳定性、耐磨性及接近树脂（或乳液）的折射率，目前的涂料体系大多采用二氧化硅类消光助剂，且以超细气相二氧化硅（气相白炭黑）为主，个别产品进行了表面改性处理。因对气相白炭黑的粒度要求较严格（8 ~ 10μm）。气相二氧化硅消光助剂，因密度太小可直接导致其在涂料体系中悬浮性（储存稳定性）较差，由于气相二氧化硅增稠作用大，对涂料体系有一定影响。

以高纯硅藻土为原料制备的煅烧硅藻土产品，不仅具备了气相二氧化硅良好的化学稳定性、耐磨性及接近树脂（或乳液）的折射率等特点，同时由于该产品的密度与水性涂料体系接近，改善了消光剂的分散性和悬浮稳定性，并且因吸油率低，可改善涂料的施工性能。目前 Celite 公司采用煅烧硅藻土制备了 Celite499、Celite281 两个产品，主要作为水性高光涂料的消光剂，已在东南亚市场上销售。

煅烧硅藻土加工制备二氧化硅类消光剂，其性能要求主要集中在纯度、白度、粒度、孔隙率、藻型等方面。

（1）纯度：作为二氧化硅类消光剂，SiO_2 含量当然越高越好，如白炭黑类消光剂的 SiO_2 含量可在 99.9% 以上，然而硅藻土作为天然矿物，硅藻骨架本身就具有一定的杂质成分，其 SiO_2 含量是无法达到 99.9% 以上的。然而硅藻土经过高温煅烧后，游离于硅藻壳体之外的杂质可全部去除，硅藻壳体内的杂质作为熔融态，不会成为游离物质，即对后期应用无任何影响。因此，其 SiO_2 含量 95% 即可，但游离态杂质小于 0.5%。

（2）白度：是影响涂料配色的主要指标，实验研究表明，煅烧硅藻土消剂的白度在 90 度时，对涂料体系无影响，因此要求白度大于 90 度。

（3）粒度：煅烧硅藻土类消光剂在涂料中的消光作用有别于白炭黑类消光剂，它不能悬浮于涂层表面，在整个涂层中既要有一定凹凸性，又不能影响涂料的粒度性能检测，因此，作为消光剂的煅烧硅藻土，粒度大小与粒度级配非常重要。由于各涂料体系对最终装饰面的涂层厚度有不同要求，其粒度要求也不同。整体而言，最大粒径小于 30μm

为好。

（4）孔隙率：多孔性是硅藻土本身的结构优势，对涂料的消光能力（主要是以光散射）有较大影响，因此煅烧硅藻土类消光剂的孔隙率较为关键（这里主要指单个硅藻土颗粒的孔结构，而不是粉体物料堆积孔）。

（5）藻型：煅烧硅藻土类消光剂中硅藻土的藻型对涂层的消光性能有显著影响，其影响规律类似于粒度，既不能影响涂料本身的粒度检测性能，又可产生适当的粗糙度。因此，直链藻最好（杆状、羽状、柱状），盘状藻次之，各藻型进行组配效果更好。

2.2.2　硅藻土消光剂的消光原理

光泽是物体表面对光的反射特性，物体表面的光泽与物体表面的粗糙程度紧密相关。光线射到物体表面上，一部分会被物体吸收，一部分会发生散射和反射，还有部分会发生折射。物体表面的粗糙度越小，则被反射的光线越多，光泽度越高；相反，如果物体表面凹凸不平，被散射的光线就越多，导致光泽度降低。

硅藻土消光剂产品适用于水性涂料体系，添加到涂装材料配方中，用于降低涂膜光泽，属于涂料助剂领域。涂膜对光的吸收主要取决于涂层基料的（树脂或乳液）性质，当涂料配比基本确定以后，制备表面光泽可控的涂层（即高光涂料、反光涂料或亚光涂料），主要是通过调节涂层表面对光的散射作用大小来实现的，而涂层对光的散射作用主要取决于可有效产生涂层表面微观粗糙度的消光剂。

1. *微观粗糙度对涂层表面光泽的影响原理*

涂层表面的粗糙度对入射光存在散射作用，能够产生散射作用的最低粗糙度大小与光的入射角度有关。入射角（α）形成散射时，与涂层表面粗糙度（h）大小存在如下对应关系：$h=\lambda/\cos\alpha$，其中，λ 为光的入射频率。以入射角 α 为横坐标，以 $\cos\alpha$ 和表面粗糙度 h 为纵坐标，产生散射作用涂层表面粗糙度的关系曲线如图 2-1 所示。由图 2-1 可知，随着入射角的增加，可产生散射作用表面粗糙度下限也增大；当入射角由 20°增大至 85°时，产生散射作用时表面粗糙度的下限由 0.56μm 增大至 6.52μm，增加近 12 倍。评价涂

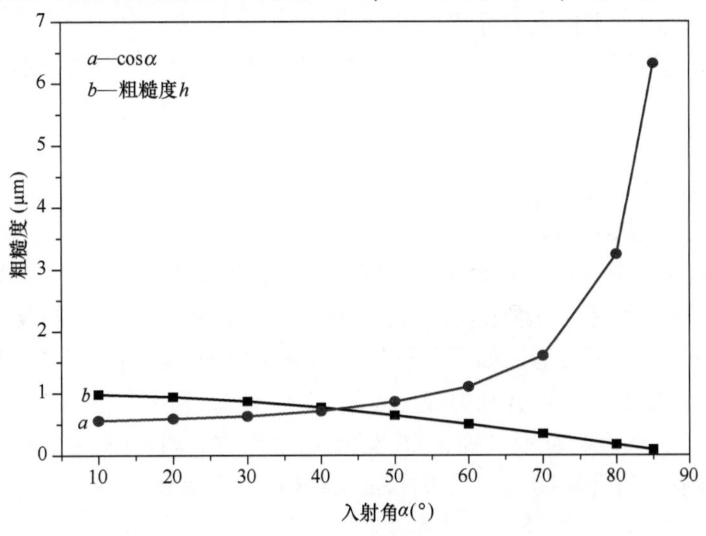

图 2-1　不同入射角产生光散射的最低粗糙度

层表面光学性能（消光性能稳定性），主要考察入射角为20°、60°、85°时的光泽度（消光率）；涂层表面对应不同角度的入射光，应有相近似的光泽度。

2. 煅烧硅藻土粒度分布对涂料消光作用机理

涂层表面的消光作用分为物理消光和化学消光两种。化学消光通过在涂料中引入可吸收光线的结构或基团来获得低光泽，例如一些聚丙烯接枝物质。物理消光是通过加入消光剂，使涂料成膜过程中在表面产生微观粗糙度，增大涂层表面对光的散射和减少反射，如图2-2所示。

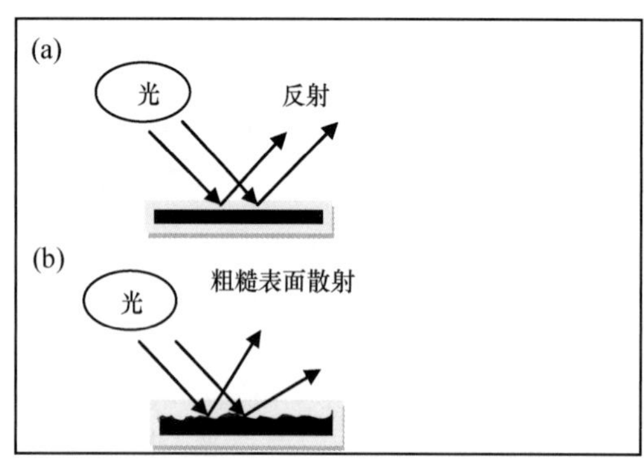

图2-2　光在光滑表面的折射示意图（a）和光在粗糙表面的散射示意图（b）

这也是煅烧硅藻土消光剂随着颗粒粒度的增加，消光性能增大，高入射角需要大颗粒物料进行消光的主要原因。因此，只有消光剂的颗粒粒径大到足以在涂层表面产生相应微观粗糙度时，才能产生消光作用；颗粒粒径越大，产生表面微观粗糙度的倾向越强。对于干膜厚度为30～35μm的涂层，当入射光角度为60°时，可产生光散射作用的最低粗糙度为1.10μm，最低需要粒度大于30μm的颗粒（因煅烧硅藻土颗粒不能完全悬浮于涂层表面）的消光剂，才能产生消光作用；当入射光角度为85°时，可产生光散射作用的最低粗糙度为6.52μm，最少需要粒度大于37μm的颗粒的消光剂，才能消光。这与前面实验结果非常吻合。因此对于不同角度的入射光，产生消光作用时所需粒度级配非常关键。

2.2.3　硅藻土消光剂的制备与性能

北京工业大学杜玉成等采用煅烧硅藻土的方法进行了水性乳胶漆用消光剂的制备研究与应用相关工作，现就工作内容介绍如下。

以煅烧硅藻土为原料，经气流粉碎后，进行物料精细分级，再进行不同粒径物料的粒度级配，制备各种粒度组成的煅烧硅藻土，作为消光剂添加到纯丙乳液涂料体系中。研究了煅烧硅藻土粒度组成对涂层表面60°角、85°角入射光消光性能的影响，获得60°、85°相近的光泽度的最佳粒度级配。

1. 硅藻土及煅烧品的性能分析

图2-3（a）为硅藻土样品的SEM。由图2-3（a）可知硅藻土是由圆盘藻组成，硅藻直径介于20～50μm之间，呈现多孔性，孔径介于50～500nm之间；圆盘正面、侧面均具有多孔性，圆盘孔道上下贯通，如图2-3（a）左侧图所示，具有三维孔结构特征。

图2-3（b）、图2-3（c）分别为煅烧硅藻土的FTIR、XRD。由图2-3（b）可知，FT-IR只存在有OH^-、Si-基特征吸收峰，为硅藻土煅烧产物。而由图2-3（c）可知，特征衍射峰与方石英的特征峰非常吻合，表明样品为纯正的方石晶体。

2. 不同粒级含量对60°、85°入射角消光率的影响

对煅烧硅藻土进行气流粉碎、重力沉降分级，分别制备出粒度组成在1～50μm的7

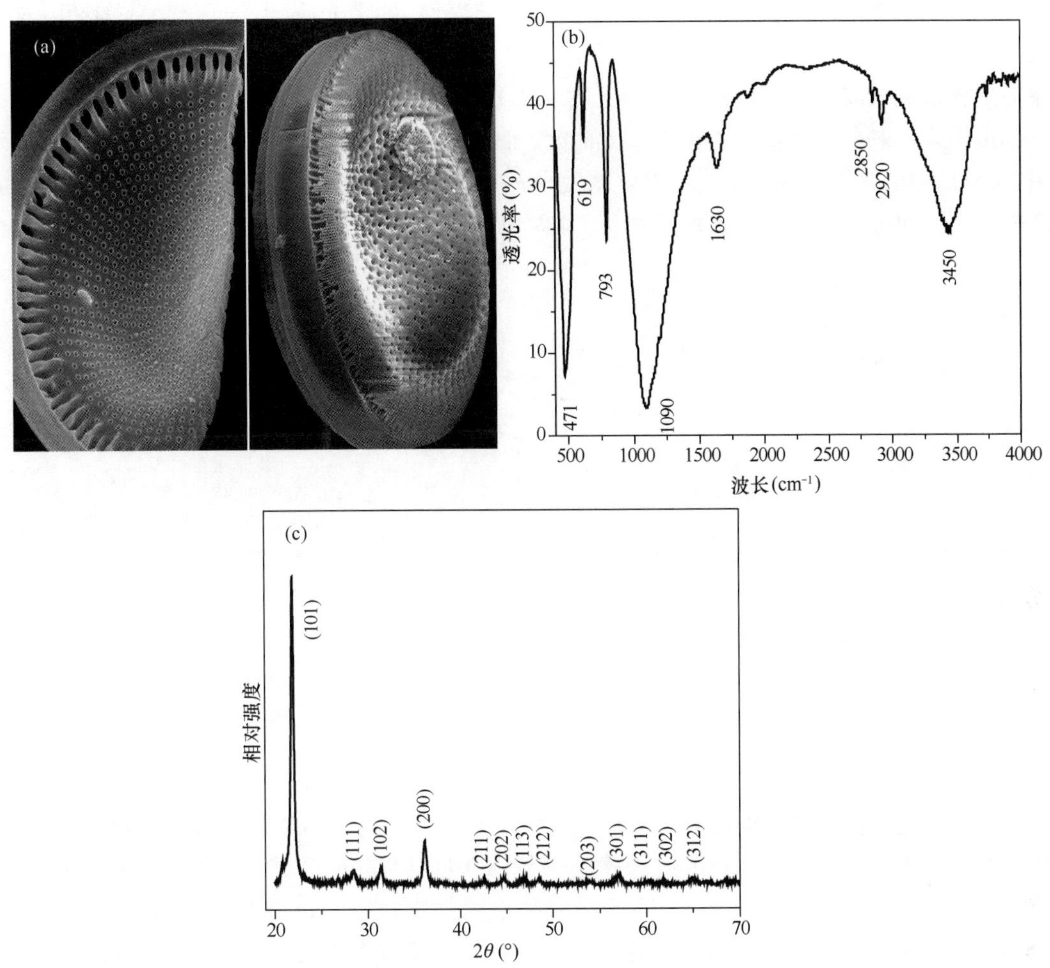

图 2-3　硅藻土样品的扫描电镜（a）、红外光谱图（b）和 XRD 图谱（c）

种物料。通过粒度分析，分别计算出各物料中 20 ~ 30μm、30 ~ 40μm、40 ~ 50μm 粒级含量。在以纯丙乳液为基料的高光涂料体系中，采用 7 种物料为消光剂，分别添加质量分数为4%，制备涂料样品（并同时制备空白样品，用于消光率计算），进行两次涂刷，涂层干膜厚度控制在 30 ~ 35μm，7d 后测试涂层光泽度值（入射角为 60°、85°），消光率计算值为：（空白样品光泽度 - 添加样品光泽度）/空白样品光泽度。

图 2-4 为所制备煅烧硅藻土样品中，20 ~ 30μm、30 ~ 40μm、40 ~ 50μm 粒级含量对 60°、85°入射角消光率的影响。由图 2-4 中 20 ~ 30μm 含量对涂层消光率曲线可知，煅烧硅藻土中 20 ~ 30μm 的物料对 60°角的消光能力好于 85°角的；并随该粒级含量的增加，消光率初期增加显著，而后期增加较缓慢。当样品中 20 ~ 30μm 物料含量达 23% 时，60°角、85°角消光率分别可达 25%、29%。

由图 2-4 中 30 ~ 40μm 含量对涂层消光率曲线可知，随着 30 ~ 40μm 的物料含量增加，60°角的消光率逐渐增大，并呈现饱和趋势。而对于 85°角入射光，随该粒级含量的增加，消光率初期缓慢增加，后期显著增大，即对消光性能的影响产生突变。当 30 ~ 40μm 的物料含量大于 18% 时，85°角的消光率大于 60°角的，表明大颗粒物料对高倍数入射角的消光性能影响显著。涂层只有在高倍数入射角（85°角）的消光率大于低倍数入射角（60°角）时，才能获得高、低入射角相近的光泽。不同入射角具有相同或相近的光泽度，是涂层最佳性能的要求，因此煅烧硅藻土的粒度分布非常重要。

由图2-4中40～50μm含量对涂层消光率曲线可知，40～50μm物料含量的增加，60°角、85°角的消光率均逐渐增大，并呈现饱和趋势；但85°角的消光率均高于60°角的。当样品中40～50μm物料含量达到12%时，60°角、85°角的消光率分别可达32%、37%。

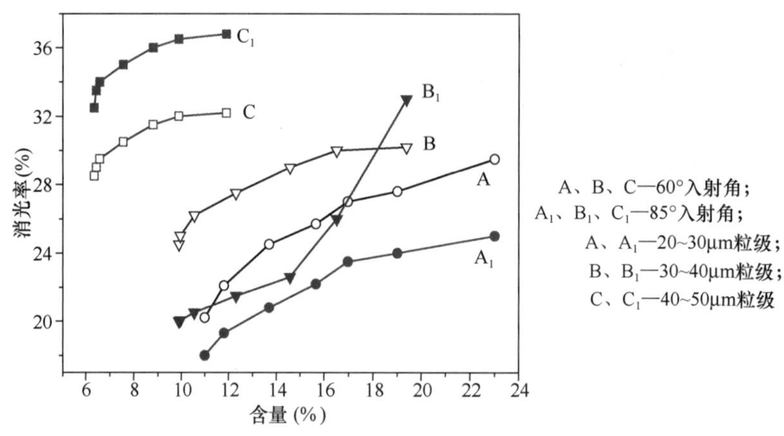

图2-4　煅烧硅藻土样品各粒级含量对60°、85°入射角消光率的影响

3. 不同粒级物料对60°、85°入射角消光率的影响

由于煅烧硅藻土粒度组成对涂层消光性能影响显著，特进行了各窄级别物料的涂层消光性能影响实验研究。分别对煅烧硅藻土进行300目（50μm）、325目（43μm）、400目（38μm）、500目（30μm）筛分，对500目筛下物料进行重力沉降分级，分别获得43～50μm、38～43μm、30～38μm、20～30μm、1～20μm 5个窄级别物料（图2-5），各粒级物料的SEM见图2-6，粒度分布曲线如图2-7所示。在纯丙乳液涂料体系中分别添加4%各粒级物料，涂层样板的制备过程及光泽度测试，获得各粒级物料的消光性能如图2-5所示。

由图2-5可知，随各窄级别物料粒径的增加，60°角、85°角消光率均增大。粒级直径大于20μm后，60°角的消光率增加较缓慢；85°角的消光率在整个物料粒级内，均呈显著增加趋势。当物料粒度小于38μm时，85°角的消光率小于60°角的；而当物料粒度大于38μm时，85°角的消光率大于60°角的。对43～50μm物料而言，60°角、85°角的消光率最高可达37%、50%。实验结果表明，物料粒度大于30μm时，60°角、85°角的消光率均较好，粒度小于20μm的物料，消光性能不明显。

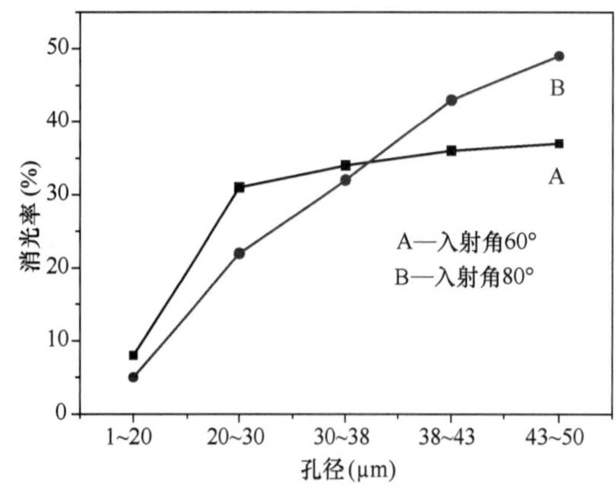

图2-5　不同粒级物料的消光性能

由图2-6可知，43～50μm、38～

43μm、30 ~ 38μm 三个级别物料均保持较完整的盘状硅藻形貌，有个别硅藻土团聚体；20 ~ 30μm 级别物料，以盘状硅藻为主，有少量破碎硅藻壳体；1 ~ 20μm 级别物料，硅藻壳体均被破碎。

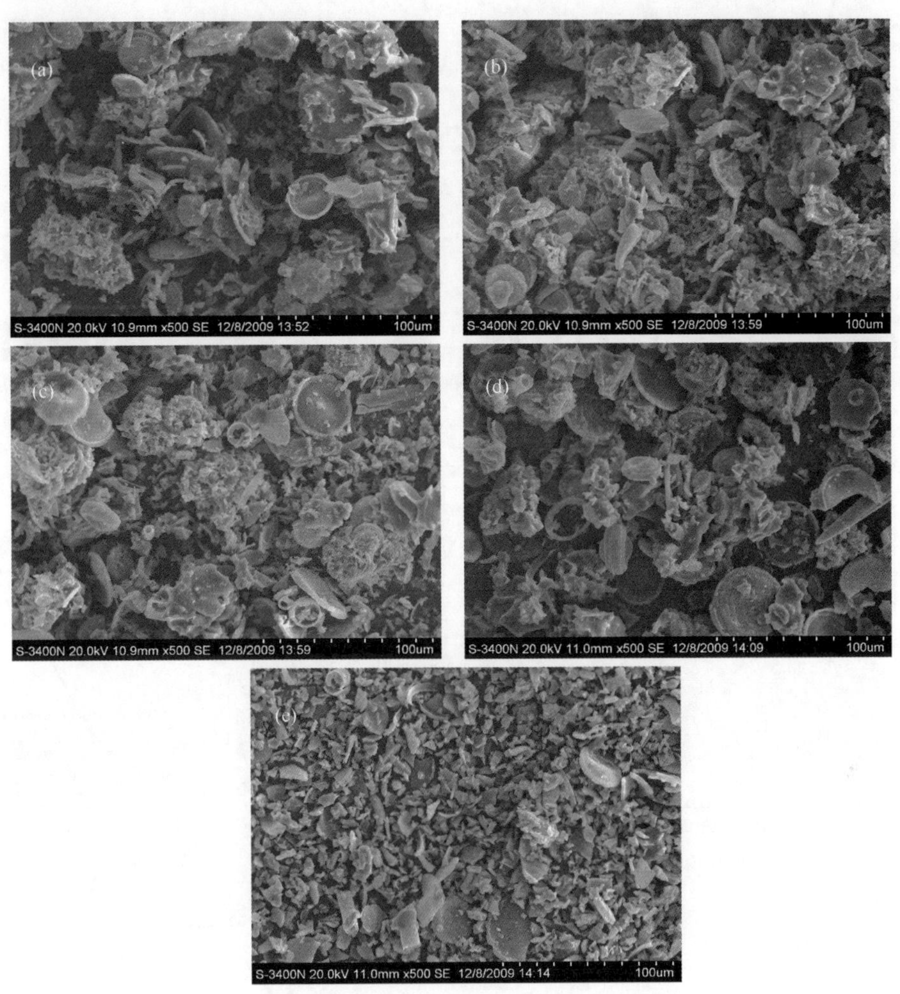

图 2-6　各粒级物料的 SEM

由图 2-7 可知，37 ~ 43μm、30 ~ 38μm 两个级别物料，呈现较好的正态分布；43 ~ 50μm、20 ~ 30μm 两个级别物料呈不规则粒度分布；1 ~ 20μm 级别物料，在整个粒级范围内呈均匀分布。

4. 60°、85°入射角相近光泽度物料粒级配制

苯丙乳液或纯丙乳液涂料体系的实践应用表明，评价涂层表面消光性能，主要考察入射角为 20°、60°、85°的光泽度（消光率）；且 60°角、85°角的光泽度相近为最好，这就要求煅烧硅藻土消光剂应具备非常合理的粒度级配。相比较而言，涂层在低入射角时，消光容易实现，高入射击角时的消光较难实现。为满足 60°角、85°角相近光泽度要求，本研究进行了煅烧硅藻土消光剂粒度人工级配实验，粒度分布与涂层的光泽度和消光性见表 2-1。

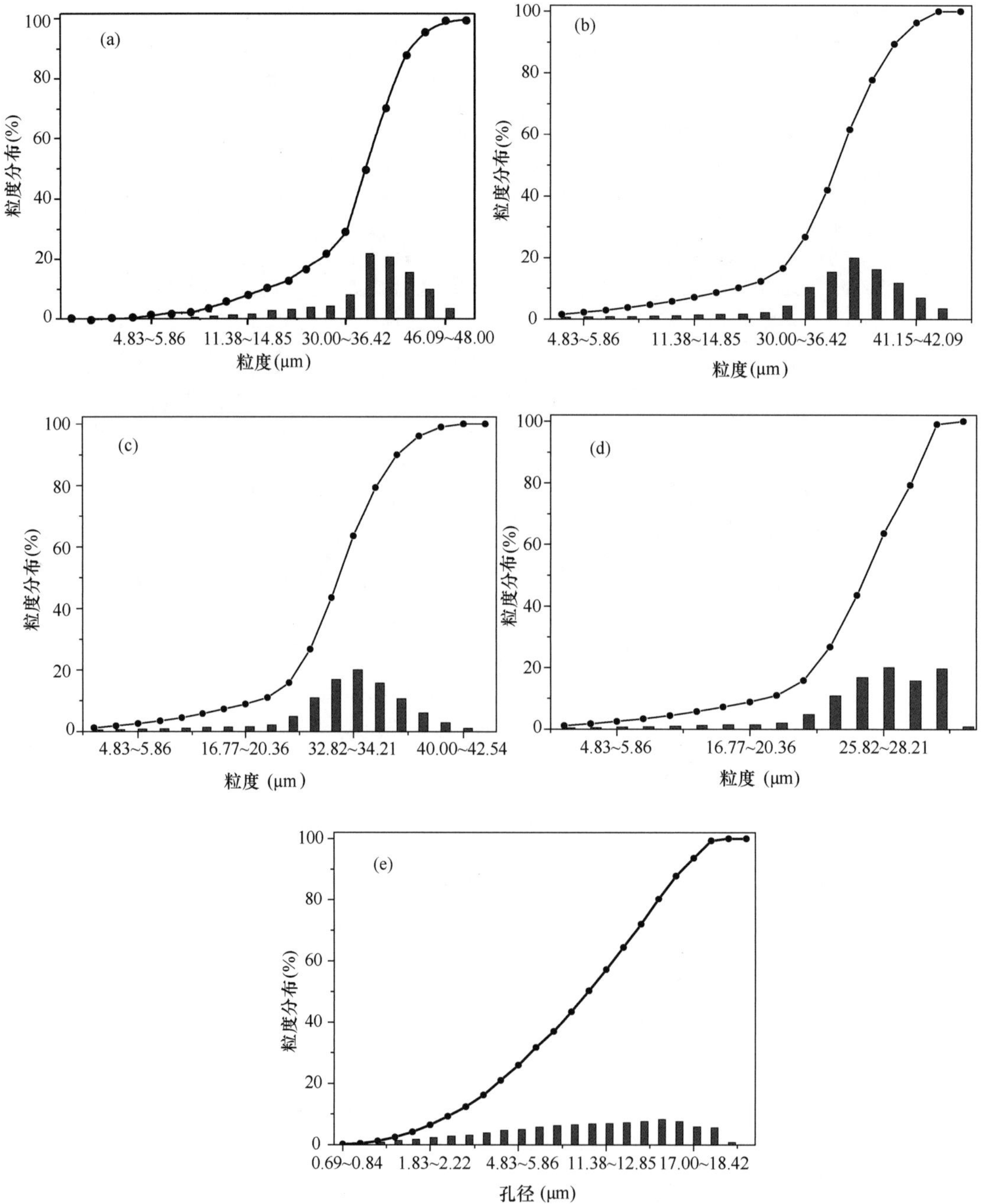
(a)
粒度分布(%)
100
80
60
40
20
0
4.83~5.86
11.38~14.85
30.00~36.42
46.09~48.00
粒度(μm)
(b)
粒度分布(%)
100
80
60
40
20
0
4.83~5.86
11.38~14.85
30.00~36.42
41.15~42.09
粒度(μm)
(c)
粒度分布(%)
100
80
60
40
20
0
4.83~5.86
16.77~20.36
32.82~34.21
40.00~42.54
粒度 (μm)
(d)
粒度分布(%)
100
80
60
40
20
0
4.83~5.86
16.77~20.36
25.82~28.21
粒度 (μm)
(e)
粒度分布(%)
100
80
60
40
20
0
0.69~0.84
1.83~2.22
4.83~5.86
11.38~12.85
17.00~18.42
孔径 (μm)

图 2-7　粒度分布曲线

表 2-1　样品的粒度分布与涂层的光泽度和消光性

样品编号	粒度分布（μm）					光泽度		消光性（%）
	D_{10}	D_{25}	D_{50}	D_{75}	D_{90}	60°	85°	60°/85°
空白	—	—	—	—	—	4.3	6.7	—/—
D1	2.54	5.04	9.74	18.80	31.66	2.9	3.3	32.6/50.7
D2	2.40	4.81	10.29	21.48	31.56	2.9	3.6	32.6/46.3
D3	2.50	4.98	9.08	18.76	32.07	3.0	3.5	30.2/47.8
D4	2.89	6.13	12.53	26.53	38.65	3.0	3.8	30.2/43.3
D5	2.79	5.26	10.08	22.09	35.21	2.9	3.7	32.6/44.8
SiO_2	6.80	7.50	8.35	9.00	10.97	3.01	5.68	30.0/15.2

注：涂层的光泽度和消光性测试入射角度分别为 60°和 85°。

由表 2-1 可知，所配制样品均具有良好的消光性能，60° 角的与 85°角的光泽度相近。样品 D-031、D-032 对 60°、85°入射角的消光性能差异较大，分析原因为样品粒度分布集中两端，在整个粒径范围内，各粒级产率出现两个峰值，并且由于 D_{90} 粒度过大，分散性较差。样品 D-021、D-022 在 60°、85°的光泽度差异较小，粒度分布主要集于 10 ~ 32μm。样品 D-013 的粒度分布比较理想，以 D_{50} 为中心呈现较好的正态分布（出现一个峰值），在高入射角区域有良好的消光性能，60°、85°的光泽度非常接近，消光率分别为 32.56%、50.74%，表明该粒度分布（级配）物料具有最佳的消光剂性能。

综上所述，采用煅烧硅藻土可制备用于苯丙乳液、纯丙乳液涂料体系的消光助剂。煅烧硅藻土的粒度组成是水性涂层消光性能影响的重要因素。合理的料度级配是 60°、85°的光泽度较为接近的关键因素。

2.3　硅藻土消光剂在涂料中的应用

采用吉林长白盘状硅藻土进行气流超细粉碎后，由于其粒度级配尚不理想，主要是粒度分布较宽，即最大粒径与最小粒径尺寸范围较大，为此，进行了精细的水析分级，来制备在窄级别粒径的消光剂样品。同时在以苯丙乳液为基料的涂料体系中进行应用实验，测试其相关消光性能，并与进口 Celite499 样品（已商用化产品）进行对比。

2.3.1　煅烧硅藻土消光剂样品制备

以工业级煅烧硅藻土 702 号为原料，进行水性涂料消光剂产品制备。其中 702 号产品的 XRD 与 FIR 红外光谱测试如图 2-8 所示，并与商用 Celite499 样品对比。由图 2-8 可知，均为煅烧硅藻土物特有的晶体衍射峰和红外吸附峰。其中 XRD 特征衍射峰与方石英的特征峰非常吻合，表明产品为纯正的方石晶体。FT-IR 红外光谱吸收峰为 OH^-、Si-基特征峰，该样品为硅藻土煅烧产物，且无有机基团存在，表明该样品没有经过表面改性处理。由样品的 XRD、FT-IR 可知，702 号产品与 Celite499 样品非常吻合。

粒度测试结果表明，702 号产品粒度较粗（ - 100 目），白度可达 90 度，但在工厂粉碎过程中，存在部分铁质污染，为此对 702 号产品采用没有机械污染的设备进行了不同粒

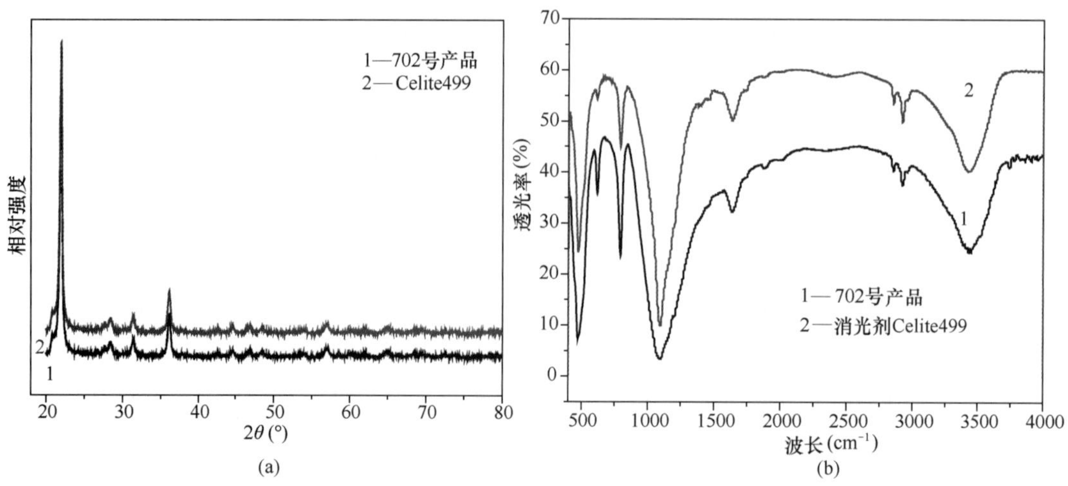

图 2-8 煅烧硅藻土 702 号与 Celite499 样品的 XRD、FT-IR

(a) XRD；(b) FT-IR

度物料粉碎后的精细分级。各不同粒度级别样品的性能测试结果如下：

样品分为：①325 目（$-43\mu m$）水析，样品编号 Yuan-001；②500 目（$-30\mu m$）水析，样品编号 Yuan-002。不同粉碎工艺参数条件下精细分级样品为：①0625-01 样品，样品编号 Yuan-003；②0625-02 样品，样品编号 Yuan-004；③0705-01 样品，样品编号 Yuan-005；④ 0705-02 样品，样品编号 Yuan-006；⑤0705-03 样品，样品编号 Yuan-007；⑥702 号-2 样品，样品编号 Yuan-011。

各样品粒度测试结果如表 2-2 所示。

表 2-2 样品粒度测试结果

样品名称	样品编号	D_{10}(μm)	D_{25}(μm)	D_{50}(μm)	D_{75}(μm)	D_{90}(μm)	白度
Celite499		2.54	5.04	9.74	18.80	31.66	88.5
325 目水析	Yuan-001	6.39	13.85	25.12	36.55	48.44	90
500 目水析	Yuan-002	2.33	4.99	13.13	32.20	41.09	90
0625-01	Yuan-003	1.91	2.62	3.79	5.85	9.96	88
0625-02	Yuan-004	2.08	4.56	12.18	31.80	39.72	89
702 号-2	Yuan-011	2.12	4.60	12.13	31.52	39.02	83
0705-01	Yuan-005			14.19		35.17	88
0705-02	Yuan-006			18.23		40.00	89
0705-03	Yuan-007			25.62		50.28	89

各样品 SEM 如图 2-9、图 2-10 所示。由图 2-9 可知，当样品 D_{50}在 5～15μm 时，部分硅藻壳体被打碎；而当样品 D_{50}在 15～25μm 时，仍存在大量硅藻壳体，此时有利于改善物料在涂料中的消光性能。即硅藻土煅烧品的消光性能与物料的粒度有直接关系，并非物料的粒度越细越好。后面的涂料应用实验也证实了这点。

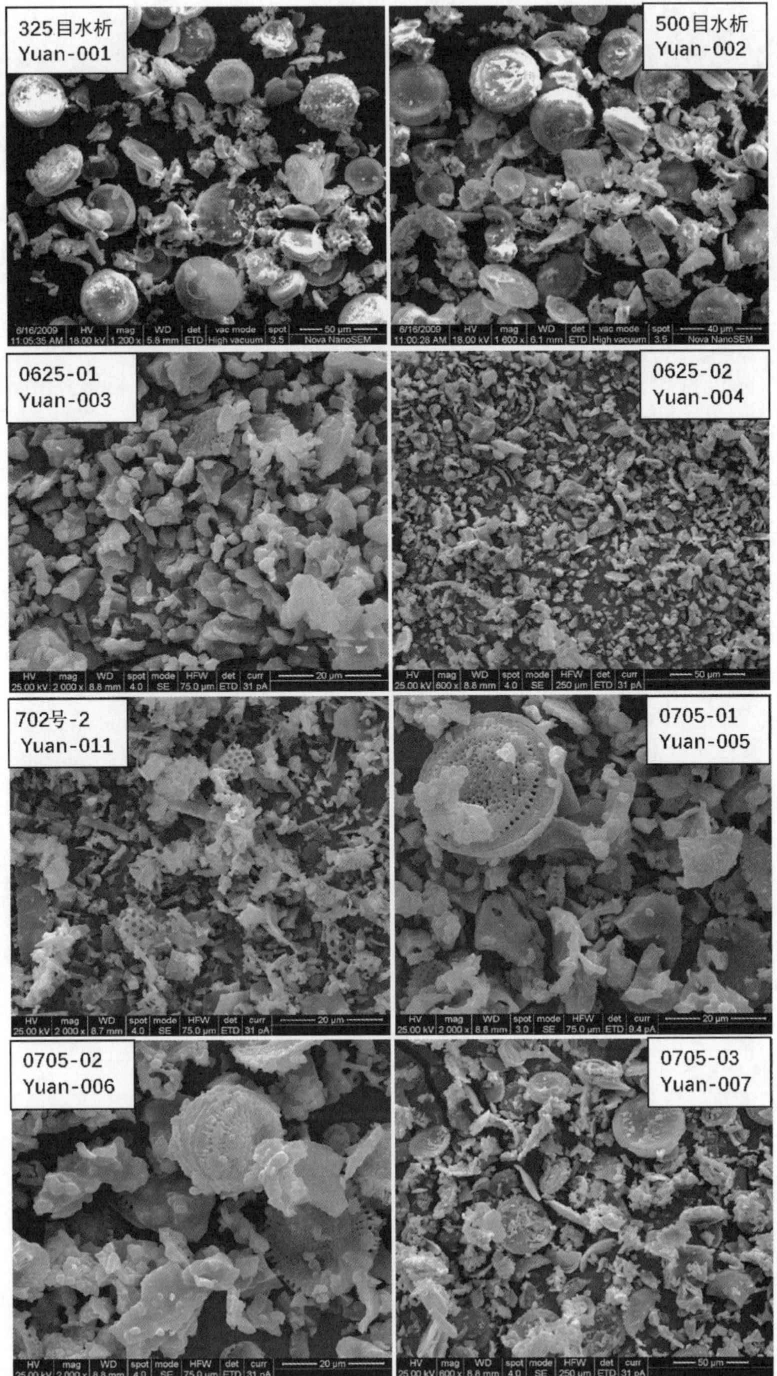

图 2-9　不同粉碎工艺条件下圆盘藻的扫描电镜照片

图 2-10 Celite499 样品的 SEM

在对各样品进行相关性能测试后，采用上述样品分别进行了涂料体系中消光性能应用测试研究。

2.3.2 煅烧硅藻土消光剂样品涂料性能实验与结果

煅烧硅藻土消光剂涂料应用实验在建材研究院金鼎涂料厂进行，共做 3 个批次，每个批次规模 500L，各批次生产过程稳定后，取样各 8 次，分 4 组取样进行性能检测，取平均值。如存在较大的实验误差时，可再进行重复性对比检测。

1. Celite499 样品涂料应用实验与结果

配料见表 2-3，其消光率相对于空白实验而言，生产过程按金鼎涂料厂操作规程进行。

表 2-3 涂料试验配料

原料	0 号(份)	1 号 Celite 样品(份)
水	165	170
X-405	2	2
分散剂 8030	8	8
消泡剂 CF-328	2	2
调节剂 AMP-95	1	1
乙二醇	30	30
C-12(液)	20	20
钛白粉	250	250
消光粉	0	50(1 号)
乳液 BC-01A	500	500
增稠剂 2020	10	10
增稠剂 ASE-60	10	10
防腐剂 CH	1	1

按测试标准要求，各涂层样品经一定时间（7d）老化养护、表面性能稳定后，进行消光性能检测，各样品的光泽度测试结果如下：

（1）空白样品的光泽度平行测试 10 组数据分别为：5.5、5.8、5.8、5.9、5.5、5.6、5.6、5.9、5.8、5.6；平均值为：5.7。

（2）1 号 Celite 样品的光泽度平行测试 10 组数据分别为：5.0、4.9、4.9、4.8、4.9、4.9、4.8、4.5、4.9、4.9；平均值为：4.88。

测试样品的平均消光率按相对于空白样品的值[（空白 - 样品）/空白]计算，1 号 Celite 样品的消光率为 18.16%。

2. 702 各样品涂料应用实验与结果

针对各样品的消光性能测试，相对于 Celite499、空白样品分别进行 4 组 12 个样品的涂料应用测试。现将消光性能较好的样品在涂料中的消光性能测试结果整理如下。

（1）325 目水析、500 目水析、500 目改性样品作为消光剂在涂料中的应用实验配料见表 2-4。

表 2-4　涂料试验配料（单位：份）

原料	0	1 号 325 目水析样品	2 号 500 目水析样品	3 号 500 目改性
水	165	170	170	170
X-405	2	2	2	2
分散剂 8030	8	8	8	8
消泡剂 CF-328	2	2	2	2
调节剂 AMP-95	1	1	1	1
乙二醇	30	30	30	30
C-12（液）	20	20	20	20
钛白粉	250	250	250	250
消光粉	0	50（325 目）	50（500 目）	50（500 改性）
乳液 BC-01A	500	500	500	500
增稠剂 2020	10	10	10	10
增稠剂 ASE-60	10	10	10	10
防腐剂 CH	1	1	1	1

注：1 号：702-4 号-325；2 号：702-4 号-500；3 号：702-4 号-500 改性。

按测试标准要求，各涂层样品经一定时间（7d）老化养护、表面性能稳定后，进行消光性能检测，各样品的光泽度测试结果如下：

① 空白样品的光泽度平行测试 10 组数据分别为：6.4、6.5、6.2、6.3、6.3、6.3、6.3、5.9、6.0、6.1；平均值为：6.23。

② 1 号样品的光泽度平行测试 10 组数据分别为：3.9、3.9、4.0、3.9、4.0、3.9、3.9、3.9、4.0、4.0；平均值为：3.94。

③ 2 号样品的光泽度平行测试 10 组数据分别为：4.6、4.6、4.7、4.7、4.7、4.6、4.7、4.7、4.7、4.7；平均值为：4.67。

④ 3 号样品的光泽度平行测试 10 组数据分别为：4.7、4.8、4.7、4.5、4.6、4.4、4.7、4.8、4.8、4.8；平均值为：4.68。

测试样品的平均消光率按相对于空白样品的值[（空白 - 样品）/空白]计算，各样品的消光率分别为：1 号样品为 36.76%；2 号样品为 25.04%；3 号样品为 24.88%。

实验结果分析：在该涂料体系中，1 号～3 号样品消光效果都十分明显，其中以 325 目样品最好，消光率可达 36.76%，且涂料的悬浮稳定性能均较好。

（2）0625-01、0625-02、702 号-2 样品作为消光剂在涂料中的应用实验配料见表 2-5。

表 2-5　样品涂料试验配料（单位：份）

原料	0	1 号 702 号-2	2 号 0625-01	3 号 0625-02
水	165	170	170	170
X-405	2	2	2	2
分散剂 8030	8	8	8	8
消泡 CF-328	2	2	2	2
调节剂 AMP-95	1	1	1	1
乙二醇	30	30	30	30
C-12（液）	20	20	20	20
钛白粉	250	250	250	250
消光粉	0	50（702 号-2）	50（0625-01）	50（0625-02）
乳液 BC-01A	500	500	500	500
增稠剂 2020	10	10	10	10
增稠剂 ASE-60	10	10	10	10
防腐剂 CH				

按测试标准要求，各涂层样品经一定时间（7d）老化养护、表面性能稳定后，进行消光性能检测，各样品的光泽度测试结果如下：

① 空白样品的光泽度平行测试 10 组数据分别为：6.5、6.8、7.0、7.0、6.7、6.9、7.3、7.1、7.2、7.0；平均值为：6.95。

② 1 号样品的光泽度平行测试 10 组数据分别为：4.1、4.1、4.3、4.0、4.0、4.2、4.2、4.4、4.2、4.3；平均值为：4.18。

③ 2 号样品的光泽度平行测试 10 组数据分别为：4.4、4.4、4.3、4.4、4.5、4.6、4.6、4.4、4.3、4.4；平均值为：4.43。

④ 3 号样品的光泽度平行测试 10 组数据分别为：3.9、4.1、4.2、4.3、4.0、4.2、4.1、3.9、4.1、4.2；平均值为：4.10。

测试样品的平均消光率按相对于空白样品的值[（空白－样品）/空白]计算，各样品的消光率分别为：1 号样品为 39.85%；2 号样品为 36.25%；3 号样品为 41.01%。

实验结果分析：在该涂料体系中，1 号～3 号样品消光效果明显，其中 3 号样品消光效果最好，消光率可达 41.01%，且涂料的悬浮稳定性能均较好。2 号样品粒度较细，1 号、3 号样品的粒度较为接近，均较 2 号样品粗。

（3）0705-01、0705-02、0705-03 样品作为消光剂在涂料中的应用实验配料见表 2-6。

表 2-6　样品涂料试验配料（单位：份）

原料	0	1 号 0705-01	2 号 0705-02	3 号 0705-03
水	165	170	170	170
X-405	2	2	2	2
分散剂 8030	8	8	8	8
消泡 CF-328	2	2	2	2
调节剂 AMP-95	1	1	1	1
乙二醇	30	30	30	30
C-12（液）	20	20	20	20
钛白粉	250	250	250	250
消光粉	0	50（0705-01）	50（0705-02）	50（0705-03）
乳液 BC-01A	500	500	500	500
增稠剂 2020	10	10	10	10
增稠剂 ASE-60	10	10	10	10
防腐剂 CH				

按测试标准要求，各涂层样品经一定时间（7d）老化养护、表面性能稳定后，进行消光性能检测，各样品的光泽度测试结果如下：

① 空白样品的光泽度平行测试 10 组数据分别为：6. 4、6. 5、6. 2、6. 3、6. 3、6. 3、6. 3、5. 9、6. 0、6. 1；平均值为：6. 23。

② 1 号样品的光泽度平行测试 10 组数据分别为：3. 9、3. 9、4. 0、3. 9、4. 0、3. 9、3. 9、3. 9、4. 0、4. 0；平均值为：3. 94。

③ 2 号样品的光泽度平行测试 10 组数据分别为：4. 6、4. 6、4. 7、4. 7、4. 7、4. 6、4. 7、4. 7、4. 7、4. 7；平均值为：4. 67。

④ 3 号样品的光泽度平行测试 10 组数据分别为：4. 7、4. 8、4. 7、4. 5、4. 6、4. 4、4. 7、4. 8、4. 8、4. 8；平均值为：4. 68。

测试样品的平均消光率按相对于空白样品的值[（空白－样品）/空白]计算，各样品的消光率分别为：1 号样品为 36. 76%；2 号样品为 25. 04%；3 号样品为 24. 88%。

实验结果分析：在该涂料体系中，1 号～3 号样品均具有较好的消光效果，其中 1 号样品的消光率最好，为 36. 76%。各样品所制备的涂料的悬浮稳定性能均较好。

第3章 硅藻土导电功能材料

3.1 导电功能粉体材料

随着高科技的发展，静电的危害已对人身健康与技术应用环境造成了损害。静电放电造成的频谱干扰危害，是导致计算机、通信、航空、航天所有现代电子设备、仪器出现运转故障、信号丢失、产生误码的直接原因之一。此外，静电造成敏感电子元器件的潜在失效，是降低电子产品工作可靠性的重要因素。据统计，美国每年由于静电而造成电子元器件失效的损失为100亿~200亿美元。如何降低和消除抗静电危害，已成为电子及相关行业的重要工作内容，抗静电技术也发展成为一个重要产业。

多孔导电复合粉体材料，既具有导电材料的抗静电、电磁屏蔽特性，又具有多孔材料的吸附及光散射性能，是电磁波、红外线良好的吸收材料及抗静电材料，可用于军事航空的吸波隐形、环境吸附净化、电磁辐射屏蔽、抗静电保护、印刷包装等。目前具有导电功能的粉体材料或具有多孔特征的导电复合粉体材料，主要以填料形式使用，其特种功能性大多以表面涂层或涂装方法进行应用，以展现其特种功能，可使得表面涂层具有一定导电性、抗静电、屏蔽电磁波等功能。以民用油品储罐为例，油品与罐体产生相对运动，会使油罐内壁的静电压升高，液体油品在流动、过滤、混合、喷射、冲洗、加注、晃动等情况下，静电荷产生的速度高于泄漏速度，将产生累积静电荷；当积累的静电荷放电能量大于可燃混合物的最小引燃能，并且在放电间隙中油品蒸气和空气混合物处于爆炸极限范围时，将产生燃烧和爆炸，我国已发生多起类似事故。从技术角度来讲，当涂层的体积电阻率低于$10^8\Omega\cdot cm$、表面电阻低于$10^8\Omega$时，就具备排泄静电荷的功能，因此表面涂层材料的导电性或抗静电性非常关键。

基于上述分析，本章将主要讨论有关导电功能粉体材料和具有导电功能的多孔粉体材料的加工制备技术及应用，其中导电硅藻土是以具有天然微孔结构的硅藻土为原料，进行具有导电特征材料的表面负载而制备无机矿物复合导电功能材料。

3.1.1 导电功能粉体材料的定义及分类

1. 导电功能粉体材料的定义

导电功能粉体是指具有导电、导静电特征或抗静电性能的粉体材料，是粉体单个颗粒或粉体聚积体能够有效地阻止静电荷在自身及其接触材料表面积累的功能性粉体材料。换言之，当其自身或其接触材料产生静电荷累积时，能及时消耗或排除泄漏静电荷的粉体材料，称为导电功能粉体材料。如按材料的表面电阻或导电率来定义，即表面电阻低于$10^8\Omega$或表面电阻率大于$10^{-5}\Omega/sq$的粉体材料。

上述对导电功能粉体材料的界定主要是针对可导静电荷而言，其中涵盖了导静电粉体材料、抗静电粉体材料、静电耗散粉体材料。

对于具有导静电功能的粉体，可同时赋予传统粉体材料所特有的功能特性，如吸附净化特性、光催化特性、光散射特性、电磁特性等，即可制备具有复合功能特征的导静电材料。其上述特征或特性可人工合成制备或表面负载，也可利用一些材料本身所具有的功能特征来进行后期的改造。

2. 导电功能粉体材料的分类

导电粉体材料按化学成分、导电材料功能、对电荷疏导方式、有机材料和无机材料分为四大类。

导电粉体材料根据化学成分不同可分为碳系、金属系、金属氧化物系、结构高分子系及复合型五类。

按导电材料功能不同可分为防静电材料、导电材料、电极材料、发热体材料、电磁波屏蔽材料。

按对自身或接触的表面静电荷疏导方式可分为导静电粉体材料、抗静电粉体材料、静电耗散粉体材料三大类。

按材料的聚团或官能团结构可分为无机导静电粉体材料和有机导静电粉体材料。

3.1.2　导电粉体材料的性能特点

导静电粉体材料的特性要求如下：具备良好的导电性、透波性、相容性、稳定性，同时以浅颜色为好，但吸波材料则要求深颜色，是一个特例。

导静电性能：电阻率一般在 $10^{-5}\sim10^{-9}\Omega/cm$ 或电阻一般在 $10^{5}\sim10^{9}\Omega$，较好的导静电粉体材料的电阻可小于 $10^{5}\Omega$。

透波性能：一般要求抗静电粉体材料或涂层材料的透波率大于85%。

相容性能：与各种基体材料或接触性材料具有良好的相容性能。

稳定性能：长期保持电性能不变，能够耐热、耐寒、耐一般的化学药品腐蚀。

颜色浅：导电粉体的颜色应为白色、近白色、浅灰、浅蓝、浅驼色为好，特殊情况下也可采用深色导电粉体。

各种类型导静电粉体材料的性能特点简述如下。

1. 碳系导电材料

碳系导电粉体材料的研究较为成熟，包括导电炭黑、石墨、碳纤维和碳纳米管等。碳系导电粉体材料具有导电性好、着色力强、化学稳定性高、密度小、价格低廉等特点，以其制备的导电油墨、导电胶等广泛应用于电子、化工等领域。碳系导电材料存在的不足主要是分散稳定性差、颜色深，装饰性差，不为人们喜欢，因此，实际应用中受到一定的限制。目前，碳纳米管材料、石墨烯等新材料，已被探索作为新型的碳系导电材料使用。

2. 金属系导电材料

目前广泛应用导静电填料的金属系粉体材料主要有银系、铜系、镍系等。其具有良好的导电性和延展性，颜色相对较浅，因此，应用较为广泛。其中，以银系导电粉体颗粒的导电性能最佳，具有高塑性和高抗氧化性，对配合材料具有一定的稳定性，并能形成牢固的接触，广泛应用于导电涂层或浆料中，但价格高昂，使用过程中容易发生银离子迁移造成短路。图3-1（a）所示为银系导电粉体微观形貌。铜系导电粉体材料的体积电阻率与银系相近，价格仅是银价格的1/20，但铜粉的致命弱点是在空气中易氧化，表面形成不

导电 Cu_2O 和 CuO 的薄膜，使铜的导电性迅速下降，甚至不导电。镍系导电粉体材料价格适中，稳定性介于银粉与铜粉之间，抗腐蚀性强，铁磁性优良，用于电子设备的电磁屏蔽尤其有效，在大气中不易生锈，能够抵抗苛性碱的腐蚀，因此它是几年来研究的热点。镍和铜系导电粉体材料可采用有机磷化合物、偶联剂、杂环类化合物或羰基化技术等处理可以提高其抗氧化能力，但相对较高的使用成本，在一定程度上限制了其在工业领域中的应用。

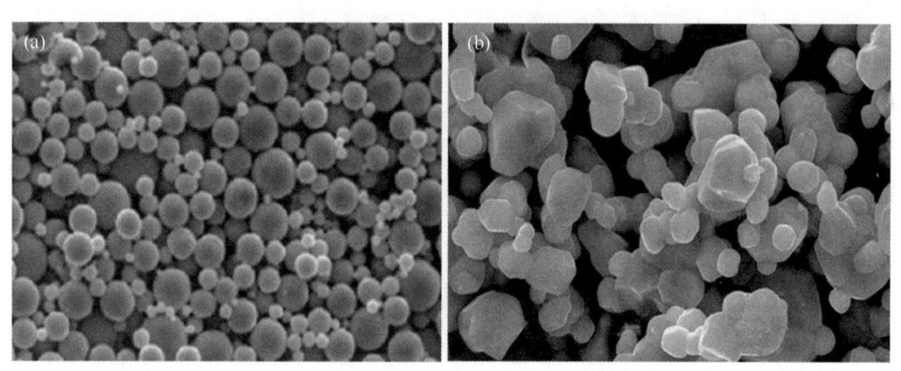

图 3-1　银系导电粉体微观形貌（a）和掺锑氧化锡导电粉体微观形貌（b）

3. 金属氧化物系导电材料

金属氧化物系导电粉体材料的导电性能优异、密度较小、颜色浅、抗氧化能力强、在空气中稳定性好，价格适中，较好地弥补了金属导电填料抗腐蚀性差和碳系导电填料装饰性能差等缺点，在很多领域得到广泛的应用。目前比较常见的导电金属氧化物有掺锑二氧化锡（ATO）、掺铝氧化锌（ZAO）、掺铟氧化锡（ITO）、三氧化二锑等。

（1）掺锑二氧化锡（ATO）

锑掺杂二氧化锡（ATO）较纯二氧化锡的导电性明显提高，且具有颜色浅、稳定性好等优良特性。图 3-1（b）所示为掺锑氧化锡导电粉体微观形貌。在一定的锑掺杂量范围内，掺锑量越多，导电性能越好，但粉体颜色越深。目前，现有技术采用的是用少量锑均匀地掺杂于二氧化锡的粉体中，能够克服粉体颜色深的问题，同时保证导电性能。

（2）掺铝氧化锌（ZAO）

铝掺杂氧化锌（ZAO）是氧化锌与氧化铝形成的置换型固溶体。图 3-2（a）所示为掺铝氧化锌粉体微观形貌。铝掺杂氧化锌（ZAO）不仅紫外线吸收性能好、化学稳定性高，而且具有颜色浅、可见光透过率高、导电性好等优良特性，可以广泛应用在抗静电涂料、橡胶和塑料等领域，有取代导电性好但价格昂贵的 ITO 材料的趋势。

（3）掺铟氧化锡（ITO）

掺铟氧化锡（ITO）具有低电阻率、高可见光透射率等性能优势。图 3-2（b）所示为掺铟氧化锡导电粉体微观形貌。掺铟氧化锡可以切断对人体有害的电子辐射、紫外线及远红外线，被广泛应用于各种平板显示器、传感器、气敏元件之中。

4. 复合型导电材料

复合型导电粉体材料，是由两种或多种不同材料组成的粉末，并且其粒度必须大到（通常大于 0.5μm）足以显示出各自的宏观性质。复合型导电粉体材料兼有镀层物质和芯

图 3-2　掺铝氧化锌导电粉体微观形貌（a）和掺铟氧化锡导电粉体微观形貌（b）

核的优良性能。以一种质轻价廉的材料作为基底或芯核，通过化学共沉淀法在其表面包覆电阻率较高金属氧化物（ATO、TiO_2）的复合导电材料的研究已成为当前研究的热点。这类导电粉体价格便宜，原料易得，化学性能稳定，颜色浅，着色力强，电阻率能达到要求。复合导电材料是采用导电材料与成型材料填充复合而成的一类新型导电材料，具有较好的发展前景。

5. 无机矿物类导电材料

无机矿物类导电粉体材料，是以天然矿物材料为原材料，利用一些无机矿物材料本身所具有的导电性能或通过后期表面负载导电材料进行处理，来制备的具有导静电功能的无机粉体材料。目前以导电云母粉的制备与应用最为成熟。云母粉是高分子材料常用的填充材料，云母粉的片状结构有利于在高分子材料中形成导电网络。但云母粉本身不导电，必须在云母粉表面沉积或包覆一层抗静电材料（如 ATO）才能起抗静电作用。导电云母粉相对密度小、颜色浅，可用于加工有装饰性的制品，在抗静电领域的应用逐年增长。用云母粉作载体包覆型（锡锑混合氧化物包覆）复合粉体由于价格适中、相对密度小、容易着色、颗粒易分散等特点，已经在抗静电涂料等方面得到普遍应用。

6. 导电高分子材料（结构复合型导电材料）

结构复合型导电高分子材料又称为本征型导电高分子材料，与传统的复合导电高分子材料相比具有质轻、环境稳定性好、结构可设计、电导率可调、可弥补金属填料的缺陷等特点，同时具有抗静电、电磁屏蔽或吸收电磁波以及电致发光、光致变色和能发生非线性光学效应等不同特征。图 3-3 为结构复合型导电高分子微观形貌。在诸多领域都有着潜在的应用价值，如在导电、防腐、电磁干扰屏蔽、芯片制造、微电子、液晶显示器等领域都得到了应用。以本征态导电聚苯胺或掺杂型导电聚苯胺的制备与应用最多。

聚苯胺的电活性源于分子链中的 P 电子共轭结构：随分子链中 P 电子体系的扩大，P 成键态和 P^* 反键态分别形成价带和导带，这种非定域的 P 电子共轭结构经掺杂可形成 P 型和 N 型导电态。不同于其他导电高分子在氧化剂作用下产生阳离子空位的掺杂机制，聚苯胺的掺杂过程中电子数目不发生改变，而是由掺杂的质子酸分解产生 H^+ 和对阴离子（如 Cl^-、硫酸根、磷酸根等）进入主链，与胺和亚胺基团中 N 原子结合形成极子和双极

图 3-3 结构复合型导电高分子微观形貌

子离域到整个分子链的 P 键中，从而使聚苯胺呈现较高的导电性。这种独特的掺杂机制使得聚苯胺的掺杂和脱掺杂完全可逆，掺杂度受 pH 值和电位等因素的影响，并表现为外观颜色的相应变化，聚苯胺也因此具有电化学活性和电致变色特性。经特定工艺处理的导电聚苯胺，可制得各种具有特殊功能的设备器件、材料制品或粉体材料，在生物或化学传感器、电子场发射源、充放电可逆电极材料、选择性膜材料、防静电和电磁屏蔽材料、导电纤维、防腐材料等方面得到广泛的研究和应用。

3.2 导静电或抗静电材料及制备

3.2.1 导静电粉体的制备研究

对于导静电或抗静电粉体材料的制备，基本上采用一些传统的物理方法和化学方法。如破碎、研磨、固相反应、气相蒸发、熔喷等物理方法，以及水热合成、均相沉淀、溶胶-凝胶、溶盐析出等液相化学制备。但随着制备技术与表征技术的发展，也出现了一些新型制备技术，如超重力法、等离子体法、分子嫁接与裁剪、表面活性基元担载、功能性载体（粉体）的表面修饰与包覆等。导静电或抗静电粉体材料的种类不同，其可适应的制备方法与技术也存在很大差异，但作为超细、微细、超微细粉体材料，同样也遵循粉体颗粒制备技术基本原理。下面就所涉及的各种导静电或抗静电粉体材料制备研究进行归纳总结。

1. 金属系导电粉体

常见金属系导电粉体主要有铝粉、铜粉、镍粉、金粉、银粉等，基本采用较为传统的固相法、气相法、熔喷、破碎、研磨后进行散蒸干燥后期处理。由于金属密度大，以金属粉体为主要导电介质的材料在储存及使用过程中难免发生沉降和结块，会影响产品后期使用，并且金属粉体化学性质不稳定、耐腐蚀性差、表层易氧化，从而会大大降低甚至失去导电性，因此，探索新型的金属系导静电粉体材料制备与后期保护技术已成为其重要研究方向。树枝形或多边形纳米铜-银双金属粉就是一种新发展起来的金属系填料。制备的简要步骤为“参照现有技术制备一种超细铜粉”，然后将此铜粉在水中搅拌分散均匀置于热水浴上恒温，在铜粉的悬浊液中再加入有高分子保护剂存在的银离子，使银离子与铜发生置换反应，并在铜粒子的表面部分或全部包覆银超微粒子，形成一种树枝形或多边形的铜-银双金属粉。该铜-银双金属粉能克服铜粉容易氧化和银粉成本高的缺点，而保持两者的优点。由于铜粉和银粉具有缓慢释放铜离子和银离子的作用，同时具有抗菌性能，成本相对较低的、不易氧化的树枝形或多边形的超细铜-银双金属导电粉体的制备，克服了现有技术存在的铜粉容易氧化、银粉制备成本高的缺陷，具有一定的应用前景。

2. 碳系导电材料

目前常用的碳系导电材料主要有石墨、炭黑和碳纤维材料。石墨主要以天然石墨为主，可分为晶质鳞片状和隐晶质土状两种。鳞片状石墨粒子之间相互重叠，粒子间无空隙，因此导电性能好；土状石墨粒子间虽排列紧密，但粒子外形很不规则，表面粗糙，与鳞片石墨相比导电性稍差。天然土状石墨矿石含有很多杂质，以传统浮选工艺生产的石墨，须经深加工制备高纯超微细石墨才能满足需要。目前导电石墨粉常用的制备过程是：天然土状石墨矿石经传统浮选工艺制得石墨粉，利用碱熔法去除浮选后石墨粉中的金属杂质，使其生成氢氧化物，再用盐酸或硫酸进行中和反应，生成溶于水盐类，经纯水洗涤、脱水干燥即可得到高纯的石墨。将高纯石墨放置在高温密闭炉中在保护气氛条件下进行煅烧，可得到粗粉土状导电石墨，将粗石墨粉气流粉碎后即可得到具有良好导电性能的高纯超微细石墨粉。

炭黑因制备原料不同存在许多类型。通用制备过程如下：以天然气或重油原料与过剩空气通入反应炉中进行完全燃烧，然后将液状原料油以雾状连续喷入，进行热分解，使反应炉内产生高温的炭黑气体。接着利用水雾将炭黑气体急速冷却，利用袋式集尘器加以收集。炭黑外观一般为纯黑色细粒或粉状物，颜色的深浅、粒子的细度以及密度的大小均随所用原料及制造方法不同而有所差异。在众多炭黑品种中以乙炔炭黑为最佳，它的颗粒细、网状链堆积紧密、比表面积大、单位质量颗粒多，有利于在聚合物中形成链式导电结构。

制备工艺不同的碳纤维的电阻率变化范围非常广。碳纤维半导电材料一般是利用对特种聚丙烯腈纤维进行氧化、碳化处理技术，再经过一系列的后加工处理得到的。在碳化过程中，随着脱氢、脱氧和脱氮，分子结构发生重排，形成很不完善的乱层石墨状结构。碳化温度越高，杂化状态的共轭碳原子的比例越大，碳层面越大，从而导电性越好。

与传统的炭黑、碳纤维和石墨等导电填料相比，碳纳米管的结构和表面效应决定了它优良的导电性能。碳纳米管质量轻、强度大、长径比较大，能够在很低的填充量下明显地改善复合材料的电性能和物理性能。例如 0.4% 的 CNTs 可使环氧树脂的电阻率由 $10^{14}\Omega \cdot m$降低到$10\Omega \cdot m$。然而碳纳米管表面能极大，容易团聚和分散性差，在树脂中尤其是黏度较大的环氧树脂中分散困难，可利用表面化学改性和高能超声波结合的方法改善碳纳米管的分散性。Bin Y 等采用超声物理法对多壁碳纳米管进行表面活化处理，然后通过快速冷凝胶化结晶方法制备多壁碳纳米管（MWNTs）/超高分子量聚乙烯（UHMWPE）导电复合材料，成功地制备出了一系列高强度、高导电率的复合材料，当多壁碳纳米管含量达到 15wt% 时，导电率达到 $10^{-3}\ S \cdot cm^{-1}$。

3. 高分子导电材料

用于导静电粉体颗粒的高分子导电材料主要有三类：一是本身具有导电性，不需掺杂的本征导电高分子，如聚氮化硫、金属四硫代草酸酯聚合物；二是有机电荷转移复合物，如具有光导电性的聚乙烯基咔唑复合物等，利用缩聚方法把电子体引入高分子主链，再与之复合得到具有可加工性的高分子导电材料；三是具有共轭双键体系的高分子，掺杂后电导率大为提高，成为优良的导电材料，如聚乙炔、聚吡咯等。目前高分子导电材料的研究重点主要集中在以下几个方面：改变不同的掺杂剂和掺杂方法以获得高电导率、高稳定性的实用产品，利用可加工成型的前驱高分子转化为导电薄膜等材料将导电高分子材料直接复合在通用塑料表面以制备轻质电磁屏蔽材料等。虽然对导电高分子材料的研究有很大进展，但因其存在刚度大、难熔、难溶、成型困难、掺杂剂多数毒性大、腐蚀性强等缺点，加之导电稳定性和重复性差，导电率分布范围较窄，成本较高，因此其实用价值有限。导电高分子材料直接纺制成导电纤维一直是人们所期望的，国内各高校及科研院所也开发成功了有机导电纤维，如宣日成等人开发了复合聚酞导电纤维，但因产量低、质量不稳定，在实际应用中存在许多困难。直至目前，还没有任何一种由导电高分子材料直接纺丝或复合制备的导电纤维进入实际应用领域。

4. 复合型导电粉体

复合型导电粉体是通过包覆、插层等手段将普通导电粉体复合到另一种基体上制备出的导电粉体材料，目前研究比较多的是高分子层状氧化物复合导电材料、导电云母、氮化氧化铝复合材料等。高分子层状氧化物复合导电材料是通过插层制备的一种新型复合型导电材料，它是在主体无机物层状材料中插入一层导电高分子材料以改善主体无机材料的导电性能。导电高分子的插入方法可以分为：高分子单体直接插入在无机材料层间原位聚合，比如将可被氧化的单体插入主体无机氧化物中，在进入主体氧化物时，单体自发地被氧化而形成交替的导电高分子层和无机氧化物层单体先插入然后聚合，得到单体被夹在两层主体无机材料之间的复合物，再通过加热等方法使夹层中的单体发生聚合。由以上方法制备的复合导电材料兼具导电高分子和层状氧化物的优点。氧化物有高的氧化电位、高的理论容量和良好的稳定性，但其电导率较低，而导电高分子的引入则会大大提高电导率，弥补了氧化物的不足。高分子层状氧化物复合导电材料是一种具有开发前景的新型导电材料。

5. 浅色无机化合物导电粉体

碳系、金属系导电粉体和导电高分子材料因本身存在颜色深、色度重等缺陷，在应用过程中带来很大不便，人们逐渐转向颜色较浅的无机化合物导电粉体的研究制备方向。早期以导电纤维的白色化研究为主，普遍采用的方法是用铜、银、镍和镉等金属的硫化物、碘化物或氧化物与普通高分子材料共混或复合纺丝而制成导电纤维，如王逸君等开发制得的腈纶导电纤维、高绪珊等将共混纺丝制成导电纤维，其导电性能较炭黑复合型导电纤维差，但其应用不受颜色的影响，所存在的最大缺点是这些导电填料中有毒，对人体健康和环境不利。掺杂型无机化合物导电粉体材料，可以实现浅色度制备，这种浅色无机化合导静电粉体材料，影响其导电性能的关键是粉体的超细化。近年来，人们在纳米粉体的合成方面做了大量的工作，通过湿化学方法合成出纳米粉体，制备工艺比较简单，易于控制，成本也比较低。掺杂型无机化合物导电粉体材料除了具有的优越性能之外，还具有优良的红外吸收和紫外屏蔽能力且具有良好的抗菌性能，加上其分散性能好、无毒、白度高、物理化学稳定性高以及生产成本低的特点，越来越广泛地被应用于各种导电领域，如掺杂型氧化锌。近年来，美国、日本、德国等国均致力于浅色导电粉体及其相关产品的开发与研究工作。目前从国外进口的浅色导电粉体的价格很高，国内使用的导电粉体仍以传统的金属系和碳系材料为主，迫切需要开发色浅、稳定性高、导电性好、价格低的导电粉体来满足国内市场的需要。因此，在导电粉体的发展方面，最主要的任务是开发浅色具有优越导电性能的导电粉体材料。结合当前迅速发展的纳米合成技术，掺杂氧化锌作为一种优异的半导体材料，无疑将会获得广泛的研究和应用。

6. 导电氧化锌粉体的制备

氧化锌是一种应用最多的导电粉体材料，其制备方法也有很多种，且相对比较完善。近期纳米氧化锌的制备也进入了一个成熟发展制备阶段，在氧化锌粒子的形貌和结构控制方面也都有了比较详尽的研究。高电导率导电氧化锌超细粉体的制备技术，因为需要兼顾掺杂物质对导电性能的影响，制备工艺条件受到限制，使颗粒形貌和结构缺少普通氧化锌那样丰富的变化，导致其在应用过程中出现了很大的局限性。如何解决上述问题，众多研究者做了大量工作，如在固相混合烧结法制备过程中，将氧化锌加入甲酸铝溶液中制成浆液，烘干后在气氛下煅烧，可制备出电导率较高的导电氧化锌粉体。新泽西锌业公司等改进了这种方法，用溶液代替甲酸铝溶液在混合气氛中进行煅烧，最终制备出低电阻率的导电氧化锌粉体。通过对固相混合烧结法制备氧化锌粉体进行工艺改进，并对各种氧化物与盐类对氧化锌掺杂的情况及煅烧条件进行详细研究，发现有氟化物存在的条件下煅烧可以提高导电氧化锌粉体的白度，并可显著提高导电性能。在固相混合烧结法中将掺杂元素的氧化物或者盐类直接掺入氧化锌粉体中，通过混合球磨或其他分散手段，使掺杂元素尽可能均匀地分散到氧化锌粉体中，在还原气氛下煅烧，最终得到掺杂后的导电氧化锌粉体性能有显著改善。但固相混合烧结法同样存在着很多缺点，为保证掺杂物质在氧化锌体系中的均匀分散，煅烧时必须采取很高的温度，虽然粉体的表观电阻率很低，高温煅烧使氧化锌颗粒过分长大，很难得到纳米级的粉体。高温煅烧也使产品带有灰色，不能表现出足够的白度，复杂的工艺使得导电氧化锌粉体的成本远大于炭黑的生产成本。高的制备成本和相对较差的粉体性能，都不利于导电氧化锌粉体在后续阶段的应用，为此改进氧化锌制备方法及工艺势在必行。

(1) 共沉淀-煅烧法：将一定比例可溶性锌盐和掺杂元素的盐溶液配制成混合溶液，控制值在碱溶液中产生共沉淀，在空气中高温煅烧后制备出比表面积高的掺杂氧化锌粉体。此方法在法国首次实施，但在制备过程中并没有考虑到氧化锌的导电性能，后期对共沉淀-煅烧法进行了改进，并对共沉淀过程控制、前驱体煅烧温度变化等因素的影响进行了详细研究，将煅烧改在还原气氛下进行，为高导电性能氧化锌粉体的制备提供了一些依据。共沉淀-煅烧法是当前实验室和工业上广泛采用的合成高纯超细粉的方法，具有固相混合烧结法无可比拟的优越性，比如能够对合成工艺过程进行调控，可以精确控制反应的化学组成，易于添加微量有效成分，粒子的形貌和尺寸也比较容易控制等。在反应过程中还可以同时采用附加的调控手段，如超重力、超声、超临界等，可制备成均匀、纯度高的复合氧化物粉体，即可制备粒度小、尺寸分布均匀、导电性能良好的氧化锌粉体。其优点是共沉淀-煅烧法至今能够广泛应用的主要原因。共沉淀-煅烧法设备相对简单，少量样品的制备在实验室中就可以进行，工业生产规模的反应过程控制也不很复杂。因此，共沉淀-煅烧法可以作为制备导电氧化锌粉体的理想方法。如何优化共沉淀-煅烧法的工艺过程，尽量降低成本，兼顾在应用中氧化锌的颗粒尺寸和导电性能对复合后材料性能的影响，最终制备出符合市场要求的导电氧化锌粉体是当前研究中迫切需要解决的问题。

（2）直接气相合成法：是一种能够连续生产导电氧化锌粉体的方法。其制备过程如下：将锌锭熔融气化，产生的锌蒸气经过提纯后，与掺杂元素化合物的沸点必须低于锌的沸点进行预混，保持反应体系的温度高于锌的沸点温度，将混合后的锌蒸气进行氧化，得到掺杂的氧化锌粉体，通过布袋或旋风分离器进行收集，即可得到导电氧化锌粉体。这种合成方法通过调节混合锌蒸气的流量达到控制氧化锌颗粒尺寸的目的，在混合蒸气的氧化过中，通过氧化方式的改变可以分别生成球形或针状的氧化锌颗粒。与其他方法相比，直接气相合成法具有如下优点：能够实现工业化连续生产、可以大大降低成本、原料金属或类金属卤化物易得；具有挥发性，易水解、易提纯；生成的粉体不需要再粉碎，气相的物质浓度小，生成粒子的团聚少，通过调节、控制生成条件，容易掌握粒径；颗粒表面整洁、纯度高、性能卓越。但是气相法存在一个较大的缺点，就是很难制备出颗粒尺寸在纳米级的粉体，制备的粉体颗粒一次粒径一般都在微米粒级，很难在纳米范围内的材料中得到应用。

（3）纳米粉体的表面修饰：由于纳米氧化锌粉体粒径小，大部分原子暴露在微粒表面，因此表面能极大，非常容易团聚在一起，这就给导电氧化锌粉体应用带来很大困难。在制备高分子复合材料时，纳米导电氧化锌粉体如直接分散于材料中，由于无机粒子表面具有很多羟基，表面是亲水疏油性的，与基体材料不能很好地相容，且自身易形成团聚体，分散性能差，直接应用效果不理想。因此，需要对导电氧化锌进行表面修饰，即用物理、化学方法改变纳米微粒表面的结构和状态，实现人们对纳米微粒表面的控制。氧化锌导电粉体纳米微粒表面修饰可分为物理修饰法和化学修饰法。

① 物理修饰法：特点是修饰剂和纳米粒子之间无化学反应，即无离子键或共价键结合，修饰剂通过范德华力、氢键或配位键等作用吸附在纳米粒子的表面。其分为表面活性剂法、吸附包覆改性法和表面沉积法。

表面活性剂法：用表面活性剂处理纳米粒子使其吸附在粒子表面，表面活性剂的存在使粒子间产生排斥力，从而可以防止团聚的产生。

吸附包覆法：利用聚合物对纳米粒子表面进行包覆而达到表面修饰的目的，在溶液或熔体中聚合物沉积、吸附在粒子表面，排除溶剂后形成包覆单体，吸附在纳米粒子表面后再聚合形成包覆。例如用聚三乙二醇醚处理包覆，可改善其分散性和光学性质。把苯胺吸附在金属粒子表面后进行聚合，既保持了金属高的电导率，又可防止粒子被空气氧化。

表面沉积法：将其生成物沉积到被修饰的纳米颗粒表面，形成与颗粒表面无化学结合的异质包覆层，以改善纳米粒子的表面特性。在纳米表面沉积一层金属氧化物或含水金属氧化物，可以降低其化学活性，提高耐候性。

② 化学修饰法：通过处理剂与纳米微粒表面之间进行化学反应，在纳米微粒表面引入改性剂，从而改变纳米粒子表面结构和状态，达到改性的目的。

③ 高分子接枝改性法：通过化学反应将高分子化合物接枝到无机物纳米粒子表面。改性后的纳米粒子兼具有无机粒子和有机高分子两者的优点，在有机溶剂所接枝聚合物和

基体聚合物中的分散性得到提高。表面接枝改性的方法可以充分发挥无机纳米粒子和高分子各自的优点，实现优化设计，制备出具有新功能的纳米微粒。纳米微粒经表面修饰后，大大提高了它们在有机溶剂和高分子中的分散性，这就使人们有可能根据需要制备含有量大、分布均匀的纳米添加的高分子复合材料。

7. 金属氧化物系导电材料

金属氧化物系导电粉体材料主要有掺锑二氧化锡（ATO）、掺铝氧化锌（ZAO）、掺铟氧化锡（ITO）、三氧化二锑等。其制备以液相化学为主，如共沉淀法、溶胶-凝胶法、水热法等。徐丽金等人用溶胶-凝胶法制备了锑掺杂的二氧化锡粉末，并研究了溶液锑离子相对浓度、焙烧温度和热处理时间对粉体导电性的影响，指出用溶胶-凝胶法可获得粒径均匀、导电性能优良的蓝色粉末，凝胶的最佳热处理时间、最佳焙烧温度、最佳锑离子相对浓度摩尔分数控制非常重要。张建荣等采用非均相沉淀法，在一定温度、浓度、搅拌速度条件下，搅拌的同时滴加氢氧化钠，制得晶种，在室温下陈化数小时，再配制一定比例的酸混合溶液，同时将晶种用去离子水稀释成一定体积的晶种溶液，放到恒温水浴锅中进行搅拌反应；然后将一定比例的酸混合溶液与氨水在一定搅拌速度下缓慢滴入；晶种溶液中，经过洗涤过滤，所得粉体用无水乙醇清洗，在常温下进行烘干，并在 450℃煅烧数小时，就制得超微细颗。Sun 等人的制备方法是把 $SnCl_4 \cdot 0.5H_2O$ 和 $SbCl_5$ 分别溶于去离子水中和盐酸中，然后将两溶液混合并加热，把 15% 的 NaOH 溶液缓慢加入混合液中并保持溶液最终 pH 值为 2；停止加热，搅拌冷却 3h；白色沉淀经过滤、用去离子水洗涤后于真空干燥 3h；干燥后前驱体于空气中焙烧，可制备粒径为 10 ~ 50nm 的纳米导电氧化锡颗粒。共沉淀法的优点在于：其一是通过溶液中的各种化学反应直接得到化学成分均一的纳米粉体材料；其二是设备简单，成本低。缺点是制备过程易引入杂质，需多次洗涤除去多余杂质离子。Wang 将 5.1mmol $SnCl_4$ 和 0.62mmol $Sb(OC_2H_5)_3$ 加入 12mL 乙醇溶液中，再将溶液转移到高压釜中，加热到 200℃，保持 24h；将所得产物分离，沉淀洗涤干燥。Van 和 Jiang 等的做法也与之类似。Zhang 所采用的方法是，把 30mL 浓 HNO_3 加入盛有锡粒、一定量 Sb_2O_3 和 50mL 水的反应釜中，在釜中发生如下反应：

$$3Sn + Sb_2O_3 + 6H^+ \longrightarrow 3SN^{2+} + 2Sb + 3H_2O \tag{3-1}$$

等反应完全后密封反应釜并保持 120 ~ 170℃的温度 10h，自然冷却。此方法避开了使用卤化物（$SbCl_5$、$SbCl_3$ 等）为原料，从而避免了用水反复洗前驱体这一过程。因反复洗涤会造成前驱体的流失，且未洗净的氯离子会影响导电粉的表面和电性能，还会造成粉体的团聚，甚至使热处理温度上升。Wang 以 $SnCl_4$ 和 $Sb(OC_2H_5)_3$ 为原料、CTAB 为阳离子表面活性剂、无水乙醇为溶剂，合成了高结晶性的 ATO 纳米粒子。溶胶 - 凝胶法的优点是工艺简单，易于实现多组分的均相和掺杂，产品组成均匀度高，颗粒尺寸均一、可控、比表面积大、活性好、合成温度低等。其缺点表现在所用原料多数是有机物、成本高、有些对人体有害、处理时间长、制品易开裂等。

ATO 透明抗静电薄膜材料与传统的透明抗静电材料相比具有明显的优势。首先，ATO 薄膜在可见光范围内透射性高、导电性好，在许多应用条件下都能达到制品的颜色和透明度的要求；其次，ATO 透明导电膜有良好的化学稳定性、热稳定性和耐候性，与基材的附着性好，机械强度高，且不受气候和使用环境的限制，因此，ATO 导电材料越来越受到重视。德国、法国、日本在 20 世纪 90 年代开始研制这类产品，目前在我国还只是刚刚起步。

ITO 导电性能好，耐磨，耐腐蚀，其光学特性是：可见光透过率高，紫外线有一定的吸收性，对红外线有一定的反射性，对微波具有衰减性。ITO 粉体和 ITO 薄膜用途广泛，是目前占据市场份额最大的氧化物导电粉体。纳米级 ITO 粉，可为高性能靶材提供原材料，改善靶材烧结性能，而且可以制成电子浆料，喷涂在阴极射线管屏上，起到电磁屏蔽的作用。另外，ITO 纳米粉还可以制成隐身材料，可实现可见光、红外线及微波等波段隐身的一体化。但由于 In、Sn 等材料的自然储备少、制备工艺复杂、成本高、有毒、稳定性差等原因，限制了它的进一步使用和发展，目前人们正在积极寻找它的替代品。

ZAO 粉体不仅具有与 ITO 可比拟的电学和光学特性，而且有成本较低、无毒、热稳定性好等优点，因而，从 20 世纪 70 年代末开始，人们对 ZnO 及掺杂体系的研究兴趣日益浓厚，近年来更成为研究透明导电氧化物薄膜的热点。而 ZAO 是掺杂体系中最具代表性的。掺铝氧化锌粉体的性能已可与 ITO 相比拟，它的优点是具有优良的电学和光学性能，储量丰富、易于制造、无毒、易于实现掺杂、热稳定性好，因此很可能成为 ITO 的替代品。但是现在对 ZAO 的研究还有不少缺欠，如制备工艺难以控制，导致产品性能稳定性不好、重复性不理想，所以还有待于更进一步研究。

在复合导电粉方面，按照基体材料分类，已有多种矿物材料作为基体材料合成具有各种性能的导电粉被制备和研究。其中云母以其高透明性以及片状结构的优势最早被开发，并已得到广泛应用。高新等用化学共沉淀法制备一种在云母表面包覆一层掺杂 P 的 SnO_2-Sb_2O_3 超细浅色导电粉末，对制备工艺过程进行了研究。样品体积电阻率小于 40Ω · cm，细度为微米级，颜色为浅灰白。彭珂等用基体诱导法制备碳纳米管（CNT）/云母复合导电粉，具体方法为：用聚乙烯醇或聚丙烯酰胺对云母进行处理，将处理后的云母与 CNT 分散液混合，使 CNT 吸附在云母表面制得电阻率为 86.6Ω · cm。王瑛玮等以蒙脱石为基体制备 ATO 纳米核壳结构导电粉，颜色为浅黄色。另外，杨华明等以重晶石为基体材料，制得了 3.4μm、电阻率为 13Ω · cm 的复合导电粉，以棒状高岭石为基体材料研究了其制备的工艺参数，并得到 10Ω · cm 的复合导电粉。颜东亮以氧化硅粉体为载体，用非均匀成核法制备了锑掺杂氧化锡包覆氧化硅导电粉。用电阻测试仪、场发射扫描电镜和能谱仪对粉体进行了表征。包覆物加入量由二氧化硅用量的 12.5% 增加到 100% 时，包覆层厚度也由 110nm 增加到 600nm。热处理结果表明，ATO 包覆氧化硅粉体的电阻率随处理温度升高的变化趋势与同条件下制备的 ATO 基本一致，其中包覆物加入量为 100%、75%、50% 的 ATO 包覆氧化硅粉在 500 ~ 1200℃热处理后的电阻率低于 200 Ω · cm，1100℃热处理后的 25% 包覆物加入量粉体的电阻率仅为 99.9Ω · cm。包覆物加入量为 12.5% 的包覆粉体的电阻率由 1100℃处理后的 120.6Ω · cm 上升到 1200℃处理后的超过 20MΩ · cm。这是因为包覆层较薄，在高温处理过程中包覆层上颗粒长大并收缩而使包覆层受到破坏。

氧化物类的导电材料逐渐引起人们广泛重视。其中掺杂的 SnO_2 以其高透明性、良好的导电性和价格较为适中，成为研究的热点。常见的此类 TCO 有掺铟的二氧化锡（ITO）、掺锑的二氧化锡（ATO）和掺磷的二氧化锡等。J. P. Upadhyay 等对磷掺杂 SnO_2 的导电机理进行了研究，表明在开始加入磷时，磷作为介入原子能使载流子浓度增大，从而使得 SnO_2: P 的电阻率降低。当达到一定值后，继续增加磷的浓度，会使得晶格中的散射增加，从而导致电阻率上升。迁移率随着源中磷的浓度而增大，达到一定值后，随磷的掺入增加而降低。

3.2.2　导静电粉体的应用

导静电或抗静电功能粉体材料主要以填料形式使用，在涂层材料或其他制品中呈现出其独特的导电性、抗静电、屏蔽电磁波等功能。下面就各应用领域进行介绍。

1. 抗静电涂料

目前防静电涂料主要有以下几个方面的用途：① 浅色导静电耐油防腐涂料适用于油罐和输油管道的内防腐涂料涂装，以及要求防静电的车间地坪、墙壁、设备、仪器、包装纸箱内壁等设施涂装。该涂料颜色浅，色调明快，有利于现场应用与涂层的质量检验。不含导静电剂，导电完全凭借导电氧化锌粉体来实现，涂层抗静电性持久、稳定，耐油抗腐蚀性好，对油品无不良影响。② 金属基板用导电防锈涂料，具有良好的机械性能与防锈性能，可用于既需导电又需防锈的金属基板表面，形成导电防锈涂层，可以替代传统的黑色防静电涂料，特别是黑色防静电涂料不能使用而又必须进行防静电处理的地方。

ATO 可以作为导电性填料应用于导电涂料和抗静电涂料中。理论计算和研究结果表明，球形纳米级 ATO 在涂料中的临界体积百分浓度（PVC）大于 20% 时，可以应用在抗静电涂料中。针状纳米级 ATO 的临界体积浓度一般在 10% 以上，主要用作高性能抗静电涂料、导电涂料。临界体积浓度的具体数值还与纳米级 ATO 的分散状态有关。纳米级 ATO 在导电涂料中能否成功应用还与 ATO 颗粒的表面处理效果有关。吴六六等利用纳米级透明的 ATO 与不同的溶剂、树脂按一定的比例球磨制得导电涂料，详细地探讨了不同基料树脂类型的影响、ATO 的导电填料的临界体积浓度等。迟艳波等通过添加聚合物型表面活性剂得到分散性优良的 ATO 预分散体，然后添加分散剂，制得分散稳定性好的水性导电性悬浮液，直接当作涂料使用，用作电视机显像管导电涂层。日本专利公布了一种分散方法，该方法是在 ATO 颗粒表面包覆一层氧化硅，从而改善粉体的分散性和导电率。抗静电涂料的终端应用范围有电脑房、仪器测试室、无尘室、高档仪器设备厂房、IT 行业透明包装薄膜抗静电涂层、家庭中的衣橱、地板油漆等。

2. 电磁波屏蔽涂料

电磁波屏蔽涂料的市场范围是巨大的，手机、电视机、计算机、高频工业和医疗设备及广播电视发射台、移动通信机站和传呼发射台、屏蔽室等电子设备和环境设施都是电磁波屏蔽涂料的应用市场。21 世纪是电子信息的时代，电磁波屏蔽涂料作为一种高效、价廉、应用方便的技术手段具有广泛的应用前景。可以使用在以下几个方面：可对政府、军事及重要的企、事业单位的办公室、机房、保密室等建筑及电子、电器设备进行抗电磁波干扰、防消息泄密及抗电磁波污染的电磁屏蔽处理；广泛应用于移动电话、无绳电话、电脑笔记本、网络服务器、路由器、医疗电仪、家用电子产品和航空航天及国防等电子设备塑料外壳或机箱内壁喷涂，它赋予塑料外壳或机箱金属化，提高电子设备防御电磁波干扰、抑制电磁波辐射的性能；该涂料也可用于在木材、混凝土墙面的施工，用作电视、电台、移动通信基站发射塔附近建筑物的室内屏蔽层。

3. 导电塑料和橡胶

导电塑料和橡胶是电子信息产业应用最多，也是最重要的塑料和橡胶材料之一。导电橡胶是以弹性体通用橡胶、硅橡胶或聚氨酯橡胶为基础，加入导电填料制成。这种材料既有导电特性，又有橡胶的弹性等力学性能，已经被广泛应用于各种电子产品的零部件当中。国外导电橡胶在技术开发方面取得了很多成果，比如用硅橡胶制造开关导电橡胶方面，已有不同品种过氧化物类型并加有炭黑的母炼胶出售。近年来，由于新的技术突破，用导电氧化锌粉体作为导电填料制造导电橡胶成为可能。在一些复杂的电路板印刷领域，这方面的发展使得用这种新型的导电橡胶涂料来取代传统的材料成为可能。

4. 导电纤维

在纺丝的过程中，将导电氧化锌粉体和高分子材料复合在一起，制得具有导电性能的功能型纤维，可以同其他化学纤维进行混纺、混纤、交编或交织，制成衣物或各种织物，用于抗静电和屏蔽电磁波辐射领域。与过去大量使用的颜色单一的炭黑相比，导电氧化锌粉体的颜色很浅，不会影响导电纤维的颜色，可以制成颜色丰富、色彩明亮的导电制品。这种导电纤维的物理化学性能更为稳定，导电能力在使用过程中变化很小，能够保持产品永久的抗静电和电磁波屏蔽性能。

同样，ATO 导电粉也可应用于抗静电化纤中。化学纤维抗静电处理的重要途径有两个：一是在坯布的染色或整理过程中添加纳米级 ATO 水性悬浮液，使染色与功能化一步完成；二是在纤维纺丝时直接添加纳米级粉末。

5. 导静电或抗静电涂料填料的选择

导静电或抗静电功能粉体材料应用于涂料中，作为功能性填料有较严格的选择标准。不同导静电涂层对导电性能的要求如下：

（1）导电涂料：表面电阻小于 $10^5\Omega$；导静电涂料：表面电阻在 $10^5 \sim 10^9\Omega$；抗静电涂料：表面电阻在 $10^9 \sim 10^{14}\Omega$。

（2）导电颜填料的选择：导电颜填料粒子在涂层固化，必须保持粒子间相互接触进而形成连续网链，使得载流子可在网上自由运动，从而使涂层产生导电性。因此其导电性与导电颜填料的种类、形状、用量、分散状态等因素有关。

在填料种类一定的情况下，导电涂层的导电性主要取决于填料在聚合物基料中的分散状态。均匀分散很重要，即使分散均匀，如果填料颗粒被绝缘性的聚合物基料严密包裹，互相呈隔离状态分布，系统也不会具有导电性。只有在整个涂料系统中导电性填料形成网络状或蜂窝状结构才会具有良好的导电性。

电荷在传导过程中，无论是粒子接触导电，还是隧道导电，影响其导电能力的关键因素，一是粒子间的接触数目，二是粒子间接触的程度，都要求导电颜填料具有一定填充量。

导电颜填料粒子的形状也是影响涂层导电性的重要因素，树状粒子间有多个接触中点，球状粒子只有三个接触点，而且接触面积小，只有在体形密集堆积状态时才彼此接触。填料粒子小，比表面积大；纤维状、树枝状或长径比大的片状，只有在一定润湿性的基料中适当分散，粒子间形成链状聚积体时才会有优良的导电性。

（3）导静电填料的种类和选择：导电颜填料的选择主要是根据需要选择合适的导电填料的种类、形状和用量。

① 种类：常用导电填料主要有金属系填料、碳系填料、金属氧化物系填料及复合填料等。金属系填料主要是银粉、镍粉和铜粉等，其中银粉的化学稳定性好、导电性高，但

价格昂贵；镍粉价格适中，性能也比较稳定，故应用较为广泛。铜粉具有良好的导电性，成本低廉。碳系填料有石墨、乙炔炭黑、炉法炭黑和槽法炭黑等。金属氧化物系主要为云母导静电体系和半导体掺杂体系。云母导静电体系是将导电材料通过特殊物理及化学处理，使导电材料吸附在云母表面从而实现导静电。半导体掺杂体系是二氧化锡或锗系列物质掺杂其他金属氧化物的半导体粉末。

② 形状：导电填料根据制备工艺的不同可制成球状、片状、针状和纤维状粉末等多种形状。一般来说，导电填料的粒子越小，涂料的导电性越好，涂料使用片状填料比用球状填料的导电性要好。

③ 用量：导电填料的用量也很重要，用量过少，导电填料无法形成连续的网络，影响涂料的导电性能；用量过多，也会使涂层强度降低。

3.2.3　导静电粉体导电机理

1. 氧化物掺杂 SnO_2

国外对 ATO 的导电机理研究较早，L. D. Loch E 对掺杂 Sb_2O_3 的半导体 SnO_2 在 100～900℃的温度范围内进行了研究，提出 SnO_2 是一种 N 型半导体，除在很高的温度下和 Sb 浓度很低时，导电电子主要是 Sn 提供的，对于如何能提供导电电子的机理未能阐明。R. W. Mar 对 Sb 掺杂的 SnO_2 半导体的电阻率和氧分压间的关系研究后指出，高于 627℃时，氧空位施主占优势。M. K. Paria 等研究了掺 Sb 的 SnO_2 半导体的导电性在不同温度和氧分压下的关系，提出氧分压大于 1Pa，Sb 离子主要以 Sb^{5+} 存在，即 Sb^{5+} 是施主掺杂剂，低于此氧分压时则转变成 Sb^{3+}。在较高氧分压下，SnO_2 半导体的主要缺陷结构为双电离的氧空位：

$$O_O = V''_O + 2e' \tag{3-2}$$

Vicent 等从热力学函数计算得知，在合适的含氧气氛中加热掺杂 Sb 的 SnO_2 所得到的半导体为价控半导体。SnO_2 中的 Sb_2O_3 在加热过程中氧化成 Sb_2O_4，而它可看成由 $Sb_2O_3 \cdot Sb_3O_5$ 组成，即 Sb^{3+} 不可能全部氧化成 Sb^{5+}。薄占满在研究了较高温度下锑掺杂二氧化锡的导电机理后得到：SnO_2 中掺杂 Sb_2O_3 在半密封的条件下，650℃以上时 Sb_2O_3 转化为 $Sb_2O_4(Sb_2O_3 \cdot Sb_3O_5)$，它能固熔到 SnO_2 中，使它半导化。温度在 650～1100℃时 $Sb_2O_3 \cdot Sb_3O_5$ 中的 Sb^{5+} 使 SnO_2 的半导化程度提高，而在 1200℃时使 SnO_2 半导化的是 Sb^{5+} 和双电离的氧空位 V_O''。Shokr. E K h 等人得到：ATO 粉体的载流子主要为替代 Sn^{4+} 进入晶格的 Sb^{3+} 转化为 Sb^{5+} 产生的自由电子，因而在 Sb^{3+} 浓度较低时，提高 Sb^{3+} 浓度可使 Sb^{5+} 的浓度增加，从而增加载流子浓度，降低电阻率。但 Sb^{3+} 浓度达到一定峰值后再增加 Sb^{3+} 浓度，Sb^{3+}/Sb^{5+} 比例下降，由于 Sb^{3+} 的受主性质补偿了 Sb^{5+} 施主产生的自由电子以及氧空位产生的自由电子，晶格的无序化使施主活化能增大等原因使得总体上载流子数目下降。另外，随 Sb^{5+} 浓度增加，离子化杂质散射增强，载流子迁移率也会下降。郭玉忠等通过实验测量了 sol-gel 工艺制备的 Sb 掺杂 SnO_2 薄膜载流子的浓度、迁移率、电阻率、膜厚、紫外-可见光区透射率、反射率等性质，研究了 Sb 掺杂 SnO_2 薄膜的电学与光学性质，指出未掺杂时 ATO 以氧缺位施主导电为主，n_e 可达 $7.9 \times 10^{18}\ cm^{-3}$，Sb 掺杂后，$n_e$ 在 Sb 掺杂量为 9.0% 时达到峰值 $1.2 \times 10^{20} cm^{-3}$。而 Sb 掺杂量大于 3.0% 后电阻率就趋于

平稳值 $3\times10^{-2}\Omega\cdot cm$。李青山等在其有关 Sb 掺杂二氧化锡的研究文章中对 ATO 粉体的导电机理也做了一定的介绍。范志新从晶体结构、氧化物半导体和薄膜物理基本概念出发，建立了氧化铟中锡掺杂载流子浓度公式，并证明该浓度存在极值，说明锡掺杂浓度有最佳值。该极值是：$n_{max}=0.7263\times10^{21}\ cm^{-3}$，$\sigma_{max}=0.2324\times10^{4}\ \Omega^{-1}\cdot cm^{-1}$。氧化物透明导电薄膜掺杂电导率的提高受到理论上的限制。ITO 薄膜锡掺杂的理论公式对其他透明导电薄膜，例如掺锑的氧化锡薄膜和掺铝的氧化锌薄膜等同样适用，该方法对深入理解锑掺杂氧化锡的导电机理很有参考意义。

锑掺杂二氧化锡导电材料的电导率公式可用下式表示：$\sigma=c\ (ze)^2B$［式中，σ 为电导率，c 为载流子浓度（载流子数/cm^3）；z 为载流子价态；e 为电子电荷；B 为绝对迁移率（单位作用力下的载流子漂移速度）］和粉体电阻公式：$R=\sum R_g+\sum R_c+\sum R_b$（式中，$\sum R_g$ 为导电粉末的自身电阻；$\sum R_c$ 为导电粉末直接接触电阻；$\sum R_b$ 为夹层接触时的位垒电阻），可将 ATO 导电机理归纳如下：

（1）晶格的氧缺位、5 价 Sb 杂质在 SnO_2 禁带形成施主能级并向导带提供 n 型载流子是 ATO 导电的两种主要机理。

（2）在掺锑二氧化锡中，随着掺锑浓度的增加，锑的两种氧化态 Sb^{3+} 和 Sb^{5+} 之间存在着竞争。对应两种置换形式的合理缺陷方程式分别为式（3-3）和式（3-4）：

$$Sb_2O_3 \xrightarrow{SnO_2} 2Sb'_{Sn}+V''_O+3O_O \quad (3\text{-}3)$$

$$Sb_2O_5 \xrightarrow{SnO_2} 2Sb'_{Sn}+2e'_O+5O_O \quad (3\text{-}4)$$

在不同温度和氧分压下，式（3-3）和式（3-4）发生的可能性不同，当氧分压比较高时，式（3-4）出现的可能性很小。如果 Sb^{5+} 取代 Sb^{4+}，则引入一个距离 SnO_2 导带很近的施主能级；Sb^{3+} 取代 Sb^{4+}，则产生一个距离 SnO_2 价带很近的受主能级。当这两种情况都发生时，将出现复合、补偿效应。当样品掺杂浓度比较低且处于空气中时，Sb^{5+} 占主导地位。随着 Sb 掺杂浓度的提高，导电载流子（电子）浓度 c 逐渐增加，$\sum R_g$ 减小，此时 $\sum R_g$ 起主导作用，从而导致粉末电阻随掺杂浓度的提高而减小。继续提高掺杂浓度，处于 Sb^{3+} 状态的锑开始增加，并与施主能级 Sb^{5+} 发生补偿作用，减少了有效载流子浓度。同时，提高掺杂浓度使粉末颗粒度减小，导致 $\sum R_c$ 和 $\sum R_b$ 增大。另外，随着掺杂浓度的提高，载流子和杂质相遇的机会越来越多，杂质离子对载流子的散射加强，影响了载流子的迁移率 B，这两种作用都使粉末电阻增大，导电能力下降。通过对以上 ATO 粉体和 ATO 导电薄膜的导电机理研究，有利于指导我们取定合适的实验条件，获得最佳的产品。

2. 复合型抗静电涂料的导电机理

复合型导电涂料的导电机理较复杂，研究重点一般放在两个方面：导电回路的形成和如何利用回路导电。导电涂料的导电机理归纳如下：

（1）无限网链理论：1972 年，F. Butch 提出了无限网链理论，对含有金属微粒的高聚物体系的导电方式进行解释，金属微粒的浓度达到在基体中的临界浓度后，体系内的金属微粒便会“排队”，形成一道道金属微粒桥，自由电子从桥中通过，从高聚物的一端向另一端移动，从而使绝缘体变成半导体或导体，金属微粒桥构成导电网链，这张网构造得越完整，体系的导电能力越强。

（2）隧道效应机理：仍然认为导电粒子形成链状导电通道，使复合材料得以导电，但导电粒子并没有直接接触，而是利用热振动激活电子，使电子越过树脂界面层从而跃迁到相邻的导电粒子上，形成较大的隧道电流，该现象称为隧道效应。该理论中，涂料的导电能力直接受制于温度和粒子浓度，应用范围较窄。

（3）场致发射机理：在绝缘的树脂基体中，导电粒子以孤立粒子或小聚积体形式分布于其中，当这些导电粒子距离足够近时，一旦导电粒子间的内部电场足够强，电子将有很大的概率飞越树脂界面层而跃迁到邻近的导电粒子上，产生场致发射电流，树脂界面层起着内部分布电容的作用。该理论中，导电粒子浓度和温度的影响较小，比上述理论的适用范围广阔。

（4）竞争理论：根据竞争理论，复合型导电涂料的导电机理是导电网链、隧道效应、场致发射三种机理相互竞争的结果。导电网链理论认为，导电通路的形成依赖于粒子的浓度和是否能够直接接触形成网链状导电通道；隧道效应与场致发射机理认为，涂层导电不是靠导电粒子直接接触导电，而是由于热振动或内部电场作用使电子能够被激活，在粒子间迁移而形成电流。当导电填料含量高时，导电粒子间距小，形成网链状通道的概率大，此时导电网链理论起主要作用；在导电粒子含量和外加电压都较低时，导电粒子的间距比较大，不易形成导电网链，此时隧道效应起到主导作用：在导电粒子含量较低而外加电压高时，导电粒子间的内部电场很强，此时场致发射理论占据竞争优势。导电粉体在高分子基体材料中的分散状态决定了导电涂料的导电性能，若粉末颗粒分布不均匀，则该复合型高分子材料不具有导电能力，若颗粒能够均匀地分散，则该复合型高分子材料就会具有导电性。影响涂料导电能力的关键因素有两个：①能够互相接触的导电粒子数目；②导电粒子的分散状态。

（5）非化学计量法的原理：非化学计量法制备氧化锌粉体，就是把锌粉或氧化锌粉与掺杂金属或金属氧化物置于低氧分压、氢气气氛或锌蒸气中煅烧，低氧分压有利于缺陷的大量形成。而在锌蒸气下，过剩的金属离子会进入间隙位置，根据电中性原则，等价的电子被束缚在间隙粒子周围，给予外加电场时，这些电子就能形成导电粒子。用该方法制备的氧化锌导电粉都会有较深的颜色，这是由于导电电子都是陷落在间隙阳离子附近的，会吸收一些特定波长的光，从而使得晶体着色，这无疑会限制它的应用。

（6）ZnO 掺杂的原理：相对于非化学计量法，掺杂法有着巨大的优势，如制备过程简单、效果明显等，因此目前大多数都采用掺杂法。所谓掺杂，就是指在制备氧化锌粉体的过程中，通过各种途径，将所需要的各种元素掺进氧化锌粉体，使杂质固溶进氧化锌晶格中，形成相应的各种类型的固溶体，显著地增加载流子，从而大幅度地提高氧化锌的导电性能。如果想要通过掺杂获得良好的导电性，掺杂元素需要满足如下条件：①掺杂的金属离子的半径和电负性与氧化锌的半径和电负性比较接近。②有尽可能大的固溶度以获得更大的载流子量。③从实际角度出发，必须更多地考虑掺杂元素的成本。根据上述三个条件以及相关文献可以知道，比较理想的掺杂元素为铝和镓，因为其三价离子的半径和电负性分别为 0.5nm/1.61、0.62nm/1.81，与二价的锌离子（0.74nm/1.65）相近，而且铝、镓和氧化锌形成固溶体时都可以获得较大的固溶度。

3.3 硅藻土基多孔导电功能材料

3.3.1 硅藻土导电功能材料的制备

化学共沉淀法是液相化学合成超细复合粒子所采用的最为广泛的方法，也是制备导电粉末的代表性方法之一。与应用较多的溶胶-凝胶法比较，共沉淀法具有制备工艺简单、合成周期短、制备条件易于控制、所得粉体性能良好、成本较低等优点。

基于此，本研究采用化学共沉淀法制备超细浅色导电粉末，而且通过实验选择合适的原料配比、探索合成的最佳工艺条件取得了新的技术途径。现就这方面的工作进行详细介绍。

研究工作主要是采用化学共沉淀法制备一种在硅藻土基体上包覆一层 Sb-SnO_2 氧化物的浅色导电粉末。以电阻率、色度、分散性等为主要技术指标，研究了影响导电粉末性能的几个主要工艺参数，用单因素实验确定了原料配比、加料时间、pH 值、反应温度、包覆率、煅烧温度的取值范围。

1. 制备过程

称取一定量的硅藻土粉体，放入盛有去离子水（用盐酸调节 pH 值）的烧杯中，并将烧杯置于恒温水浴池中搅拌 30min，制得硅藻土悬浊液。另将 $SnCl_4 \cdot 5H_2O$ 和 $SbCl_3$ 溶解于浓度为 2mol/L 的盐酸溶液中，形成一定 $n\ (Sn^{4+})\ /n\ (Sb^{3+})$ 摩尔比的酸混合液。将配制好的含 Sn^{4+} 和 Sb^{3+} 盐酸混合液经横流泵控制一定的速度，滴入硅藻土的悬浮液中（加入量以包覆率 c 为计算依据），同时滴加浓度质量分数为 15% 的氢氧化钠溶液，使悬浮液的 pH 值保持不变。待含 Sn^{4+} 和 Sb^{3+} 盐酸混合酸液滴加完后（氢氧化钠溶液停止滴加），继续恒温搅拌 30min 进行陈化，然后过滤、洗涤、80℃干燥 12h 得到 ATO 包覆硅藻土前驱体样品。将前驱体样品在马弗炉中焙烧，升温速率为 1℃/min，焙烧温度为 500 ~ 900℃，保温一定的时间，然后自然冷却，得到 ATO 包覆硅藻土导电粉体最终样品。

包覆率计算方法：假设所加入的 $SnCl_4 \cdot 5H_2O$ 完全转化成 SnO_2，则所得 SnO_2 量 $[w(SnO_2)]$ 可按式（3-5）求得：

$$w(SnO_2) = w(SnCl_4 \cdot 5H_2O) \times \frac{M(SnO_2)}{M(SnCl_4 \cdot 5H_2O)} \tag{3-5}$$

包覆率 c 定义为 $w\ (SnO_2)$ 与实验所用硅藻土量之比，即

$$c = \frac{w\ (SnO_2)}{w\ (\mathrm{Diatomite})} \times 100\% \tag{3-6}$$

其中，w 为质量；M 为摩尔质量。

2. 检测与表征技术

（1）XRD

小角 XRD（$\theta = 1 \sim 10$）采用 D/MAX-Ⅱ型 X 射线衍射仪进行；Cu 靶，工作电流 20mA，电压 40kV，步宽 0.02°，扫描速度 1°/min。

广角 XRD（$\theta = 10 \sim 70$）采用 D/MAX-Ⅱ型 X 射线衍射仪进行，采用 Cu 靶 K_{a1} 辐射，弯曲石墨晶体单色器滤波，工作电流 35mA，电压 35kV，扫描速度 4°/min，步长 0.02°。

（2）SEM、HRSEM、TEM 微观结构分析

微观结构分别采用 JEOL 6500F 场发射扫描电镜观察，加速电压 30kV；日本 Hitachi570 型扫描电镜观察，加速电压 25kV；荷兰 FEI 公司 Quanta200 型环境扫描电镜，加速电压 30kV。EDX、SAD、HRTEM 利用 Hitachi H-9000NAR 型透射电镜观察，加速电压 250kV。

（3）EDS

样品 Ce、Zr 相对含量采用 H-9000NAR 型能量散射分析仪进行，电压：20kV；角度：10.95°。

（4）N_2 吸附

N_2 吸附/脱附测定采用 Beckman-Coulter SA3100、ASAP2020，并在液 N_2 下进行。获得吸附等温线后，用数学方法计算表面积：Brunauer-Emmett-Teller（BET），方程为

$$\frac{1}{W(p/p_0-1)}=\frac{1}{W_mC}+\frac{C-1}{W_mC}\left(\frac{p}{p_0}\right) \tag{3-7}$$

式中　W——相对压力 p/p_0 时的气体吸附质量；

W_m——单分子层饱和容量；

C——BET 常数。

BET 方程要求 $1/W[(p/p_0)-1]$ 与 p/p_0 作图为线性关系，通常在 $p/p_0=0.05\sim0.35$ 之间，对于稀土纳米介孔材料，在 0.04～0.20 之间。

液 N_2 体积通过在相对压力为 0.95 时的吸附量，用下式转换：

$$V_{Hq}=P_aV_{ads}V_m/RT、P_{pore}=V_{liq}/W \tag{3-8}$$

式中　P_a——室温压力；

T——实验温度；

V_{ads}——在 $p/p_0=0.95$ 处的吸附量；

V_m——液 N_2mol 体积，为 34.6mL/mol；

P_{pore}——样品孔体积；

V_{liq}——覆盖的液 N_2 体积；

W——脱气后样品质量。

（5）FT-IR

采用 Petkin-Elmer 公司的 1730 型红外光谱仪，测定 FT-IR 光谱，KBr 压片法，测量范围 400～4000cm^{-1}。

（6）TG-DT

采用 Netzsch 公司的 STA449C 型差热分析仪测定样品的 TG-DTA 曲线，测量温度范围为室温至 900℃，空气气氛，升温速率 10℃/min，参比物为 Al_2O_3。

3.3.2　锑掺杂二氧化锡导电硅藻土表征与性能评价

3.3.2.1　工艺参数对样品电阻率的影响

影响硅藻土体积电阻率（导电性能的评价指标）的因素主要有溶液的 pH 值、反应时间、反应温度、Sn/Sb 配比、Sb-SnO_2 包覆率以及煅烧温度等。为此，本实验研究详细讨论了各工艺参数对最终产物导电性能影响的规律。合成实验的参数见表 3-1。为方便起见，

本书中不同实验条件合成的样品记作 DATO-a-b-c-d。基本实验条件选为：将 Sn∶Sb（摩尔比）按 5.2∶1 的配比混合，50℃水浴，溶液 pH = 1，包覆率为 45%，反应时间为 2h，沉淀经过洗涤后在 80℃下烘干，由室温以 1℃的升温速率升至 600℃，并在此温度下保温 2h。

表 3-1 ATO 包覆硅藻土样品合成的实验参数

a Sn/Sb 摩尔比	*b* ATO 包覆量 （wt%）	*c* pH 值	*d* 反应温度 （℃）
2.6	17	0.5	40
3.9	24	1.0	50
5.2	31	1.5	60
6.5	38	2.0	70
7.8	45	2.5	80

3.3.2.2 反应温度对导电性能的影响

图 3-4 为在基本实验条件下，改变反应温度，硅藻土复合导电粉电阻率的变化。由图 3-4 可以看出，反应温度从 40℃升高到 70℃，电阻率由 12Ω · cm 升高到 83Ω · cm，电阻率值基本在一个数量级内变化，说明其对电阻率的影响较小。反应温度影响水解速率，水解反应是吸热反应。温度太低，水解速率过慢，难以形成均匀的包覆，水解产生的 Sn/Sb 的水合物粒子一部分以凝胶的形式存在，没有完全包覆在基体上，而使硅藻土的导电性能较低，且沉淀物洗涤困难。随温度升高，水解速度及晶粒生成速度加快，包覆层均匀；温度过高，水解产生 Sn/Sb 水合物来不及在硅藻土颗粒表面沉淀成核，Sn/Sb 水合物在硅藻土颗粒表面包覆较差，电阻率偏高。实验表明，水解温度在 40 ~ 50℃时样品的导电性最好。

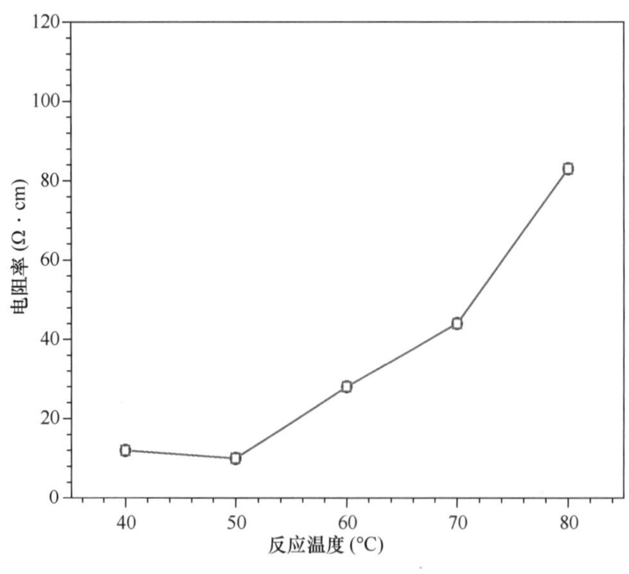

图 3-4 反应温度与 pH 值对电阻率的变化曲线

3.3.2.3 pH 值对导电性能的影响

图 3-5 为在恒定其他条件下，当 pH 值从 0.5 变化到 2.5，分别所得样品电阻率变化

曲线。由图3-5可知，当pH值为1时，电阻率为10Ω·cm，而当pH值为2.5时，电阻率升高到800Ω·cm，说明溶液的pH值对硅藻土粉体的电阻率影响很大。这是因为溶液的pH值大小影响$SbCl_3$和$SnCl_4$的水解速度、Sb-SnO_2颗粒的生长速度以及Sb-SnO_2羟基氧化物在硅藻土表面的沉积。过大的水解速度和过粗的Sb-SnO_2颗粒将形成大量的游离Sb-SnO_2羟基氧化物，不利于在硅藻土表面沉积，导电性将变差。溶液的pH值在0.5～1时均较好，综合考虑酸碱的用量及洗涤方便的因素，取pH值为1最佳。

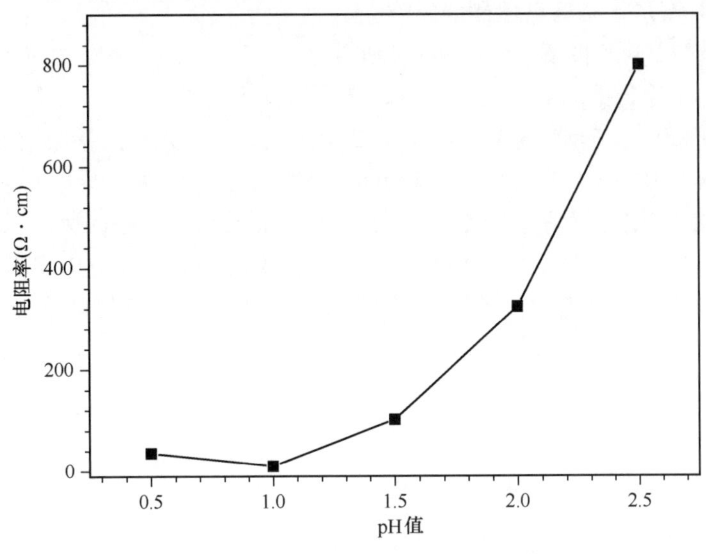

图3-5 pH值对电阻率的变化曲线

3.3.2.4 反应时间对导电性能的影响

图3-6为基本实验条件下，反应时间为60min、90min、120min、150min时复合导电粉的体积电阻率的变化。由图3-6可知，电阻率随时间延长的变化规律为先变小后增大，以

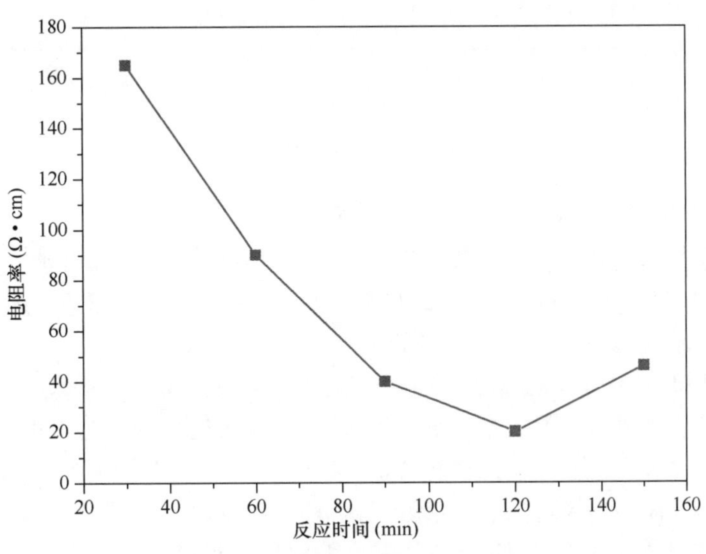

图3-6 反应时间与电阻率关系曲线

反应时间为120min时样品的导电性能最好，电阻率最低可降至10Ω·cm。主要原因在于，Sn/ Sb水合物在硅藻土表面包覆量是一定的，只有当包覆层均匀、颗粒细小时，其产物导电性能最好。反应时间短，溶液中生成的Sn/Sb水合氧化物过饱和度太高，均相成核时瞬间形成大量Sn/Sb水合氧化物胶粒，将产生自身相互堆积，包覆层不均匀，粉体导电性能较差；反应时间过长，则生成SnO_2晶粒半径分布范围过大，也不易形成均匀包覆层，同样影响样品的导电性。

3.3.2.5 Sn/Sb摩尔比对导电性能的影响

图3-7为基本实验条件下，Sn/Sb摩尔比为2.6、3.9、5.2、6.5和7.8时复合导电粉的体积电阻率的变化。由图3-7可知，硅藻土粉体体积电阻率随Sn/Sb摩尔比增加而减小，而后又随Sn/Sb比值增加而增大，以5.2/1为最好。引入合适掺杂浓度锑是制得性能优良导电粉体的关键所在，当锑的含量较低时，随着锑含量增加，导电粉体的电阻率会降低，当锑含量达到一定值以后，电阻率不再降低，反而升高。这是因为进入SnO_2多晶格中Sb浓度具有一定临界值，达到临界值时，掺杂浓度不再增大。如此时继续加入Sb，掺杂Sb带入杂质离子会阻碍导电载流子的迁移运动，导致粉体导电性能的下降。

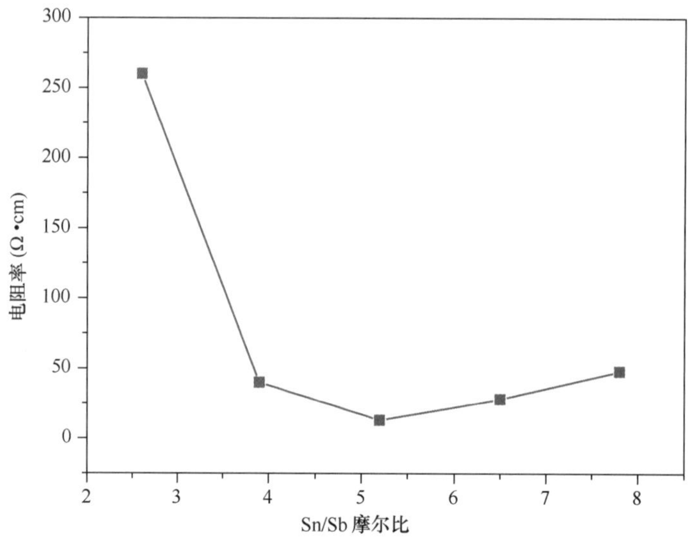

图3-7　Sn/Sb摩尔比与电阻率关系曲线

3.3.2.6 包覆率与煅烧温度对导电性能的影响

包覆率是以硅藻土基料作为基准，用SnO_2的量来计算。在反应时间为120min、反应温度为50℃、pH值为1、Sn/Sb为5.2/1条件下，考察了不同包覆率与煅烧温度对导电硅藻土粉体电阻率的影响，如图3-8所示。

由图3-8可知，导电硅藻土粉体的体积电阻率，随着包覆率的增大而逐渐减小，并存在减少的极值，包覆率增大至质量分数45%时，再增大包覆率，电阻率的变化很小。这是因为基料单位比表面积上沉积包覆材料量存在最佳范围，当达到这一范围后，即使包覆率增加，硅藻土基体不再吸附多余的水解产物，体积电阻率也不会发生很大变化，且包覆率增加，成本将加大，本研究包覆率以质量分数45%为最好。

煅烧温度同样是影响导电硅藻土粉体导电性能的重要因素，煅烧温度的变化主要影响

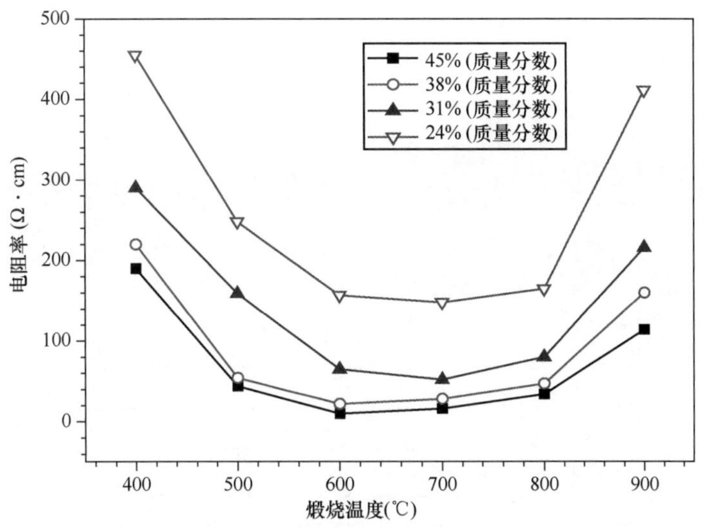

图 3-8　不同包覆率样品电阻率与煅烧温度变化曲线

掺杂到 SnO_2 晶格中的 Sb 离子价态。硅藻土本身不导电，其导电性取决于表面 Sb 掺杂 SnO_2（又称 ATO）包覆层，包覆层的导电性取决于 Sb^{5+} 掺杂到 SnO_2 晶格中取代 Sn^{4+} 从而形成 N 型半导体。当煅烧温度较低时，Sb 离子大部分氧化为 Sb^{3+}，当 Sb^{3+} 取代 Sn^{4+} 时，由于低价取代高价不会产生自由电子，且起到相反作用，故导电性较低。随温度升高，Sb^{3+} 逐渐转化为 Sb^{5+}，相应的导电性也逐渐升高，当温度升高到一定值时，电阻率降到最低。温度再升高，一方面引起颗粒尺寸变大，包覆层晶格畸变；另一方面，硅藻土在高于 850℃ 煅烧时塌陷，结构发生变化，导致包覆层不均匀甚至脱落，电阻率又回升。本实验研究中以 600℃ 的煅烧温度为最好。薄占满对锑掺杂二氧化锡导电机理研究得出同样的结论。

3.3.2.7　样品物相特征

图 3-9 为硅藻土样品、前驱体和在基本实验条件下所制得导电粉体样品在 500℃、600℃、700℃、800℃、900℃煅烧的 XRD。由图 3-9 可知，硅藻土为非晶态物质，个别晶体衍射峰为硅藻土中石英杂质。前驱体为 Sn 的羟基氧化物，以 $[Sn_2O_2(OH)_2]^{+3}$ 为主，所对应的肩峰为（110）、（112）、（322）。SS3 煅烧后 5 个样品 SS3-1 ~ SS3-5，三个主晶峰 2θ 值分别是 26.66°、34.18°和 51.839°与金红石型 SnO_2（JCPDS PDF# 41-1445）晶面指数（110）、（101）、（211）对应的衍射峰完全一致。表明所有的样品表面包覆产物只有金红石型 SnO_2、Sb 是以掺杂的形式存在于 SnO_2 晶格中的。随煅烧温度升高，SnO_2 金红石型晶体的特征衍射峰逐渐尖锐，结晶度增强，900℃煅烧样品肩峰向右偏移，晶格出现畸变。

表 3-2 是复合导电粉在不同温度下煅烧后晶胞参数和晶胞体积的值。样品的晶胞参数值和标准金红石型 SnO_2 的晶胞参数值（$a = b = 0.4735$nm，$c = 3.1850$nm）相符。由表 3-2 可以看出，随着煅烧温度的升高，晶胞参数的值有很小的变化，这种现象可能是由于掺杂相 Sb 的氧化价态引起的，Sn^{4+}、Sb^{3+} 和 Sb^{5+} 的离子半径分别为 0.72、0.9 和 0.62（Å）。Sb^{5+} 进入 SnO_2 晶格中会使晶格体积变小，而当 Sb^{3+} 进入 SnO_2 时会使晶格体积变大。当煅烧温度为 600℃时晶胞体积比其他煅烧温度下所制得样品的体积小，由此可知，在该温度下煅烧所得的 Sb^{5+} 比其他温度下的多。Hu 等也论证了 Sb^{3+} 和 Sb^{5+} 在 SnO_2 晶格中同时存在，以及它们的相对含量与煅烧温度的关系。

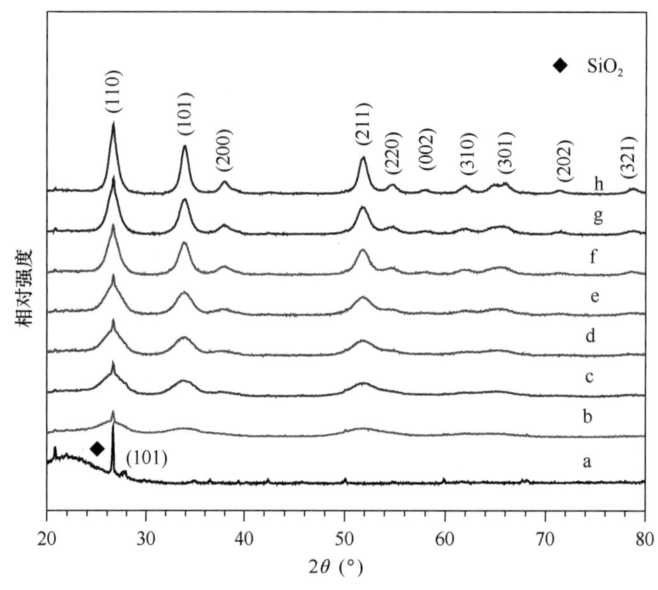

图 3-9 硅藻土、前驱体和 DATO-5. 2-45-1-50 在 400℃、500℃、600℃、700℃、800℃、900℃下煅烧的 XRD 谱图

a—硅藻土；b—前驱体；c—400℃；d—500℃；e—600℃；f—700℃；g—800℃；h—900℃

表 3-2 复合导电粉在不同煅烧温度下的晶胞参数

煅烧温度（℃）	晶格参数		晶胞体积
	$a=b$（nm）	c（nm）	V（$Å^3$）
400	0. 47476560	0. 31939195	71. 99170
500	0. 47379044	0. 31869236	71. 53923
600	0. 47328249	0. 31866857	71. 38058
700	0. 47353079	0. 31845160	71. 40685
800	0. 47351569	0. 31839527	71. 38967
900	0. 47348704	0. 31816962	71. 33044

3. 3. 2. 8 样品形貌特征

图 3-10（a）~（f）为 Sb 掺杂 SnO_2 包覆前后硅藻土样品对应部位 SEM，其中（a）~（c）为硅藻土整个壳体以及边缘部位的 SEM 照片，内图为硅藻圆盘中间部位孔道。由图 3-10可知样品为具有多孔结构的圆盘藻，孔道均匀、分布有序，中间大孔孔径为 100 ~ 300nm，小孔孔径为 20 ~ 50nm（大孔内存在小孔为硅藻土孔结构特征，后面样品 BET 与 BJH 也有证明），边缘孔径为 30 ~ 80nm。相应部位包覆前、后对比可以看出，包覆前，整个藻盘表面光滑，包覆后，中间大孔和边缘介孔都均匀附着一层纳米颗粒。由（a）、（d）图可以看出，原来光滑的硅藻土孔道表面，包覆后表面变得粗糙，且孔径变小，明显看出 SnO_2 颗粒的沉积，导致硅藻土孔道边缘向里凹陷，但孔结构依然完整存在。这个结果表明，Sb 掺杂 SnO_2 导电粉均匀地包覆在硅藻土表面。

图 3-11 为 DATO-5. 2-17-1-50 样品 EDS 谱图。硅藻土的主要成分是不定形 SiO_2，有部

图3-10　包覆前[(a)、(b)和(c)]硅藻土和包覆后[(d)、(e)和(f)]复合导电粉DATO-5.2-17-1-50样品的SEM照片

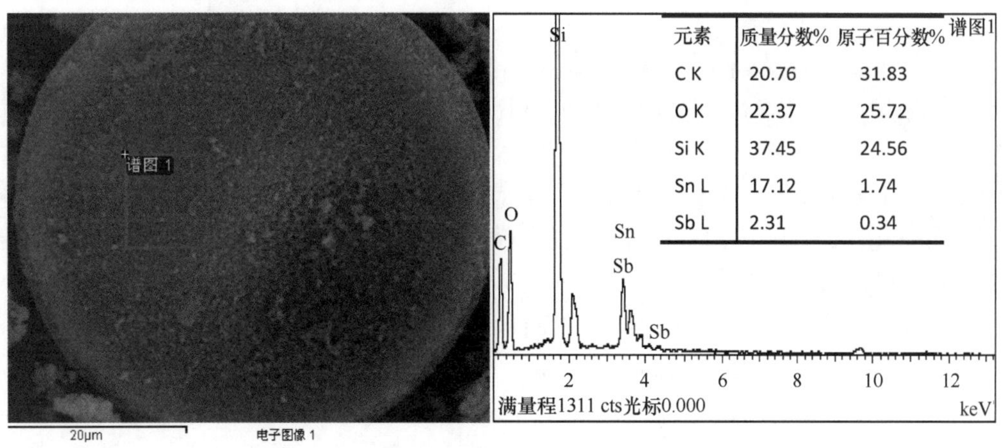

图3-11　DATO-5.2-17-1-50样品的EDS能谱图

分C元素存在。由图3-11可知，Sn、Sb元素均存在于包覆后的硅藻土盘上，其原子比为1.74∶0.34，与实验Sn/Sb比值5.2/1接近，表明Sb已掺杂到SnO_2中形成Sb掺杂SnO_2，并已成功包覆在硅藻土基体上。结合XRD分析结果，样品只有SnO_2晶体特征衍射峰，而不存在Sb_2O_3的晶体衍射峰，表明Sb元素是以掺杂的形式存在于SnO_2晶体中，形成Sb-SnO_2N型半导体。

3.3.2.9　样品比表面积与孔结构分析

图3-12为硅藻土煅烧前后，包覆率为24%、31%、38%和45%的复合导电粉样品的氮气吸附-脱附等温线及其孔径分布曲线。由图3-12（a）可知，在p/p_0为0.9～1.0的范

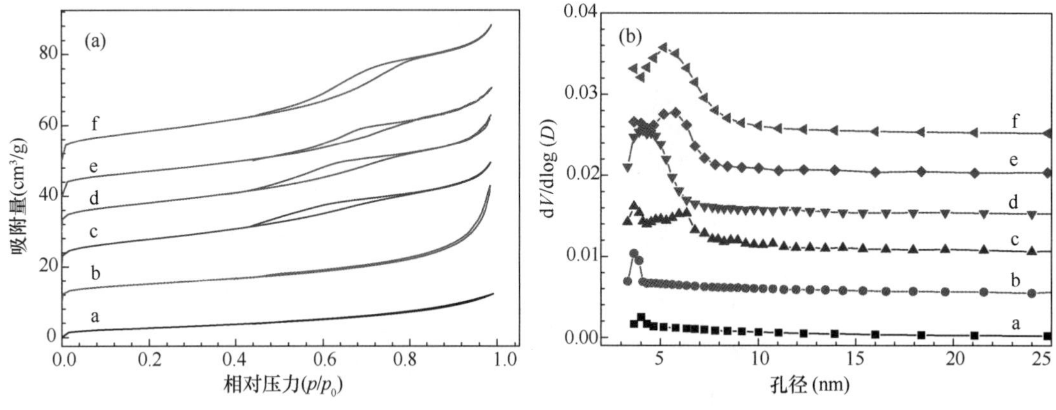

图 3-12 煅烧前后硅藻土和包覆率分别为 24%、31%、38% 和 45% 时样品的氮气吸脱附曲线（a）和孔径分布（b）

围内，Sb-SnO_2 包覆硅藻土导电粉样品均为Ⅱ型吸附等温线存在 H3 迟滞环；在 p/p_0 为 0.5～0.82 的范围内，为Ⅳ型吸附等温线存在 H3 迟滞环。这样的结构说明复合导电硅藻土样品中大孔和介孔结构的共存。硅藻土样品则介于Ⅳ型与Ⅲ型之间，这个结果与 SEM 的结论吻合。另外，由图 3-12（a）中 a 和 b 可以看出，煅烧后硅藻土的介孔结构有一定程度的破坏，而相同温度下煅烧的 ATO 包覆硅藻土复合导电粉样品的结构完整，说明 ATO 包覆层对硅藻土结构起到一定支撑作用。主要原因在于，硅藻土随煅烧温度升高孔结构受损，导致比表面积降低，当煅烧温度高于 900℃时硅藻土结构塌陷，使其比表面积小于 $2m^2/g$。由图 3-12（b）看出，Sb-SnO_2 包覆硅藻土导电粉样品比未包覆 ATO 的硅藻土样品的介孔结构好，这个结果也表明 ATO 包覆层对维持硅藻土样品的介孔性有利。ATO 包覆量的改变对孔径结构有一定的影响，由图 3-12（b）可以看出，ATO 包覆硅藻土导电粉样品 DATO-5.2-31-1-50、DATO-5.2-38-1-50 和 DATO-5.2-45-1-50 在 4～6nm 处表现出明显的介孔性。

3.3.2.10 样品微观形貌分析

图 3-13（a）～（c）为 Sb-SnO_2 包覆硅藻土样品 DATO-5.2-17-1-50 的 TEM。图 3-13（a）内图为包覆前硅藻圆盘；图 3-13（d）为包覆后样品边缘部位 HRTEM。由图 3-13（a）可以看出，包覆后整个藻盘以及边缘部位均匀分布纳米粒子。未包覆样品图 3-13（a）内图可以清楚看到均匀有序排列分布的通孔孔道结构。图 3-13（b）、图 3-13（b）可分别清楚看到大孔孔道及硅藻圆盘边缘 Sb-SnO_2 均匀包覆层，包覆层厚度约为 30nm。图 3-13（d）HRTEM 可清楚看到间距不等的衍射条纹，其衍射晶面间距为 0.33nm，与 SnO_2（JCPDS PDF# 41-1445）的（110）晶面间距（0.3458nm）非常接近，且与 XRD 的测试结果相吻合。

3.3.2.11 样品表面基团分析

图 3-14 为硅藻土和复合导电粉煅烧前后的红外光谱分析图谱。由图 3-14（a）可以看出，波数在 $3420cm^{-1}$ 和 $1633cm^{-1}$ 处宽而强的吸收峰分别是由吸附水中的 O-H 伸缩振动和扭曲振动引起的。波数在 $3736cm^{-1}$ 处的弱峰则是由于羟基群中的 H 键所造成的。在 $2922cm^{-1}$ 处的弱峰是由于 C-H 基不对称伸缩振动引起的，在 468、532 和 1096（cm^{-1}）

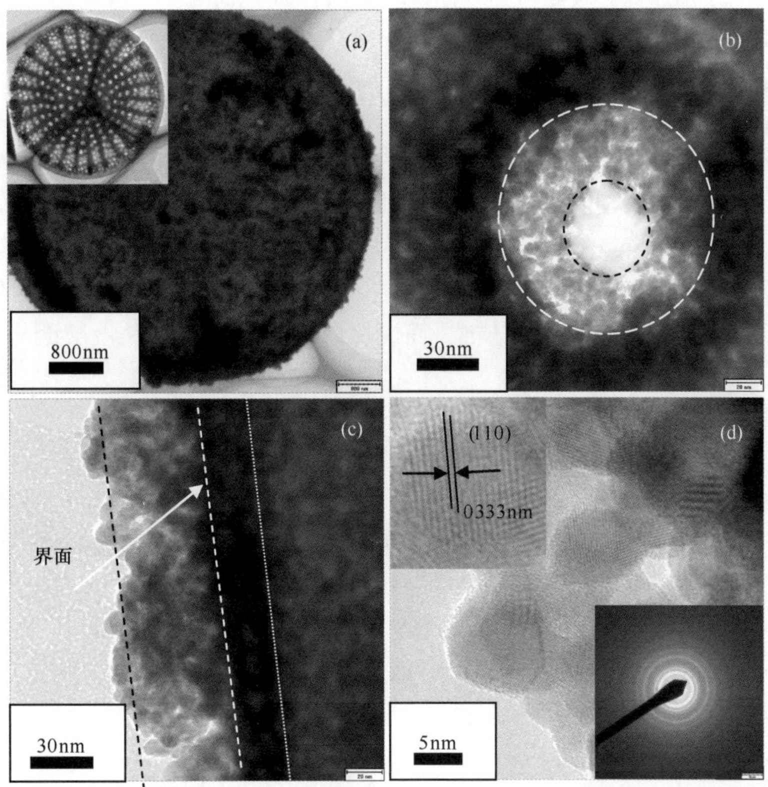

图 3-13　DATO-5. 2-17-1-50 和硅藻土[(a)内图]样品的 TEM 和 SAED 照片

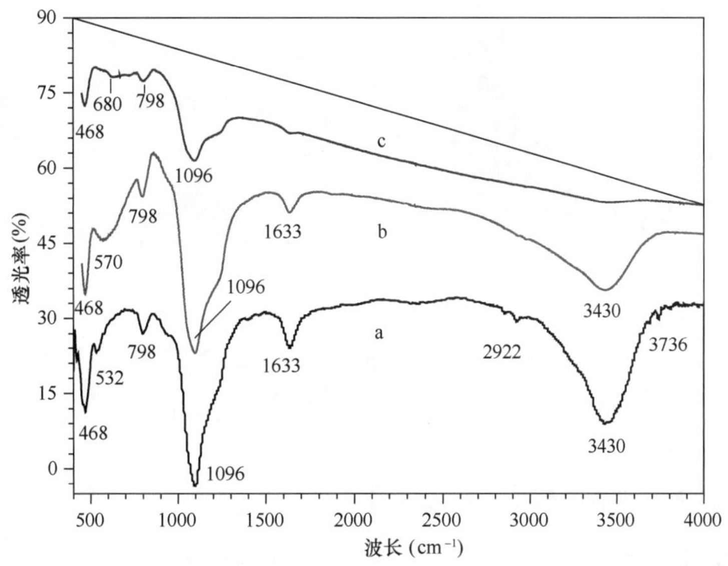

图 3-14　硅藻土煅烧前后和复合导电粉的红外光谱图

a—煅烧前；b—煅烧后；c—复合导电粉

处的吸收峰是由于 Si—O—Si 键的不对称伸缩振动模式，而在 797cm^{-1}处的吸收峰是由于 Al—O—Si 的伸缩振动。由前躯体样品［图 3-14 中（b）］可以看出吸附水，Si—O—Si 和 Al—O—Si 的吸收峰仍然存在，但 H 键和 C—H 收缩振动峰消失。更重要的是，在 570cm^{-1}处出现一个吸收峰，这个峰是由 Sn—OH 造成的。新键的出现说明 $Sn(OH)_{4-n}^{n+}$在硅藻土表面的形成。研究表明，在 pH 值低于 5 时硅藻土表面带负电荷，这样可以很容易吸收由 Sn^{4+}、H_2O 和 H^+反应生成的带正电荷的 $Sn(OH)_{4-n}^{n+}$粒子。在 600℃煅烧后，只有波数为 468cm^{-1}，1096cm^{-1}、798cm^{-1}和 680cm^{-1}的峰被检测到，前两个为 Si—O—Si 的振动峰，第三个为 Al—O—Si 的振动峰，而最后一个为新形成 O—Sn—O 键的伸缩振动峰。这个结果表明前躯体中含有 Sn—OH 键，而煅烧以后形成了 SnO_2。该结论与 XRD 结果相对应。

3.3.2.12 样品粒度分析

图 3-15 为激光粒度分布仪测得的粒度分布图。由图 3-15 可以看出，原料的粒度分布较宽，在 0.2 ~50μm 都有分布，大多分布在 6 ~50μm，而包覆后样品的粒度分布也在这个范围内。对比原料可以看出，包覆后在较低尺寸（0.4 ~1.5μm）的分布有增加，说明此粒度范围内颗粒增多。造成这种结果的原因可能是，包覆层为 200nm 左右的 Sb-SnO_2 纳米颗粒，该尺寸相对于 5 ~50μm 的硅藻土盘来说，是很小的包覆层的厚度，几乎可以忽略，但对于尺寸低于 1.5μm 的颗粒来说，该厚度就有所体现，表现为低尺寸颗粒所占的百分比有所增加。

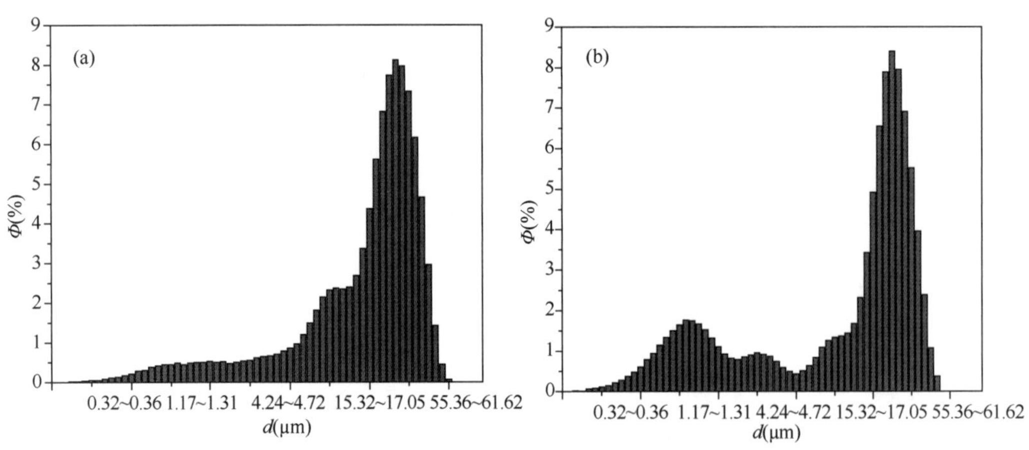

图 3-15 硅藻土包覆前后的粒度分布图

（a）原料；（b）包覆后产物

3.3.3 锑掺杂二氧化锡导电硅藻土制备机理

硅藻土化学成分为非晶态 SiO_2，呈短程有序、由硅氧四面体相互桥连而成的网状结构，由于硅原子的数目不确定性，导致网络中存在配位缺陷和氧桥缺陷等。因此在表面 Si—O—“悬空键”上，容易结合 H 形成 Si—OH，即表面硅羟基。表面硅羟基在 pH 值为 1 ~12范围内易解离成 Si—O^- 和 H^+，使得硅藻土表面呈现负电性。非晶态多孔性二氧化硅表面有三种类型硅羟基形式。三种类型硅羟基所对应的谱带分别为：孤立的 $3750cm^{-1}$、连生的 $3650cm^{-1}$、双生的 $3540cm^{-1}$。

本书所用硅藻土表面羟基红外光谱如图 3-16 所示。图中 $3735cm^{-1}$ 的谱带为孤立的硅羟基，$3635cm^{-1}$ 和 $3660cm^{-1}$ 谱带为细孔内部连生的硅羟基，谱图中没有见到双生的硅羟基。

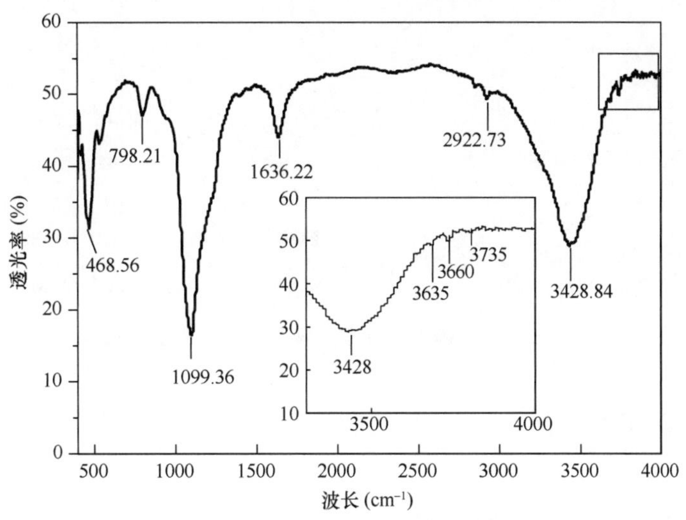

图 3-16　硅藻土样品红外光谱

实验所采用的 Sn 源、Sb 源分别为 $SnCl_4 \cdot 5H_2O$ 和 $SbCl_3$，$SnCl_4 \cdot 5H_2O$ 在水中易解离成 Sn^{4+} 和 Cl^-，而 Sn^{4+} 与不同摩尔分数的水分子结合，生成带有不同正电价态的羟基氧化物。反应如下：

$$SnCl_4 \longrightarrow Sn^{4+} + 4Cl^- \tag{3-9}$$

$$Sn^{4+} + H_2O \longrightarrow Sn(OH)^{3+} + H^+ \tag{3-10}$$

$$Sn^{4+} + 2H_2O \longrightarrow Sn(OH)_2{}^{2+} + 2H^+ \tag{3-11}$$

$$Sn^{4+} + 3H_2O \longrightarrow Sn(OH)_3{}^{+} + 3H^+ \tag{3-12}$$

$$Sn^{4+} + 4H_2O \longrightarrow Sn(OH)_4 + 4H^+ \tag{3-13}$$

$SbCl_3$ 在水溶液中存在下列反应：

$$SbCl_3 \longrightarrow Sb^{3+} + 3Cl^- \tag{3-14}$$

$$Sb^{3+} + H_2O \longrightarrow SbO^+ + 2H^+ \tag{3-15}$$

$$SbCl_3 + 5H_2O \longrightarrow Sb_4O_5Cl_2 \downarrow + 10HCl \tag{3-16}$$

$$Sb_4O_5Cl_2 + H_2O \longrightarrow 2Sb_2O_3 + 2HCl \tag{3-17}$$

水解后带有正电荷 Sn 羟基氧化物[$Sn(OH)_{4-n}^{n+}$($n=1\sim4$)]和 SbO^+ 与带有负电荷的硅藻土表面发生电中和反应，在硅藻土表面沉积 Sn 羟基氧化物和 Sb 羟基氧化物。Sn 羟基氧化物和 Sb 羟基氧化物在硅藻土表面沉积后，经过滤、洗涤，沉积前驱体将被压缩，经 600℃煅烧形成氧化物，即 Sb-SnO_2 包覆层。其过程示意图如图 3-17 所示。

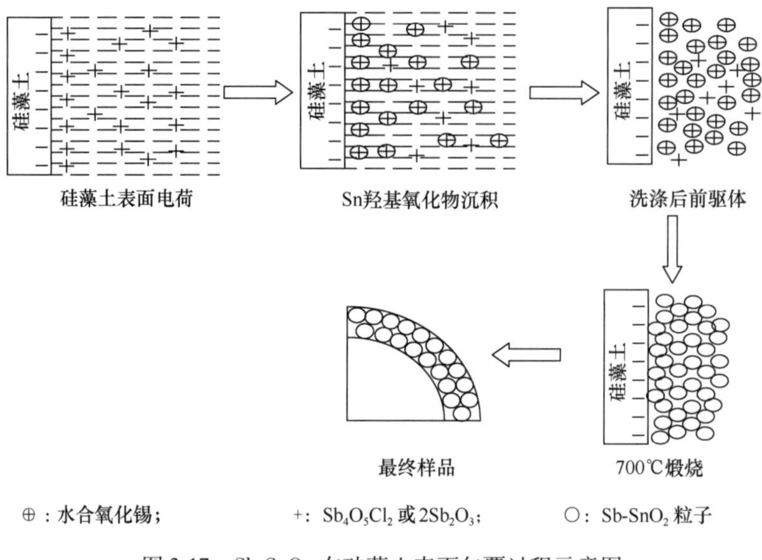

图 3-17　$Sb-SnO_2$ 在硅藻土表面包覆过程示意图

3.4　介孔导电功能材料

3.4.1　介孔结构锑掺杂二氧化锡的制备

SnO_2 为一禁带宽度达 3.7eV 的绝缘体，最近几年，有着特殊形貌纳米结构的 SnO_2 由于其独特的光学、电学和催化性能，研究备受关注。有两种方式可以改善 SnO_2 的这些性能：一是掺杂一种金属或金属氧化物到 SnO_2 晶格中，可以引起物理和化学性质的改变；二是合成纳米结构的 SnO_2，能达到高的比表面积，起到量子尺寸效应。因此，有着规则形状和掺杂金属或金属氧化物元素的纳米结构的 SnO_2，对探索特有物理化学性能和开发潜在应用提供新的机会。而介孔材料有高的比表面积、良好的物理化学性能，因此介孔 ATO 材料的制备有重要的应用，多种方法被报道用来制备介孔 SnO_2，如模板法、溶胶凝胶法、沉淀法。而 Mo、In、Sb 掺杂 SnO_2 也有一定的研究。其中 Sb 掺杂 SnO_2 有类似金属的性质。ATO 粉体具有优良的电学和光学性质，作为抗静电剂广泛应用于涂料、化纤等领域。此外在光电显示器件、透明电极、太阳能电池、液晶显示、催化等方面也有广泛应用。ATO 可用作智能窗、显示器件的透明电极、太阳能电池、锂电池的阴极材料、超细（微）过滤膜材料、显示器件的三防材料、抗静电材料，重度掺杂的 ATO 在电致变色、烯烃的选择性催化、核燃料废物的分离等方面有广泛的应用。由此可以看出，降低 ATO 粉体的粒度、提高其比表面积及分散性能很有必要。基于此，北京工业大学杜玉成、颜晶等进行了模板剂结构诱导条件下介孔结构锑掺杂二氧化锡的制备研究工作。

制备过程：前面研究结果表明，当 Sn/Sb 摩尔比为 5.2/1 时所得样品的导电性最好，在本章中 Sn/Sb 的比值都固定为 5.2/1。因此，本研究工作选用 KIT-6 作为模板，根据第 2 章介孔 ATO 制备的方法来合成介孔 ATO 导电粉。合成工艺参数见表 3-3。合成样品以 ATO-*a*-*b* 记，当溶液浓度为 0.15 时，模板加入量为 0.5g，则为 ATO-0.15-0.5。另外，将 $SnCl_4 \cdot 5H_2O$ 和 $SbCl_3$ 直接混合研磨、煅烧，制得块体 ATO 记作 ATO-bulk。

表 3-3　介孔 ATO 合成工艺参数

a—Sn/Sb 浓度（mol/L）	*b*—模板量（g）
0. 15	0. 5
0. 3	1
0. 6	1. 5
0. 9	2

3. 4. 2　结果与表征

3. 4. 2. 1　样品物相分析

如图 3-18 所示为制得的介孔 ATO 导电粉样品和未掺杂 Sb 的 SnO_2 样品的 XRD 谱图。由图 3-18 可以看出，制得的 ATO 和 SnO_2 样品与 JCPDS No. 41-1445 号标准谱图衍射峰相一致，是四方金红石结构，Sb 的化合物相没有检测到，说明 Sb 以掺杂的形式存在于 SnO_2 晶格中。其各个晶面见图中的标示。掺杂 Sb 后的 SnO_2（ATO）比 SnO_2 样品的衍射峰宽，部分小峰不能检测到。2θ 为 26. 6°、33. 9°和 51. 8°处的宽衍射峰分别对应四方 SnO_2 的（110）、（101）和（211）晶面。由 Scherrer 公式 $D = 0.89\lambda/\beta\cos\theta$，$\lambda$ 为 Cu 的波长，β 为半峰宽，θ 为（110）晶面的入射角，计算可得 ATO 和 SnO_2 的晶粒尺寸为 6. 2nm 和 27. 6nm。另外，由图 3-18 中曲线 a 和 b 可以看出因为 Sb 的掺杂使得 SnO_2 的结晶化程度下降。

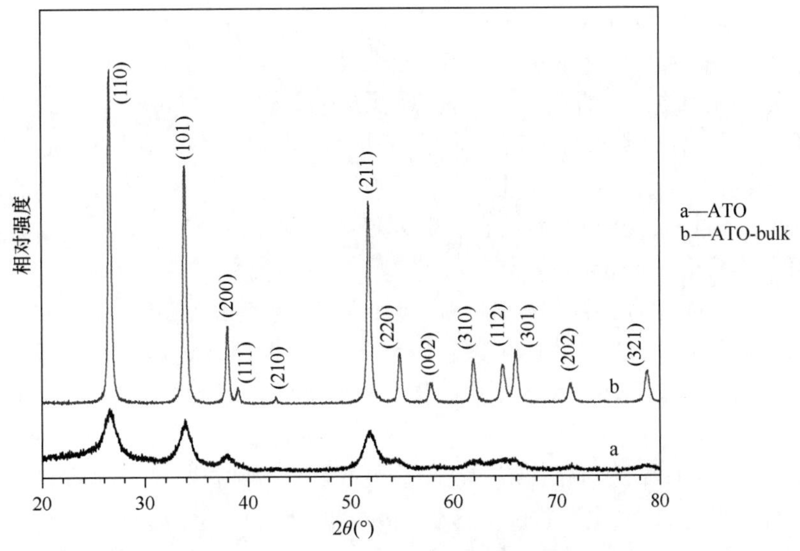

图 3-18　介孔 ATO 与 ATO-bulk 的 XRD 谱图

3. 4. 2. 2　样品形貌分析

图 3-19 为当模板加入量为 1g、不同溶液浓度的透射电镜照片。图 3-19（a）是模板 KIT-6 的电镜照片，图 3-19 中显示该样品是三维有序介孔结构，孔径在 7nm 左右。图 3-19（b）是在自压釜中经过 180℃ 热处理后四氯化锡在模板的孔道中分解后的照片，与图（a）对比可以看出，模板的孔道由于被填充而变得狭小，部分区域还有被覆盖的现象（图中黑色部分）。图 3-19（c）、（d）、（e）和（f），分别是 $SnCl_4 \cdot 5H_2O$ 浓度为

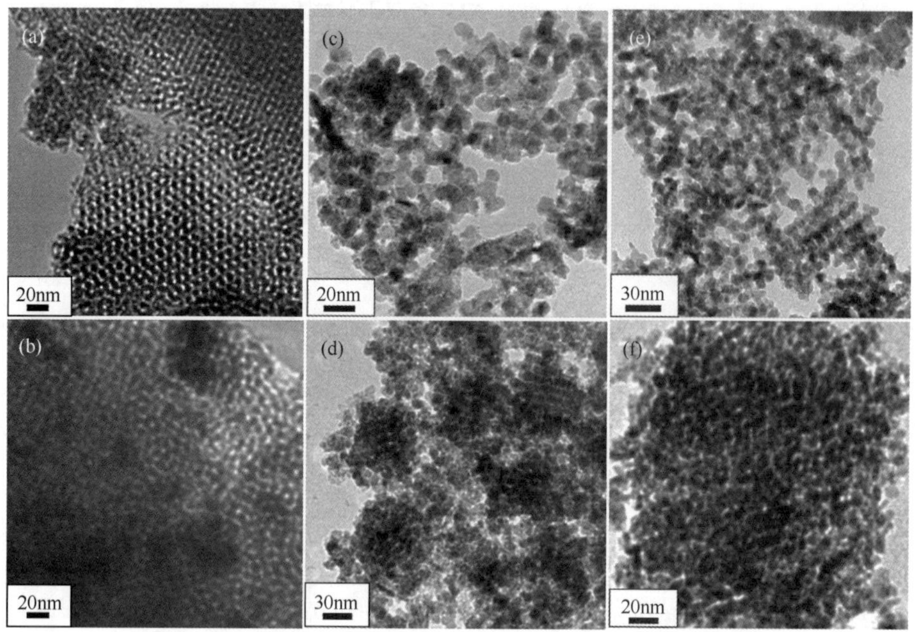

图 3-19 KIT-6（a）、未去除模板的样品（b）、ATO-0.15-1（c）、ATO-0.3-1（d）、ATO-0.6-1（e）和 ATO-0.9-1（f）的 HRTEM 照片

0.15mol/L、0.3mol/L、0.6mol/L 和 0.9mol/L 时，样品去除模板后得到介孔 ATO 样品的照片，图中显示该样品具有孔道结构，当浓度为 0.15mol/L 时，由于锡的量太小不能把孔道填满，从而使制得的样品颗粒分散，不能形成孔道结构，随着浓度升高到 0.3mol/L，由图 3-19（d）可以看出所得样品有一定的有序性，当浓度提高到 0.9mol/L 时，所制得的样品仍有一定介孔结构，但有序性变差，且有团聚现象。当溶液浓度过高时，溶液进入模板孔道困难，不能进入孔道的溶液在孔壁外聚集，模板去除后不能形成有序介孔结构。

3.4.2.3 样品微观形貌分析

图 3-20 是溶液浓度为 0.3mol/L 时，模板加入量分别为 0.5g、1g、1.5g、2g 时的透射电镜照片。图 3-20（a）是模板加入量为 0.5g 时的电镜照片，显示该样品是介孔结构，孔径在 6nm 左右，样品部分为有序介孔结构，有团聚的纳米粉体（图中黑色块体部分），分散性较差。图 3-20（b）是模板加入量为 1g 时的电镜照片，与图（a）对比可以看出，样品大部分形成一定有序性的介孔结构，粉体分散性也得到提高。当模板的加入量增加到 1.5g 时，由图 3-20（c）看出，样品分散性很好，但介孔有序性被破坏，为虫孔结构。模板量继续增加到 2g 样品的 TEM 谱图没有很大变化。（110）晶面的晶面间距 d 值为 0.345 ~ 0.346nm，这与金红石型 SnO_2（JCPDS PDF# 41-1445）的 0.3458nm 十分吻合。

3.4.2.4 样品比表面积及孔结构分析

以 KIT-6 为模板剂制备合成介孔 ATO 样品氮气吸脱附曲线和孔径分布如图 3-21 所示。按照 BET 法计算样品的比表面积为 $790m^2/g$。由图 3-21 中看出，模板 KIT-6 材料具有典型的Ⅳ型等温线和 H1 型滞后环，表明所合成的母板样品具有介孔结构，且孔径分布较窄，集中分布在 6nm。由图可见，在 p/p_0 较低时，随着 p/p_0 的升高吸附量上升比较缓慢，吸附凝聚发生在孔壁表面。当 p/p_0 继续增大时，由于 N_2 在介孔内发生毛细凝聚，吸附曲

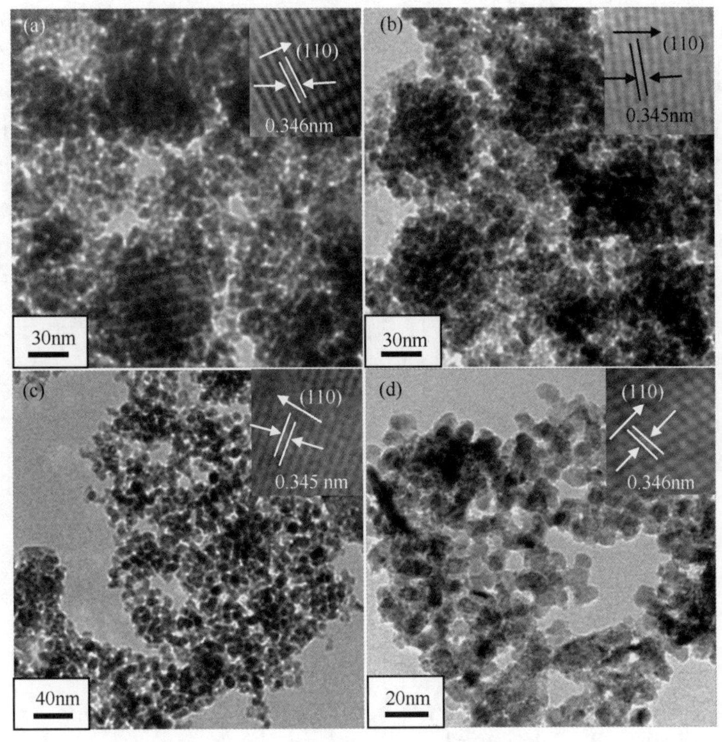

图 3-20　介孔 ATO 样品的 HRTEM 照片

(a) ATO-0. 3-0. 5；(b) ATO-0. 3-1；(c) ATO-0. 3-1. 5；(d) ATO-0. 3-2

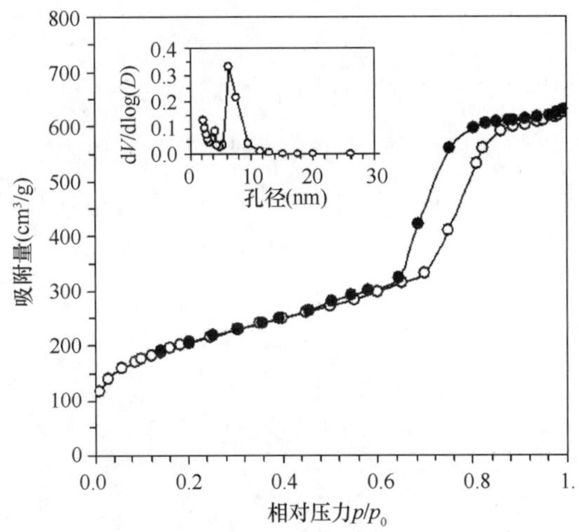

图 3-21　KIT-6 的氮气吸脱附曲线和孔径分布（内图）

线出现陡峭台阶，此时伴随着吸附曲线出现两个拐点：第一个拐点出现在 0. 65 左右；第二个拐点出现在 0. 85 左右。一般来说，第二个拐点 p/p_0 越高，介孔分子筛中的孔径越大。另外从滞后环的形状可以看出，KIT-6 样品的孔径均匀，且为两端开口的孔道。

1. 不同溶液浓度下制得样品的 BET 分析

图 3-22 和图 3-23（图 3-22 样品 c 和 d 的孔径分布放大图）显示了不同溶液浓度下介孔 ATO 样品的 N_2 吸附-脱附等温线及孔径分布。从图 3-22 可以看出，溶液浓度为 0.15mol/L[图 3-22(a)中 a]和 0.3 [图 3-22(a)中 b]mol/L 时制得的 ATO 样品，具有典型的Ⅳ型等温线和 H1 型滞后环，说明合成的样品具有介孔结构，且孔径分布较窄。溶液浓度为 0.15mol/L 时的样品在 p/p_0 为 0.93 左右出现第二个拐点，而浓度为 0.3mol/L 时的样品第二个拐点出现在 0.76 左右，对照孔径分布曲线，其孔径分别分布在 8nm 和 5nm 左右。由 3-22（a）中 c 和 d 可以看出，ATO-0.6-1 样品的吸脱附曲线在相对压力 0.56～1.0 之间出现 H2 型迟滞环，而 ATO-0.9-1 样品的吸脱附曲线在相对压力 0.4～1.0 之间出现 H2 滞后环。

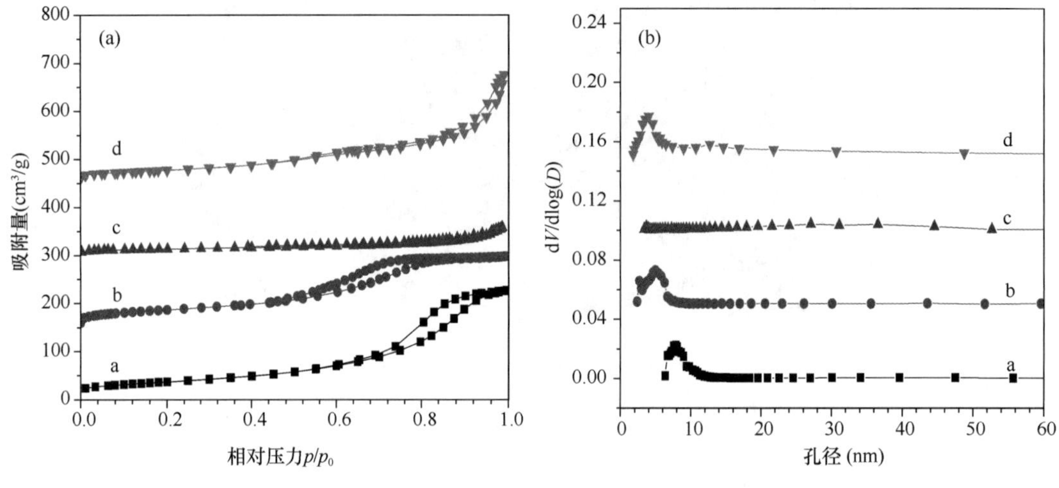

图 3-22　样品的氮气吸脱附曲线（a）和孔径分布（b）

a—ATO-0.15-1；b—ATO-0.3-1；c—ATO-0.6-1；d—ATO-0.9-1

由图 3-22 可以看出这些 ATO 样品的 H1 和 H2 型滞后环出现的 p/p_0 范围及其形状都有差异，说明样品的介孔结构存在着差异。由图 3-23（a）可以看出，ATO-0.6-1 样品在

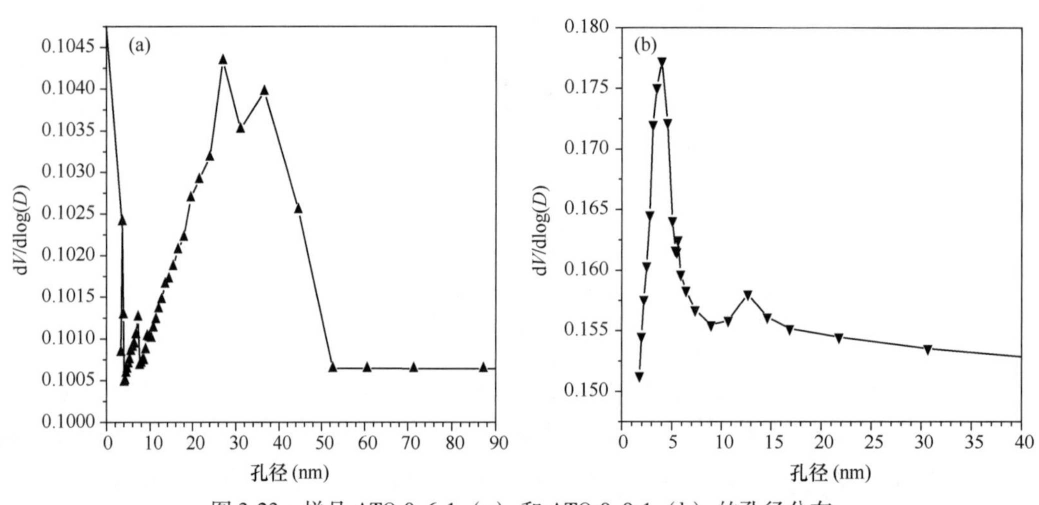

图 3-23　样品 ATO-0.6-1（a）和 ATO-0.9-1（b）的孔径分布

6nm 左右有介孔分布，在 25 ~ 45nm 范围内有一个很宽的峰，说明其在该尺寸范围内都有一定的分布。由图 3-23（b）可以看出，ATO – 0. 9 – 1 样品存在双峰结构，说明其介孔在 5nm 和 12nm 左右都有分布。在制备 ATO 时，溶液浓度过高，填充不饱和，后期浓度升高，部分溶液粒子不能进入模板孔道，可能导致粒子迁移和团聚出现，这是造成孔径分布双峰的原因。

2. 不同模板加入量样品的 BET 分析

图 3-24 显示了不同模板加入量下所制得的介孔 ATO 样品的 N_2 吸附-脱附等温线及孔径分布。ATO-0. 3-0. 5 样品在 p/p_0 为 0. 6 ~ 1. 0 之间存在 H2 型迟滞环，样品具有一定量的介孔结构，结合图 3-24（b）中 a 可以看出，其孔径在 4nm 左右存在一个较弱的峰，说明该样品的介孔孔径分布在 4nm 左右。由图 3-24（a）中 b、c 和 d 可以看出，等温线在相对压力较低的区域有一个上升的过程，呈向上凸的形状，可以知道样品中含有一定量的微孔，吸脱附等温线是类Ⅳ型，在相对压力在 0. 4 ~ 1. 0 间出现 H1 型滞后环，表明样品中有虫状介孔出现。从孔径分布曲线可以看出，它们都是有相近的孔径分布，且孔径分布在 4 ~ 8nm。这里将模板和 ATO 材料的孔结构数据列于表 3-4 中。

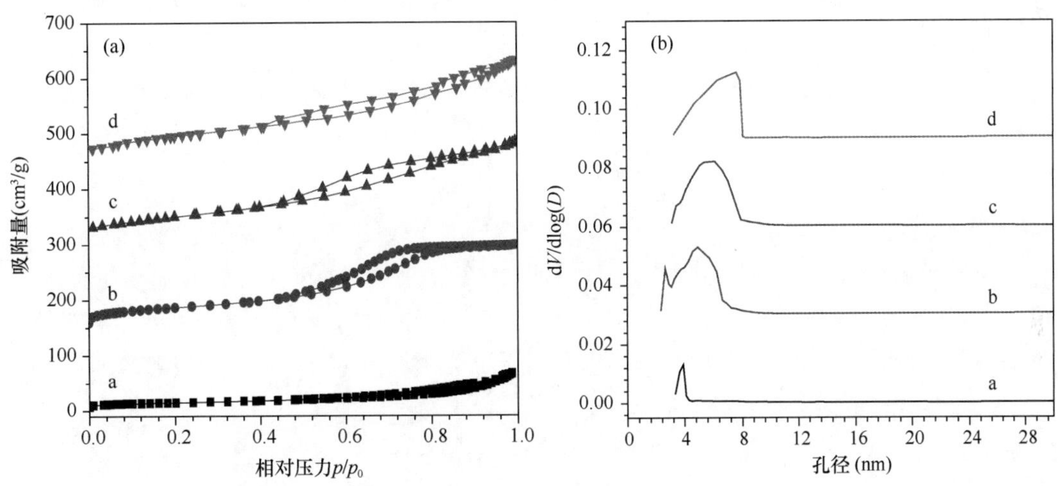

图 3-24　介孔 ATO 样品的氮气吸脱附曲线（a）和孔径分布（b）

a—ATO-0. 3-0. 5；b—ATO-0. 3-1；c—ATO-0. 3-1. 5；d—ATO-0. 3-2

表 3-4　模板和 ATO 材料的比表面积及孔结构特点

样　　品	比表面积（m^2/g）	平均孔径（nm）
KIT-6	789	6. 2
ATO-0. 3-0. 5	78	5. 9
ATO-0. 3-1	96	6. 2
ATO-0. 3-1. 5	104	6. 6
ATO-0. 3-2	117	6. 8

从表3-4中可以看到，所制备的介孔ATO材料的比表面积是80～117m^2/g，当模板加入量为0.5g时，比表面积较小，这是因为此时模板量少，模板孔道处于饱和状态，不能使全部溶液离子进入孔道；随着模板量增加，比表面积值增大，可见，足量的模板可保证全部溶液离子进入孔道中，在焙烧过程中不会造成粒子聚集，从而使得孔道发达，比表面积大。

第 4 章　沸石化硅藻土功能材料

4.1　多孔结构矿物材料

4.1.1　天然多孔矿物材料

矿物粉体材料所呈现的多孔性包含两种孔结构特征：一是由粉体物料堆积所呈现的多孔性；二是矿物颗粒自身所具有的多孔性。这里所讲的天然多孔矿物主要是指每个矿物颗粒本身应具备的多孔结构特征。到目前为止，已有十几种矿物被检测到具有天然孔结构特征，代表性的矿物有硅藻土、天然沸石、高岭土（高岭石）、膨润土（蒙脱石）、海泡石等，其中大部分天然多孔矿物的孔径在 1nm 以下，采用扫描电子显微镜（SEM）很难观测到每个矿物颗粒的结构特征。而硅藻土由于其孔径在纳米级水平（小孔在 5 ~ 20nm，大孔在 100 ~ 200nm），其孔结构特征非常容易通过扫描电子显微镜观测到。如图 4-1 所示。

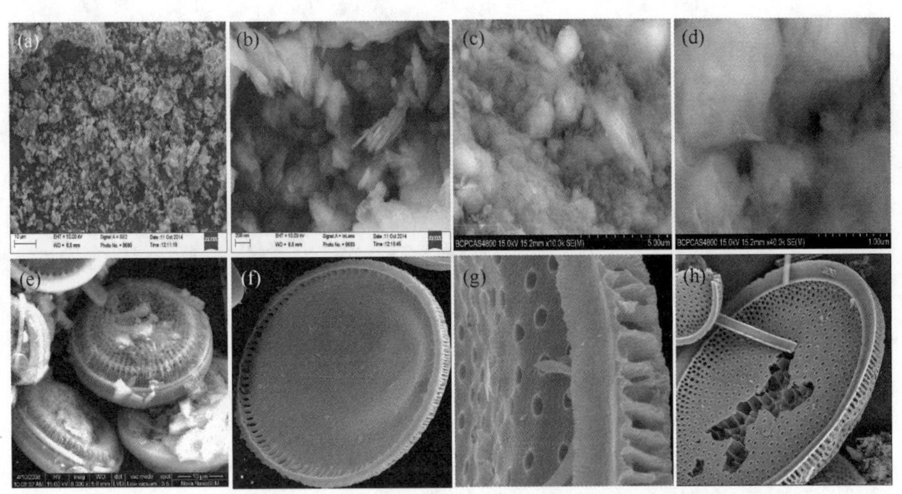

图 4-1　天然多孔矿物扫描电镜照片

(a)、(b) 沸石；(c)、(d) 膨润土；(e) ~ (h) 硅藻土

天然多孔结构的矿物大多具有一定的吸附性能，是制备环境净化吸附剂较理想的原料。由于其孔结构的天然性，可大大降低制备具有良好吸附净化功能材料的成本和工程应用中的运营费用。因此，天然多孔矿物在环境净化方面具有很大的应用潜力。然而，多孔非金属矿物材料原矿均存在比表面积低、孔道结构不太理想等问题，直接导致其吸附容量降低。因此，对这类天然多孔矿物进行后期的孔结构改造或表面微结构调控，以大幅度提高矿物材料的比表面积与吸附容量非常重要。

4.1.2 沸石矿物孔结构特征

沸石是沸石族矿物的总称，是一种含水的碱金属或碱土金属的铝硅酸矿物。其晶体结构是由硅氧四面体与铝氧八面体组成的三维（骨）架状结构，骨架中有各种大小不同的空穴和通道，具有很大的开放性，如图 4-2 所示。

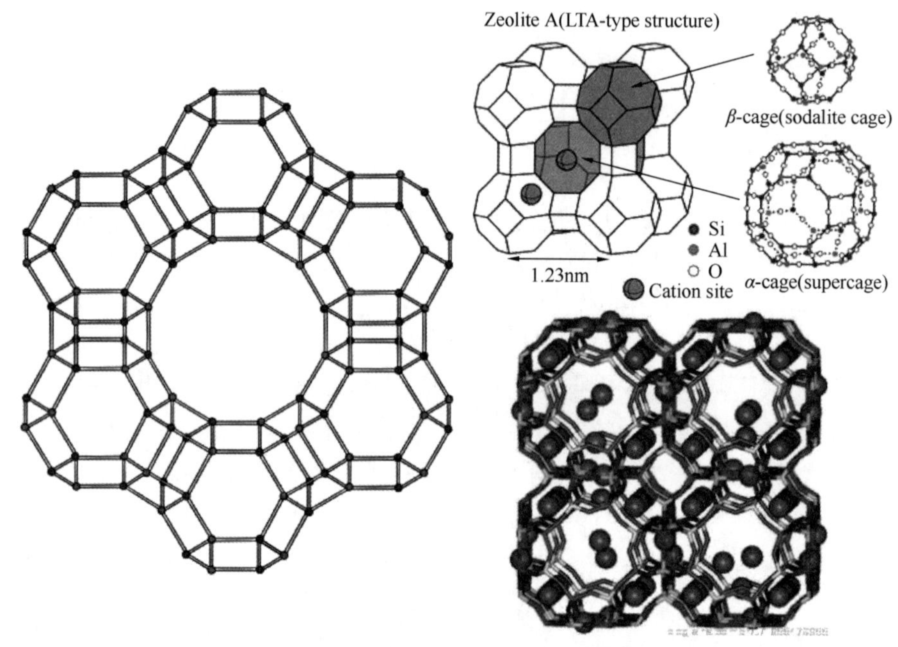

图 4-2　沸石分子结构示意图

其一般化学表达式为：$A_mB_pO_{2p}\cdot nH_2O$，其中 A 代表 Ca、Na、K、Ba、Sr 等阳离子；B 为 Al 和 Si；p 为阳离子化合价；m 为阳离子数；n 为水分子数。其结构表达式为：$A\ (x/q)\ [\ (AlO_2)x(SiO_2)y]\ n(H_2O)$，其中 x 为 Al 原子数，y 为 Si 原子数，q 为 A 的价电子数。沸石晶体结构含有三种组分：铝硅酸盐骨架、骨架中可用于交换的阳离子孔道与空洞、潜在相水分子。

沸石分为天然沸石和人工合成沸石两大类。人工合成沸石大多指沸石结构的分子筛，是孔结构有序性最好（三维孔结构有序）、比表面积最高（比表面积可达 $1000m^2/g$ 以上）的材料。沸石分子筛结构材料有专业书籍进行详细论述，这里不过多涉及，主要是利用沸石结构材料成熟制备工艺与方法来进行矿物基材的结构修饰。

天然沸石主要是指沸石类矿物材料。目前天然沸石矿物已发现 40 多种，常见的有斜发沸石、丝光沸石、菱沸石、毛沸石、钙十字沸石、片沸石、浊沸石、辉沸石和方沸石等，已被大量利用的是斜发沸石和丝光沸石。沸石族矿物所属晶系较多，晶体多呈纤维状、毛发状、柱状，少数呈板状或短柱状。沸石具有离子交换性、吸附分离性、催化性、稳定性、化学反应性、可逆的脱水性、电导性等。沸石的应用性能取决于沸石自身的化学组成、孔道结构、比表面积等，天然沸石比表面积虽然不高（在 $100m^2/g$ 以下），但还是远大于其他天然多孔矿物的比表面积。

4.1.3　硅藻土孔结构调控与沸石化

硅藻土是典型的天然多孔矿物，其孔结构具备短程有序特征，且电子显微镜下容易观察到。相对于其他天然多孔矿物，其吸附性能较高；但由于硅藻土原矿的比表面积较低，其吸附容量也受到一定影响。提高硅藻土的比表面积，以提高其吸附容量，一直是从事硅藻土深加工研究者追求的目标。硅藻土孔结构的调控与沸石化，可大幅度提高硅藻土的比表面积。硅藻土沸石化或硅藻土制备沸石研究工作，大多是利用硅藻土提供硅源进行沸石合成制备，即硅藻土作为原材料进行沸石人工合成，借鉴沸石分子筛的合成技术与方法来实现的，通过优化沸石分子筛制备过程中的各种影响因素来完成。如优化硅铝凝胶的组成和制备方法以及分子筛晶化的条件（如碱度、外加碱金属盐、导向剂、有机溶剂、陈化时间、晶化温度和晶化时间等）。硅铝凝胶的组成及制备方法一般受晶化条件的制约，间接地影响分子筛的合成；而晶化条件则更直接地影响分子筛的合成。它们既相互制约，又作为独立的因素影响着合成分子筛的硅铝比、结晶度及粒度等。

沸石分子筛合成制备工艺与技术已经非常成熟，最早可追溯到 1948 年，Barrer 等成功地在实验室合成沸石分子筛，1961 年模板剂首次被引入沸石分子筛的合成过程，此后关于沸石分子筛合成领域里的研究一直非常活跃，相关文献纷纷见诸报道，其中的一部分被收录在国际分子筛协会（IZA）的出版物中。

1. *沸石制备方法*

（1）水热合成法

合成沸石分子筛最常用的方法就是水热合成法。水热合成源于地质学家模拟地质成矿条件合成某些矿物的方法，是诞生最早、发展最为成熟、应用最为广泛的沸石分子筛合成方法。

合成分子筛原料在水为溶剂条件下进行混合形成胶体，在碱性条件下，于适当的晶化温度、晶化时间水热合成沸石分子筛。根据沸石分子筛合成温度的不同，可分为低温水热合成法和高温水热合成法。低温合成的温度范围为室温至 150℃，以 70 ~ 100℃ 最为常见；高温合成的温度通常在 150℃ 以上。

根据沸石分子筛合成压力的不同，又将其分为常压法、自生压力法和高压法。自生压力法是利用合成反应体系自身产生的压力条件来进行反应合成，其中低温水热合成反应体系通常属于常压范畴。虽然高压法可以改变沸石分子筛的化学组成，改善其某些性能，但增加了合成工艺的复杂性和合成设备的性能质量要求。因此，常压法和体系自生压力法仍是迄今为止应用最为广泛的合成方法。

根据沸石分子筛合成前驱物存在形式的不同，水热合成法可分为凝胶转化法和清液合成法两种。前者虽然有液体转化、固体转化和双相转化等多种沸石分子筛生成机理的争论，但其工艺成熟、应用十分广泛。后者的原料适应性差，迄今为止能合成的沸石分子筛种类相当有限。根据反应体系不同，以及沸石分子筛成核机理的不同，可将水热合成法分为自发成核体系和非自发成核体系两种方法。前者是靠体系自发成核作用而使沸石分子筛晶体生成的，不需外加晶种；后者则是采用晶种技术，促进沸石分子筛晶体生成。

根据合成原料的来源不同，水热合成又分为化工原料合成法和天然矿物合成法。化工原料合成法是最传统、技术最成熟、应用最广泛的方法。其原料物质组成稳定，具有高度反应活性，没有无效或有害物质干扰合成反应，工艺参数易于准确控制，合成沸石分子筛的性能质量好且稳定，但易受原料来源制约，原料价格较高，沸石分子筛合成成本高。正因为如此，人们才试图以成本低廉的天然矿物为原料，经活化及化学成分调整等，通过水热法合成沸石分子筛。虽然以天然矿物原料取代化工原料合成沸石分子筛的工艺流程相对较复杂，工艺技术参数控制难度相对较大，产品性能质量也多不如以化工原料合成的，但随着沸石分子筛应用领域的拓宽和消耗的增加，这种取代越来越成为不可逆转的趋势。

（2）其他方法

目前，沸石分子筛的其他合成方法主要有清液合成法、非水体系合成法、极浓体系合成法、干粉法及比较新颖的蒸汽法等。如非水体系合成法是 20 世纪 80 年代中期由 Billy 和 Dale 提出的，以有机物（醇类或胺类）为溶剂（或分散介质）进行沸石分子筛合成（非水合成）。非水合成法既丰富了沸石分子筛合成的介质范畴，也为沸石分子筛的固相转化机理提供了有力的佐证。

2. *硅藻土制备沸石*

1994 年，Biswajit 等人采用硅藻土（组分 SiO_2 质量分数：85%，Al_2O_3 质量分数：5.9%）水热合成得到 NaA 型分子筛。2000 年，Anderson 等人首次通过水热合成法，用硅藻土的沸石化制备了分等级孔隙的结构材料；2002 年，Tang 等人运用乙二胺、三乙胺和水的混合蒸汽处理硅藻土得到了沸石化硅藻土；这些方法的难点是如何得到制备工艺复杂且产量很低的沸石的纳米晶体，而且由于沸石的纳米级晶体的胶体性质，使它很难重复利用或从反应混合物中分离出来，这些方法均使用了部分外来硅源。2003 年，V. Sanhueza 等人报道了采用硅藻土（SiO_2 为质量分数 80% ~ 90%）成功合成了丝光沸石型分子筛（MOR）。2005 年，A. Chaisena 等通过将硅藻土经过 1100℃的高温酸化后在不同反应条件下制得 NaP1 型分子筛、方钠石（ANA）、钙霞石（CAN）和轻基方钠石（HS）等。研究发现，产品的性能主要取决于液相配比、反应温度及反应时间。2007 年，Guoxing Xiong 等人使用 CTAB 控制晶种的生长，克服了复杂的纳米晶分离过程，但该方法中 CTAB 同时作为结构导向剂，用量太大，且生成的沸石在硅藻土上的排列十分不规则。K. Rangsriwatananon、满卓等人也用硅藻土合成了不同种类的沸石分子筛。Ghosh 等人利用焙烧过的硅藻土制备 LTA 型沸石。Boukadir 等人合成了 LTA 型和 SOD 型沸石。

到目前为止，硅藻土制备沸石大多是以硅藻土提供硅源来进行的，只是把硅藻土作为简单的硅源，没有充分利用硅藻土本身的孔结构特性。可以设想，既利用硅藻土能提供硅源的便利条件，又能保持硅藻土原始的孔结构特征或基本保持其孔结构，即保存硅藻土本身的性能优势，将可使硅藻土复合材料的吸附容量（比表面积）得到质的提高；同时可简化沸石制备工艺过程，将非常有意义。本章内容主要讨论在硅藻土基材上进行沸石制备，这里称之为硅藻土沸石化。

4.2 硅藻土基 NaP 型分子筛合成制备

4.2.1 NaP 型分子筛制备工艺方法

NaP 型沸石分子筛：按沸石分子骨架结构特征及所属晶系分类法，属第四组类，由四元环和八元环组成骨架，具有钠沸石族和钙十字沸石族双重特征。骨架中含有 $(Al_2Si_3O_{10})_n^{-2n}$ 结构单元组成的链，其方向与 c 轴方向相同，呈针状或纤维状晶体延伸。由四元环共边连成弯曲的长带，其四元环组成长链呈 S 形，最大孔径由八元环组成。该类沸石的结构中硅铝酸盐阴离子骨架是主体，其合成过程是在一定反应条件下，铝酸根离子与硅酸根离子聚合，形成各种类型的三维空间结构。硅凝胶和铝凝胶作为反应物，其比值不同会导致合成的沸石产物存在较大差异。其中硅藻土和硅酸钠与铝酸钠组成反应产物，会生成大孔径沸石。

北京工业大学杜玉成、史树丽等人采用水热法，通过控制相关合成条件，在硅藻土藻盘上制备了 NaP 型分子筛，大大提高了硅藻土的比表面积。通过计算控制硅藻土提供硅源的过剩量，可实现保持硅藻土的存在形式和量的多少。具体研究工作介绍如下。

以硅藻土为原料，分别采用水热合成法、水浴合成法合成出 NaP 型分子筛，并对水热合成法、水浴法所制备样品的性能进行评价，对合成工艺进行分析对比。其制备工艺过程为：取氢氧化钠和氢氧化铝各 75g，加入 100mL 去离子水溶解，并于 100℃ 反应 1h 生成偏铝酸钠后配制成 250mL 溶液，定义为溶液 A，备用。

水热合成法：取 6g 硅藻土、30mL 去离子水和 2g NaOH 搅拌均匀，100℃ 下反应 1h 后，在 50℃ 水浴条件下边搅拌边加入 5mL 溶液 A，继续搅拌 30min 后放入高压反应釜中于 100℃ 条件下晶化 8～24h，将所得产物抽滤、洗涤、干燥，得到白色粉末状物质。

水浴合成法：将 6g 硅藻土、2g 氢氧化钠在 30mL 去离子水中混合均匀，于 100℃ 下反应 1h 后，置于 90℃ 水浴中边搅拌边加入 7mL 溶液 A，继续搅拌 0.5h，生成凝胶。90℃ 下继续搅拌 4～24h 后取出，抽滤、洗涤，于 100℃ 干燥，得到白色粉末状样品。

4.2.2　NaP 型分子筛结果表征

4.2.2.1　样品物相与成分分析

通过产物的物相分析，可以确定其晶体结构，以及所对应的物相成分。

图 4-3（a）、（b）分别是两种方法下合成的 NaP1 型沸石的 XRD 图（其中水热法所得产物的反应时间为 20h，水浴法所得产物的反应时间为 6h）。三个主晶峰的 2θ 值分别是 21.66°、28.08° 和 33.36°，与 NaP1 型沸石晶面指数（121）、（301）和（312）对应的衍射峰完全一致，故推断其化学式为：$Na_6Al_6Si_{10}O_{32} \cdot (H_2O)_{12}$，为四方晶系，I-4（82）空

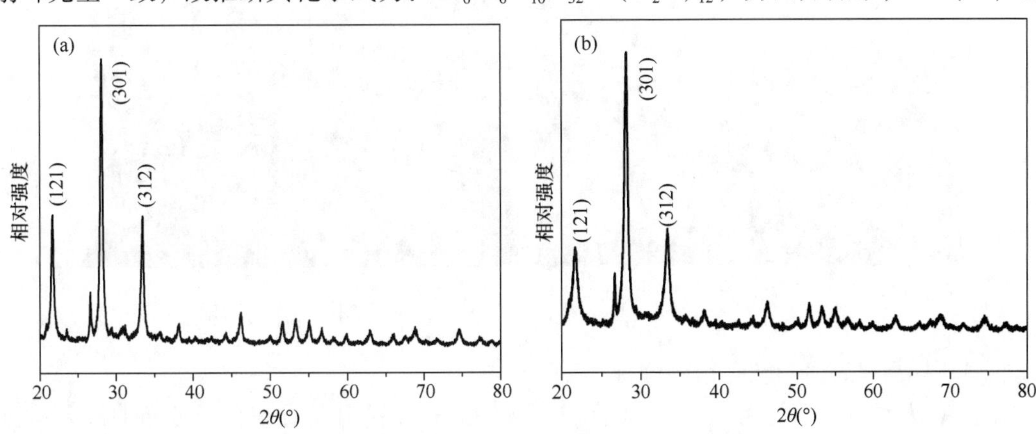

图 4-3　水热反应（20h）合成产物（a）和水浴反应（6h）合成产物（b）的 XRD 图谱

间群；所对应的 2θ 角约为 26°的位置的峰是硅藻土中杂质石英的衍射峰。为进一步确定其物质组成，对水浴反应时间为 24h 所得样品做了原子能谱分析（图 4-4），EDX 成分分析能谱图表明样品包含的主要元素是钠、硅、铝，其原子个数比为 Si：Na：Al = 1.82：1：1.16，与 NaP1 型沸石化学式中各元素的原子个数比 Si：Na：Al = 1.67：1：1 相当，这从侧面论证了得到的产物是 NaP1 型沸石，另外由图 4-3（a）和（b）的衍射峰的峰形及强弱基本没有差别，这说明两种方法能合成晶型完整的 NaP1 型沸石。

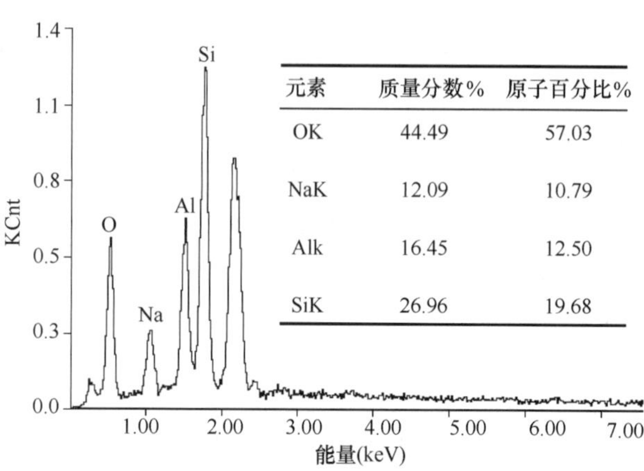

元素	质量分数%	原子百分比%
OK	44.49	57.03
NaK	12.09	10.79
AlK	16.45	12.50
SiK	26.96	19.68

图 4-4　水浴法（6h）合成产物的扫描电镜及能谱图

4.2.2.2　样品形貌分析

图 4-5 是水热法和水浴法合成产物的 SEM 图像。两种方法合成的产物均为表面不光滑的球形颗粒，这些球形颗粒是由片状物堆积而成。很明显，水热法合成产物的粒径（3μm 左右）比水浴法合成产物的粒径（0.5 ~ 1.0μm）大，主要是因为水热合成时间（20h）较水浴合成时间（6h）长，这符合晶体生长规律：随着反应时间的增长，晶体颗粒逐渐长大。

图 4-5　水热法（a）20h 和水浴法（b）6h 合成产物的 SEM 图像

4.2.2.3　样品比表面积及孔结构分析

图 4-6 为水热法 20h 和水浴法 6h 合成产物的氮气吸脱附曲线和孔径分布曲线。从氮气吸脱附曲线可以看出，样品为介孔材料，孔隙狭长。从孔径分布曲线可以看出，样品孔

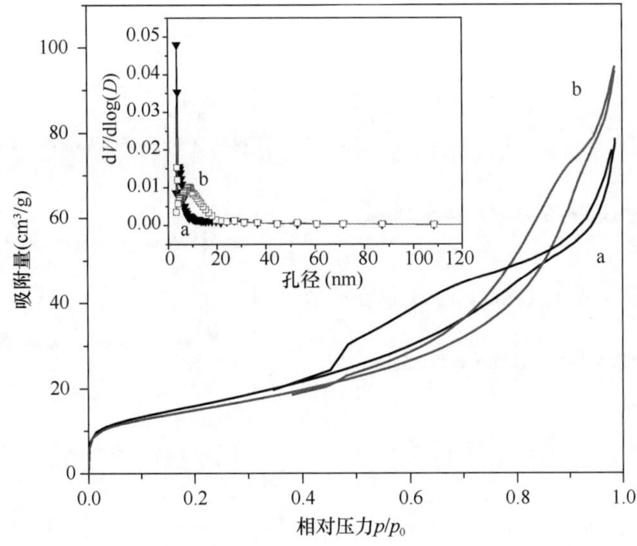

图 4-6　水热法（a）20h 和水浴法（b）6h 合成产物的氮气吸脱附曲线和孔径分布曲线（内图）

径分布范围为 5～120 nm，但主要集中在 5～20nm 范围，由此可知，产物是介孔材料，大孔径的存在主要是晶体间的缝隙所致。表 4-1 给出了不同反应条件下所得样品的比表面积，比表面积值均分布在 48～65 m^2/g 之间。

表 4-1　合成样品的比表面积（m^2/g）

反应类型	时间（h）			
	12	16	20	24
水热法	48.0	50.9	57.9	56.4
水浴法	56.6	61.9	60.4	59.8

4.2.3　合成工艺参数对 NaP 型分子筛性能的影响

4.2.3.1　合成工艺方法的影响

水热法与水浴法都能合成出 NaP1 型沸石。为论证两种方法的优劣，对两种条件下的产物进行了详细的对比分析。图 4-7 是不同反应体系下水热法合成产物的 XRD 图。由图中可以看出，产物 a 为杂晶，产物 b 主晶相虽为 NaP1 型沸石，但晶型明显较产物 c（图 4-7）差，说明水热法合成的产物晶型容易不完整或有杂晶的存在。而从不同反应体系下水浴合成产物的 XRD 图（图 4-8）中可以看出产物的衍射峰值及强度基本一致，基本没有杂晶出现。由此可见，水热法合成产物的晶型较水浴合成法难控制。

4.2.3.2　合成工艺条件的影响

1. 反应时间的影响

虽然水浴法合成的产物晶型较水热法合成产物的完整，但为了考虑反应的能耗问题，对反应时间对两种方法的影响进行了对比试验。图 4-9 是相同体系下不同水热反应时间所得产物的 XRD 图像。由图中可知，当反应时间为 6h 时，产物为无定型态；当晶化时间达

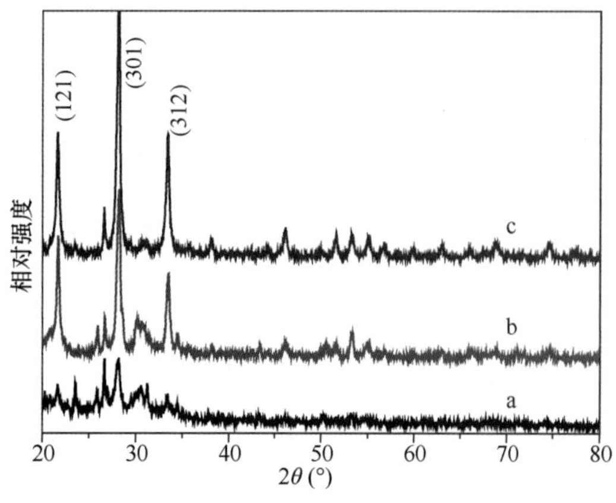

图 4-7　水热反应合成产物的 XRD 图像

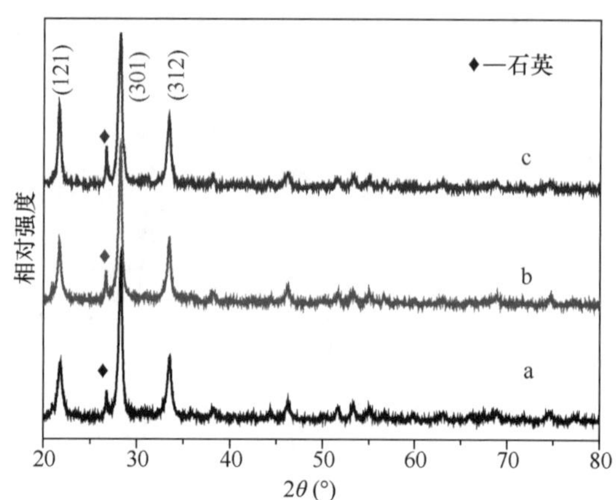

图 4-8　水浴反应合成产物的 XRD 图像

到 12h 时，产物的主晶相为 NaP1 型沸石，但明显在 a、c 处有杂峰；反应时间是 16h 时，杂峰依然存在，但有所减弱；直到反应时间达到 20h，才得到较为纯净的晶体衍射图线。即要得到晶相较为纯净的 NaP1 型沸石，水热法所需的反应时间为 20h。

而对相同条件配比下不同水浴合成时间所得产物的 XRD 图谱（图 4-10）分析发现，当反应时间是 4h 时，所得产物为无定型态；反应时间延长到 6h，即得到衍射峰较为完整的 NaP1 晶体衍射图线；随着时间的增长，所得产物的 XRD 图像仍为 NaP1 晶体衍射图线，而且晶体衍射峰的强度及半高宽基本没有变化，这说明要合成出与水热法 20h 所得产物纯度相近的 NaP1 沸石，水浴法所用的时间为 6h，比水热合成时间（20h）要短得多。因此，从能耗方面讲，水浴合成法较水热合成法有较大优势。

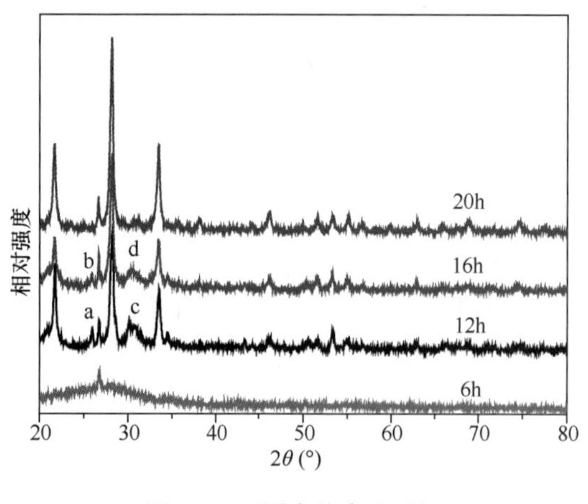

图 4-9　不同水热合成时间所得产物的 XRD 图像

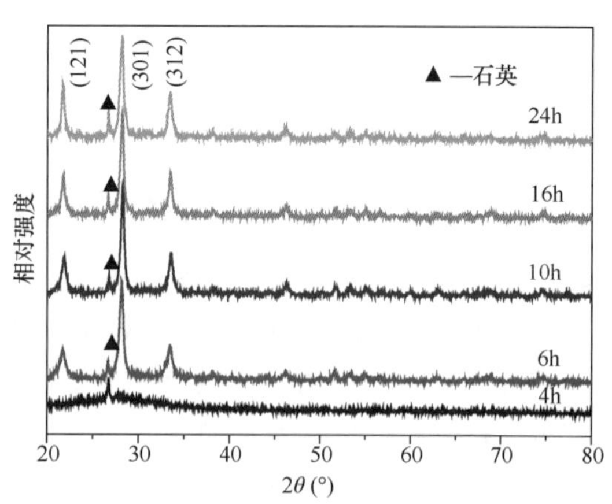

图 4-10　不同水浴合成时间所得产物的 XRD 图谱

为进一步研究反应时间对水浴法产物的影响，用扫描电镜对 4h、6h、12h 和 24h 的产物进行测试，结果如图 4-11 所示。4h 时，产物中还有结构不完整的硅藻土存在，即产物还是无定型态；反应时间为 6h 时，产物为球状颗粒；随着反应时间的延长，颗粒逐渐长大。

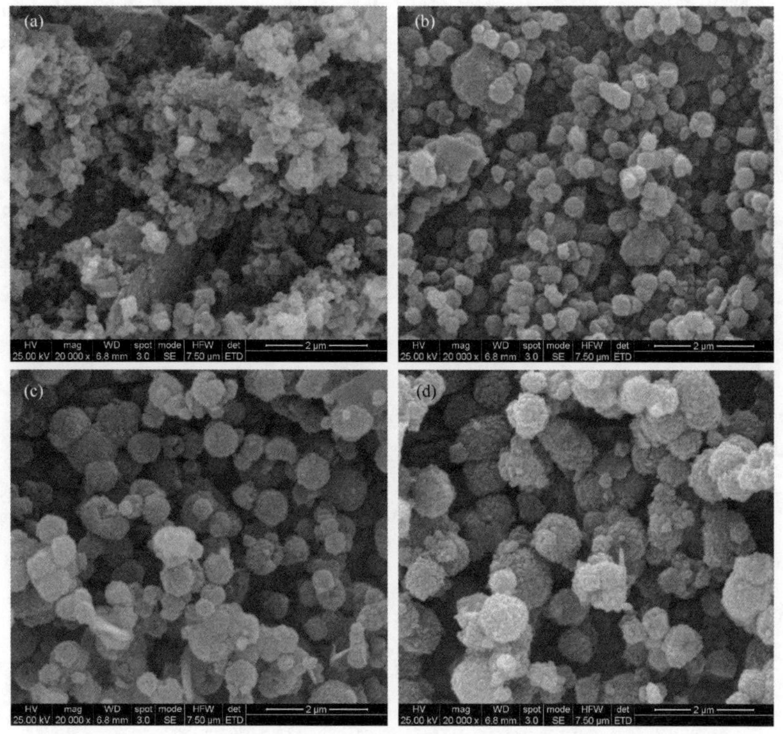

图4-11　水浴法合成产物的SEM图像

(a) 4h；(b) 6h；(c) 12h；(d) 24h

图4-12是不同水热合成时间所得产物的吸脱附曲线。反应时间为12h时所得产物的最大吸附量为31.9cm³/g；当反应时间延长至16h时，所得产物的最大吸附量(66.9cm³/g)是前者的2倍；随着反应时间达到20h时，产物的最大吸附量达到最大值(89.6cm³/g)，比12h产物的最大吸附量的3倍稍小；但当反应时间为24h时，产物的最大吸附量（85.8cm³/g）不但没有增加，反而有所下降，这说明反应时间为20h时所得产物的最大吸附量最大，到达最大值后，随着反应时间的增加，最大吸附量的值减少。

图4-13是不同水浴合成时间所得产物的吸脱附曲线。由图可知，当反应时间从6h延

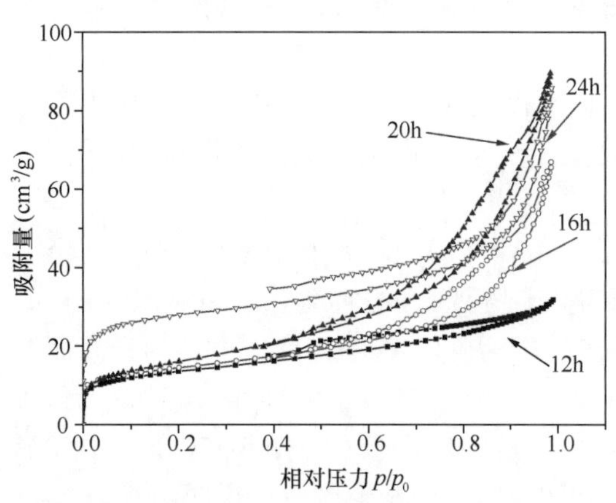

图4-12　不同水热合成时间所得产物的吸脱附曲线

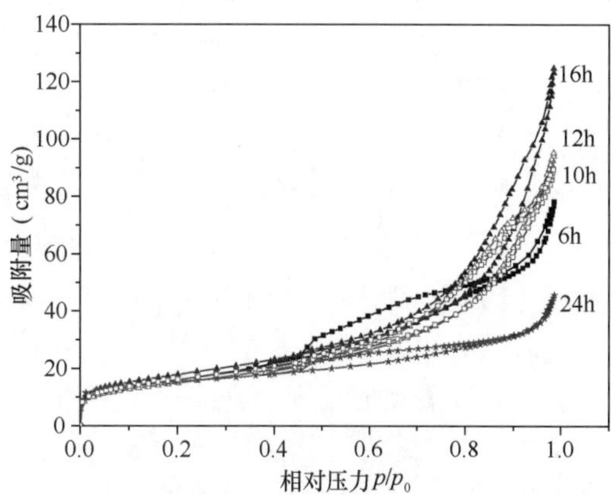

图4-13　不同水浴合成时间所得产物的吸脱附曲线

长至16h时，所得产物的最大吸附量的值也不断增加，由最初的78.3cm^3/g增长到124.8cm^3/g；但当反应时间继续增长到24h时，产物的最大吸附量急速下降至45.7cm^3/g，不及反应时间为6h产物的最大吸附量。

由图4-12与图4-13所显示的现象可以发现，尽管随着反应时间的增加，水热法与水浴法所得产物的比表面积值没有明显变化（表4-1），但产物的最大吸附量却有变化，其规律为：随着反应时间的增加，所得产物的最大吸附量也逐渐增长，当最大吸附量的值达到某一极限时，反应时间的增长不仅不能使产物的最大吸附量增加，反而是降低。

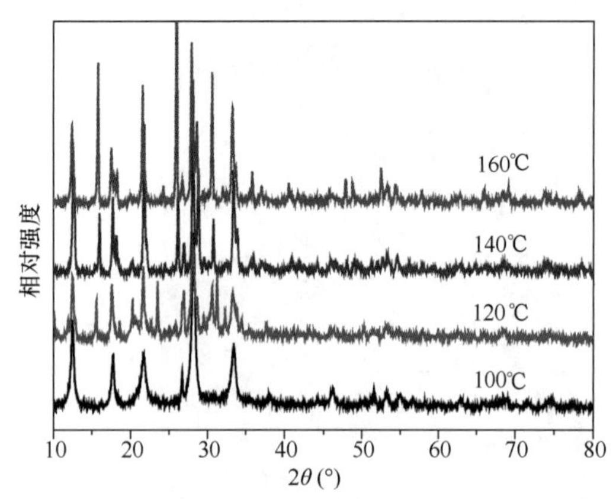

图4-14　不同反应温度下水热合成产物的XRD图像

2. 反应体系温度的影响

从反应时间可知，水浴法合成产物的反应时间为6h时就可得到NaP1型沸石，随着反应时间的延长，产物的粒径逐渐变大，但产物的晶型没有变化。为进一步研究水热法合成NaP1型沸石对温度的要求，实验过程中提高了水热合成温度，由此分析所得产物的晶型是否有变化。图4-14是不同反应温度下水热合成产物的XRD图像。由前面分析可知，水热反应温度为100℃（20h）时，反应所得产物的晶型是NaP1型沸石。当反应温度为140℃和160℃时，反应所得产物的衍射峰位置基本一致，但强度有所差别，2θ值是12.40°、12.52°、17.54°、21.60°、27.88°和28.58°时，与NaP2型沸石的晶面指数（011）、（101）、（002）、（112）、（031）和（312）对应的衍射峰一致，故推断其为NaP2型沸石，化学式为：$Na_4Al_4Si_{12}O_{32}\cdot(H_2O)_{14}$，正交晶系，Pnma（62）空间群；2$\theta$值是15.82°、18.28°、25.96°和30.56°时，与方沸石的晶面指数（211）、（200）、（400）和（332）对应的衍射峰完全一致，故推断其为方沸石，化学式为：$NaAlSi_2O_6\cdot H_2O$，立方晶系，Ia-3d（230）空间群，故此时所得产物经过分析为NaP2型沸石与方沸石的杂晶（图4-15）。反应温度为120℃时，由于反应时间较短，产物结晶不完整，杂晶较多，但以NaP2型沸石与方沸石为主。随着反应温度的升高，晶体的峰值及半高宽越大，说明晶型越完整，杂晶相越少。水热反应温度为140℃和160℃时，产物都是NaP2型沸石与方沸石的杂晶（图4-15、图4-16）。由图中可以明显看出，反应温度是160℃时，产物的主晶相为方沸石，而反应温度为140℃时，主晶相为NaP2型沸石，这说明当反应温度由140℃升高至160℃时，逐渐由NaP2型沸石转晶为方沸石。

图4-17是水热合成产物的SEM图像，除了图4-17（a）反应时间是20h外，其余产物反应时间均为8h。由图中可以看出，所得的四类产物都是颗粒状球形，虽然图（a）的反应时间为20h，但产物的粒径是最小的，其余三个产物的粒径随着反应温度的升高而增长，说明随着反应温度的升高，晶体的生长速度变快，所需的反应时间相应缩短；而且，图4-17（a）的物质形貌完全一致，是由层状物质组成的球形颗粒，图4-17（b）中球形颗粒表观粗糙，但明显不似图4-17（a）中由层状物质组成的球形颗粒，说明图4-17（a）与图4-17（b）中产物的成分可能不同，而且（b）中有少量球体颗粒表层爆裂，形成表观

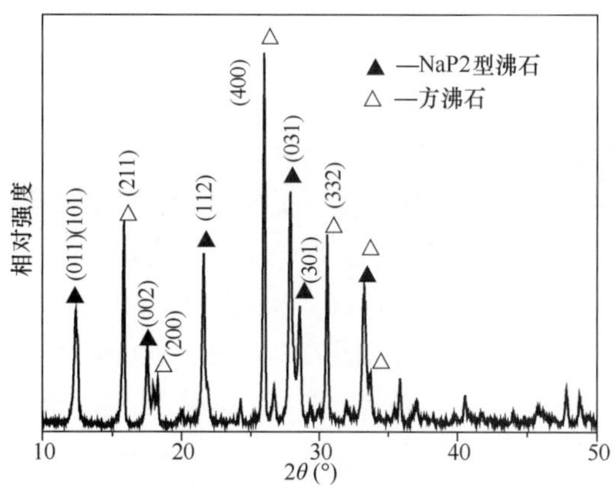

图 4-15　水热法 140℃反应 8h 所得样品的 XRD

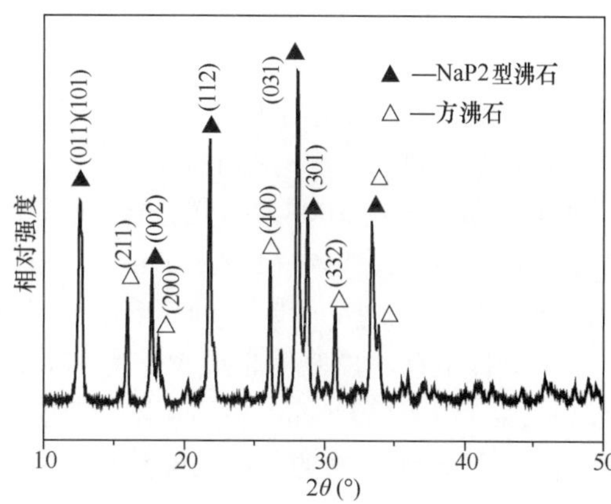

图 4-16　水热法 160℃反应 8h 所得样品的 XRD

看来是由柱状体组成的球形；随着反应温度的升高，图 4-17（c）与图 4-17（d）中由柱状体组成的球形颗粒所占产物的比例明显增大，这从侧面说明了上文 XRD 得出的高温（120℃、140℃和 160℃）反应所得产物中有多种沸石晶型的存在，并且随着反应温度的升高，不同晶型间的相互转化，由 NaP2 型沸石逐渐转晶为方沸石。

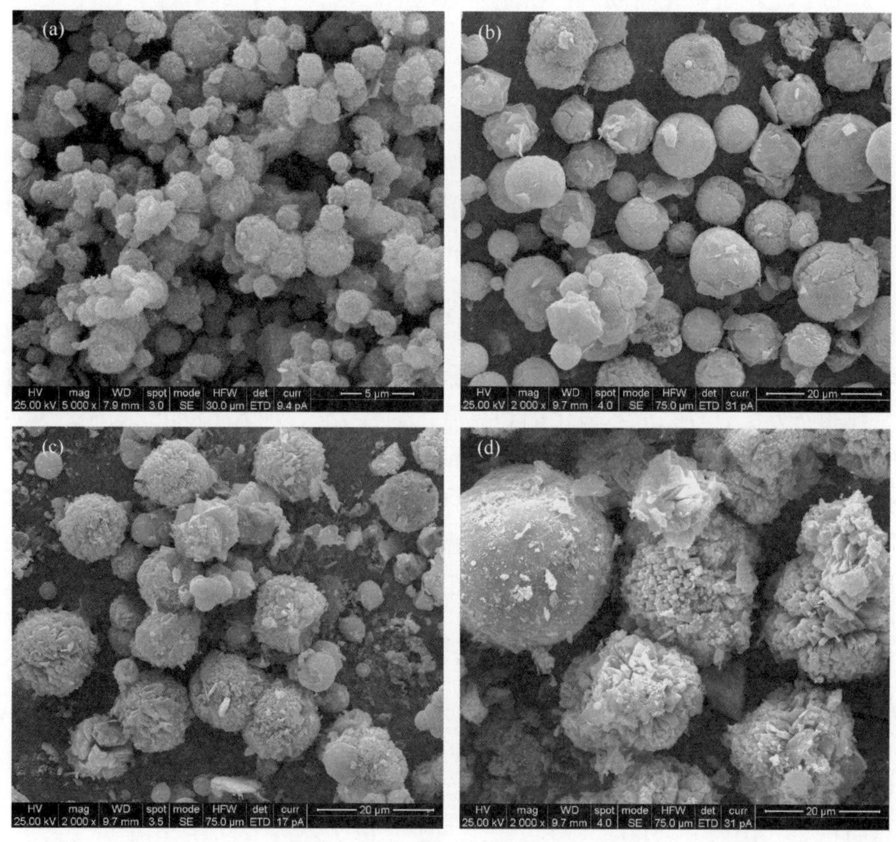

图 4-17　水热合成产物的 SEM 图像

（a）100℃；（b）120℃；（c）140℃；（d）160℃

硅藻土与适量氢氧化钠、水进行碱溶，添加偏铝酸钠溶液调节配料中的硅铝钠比，在各物料配比：SiO_2/Al_2O_3 = 3.717.43、SiO_2/Na_2O = 1.293.81、H_2O/Na_2O = 21.5180.00，水热法 100℃及水浴法 90℃下反应得到 NaP1 型沸石。当温度不低于 120℃时，所得产物为 NaP2 型沸石与方沸石的杂晶，随着反应温度的升高，产物中的 NaP2 型沸石向方沸石转变；温度为 90～100℃时，较易合成 NaP1 型沸石，90℃反应条件下最易合成，所得产物的比表面积不大，集中在 48～65m^2/g，但产物的最大吸附量随着反应时间的增加会达到最大值；之后随着反应时间的延长，产物最大吸附量的值不断减少，水浴法反应时间为 16h 时合成的产物的吸附量最大，为 124.8cm^3/g，水热法反应时间为 20h 时合成的产物的吸附量最大，为 89.6cm^3/g；而当反应温度超过 120℃时，形成的产物为 NaP2 型沸石和方沸石的杂晶。水浴法的合成条件较水热法简便，反应所得产物晶型单一，而且水浴法反应时间较水热法短。

4.3 硅藻土制备八面沸石的研究

在以硅藻土为原料采用水热法制备 NaP2 型沸石研究中可知，反应温度不同会影响产物的晶体结构，当反应温度一定时，凝胶的陈化时间对产物及晶体结构同样产生很大的影响。本研究将着重论证陈化时间对产物晶体结构的影响，并合成制备出八面沸石多孔结构材料。

4.3.1 八面沸石的合成工艺方法

八面沸石：是斜发沸石的一种，因其矿物结构发生变化，即由单斜晶系变为立方晶系，晶格参数及硅铝比均经过较大的变化而形成。这一改型是沸石再结晶过程，即硅酸盐阳离子骨架再形成的过程。斜发沸石在 NaOH 和 NaCl 的水溶液中，固相晶态的斜发沸石软化，受到介质中（OH）$^-$的催化而发生解聚，生成沸石结构单元，晶核进一步有序化，生成八面沸石晶体。八面沸石结构比较稳定，是很好的天然分子筛材料。

本研究以硅藻土为原料，采用水热合成法，通过控制各工艺条件，制备出八面沸石结构材料。其制备方法过程：取氢氧化钠和氢氧化铝各 75g，加入 100mL 去离子水溶解，并于 100℃反应 1h 生成偏铝酸钠后配制成 250mL 溶液，定义为溶液 A。将 6g 硅藻土、2g 氢氧化钠在 30mL 去离子水中混合均匀，于 100℃反应 1h 后，置于 90℃水浴中边搅拌边加入 7mL 溶液 A，继续搅拌 0.5h，生成凝胶。室温下静置陈化 0～10h，放入反应釜中在 100℃下晶化反应一定时间后取出，抽滤、洗涤，于 100℃下干燥，得到白色粉末状样品。

4.3.2 八面沸石性能表征

4.3.2.1 样品物相及成分分析

图 4-18（a）是陈化 5h 所得样品的 XRD 图像。由图 4-18（b）中可以看出，当反应时间为 12h 时，2θ 值是 12.50°、17.78°、21.68°、28.28°和 33.52°处的衍射峰与 NaP 型沸石的晶面指数（101）、（200）、（112）、（301）和（312）对应的衍射峰完全一致，故推断其化学式为：$Na_{3.552}Al_{3.6}Si_{12.4}O_{32}\cdot(H_2O)_{10.656}$，为四方晶系，I4 1amd（141）空间群；其中▲所对应的 2θ 角约为 26°的位置的峰是硅藻土中杂质石英的衍射峰。当反应时

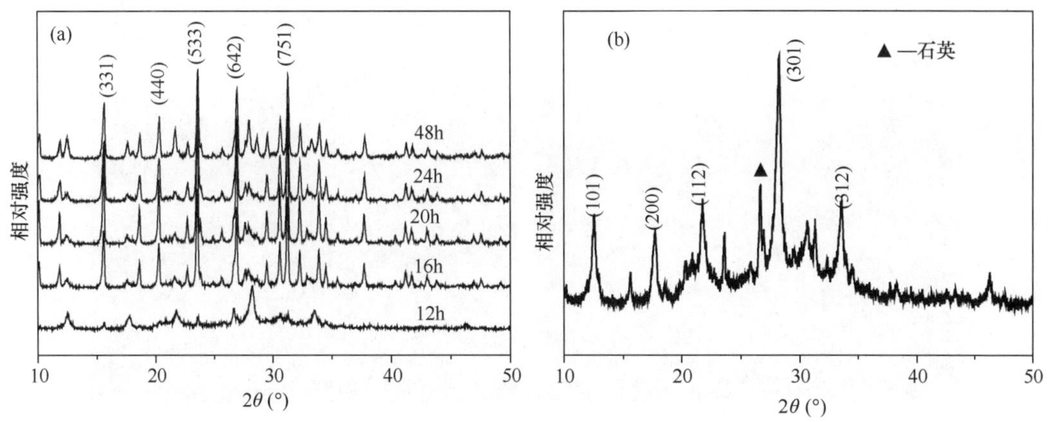

图 4-18　陈化 5h 所得产物的 XRD 图像（a）和陈化 5h 反应 12h 所得产物的 XRD 图像（b）

间为 16 ~ 48h 时，所得样品的 XRD 图像的衍射峰所处位置重合，2θ 值是 15.60°、20.28°、23.54°、26.92°和 31.26°处的衍射峰与八面沸石的晶面指数（331）、（440）、（533）、（642）和（751）对应的衍射峰完全一致，故推断其化学式为：$Na_{1.84}Al_2Si_4O_{11.92}\cdot(H_2O)_7$，面心立方晶系。

为佐证其组成，特进行了 EDX 成分分析，其能谱图如图 4-19 所示。分析发现，产物所包含的主要元素是钠、硅、铝，其原子个数比为 Si∶Na∶Al = 2.39∶1∶1.31，与八面沸石化学式中各元素的原子个数比 Si∶Na∶Al = 2.19∶1∶1.01 相当，这从侧面论证了产物是八面沸石。

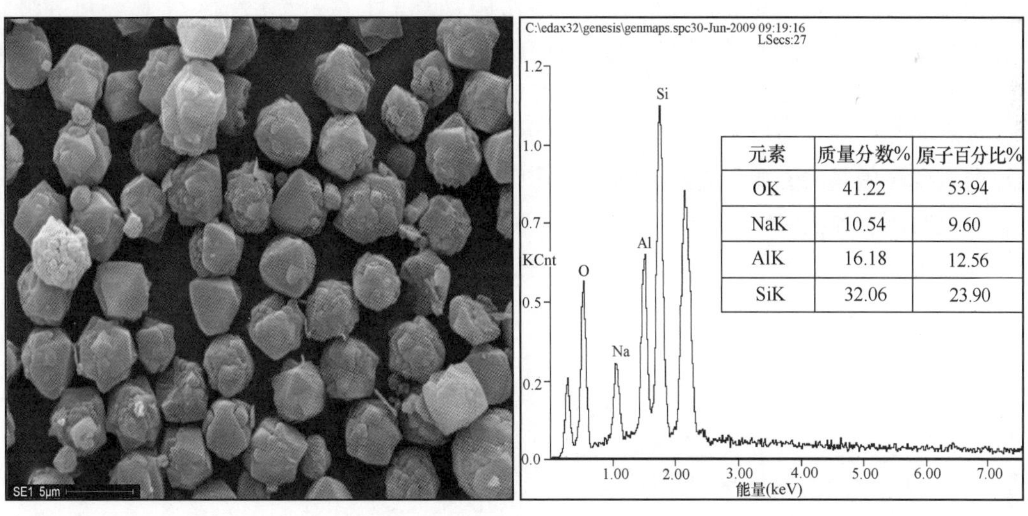

元素	质量分数%	原子百分比%
OK	41.22	53.94
NaK	10.54	9.60
AlK	16.18	12.56
SiK	32.06	23.90

图 4-19　反应 48h 所得样品的 EDX

4.3.2.2　样品形貌分析

图 4-20 是陈化 5h 所得样品的 SEM 图像。由图中可以看出，产物为形状不规则的球形颗粒。图 4-20（a）中，颗粒大小不一，小颗粒明显产生团聚，而且有粉末状物质；图 4-20（b）中颗粒分散均匀，没有团聚现象，颗粒尺寸比较均一，粒径为 4 ~ 5μm。这主要是因为图 4-20（b）的反应时间是 48h，反应时间较长，反应进行得比较充分，产物颗

图 4-20　陈化 5h 所得产物的 SEM 图像

（a）16h；（b）48h

粒形貌规整，而图 4-20（a）的反应时间是 16h，刚刚生成八面沸石（上文中 XRD 显示 12h 时还没有八面沸石的晶型）。

4.3.2.3　样品比表面积及孔结构分析

图 4-21（a）是陈化时间 5h 时，不同反应时间所得四个产物的氮气吸脱附曲线。不同反应时间所得四个产物的氮气吸脱附曲线形貌一致，说明四个产物的孔道结构相似，最大氮气吸附量以 16h 的最大，24h 次之，20h 第三位，48h 最小。反应时间为 16h（144.3cm^3）与 24h（141.7cm^3）时所得产物的最大氮气吸附量相近，20h 产物的最大氮气吸附量是 137.1cm^3，48h 产物的最大氮气吸附量是 131.6cm^3，较前三个最大氮气吸附量相差较大。陈化时间为 5h、反应时间为 16 ~ 24h 时，所得样品有最大氮气吸附量。由反应 16h 所得样品的氮气吸脱附曲线可以看出，产物具有介孔材料特征。图 4-21（b）是对应样品的孔径分布曲线，说明孔径大小以 0 ~ 30nm 居多，其中少量大孔径。造成这种情况的主要原因是沸石颗粒之间的简单堆积产生的空隙，这类空隙一般较大。陈化时间 5h，反应时间分别是 16h、20h、24h、48h 时，所得样品的比表面积分别是 455.2m^2/g、415.0m^2/g、430.0m^2/g、415.8m^2/g，虽然有所不同，但都在正常的误差范围之内。

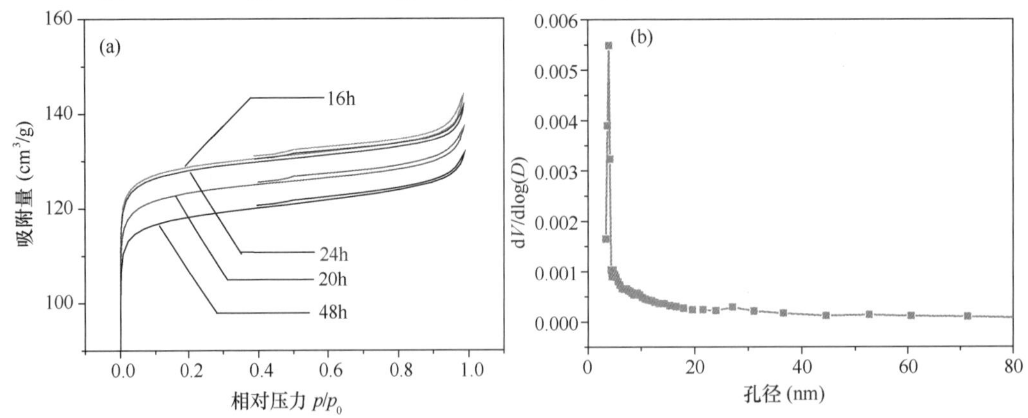

图 4-21　不同反应时间所得产物的氮气吸脱附曲线（a）和陈化 5h、反应 16h 所得产物的孔径分布曲线（b）

4.3.3　陈化时间对八面沸石性能的影响

陈化时间是产物晶型、比表面积的主要影响因素，下面较详细研究陈化时间对八面沸石产物性能的影响。图 4-22 是陈化时间为 5h、10h、20h 时所得样品的 XRD 图。由图可知，陈化时间不同，所得产物的晶型基本一致，均为八面沸石；但是在具体实验过程中发现，当陈化时间为 5h 时，不同的反应时间条件下所得样品的晶型及比表面积值基本一致，在 400 ~ 460m^2/g 之间，而且实验重复性很好；但当陈化时间为 10h 或 20h 时，所得产物的比表面积变化较大，当反应时间为 24h、陈化时间为 10h 或 20h 时，所得样品为八面沸石，对应的比表面积分别为 148.7m^2/g 和 364.7m^2/g，较陈化时间 5h 时的比表面积（430.0m^2/g）有较大差别，特别是陈化时间 10h 时；而且，陈化时间为 10h 或 20h 时，实验重复性差，产物出现杂晶的概率大大增加，由此可见，最佳陈化时间是 5h。

图 4-23 是不同陈化时间所得样品的氮气吸脱附曲线。由图中可知，当陈化时间为 5h 时，所得样品具有最大吸附量 137.1cm^3，陈化时间为 10h 和 20h 所得产物的最大吸附量分别是 62.3cm^3 和 113.1cm^3，陈化时间为 10h 的产物的最大吸附量不到陈化时间 5h 的产物的最大吸附量的一半，陈化时间为 20h 的产物的最大吸附量与陈化时间 5h 的产物的最大吸附量也有一定差距。由此可见，陈化时间 5h 的产物的吸附能力最好。

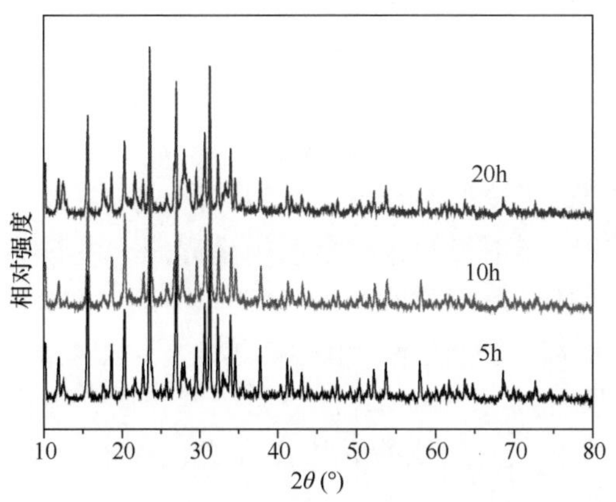

图 4-22　不同陈化时间下所得产物的 XRD 图谱

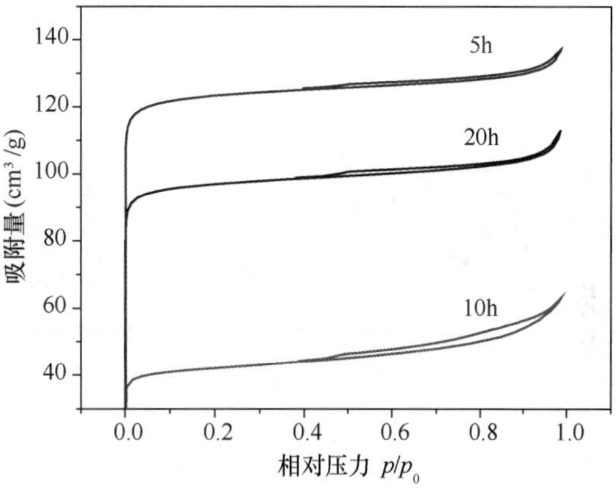

图 4-23　不同陈化时间下所得产物的氮气吸脱附曲线

4.4　硅藻土表面沸石化的合成工艺探索研究

在制备 NaP1 型沸石与八面沸石过程中，均是以硅藻土为主要原材料来完成的。且其中间产物反应历程均经历过凝胶化过程，但最终产物以完全沸石化为目标，这样硅藻土只是作为硅源的提供者（无定型 SiO_2），忽略了硅藻土的独特孔道结构，甚至在一定程度上破坏了硅藻土自身的孔结构。能否在保持硅藻土自身孔结构特征的前提下，进行微孔结构的调控制备，即在显著提高反应产物比表面积和表面活性条件下，仍保存硅藻土的原始形貌特征，完成硅藻土的沸石化（或沸石化硅藻土）制备。在不破坏其相貌的基础上，基于硅藻土表面合成沸石或其他物质，期望通过这种方法提高产物的比表面积，并探讨各工艺条件下如何提高产物的比表面积。

4.4.1 表面活性剂结构调控制备方法

为了实现既不破坏硅藻土结构，又能合成高比表面积产物的目的，采用加入乙二醇作为表面活性剂的方法。具体操作如下：取氢氧化钠和氢氧化铝各75g，加入100mL去离子水溶解，并于100℃反应1h生成偏铝酸钠后配制成250mL溶液，定义为溶液A。表4-2为不同样品的物料配比，采取对比试验，观察乙二醇的加入是否能够达到所要的效果。No.1中加入了乙二醇，No.2中只以去离子水作为溶剂。将反应物置于圆柱状聚四氟乙烯反应釜中并混合均匀，在100℃下反应1h后，观察所得物。可以发现，No.1中固体物料呈圆柱状浸在液相中，No.2中固液物料分离，固体物质呈分散状态沉于底层。将所得物置于90℃水浴中搅拌均匀后，分别缓慢滴加5mL的溶液A并搅拌均匀，然后置于密封反应釜中100℃反应一定时间后取出，抽滤、洗涤，于100℃干燥，得到白色粉末状的样品。

表4-2 不同样品的物料配比

编号	硅藻土（g）	氢氧化钠（g）	乙二醇（mL）	去离子水（mL）
No. 1	6	2	15	15
No. 2	6	2	—	30

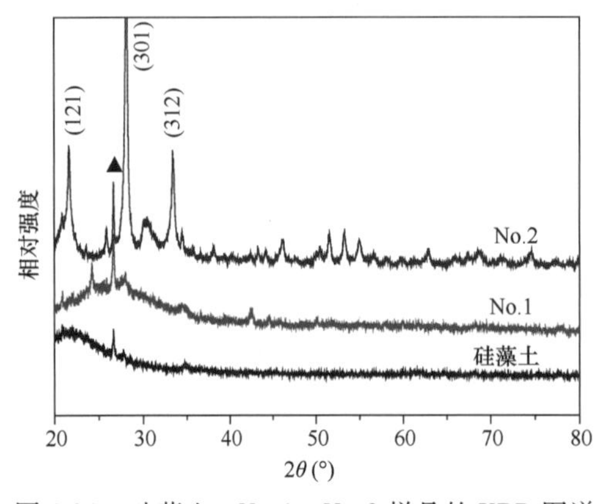

图4-24 硅藻土、No.1、No.2样品的XRD图谱

1. 产物化学组成与形貌分析

为了得到样品的物质组成，首先对其进行了XRD分析，图5-24是产物与硅藻土的XRD图。由图中可以看出，硅藻土与No.1都是以无定型态为主。在2θ角约为26°的位置有一衍射峰，这一衍射峰是硅藻土中石英的晶体杂质衍射峰。除该峰外，No.1在25°角和43°角附近还有衍射峰，但不是很明显，这说明No.1样品不只是无定型物质，还有少量除石英之外的晶体在合成过程中产生。为确定石英之外物质的化学组成，我们对No.1做了原子能谱分析（图4-25），发现产物中有Si、Na、Al元素，且元素的原子个数

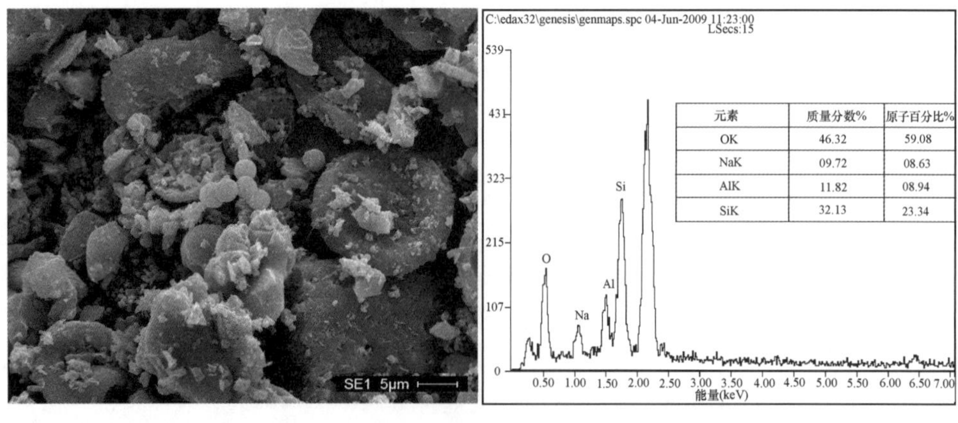

元素	质量分数%	原子百分比%
OK	46.32	59.08
NaK	09.72	08.63
AlK	11.82	08.94
SiK	32.13	23.34

图4-25 No.1样品的形貌及EDX成分分析能谱图

比为Si∶Na∶Al≈3∶1∶1，由此无法确定产物为哪一种物质。XRD 图像显示 No. 2 是晶态物质，而且衍射峰形完整，三个主晶峰的 2θ 值分别是 21. 66°、28. 08°和 33. 36°，与 NaP1 型沸石的晶面指数(121)、(301)和(312)对应的衍射峰完全一致，故推断其化学式为：$Na_6Al_6Si_{10}O_{32}\cdot(H_2O)_{12}$，为四方晶系，I-4(82) 空间群；其中▲所对应的 2θ 角约为 26°的位置的峰是硅藻土中杂质石英的衍射峰。为进一步论证 No. 2 的成分，又对其做了 EDX 成分分析能谱图，也表明其包含的主要元素是硅、钠、铝，Si∶Na∶Al = 1. 82∶1∶1. 16，与主晶相化学式中各元素的比 Si∶Na∶Al = 1. 67∶1∶1 相当，这从侧面论证了 No. 2 是 NaP1 型沸石（图 4-26）。

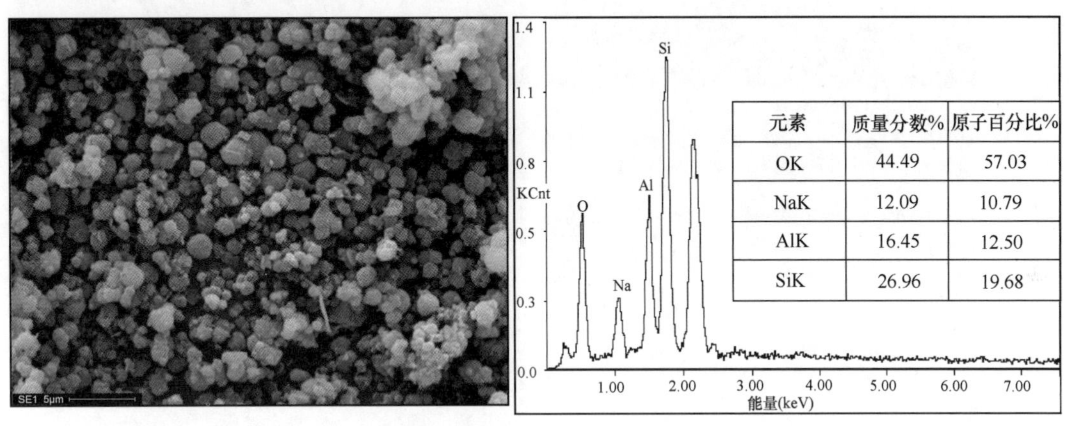

元素	质量分数%	原子百分比%
OK	44.49	57.03
NaK	12.09	10.79
AlK	16.45	12.50
SiK	26.96	19.68

图 4-26　No. 2 样品的形貌及 EDX 成分分析能谱图

图 4-27 是样品 No. 1 与 No. 2 的 SEM 图像。由图 4-27（a）可以看出，No. 1 样品中有完整的硅藻土壳体存在，硅藻土壳体上蒙着一层未知物质，该物质将硅藻土壳体上的孔道堵塞，从图 4-27（b）中看不到硅藻土原有的孔结构；另外，No. 1 样品中还有球状颗粒的存在，由图 4-27（c）所示，球体直径大约为 4μm，形状规整，表面粗糙，在样品 No. 1 中所占比例较少。这些都从侧面解释了上文中提到的 No. 1 的 XRD 图像为无定型物质，但又有衍射峰存在的现象。图 4-27（d）是样品 No. 2 的 SEM 图像。No. 2 样品为球状物质，颗粒分布较为均匀，有团聚现象，球体形貌与颗粒尺寸均和图 4-27（c）样品相近。

2. *产物比表面积分析*

图 4-28 是 No. 1 样品的氮气吸脱附曲线及孔径分布图。从氮气吸脱附曲线可以看出，样品为介孔材料，孔隙狭长，最大吸附量是 144. 5cm^3/g。从孔径分布曲线可以看出，样品孔径分布范围为 5 ~ 120nm，但主要集中在 5 ~ 20nm 范围，由此可知，产物是介孔材料，大孔径的存在主要是晶体间的缝隙所致。样品的比表面积为 297m^2/g。

图 4-29 为 No. 2 样品的氮气吸脱附曲线及孔径分布图。从氮气吸脱附曲线可以看出，样品为介孔材料，孔隙狭长，最大吸附量是 78. 3cm^3/g。从孔径分布曲线可以看出，样品孔径分布范围为 5 ~ 120nm，但主要集中在 5 ~ 20nm 范围，由此可知，产物是介孔材料，大孔径的存在主要是晶体间的缝隙所致。样品的比表面积为 59m^2/g。

图 4-27　No. 1 样品的 SEM 图像（a）、图像（a）中的 A 点（b）、
图像（a）中的 B 点（c）和 No. 2 样品的 SEM 图像（d）

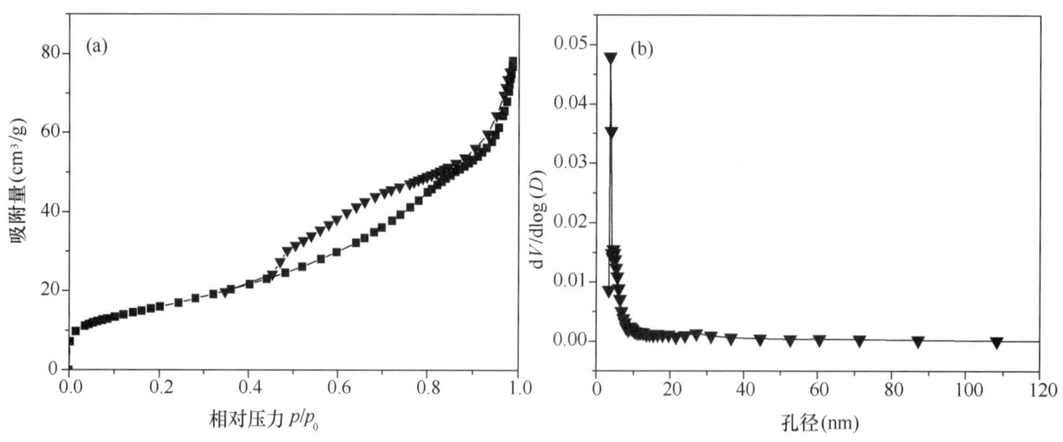

图 4-28　No. 1 样品的氮气吸脱附曲线（a）及孔径分布曲线（b）

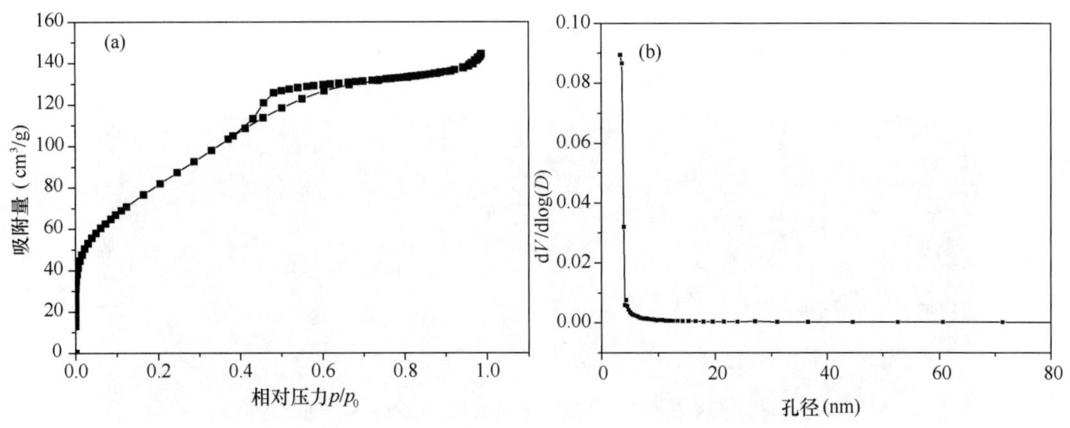

图 4-29　样品 No. 2 的氮气吸脱附曲线（a）及孔径分布曲线（b）

4.4.2　水浴法硅藻土沸石化制备

表面活性剂法所得产物的比表面积虽然很高，但沸石并没有生长在硅藻土壳体表面，没有达到预期目的。本节采用水浴法，适量减少氢氧化钠与氢氧化铝的加入量，看是否能够合成预期产物。

具体操作步骤如下：取氢氧化钠和氢氧化铝各 75g，加入 100mL 去离子水溶解，并于 100℃反应 1h 生成偏铝酸钠后配制成 250mL 溶液，定义为溶液 A。依据表 4-3，将硅藻土、氢氧化钠、溶液 A 和水按一定比例混合（其中，S1 的物料配比为：$SiO_2/Al_2O_3=7.43$，$SiO_2/Na_2O=3.81$，$H_2O/Na_2O=141.4$；S2 的物料配比为：$SiO_2/Al_2O_3=20.80$，$SiO_2/Na_2O=3.81$，$H_2O/Na_2O=47.6$）后，在水浴锅中 90℃搅拌反应一定时间后，取出抽滤、洗涤、干燥，得到白色粉末状产物。

表 4-3　不同样品的物料配比

编号	硅藻土（g）	氢氧化钠（g）	溶液 A	去离子水（mL）
S1	12	—	14	66
S2	12	2.7	5	45

图 4-30 是硅藻土及样品的 XRD 图像。很明显，硅藻土及两个样品都是无定型态为主，但样品 S1、S2 的 XRD 图像与硅藻土的明显不同，除去三者共有的在 26°左右的衍射峰外，样品 S1、S2 明显还有其他衍射峰，但由于样品 S1、S2 所含晶体的百分含量太低，无法通过其 XRD 图像中衍射峰的位置判断到底是何种晶体。

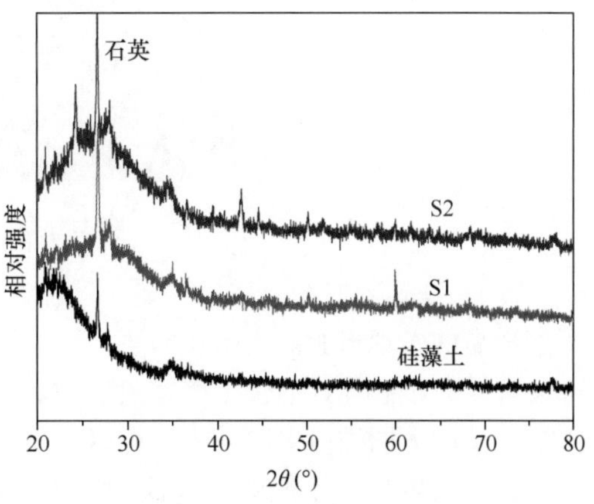

图 4-30　硅藻土及样品的 XRD 图像

针对 XRD 分析所得出的样品 S1、S2 以无定型态为主，掺杂少量晶体的特性，我们又对样品进行了扫描电镜分析（图 4-31），

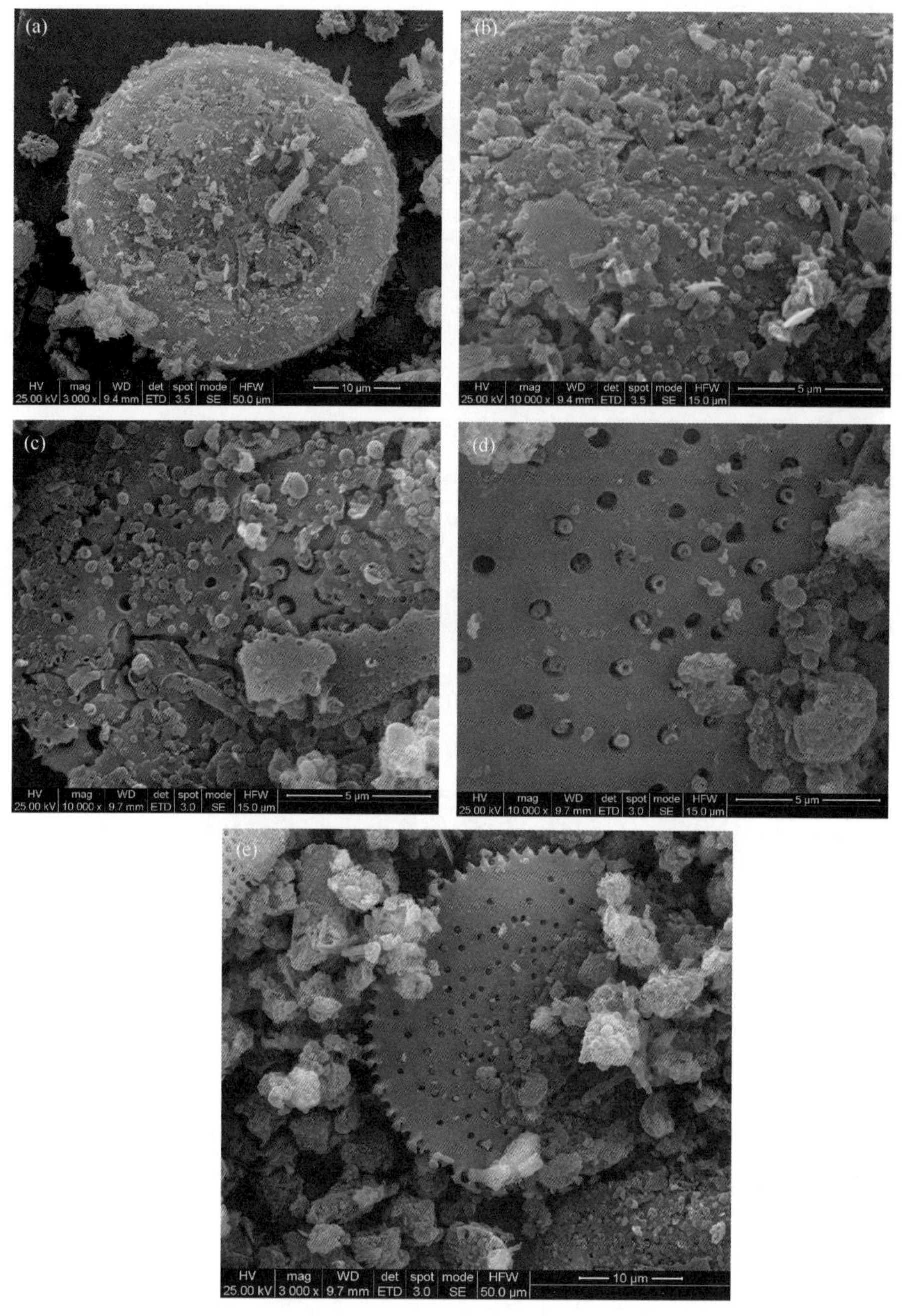

图 4-31　样品的 SEM 图像

(a)、(b)—S1；(c)～(e)—S2

观察样品的微观形貌。由图 4-31 中可以看出，样品 S1、S2 的硅藻土骨架结构依然存在，都没有被完全破坏，硅藻土壳体表层附着了一层物质[图 4-31(a)]，不像硅藻土表观那么光滑，其放大图像[图 4-31(b)]可以看出，硅藻土孔道没有完全被堵住，但表层像是被揭下，且上面生长了分布及大小都不均匀的颗粒；观察 S2 样品发现，硅藻土的表层确实脱落，但是从孔道内开始的，而且脱落层与孔道脱落或生长出的物质连接在一起，这说明该反应过程如下：由于氢氧化钠的加入使体系呈碱性，硅藻土表层先与碱反应，产生游离硅，游离硅一旦产生立即与体系中的钠、铝离子作用，生成凝胶，将硅藻土表层包覆，随着反应时间的延长生成晶体，硅藻土表面的包覆层及晶体的产生阻碍了硅藻土继续与氢氧化钠作用，导致体系中游离硅不足，晶体无法继续长大；而在反应过程中一直搅拌，打碎了硅藻土的包覆层，使得上述过程能够重复，导致了样品中游离的块状物体的出现[图4-31(e)]，这些物质是反应不完全的硅藻土、凝胶和晶体的混合体。

图4-32（a）是样品的氮气吸脱附曲线。图中样品S1、S2迟滞环形状相似，均表现为介孔材料特征，孔隙狭长，样品S1的最大氮气吸附量（156.3cm^3/g）比样品S2的最大氮气吸附量（135.3cm^3/g）大，较硅藻土的25～50cm^3/g更是有较大提高。从孔径分布曲线[图4-32(b)]可以看出，样品孔径分布范围为5～160nm，但主要集中在5～20nm，由此可知，产物是介孔材料，大孔径的存在主要是颗粒间的相互堆积造成的。样品S1、S2的比表面积分别为119m^2/g和70m^2/g。

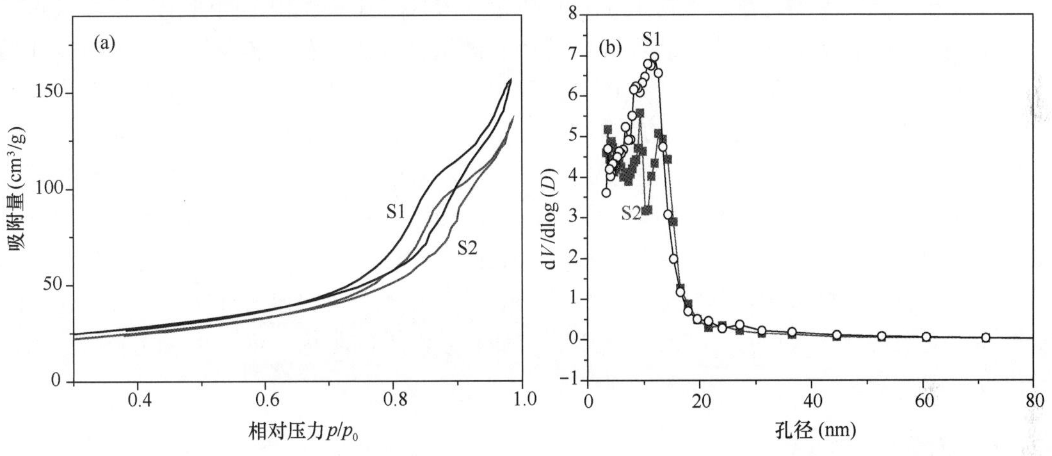

图4-32　样品的氮气吸脱附曲线（a）及孔径分布曲线（b）

采用表面活性剂法合成的产物的比表面积较高，可达300m^2/g，但样品中硅藻土孔道均被堵住，没有合成预想的沸石晶体生长在硅藻土表面的现象。物料配比为：SiO_2/Al_2O_3 = 7.43；SiO_2/Na_2O = 3.81；H_2O/Na_2O = 141.4和SiO_2/Al_2O_3 = 20.80；SiO_2/Na_2O = 3.81；H_2O/Na_2O =47.6时，水浴法获得了预想的结果，得到形貌较为完美的沸石化硅藻土结构。

第5章　硅藻土表面金属氧化物微结构调控

5.1　硅藻土表面微结构调控与修饰

由于硅藻土内非晶态二氧化硅硅原子数目的不确定性，导致网络结构中存在配位缺陷和氧桥缺陷等，因此在表面 Si—O—悬空键上容易结合 H^+，而形成 Si—OH（$\equiv$SiOH），即表面硅羟基或硅烷醇基团。硅藻土表面硅烷醇基团的浓度决定了硅藻土的亲疏水特性，其化学结构也决定了硅藻土表面呈弱酸性，是一种固体酸，能够与碱发生反应。在结构上，硅藻土表面大量的孔洞不仅降低了自身质量，增加了比表面积，同时在孔道边缘附近会形成表面缺陷，从而使得大量表面硅氧键形成硅氧悬空键等不饱和配位键。这样，硅藻土表面负电特性以及大量不饱和配位键使其呈现明显的表面吸附性，可以吸附有机化合物以及多种官能团，也可以吸附金属离子和水分子。因此，硅藻土是一种优良的助滤剂、调湿材料以及吸附剂，在啤酒、医药（用于血浆、合成医药、抗生素、注射液、维生素等的过滤）、净水过滤、工业污水处理、重金属离子吸附、涂料和染料、有机溶液、建筑装饰涂装等领域具有广泛的应用。随着对硅藻土表面微结构的修饰研究得到不断进展，近几年硅藻土在装饰装修领域得到快速发展，已经形成硅藻泥产业的庞大市场。不仅如此，由于近几年空气污染比较严重，雾霾天较多，添加有硅藻土的防霾口罩以及空气净化器也已经出现在市场上。

5.1.1　硅藻土表面修饰

硅藻土的吸附性能与其表面及微孔所携带的硅羟基密切相关，吸附性能会随着硅羟基数量的增多而提高。当环境发生变化时，特别是在高温环境下，硅藻土的孔道结构会遭到一定程度的破坏，并且硅羟基会发生转化，而这种转化会对硅藻土的吸附性能产生重要影响。硅藻土所携带的硅羟基具有吸附活性，这些具有一定活性的羟基基团使得硅藻土表面能够结合或接枝一些官能团，进而可以改变硅藻土的吸附性能，同时，引入不同的官能团可以改变硅藻土表面等电点，这一特性使得硅藻土通过实施化学改性提高吸附性能成为可能。因此，在硅藻土应用以及研究过程中，通常要对硅藻土表面进行修饰处理，以提高硅藻土的使用价值。常见的硅藻土表面修饰主要包括：

（1）酸化处理。经过一定程度的酸化处理，硅藻土表面发生水化，吸附于孤立$\equiv$SiOH 基团上的水分子与邻近的硅氧表面发生反应，形成两个新的基团，这样使孔内表面羟基数量增加。表面硅羟基数目的提高，可以有效地提高硅藻土表面活性。硅藻土在酸化处理过程中，内部的 Fe、Al 等杂质元素析出，原来 Fe、Al 等元素占据的位置形成缺陷，暴露更多的活性位置，可以提高硅藻土的吸附活性。同时，由于 Fe、Al 等元素的析出，SiO_2 含量也会发生变化，平均孔直径会相应增加，孔直径的增加意味着更多的表面暴露出来，可以使更多的硅羟基参与表面吸附等反应。但是，请注意当酸性过高时，一般在 pH

小于 3 时，硅藻土表面硅羟基被严重质子化，硅藻土表面丧失负电性，在一定程度上降低硅藻土的吸附活性。

（2）有机官能团的引入。除了酸化处理硅藻土之外，更为广泛的表面修饰手段是引入其他物质或活性官能团，用来对硅藻土的表面硅羟基基团进行修饰。表面硅羟基嫁接引入羧基、氨基等有机官能团或有机物种，不仅可以显著提高活性基团的数量以及活性，还可以改变表面活性官能团的种类，从而可以使硅藻土在更多的领域得到应用。例如采用溶胶-凝胶结合冷冻干燥的方法制备的聚乙烯醇（PVA）改性硅藻土气凝胶复合保温材料，具有良好的隔热性能、力学性能及防火性能；聚丙烯改性的硅藻土用作吸声材料；用 γ-氨丙基三甲氧基硅烷（APES）对硅藻土表面进行改性可以实现对水体中 As（V）的有效去除；硅藻土/壳聚糖复合物可以实现对工厂废水的吸附净化；氯代十六烷基吡啶（CPC）改性的硅藻土对水体中的甲基橙有机染料具有良好的吸附性能等。更多关于有机官能团修饰改性硅藻土的应用将在第 7 章进行详细介绍。

（3）引入纳米结构金属氧化物。纳米结构金属氧化物具有很高的比表面积，在吸附重金属离子以及工业污水净化领域有大量的研究。在硅藻土表面引入纳米结构金属氧化物，不仅可以提高硅藻土的比表面积，增加活性官能团的数量，同时可以解决纳米金属氧化物易团聚、在水体中不易回收等难题。目前已经有大量关于硅藻土负载纳米结构金属氧化物对重金属离子吸附的研究。不仅如此，一些具有特定功能的金属氧化物负载于硅藻土之上形成的复合物还可以提高其特定性能，比如利用浸渍法在硅藻土表面负载 CuO 制备的 CuO/硅藻土复合材料具有良好的催化性能，可以催化苯酚羟化而制取苯二酚；在硅藻土表面负载二氧化锰用以去除室内甲醛；Fe_2O_3/硅藻土催化剂可以同时脱除煤气中气态 HgO 和 H_2S；在硅藻土表面沉积氢氧化镁应用于废水中 Cd^{2+} 的吸附去除等。

（4）在硅藻土表面引入光催化材料。在环境应用领域，由于硅藻土表面硅羟基基团只具有吸附作用，所以在硅藻土实际利用过程中会出现硅藻土吸附饱和而出现吸附效率降低的现象，同时过饱和吸附状态下的硅藻土会出现解吸现象，使得吸附在硅藻土表面的物质重新扩散到外部环境中。因此，需要在硅藻土表面引入光催化材料，在硅藻土将外部环境中有机污染物质吸附于硅藻土表面的同时，光催化材料在光照条件下降解吸附在硅藻土表面的有机污染物质，这种吸附、催化协同的作用不仅可以解决硅藻土吸附饱和状态下吸附率下降的问题，同时可以提高光催化材料与有机污染物质的接触能力，提高光催化材料的催化效率。由于以上的优点，目前在硅藻土表面沉积二氧化钛以及 g-C_3N_4 等光催化材料领域具有广泛的研究，此方面的研究将在后继章节部分具体介绍。

除此之外，研究人员对硅藻土表面进行了其他改性，希望拓宽和提高硅藻土的应用范围及使用性能，提升硅藻土的使用价值。例如孟晓敏等人在硅藻土表面沉积碳酸钙对硅藻土进行表面改性并用于造纸填料，对比发现，经过碳酸钙改性的硅藻土的粒径变大，同时 Zeta 电位升高，这不仅可以提高纸张抗张指数，改善造纸松厚度和撕裂指数，还可以有效提高填料留着率，提高了硅藻土作为功能性造纸填料的应用水平。

目前，有人研究在硅藻土表面浸渍金属 Pt，在硅藻土表面形成 Si—O—Pt 键。引入 Pt 单质的硅藻土具有催化活性，可以催化辛烯与甲基二氯硅烷硅氢加成反应。

5.1.2 纳米结构金属氧化物吸附研究

有序纳米结构金属氧化物因其具有大量表面活性羟基、规则的形貌及高比表面积，对重金属离子具有优良的吸附性能，是近几年重金属离子吸附领域的研究热点。由于兼顾成本、自然资源禀赋、吸附性能等诸多因素，目前研究较多的有序纳米结构金属氧化物包括：FeOOH、Fe_2O_3、MgO、MnO_2、AlOOH、Al_2O_3及 TiO_2。表 5-1 列出了部分有序纳米结构金属氧化物的合成制备及重金属离子吸附的研究。

表 5-1 有序纳米结构金属氧化物的制备及对重金属离子吸附研究

金属氧化物	制备方法	形貌尺寸	比表面积 (m^2/g)	吸附金属离子	吸附性能
α-FeOOH	$Fe(NO_3)_3$沉淀法	针状；200 × 50nm	50	Cu^{2+}	pH = 6 时吸附率为 100%
α-Fe_2O_3	$Fe_2(SO_4)_3$ + NaOH 共沉淀	颗粒状；平均粒径 75nm	24.82	Cu^{2+}	pH = 5.2 时吸附容量为 84.46mg/g
AlOOH	$Al(NO_3)_3$ + NaOH 沉淀法	颗粒状，平均尺寸 1.9nm	411	Pb^{2+}	表面扩散系数为 $6.5 \times 10^{-16} cm^2 s^{-1}$
α-MnO_2	沉淀法	3 × 3 隧道正八面体结构；尺寸为 5nm	—	Cu^{2+}	最大吸附量为 1.3mmol/g
γ- Al_2O_3	共沉淀	颗粒状，平均尺寸 7.5nm	240	Ni^{2+}	最大吸附量为 176.1mg/g

5.2 硅藻土表面纳米结构氧化铁、羟基氧化铁修饰

铁氧化物为自然界中常见的物质，其分布于空气、水、岩石、土壤及生物圈中。铁氧化物在环境中主要以结晶性及非结晶性两种形态存在，不同铁氧化物形态产生的原因受土壤中的温度、湿度、氧化还原电位、酸碱值、铁浓度等条件变化的影响而产生形态与特性的不同。铁氧化物具有碱性性质，在应用于处理水中污染物时易受到 pH 值、吸附剂及吸附质浓度、吸附质竞争吸附、离子强度等因素影响。

一般铁氧化物会与氢气基团产生高极性的表面氢氧基群，可能产生的结构如图 5-1 所示。其数目可决定氧化铁的吸附容量，而表面吸附位点密度是每单位面积或总固体量上羟基或活性中心的数目，能被测定用来作为铁氧化物表面作用吸附阴离子或阳离子能力的依据。过去的研究中发展出许多测定表面吸附位点密度的方法，包括利用氧化物结构、氟离

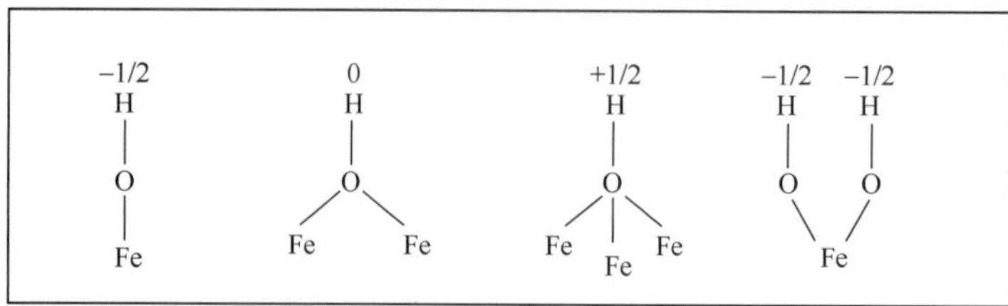

图 5-1 铁氧化物表面氢氧基成键形式

子的等温吸附、矿物表面酸碱滴定、分子的最大吸附量、水分子的吸脱附或同位素(氚、氘)交换法。一般利用吸附所得表面吸附位点数的结果与吸附质的分子大小、氢氧基群的排列、系统的 pH 值及反应的时间有关，而利用氟离子吸附所得的值较大，因为氟离子本身分子较小，且有较强的亲核性与 Fe—F 键；一般利用酸碱滴定吸附所得的值较小，溶质吸附居中，氚分子的交换较大，而由酸碱滴定所得的值较准确；文献也指出，由磷酸根吸附所得数值较正确，推论为表面氢氧基群不具有相同的吸附力，而离子的吸附仅包含单一配位氢氧基群，故利用离子的吸附得到的值较准确。

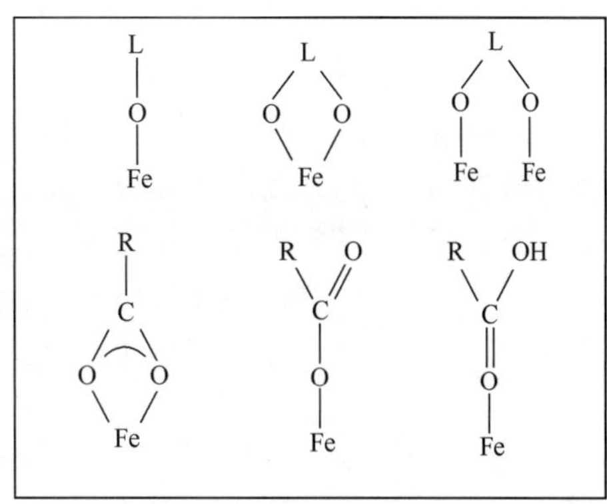

图 5-2　铁氧化物表面络合反应结构示意图

铁氧化物的表面除了能与 H^+、OH^- 离子作用外，也可以与水溶液中的阴、阳离子进行表面络合反应。图 5-2 为铁氧化物表面络合反应结构示意图。

5.2.1　硅藻土表面负载纳米结构氧化铁、羟基氧化铁

北京工业大学的杜玉成、范海光等人利用水热法制备了具有线状纳米结构的 α-Fe_2O_3，用以改性硅藻土，并对三价、五价砷进行吸附性能研究。

5.2.1.1　硅藻土表面负载线状纳米结构 α-Fe_2O_3 制备方法

称取 20g 精细硅藻土原土，放入盛有 50mL 蒸馏水(用盐酸调节 pH 值为 3.0 ~ 5.0)的 250mL 三颈烧瓶中，连接好冷凝装置，再将其置于水浴池中恒温搅拌至均匀分散悬浮液；配制不同质量分数的 $FeCl_3$ 溶液，待用；采用横流泵控制一定的速度，将配好的 $FeCl_3$ 溶液与浓度为 10wt% 的尿素[$(NH_2)_2CO$]溶液分别同时滴入硅藻土的悬浮液中。在滴加过程中，调节尿素溶液的滴入速率使悬浮液的 pH 值保持不变(选取质量分数分别为 12%、16%、20% 的 $FeCl_3$ 溶液 50mL 对硅藻土进行包覆改性)；$FeCl_3$ 溶液滴加完后，继续恒温搅拌 35h，陈化、抽滤、洗涤后将所得到的前驱体在 80℃ 电热鼓风干燥箱中干燥，最后置于电炉中于 500℃ 进行热处理，升温速率 5℃/min，保温时间为 1h。将抽滤所得滤液称重，检测铁离子浓度，并计算得出未能沉积包覆在硅藻土上的多余 $FeCl_3$ 的量。

5.2.1.2　硅藻土表面负载线状纳米结构的 α-Fe_2O_3 包覆率计算

铁离子能否有效包覆在硅藻土表面或孔道中，是提高硅藻土对砷酸根吸附性能的关键。铁离子在硅藻土表面的包覆率大小，是衡量有效包覆的重要因素。其包覆率计算方法如下，假设在硅藻土表面包覆的铁离子所对应消耗的 $FeCl_3$ 可完全转化成 Fe_2O_3，则

$$w(Fe_2O_3) = [w(FeCl_3) \times M(Fe_2O_3)] / M(FeCl_3) \tag{5-1}$$

包覆率 c 定义为 $w(Fe_2O_3)$ 与实验所用硅藻土量之比，即

$$c = w(Fe_2O_3)/w(\text{硅藻土}) \times 100\% \tag{5-2}$$

式中，w 为质量；M 为摩尔质量。

5.2.2　硅藻土表面负载 α-Fe_2O_3 纳米线结果表征

影响硅藻土包覆率的主要因素有：溶液 pH 值、反应温度、反应时间、$FeCl_3$ 浓度等。

由图 5-3 可知，当反应温度为 40℃，反应时间为 35 h，$FeCl_3$溶液质量分数分别为 6%、8%、10%时，pH 值在 3 ~5 范围内，$FeCl_3$溶液质量分数对包覆率影响显著。相同 pH 值条件下，包覆率的大小排列分别为 6% <8% <10%；而对于相同 $FeCl_3$溶液质量分数，包覆率均随着 pH 值的升高而增大。另外，随着 $FeCl_3$溶液质量分数的增大，溶液 pH 值对包覆率的影响程度逐渐减弱，即出现包覆率的饱和状态，如曲线 b(8% $FeCl_3$)、曲线 c(10% $FeCl_3$)，不同 $FeCl_3$溶液百分比浓度均存在一个最大包覆率值，图中各曲线的最大包覆率分别为 12.1%、17.2%、19.4%。

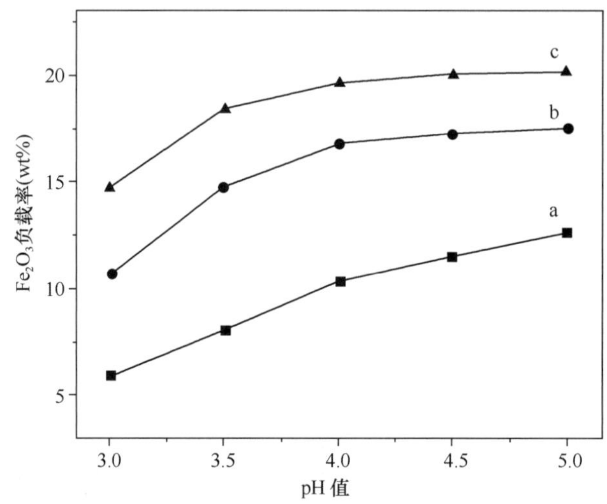

图 5-3　$FeCl_3$溶液质量分数分别为 6%(a)、8%(b)、10%(c)时，溶液 pH 值对氧化铁改性硅藻土样品包覆率的影响

从溶液 pH 值为 4.5、$FeCl_3$质量分数为 8%、反应温度为 40℃、反应时间 35h 条件下制备的 α-Fe_2O_3纳米线包覆硅藻土后的 XRD 图(图 5-4)可以看出，硅藻土为非晶态物质，其中晶体衍射峰(100)、(101)为硅藻土中石英杂质。经包覆后的硅藻土仍保有硅藻土非晶态衍射峰特征，但同时存在晶体衍射峰，所对应的肩峰为(104)、(110)、(116)，此时表现出 FeOOH 特性。包覆后的硅藻土在煅烧之后表现的 XRD 显示出在 2θ 值分别为 33.15°，35.61° 和 54.089°位置处出现三个主晶峰，对应赤铁矿 α-Fe_2O_3晶面指数(104)、(110)和(116)。也就是说明包覆后的硅藻土样品在经过煅烧后，表面的铁氧化物的存在状态为赤铁矿 Fe_2O_3。

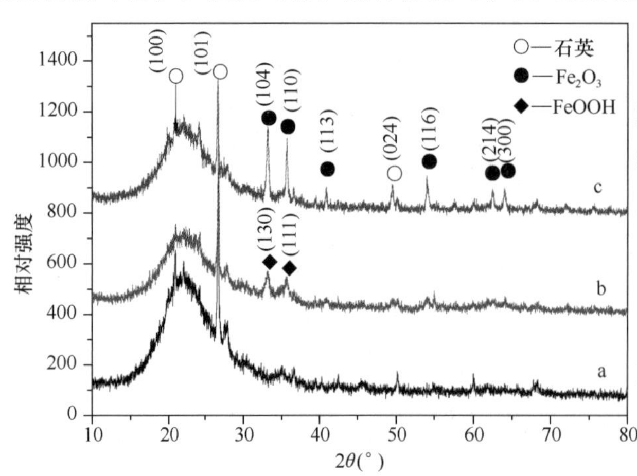

图 5-4　硅藻土原土(a)和所制备前驱体(b)以及煅烧后的样品(c)的 XRD 谱图

经过铁氧化物前驱体包覆硅藻土后样品在未煅烧时的 TG-DTA 曲线（图 5-5）可以看出，从室温升温到 800℃范围内，前驱体仅有 6%

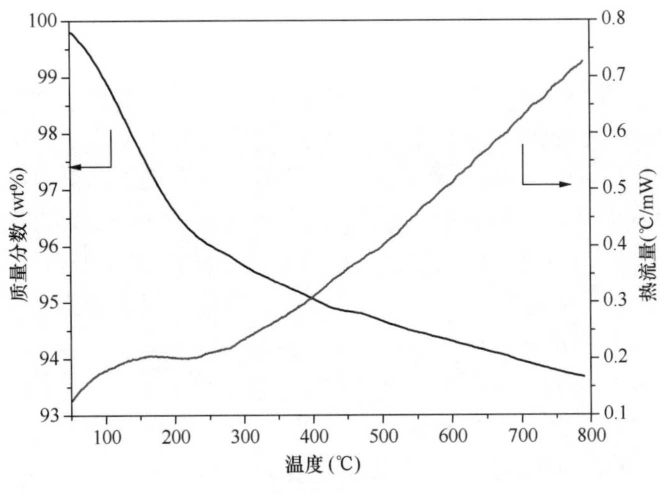

图 5-5　前驱体粉体的 TG-DTA

的失重率。第一个吸热峰出现在 140℃左右，第二个出现在 260℃左右，二者初始的吸热峰认为是 α-FeOOH · $n$$H_2O$ 脱去粒子吸附水引起的，接着因脱烃基作用生成 α-Fe_2O_3，形成第二个吸热峰。两个吸热峰对应着由两种不同物质（H_2O 和 OH）引起的失重。由于所制备样品的铁离子覆盖率较低（图 5-6），在 TG-DTA 谱图中脱羟基失水不是很明显，但

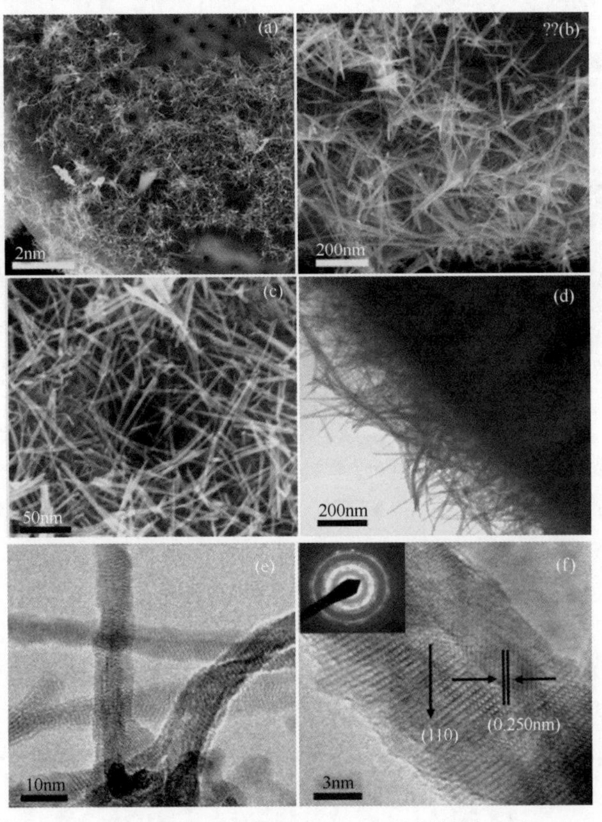

图 5-6　α-Fe_2O_3纳米线包覆硅藻土的扫描电镜图（a）~（c）、透射电镜图（d）和高分辨率图（e）、(f)

可以推断 α-FeOOH 的加热相变过程为：

$$\alpha\text{-FeOOH}\cdot nH_2O \longrightarrow \alpha\text{-FeOOH} \longrightarrow \alpha\text{-}Fe_2O_3$$

对硅藻原土在溶液 pH 值为 4.5、$FeCl_3$浓度为 8%、反应温度为 50℃、反应时间 35h 条件下所制备的铁离子包覆硅藻土样品进行 SEM 和 TEM 表征，如图 5-6 所示。由扫描电镜图（a）~（c）可以看出，硅藻土经铁离子包覆后，原来光滑的硅藻土表面与孔道变得粗糙，放大之后的图片可明显看出由于 α-Fe_2O_3纳米线沉积，长度为 250~300nm，直径为 10~15nm。进一步的透射电镜图（d）也可以看到，在硅藻土壳边缘位置分布着大量线状结构 α-Fe_2O_3，高分辨透射电镜图（e）、(f) 可清楚地看到间距不等的衍射条纹，其衍射晶面间距为 0.250nm，与标准赤铁矿 Fe_2O_3的（110）晶面间距（0.250nm）符合，其选区电子衍射图案呈电子衍射环状，说明了包覆于硅藻土表面的 α-Fe_2O_3纳米线为多晶结构。

为进一步证明 Fe 在硅藻土表面的包覆，对上述样品做了 X 射线能量色散谱分析（EDS）（图 5-7），由样品点测试结果可知，主要元素为 Si、O、Al、Fe，其中 Al 为硅藻土中黏土杂质成分，表明 Fe 元素存在于包覆后的硅藻土盘上。去除 44.7% Si 所占 O 的质量后，Fe、O 元素的质量比为 2.68∶1.02，与 α-Fe_2O_3晶体中 Fe 与 O 的质量比非常接近，表明在硅藻土表面包覆物为 Fe_2O_3多晶体，并与 XRD 结果吻合。

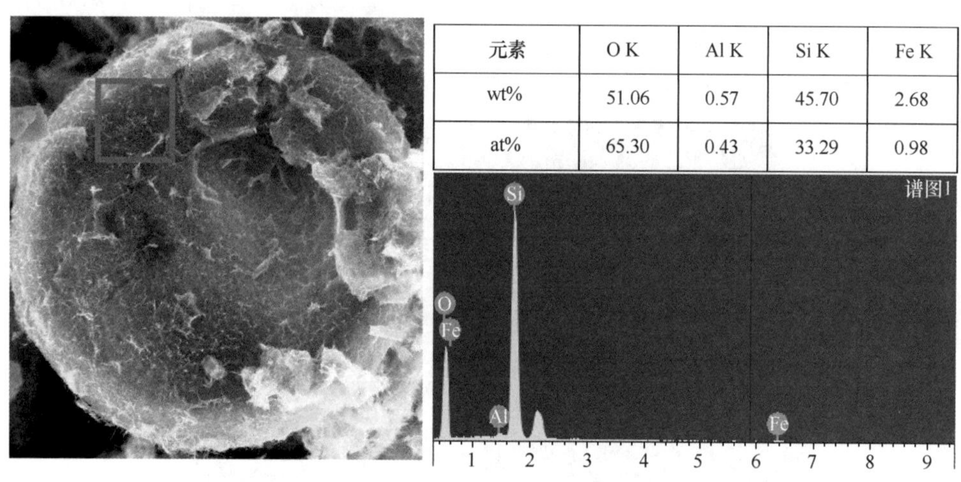

元素	O K	Al K	Si K	Fe K
wt%	51.06	0.57	45.70	2.68
at%	65.30	0.43	33.29	0.98

图 5-7　硅藻土负载氧化铁扫描电镜照片及局部 X 射线能量色散谱分析图

硅藻土的化学成分为非晶态 SiO_2，呈短程有序、由硅氧四面体相互桥连而成的网状结构，表面存在大量的硅羟基。

在以尿素为沉淀剂的 $FeCl_3$ 水溶液体系中，存在下列反应：

$$(NH_2)_2CO + H_2O = 2NH_4OH + CO_2 \tag{5-3}$$

$$FeCl_3 + 3NH_4OH \longrightarrow Fe(OH)_3 + 3NH_4Cl \tag{5-4}$$

由于尿素的水解是一个相对缓慢的过程，在反应初期会有大量的 $Fe(OH)^{2+}$、$Fe(OH)_2^{+}$生成（初期由 NH_4OH 所提供 OH^-不足）。

水解后带有正电荷的 Fe 羟基氧化物与带有负电荷的硅藻土表面发生电中和反应，在硅藻土表面沉积 Fe 羟基氧化物。随着时间的延长，反应继续，沉积在硅藻土表面的 Fe 羟基氧化物开始结晶并长大。依据晶体生长理论和能量最低原理，平衡状态下晶体生长基元将优先沉积于晶体的表面能相对较低的晶面，而 α-FeOOH 的 $a=0.465$nm、$b=1.002$nm、

$c=0.304$nm，b轴远大于a轴和c轴，结构各向异性较大，易于取向生长，最终沿垂直于晶带轴［011］方向生长成纳米线状α-FeOOH。经焙烧加工，α-FeOOH相转化成α-Fe_2O_3相，仍保留纳米线形貌特征。

5.2.3　硅藻土表面负载α-Fe_2O_3纳米线吸附性能研究

5.2.3.1　样品孔结构分析

图5-8（a）为硅藻土原土以及在溶液pH值为4.5、$FeCl_3$浓度为8%、反应温度为40℃、反应时间35h条件下α-Fe_2O_3包覆硅藻土产物（500℃焙烧）的N_2吸附-脱附曲线，图5-8（b）为孔径分布（BJH）曲线。表明α-Fe_2O_3包覆硅藻土样品为均匀孔径的介孔材料，而硅藻土为不均匀孔径的多孔材料。图5-8(b)中硅藻土原土样品孔径分布存在两个峰值（孔径分别为5nm、9nm），也说明硅藻土的多孔性，这与图5-6样品的SEM和TEM相吻合。而α-Fe_2O_3纳米线包覆硅藻土样品为孔径均匀的介孔材料，孔径为6nm，其比表面积为30m^2/g，远小于硅藻土原土的比表面积（140m^2/g），主要是由α-Fe_2O_3纳米线包覆硅藻土样品中纳米线堆积在孔道周围，孔结构堵塞造成的。

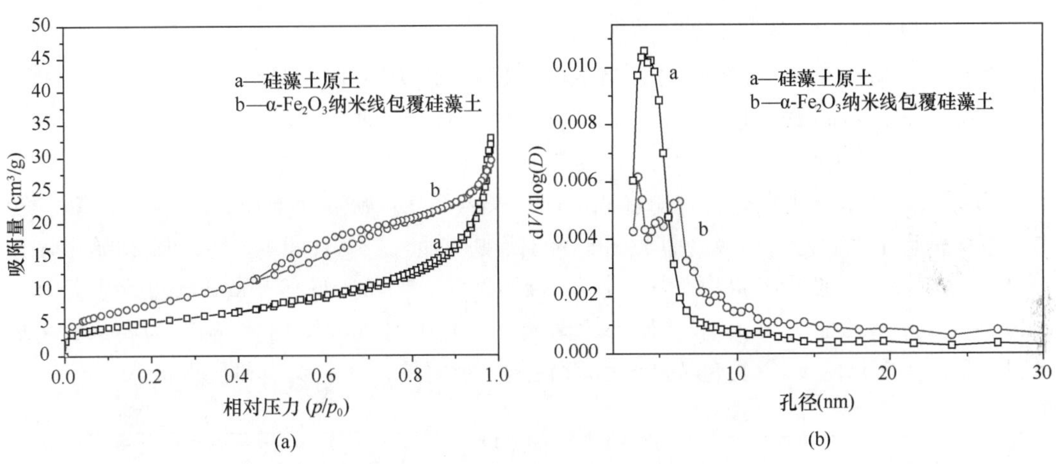

图5-8　硅藻土原土和α-Fe_2O_3纳米线包覆硅藻土的N_2吸附-脱附曲线（a）及孔径分布曲线（b）

5.2.3.2　样品对As（Ⅲ）、As（Ⅴ）的吸附性能

1. 溶液pH的影响

图5-9为在25℃，吸附时间为15min，吸附剂用量为40mg，As(Ⅲ)、As(Ⅴ)溶液为100mL，浓度10mg/L条件下，不同溶液pH值对As(Ⅲ)、As(Ⅴ)去除率的影响。对As(Ⅴ)而言，pH值在2.0~9.0范围内去除率均可达到98%以上，最高可达100%；对As(Ⅲ)而言，pH值在3.0~9.0范围内去除率可达到97%以上，最高可达99.8%。在相同pH值条件下，吸附剂对As(Ⅴ)的吸附去除效果，均好于对As(Ⅲ)的吸附去除；在pH值2.0~10.0范围内，As(Ⅲ)、As(Ⅴ)的去除率均存在两个最高点。原因是溶液pH值的变化，能改变硅藻土的表面ξ电位，硅藻土矿物表面存在两个等电点，分别为pH=3.5、pH=8.5。当溶液pH值大于硅藻土的等电点，硅藻土表面荷负电，即ξ电位变为负值；

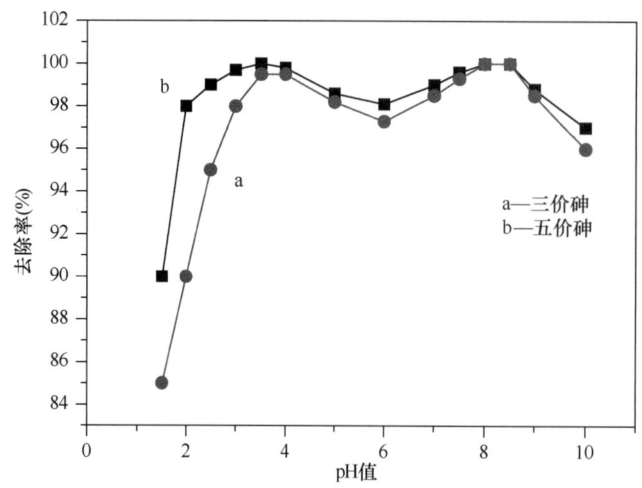

图 5-9 pH 值对 α-Fe_2O_3 纳米线包覆硅藻土吸附三价砷和五价砷效率的影响

pH 值小于其等电点，硅藻土表面荷正电，即 ξ 电位变为正值。当硅藻土表面荷正电时，有利于对 As(Ⅲ)、As(Ⅴ)酸根阴离子的辅助吸附，吸附去除率较高。pH > 9 以后，硅藻土表面带负电，阻碍吸附剂对 As(Ⅲ)、As(Ⅴ)酸根阴离子的吸附；而当 pH < 3 时，虽然硅藻土表面荷正电，但由于溶液中 H^+ 浓度较高，存在与硅藻土吸附同 As(Ⅲ)、As(Ⅴ)酸根阴离子的竞争吸附，一定程度上影响了对 As(Ⅲ)、As(Ⅴ)的去除效果。

2. 初始浓度与吸附作用时间的影响

在 25℃，pH = 3.5，吸附时间为 15min，吸附剂量为 40mg，As(Ⅲ)、As(Ⅴ)溶液为 100mL 条件下，不同 As(Ⅲ)、As(Ⅴ)初始浓度对 As(Ⅲ)、As(Ⅴ)去除率的影响如图 5-10(a)所示。由图 5-10(a)可知，As(Ⅲ)、As(Ⅴ)初始浓度的大小，样品对 As(Ⅲ)、As(Ⅴ)的去除率影响非常显著。随着 As(Ⅲ)、As(Ⅴ)初始浓度增加，As(Ⅲ)、As(Ⅴ)去除率均呈现下降趋势，且 As(Ⅲ)去除率下降更明显。当 As(Ⅲ)、As(Ⅴ)初始浓度小于 10mg/L 时，As(Ⅲ)、As(Ⅴ)去除率可达到 100%；当 As(Ⅲ)、As(Ⅴ)初始浓度为 10 ~40mg/L 时，As(Ⅲ)、As(Ⅴ)去除率逐渐减小，其中对 As(Ⅲ)的影响较为明显。主要原因在于，一定量的 Fe 修饰硅藻土样品存在最大吸附量，即达到饱和吸附状态。

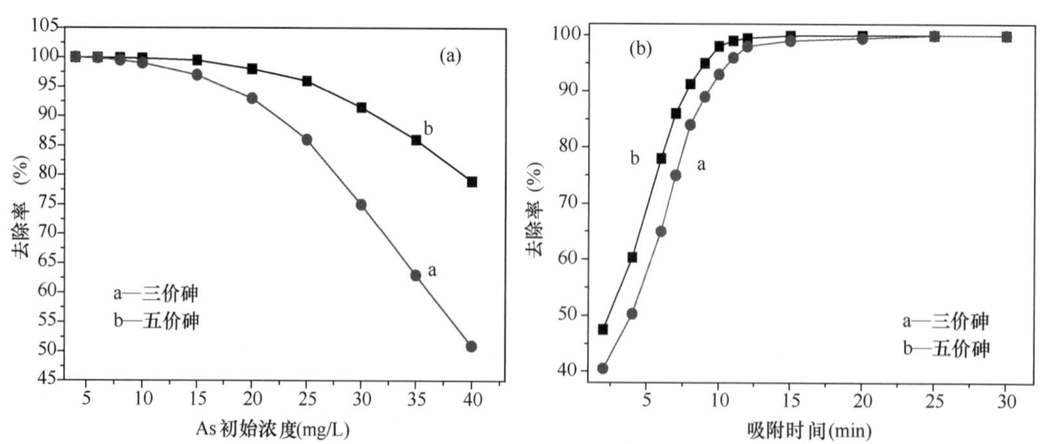

图 5-10 初始浓度(a)、吸附时间(b)对于 α-Fe_2O_3 纳米线包覆硅藻土吸附三价砷和五价砷效率的影响

在 25℃，pH = 3.5，吸附剂用量为 40mg，As(Ⅲ)、As(Ⅴ)溶液为 100mL，浓度

10mg/L 条件下，不同吸附作用时间对 As(Ⅲ)、As(Ⅴ)去除率的影响如图 5-10(b)所示。由图 5-10(b)可以看出，吸附作用的初始阶段(前 10min)，样品对 As(Ⅲ)、As(Ⅴ)酸根阴离子的吸附速率很快，表现为 As(Ⅲ)、As(Ⅴ)的去除率增长比较明显。随着吸附时间的延长，吸附速率趋于减慢，超过 15min 以后，几乎不再变化。在初期，吸附主要是在 Fe 修饰硅藻土外表面和部分微孔内进行，在短时间内就可以完成。随着吸附量的增加，As(Ⅲ)、As(Ⅴ)酸根阴离子产生的斥力增强，游离 As(Ⅲ)、As(Ⅴ)酸根阴离子进一步深入微孔内部的阻力增强，被吸附剂吸附的概率大大降低。

5.2.4　硅藻土表面负载 α-Fe_2O_3 纳米线对砷吸附机理探讨

α-Fe_2O_3纳米线包覆硅藻土样品对 As(Ⅲ)、As(Ⅴ)的吸附，前期主要是通过静电吸引的物理吸附，后期通过价键结合后产生化学吸附。As(Ⅲ)、As(Ⅴ)在不同 pH 值的水溶液中，呈现出不同形式的酸根阴离子，pH 值为 3.5 和 8.5 时，As(Ⅲ)和 As(Ⅴ)在水溶液中的存在形式分别为 H_3AsO_3、$H_2AsO_3^-$ 和 $H_2AsO_4^-$、$HAsO_4^{2-}$。在溶液 pH 值为 4.5、$FeCl_3$浓度为 8%、反应温度为 40℃、反应时间 35h 条件下制备的 α-Fe_2O_3纳米线包覆硅藻土的表面荷电性质，与 Fe_2O_3 纳米线表面和硅藻土自身表面的电性有关，在水溶液中 Fe_2O_3纳米线表面呈正电性，而硅藻土表面和电荷性能与其本身的等电点有关。硅藻土在水溶液中存在两个等电点区域，分别为 3.0～3.5 和 7.8～8.5。在各等电点的区域中，pH 值小于等电点表面呈正电性，pH 值大于等电点表面呈负电性。在不同 pH 值范围内，硅藻土表面对 As(Ⅲ)、As(Ⅴ)存在有利吸附和不利吸附双重作用，这就是 pH 值对 As(Ⅲ)、As(Ⅴ)吸附存在两个峰值的原因(硅藻土表面呈 ξ 电位)。当 pH 值为 3.5 时，表面呈正电性的 Fe_2O_3纳米线与 H_3AsO_3、$H_2AsO_4^-$ 和 $H_2AsO_3^-$、$HAsO_4^{2-}$ 产生静电物理吸附，即存在 H_3AsO_3、$H_2AsO_4^-$、$H_2AsO_3^-$、$HAsO_4^{2-}$ 与 Fe_2O_3 纳米线的 OH^- 交换作用，随后 As(Ⅲ)、As(Ⅴ)酸根离子在 Fe_2O_3纳米线表面进行化学反应生成 As—O—Fe，As(Ⅲ)牢固吸附在样品表面。而当 pH 值为 8.5 时，同样存在上述物理和化学吸附作用，只是样品表面 $Fe(OH)_3$量增多，H_3AsO_3、$H_2AsO_4^-$、$H_2AsO_3^-$、$HAsO_4^{2-}$ 与 Fe_2O_3 纳米线的 OH^- 交换机会也增大。

为证实上述的分析，分别对上述样品在不同 pH 条件下吸附 As(Ⅴ)前后的样品和硅藻土进行了 FT-IR 测试，如图 5-11 所示。

由图 5-11 可知，波数在 3450cm^{-1}和 1633cm^{-1}处宽而强的吸收峰分别是由吸附水中的 O—H 伸缩振动和扭曲振动引起的；在 465cm^{-1}和 1098cm^{-1}处的吸收峰是由于硅藻土本身 Si—O—Si 键的不对称伸缩振动模式；798cm^{-1}处的吸收峰，归因于 Si—O—Al(由硅藻原土中黏土的杂质成分引起)。

α-Fe_2O_3纳米线包覆硅藻土存在 546、880、1441 和 2080(cm^{-1})四个新吸收峰，其中 546cm^{-1}归因于 Fe—OH 伸缩振动，1441cm^{-1}是由 Fe—OH 中—OH 的面内变形振动形成，880cm^{-1}和 2080cm^{-1}归因于 Fe—O—Fe 键的伸缩振动和弯曲振动。样品吸附 As(Ⅴ)后，均新出现 817cm^{-1}、2812cm^{-1}两个吸收峰，其中 817cm^{-1}归因于 As—O 的伸缩振动，2812cm^{-1}是由 Fe—OH 伸缩振动引起，而 pH 值为 8.5 吸附 As(Ⅴ)后样品的吸收峰强度，要明显强于 pH 值为 3.5 吸附样品，表明在 pH 值为 8.5 时，溶液中 OH^-较多。

图 5-12 为上述 α-Fe_2O_3纳米线包覆硅藻土在 pH 值为 3.5 时吸附 As(Ⅴ)前后的 XPS 测

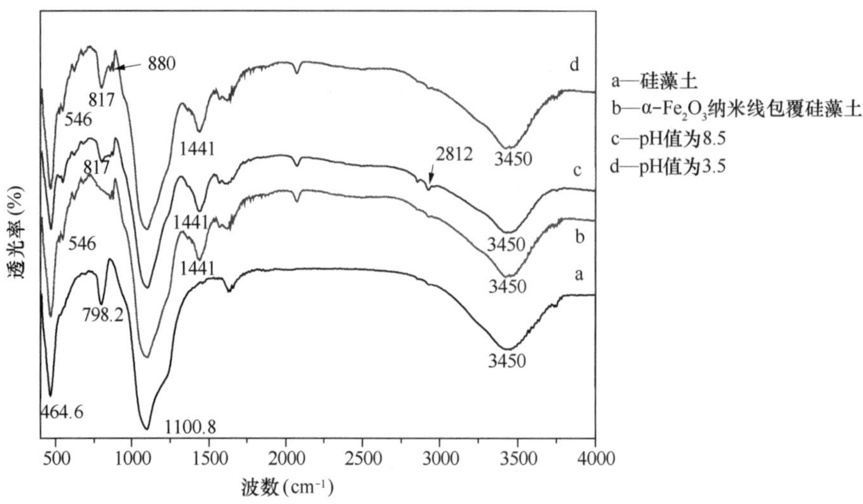

图 5-11 硅藻土、α-Fe_2O_3纳米线包覆硅藻土及其在 pH 值 8.5、3.5 条件下吸附五价砷之后的红外光谱图

试中 O1s 轨道能谱。由图 5-13 可知，分别存在 530.0eV 和 531.5eV 两个峰，归因于晶格氧、表面氧原子，以及 Fe—O 键、H—O 键中氧原子。其中在吸附 As(Ⅴ)前，H—O 键的峰值要大于 Fe—O 键，表明在样品表面存在大量的羟基。但吸附后，O1s 的峰中，H—O 键的峰值要远远小于 Fe—O 键，表明 H—O 键被 $H_2AsO_3^-$所取代。

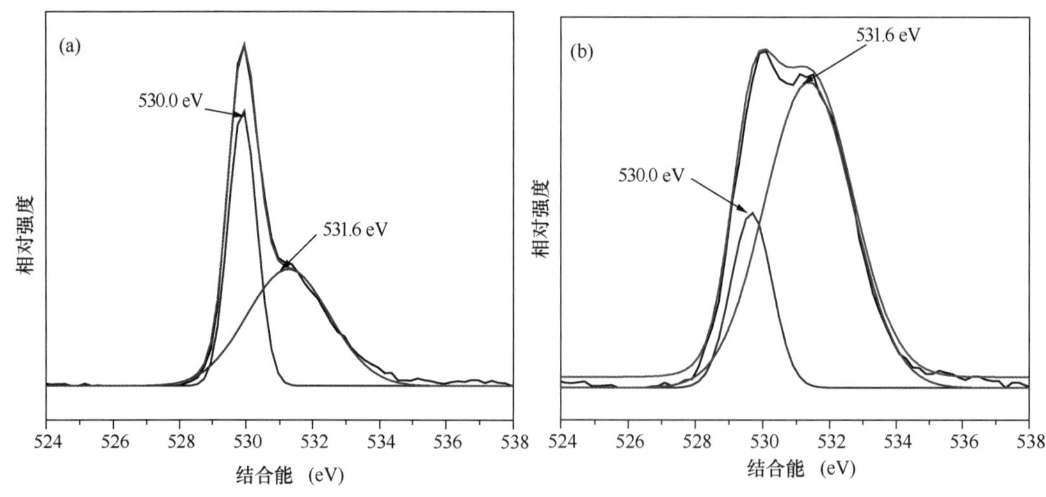

图 5-12 α-Fe_2O_3纳米线包覆硅藻土吸附 As(Ⅴ)前(a)、后(b) O1s 轨道能谱

5.3 硅藻土表面纳米结构氧化锰沉积制备研究

锰矿的自然资源丰富，其含量排名仅次于铁(4.65%)，占地壳的 0.13%。目前在自然界中已经发现了 50 余种氧化锰或氢氧化物矿床。其中氧化锰矿物是一类新型功能材料，其具有表面活性强、比表面积大、负电荷量高、电荷零点低等特殊的物理和化学性质，锰

氧化物不仅对许多重金属元素和过渡元素有很强的吸附固定能力，还是As^{3+}、Cr^{3+}、Ce^{3+}、U^{4+}、Pu^{4+}、Se^{3+}等变价重金属元素的天然氧化剂，可以改变这些重金属的毒性和形态。

5.3.1 氧化锰表面物理化学特性

（1）电荷零点

氧化锰表面活性高，常比溶解氧更易参加氧化还原反应，它本身又具有较高的氧化还原电位，MnO_2+H^+/Mn^{2+}的标准电极电位（1.23V）与O_2+H^+/H_2O（1.229V）的标准电极电位非常接近。氧化锰矿物的零电荷点（PZC）随结构的不同可在较大的范围内发生变化，它的表面属于水合氧化物型，表面电荷是可变的，随着溶液的pH值变化而改变。一般而言，土壤中的氧化锰矿物的零电荷点为1.5（水钠锰矿）~4.6（锰钡矿族），其在通常的土壤pH范围内带负电荷，并且比表面积大。除此之外，矿物质的组成、介质以及结晶程度等因素也影响氧化锰矿物的电荷零点。如果用不同的方法测定电荷零点，即使是相同的矿物，其具有的电化学意义也不相同。因此，由于受到测定方法的限制，在研究氧化锰矿物表面化学性质中，PZC这一重要的表面电荷性质的确定一直是个难点，比如钙锰矿锂、硬锰矿等矿物都少见报道。

（2）比表面积

晶体结构类型不同的氧化锰矿物，其比表面积也不尽相同，即使是相同晶体结构类型的天然氧化锰矿物，其比表面积也可能不同。通常天然氧化锰矿物在土壤中以细小的颗粒或表面包覆其他物质而团聚的形式存在，它们的比表面积相对较大，尤其是大隧道结构的氧化锰矿物和层状结构的氧化锰矿物。另外，通过相同方法人工合成的锰氧化物，其比表面积也可能相差甚远。相同矿物特别是隧道或层状结构氧化锰矿物的比表面积差别很大，其原因与矿物本身的结晶程度等因素有关，还与其比表面积测定的方法有关。目前测定比表面积常用氮气吸附法，但是这种方法难以获得矿物内表面积（隧道或层间的内表面），而对于隧道和层状氧化锰矿物而言，它们的内表面积远远大于其外表面积。所以，比表面积的测定结果对于这类氧化锰矿物而言，在一定程度上只具有参考意义。同样，天然氧化锰矿物也具有较大的内表面，一般情况下这一部分表面通常被水分或其他金属离子所占据。当温度升高时，氧化锰矿物就会逐渐释放隧道里的水分，比表面积随着逐渐增大到隧道结构被破坏，比表面积则会急剧减小。因此，氧化锰矿物对重金属离子具有很强的离子交换、富集和吸附能力。

5.3.2 氧化锰吸附特性及吸附机理

在自然环境中氧化锰矿物强烈富集和吸附过渡元素、重金属以及稀土元素，这种现象是氧化锰矿物选择性吸附和专性吸附的结果，原因是不同金属元素离子的性质不同。碱土金属和碱金属水化半径比较大，氧化锰矿物对其的吸附，一般是静电吸附或非专性的交换吸附；过渡金属、重金属及稀土元素的变形力和极化能力比碱金属和碱土金属强，主要是由于它们的原子核的离子半径比较小，电荷数较多，所以易水解成羟基阳离子，与氧化锰矿物表面形成稳定的内圈配合物，从而产生专性吸附。目前锰氧化物对重金属的吸附机理还没有达成共识，国内外的相关氧化锰吸附机理研究大致总结为以下几种：

（1）形成配位化合物

在一定条件下水溶液 $-OH_2^{1/2+}$、$-OH_2^{1/2-}$ 基团中的质子解离，易与溶液中 M^{2+} 发生交换，这是因为在水溶液中氧化锰胶体具有羟基化表面，可在氧化锰表面上形成螯合物、配位化合物等。

$$2SH + M^{2+} \rightleftharpoons S_2M^+ + 2H^+ ; \qquad 2SH + M^{2+} \rightleftharpoons S{-}M{-}S + 2H^+ \tag{5-5}$$

（2）内层吸附机理

Kinniburgh 等把水合锰氧化物视为一种弱酸交换剂 HgA 与重金属离子 M^{2+} 在氧化锰内层发生离子交换反应。水合氧化物表面提供需要解吸的质子弱酸基团。与表面络合的相同之处是，重金属离子 M^{2+} 仍通过氧化物表面与氧桥结合，即 X—O—M。当吸附发生在体系 pH > ZPC 时，会产生表面电荷逆转的现象。

$$a\text{HgA} + M^{2+} \rightleftharpoons [M(\text{Hg}_{n/a}\text{A})_a]^{(2-n)+} + nH^+ \tag{5-6}$$

（3）水解吸附机理

锰氧化物吸附不同重金属离子表现出选择性 pH 值，这可能与重金属离子的水解特性有关。氧化锰表面的水解作用或者是羟基络合物的形成，大大降低了重金属离子的平均电荷，这有利于氧化锰表面吸附离子间库仑力和短程引力。

（4）表面的络合作用

当吸附是固液两相间的络合反应时，用物料平衡方程和溶液中化学的质量作用来描述表面络合物的生成，可以用这些方程式来描述氧化锰表面吸附达到饱和状态时建立吸附等温式，并能进行定量计算。

（5）同晶置代作用

氧化锰表面在吸附重金属的同时，不仅释放了 H^+，还释放了 Mn^{2+}，其中重金属 Co^{2+} 的表现尤为突出。从结晶学的观点考虑，Co^{2+} 首先被吸附在氧化锰晶体结构中的孔隙附近，被氧化成 Co^{3+}，再和孔隙中的 Mn^{4+} 发生置换，最终被牢牢吸附在晶体结构中。不同重金属离子在氧化锰晶格中的晶格场稳定能也不尽相同。

5.3.3 氧化锰改性硅藻土的制备与结构表征

北京工业大学的杜玉成、王利平、郑广伟等人利用水热法制备了具有不同形貌的纳米结构氧化锰用以改性硅藻土，并对其结构进行了表征分析。

5.3.3.1 不同形貌 MnO_2/硅藻土的制备方法

以硅藻土为载体，通过氧化还原法（选择合适的锰源、反应时间、反应温度及适当的原料摩尔配比等）对其表面改性，在其基体上进行不同形貌纳米二氧化锰的可控制备，实验所制备的产物被称为硅藻土基纳米结构 MnO_2。

称取一定量的硅藻土粉体，放入盛有去离子水的烧杯中，并将烧杯置于恒温水浴池中搅拌 30min，制得硅藻土悬浊液。再准确称取一定量的 $Mn(AC)_2$ 慢慢溶于水中，再慢慢滴入硅藻土的悬浮液中，恒温磁力搅拌一段时间后，滴加高锰酸钾溶液，继续恒温搅拌 30min 后，将溶液转入反应釜中 80℃ 水浴反应 4h 进行陈化，冷却至室温，洗涤、过滤、干燥后得到花状 MnO_2 负载硅藻土微孔吸附材料最终样品。当改变锰元素的来源，将醋酸锰改为硫酸锰，并加入过硫酸铵后，便可得到针状 MnO_2 负载改性的硅藻土。同样地，改变其中锰元素的来源以及添加剂，可以制备出线状和片状结构 MnO_2 改性的硅藻土。各合成工艺条件见表 5-2。

表 5-2　制备不同形貌 MnO_2/硅藻土样品的条件

样品	制备方法	反应物及有关化学反应方程
花状 MnO_2/硅藻土	80°C 低温水浴 反应 4h	$Mn(Ac)_2$、$KMnO_4$ $3Mn^{2+} + 2MnO_4^- + 2H_2O = 5MnO_2 + 4H^+$
针状 MnO_2/硅藻土	120℃水浴 反应 48h	$MnSO_4$、$(NH_4)_2S_2O_8$ $Mn^{2+} + S_2O_8^{2-} + H_2O = MnO_2 + 2H^+ + 2SO_4^{2-}$
纳米线状 MnO_2/硅藻土	90℃水浴 反应 12h	$KMnO_4$、$(NH_4)_2S_2O_8$ $S_2O_8^{2-} + 2H_2O \rightleftharpoons 2HSO_4^- + H_2O_2$ $2MnO_4^- + H_2O_2 = 2OH^- + 2MnO_2 + 2O_2$
片状 MnO_2/硅藻土	常温下反应 10h 静置 12h	$MnSO_4$、KOH、$(NH_4)_2S_2O_8$ $4Mn^{2+} + 8OH^- + O_2 = 4MnO(OH) + 2H_2O$ $4MnO(OH) + S_2O_8^{2-} = 4MnO_2 + 2SO_4^{2-} + 2H^+$

在上述各合成条件下，分别在硅藻土藻盘上制备了花状、针状、线状、片状等纳米结构氧化锰。

5.3.3.2　样品物相分析

图 5-13 为硅藻原土与在表 5-2 条件下所制备的花状 MnO_2/硅藻土、针状 MnO_2/硅藻土、纳米线状 MnO_2/硅藻土、片状 MnO_2/硅藻土的 XRD。由图 5-14 中曲线 a 可知，硅藻土为非晶态物质，其中晶体衍射峰（100）、（101）为硅藻土中石英杂质，包覆氧化锰后样品仍保有硅藻土非晶态衍射峰特征，但是主晶峰 2θ = 22.6°变得相对较弱，这是氧化锰包覆硅藻土在其盘上形成一层薄膜造成的。曲线 b 表现的 MnO_2 改性硅藻土三个主晶峰 2θ 值分别是 28.841°、37.5°和 67.3°，表明了所合成的氧化锰为纯相的 γ-MnO_2，但衍射峰较宽，结晶程

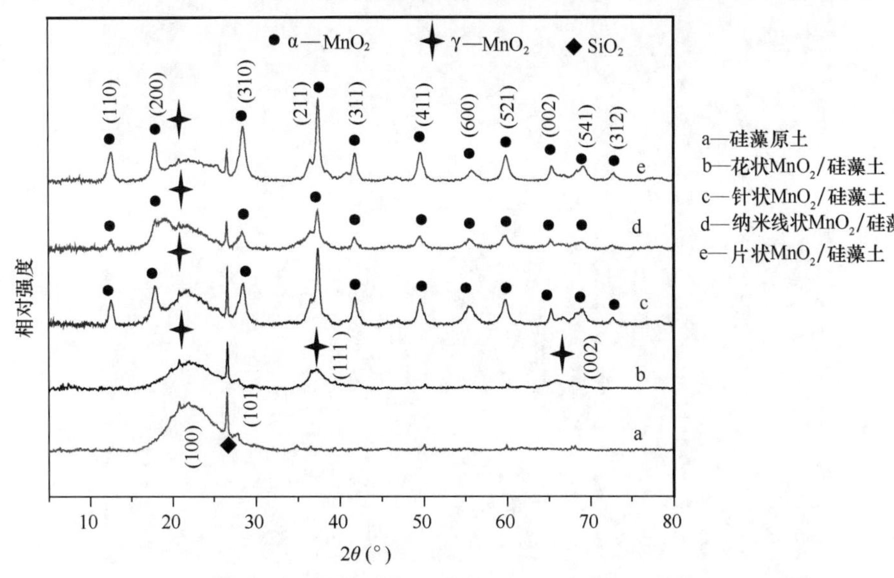

图 5-13　硅藻原土与包覆氧化锰后花状 MnO_2/硅藻土、针状 MnO_2/硅藻土、纳米线状 MnO_2/硅藻土、片状 MnO_2/硅藻土样品的 XRD

度不高，扫描电镜观察到制备的 MnO_2形貌为花状结构。其他形貌的氧化锰包覆改性后的硅藻土的 XRD 衍射图谱特征峰位置相同，只是在峰宽和峰强上有所不同，但仍保持硅藻土特征，表面均出现了氧化锰的混合晶相：少量的水钠锰矿的晶相，但主晶相是四角形的 α-MnO_2。MnO_2的基本结构单元在密堆积过程中，各原子层形成四面体和八面体的空穴。复杂的空穴形成变化多端的复杂网络，这些网络可容纳各种不同的阳离子与配位物，这就造成锰氧化物的多种组成和晶体结构。α-MnO_2所对应的肩峰为（110）、（200）、（300）、（211）、（311）、（411）、（521）等，晶格参数是：$a = b = (0.9784 \pm 0.0014)$nm，$c = (0.2846 \pm 0.0008)$nm，与标准 α-MnO_2（JCPDS PDF#44-0141）报告的数据（$a = b =$ 0.9782nm，$c =$ 0.2853nm）相吻合，同时样品 c、e 相对于样品 d 具有强而相对窄的衍射峰，对称性增加，这说明它们的晶体结构更趋于有序，晶体具有更好的结晶性能。

5.3.3.3 样品形貌分析

图 5-14 为各样品的 SEM。其中图(a)~图(c) 为花状 MnO_2/硅藻土，图(d)~图(f)

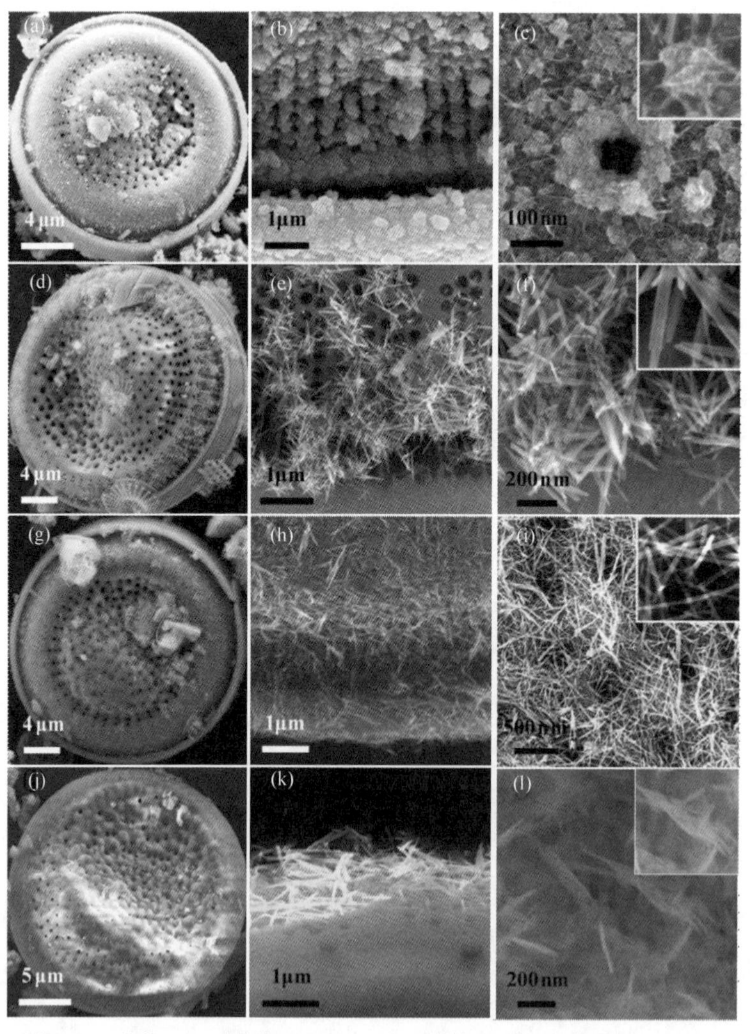

图 5-14 花状 MnO_2/硅藻土(a)~(c)，针状 MnO_2/硅藻土(d)~(f)、纳米线状 MnO_2/硅藻土(g)~(i)、片状 MnO_2/硅藻土(j)~(l)等样品扫描电镜图

为针状 MnO_2/硅藻土，(g)～(i)为纳米线状 MnO_2/硅藻土，(j)～(l) 为片状 MnO_2/硅藻土。扫描电镜观察到硅藻原土为多孔结构的圆盘藻，硅藻盘直径为 30～50μm，具有规整有序的孔道结构，中间大孔孔径为 300～500nm，小孔孔径为 50～80nm，大孔内存在小孔是硅藻土主要的孔结构特征，边缘孔径为 30～80nm。当沉积纳米结构氧化锰后，硅藻土的孔结构仍保持完好。沉积于硅藻土表面的 MnO_2 表现出不同的形貌，分别为花絮状、针状、线状和片状形貌。花絮状氧化锰具有一定的沉积层，花絮状直径为 80～150nm，花絮状氧化锰之间的纳米线长为 50～250nm。针状 MnO_2 存在于硅藻土边缘及硅藻盘上，长度为 250～450nm，直径为 10～15nm。纳米线状的氧化锰沉积在硅藻土后，原来光滑的硅藻土表面与孔道变得粗糙，但硅藻土的孔结构仍保持完好，氧化锰纳米线具有一定的沉积层，长度为 250～300nm，直径为 5～10nm。片状氧化锰长度为 50～250nm，直径为 10～15nm，纳米结构氧化锰在进一步改善微孔结构的同时，也增大了比表面积。

5.3.3.4　样品微观形貌分析

由图 5-15（a）、(b）硅藻盘及边缘包覆花絮状氧化锰的 TEM 可知，在硅藻土边缘存

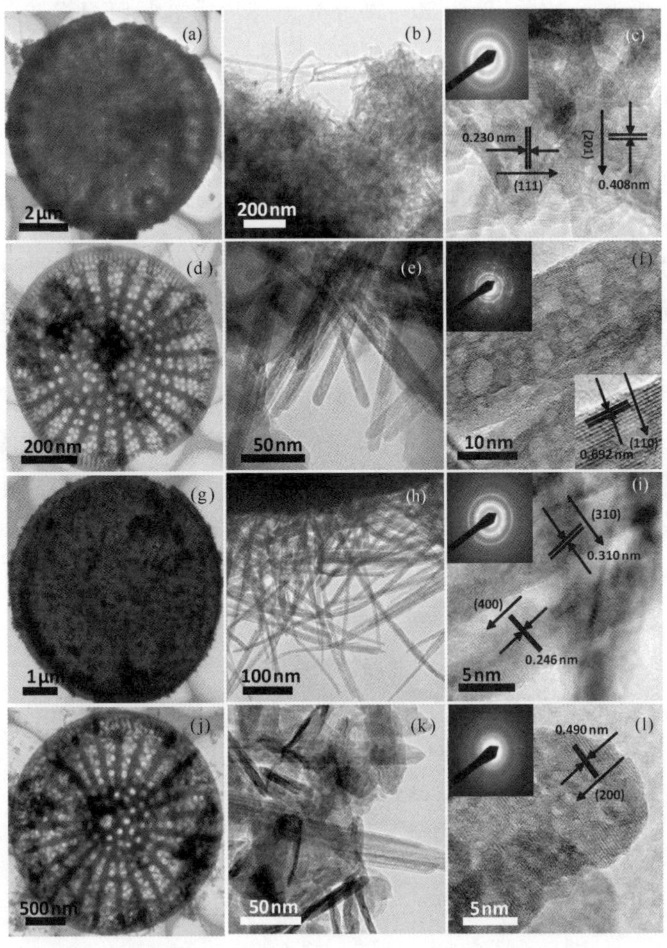

图 5-15　花状 MnO_2/硅藻土(a)～(c)、花状 MnO_2/硅藻土(d)～(f)、纳米线状 MnO_2/硅藻土(g)～(i)、片状 MnO_2/硅藻土(j)～(l) 等样品的透射电镜图和高分辨率图

在20nm的致密层、50～100nm的松散层；图5-16（c）的HRTEM可清晰地看到间距不等的衍射条纹，其衍射晶面间距为0.230nm、0.408nm，与γ-MnO_2（JCPDS PDF#14-0644）的（111）、（201）晶面间距（分别为0.23437nm、0.40722nm）符合，其SAED衍射图案呈电子衍射环状，说明花状氧化锰样品是多晶结构。由图5-16（d）、（e）硅藻盘及边缘包覆类似针状外形的氧化锰TEM可知，针状长度为250～500nm，与扫描电镜SEM分析基本相符。图5-16（f）的HRTEM可清晰地看到间距不等的衍射条纹，其衍射晶面间距为0.692nm，与α-MnO_2（JCPDS PDF#44-0141）的（110）晶面间距（0.69402nm）符合，其SAED衍射图案呈电子衍射环状，说明针状氧化锰样品是多晶结构。由图5-16（g）、（h）硅藻盘及边缘包覆氧化锰纳米线TEM可知，在硅藻土边缘存在100nm的致密层、300～500nm的松散层。图5-16（i）的HRTEM可清晰地看到间距不等的衍射条纹，其衍射晶面间距为0.246nm、0.310nm，与γ-MnO_2（JCPDS PDF#14-0644）的（400）、（310）晶面间距（分别为0.24537nm、0.31038nm）符合，其SAED衍射图案呈电子衍射环状，说明氧化锰纳米线样品是多晶结构。由图5-16（j）、（k）硅藻盘及边缘包覆类似片状外形的氧化锰TEM可知，片状长度为50～250nm，与扫描电镜SEM分析基本相符。图5-16（f）的HRTEM可清晰地看到间距不等的衍射条纹，其衍射晶面间距为0.490nm，与α-MnO_2（JCPDS PDF#44-0141）的（200）晶面间距（0.48950nm）符合，其SAED衍射图案呈电子衍射环状，说明片状氧化锰样品是多晶结构。

5.3.3.5 样品比表面积及孔结构分析

氮气吸脱附曲线用来测试样品的比表面积。由图5-16可以看出，花状结构氧化锰沉积硅藻土样品为Ⅳ型吸附等温线；其余三种不同形貌制备产物的吸-脱附等温线相似，均属于Ⅱ型吸附等温线，与迟滞回线H3和H4类似，硅藻原土存在H3迟滞环，是典型的非均匀孔呈现的迟滞环，而硅藻原土样品则介于Ⅳ型、Ⅲ型之间。表明不同形貌的MnO_2包覆硅藻土具有多孔性，锰离子的沉积没有破坏硅藻土的多孔性。这与扫描电镜吻合。花状MnO_2包覆硅藻土样品孔径为8nm，比表面积为66.5g/m^2；针状MnO_2包覆硅藻土样品孔径为5nm，比表面积为48.7g/m^2；线状MnO_2包覆硅藻土样品为非均匀介孔材料，小孔孔径

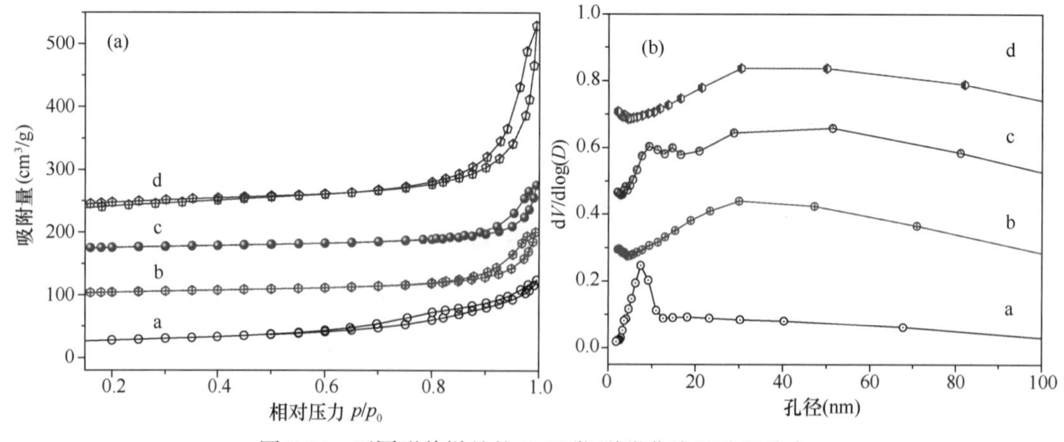

图5-16 不同形貌样品的N_2吸附-脱附曲线及孔径分布

（a）N_2吸附-脱附曲线；（b）孔径分布

a—花状MnO_2/硅藻土；b—针状MnO_2/硅藻土；c—纳米线状MnO_2/硅藻土；d—片状MnO_2/硅藻土

为 9nm，大孔孔径为 100nm；片状 MnO_2 包覆硅藻土样品孔径为 6nm，比表面积为 49.5g/m^2，均高于硅藻原土的比表面积（25m^2/g）。

5.3.4　硅藻土表面负载纳米线状结构氧化锰的制备

纳米结构 MnO_2 具有良好的吸附性能，水热法是制备不同形貌 MnO_2 纳米结构材料可控度最好的方法。研究资料表明，纳米线状结构氧化锰的比表面积和吸附活性最好。北京工业大学杜玉成、郑广伟、王立平对在硅藻土基体上制备纳米线状结构氧化锰进行了详细的研究工作，并对重金属离子进行吸附研究。采用水热法，通过控制不同的反应条件，实现线状形貌纳米结构 MnO_2 的可控制备，并详细论述了其生长过程与机理。

5.3.4.1　样品合成过程

称取一定量的硅藻土，放入盛有去离子水的烧杯中，在恒温水浴池中搅拌 30min，制得悬浊液。准确称取一定量的 $(NH_4)_2S_2O_8$ 加入悬浮液中，恒温搅拌 30min，称取一定量的 $KMnO_4$ 加入悬浮液中，恒温搅拌溶解并超声分散 30min 后，转入反应釜中，在 90℃ 水浴条件下反应不同时间，再进行陈化、过滤、洗涤、干燥处理，制得不同反应条件（不同反应时间）下的成品。

5.3.4.2　样品物相分析

图 5-17 为硅藻土提纯土与不同反应时间（2h、4h、6h、8h、10h、12h、14h、16h）所制备的纳米结构氧化锰化学修饰硅藻土的 XRD 图。由图 5-17 中曲线 a 可知，硅藻土为非晶态物质，其中个别晶体衍射峰（101）为硅藻土中的石英杂质峰，经过氧化锰修饰改性后的硅藻土中仍然保持有非晶态特征衍射峰。

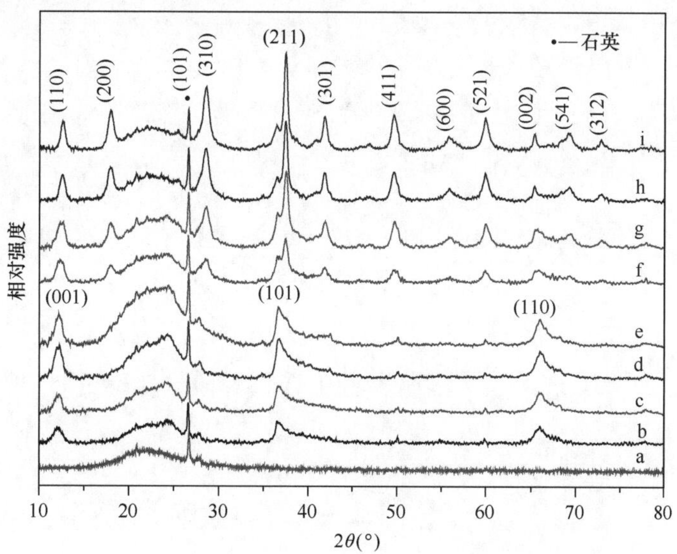

图 5-17　硅藻土原土与不同反应时间样品的 XRD 图

a—硅藻土原土；b—2h 样品；c—4h 样品；d—6h 样品；e—8h 样品；
f—10h 样品；g—12h 样品；h—14h 样品；i—16h 样品

由图 5-17 中曲线 b 可知，样品仍存在硅藻土非晶态特征衍射峰，但强度减弱，并出现新的衍射峰。经过 2h 水热反应，在硅藻土表面已经有氧化锰晶体出现，说明氧化锰在反应初期即已在硅藻土表面缺陷处形核并逐渐长大。由图5-17中曲线b～e可知，反应时间分别为2h、4h、6h、8h所制备的氧化锰晶体形态一致，均属于六角相δ-MnO_2，2θ为

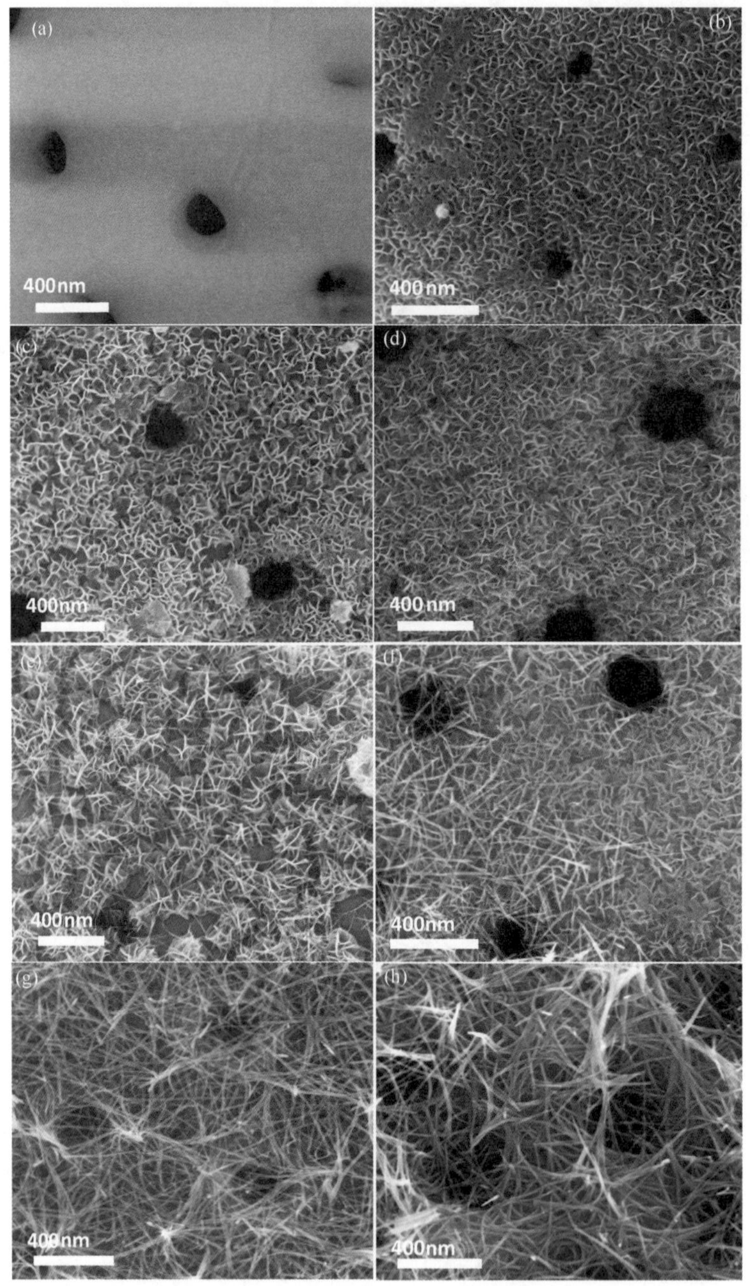

图5-18 硅藻土原土与不同反应时间样品的SEM图

a—硅藻土原土；b—2h样品；c—4h样品；d—6h样品；e—8h样品；
f—10h样品；g—12h样品；h—14h样品

12.263°、36.565°、65.670°衍射峰分别对应（001）、（101）、（110）晶面，晶格参数为：$a=b=0.582$nm、$c=1.462$nm，与δ-MnO_2标准卡片（JCPDS 00-52-0556）相一致。由

图 5-17中曲线 f 可知，反应时间为 10h 所制备的氧化锰晶体形态与 2～8h 制备的氧化锰明显不同，出现新的衍射峰。当反应时间大于 10h 后，呈现结晶较完整的 α-MnO_2晶体，初期所形成的六角相 δ-MnO_2逐渐消失。α-MnO_2晶体以正交相为主，并沿（211）面逐渐长大，其特征衍射峰所对应的晶面分别为：（110）、（200）、（310）、（211）、（301）、（411）、（521）等，晶格参数为：$a = b = 0.978$nm、$c = 0.286$nm，与 α-MnO_2标准卡片（JCPDS 00-044-0141）相吻合。可以看出，氧化锰在 10h 处发生了相变，δ-MnO_2为二维层状结构，锰氧八面体组成的隧道结构向 a 轴及 b 轴延伸生长，在水热反应达到一定时间时发生坍塌，形成 2×2 隧道结构的 α-MnO_2。由 XRD 图谱并结合 SEM 照片可以看出，仅通过调控水热反应的时间，即可以制备出形貌均匀、物相单一的有序纳米结构 MnO_2，这对二氧化锰形貌的可控制备具有十分重要的指导意义。

5.3.4.3　样品形貌分析

图 5-18 为硅藻原土与不同反应时间（2h、4h、6h、8h、10h、12h、14h）所制备样品中心处的扫描电镜图。

由图 5-18（a）可清楚地看到，在硅藻土中心分布着规则有序的孔道结构，孔道结构的直径为 100～300nm。经过 2h［图 5-18（b）］水热反应，在硅藻土表面有片状结构氧化锰形成，表明在反应初期氧化锰即已在硅藻土表面形核长大，并随时间的延长呈现出氧化锰逐渐生长过程。其中 2～8h 样品为花片状结构氧化锰，且 8h 样品花片长度明显长大，表明氧化锰存在定向生长的趋势。由图 5-18（f）可知，10h 样品中硅藻盘上氧化锰产物呈现纳米线状结构，纳米线长度为 300～350nm，直径为 10～20nm，且同时出现由片状结构向线状结构转化过程。12h 样品硅藻盘上氧化锰完全生长成纳米线，长度为 400～550nm，直径为 20～25nm。14h 后样品纳米线继续长大，长度为 500～700nm，直径为 25～35nm。

由图 5-18 可知，氧化锰以原位生长的方式包覆于硅藻土表面，随着时间的延长，呈现氧化锰逐渐生长趋势并出现形貌变化。由 XRD 图可知，氧化锰在 10h 时发生晶型转变，对应 SEM 图中氧化锰由花片状结构向线状结构转变。由此可知：反应初期，在硅藻土表面缺陷处首先形成片状结构 δ-MnO_2，随着时间延长，片状结构逐渐卷曲长大，并于 8h 卷曲成为完整花状结构；10h 发生氧化锰晶型转变，由 δ-MnO_2转变为 α-MnO_2，由花片状结构坍塌为线状结构，线状结构随着反应时间的延长逐渐长大。整个氧化锰生长转变过程并没有破坏硅藻土的孔道结构，说明所制备的样品既具有氧化锰优良的吸附性能，又保持有硅藻土的多孔结构，使得样品兼备硅藻土及氧化锰的优良性能，实现了氧化锰对硅藻土的修饰改性。

5.3.4.4　样品微观形貌分析

由图 5-19 可知，样品的形貌在水浴反应 10h 时有明显的变化，因此选取了样品水浴反应 8h、12h 的 TEM。

由图 5-19（a）可以清晰地看到，水浴反应 8h 时，包覆后硅藻盘边缘的二氧化锰呈不规则的棉花壳状，紧紧地包覆在硅藻土盘边缘及藻盘上，且这种壳状长度为 50～300nm。由图 5-19（c）可以清晰地看到，水浴反应 12h 时，在硅藻土边缘存在 100nm 的致密层、300～500nm 的松散层，纳米线长达 1μm，与扫描电镜 SEM 分析基本相符。图 5-19（b）、（d）的 HRTEM 可清晰地看到间距不等的衍射条纹，其衍射晶面间距为

图 5-19　不同反应时间下样品（包覆后藻盘边缘）的透射电镜图片

(a)、(b) 8h 样品；(c)、(d) 12h 样品

0. 689nm、0. 691nm，与 α-MnO_2（JCPDS PDF[#] 44-0141）的（110）晶面间距（0. 69402nm）符合，其 SAED 衍射图案呈电子衍射环状，说明样品是多晶结构。

5. 3. 4. 5　样品比表面积及孔结构分析

图 5-20 为反应时间为 6h、8h、10h、12h 所得样品的氮气吸脱附曲线和孔径分布曲线。

由图 5-20（a）可知，水热反应时间分别为 6h 及 8h 制备的样品均为Ⅳ型吸附等温线，存在有 H4 型滞留回环，归因于狭缝状孔道结构存在毛细凝结的单层吸附情况，滞留回环在相对压力为 0. 40 ~ 1. 0 范围内出现，表明样品中存在介孔结构。由孔径分布曲线［图 5-20（a）嵌入图］可知，水热反应时间分别为 6h 及 8h 制备样品的孔道结构分布比较均匀，孔径为 6. 4nm。硅藻土为不均匀孔径的多孔材料，表明经表面沉积生长氧化锰后，硅藻土中大孔相对减少。由图 5-20（b）可知，水热反应时间为 10h、12h 样品介于Ⅳ型、Ⅲ型吸附等温线之间，在中压区（$p/p_0 > 0.4$）为 H3 型滞后环，说明样品存在介孔结构，归因于狭缝状孔道结构。由孔径分布曲线［图 5-20（b）嵌入图］可知，水热反应时间为 10h、12h 样品的孔道结构存在不均匀分布，与反应时间为 6h 及 8h 样品相比较发生明显变化，表明随着水热反应时间的延长，样品的孔道结构由均匀孔向不均匀孔方向转化，这与此时生成的氧化锰纳米线并逐渐长大相关，即纳米线的生成使硅藻土原来的多孔性受到影响，孔径分布曲线存在多个峰值也说明样品孔径发生变化，这与氧化锰在硅藻土表面发生晶型转变并逐渐长大的 SEM 照片相吻合。

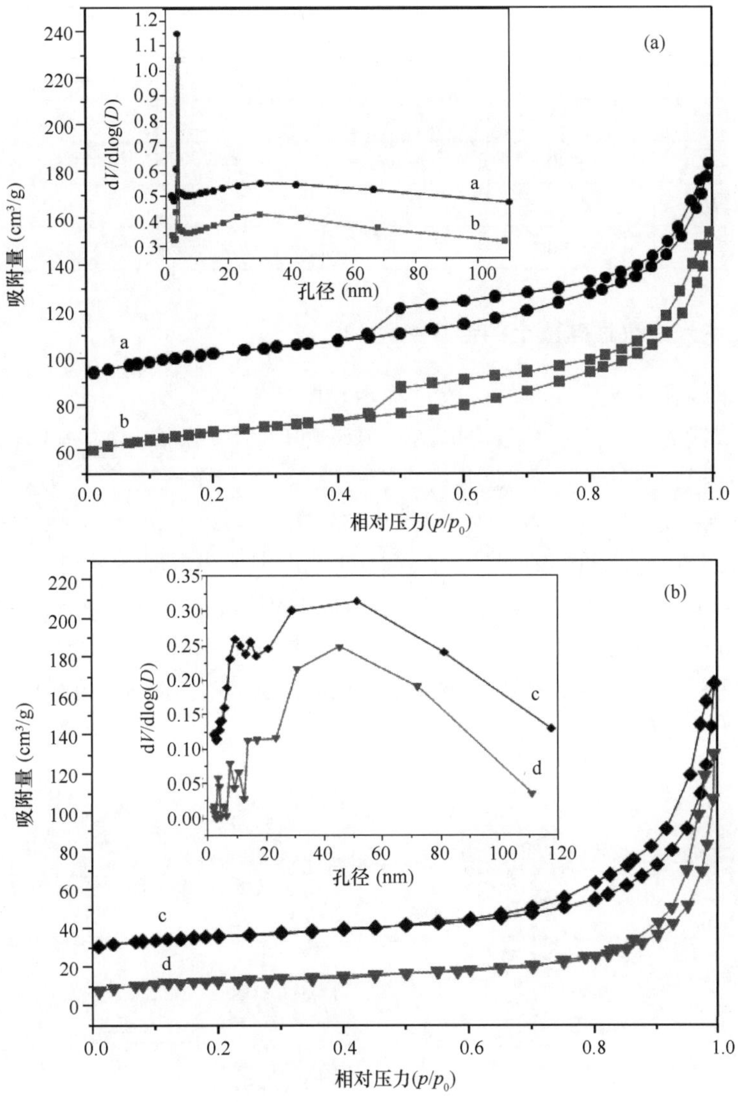

图 5-20 不同反应时间的氮气吸脱附曲线和孔径分布曲线

a—6h 样品；b—8h 样品；c—10h 样品；d—12h 样品

5.3.4.6 样品荧光成分分析

表 5-3 为硅藻土提纯土、水热反应时间分别为 4h、8h 及 12h 制备的样品中各种物质含量分析。可以看出，硅藻土的主要成分为 SiO_2，并存在少量的 K_2O、Al_2O_3及 Fe_2O_3杂质，几乎不存在 MnO_2。其中 SiO_2含量高达 93.21，属于一级白土，说明经过擦洗提纯处理后硅藻土纯度得到明显提高。比较水热反应时间分别为 4h、8h 及 12h 制备的样品中 MnO_2含量，发现不同的水热时间制备的样品中 MnO_2含量几乎相同，说明氧化锰在硅藻土表面仅仅发生晶型转变及生长过程，其含量几乎不变，这也进一步说明了氧化锰是以原位生长的方式在硅藻土表面结晶并逐渐长大。

表 5-3 硅藻土及不同反应时间（4h、8h、12h）样品的荧光分析

样品名称	组分（wt%）				
	SiO_2	K_2O	Al_2O_3	Fe_2O_3	MnO_2
硅藻土	93.21	1.03	1.21	0.57	0.00
水热反应 4h 样品	63.40	1.49	1.16	0.45	32.80
水热反应 8h 样品	65.60	1.32	1.07	0.43	31.10
水热反应 12h 样品	63.90	1.70	1.09	0.42	32.10

5.3.5 氧化锰纳米线改性硅藻土的合成机理

氧化锰纳米线在硅藻土表面的合成过程示意图如图 5-21 所示。首先，硅藻土表面缺陷处将首先形成锰氧八面体基本结构单元，在水热条件下，锰氧八面体基本结构单元浓缩形成薄片状的亚稳相 δ-MnO_2；随着水热反应的进行，体系的温度、压力不断升高，薄片状的 δ-MnO_2 呈现出卷曲趋势，形成层状结构 δ-MnO_2，并逐渐卷曲组装成为花状 δ-MnO_2 结构组织；继续延长反应时间，随着外界源源不断地提供水热反应能量动力，亚稳态结构的层片状结构 δ-MnO_2 逐渐卷曲溶解形成线状结构 α-MnO_2 晶核，一旦 α-MnO_2 晶核形成，微小的层片状 δ-MnO_2 将会扩散至 α-MnO_2 晶核附近，加快 α-MnO_2 线状结构的形成；随着水热反应的继续进行，稍短的 α-MnO_2 纳米线逐渐溶解在反应体系中，而稍长的 α-MnO_2 纳米线将不断生长为更长的 α-MnO_2 纳米线。

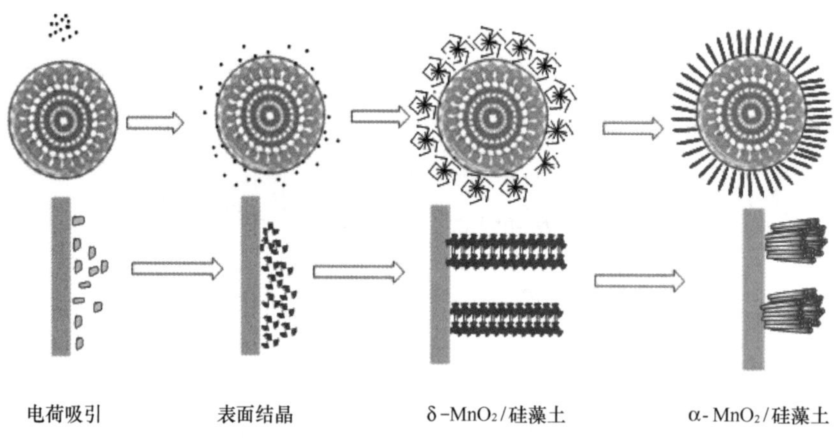

图 5-21 纳米线状 α-MnO_2 在硅藻土表面合成示意图

5.3.6 线状纳米结构氧化锰负载硅藻土吸附性能

以线状纳米结构 MnO_2 化学修饰硅藻土作为吸附剂，对砷及铬离子进行吸附研究，探讨溶液体系 pH、As（Ⅴ）及 Cr（Ⅵ）的初始浓度、吸附时间、吸附剂用量等条件对吸附效果的影响规律，计算出纳米结构 MnO_2 化学修饰硅藻土对 As（Ⅴ）及 Cr（Ⅵ）的最大吸附量，探讨其吸附性能，希望能为工程应用提供理论依据。

5.3.6.1 溶液 pH 值的影响

图 5-22(a) 为水热反应时间为 12h 制备的线状纳米结构 MnO_2 化学修饰硅藻土用量为

40mg，实验温度为 25℃，吸附时间为 15min，Cr(Ⅵ)、As(Ⅴ)溶液体积为 100mL，初始浓度均为 20mg/L 条件下，用 HCl 调节 pH，pH 对 Cr(Ⅵ)、As(Ⅴ)去除率的影响。

由图 5-22(a)可以看出，pH 的变化对 Cr(Ⅵ)、As(Ⅴ)去除率的影响明显。pH 在1.5 ~ 12 范围内时，吸附剂对 Cr(Ⅵ)、As(Ⅴ)的去除率均达到 80% 以上。当 pH < 3.5 及 pH > 8.5 时，吸附剂对两者的去除率呈下降趋势；当 pH = 3.5 时，吸附剂对 Cr(Ⅵ)的吸附率为 100%，对 As(Ⅴ)的吸附率为 99.2%；当 pH = 8.5 时，吸附剂对 Cr(Ⅵ)的吸附率为 99.8%，对 As(Ⅴ)的吸附率为 99.5%。吸附剂对 Cr(Ⅵ)、As(Ⅴ)的最大吸附率存在两个最高点，当 2 < pH < 3.5 时，经过氧化锰修饰改性后的硅藻土表面可能带正电荷，与溶液中 $HCrO_4^-$ 通过静电吸引作用产生吸附，虽然此时溶液中 H^+ 浓度较高，存在与吸附剂对 Cr(Ⅵ)、As(Ⅴ)酸根阴离子的竞争吸附，但此时吸附剂对 Cr(Ⅵ)、As(Ⅴ)酸根阴离子的静电吸附较竞争吸附占优势，pH 值越低，锰氧化物质子化程度越高，与阴离子的相互作用越强；但是当 pH 值低于 2 时，H^+ 浓度急剧增加，增强了与 Cr(Ⅵ)、As(Ⅴ)酸根阴离子的竞争吸附，使得吸附剂与 Cr(Ⅵ)、As(Ⅴ)的静电吸附去除率降低。当 pH > 9 时，溶液中的 CrO_4^{2-}、$HCrO_4^-$、$Cr_2O_7^{2-}$ 或 $H_2AsO_4^-$、$HAsO_4^{2-}$ 与 OH^- 存在竞争吸附，使得吸附剂对 Cr(Ⅵ)、As(Ⅴ)的吸附去除率降低。考虑到实际中水体排放需要中性条件并节省酸碱用量，并避免二次污染，本实验控制溶液的 pH 为 7 左右。

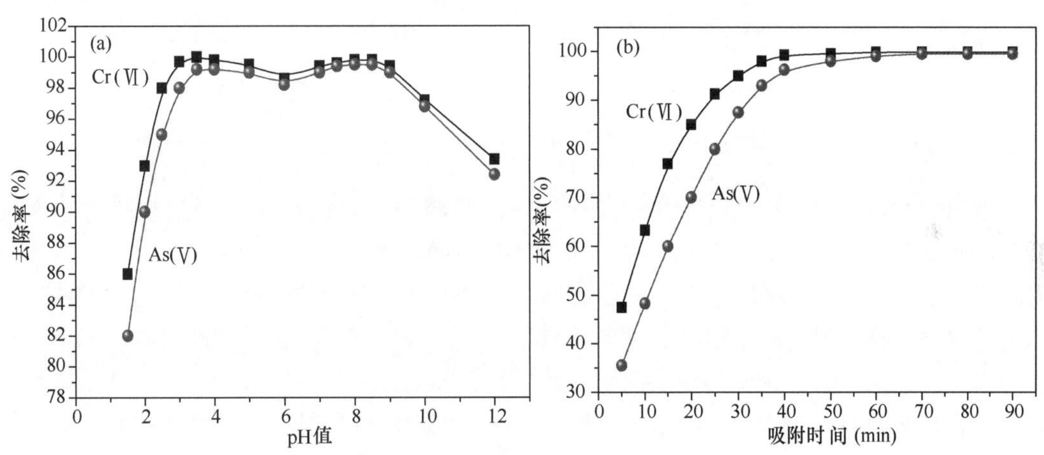

图 5-22　pH 值(a)、吸附时间(b)水热反应 12h 样品吸附 Cr(Ⅵ)、As(Ⅴ)效率的影响曲线

5.3.6.2　吸附作用时间的影响

图 5-22(b)为水热反应时间为 12h 所制备的线状纳米结构 MnO_2 化学修饰硅藻土用量为 40mg，实验温度为 25℃，pH = 7，Cr(Ⅵ)、As(Ⅴ)溶液体积为 100mL，初始浓度均为 20mg/L 条件下，吸附作用时间对 Cr(Ⅵ)、As(Ⅴ)去除率的影响。

由图 5-22(b)可以看出，吸附作用的初始阶段(前 30min)，样品对 Cr(Ⅵ)、As(Ⅴ)酸根阴离子的吸附速率很快，吸附速率大于解析速率，表现为 Cr(Ⅵ)、As(Ⅴ)的去除率增长明显。随着吸附时间的延长，吸附剂表面可利用的活性位点大大减少，吸附速率趋于减慢，越过 40min 以后，几乎不再变化，此时吸附速率与解析速率达到动态平衡。在吸附初期，吸附主要在 MnO_2 修饰硅藻土表面和部分微孔内进行，短时间内即可实现对 Cr(Ⅵ)和 As(Ⅴ)的大量吸附，表现为吸附速率的快速增加；随着吸附量的增加，吸附有大量 Cr

(Ⅵ)和 As(Ⅴ)酸根阴离子的表面与水体中游离态 Cr(Ⅵ)、As(Ⅴ)酸根阴离子的斥力增强，阻止了水体中游离 Cr(Ⅵ)、As(Ⅴ)在吸附剂表面的吸附，此时，吸附剂对 Cr(Ⅵ)、As(Ⅴ)的吸附速率明显下降，直至达到饱和吸附。为了保证吸附剂的饱和吸附，实验中所选的吸附时间为 50min。

5.3.6.3 吸附剂用量的影响

图 5-23(a)为实验温度为 25℃，pH = 7，Cr(Ⅵ)、As(Ⅴ)溶液体积均为 100mL，初始浓度均为 20mg/L，吸附作用时间为 50min 条件下，水热反应时间为 12h 所制备的线状纳米结构 MnO_2化学修饰硅藻土用量对去除率的影响。

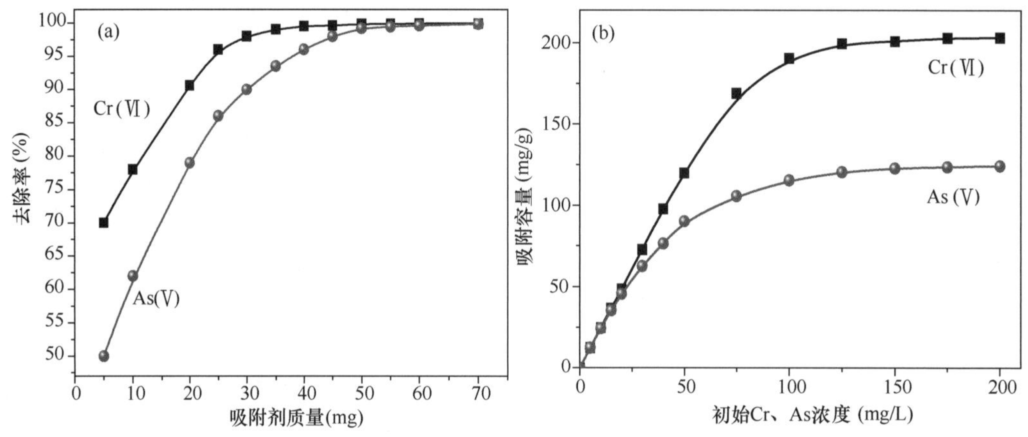

图 5-23 样品用量(a)、溶液初始浓度(b)吸附 Cr(Ⅵ)、As(Ⅴ)效率的影响曲线

由图 5-23(a)可以看出，在初始阶段，随着吸附剂用量的增加，吸附剂对 Cr(Ⅵ)、As(Ⅴ)的去除率增加迅速，但随后随着吸附剂用量的增加，吸附剂对 Cr(Ⅵ)、As(Ⅴ)的去除率趋于饱和，此时吸附剂对 Cr(Ⅵ)、As(Ⅴ)的去除率均达到 99.8% 以上。当吸附剂用量较少时，吸附剂所提供的吸附位点总量较少，不能实现对水体中 Cr(Ⅵ)、As(Ⅴ)酸根阴离子的有效去除，表现为吸附剂用量较少时，吸附剂对 Cr(Ⅵ)、As(Ⅴ)的去除率较低；随着吸附剂用量的增加，吸附剂所提供的活性吸附位点总量随之增加，增大了吸附剂的吸附效能，在曲线上表现为随着吸附剂用量的增加，吸附剂对 Cr(Ⅵ)、As(Ⅴ)的去除率明显增加；当继续增加吸附剂用量时，将增大吸附剂的浓度，从而使吸附剂相互之间碰撞的概率增大，并产生聚集效应，此时吸附剂表面活性位点总量增加不明显，同时，水体中仅存在痕量的 Cr(Ⅵ)、As(Ⅴ)酸根阴离子，使得吸附剂与 Cr(Ⅵ)、As(Ⅴ)酸根阴离子的碰撞概率减小，表现为吸附剂对 Cr(Ⅵ)、As(Ⅴ)去除率逐渐趋于饱和。

5.3.6.4 Cr(Ⅵ)、As(Ⅴ)初始浓度的影响

图 5-23(b)为实验温度为 25℃，pH = 7，水热反应时间为 12h 所制备的线状纳米结构 MnO_2化学修饰硅藻土用量为 40mg，Cr(Ⅵ)、As(Ⅴ)溶液体积均为 100mL，吸附作用时间为 50min 条件下，Cr(Ⅵ)、As(Ⅴ)初始浓度对去除率的影响。

由图 5-23(b)可知，随着 Cr(Ⅵ)、As(Ⅴ)初始浓度的增加，单位质量样品的吸附量快速增大，当 Cr(Ⅵ)、As(Ⅴ)浓度分别达到 100mg/L、125mg/L 时，样品的吸附量增加缓慢，即吸附趋于饱和，曲线变化较为平缓。主要原因在于：当 Cr(Ⅵ)、As(Ⅴ)初始浓

度较小时，吸附剂表面活性位点相对过剩，对 Cr(Ⅵ)、As(Ⅴ)的吸附效率较高，但此时吸附总量有限，表现为在低浓度 Cr(Ⅵ)、As(Ⅴ)时，单位质量吸附剂对 Cr(Ⅵ)、As(Ⅴ)的吸附量较小；随着 Cr(Ⅵ)、As(Ⅴ)初始浓度的增加，吸附剂对 Cr(Ⅵ)、As(Ⅴ)的吸附量逐渐增加，当初始浓度超过一定数值时，定量的吸附剂表面活性位点相对不足，表面自由能逐渐降低，水体中游离态 Cr(Ⅵ)、As(Ⅴ)酸根阴离子增加，致使吸附剂对 Cr(Ⅵ)、As(Ⅴ)的吸附量增加值逐渐趋缓，直至吸附接近饱和状态。此时，样品对 Cr(Ⅵ)、As(Ⅴ)的吸附量分别为 197.6mg/g、108.2mg/g，表明样品对 Cr(Ⅵ)、As(Ⅴ)具有极强的吸附去除能力。

5.3.7　Cr(Ⅵ)、As(Ⅴ)的吸附机理

5.3.7.1　样品吸附 Cr(Ⅵ)、As(Ⅴ)前后 FT-IR 分析

线状纳米结构 MnO_2化学修饰硅藻土对 Cr(Ⅵ)及 As(Ⅴ)的吸附，前期主要以静电吸引的物理吸附为主，后期通过价键结合产生化学吸附。Cr(Ⅵ)、As(Ⅴ)在 pH =7 的水溶液中均以酸根阴离子($Cr_2O_7^{2-}$、$HCrO_4^-$、$H_2AsO_4^-$、$HAsO_4^{2-}$)形式存在。线状纳米结构 MnO_2化学修饰硅藻土表面荷电性质与 MnO_2纳米线表面和硅藻土自身表面的电性有关，在水溶液中，硅藻土表面电荷性质与其本身的等电点有关。硅藻土在水溶液中存在两个等电点区域，分别为 3.0 ~3.5 和 7.8 ~8.5。在各个等电点的区域中，小于等电点时，硅藻土表面呈正电性；大于等电点时，硅藻土表面呈负电性；而在等电点处，表面电荷为零。当 pH =7时，经过线状纳米结构 MnO_2修饰的硅藻土表面呈正电性，与重金属酸根阴离子产生静电物理吸附，在吸附反应后期，发生 Cr(Ⅵ)、As(Ⅴ)酸根阴子基团与吸附剂表面—OH发生离子交换作用，生成 Cr—O—Mn 及 As—O—Mn 键，使 Cr(Ⅵ)、As(Ⅴ)牢固吸附在样品表面。

为证实上述分析，对 12h 水热反应条件下制备的样品吸附 Cr(Ⅵ)、As(Ⅴ)前后分别进行了红外光谱分析，如图 5-24 所示。由图 5-24 曲线 a 可知，波数在 3471cm^{-1}和 1617cm^{-1}处宽而强的吸收峰分别是由吸附水中的 O—H 伸缩振动和扭曲振动引起的；在 465cm^{-1}和 1082cm^{-1}处的吸收峰是由于硅藻土本身 Si—O—Si 键的不对称伸缩振动模式；798cm^{-1}处的吸收峰，是由 Si—O—Al(由硅藻原土中杂质成分)引起的。图 5-24 中曲线 b 显示线状纳米结构 MnO_2化学修饰硅藻土存在 620cm^{-1}和 1439cm^{-1}两个新吸收峰，其中 620cm^{-1}归因于 Mn—OH 伸缩振动，1441cm^{-1}是由Mn—OH中—OH 的面内变形振动形成的。图 5-24 中曲线 c 为样品吸附 Cr(Ⅵ)后，出现 525cm^{-1}吸收峰，由 Cr—O 或 Cr—O—Cr 原子伸缩振动引起。图 5-24 中曲线 d 为样品吸附 As(Ⅴ)后，出现 837cm^{-1}、1020cm^{-1}和 3737cm^{-1}三个新吸收峰，归因于 As—O、Mn—OH 及 As—O—Mn 伸缩振动引起。表明了经过纳米结构 MnO_2化学修饰后的硅藻土对 Cr(Ⅵ)及 As(Ⅴ)进行了有效的化学吸附。

5.3.7.2　吸附 Cr(Ⅵ)、As(Ⅴ)前后 EDS、XPS 分析

图 5-25、图 5-26 分别为水热反应时间为 12h 样品在 pH =7 条件下吸附 Cr(Ⅵ)、As(Ⅴ)后的 EDS、XPS 测试能谱图。

由图 5-25 可知，样品存在 As、Cr、Mn 元素。由图 5-26(a)XPS 全谱图可以看到，有序纳米结构 MnO_2化学修饰硅藻土表面具有明显的 Mn 特征信号峰，在 654eV 及 642eV 存在两个强信号峰，归因于 Mn2p1/2 轨道和 Mn2p3/2 轨道，在结合能为770eV 及 49eV 处存

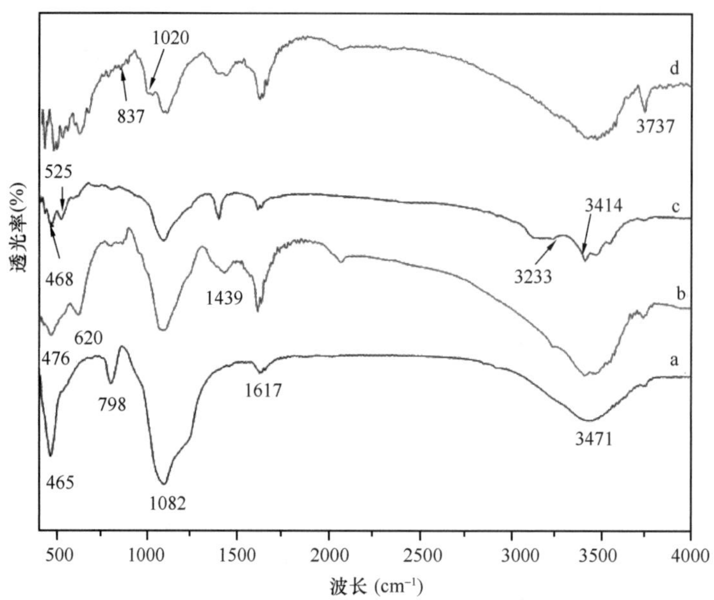

图 5-24　硅藻土原土(a)、水热反应 12h 样品吸附 Cr(Ⅵ)、As(Ⅴ)吸附前(b)、后(c、d)的红外光谱图

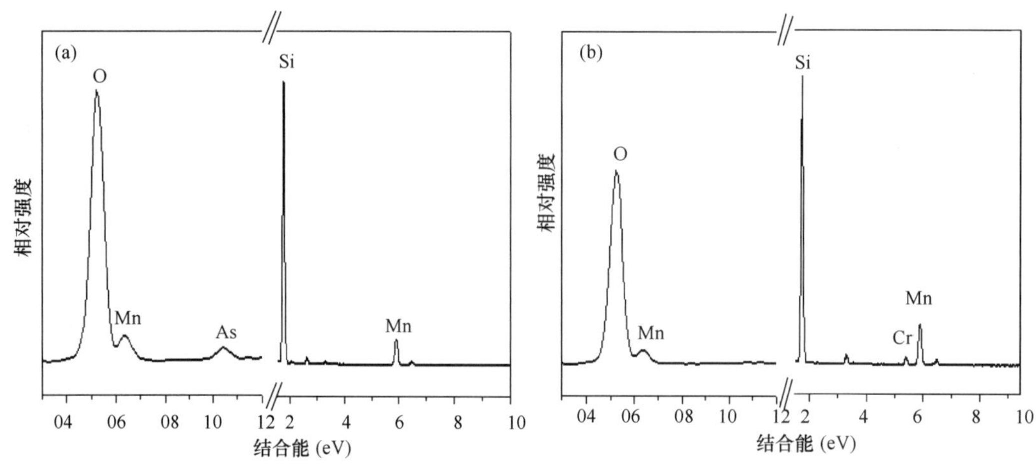

图 5-25　水热反应 12h 样品吸附 Cr(Ⅵ)、As(Ⅴ)后能谱图

在的较强的信号峰，对应 Mn2s 轨道及 Mn3p 轨道。样品在吸附 Cr(Ⅵ)后，在结合能为 579eV 和 588eV 处出现了两个新的信号，归因于 Cr2p3/2 轨道和 Cr2p1/2 轨道；在吸附 As(Ⅴ)后，在结合能为 149eV 及 46eV 处出现了两个新的信号峰，分别对应 As3p 轨道及 As3d 轨道。结合能谱图(图 2-26)中出现的 Cr(Ⅵ)、As(Ⅴ)，可以充分证明 Cr(Ⅵ)、As(Ⅴ)吸附在有序纳米结构 MnO_2化学修饰硅藻土表面上，并且 Cr(Ⅵ)、As(Ⅴ)与吸附剂表面发生了化学性质的吸附，即以化学键形式作用于 MnO_2化学修饰硅藻土表面。由图 5-26(b)～(d)为吸附 Cr(Ⅵ)、As(Ⅴ)前后的 O1s 高分辨 XPS 谱图可以看到，结合能在 BE＝529.8～530.0eV、531.1～531.4eV 及 532.7～533.0eV 处存在三个峰，分别对应

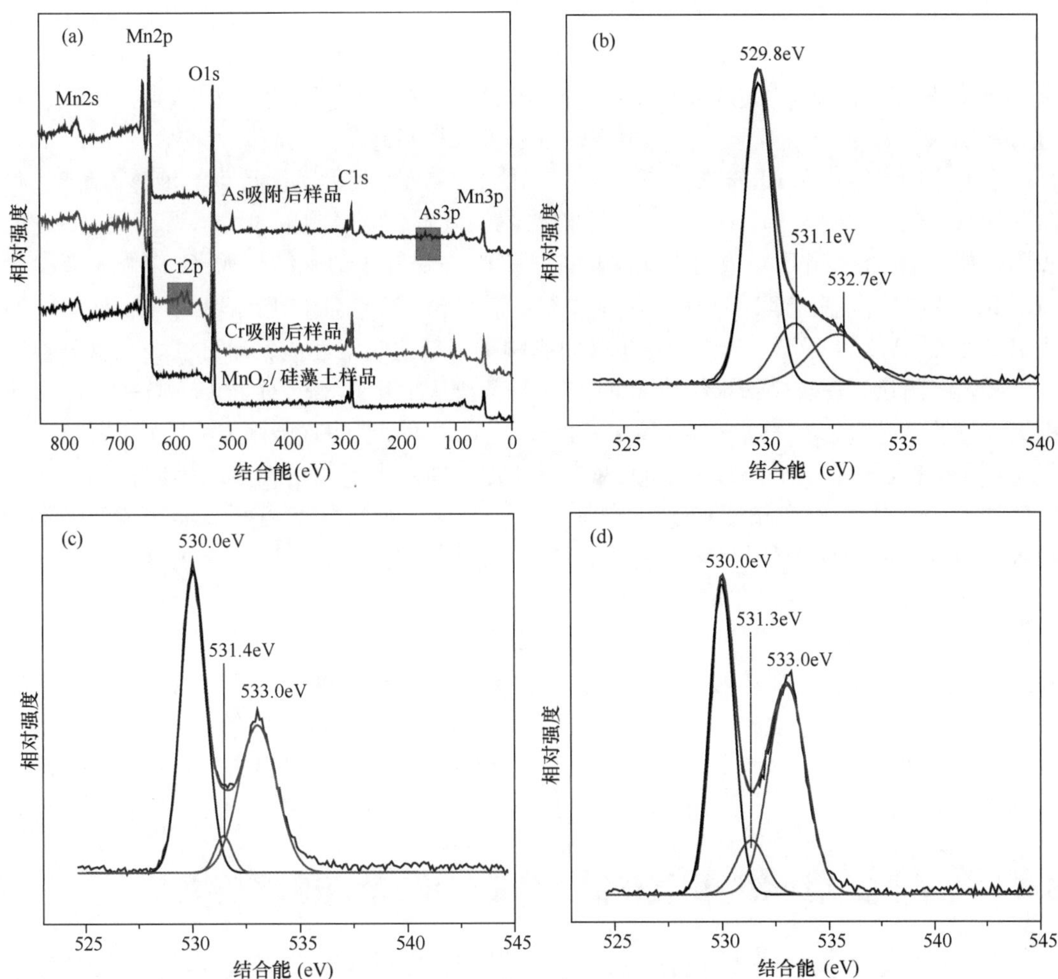

图 5-26　水热反应 12h 样品吸附 Cr(Ⅵ)、As(Ⅴ)前后的 XPS 全谱图

(a)及样品吸附 Cr(Ⅵ)、As(Ⅴ)前(b)后(c、d)的 O1s 高分辨 XPS 谱图

晶格氧(O 以 Mn—O 形式结合)、吸附氧(—OH)及吸附水。图 5-26(b)为样品吸附 Cr(Ⅵ)、As(Ⅴ)前的 O1s XPS 图谱，可以看出，样品表面吸附氧(—OH)的峰值强度明显高于晶格氧(Mn—O)峰强度，说明在吸附剂表面存在大量的羟基基团。图 5-26(b)、(c)为吸附 Cr(Ⅵ)、As(Ⅴ)后，吸附剂表面的吸附氧(—OH)峰强度减弱，晶格氧(Mn—O)峰值强度增加，说明在吸附 Cr(Ⅵ)、As(Ⅴ)后，部分吸附氧转变为晶格氧，此时，样品表面晶格氧不仅存在 Mn—O 键，还存在 Cr—O 键或 As—O 键，这说明 Cr(Ⅵ)、As(Ⅴ)与吸附材料表面发生了化学性质的吸附。

5.3.7.3　吸附机理分析

硅藻土的主要化学成分为非晶态 SiO_2，由硅氧四面体相互桥连而形成的网状结构中存在大量配位缺陷和氧桥缺陷等，从而使硅藻土表面形成大量的硅羟基；经过有序纳米结构 MnO_2 化学修饰后的硅藻土表面依旧保持有大量规则有序的孔道结构，并在硅藻土表面生长有纳米结构氧化锰，使得材料表面存在大量活性羟基基团及不饱和键，这些不饱和键具有强烈的吸附作用，大量的羟基基团又为与 Cr(Ⅵ)、As(Ⅴ)阴离子基团的离子交换提供了可能；经过有序纳米结构 MnO_2 化学修饰后的硅藻土比表面积大大增加，达到 $148m^2/g$，远远高于硅藻土原土的比表面积($20 \sim 40m^2/g$)，可以提供大量活性吸附位点。因此，经过有序纳米结构 MnO_2 化学修饰后的硅藻土能够大大提高硅藻土的吸附性能。

由有序纳米结构 MnO_2 修饰硅藻土对 Cr(Ⅵ)、As(Ⅴ)吸附实验得到溶液体系 pH、吸附剂用量、吸附时间及 Cr(Ⅵ)、As(Ⅴ)初始浓度显著影响吸附剂对 Cr(Ⅵ)、As(Ⅴ)的吸附性能，通过溶液 pH 对吸附剂吸附性能的影响得到有序纳米结构 MnO_2 修饰硅藻土对 Cr(Ⅵ)、As(Ⅴ)吸附前期存在静电吸附作用，溶液 pH 正是通过调节溶液中 H^+ 及 OH^- 的含量，对 Cr(Ⅵ)、As(Ⅴ)产生的竞争吸附影响吸附剂的吸附性能；通过红外光谱分析得出，经过吸附后，在有序纳米结构 MnO_2 修饰硅藻土表面出现 Cr—O 或 Cr—O—Cr 原子伸缩振动峰及 As—O、As—O—Mn 伸缩振动峰，从而说明在吸附剂吸附 Cr(Ⅵ)、As(Ⅴ)时发生离子交换反应，从而形成 Cr—O 或 As—O 键，即发生了化学性质的吸附作用；通过有序纳米结构 MnO_2 修饰硅藻土对 Cr(Ⅵ)、As(Ⅴ)吸附前后 XPS 分析，晶格氧及吸附氧在吸附前后发生了明显的相对强度变化，进一步证明了有序纳米结构 MnO_2 修饰硅藻土对 Cr(Ⅵ)、As(Ⅴ)的吸附存在化学吸附。

由此可以推断出，有序纳米结构 MnO_2 修饰硅藻土对 Cr(Ⅵ)、As(Ⅴ)的吸附，既存在静电吸附，又存在化学吸附，通过有序纳米结构 MnO_2 对硅藻土的修饰改性，改变了硅藻土表面的荷电性质，增加了硅藻土的比表面积，提供了更多的活性羟基基团及活性吸附位点，使改性硅藻土与水体中 Cr(Ⅵ)、As(Ⅴ)酸根阴离子的吸附作用力增强、碰撞概率增加、离子交换能力增强，从而提高了改性硅藻土对 Cr(Ⅵ)、As(Ⅴ)的吸附性能。

5.4 硅藻土表面纳米结构氧化铝、羟基氧化铝沉积制备研究

自然界中铝矿资源丰富，铝氧化物因其具有良好的吸附性能，已有部分产品用作商业吸附剂。另外，铝的其他聚合物(如聚合氯化铝、聚合硫酸铝、聚合氯化铝铁)也已经成为商业应用中重要的吸附混凝剂。

γ-Al_2O_3 是一种廉价高效的吸附材料。薄水铝石在 450 ~ 550℃的低温环境下脱水可制得 γ-Al_2O_3。γ-Al_2O_3 的结构为 Al^{3+} 随机分散在由 O^{2-} 立方面心密堆积形成的八面体和四面体间隙中。γ-Al_2O_3 仅在较高或较低的 pH 条件下才能溶于水，对酸碱的耐受程度较高，进一步加热至 1200℃时转化为 α-Al_2O_3。通常 γ-Al_2O_3 的孔体积大、分散性好，其内表面积可达 $100m^2/g$，因而活性和吸附性能都较好。但是，前驱体薄水铝石的制备方法不同，活性氧化铝的形貌、比表面积和孔体积也不相同，从而表现出不同的吸附能力。γ-Al_2O_3 是一种具有较小堆密度的过渡态氧化铝，具有有缺陷的尖晶石结构，反应活性优越。

5.4.1 硅藻土表面纳米结构氧化铝、羟基氧化铝沉积制备

北京工业大学杜玉成、郑广伟等人利用水热法在硅藻土表面沉积制备了纳米结构的 γ-AlOOH，经过煅烧之后 γ-AlOOH 转化形成 γ-Al_2O_3，并对其进行了表征。

水热法是指将预先配制的反应溶液(一般以水为溶剂)置于内衬聚四氟乙烯的反应釜内，并选择合适的反应温度、反应时间、填充率等，在一定温度及水蒸气压作用下，合成

所需产物的过程。由于在反应釜内发生反应，从而使平时难溶甚至不溶的物质发生溶解或者重新结晶析出，从而使制备的材料具有纯度高、晶体形貌均一、晶粒尺寸较小、分散性好等优点。试验使用结晶氯化铝为铝元素来源，通过加入氨水来调节反应溶液的 pH，在与硅藻土混合后加入一定量的十二烷基苯磺酸钠作为模板剂，在水热条件下制备了 γ-AlOOH 改性硅藻土。经过 500℃一定程度的煅烧，沉积在硅藻土表面的 γ-AlOOH 转化为 γ-Al_2O_3。

5.4.2　硅藻土表面纳米结构氧化铝、羟基氧化铝沉积表征

添加不同的模板剂可以制备出不同形貌的 γ-AlOOH。扫描电镜图（图 5-27）可清楚地看到硅藻土边缘及中心部位沉积有纺锤状、片状以及束状结构的 γ-AlOOH。纺锤状结构 γ-AlOOH 长 450 ~ 750nm、宽 150 ~ 350nm，由层片状结构组装形成；同时，可以看出硅藻土的孔道结构仍保持完好；片状结构 γ-AlOOH 的厚度为 25 ~ 30nm、长度为 600 ~

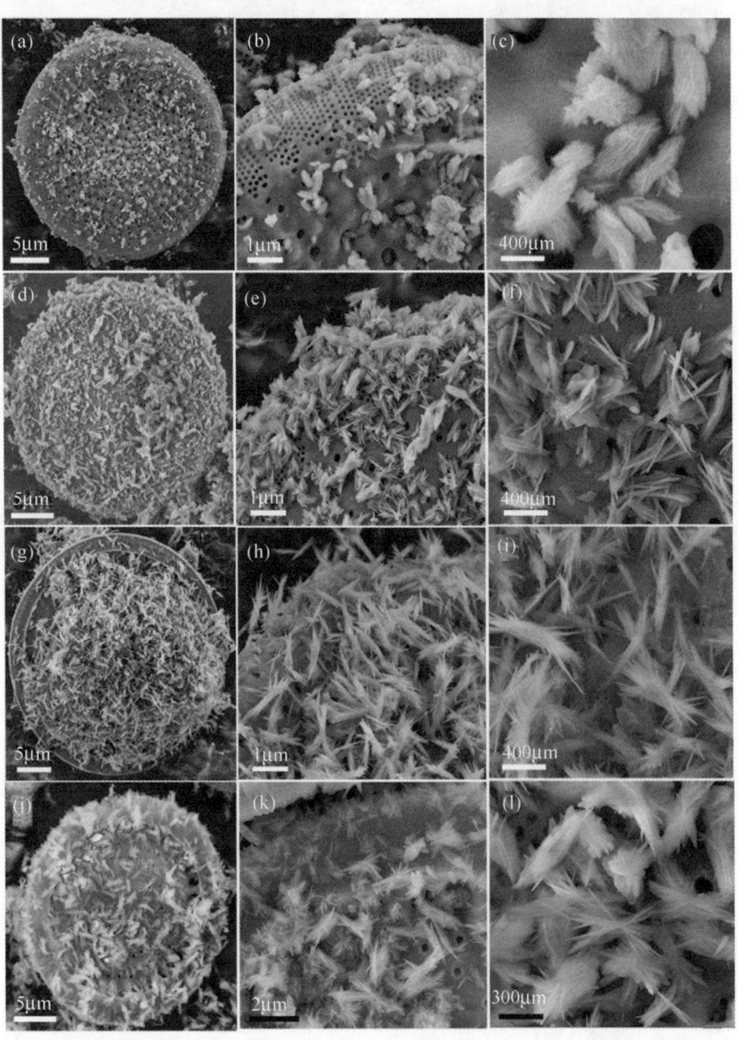

图 5-27　纺锤状 γ-AlOOH/硅藻土(a) ~ (c)、片状 γ-AlOOH/硅藻土(d) ~ (f)、束状 γ-AlOOH/硅藻土(g) ~ (i)和束状 γ-Al_2O_3/硅藻土(j) ~ (l)的扫描电镜图像

1150nm，可以看出，片状结构有自组装趋势；束状结构 γ-AlOOH 的长度为 1.2 ~ 1.8μm、宽度为 300 ~ 500nm，束状结构均由层片状结构自组装形成。束状结构 γ-AlOOH 改性硅藻土经过煅烧后，所得到的 γ-Al_2O_3形貌未发生明显的变化，同时，硅藻盘的孔道结构仍保持完好。煅烧后，层片状结构变宽，由长 350 ~ 950nm、宽 20 ~ 80nm 变为长 200 ~ 700nm、宽 40 ~ 200nm，且煅烧后的层片状结构变得粗糙，这将增大煅烧后样品的比表面积，并猜测经过煅烧形成的 γ-Al_2O_3修饰硅藻土表面具有较高的活性及较高的吸附性能。

图 5-28 分别为纺锤状 γ-AlOOH、片状 γ-AlOOH、束状 γ-AlOOH 及束状 γ-Al_2O_3样品的透射电镜照片及 γ-AlOOH、γ-Al_2O_3的高分辨透射电镜照片。由图 5-28（a）可明显看到，由片状结构组装形成的纺锤体大小不一，长 450 ~ 750nm、宽 150 ~ 350nm。由图 5-28（b）可清楚地看到片状结构的 γ-AlOOH。图 5-28（c）、（d）显示束状结构 γ-AlOOH 在煅烧前后形貌未发生明显变化；束状结构在煅烧前后保持完整，均由层片状结构组装形成，

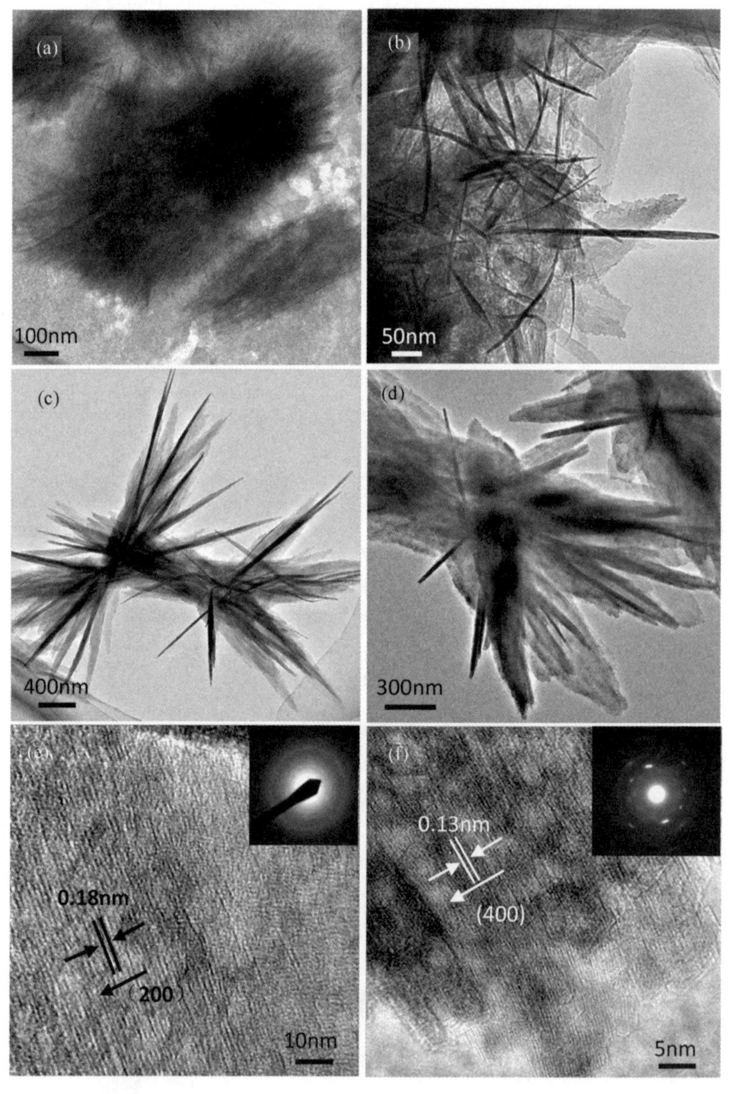

图 5-28　纺锤状 γ-AlOOH（a）、片状 γ-AlOOH（b）、束状 γ-AlOOH（c）、束状 γ-Al_2O_3（d）的投射电镜及 γ-AlOOH（e）、γ-Al_2O_3（f）高分辨透射电镜图像

但经过煅烧后的层片状结构变宽变短，并且表面粗糙化。图 5-28（e）HRTEM 可清楚地看到 γ-AlOOH 层片状结构的晶格条纹，其晶面间距为 0.18nm，与标准卡片 JCPDS PDF#21-1307 的（200）晶面间距相接近，其 SAED 衍射图案呈电子衍射环状，表明 γ-AlOOH 层片状结构为多晶结构。由图 5-28（f）γ-Al_2O_3 的 HRTEM 可清楚地看到层片状结构的晶格条纹，其晶面间距为 0.13nm，与标准卡片 JCPDS PDF#10-0425 的（440）晶面间距相接近，其 SAED 衍射图案呈电子衍射环状，表明 γ-Al_2O_3 层片状结构为多晶结构。

由制备样品的 X 射线衍射分析（图 5-29）可以看出，硅藻土为非晶态物质，其中个别晶体衍射峰（101）为硅藻土中的石英杂质峰，经过 AlOOH 修饰改性后的硅藻土中仍然保持有非晶态特征衍射峰，并出现新的衍射峰。新出现特征衍射峰在 2θ 为 14.393°、27.979°、38.199°、48.911° 处分别对应 γ-AlOOH（020）、（120）、（031）、（200）晶面，为正交 γ-AlOOH 晶体，并沿（020）面逐渐长大。可以看出，使用不同方法在硅藻土表面制备的 AlOOH 晶型结构相同，只发生了形貌的变化。经过煅烧后的样品由 γ-AlOOH 转化形成立方 γ-Al_2O_3 晶体结构。

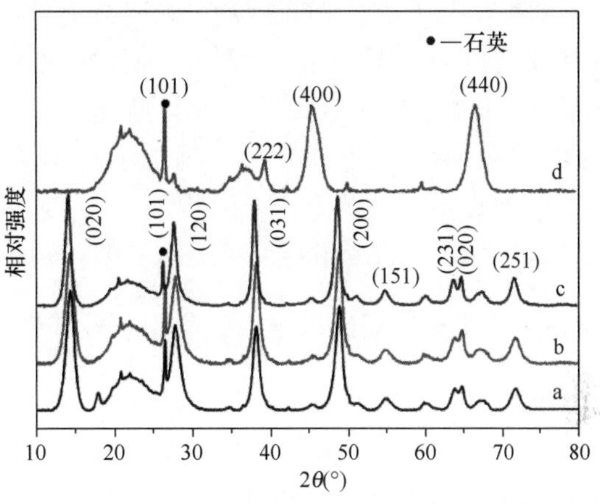

图 5-29　纺锤状 AlOOH/硅藻土（a）、束状 AlOOH/硅藻土（b）、片状 AlOOH/硅藻土样品与束状 Al_2O_3/硅藻土（d）的 XRD 图

由氮气吸脱附曲线和孔径分布曲线（图 5-30）可以看出，纺锤状 γ-AlOOH/硅藻土的等温线介于Ⅲ型及Ⅳ型（IUPAC 分类法）之间，其余三种样品的等温线均近似于Ⅲ型。其中，纺锤状 γ-AlOOH/硅藻土在高压区（$p/p_0>0.9$），吸脱附曲线逐渐上升，且没有达到饱和，表明样品中含有大孔结构，其比表面积为 87m^2/g，由 BJH 曲线计算出样品的平均孔径为 17.7nm；片状 γ-AlOOH/硅藻土

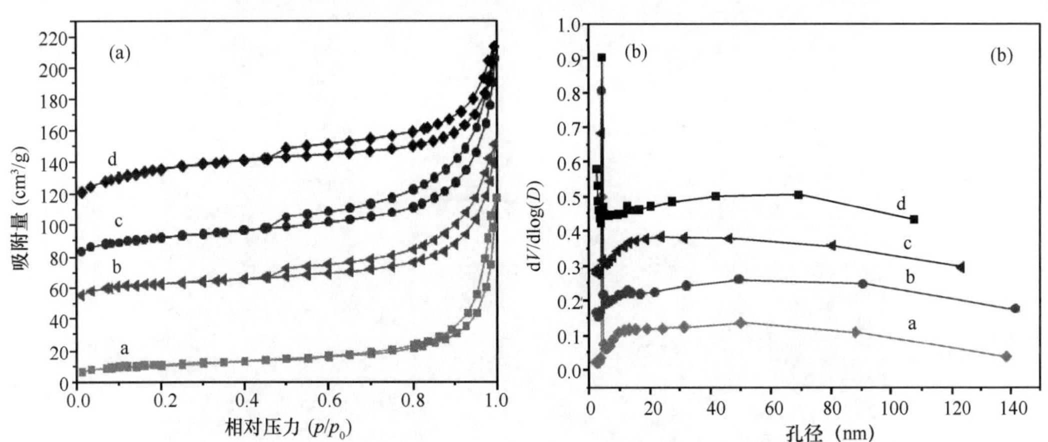

图 5-30　纺锤状 γ-AlOOH/硅藻土、片状 γ-AlOOH/硅藻土、束状 γ-AlOOH/硅藻土、束状 γ-Al_2O_3/硅藻土的 N_2 吸脱附曲线（a）与孔径分布曲线（b）

a—纺锤状 γ-AlOOH/硅藻土；b—片状 γ-AlOOH/硅藻土；c—束状 γ-AlOOH/硅藻土；d—束状 γ-Al_2O_3/硅藻土

和束状 γ-AlOOH/硅藻土样品不仅存在大孔结构，而且两者的吸脱附曲线在中压区（p/p_0 >0.4）表现为 H3 型滞后环，表明样品存在中孔结构，由片状结构粒子堆积形成，两者的比表面积分别为 $96m^2/g$、$125m^2/g$，计算得出的两种样品的平均孔径尺寸分别为 8.5nm、7.6nm；经过煅烧后的束状 γ-Al_2O_3/硅藻土在中压区为 H3 型滞后环，同时存在中孔及大孔结构，其比表面积为 $147m^2/g$，平均孔径尺寸为 7.1nm。四个样品的等温线部分类似，表明这些样品的孔结构无明显差异，由孔径分布同样可以推论出此结论。可以看出，四种样品孔径分布曲线在 4nm 处存在明显的峰，表明样品的孔大小统一。在 γ-AlOOH 转变为 γ-Al_2O_3的过程中，晶体中氢原子发生迁移并与羟基结合生成水，水分子扩散至层片状表面并发生解析，使得煅烧后的 γ-Al_2O_3层片状结构产生较多的微孔，从而使 γ-Al_2O_3层片状结构变得粗糙，增加了 γ-Al_2O_3改性硅藻土的比表面积。经过 γ-AlOOH 及 γ-Al_2O_3改性后的硅藻土比表面积得以大大提高，可以提供更多的吸附位点，增加了吸附剂对重金属离子的吸附容量。

5.4.3 硅藻土表面纳米结构氧化铝、羟基氧化铝沉积机理

不同的水热反应温度 140℃、160℃、180℃、200℃用来分析 γ-AlOOH 在硅藻土表面沉积的机理。由其扫描电镜图像可以观察出合成的 γ-AlOOH 化学修饰硅藻土的形貌变化。由图 5-31 可以看出，在较低水热温度下（140℃）合成出的 γ-AlOOH 呈片状结构，片状结构生长于硅藻土表面，存在少量的层片状自组装结构；提高温度至 160℃，片状结构经过组装形成规则的束状结构，此时束状结构并未完全打开，规则地分布于硅藻土表面；再次提高反应温度至 180℃，可以看到束状结构 γ-AlOOH 形貌发生微小变化，此时束状结构已经完全伸展。比较反应温度为 140℃及 180℃样品，可以明显看出束状结构是由低温下形成的片状结构长大并组装形成。当水热温度提高到 200℃时，部分束状结构形貌发生改变，存在由束状结构向花状结构转变的趋势。

图 5-31　不同温度合成的 γ-AlOOH/硅藻土扫描电镜照片

束状 γ-AlOOH 在硅藻土表面合成示意图如图 5-32 所示。结晶氯化铝（$AlCl_3 \cdot 6H_2O$）溶于水后易解离为 Al^{3+} 及 Cl^-，而 Al^{3+} 在一定 pH 条件下，会与 H_2O 结合生成带有不同电价的 Al 羟基氧化物，反应如下：

$$AlCl_3 + H_2O \rightleftharpoons Al(OH)^{2+} + H^+ + 3Cl^- \tag{5-7}$$

$$Al(OH)^{2+} + H_2O \rightleftharpoons Al(OH)_2{}^+ + H^+ \tag{5-8}$$

$$Al(OH)_2{}^+ + H_2O \rightleftharpoons Al(OH)_3 + H^+ \tag{5-9}$$

$$NH_3 \cdot H_2O \rightleftharpoons NH_4^+ + OH^- \tag{5-10}$$

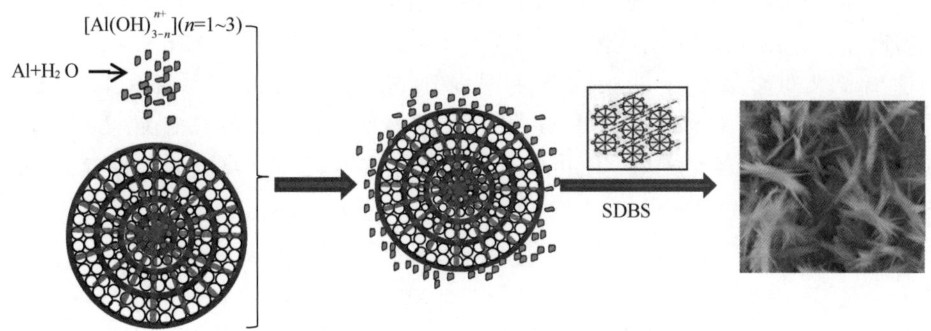

图 5-32　束状 γ-AlOOH 在硅藻土表面合成示意图

水解后带有正电荷的 Al 羟基氧化物[$Al(OH)_{3-n}^{n+}$]($n = 1 \sim 3$)会与带有负电性的硅藻土表面发生电中和反应，在硅藻盘上沉积 Al 羟基氧化物。当向溶液中滴加少量氨水时，会中和由于 Al^{3+} 水解产生的 H^+，推动方程式向右进行，加速溶液中 Al^{3+} 的水解过程，可能存在少量铝羟基氧化物逐渐在硅藻土表面缺陷处形成无定型 γ-AlOOH 亚稳相。

十二烷基苯磺酸钠加入溶液后会发生如下反应：

$$C_{12}H_{25}SO_4Na \longrightarrow (C_{12}H_{25}SO_4)^- + Na^+ \tag{5-11}$$

$$nC_{12}H_{25}SO_4{}^- \rightleftharpoons [C_{12}H_{25}SO_4{}^-]_n \tag{5-12}$$

$C_{12}H_{25}SO_4Na$ 在水溶液中容易解离生成$(C_{12}H_{25}SO_4)^-$及 Na^+，当达到临界胶束浓度时，溶液中的$(C_{12}H_{25}SO_4)^-$会聚合形成超分子胶束[$C_{12}H_{25}-OSO_3{}^-$]n。胶束中的亲油基团($C_{12}H_{25}$—)朝内、亲水基团(—OSO_3—)朝外，呈定向排列。因此，形成的超分子胶束表面带有大量负电荷。猜测在本实验浓度范围内，形成的超分子胶束呈束状结构。溶液中或沉积在硅藻盘上尚未被完全中和的 Al 羟基氧化物与带有负电荷的超分子胶束发生静电吸引，使 Al 羟基氧化物嵌入超分子基团内部，形成有机-无机复合的层状结构。

在溶液中加入尿素，在水热条件下发生分解，存在如下反应：

$$(NH_2)_2CO + 3H_2O \longrightarrow 2NH_4^+ + 2OH^- + CO_2\uparrow \tag{5-13}$$

尿素在水热条件下发生分解反应逐渐生成 OH^-，起到缓慢调节溶液 pH 的作用。随着反应进行，OH^-逐步取代有机-无机复合前躯体中的阴离子表面活性剂，形成无定型的勃姆石亚稳相。由于勃姆石为铝氧八面体层状结构，层状结构由氢键结合，表面具有丰富的羟基基团，根据能量最低原理及晶体生长理论，亚稳相的勃姆石将沿氢键方向优先生长，通过溶解及再结晶过程逐渐形成 γ-AlOOH 二维片状结构。伴随着复杂的结晶化学过程，二维片状结构逐渐卷曲自组装成为三维束状结构。所形成的 γ-AlOOH 在 500℃下焙烧脱水

得到 γ-Al_2O_3，并保持三维束状结构不变。

5.4.4 束状结构氧化铝修饰硅藻土对 Cs^+、Pb^{2+} 吸附

随着核电及其他核技术的发展，产生了大量的放射性废水，对水体环境带来巨大的安全隐患。其中，Cs 是一种极易溶于水的放射性污染物，其半衰期为 30.4 年，由于具有与钾离子相似的化学性质，其更容易进入各个生物体内，对人类及环境造成巨大危害。Pb^{2+} 是一种广泛存在的重金属离子，可通过生物链进入人体，影响人体内血红蛋白的形成，降低人体酶的生物活性，影响大脑和神经系统的发育，是所有已知毒性物质中，文字记载最多的物质。由于其不易降解，铅离子污染会对人类造成极大的危害。因此，对污水中放射性离子及重金属离子的去除备受国内外关注。本书将利用束状纳米结构的 γ-AlOOH 及 γ-Al_2O_3 化学修饰硅藻土对 Cs^+ 及 Pb^{2+} 进行吸附研究，计算出纳米结构 γ-AlOOH 及 γ-Al_2O_3 化学修饰硅藻土对 Cs^+ 及 Pb^{2+} 的最大吸附量，探讨其吸附性能，并进行吸附等温模型分析。

对 Cs^+ 及 Pb^{2+} 的等温吸附：溶液中的铅离子在不同环境体系中有着不同的存在形式。一般认为，在酸性条件下（pH≤6），铅以 Pb^{2+} 形式存在；当溶液 pH 在 6～8.5 范围内时，溶液中的 Pb^{2+} 逐渐转变为 $Pb(OH)^+$，Pb^{2+} 浓度下降，$Pb(OH)^+$ 浓度升高；在 pH＝8.5 时，$Pb(OH)^+$ 含量达到峰值；当溶液 pH 在 8～12 时，溶液中的 Pb^{2+} 及 $Pb(OH)^+$ 逐渐转变为 $Pb(OH)_2$ 沉淀；pH＝9 时，溶液中的 Pb^{2+} 已全部转变为氢氧化铅；伴随着 pH 值的继续增大，生成的 $Pb(OH)_2$ 转变为 $Pb(OH)_3^-$。铅离子在溶液体系中的存在状态如图 5-33 所示。

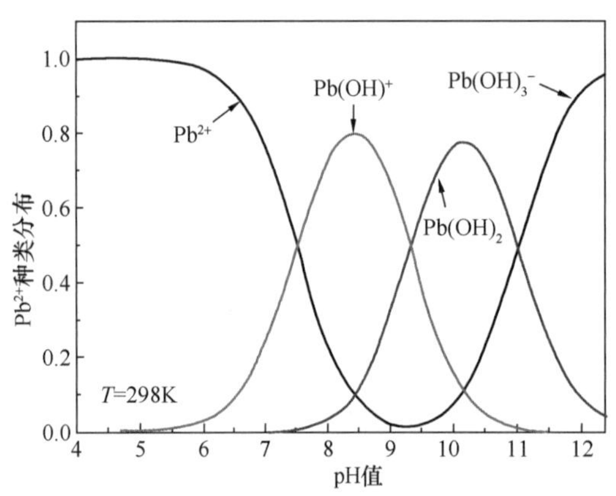

图 5-33 不同 pH 条件下溶液内 Pb^{2+} 的平衡存在状态

在研究束状 γ-AlOOH 改性硅藻土或 γ-Al_2O_3 改性硅藻土对 Pb^{2+} 的吸附性能时，为了避免溶液中的 Pb^{2+} 发生自沉淀反应，选取反应体系 pH＝4 进行实验研究；考虑相同情形，由于铯在中性溶液中以 Cs^+ 形式存在，因此，选取反应体系 pH＝7 时，进行束状 γ-AlOOH 改性硅藻土或 γ-Al_2O_3 改性硅藻土对 Cs^+ 的吸附实验研究。

图 5-34（a）为 Pb^{2+} 初始浓度为 20～1000mg/L、体积为 40mL、溶液 pH＝4、吸附时间为 12h、硅藻土或束状 γ-AlOOH 改性硅藻土或 γ-Al_2O_3 改性硅藻土加入量为 20mg 时，以吸附剂平衡吸附能力（q_e）对平衡吸附浓度（c_e）作图而绘制的吸附等温线。可以看出，硅藻土原土对 Pb^{2+} 的吸附在较低浓度时已经接近饱和，表现为一条直线。在同一初始浓度下，束状结构 γ-AlOOH 化学修饰硅藻土的平衡吸附量低于 γ-Al_2O_3 化学修饰硅藻土的平衡吸附量，说明经过煅烧后形成的 γ-Al_2O_3 化学修饰硅藻土对 Pb^{2+} 的吸附容量较高，两者对 Pb^{2+} 的吸附趋势相同，在初始浓度较低时，q_e 增加较快，当 Pb^{2+} 浓度较高时，q_e 增加缓慢，并逐渐趋于平衡。

图 5-34(b)为体积为 40mL、Cs^+初始浓度为 5 ~ 200mg/L、溶液 pH = 7、吸附时间为 12h、束状 γ-AlOOH 改性硅藻土或 γ-Al_2O_3改性硅藻土加入量为 20mg 时，以吸附剂平衡吸附能力(q_e)对平衡吸附浓度(c_e)作图而绘制的吸附等温线。可以看出，曲线在较低浓度时增长较快，在较高浓度时几乎不变，趋于一条直线，说明 γ-AlOOH 改性硅藻土及 γ-Al_2O_3改性硅藻土对 Cs^+的吸附很快达到饱和。在同一初始浓度下，γ-AlOOH 化学修饰硅藻土的平衡吸附量低于 γ-Al_2O_3化学修饰硅藻土的平衡吸附量，两者对 Cs^+的吸附趋势相同，在初始浓度较低时，q_e增加较快，当 Cs^+浓度较高时，q_e增加缓慢，并逐渐趋于平衡。

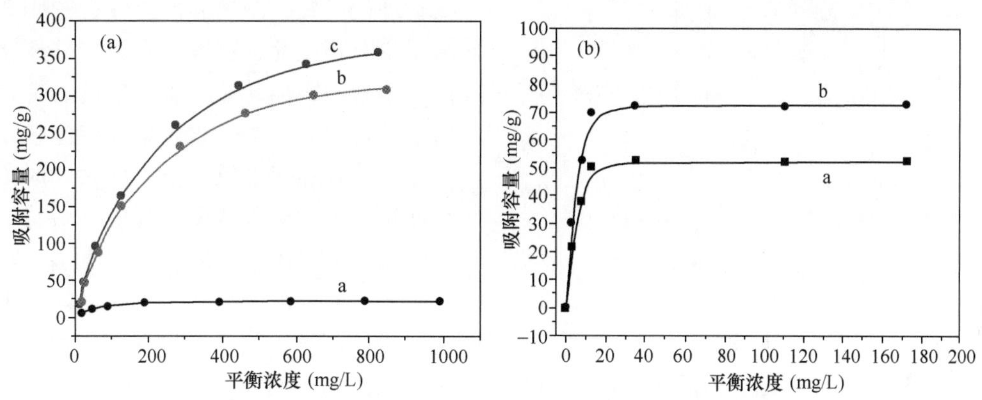

图 5-34　硅藻土、γ-AlOOH/硅藻土和 γ-Al_2O_3/硅藻土对 Pb^{2+}的吸附等温线(a)及 γ-AlOOH/硅藻土和 γ-Al_2O_3/硅藻土对 Cs^+的吸附等温线(b)

a—硅藻土；b—γ-AlOOH/硅藻土；c—γ-Al_2O_3/硅藻土

5.5　硅藻土表面胶体电荷适应性研究

固体在电解质溶液中形成固/液界面，构成溶液的各组分在溶液中和在固/液界面上的化学势不同，因而可发生离子的迁移和吸附，从而使固体表面带有某种电荷。同时，固体在溶液中表面带电的原因还有固体表面某些基团的解离等。在固/液界面上选择性吸附的离子或在表面基团解离时保留在表面的过剩离子成为决定电势离子。硅藻土表面电荷性质受到同型置换、表面硅羟基解离或吸附以及所处溶液 pH 值的影响。

5.5.1　硅藻土表面电荷性质

完全纯净的硅藻土的化学成分为非晶态 SiO_2，但是由于硅藻的生活环境以及在地质演变过程中杂质的影响，硅藻土的化学成分通常还含有少量的 Al_2O_3和 Fe_2O_3，Al^{3+}或 Fe^{3+}取代晶格中的 Si^{4+}而使硅藻土表面带负电，形成表面结构永久电荷。与此同时，在硅藻土表面及孔道内表面产生晶格缺陷，形成硅羟基，硅藻土表面硅羟基在水溶液中发生解离作用，受溶液 pH 值的影响，硅藻土表面表现出不同的荷电性质。纯净的硅藻土表面在水介质中表面带电情况如图 5-35 所示。

在高 pH 值时，固体 SiO_2表面带负电荷，在较低 pH 值时带正电荷。硅藻土的主要成分为非晶态 SiO_2，其在水介质中是带有电荷的。

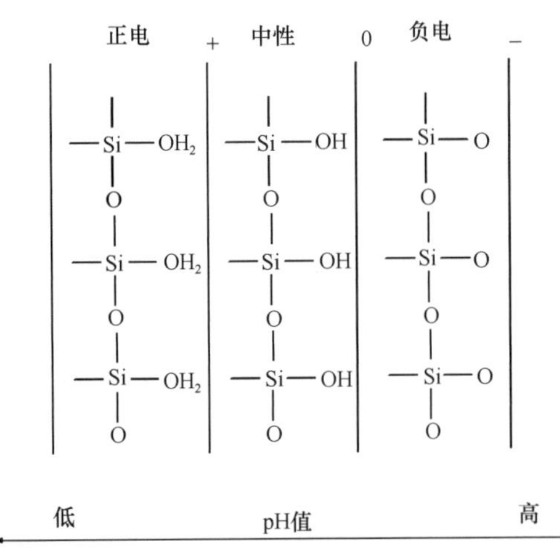

图 5-35　pH 值对 SiO_2表面带电状况的影响

因离子选择性吸附以及硅藻土表面硅羟基解离而带电荷的硅藻土表面附近势必会形成电场。硅藻土分散在水中，在电场或其他力场作用下，固体颗粒相对另一液相做相对移动时所表现出来的电学性质称为动电性质。硅藻土表面在一般水介质中解离出大量 H^+，而带有负电荷。由静电吸附理论可知，距离硅藻土较近的阳离子由于带有正电荷，很容易吸附于硅藻土表面；溶液中距离硅藻土表面较近的带负电离子被排斥。这样，与体相溶液比较，硅藻土固体表面附近反离子浓度大，同离子浓度小，由此浓度梯度引起离子做与电场方向相反的扩散，形成扩散双电层。随着硅藻土表面阳离子数量的增加，硅藻土表面的电荷性质逐渐发生改变，此时，硅藻土对距离较远的阳离子的静电吸附作用减弱。同时，水化阳离子具有无规则的热运动，因此硅藻土表面阳离子的吸附不可能整齐地排列在一个面上，而是随着与硅藻土表面距离的增大而减少。硅藻土表面吸附阳离子的分布如图 5-36所示。到达 *P* 点位置，表明阳离子平衡了硅藻土表面的全部负电荷，此时呈现电中性性质。在外电场作用下，硅藻土质点与一部分吸附牢固的水化阳离子（如 *AB* 面以内）随硅藻土质点向正极移动，这一层就是吸附层，吸附层呈现负电性质。而另一部分水化阳离子不随硅藻土质点移动，而是向负极移动，这一层就是扩散层（由 *AB* 面至 *P* 点），扩散层带有正电荷，具有正电性质。因为吸附层与扩散层各带有相反的电荷，所以相对移动时两者之间就存在着电位差，这个电位差就是 ξ 电位，也称动电电位。

硅藻土的 ξ 电位对硅藻土吸附重金属离子有重要的作用。ξ 电位的公式如下：

$$\xi = 4\pi\sigma d/D \tag{5-14}$$

式中　ξ——动电电位；

σ——表面电荷密度；

d——双电层厚度；

D——介质的介电常数。

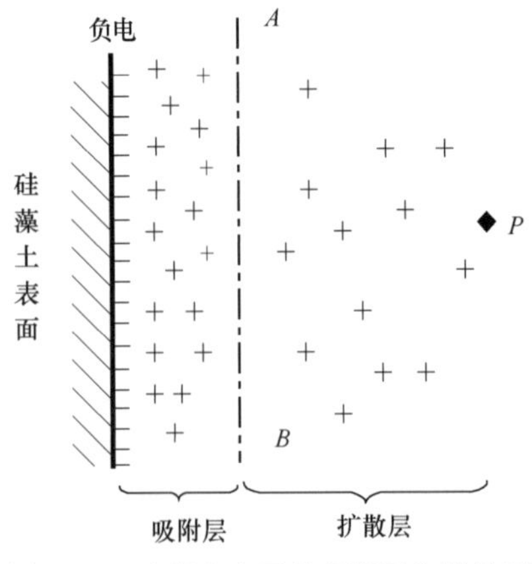

图 5-36　硅藻土表面的吸附层和扩散层

由式（5-14）可知，硅藻土 ξ 电位与其表面电荷成正比。由图 5-35 所示在高 pH 值和低 pH 值，硅藻土表面分别带有正电荷和负电荷。硅藻土表面 ξ 电位与 pH 值的关系曲线如图 5-37 所示，硅藻土在 *I* 点 $\xi=0$，即表面不带电荷，为电中性，该点对应的 pH 值，即为硅藻土的等电点（IEP）；当 pH 值低于其等电点时，硅藻土表面 ξ 为正值，pH 值越低 ξ 越大，表面正电荷越多；当 pH 值大于其等电点时，硅藻土表面带负电荷，且 pH 值越大 ξ 电位就越负，表明硅藻土表面负电荷越多，这样有利于对带正电荷的金属离子的吸附。

硅藻土的产地不同，其硅藻壳体的种属也不同，有直链藻、圆盘藻等。直链藻的微孔内表面具有负的弯曲半径，羟基基团排列紧密，因此，连生的羟基基团最多，所形成的氢键最强，这样的硅藻土结构在水溶液中不易离解出 H^+，其带电负性较弱；圆盘藻的微细孔呈圆筒形，盘面上分布着许多大小不同的微细孔，比直链藻的排列松散，其内表面羟基基团排列也比直链藻松散，排列为平面型，所形成的氢键较弱，因此，圆盘藻的硅藻土在水溶液中更易离解出 H^+，具有较高的负电特性。图 5-38 为硅藻土内表面结构。

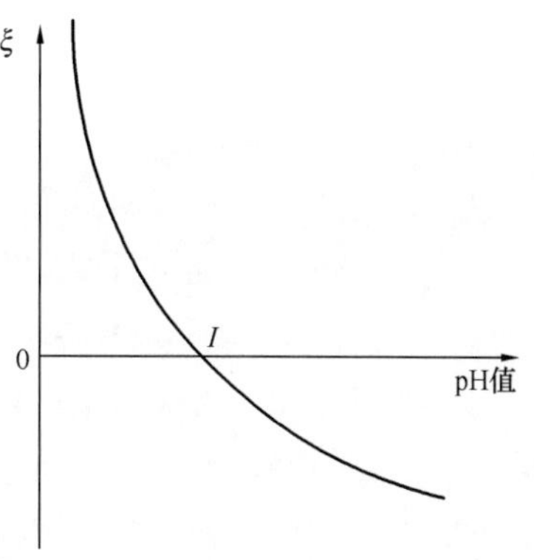

图 5-37　硅藻土的 ξ-pH 关系曲线

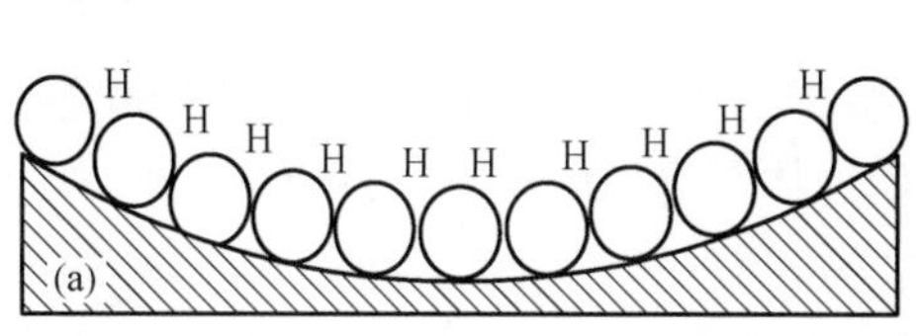

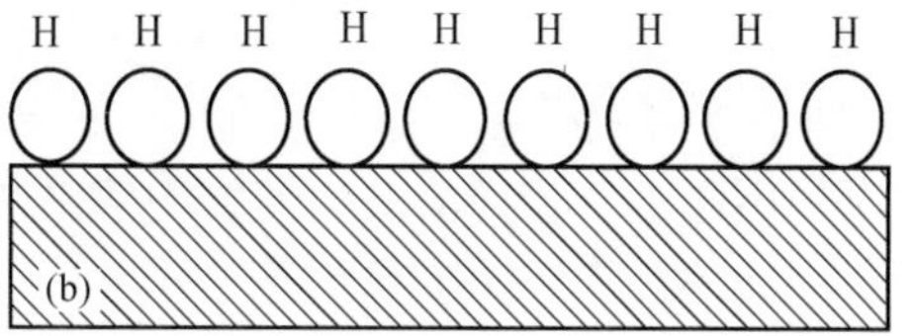

图 5-38　硅藻土内表面结构

（a）负弯曲半径型；（b）平面型

硅藻土表面的离子位置被认为是在颗粒与水的界面处，正电荷、中性分子和负电荷呈二维排列。硅藻土硅羟基表面在水溶液中有如下质子化和去质子化过程：

$$\equiv Si—O^- \underset{-H^+}{\overset{+H^+}{\rightleftharpoons}} \equiv Si—OH \underset{-H^+}{\overset{+H^+}{\rightleftharpoons}} \equiv Si—OH_2^+$$

若体系的酸性增加，硅氧粒子表面的 $\equiv SiO^-$ 和溶液中 H^+ 结合生成 $\equiv Si—OH$，而在强酸性条件下，则生成 $\equiv SiOH_2{}^+$，此时硅藻土表面带有正电；相反，在强碱性条件下，溶液中大量带有负电荷的 OH^- 会与硅藻土表面的 $\equiv SiO^-$ 发生竞争吸附，使得硅藻土表面 $\equiv SiO^-$ 数量增加而带有负电。因此，溶液 pH 值越高，表面的 $\equiv SiO^-$ 就越多，其表面的 ξ 电位就越负，这样有利于硅藻土对金属阳离子的吸附而对阴离子吸附效果不佳；pH 值越低表面的 $\equiv SiOH_2{}^+$ 增多，表面 ξ 电位就为正值，这样不利于对金属阳离子的吸附；当表面主要为 $\equiv Si—OH$ 时，表面 ξ 电位等于零，此时的 pH 值即为粒子的等电点。

5.5.2　硅藻土零电荷点的测定

青海民族大学的张世芝采用电势滴定、质量滴定和惰性电解质滴定 3 种方法测定了精硅藻土的零电荷点。

（1）零电荷点的测定

① 电势滴定：分别称取 0.2g 硅藻土样品于若干带刻度的 50mL 离心管中，分成 3 组，向各组离心管中分别加入浓度为 0.1、0.01 和 0.001（$mol \cdot L^{-1}$）的电解质（KNO_3）溶液 10mL，然后在离心管中加入适量 0.1$mol \cdot L^{-1}$ HNO_3 溶液，以调节离心管间不同的初始

pH 值，用蒸馏水补充至总溶液体积为 20mL。将所有离心管放入恒温水浴摇床中（控温 25℃ ±0.25℃）振荡 24h 后，用酸度计测定体系的 pH 值，以获得吸附平衡时的 $[H^+]$ 和 $[OH^-]$，pH 值在 2min 内变化不超过 0.02 个单位时视为达到反应平衡。同时，做空白实验（不加土样和 HNO_3溶液），测定体系的 pH 值，以获得纯电解质溶液的 $[H^+]_E$和 $[OH^-]_E$。吸附量可通过下式计算：

$$\Gamma_{H^+_-OH^-} = (C_A - C_B + [OH^-] - [H^+] - [OH^-]_E + [H^+]_E)/C_S \tag{5-15}$$

式中：$\Gamma_{H^+_-OH^-}$为吸附量（$mmol \cdot g^{-1}$）；C_S是体系的土样浓度（$g \cdot L^{-1}$）；C_A、C_B为体系中加入酸或碱的浓度（$mol \cdot L^{-1}$）；以 $\Gamma_{H^+_-OH^-}$对体系平衡 pH 值作图，即得到电势滴定曲线。

② 质量滴定：取一定量浓度分别为 0.1、0.01 和 0.001（$mol \cdot L^{-1}$）的 KNO_3溶液，用 0.1$mol \cdot L^{-1}$ HNO_3溶液调节初始 pH 值，加入一定量的精硅藻土样品，恒温（25 ± 0.25）℃振荡 15min，测定悬浮体的平衡 pH 值。以 pH 值对固体质量 C_S（g）作图，即得质量滴定曲线。

③ 惰性电解质滴定：在若干 50mL 的离心管中，各加入 2g 硅藻土样品，再加入适量蒸馏水和 HNO_3或 NaOH 溶液，使管中溶液的最终体积为 20mL，并使 pH 值分布在适当的范围内。在恒温（25 ±0.25）℃下平衡 4d，其间每天振荡 1h，然后测定各管中的 pH 值，记为 pH_0。再向各管中加入浓度为 2$mol \cdot L^{-1}$的 KNO_3溶液 0.5mL，振荡 3h，测定平衡 pH 值，记为 pH。以 ΔpH（即 $pH - pH_0$）对 pH 值作图，即得惰性电解质滴定曲线。

（2）零电荷点的测定结果

① 电势滴定结果。从样品的电势滴定结果可以看出，不同电解质浓度的电势滴定曲线间有一个公共交点（common intersection point，CIP），对应的 pH 值为 2.04，即样品的零电荷点（pH_{PZC}）。说明表面带有负电荷的硅藻土的零电荷点与支持电解质浓度无关。

② 质量滴定结果。质量滴定法的原理是当固体颗粒样品加入 pH 值不等于样品的 pH_{PZC}值的溶液中时，因颗粒表面对 H^+或 OH^-的吸附而将改变体系的 pH 值。当液体介质的 pH 值高于 pH_{PZC}值时，由于颗粒表面对 OH^-的净吸附而使 pH 值降低；反之，则因颗粒表面对 H^+的净吸附而使 pH 值升高。因此，悬浮体的 pH 值将随固含量的增加而向 pH_{PZC}值移动，当固含量达到一定值之后，体系的 pH 值将与 pH_{PZC}值相等，随后体系的 pH 值与固含量无关。即在质量滴定曲线上将有一平台，对应的 pH 值为固体颗粒的 pH_{PZC}值。以 KNO_3浓度为 0.01$mol \cdot L^{-1}$滴定曲线为例，初始 pH 值不同时样品硅藻土的质量滴定曲线起始点不同，并可见随固含量的增加，各曲线对应的 pH 值逐渐趋于一个平台，其范围为 1.99 ~2.05。

③ 惰性电解质滴定结果。惰性电解质滴定法的原理是向悬浮体中加惰性电解质会改变体系的 pH 值，使其移向 pH_{PZC}值。当 pH 值小于 pH_{PZC}值时，加惰性电解质会增加颗粒表面对 H^+的净吸附而使 pH 值升高；反之，当 pH 值大于 pH_{PZC}值时，加惰性电解质会增加颗粒表面对 OH^-的净吸附而使 pH 值降低；当体系的 pH 值等于 pH_{PZC}值时，pH 值不再变化，即在惰性电解质滴定曲线上 ΔpH = 0 所对应的 pH 值即为固体样品的 pH_{PZC}值。图 5-39是硅藻土样品的惰性电解质滴定曲线，ΔpH = 0 所对应的 pH 值（即 pH_{PZC}）在 2.2 左右。

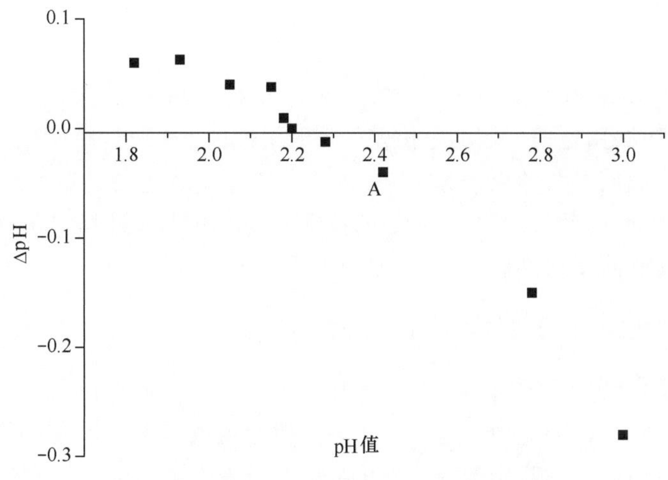

图 5-39　硅藻土样品的惰性电解质滴定曲线

5.5.3　FeOOH 改性硅藻土零电荷点的测定

矿物和黏土颗粒一般同时带两类电荷：一是因同晶置换而产生的结构性负电荷，也称为永久负电荷；二是因表面羟基发生质子的解离或吸附而产生的吸附质子电荷，也称为可变电荷。离解表面电荷源于自身的解离，颗粒表面具有酸性基团，解离后表面带负电；若颗粒表面具有碱性基团，解离后带正电。在一定条件下，当颗粒表面电荷为零时，这时体系的 pH 值称为零电荷点（point of zero charge），通常记为 pH_{PZC}。对于硅藻土，其表面电荷主要是由于颗粒表面离子化作用而形成的。

燕山大学的宋来洲教授等人采用电位滴定法和批次平衡法测定了改性硅藻土的零电荷点，并对改性硅藻土吸附除磷进行了全面的研究。

（1）改性硅藻土的制备：首先对产自吉林长白的硅藻土进行提纯处理，以除去伴随硅藻土的原生杂质，将硅藻土浸泡于一定浓度的氢氧化钠溶液中进行碱化处理，使硅藻土表面微孔内变得粗糙，增加比表面积，打开封闭的孔道，增加孔隙率。

将碱化处理的硅藻土浸泡于一定浓度的氯化铁溶液，用恒温磁力搅拌器在常温下搅拌一定时间，反应完毕后，将改性硅藻土洗涤至出水为中性。经过处理后的硅藻土表面可以引入特定的 FeOOH 化合物，并以此经过 FeOOH 改性硅藻土进行零电荷点测试。

（2）改性硅藻土零电荷点测试：称取 0.1g 干燥的改性硅藻土，置于 100mL 烧杯中，加入 50mL 由 NaCl 和 KH_2PO_4组成的溶液，其中 NaCl 用于保证实验中的离子强度恒定的惰性电解质，浓度为 0.1mol/L，KH_2PO_4浓度为 50mg/L。溶液的初始 pH 值取 2～10，pH 值间隔 0.5，反应时间 2h，分别测定溶液的 pH 值。

（3）试验结果

① 改性硅藻土表面 FeOOH 基团的确定：硅藻土原土和改性硅藻土的 X 衍射图谱显示，在 2θ 角为 18°～28°之间有一个很宽的不对称衍射峰，与蛋白石衍射图谱基本一致，符合非晶态 SiO_2 的衍射特征。改性硅藻土 X 射线衍射图谱中，SiO_2 特征峰明显减弱，26.77°、35.55°处的衍射峰是 FeOOH 的特征。

由硅藻土原土以及改性硅藻土的 X 射线能谱（EDS）分析可知，硅藻土经改性处理后，O 元素含量增加，且出现了 Fe 元素吸收峰，这表明铁氧水合物被成功负载到硅藻土表面。

② 改性硅藻土的零电荷点：改性硅藻土的零电荷点可看作硅藻土表面净电荷为零，即固/液界面之间由自由电荷引起的电位差为零时溶液的 pH 值。由 pH_{PZC}测定方法的假定可知，决定硅藻土表面电荷的离子为H^+和 OH^-。改性硅藻土表面酸性官能团含量相对较高，表面表现出弱酸性特征，其两性界面的特性使溶液在吸附过程中在较广 pH 值范围内具有缓冲性能，实验测得改性硅藻土的 pH_{PZC}为 5.7。

5.5.4 溶液 pH 对硅藻土及改性硅藻土吸附的影响

硅藻土表面带电特性受溶液 pH 的影响很大。同时，溶液的 pH 值直接影响离子的存在形态、离子对交换点位的竞争，这些又关系到重金属离子与吸附剂的结合状态及强度。因此，硅藻土及其改性制品应用于水体中重金属离子吸附时，溶液的 pH 值是影响其吸附性能的关键因素。

5.5.4.1 pH 值对硅藻土及改性硅藻土吸附 Cr(Ⅵ)的影响

北京工业大学杜玉成、王利平等人利用制备的纳米结构氧化锰改性硅藻土对重铬酸钾模拟含 Cr(Ⅵ) 废水进行了吸附研究。pH 对吸附的影响实验采用不同形貌的 MnO_2改性硅藻土为吸附剂，在 250mL 锥形瓶中加入初始浓度为 100mg/L 的含 Cr(Ⅵ) 溶液 100mL，调节 pH 使其值为 1～11，硅藻土原土以及四种形貌 MnO_2改性硅藻土用量均加入 0.04g，在常温（$T=25$℃）下用恒温电磁搅拌器在 200r/min 的转速下搅拌 30min，测定滤液中重金属 Cr(Ⅵ) 的浓度，得到不同 pH 对吸附剂吸附 Cr(Ⅵ) 的影响曲线图（图 5-40）。

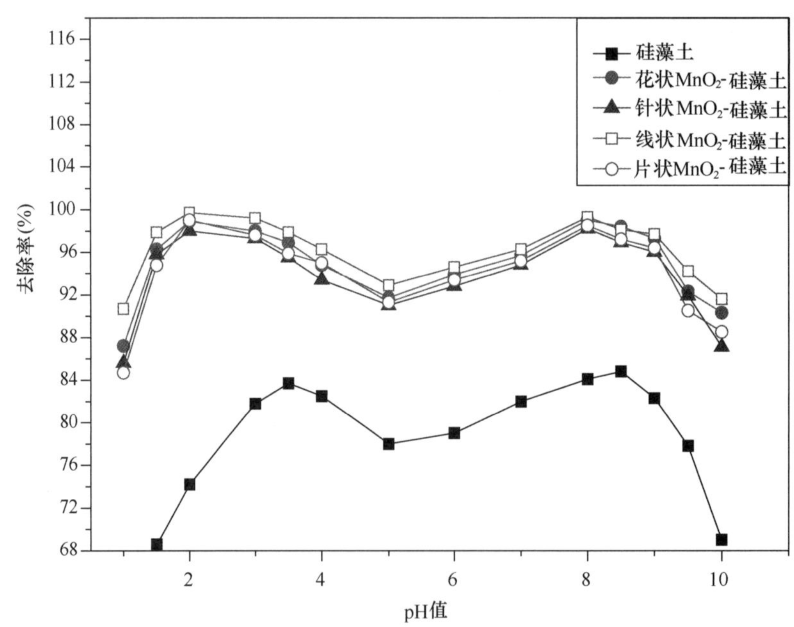

图 5-40　不同 pH 值对吸附剂吸附 Cr(Ⅵ) 的影响曲线图

由图 5-40 可以看出，溶液 pH 值的变化对 Cr(Ⅵ)去除率影响显著。硅藻原土对 Cr(Ⅵ)的吸附效果在 pH 为 3.5～8.5 时去除率可达到 83%，而当 pH<3.5、pH>10 时，去除率均呈现下降趋势，最低可降至 70% 以下。当硅藻土包覆不同形貌的氧化锰后，对 Cr(Ⅵ)的去除率得到很大的提高，不同形貌 MnO_2 改性硅藻土在 pH 为 2.0 ~ 10.0 时对 Cr(Ⅵ)的去除率均达到了 92% 以上，最高可达 99.8%；3.5 < pH < 6、pH > 10 时，去除率均呈现下降趋势，最低可降至 90% 以下。在相同 pH 值条件下，整体而言，纳米状 MnO_2^- 硅藻土吸附剂效果最好，花状 MnO_2^- 硅藻土 > 片状 MnO_2^- 硅藻土 > 针状 MnO_2^- 硅藻土。当 2 < pH < 3.5 时，经过氧化锰修饰改性后的硅藻土表面可能带正电荷，与溶液中 $HCrO_4^-$ 离子通过静电吸引作用产生吸附。虽然此时溶液中的 H^+ 浓度较高，存在与吸附剂对 Cr(Ⅵ)酸根阴离子的竞争吸附，但此时吸附剂对 Cr(Ⅵ)酸根阴离子的静电吸附较竞争吸附占优势，pH 值越低，锰氧化物质子化程度越高，与阴离子的相互作用越强；但是当 pH 值低于 2 时，H^+ 浓度急剧增加，增加了与 Cr(Ⅵ)酸根阴离子的竞争吸附，使得吸附剂与 Cr(Ⅵ)的静电吸附去除率降低。当 pH > 9 时，溶液中的 CrO_4^{2-}、$HCrO_4^-$、$Cr_2O_7^{2-}$ 与 OH^- 存在竞争吸附，此时硅藻土表面带负电，也阻碍吸附剂对 Cr(Ⅵ)酸根阴离子的吸附，碱性环境影响了硅藻土的结构，使得吸附剂对 Cr(Ⅵ)的吸附去除率降低。

5.5.4.2 pH 值对硅藻土吸附金属阳离子的影响

硅藻土表面在水中容易解离 H^+ 而带有负电性，同时由于杂质元素 Al^{3+} 等取代 Si^{4+} 使得硅藻土负电特性增强，因此，硅藻土对水体中带有正电性的金属阳离子吸附具有天然的优势。在实际废水处理过程中，水体环境复杂，pH 对硅藻土表面以及金属阳离子存在状态有很大影响。硅藻土吸附 Cd^{2+} 时，pH 的影响曲线显示，当 pH 为 2 ~ 8 时，硅藻土对 Cd^{2+} 的吸附量和去除率均随 pH 值的增大而增加。原因是在较低 pH 下，硅藻土表面羟基的解离遭到抑制，使硅藻土所带负电荷减少，且溶液中大量的 H^+ 与 Cd^{2+} 进行竞争，两者均不利于硅藻土对 Cd^{2+} 的吸附；当 pH 值增大，H^+ 的含量降低，与 Cd^{2+} 的竞争吸附变弱，硅藻土对 Cd^{2+} 的吸附效率逐渐增加；但是当 pH 继续增加时(pH > 6)，溶液中 OH^- 含量逐渐增加并成为主要离子，此时会发生 Cd^{2+} 和 OH^- 的结合发生沉淀反应，虽然 pH 较高时溶液中 Cd^{2+} 的残余量减少，但并非吸附作用所致。

硅藻土在不同 pH 条件下对 Pb^{2+} 的吸附同 Cd^{2+} 的吸附表现出相同的趋势。同样，在 pH 值为 6 时，硅藻土对 Pb^{2+} 的吸附达到最高值，而当 pH 大于 6 时，以 Pb^{2+} 和 OH^- 发生沉淀反应为主要去除因素。

5.5.4.3 pH 值对硅藻土吸附水体中磷的影响

广东工业大学的彭进平和燕山大学的宋来洲教授同时研究了碱浸硅藻土后负载 FeOOH 对水体中磷的去除。pH 对 FeOOH 改性硅藻土吸附磷具有显著的影响。两者均以磷酸二氢钾模拟水体中磷的来源；以 NaOH 和 HCl 调节目标溶液的 pH；加入改性硅藻土 0.5g 后得到 pH 值对 FeOOH 改性硅藻土吸附磷的影响曲线。

结果显示，在酸性条件下，改性硅藻土的除磷效果较好。在 pH = 3 时，改性硅藻土对磷的去除率达到 90% 以上，对磷的吸附容量也较大。随着 pH 的增大，除磷效果逐渐下降，在 pH = 8 时，除磷率仅为 15%，吸附容量也降低了约 50%。pH 值不仅影响改性硅藻土表面带电特性，同时影响磷酸盐的存在形式。在 pH 为 3 ~ 6 时，磷主要以 HPO_4^{2-}、$H_2PO_4^-$ 形式存在，而此 pH 值范围低于改性硅藻土的零电荷点，改性硅藻土表面带正电荷，通过静电引力作用而发生吸附作用。在碱性环境下，OH^- 浓度增加，占据了一部分吸附位置，与 PO_4^{3-}（此 pH 值下磷酸盐的主要存在形式）静电排斥。此外，较高 pH 值使改性硅藻土表面带有负电荷，与水体中 PO_4^{3-} 产生排斥。负载于硅藻土表面的 FeOOH 在低 pH 值时 Fe^{3+} 释放至溶液中与带负电的磷酸盐产生静电吸引作用，增加了硅藻土对磷的吸附。整体而言，改性硅藻土的吸附容量在 4mg/g 以上，表明其有较好的 pH 适应性。而对于硅藻原土，其吸附容量随 pH 值的变化不大，但整体吸附容量的水平都很低，最大容量仅为 0.93mg/g，表明硅藻原土的吸附能力较差。

5.6 表面微结构调控硅藻土功能材料吸附重金属离子机理研究

硅藻土及其制品吸附水体中金属离子以及重金属离子的过程属于非均质体系吸附行为，非均质体系中的原子、分子或离子在相与相之间互相发生作用时，在两相的界面会发生物理吸附、化学吸附或表面络合作用。

(1) 物理吸附。当吸附剂表面与吸附质之间的吸附以范德华力作为主要作用力而产生的表面吸附为物理吸附。主要是由于吸附剂与吸附质带有相反的电荷，在静电引力的作用下，吸附质被吸附于吸附剂表面，吸附剂表面没有发生电子转移或电子共享行为。由于吸附作用力小，故吸附热值较小（约≤20kJ/mol），大概等于液体的凝固热值，不需要活化能，一般在低温条件下可以发生。同时该过程具有很高的吸附速率，可以很快达到吸附平衡，但具有可逆性，当吸附与吸附剂表面吸附质增加而使静电吸引力变小时，容易发生脱附行为。物理吸附过程与吸附剂的比表面积、孔分布有密切的关系。

硅藻土的微观形貌是多孔性结构，一般大的藻盘表面还附着很多细小的硅藻土碎片，另外大量孔道结构的存在都为吸附质提供了所需的位置空间。物质的比表面积越大，表面能也会越大，所以硅藻土大的表面能更有利于物理吸附的发生，硅藻土表面有吸引溶液中的重金属离子填充孔道结构来降低表面能的趋势。重金属离子向硅藻土液/固界面移动，着落在硅藻土表面并进一步向硅藻土内部结构转移直至硅藻土微孔中，成功与其中活性位置结合，完成物理吸附过程。

(2) 化学吸附。吸附质与固体表面因亲和力的作用产生分子轨道的重叠从而形成化学键的吸附为化学吸附。化学吸附一般包含实质的电子共享或电子转移，需要大量的活化能，一般需要在较高的温度下进行，吸附热很大。化学吸附是一种选择性吸附，即一种吸附剂只对特定的几种物质有吸附作用，所以化学吸附仅能形成单分子层，吸附是比较稳定的，不易解吸。这种吸附与吸附剂的表面化学性质直接相关，也与吸附质的化学性质有关。

由于物理吸附容易发生脱附行为，因此物理吸附后吸附质容易回收。化学吸附再生较困难，利用化学吸附处理毒性很强的污染物更安全。在实际的吸附过程中，物理吸附和化学吸附在一定条件下也是可以互相转化的，有时会同时发生两种吸附。

(3) 表面络合。氧化物颗粒表面的一种专性吸附行为称为表面络合。颗粒表面对重金属离子的吸附作用是一种络合形式的反应，反应趋势随溶液中 pH 值和羟基基团的增大而增大。表面络合主要受 pH 值的影响，以 M^{2+} 代表二价重金属离子，表面络合反应如下所示：

$$SiOH + M^{2+} \longleftrightarrow SiOHM^{+} + H^{+} \tag{5-16}$$

$$SiO^{-} + M^{2+} \longleftrightarrow SiOM^{+} \tag{5-17}$$

（4）离子交换。硅藻土由于 Al^{3+}、Fe^{3+}、Ca^{2+} 取代 Si^{4+} 而使其本身带有的负电性会与溶液中重金属发生离子交换反应。以 R 代表 Al^{3+}、Fe^{3+}、Ca^{2+} 等取代离子，以 M^{m+} 代表重金属离子，离子交换反应如下所示：

$$\text{硅藻土—(R)} + M^{m+} \longrightarrow \text{硅藻土—(M)} + R^{m+} \tag{5-18}$$

5.6.1　吸附热力学

液/固界面吸附较为复杂，迄今尚未有完美的理论，目前液/固界面吸附模型主要是参考气/固界面吸附模型的研究成果。在液/固体系中，一定吸附剂所吸附物质的数量与吸附质的浓度、性质、吸附溶液的性质以及吸附剂的浓度有关。用于表征这些关系的方程通常称为等温吸附式。弗劳德利希（Freundlich）和朗格谬尔（Langmuir）等温吸附式是最常用以阐述关于溶液中的吸附数据的方程，此外也有少数关于液/固吸附体系的研究中用等温吸附式拟合实验数据。

弗劳德利希（Freundlich）等温式是用于描述气/固吸附体系中多分子层吸附的，其前提是吸附介质表面吸附均匀分布。其具体形式和线性表达形式分别见公式（5-19）和式（5-20）：

$$q_e = K_F C_e^{1/n} \tag{5-19}$$

$$\log q_e = \log K_F + \left(\frac{1}{n}\right)\log C_e \tag{5-20}$$

式中，C_e为达到吸附平衡时溶液中的吸附质的浓度（mg/L）；q_e为对应于 C_e平衡浓度时的吸附量（mg/g）；K_F为 Freundlich 常数；n 为经验常数，n 值正常条件大于1，当 n 值介于 2～10 之间时表示吸附反应容易进行。Freundlich 吸附等温式在溶液吸附中应用比较普遍，适用于等温线中部的非直线区段。在中等浓度区，它一般与 Langmuir 等温式和实验数据很吻合。但是在浓度很低时，它不会还原成线性吸附关系；在高浓度时，它不给出饱和吸附量。

朗格谬尔（Langmuir）等温式主要用于描述气/固吸附体系中单分子层吸附。该模型假定固体表面是均一的，吸附质之间不存在相互作用，吸附热与表面覆盖度无关，一定条件下，吸附与脱附可建立动态平衡。其具体形式和线性形式分别见公式（5-21）和式（5-22）：

$$q_e = \frac{q_m C_e K_L}{1 + K_L C_e} \tag{5-21}$$

$$\frac{1}{q_e} = \frac{1}{K_L q_m} \cdot \frac{1}{C_e} + \frac{1}{q_m} \tag{5-22}$$

式中，q_m为吸附容量及吸附量的上限值（mg/g）；K_L为 Langmuir 模型吸附平衡常数，可用于判别吸附过程难易程度，该参数越大，说明该吸附剂的吸附能力越强。

BET 等温吸附式主要用于气/固吸附体系中多分子层吸附。用非孔性的或非微孔性的吸附剂自水体或者有机溶剂中吸附有限溶解物质，当溶质的浓度接近饱和时吸附量快速增加，等温线为 S 形，表现出多层吸附的特征。该模型是在 Langmuir 模型的基础上加以完善而得到的。其具体形式见公式（5-23）：

$$\frac{C_e}{q_e(C_s - C_e)} = \frac{1}{q_m k} + \frac{k-1}{q_m k} \cdot \frac{C_e}{C_s} \tag{5-23}$$

式中，C_s为吸附质的饱和浓度。BET 主要用于阐述多组分吸附体系吸附现象，不过更适用于气/固吸附体系，而在液/固吸附体系中的应用则是纯经验的，一般只适用于 C_e/C_s值在 0. 05 ~0. 35 的范围内，应用范围远不如 Langmuir 和 Freundlich 等温吸附式。

经典吸附模型在液/固吸附体系中应用非常广泛，大多数实验数据与经典吸附模型的拟合相关性较高。但也有很多研究发现在液/固吸附体系中应用经典吸附模型存在不少问题，主要归结于以下方面：①存在明显的吸附剂浓度效应；②参数存在一定的波动性；③定量计算困难。鉴于这些问题，近年来国内外部分学者在进行大量实验的基础上对其进行了改善。

1940 年，Temkin 和 Pyzhev 提出并建立了 Temkin 模型，此模型是在 Freundlich 模型的基础上完善得到的，通常用于描述液/固吸附体系中单一离子吸附。与 Freundlich 模型不同，该模型假定吸附热是随着吸附质与吸附剂之间的相互作用而呈现线性下降。其具体形式和线性形式见公式（5-24）~式(5-27)：

$$q_e = \frac{RT}{b}\ln(K_{Te}C_e) \tag{5-24}$$

$$q_e = A + B\ln C_e \tag{5-25}$$

$$A = \frac{RT}{b}\ln K_{Te} \tag{5-26}$$

$$B = RT/b \tag{5-27}$$

式中，R 是热力学常数［8. 314 J/(mol · K)］；T 是溶液温度（K）；K_{Te}是平衡常数；b 是 Temkin 常数。

Dubinin 和 Radushkevich 认为微孔材料孔径与吸附质分子大小相当，吸附质在微孔材料上的吸附不是孔壁上的表面覆盖，不能用吸附屋数描述，而是毛细凝聚现象类似的微孔填充。根据这一理论，两人于 1965 年建立了 D-R 吸附模型。其具体形式和线性形式见公式（5-28）~式(5-30)：

$$q_e = q_m e^{-\beta E^2} \tag{5-28}$$

$$\ln q_e = \ln q_m - \beta\varepsilon^2 \tag{5-29}$$

$$\varepsilon = RT\ln\left(1 + \frac{1}{C_e}\right) \tag{5-30}$$

式中，q_e、C_e、q_m、R、T 的意义与前述相同；β 为活性系数，表明吸附能力（mol^2/J^2）；ε 为 polanyidi 电位。

我国科研人员对吸附模型也进行了大量研究，其中具有代表性的吸附模型由吴晓芙等提出。他们在大量的液/固体系吸附研究的基础上提出了四组分吸附模型。该模型充分考虑了液/固吸附体系中各组分之间的关系，有效地解决了经典吸附模型应用于液/固吸附体系时所存在的问题，适用于单离子吸附，随着离子种类的增多，模型的拟合优度有所下降。其具体形式和线性形式见公式（5-31）~式(5-34)：

$$q_e = \frac{C_0 + q_m - [(C_0 + q_m)^2 - 4C_0 q_m(1 - k_w)]^{1/2}}{2(1 - k_w)} \tag{5-31}$$

$$C_0 = C_0/W_0 \tag{5-32}$$

$$y = k_w^{1/2} q_e \tag{5-33}$$

$$y = [(C_e/W_0)(q_m - q_e)]^{1/2} \tag{5-34}$$

式中，C_0为吸附起始点溶液中吸附质的浓度（mg/L）；W_0为吸附起始点溶液中吸附剂浓度（g/L）；C_0为C_0/W_0（mg/g）；k_w为四组分模型吸附平衡常数；q_e和q_m意义与前文表述相同。

虽然目前有多个用于液/固吸附体系的吸附模型，但在研究硅藻土及其改性制品对水体中金属及重金属离子的吸附过程中，普遍适用的是Freundlich和Langmuir吸附模型。

5.6.1.1　金属氧化物改性硅藻土对水体中Pb^{2+}等温吸附模型

溶液中的铅离子在不同环境体系中有着不同的存在形式。一般认为，在酸性条件下（pH≤6），铅以Pb^{2+}形式存在；当溶液pH在6～8.5范围内时，溶液中的Pb^{2+}逐渐转变为$Pb(OH)^-$，Pb^{2+}浓度下降，$Pb(OH)^-$浓度升高；在pH＝8.5时，$Pb(OH)^-$含量达到峰值；当溶液pH在8～12时，溶液中的Pb^{2+}及$Pb(OH)^-$逐渐转变为$Pb(OH)_2$沉淀；pH＝9时，溶液中的Pb^{2+}已全部转变为氢氧化铅；伴随着pH的继续增大，生成的$Pb(OH)_2$转变为$Pb(OH)_3{}^-$。

北京工业大学的杜玉成、郑广伟在研究束状γ-AlOOH改性硅藻土或γ-Al_2O_3改性硅藻土对Pb^{2+}的吸附性能时，为了避免溶液中的Pb^{2+}发生自沉淀反应，选取了反应体系pH＝4进行实验研究。

具体实验操作为：采用$Pb(NO_3)_2$模拟为重金属离子Pb^{2+}的污染源，准确配制初始浓度为1000、800、600、400、200、100、50、20（mg·L^{-1}）的$Pb(NO_3)_2$溶液，量取40mL上述含Pb^{2+}溶液，分别加入20 mg硅藻土、γ-AlOOH/硅藻土或γ-Al_2O_3/硅藻土（束状结构γ-AlOOH化学修饰硅藻土经过500℃煅烧形成γ-Al_2O_3改性硅藻土），在室温下搅拌12h后离心分离，用0.22μm针头过滤器过滤，采用ICP-AES测定溶液中Pb^{2+}浓度的变化。

从硅藻土及改性硅藻土吸附Pb^{2+}，不同浓度时对Pb^{2+}吸附量的曲线图（图5-34）可以看出，硅藻土原土对Pb^{2+}的吸附在较低浓度时已经接近饱和，表现为一条直线。在同一初始浓度下，束状结构γ-AlOOH化学修饰硅藻土的平衡吸附量低于γ-Al_2O_3化学修饰硅藻土的平衡吸附量，说明经过煅烧后形成的γ-Al_2O_3化学修饰硅藻土对Pb^{2+}的吸附容量较高，两者对Pb^{2+}的吸附趋势相同，在初始浓度较低时，q_e增加较快，当Pb^{2+}浓度较高时，q_e增加缓慢，并逐渐趋于平衡。

对图5-34中的原始数据进行线性回归拟合得到的等温吸附模型见图5-41，将拟合后得到的各参数值代入相应的公式，计算出K_L、n、K_F及相关系数R^2，并由以下公式计算出Langmuir吸附模型的分离系数：

$$R_L = 1/(1 + K_L C_0) \tag{5-35}$$

式中，R_L为Langmuir吸附模型的分离系数；C_0为Pb^{2+}最高初始浓度（mg/L）。

表5-4为硅藻土、γ-AlOOH/硅藻土及γ-Al_2O_3/硅藻土吸附Pb^{2+}的Langmuir和Freundlich等温常数。可以看出，硅藻土、γ-AlOOH/硅藻土及γ-Al_2O_3/硅藻土均更符合Langmuir吸附模型，说明三者对Pb^{2+}的吸附都近似于单层吸附。在Langmuir等温吸附模型中，在一定程度上，吸附常数R_L反映了材料的吸附能力，用于判断吸附剂和吸附质之间亲和力

的强弱。其中硅藻土、γ-AlOOH/硅藻土、γ-Al_2O_3/硅藻土的 R_L 分别为 0.037、0.143、0.143，三者的分离系数 R_L 均介于 0~1 之间，说明三者对 Pb^{2+} 的吸附均极易进行。尽管三者的 Freundlich 拟合系数（R^2）低于 Langmuir 拟合系数，但其吸附指数（$1/n$）介于 0~1 之间，同样证明了硅藻土、γ-AlOOH/硅藻土及 γ-Al_2O_3/硅藻土对 Pb^{2+} 的吸附极易发生。

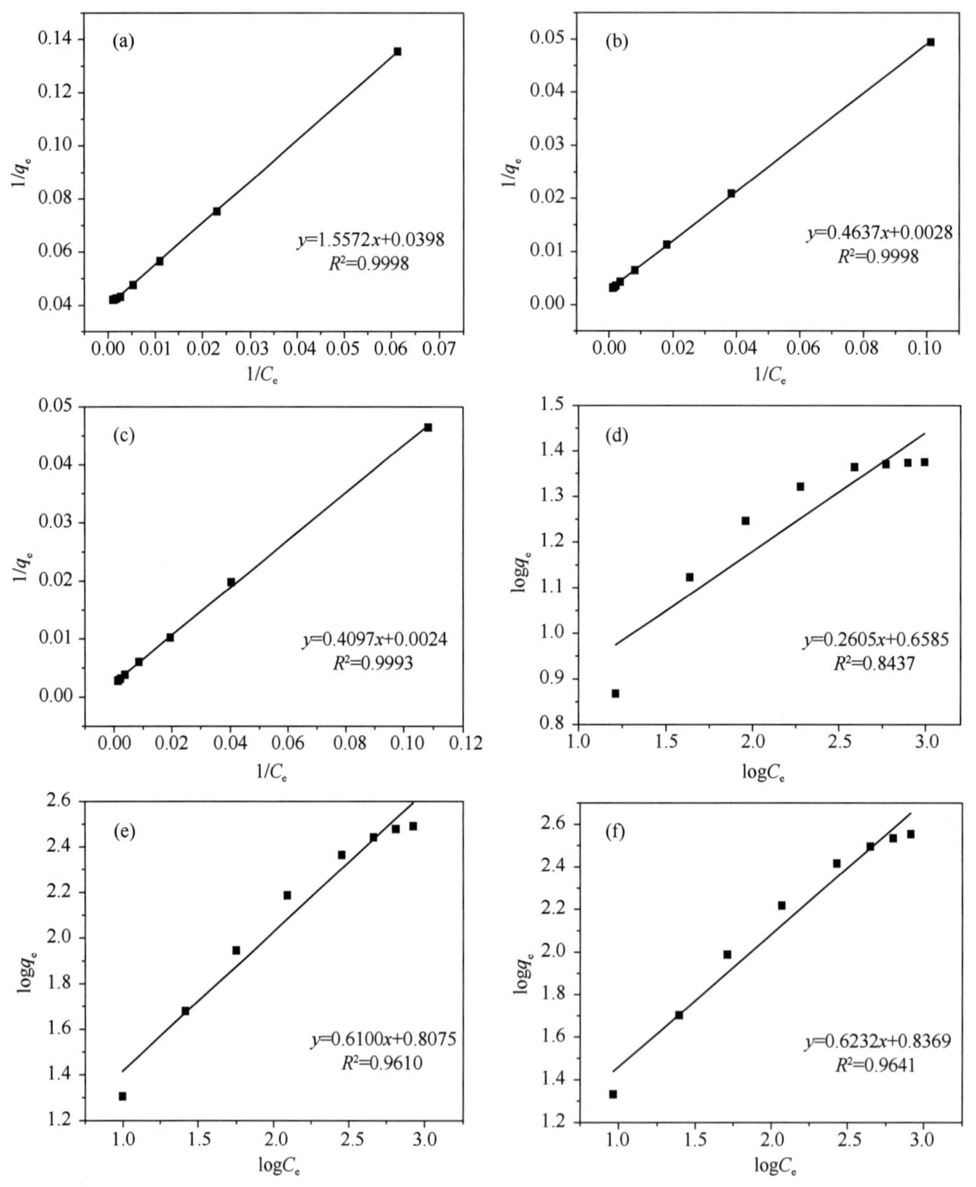

图 5-41　硅藻土、γ-AlOOH/硅藻土及 γ-Al_2O_3/硅藻土对 Pb^{2+} 吸附的 Langmuir（a）~（c）和 Freundlich（d）~（f）等温方程拟合曲线

表 5-4　硅藻土、γ-AlOOH/硅藻土及 γ-Al_2O_3/硅藻土吸附 Pb^{2+} 的 Langmuir 和 Freundlich 等温常数

吸附剂	Langmuir 模型				Freundlich 模型		
	q_m（mg/g）	K_L	R^2	R_L	K_F（mg/g）	n	R^2
硅藻土	25.126	0.026	0.9998	0.037	4.555	1.519	0.8437
γ-AlOOH/硅藻土	357.143	0.006	0.9998	0.143	6.420	1.238	0.9610
γ-Al_2O_3/硅藻土	416.667	0.006	0.9993	0.143	6.869	1.195	0.9641

硅藻土吸附重金属离子的主要机理有电性中和作用、物理吸附和表面络合作用，在碱性条件下还有沉淀作用。电性中和作用是指硅藻土表面覆盖的硅羟基在水溶液中水解生成带负电的硅氧基团，可以吸附中和带正电的金属阳离子。物理吸附是指硅藻土的表面能对金属离子的吸附作用，它和表面络合作用都与硅藻土的比表面积相关，这就是等温线符合 Langmuir 方程的原因。

5.6.1.2　金属氧化物改性硅藻土对水体中 Cr（Ⅵ）等温吸附模型

铬的原子量为51.996，原子序数为24，相对密度为7.2，熔点为（1857±20）℃，在元素周期表中属于ⅥB 族，是金属元素，为典型的立方体心结构，具有银白色的金属光泽，其硬度是金属中最大的，耐腐蚀性极强。它是由法国化学家 Nicholas Louis Vauquelin 于1766 年在西伯利亚的金矿中发现的。在自然界中没有游离态的铬，大多以化合物的形态出现。铬是一种变价元素，具有五种原子价位形态（0、+2、+3、+4、+6），在加热的条件下与氧结合生成铬的三种主要氧化态：Cr（Ⅱ）、Cr（Ⅲ）、Cr（Ⅵ）。在天然水体中，铬以 Cr（Ⅲ）和 Cr（Ⅵ）的形式存在，其中，Cr（Ⅲ）易被固体物质吸附而存在于沉积物中，Cr（Ⅵ）的溶解度较大，并且稳定，主要以铬酸根阴离子的形式存在，如 $HCrO_4^-$、CrO_4^{2-}、$Cr_2O_7^{2-}$ 等类型。在 $pH<7$ 时，Cr（Ⅵ）主要以阴离子 $HCrO_4^-$、$Cr_2O_7^{2-}$ 形式存在；而在 $pH \geqslant 7$ 时，主要以阴离子 CrO_4^{2-} 的形式存在。由于静电斥力的相互作用，这些带负电的铬酸根阴离子很难被环境中的土壤颗粒（负电荷）吸附，容易在环境中迁移，因此，研究从工业废水和水环境系统中有效去除重金属铬 Cr（Ⅵ）离子具有非常重要的意义。

北京工业大学的王利平、杜玉成等人研究了用不同形貌的 MnO_2 改性硅藻土对水体中 Cr（Ⅵ）的吸附，并对其吸附热力学进行了研究。

试验选择用吉林长白硅藻土并经过水热法在其表面包覆具有不同形貌的 MnO_2，以提高硅藻土的吸附性能，用重铬酸钾模拟水体中（Ⅵ）污染源。为确保吸附充分达到平衡，试验中吸附作用时间延长至 60min。在 25℃、pH = 3.5、吸附时间 60min、吸附剂用量 0.04g、Cr（Ⅵ）溶液（浓度为 10～250mg/L）100mL 条件下，对重金属 Cr（Ⅵ）做吸附等温实验，如图 5-42 所示。

由等温吸附实验结果可知，随着 Cr（Ⅵ）浓度的增加，吸附剂对 Cr（Ⅵ）的吸附量也在增加，当 Cr（Ⅵ）达到一定浓度时，吸附量趋于饱和，这时的曲线变化较为平缓，但这五种吸附剂样品对铬离子等温吸附特征也存在明显的差异。首先趋于稳定时的吸附量，硅藻原土在 29mg/g 左右，花状 MnO_2/硅藻土在 60mg/g 左右，针状 MnO_2/硅藻土和片状 MnO_2/硅藻土在 45mg/g 左右，纳米线状 MnO_2/硅藻土在 100mg/g 左右。对上述等温

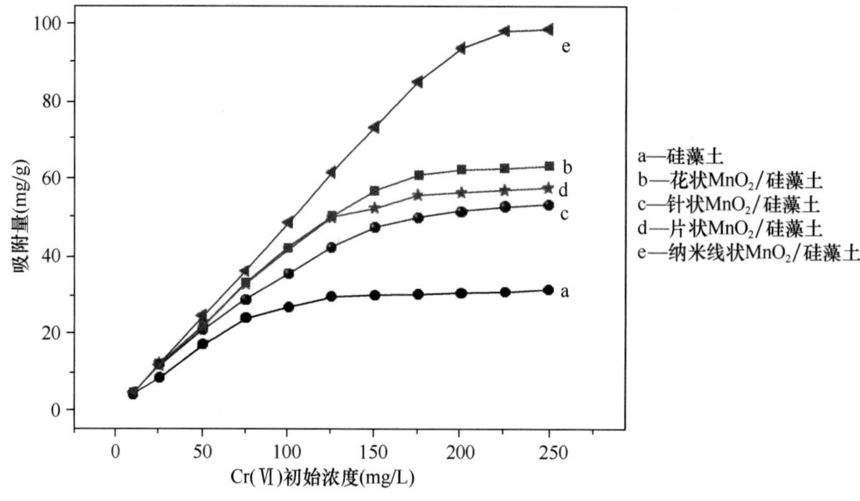

图 5-42　样品对 Cr(Ⅵ) 的等温吸附实验结果

吸附结果采用 Langmuir 和 Freundlich 等温式方程式进行拟合得到等温吸附曲线（图 5-43～图 5-47）。

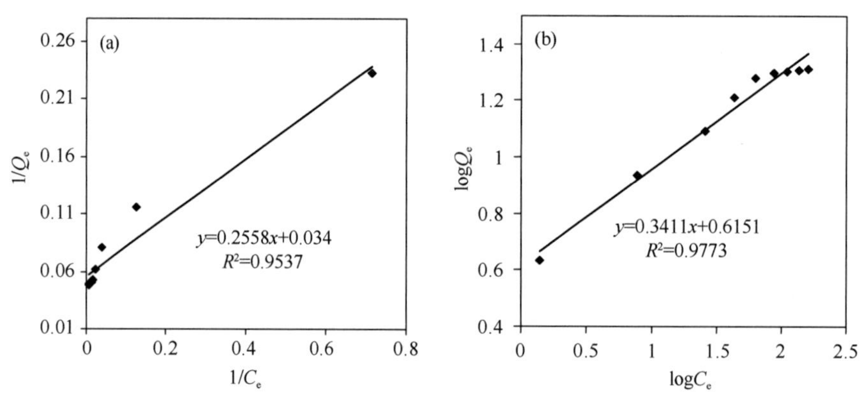

图 5-43　硅藻土的 Langmuir（a）和 Freundlich（b）等温方程拟合曲线

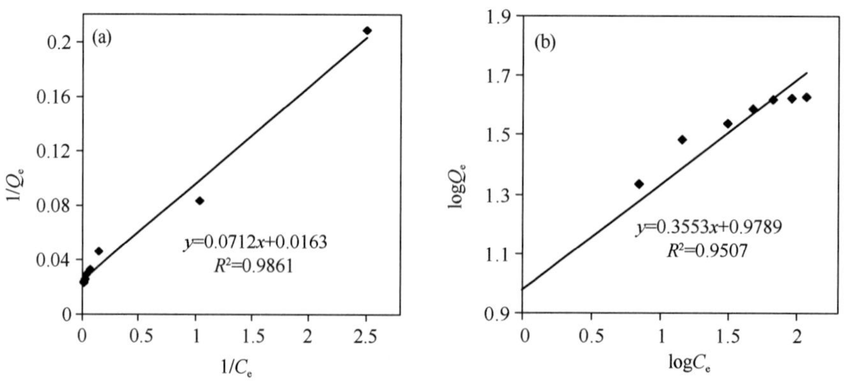

图 5-44　花状 MnO_2/硅藻土的 Langmuir（a）和 Freundlich（b）等温方程拟合曲线

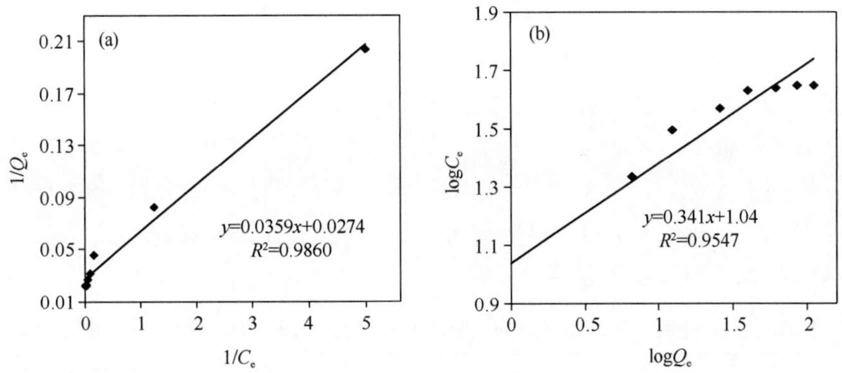

图 5-45　针状 MnO_2/硅藻土的 Langmuir（a）和 Freundlich（b）等温方程拟合曲线

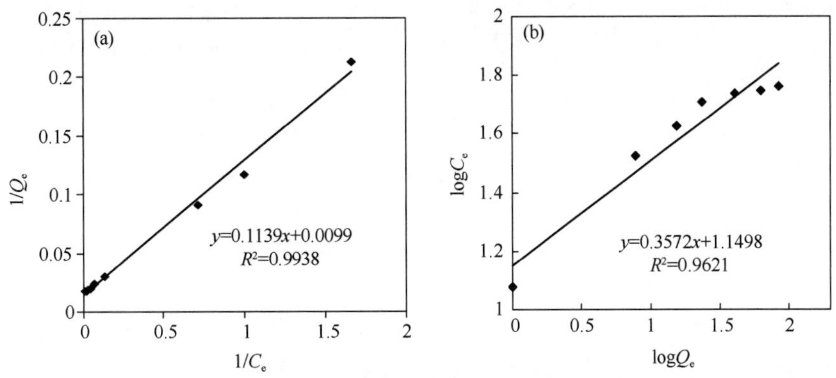

图 5-46　纳米线状 MnO_2/硅藻土的 Langmuir（a）和 Freundlich（b）等温方程拟合曲线

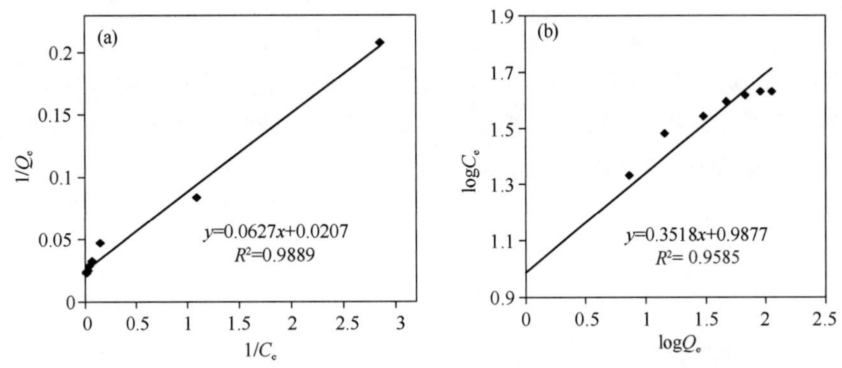

图 5-47　片状 MnO_2/硅藻土的 Langmuir（a）和 Freundlich（b）等温方程拟合曲线

拟合后得到的各参数值代入相应的 Langmuir 和 Freundlich 方程式，得到不同模型的吸附等温方程式及其拟合度，求得 K_L、n、K_F 及相关系数 R^2。模型参数见表 5-5。

比较表 5-5 相关系数 R^2 可知，硅藻原土对 Cr（Ⅵ）吸附，采用 Langmuir 和 Freundlich 等温方程拟合后，相关系数（R^2）值为 0.9537 和 0.9773。相比较而言，Freundlich 等温方程拟合相关系数（R^2）较高，大于 0.95，说明硅藻原土对 Cr（Ⅵ）吸附等温模型更符合 Freundlich 等温式，此试验所得硅藻土原土对 Cr（Ⅵ）的最大吸附量为 29.4mg/g。包覆二氧化锰（花状、针状、线状、片状）后样品对 Cr（Ⅵ）吸附，样品 Langmuir 等温方程拟合相关系数（R^2）较高，大于 0.95，通过 Langmuir 等温方程得到不同形貌 MnO_2（花状、针状、线状、片状）包覆修饰硅藻土对 Cr（Ⅵ）饱和吸附容量分别为：61.2mg/g、47.6mg/g、101.4mg/g、48.2mg/g，与测定值都很接近，也表明了包覆后样品对Cr（Ⅵ）具有极强的吸附去除能力。纳米线状 MnO_2/硅藻土的 K_L 值最大，花状 MnO_2/硅藻土次之，再次是片状 MnO_2/硅藻土和针状 MnO_2/硅藻土，说明包覆四种不同形貌二氧化锰样品中纳米线状 MnO_2/硅藻土对铬吸附亲和力最强。

表 5-5　硅藻原土及硅藻土纳米结构 MnO_2 吸附 Cr（Ⅵ）的 Langmuir 和 Freundlich 等温方程

吸附剂样品	Langmuir 方程			Freundlich 方程		
	K_L	Q_0（mg/g）	R^2	$\log K_F$	$1/n$	R^2
硅藻原土	0.0869	29.4	0.9537	0.6151	0.3411	0.9773
花状 MnO_2/硅藻土	0.2289	61.2	0.9861	1.0400	0.3415	0.9507
针状 MnO_2/硅藻土	0.1637	47.6	0.9860	1.0400	0.3410	0.9547
纳米线状 MnO_2/硅藻土	0.3301	101.4	0.9938	1.1498	0.3572	0.9621
片状 MnO_2/硅藻土	0.1329	48.2	0.9889	0.9877	0.3518	0.9585

吸附剂吸附 Cr（Ⅵ）前、后的红外光谱用来说明吸附剂对 Cr（Ⅵ）的吸附方式。由图 5-48 可知，波数在 3450cm^{-1}和 1637cm^{-1}处宽而强的吸收峰分别是由吸附剂吸附水中的 O—H 伸缩振动和扭曲振动引起的。图 5-48 曲线 a 中在 468cm^{-1}和 1098cm^{-1}处的吸收峰是由于硅藻土本身 Si—O—Si 键的不对称伸缩振动模式。532cm^{-1}和 798cm^{-1}处的吸收峰，归因于 Si—O—Al（由硅藻原土中黏土的杂质成分引起）。硅藻土基纳米结构 MnO_2样品（图 5-48 曲线 b），存在 532cm^{-1}、622cm^{-1}、878cm^{-1}、1441cm^{-1}和 2070cm^{-1}四个新吸收峰，其中 2070cm^{-1}归因于 Mn—OH 伸缩振动，1441cm^{-1}是由 Mn—OH 中—OH 的面内变形振动形成，532cm^{-1}、622cm^{-1}和 878cm^{-1}归因于 Mn—O—Mn 键的伸缩振动和弯曲振动。样品吸附Cr（Ⅵ）后如图 5-48 中曲线 c，出现 790cm^{-1}新的吸收峰，这是由于吸附后 Cr—O 伸缩振动引起。表明 MnO_2修饰硅藻土样品对 Cr（Ⅵ）进行了有效吸附。

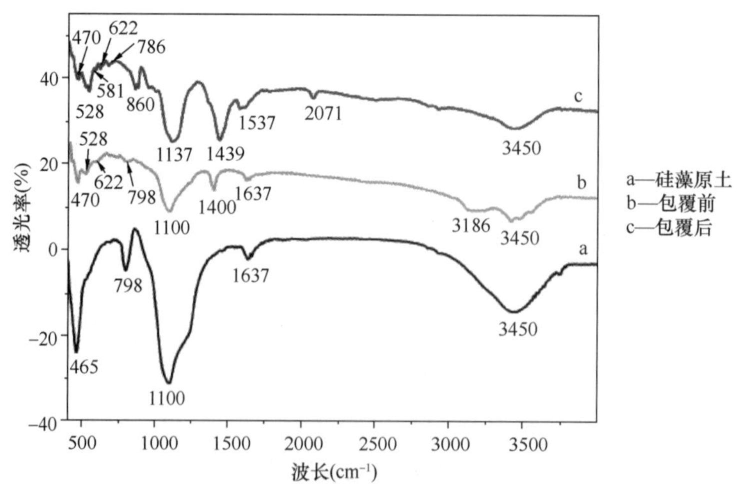

图 5-48　硅藻原土、硅藻土包覆 MnO_2吸附六价铬前后的红外光谱图

XPS 用来确定样品吸附 Cr（Ⅵ）前、后的化学状态。由图 5-49（a）XPS 全谱图可以看到 MnO_2 包覆改性硅藻土表面具有明显的 Mn 特征信号峰。在 654eV 及 642eV 存在两个强信号峰，归因于 Mn2p1/2 轨道和 Mn2p3/2 轨道；在结合能为 770eV 及 49eV 处存在的较强的信号峰，对应 Mn2s 轨道及 Mn3p 轨道。样品吸附 Cr（Ⅵ）后，在结合能为 579eV 和 588eV 处出现了两个新的信号，归因于 Cr2p3/2 轨道和 Cr2p1/2 轨道。图 5-49（b）、（c）为纳米结构氧化锰包覆改性硅藻土吸附 Cr（Ⅵ）前、后的 O1s 高分辨 XPS 谱图，可以看到结合能在 BE = 529. 8 ~ 530. 0eV、531. 1 ~ 531. 4eV 及 532. 7 ~ 533. 0eV 处存在三个峰，分别对应晶格氧（O 以 Mn—O 形式结合）、吸附氧（—OH）及吸附水。可以看出，样品在吸附 Cr（Ⅵ）前具有较高的表面吸附氧（—OH）峰，在吸附 Cr（Ⅵ）后，吸附剂表面的晶格氧（Mn—O）峰值强度增加，说明在吸附 Cr（Ⅵ）后，部分吸附氧转变为晶格氧，此时，样品表面晶格氧不仅存在 Mn—O 键，还存在 Cr—O 键，这说明 Cr（Ⅵ）与吸附材料表面发生了化学性质的吸附。

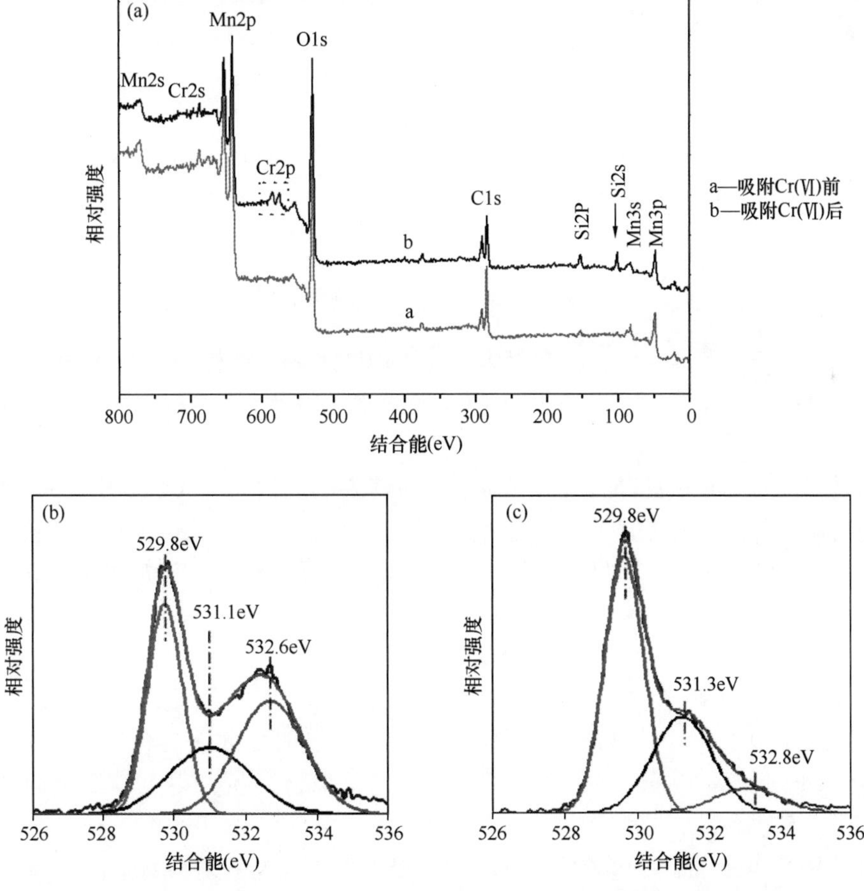

图 5-49　硅藻土基纳米结构 MnO_2 吸附 Cr（Ⅵ）前、后 XPS 全扫描能谱（a）及吸附 Cr（Ⅵ）前（b）、后（c）O1s 轨道高分辨能谱图

5.6.1.3　金属氧化物改性硅藻土对水体中 As 等温吸附模型

砷的原子量为 74.9，原子序数为 33，相对密度为 4.7 ~ 5.7，熔点为 850℃，在元素

周期表中属于VA族，为良性元素，其化学性质介于金属与非金属元素之间。在自然界中砷大多以化合物的形态出现，很少以元素态存在；在不同的氧化还原态水溶液中，砷有四种稳定的价位形态（+5、+3、0、-3）。天然水体中有机砷含量很少，绝大部分都以无机砷的形态存在，水体中最常见的砷的形态有五价的砷酸（H_3AsO_4、$H_2AsO_4^-$、$HAsO_4^{2-}$、AsO_4^{3-}）和三价的亚砷酸（H_3AsO_3、$H_2AsO_3^-$）。其中$H_2AsO_4^-$、$HAsO_4^{2-}$和$H_2AsO_3^-$以溶解态的形式存在于水体中，由于其难以去除，同时As（Ⅲ）的毒性是As（Ⅵ）毒性的60倍，痕量的As（Ⅲ）即会对人体健康产生重大毒害作用，因此，如何有效地去除残留于水体中的As是目前水体污染防治中重要的研究课题。一般来说，亚砷酸更容易存在于厌氧的地下水体中，而砷酸则存在于地表水体中。在pH近中性水体中，亚砷酸以H_3AsO_3形式存在；当水体呈碱性时，亚砷酸以亚砷酸根形式存在于水体中。对五价砷而言，当$pH<2.3$时，以H_3AsO_4形式存在；当$2.3<pH<6.9$时，以$H_2AsO_4^-$形式存在；当$6.9<pH<11.5$时，以$HAsO_4^{2-}$形式存在；而当$pH>11.5$时，以AsO_4^{3-}形式存在（图5-50）。

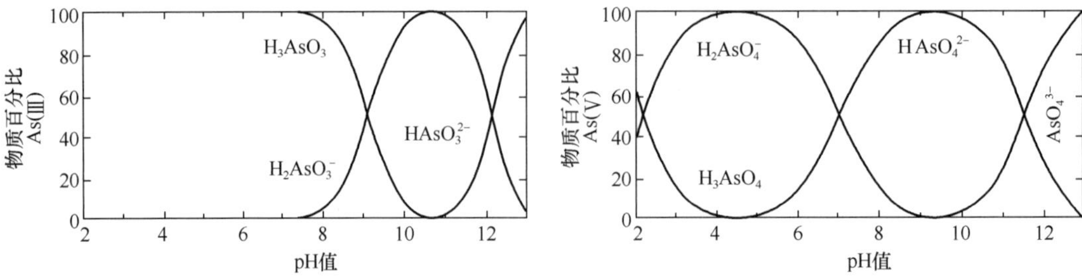

图5-50　在不同pH值下含砷物质的种类分布

北京工业大学的范海光、杜玉成等人研究了用纳米线状结构的α-Fe_2O_3改性硅藻土吸附水体中的As（Ⅲ）、As（Ⅴ），并得到了改性硅藻土吸附As（Ⅲ）、As（Ⅴ）的等温吸附模型。

试验选择用吉林长白硅藻土并经过水热法在其表面沉积纳米线状结构α-Fe_2O_3以提高硅藻土的吸附性能，以砷酸钠和亚砷酸钠模拟水体中As（Ⅴ）、As（Ⅲ）污染源。试验中吸附剂加入量为40mg，吸附作用时间为60min，吸附反应温度为25℃，溶液pH为3.5，As（Ⅲ）、As（Ⅴ）溶液为100mL，在不同As（Ⅲ）、As（Ⅴ）初始浓度条件下，得出了样品对As（Ⅲ）、As（Ⅴ）的吸附等温线（图5-51）。

由图5-51可知，随着As（Ⅲ）、As（Ⅴ）浓度的增加，吸附量也在增加，当As（Ⅲ）、As（Ⅴ）达到一定浓度时，吸附量趋于饱和，这时的曲线变化较为平缓。对上述结果采用Langmuir和Freundlich等温式方程式进行拟合分析，得到等温吸附曲线，如图5-52、图5-53所示。

通过样品对As（Ⅲ）、As（Ⅵ）吸附进行拟合得到等温吸附参数。由图5-52可以看出，样品对As（Ⅲ）吸附采用Langmuir和Freundlich等温方程拟合后，相关系数（R^2）值分别为0.9212和0.9544。相比较而言，Freundlich等温方程拟合相关系数（R^2）较高，大于0.95，表明样品对As（Ⅲ）吸附等温模型更符合Freundlich等温式。样品对As（Ⅴ）的吸附，采用Langmuir和Freundlich等温方程拟合后，相关系数（R^2）值分别为0.9562和0.9180。相对而言，采用Langmuir等温方程拟合性较好，相关系数（R^2）值大

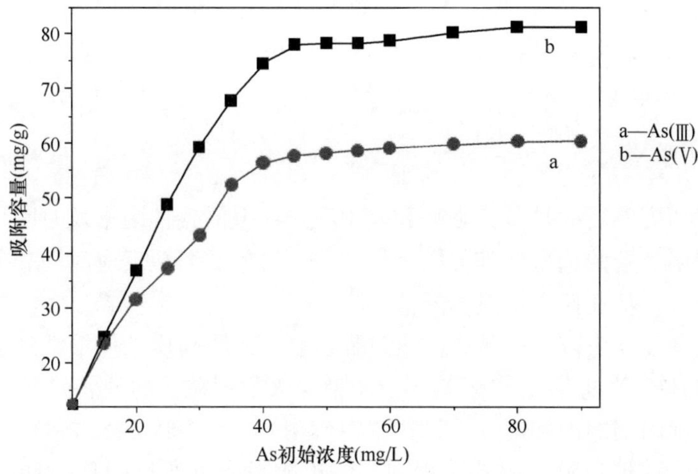

图5-51　α-Fe_2O_3纳米线包覆硅藻土对As（Ⅲ）和As（Ⅵ）的等温吸附曲线

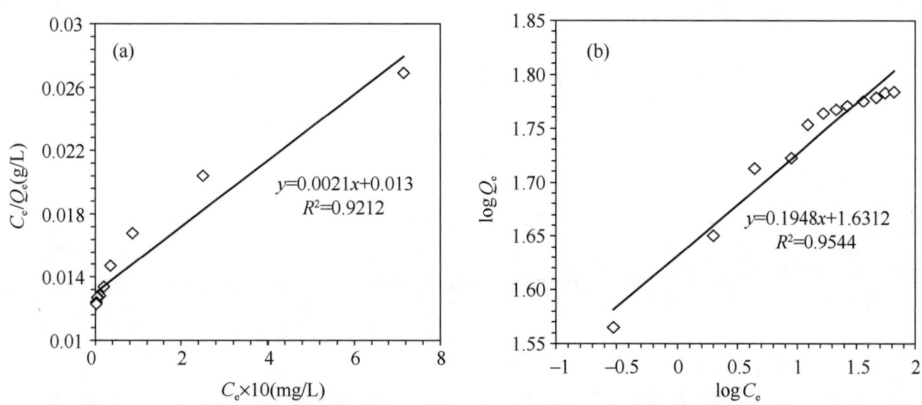

图5-52　α-Fe_2O_3纳米线包覆硅藻土对As（Ⅲ）等温吸附拟合曲线

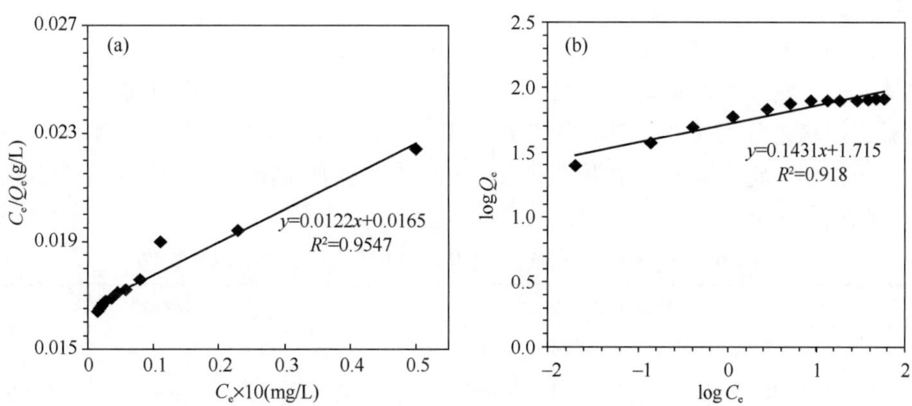

图5-53　α-Fe_2O_3纳米线包覆硅藻土对As（Ⅴ）等温吸附拟合曲线

于0.95，表明样品对As（Ⅴ）吸附等温模型更符合Langmuir等温式（图5-53）。通过计算得出经过α-Fe_2O_3纳米线对硅藻土进行改性后对As（Ⅲ）、As（Ⅴ）最大吸附量分别为：60.65mg/g、81.16mg/g。

5.6.2 吸附动力学

吸附动力学研究的目的是研究影响和控制吸附速率的各种因素及时间变化。吸附速率可决定生产中吸附装置的选型及其各类操作参数，故想要缩短反应时间和节省反应器容积就要提高吸附速度，从而使生产成本降低。

通常，吸附动力学由以下一步或多步过程控制：①吸附质从体溶液迁移至吸附剂颗粒周围的边界层（体扩散过程）；②从边界层扩散至吸附剂粒子的外表面（即外扩散过程）；③吸附质扩散至吸附剂的内部位点（即内扩散作用）；④吸附质通过物理吸附作用或化学吸附作用或混合作用被吸附于内外层表面。体扩散阻力可通过剧烈搅拌或振荡有效地消除，而表面吸附过程通常瞬间便可完成。

用于描述液/固吸附体系动力学的方程主要有一级动力学方程、二级动力学方程、Elovich方程、双常数方程和抛物线方程，其线性表达形式见式（5-36）至式（5-40）。

$$\ln(q_e - q_t) = \ln q_e - k_1 t \tag{5-36}$$

$$\frac{t}{q_t} = \frac{1}{k_2 q_e^2} + \frac{t}{q_e} \tag{5-37}$$

$$q_t = a + b\ln t \tag{5-38}$$

$$\log q_t = \log k_3 + m\log t \tag{5-39}$$

$$q_t = Dt^{1/2} + n \tag{5-40}$$

式中，q_e、t意义同前面吸附热力学部分；q_t为t时刻的吸附量（mg/g）；D为相对扩散系数；k_1为伪一阶吸附速率常数（min^{-1}）；k_2为伪二阶吸附速率常数（$g \cdot mg^{-1} \cdot min^{-1}$）；$k_3$、$a$、$b$、$m$、$n$等均为常数。

5.6.2.1 硅藻土吸附重金属离子动力学

廖经慧等研究了超细硅藻土对重金属离子的吸附动力学。

具体实验步骤：称量0.5g硅藻土和100mL浓度为100mg/L的Pb（Ⅱ）、Cu（Ⅱ）溶液，室温下振荡，分别在10、20、30、40、60、90（min）时取样离心，测定吸附后上清液残余离子浓度。将实验所得数据分别用伪一阶动力学方程和伪二阶动力学方程进行拟合分析，结果见图5-54和表5-6。

表5-6 超细硅藻土吸附Cu（Ⅱ）、Pb（Ⅱ）动力学拟合参数

	伪一阶动力学模型			伪二阶动力学模型		
Cu（Ⅱ）	q_e	k_1	R^2	q_e	k_2	R^2
	2.896	0.076	0.935	8.741	0.043	0.997
Pb（Ⅱ）	q_e	k_1	R^2	q_e	k_2	R^2
	0.300	0.053	0.738	19.960	0.512	1.000

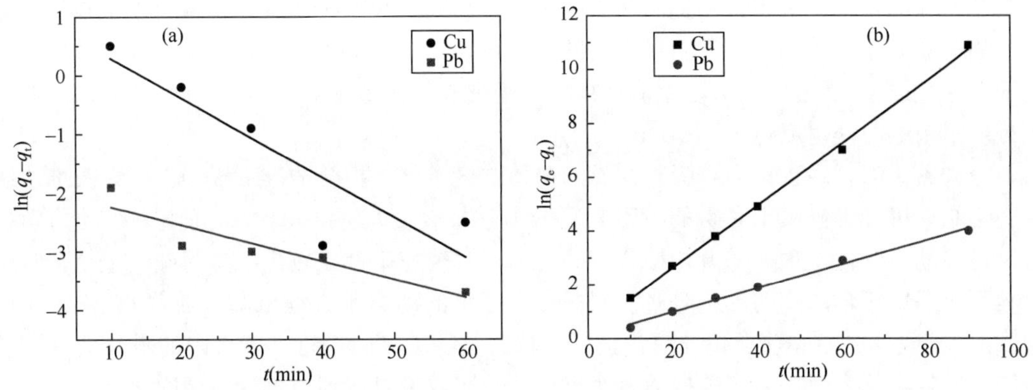

图 5-54　超细硅藻土吸附 Cu（Ⅱ）、Pb（Ⅱ）的伪一阶动力学方程拟合（a）和伪二阶动力学方程拟合（b）

伪一阶动力学方程常用于表征在液体溶液中的吸附作用。伪二阶动力学方程基于吸附剂与吸附质之间的电子分配或交换所产生的共价键间的力是吸附速率决定因素的假设，从拟合结果的相关系数 R^2 来看，伪二阶动力学方程明显具有更好的相关性，说明超细硅藻土对这两种离子的吸附符合伪二阶动力学模型。赵芳玉等和吕春欣等也都研究了硅藻土及改性硅藻土对 Cu^{2+}、Zn^{2+}、Pb^{2+}、Cd^{2+} 的吸附动力学，并都说明了硅藻土及改性硅藻土对这四种金属离子的吸附符合二级动力学方程。

5.6.2.2　硅藻土对含磷废水中磷吸附动力学研究

吴依远对含磷废水中磷的吸附进行了不同初始浓度以及不同温度下硅藻土吸附动力学研究，具体实验操作如下：

（1）不同初始浓度下的动力学试验

称取 3 份 4g 的复合吸附材料，分别加入浓度为 5mg/L、10mg/L、20mg/L 的体积为 200mL 的模拟含磷废水中。在室温条件下，恒温振荡反应，间隔一定时间进行取样，测试上层清液磷的浓度，求出去除率和吸附量。

由图 5-55 可知，在不同初始浓度的吸附初级阶段，硅藻土对磷的吸附量快速提高，

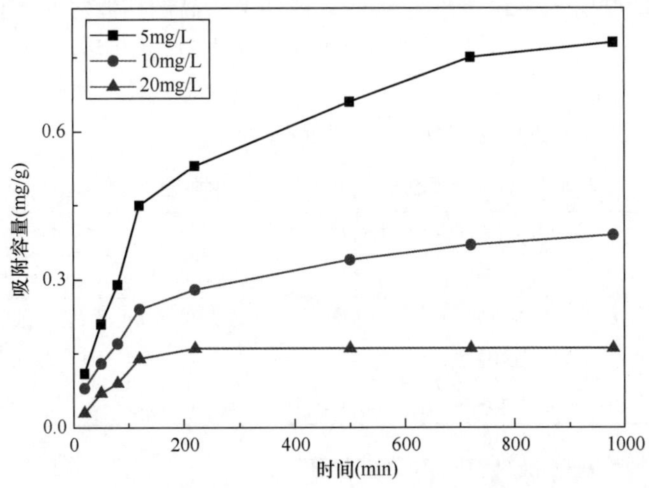

图 5-55　硅藻土含磷废水不同初始浓度下吸附时间与吸附量的关系

但随着时间的推移，吸附量的提高明显减小；在相同的吸附时间内，含磷废水中磷的初始值越高，吸附量也越高。磷吸附量增大的原因可认为是：溶液中磷浓度较大时，硅藻土和溶液的固/液接触面之间的浓度差值也越大，磷酸盐向材料表面迁移动力也更大，需要达到反应平衡的时间也就更久。

由硅藻土对含磷废水中磷吸附在不同初始浓度条件下拟合的准一级动力学以及准二级动力学结果可知，硅藻土对磷的吸附二级动力学拟合度均超过 0.99，高于一级动力学拟合度。在动力学模型中，随着初始浓度的增大，吸磷速率都比较低，说明硅藻土复合吸附材料不太适用于含磷高的废水处理。根据表 5-7 中的动力学方程可知，随着 $t \to \infty$，实验得到的吸附量 $q_t \to q_e$，实验值比理论值低，认为是随着实验进行，废水中的磷酸盐逐渐被吸附，导致由于浓度差造成的推动力变小，从而造成难以达到与理论值相同。

表 5-7　含磷废水各初始浓度动力学模型拟合参数

初始浓度	$q_{e,exp}$ (mg/g)	一级动力学方程		准二级动力学方程		
		k_1 (min^{-1})	R^2	k_2 ($g \cdot mg^{-1} \cdot min^{-1}$)	q_e (mg/g)	R^2
5mg/L	0.2107	0.0048	0.9748	0.0555	0.2268	0.9986
10mg/L	0.3991	0.0042	0.9897	0.0301	0.4150	0.9980
20mg/L	0.8021	0.0037	0.9755	0.0010	0.8532	0.9918

（2）不同温度下的动力学试验

称取 3 份 4g 的复合吸附材料，加入浓度为 5mg/L、体积为 200mL 的模拟含磷废水中，分别于 25℃、35℃、45℃环境温度下振荡反应，间隔一定时间进行取样，测试上层清液磷的浓度，求出去除率和吸附量。

不同温度条件下硅藻土复合吸附材料对含磷废水吸附动力学特征：硅藻土复合吸附材料的平衡吸附量随着温度的提高而增多，但是增多不显著。硅藻土复合吸附剂在温度为 45℃时的饱和吸附量比 25℃和 35℃温度下高出 7.09% 和 5.59%。

由硅藻土对含磷废水中磷吸附在不同吸附温度条件下拟合的准一级动力学以及准二级动力学结果（表 5-8）可知，吸附动力学过程用二级动力学描述符合性更高，各温度条件下相关性均超过 0.999。在 45℃条件下，吸附磷的速率高于其他两种温度条件。说明温度是影响吸附作用的条件之一，温度的提高有助于硅藻土对磷的吸附行为。温度的升高可以更容易克服废水中表面液膜的阻力，更有易于并且更快速地使废水中的磷酸盐进入硅藻土的孔隙中，进而扩散与活性吸附位反应，致吸附量增大。

表 5-8　硅藻土对含磷废水各温度动力学模型拟合参数

温度	$q_{e,exp}$ (mg/g)	准一级动力学方程		准二级动力学方程		
		k_1 (min^{-1})	R^2	k_2 ($g \cdot mg^{-1} \cdot min^{-1}$)	q_e (mg/g)	R^2
25℃	0.2176	0.0077	0.9732	0.0948	0.2275	0.9996
35℃	0.2211	0.0110	0.9735	0.1763	0.2321	0.9997
45℃	0.2280	0.0194	0.9932	0.2632	0.2410	0.9998

5.6.2.3　改性硅藻土对有机染料吸附动力学研究

李静等使用氢氧化镁改性硅藻土，并使用酸性品红和活性元红模拟有机染料，研究了改性硅藻土对有机染料的吸附动力学。

具体实验操作为：配制一系列 50mL 浓度为 70mg/L 的酸性品红染液、50mL 浓度为 100mg/L 的活性元红染液，分别加入浓度为 1g/L 的吸附剂，在恒温振荡器中振荡开始后计时，每隔 10min 取一次样，在离心机中以 2000r/min 转速分离出吸附剂，以准确测定染液的浓度。

不同温度改性硅藻土对酸性品红和活性元红的吸附动力学准一级动力学拟合以及准二级动力学拟合，对应的吸附动力学模拟参数见表 5-9。

表 5-9 氢氧化镁改性硅藻土对染料的准二级动力学模型参数

	温度（K）	q_e（mg/g）	准一级模型			准二级模型		
			q_{cal}（mg/g）	k_1（min^{-1}）	R^2	q_{cal}（mg/g）	k_2（$g \cdot mg^{-1} \cdot min^{-1}$）	R^2
酸性品红	398	17.27			0.3155	15.23	0.01477	0.9977
	308				0.7272	15.26	0.00241	0.9931
	318				0.5299	14.89	0.00125	0.992
活性元红	298	61.41	52.63	0.0162	0.9196	62.54	0.01211	0.9982
	308		52.62	0.0176	0.9266	59.65	0.01879	0.9978
	318		58.96	0.0144	0.8689	61.46	0.01417	0.998

从表 5-9 中的模型相关系数可以看出，对于改性硅藻土吸附剂，其准二级动力学模型的大部分 R^2 值大于准一级模型，表明改性硅藻土吸附剂对所用两种染料的吸附主要是遵从准二级动力学模型。影响吸附速率的因素有两个，有可能是染料的浓度和吸附剂性能，或是染料浓度的平方。

徐阳等人研究了氯代十六烷基吡啶（CPC）和铁改性的磁性硅藻土对直接大红 4BS 有机染料的吸附动力学。表 5-10 列出了直接大红 4BS 的吸附动力学模型参数，直接大红 4BS 的准二级动力学模型相关系数明显优于准一级动力学模型相关系数，说明 CPC-磁性硅藻土对直接大红 4BS 的吸附行为与准二级动力学模型良好吻合（图 5-56）。CPC-磁性硅藻土对直接大红 4BS 的吸附过程是一个初始吸附速率较快，后趋于平缓的过程。初始阶段，吸附剂表面空位较多，且由于强烈的电荷作用，会产生一个快速的吸附过程，随着吸附的进行，吸附剂的吸附能力趋于饱和，因而，吸附速率会逐渐放缓。也意味着 CPC-磁性硅藻土对直接大红 4BS 的吸附类型属于化学吸附。

表 5-10 CPC-磁性硅藻土对直接大红 4BS 的吸附动力学模型参数

	准一级吸附动力学模型	准二级吸附动力学模型			
$q_{m,cal}$（mg/g）	K_1（h^{-1}）	R^2	$q_{m,cal}$（mg/g）	K_2（g/mg·h）	R^2
191.46	0.5724	0.9234	476.19	0.441×10^{-2}	0.9992

由于各个方程建立的机理不同，各动力学方程也有着不同的物理化学意义。一级动力学方程说明反应的各个步骤有着相近的反应速率，或者误差相互抵消，也有可能反应符合其他的反应机制，但恰好也能用一级动力学方程描述。Elovich 方程可显示通常为其他动力学方程所忽略的不规律的信息，曲线上的任何突变标示吸附部位的转变。当吸附反应能

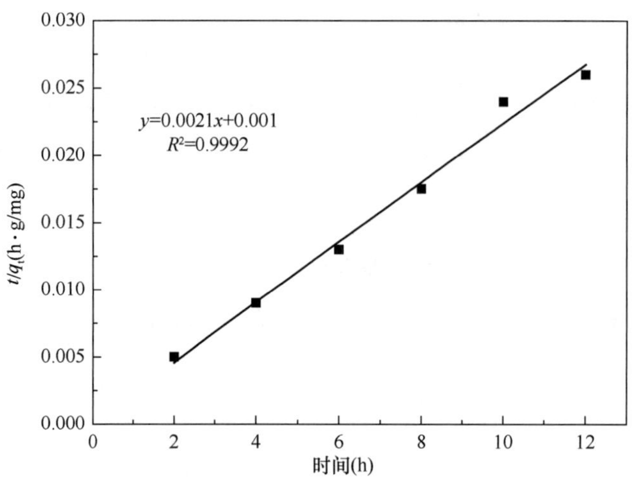

图 5-56　CPC-磁性硅藻土对直接大红 4BS 准二级吸附动力学参数拟合

随着表面饱和程度的增大而减小时，该反应符合双常数方程。抛物线方程说明吸附过程的扩散转移机制。

吸附过程：黏土矿物在液/固离子体系中对重金属离子的吸附过程非常复杂，吸附过程一般包括三个方面：吸附过程进行的难易程度；吸附过程的理化属性；吸附过程速率控制步骤。

第6章　可降解铬、砷重金属离子毒性硅藻土功能材料

6.1　概述

6.1.1　含 As、Cr 污染水体对环境的影响

铬（Cr）、砷（As）是被国家列入强制治理的重金属离子，在水体中常以酸根阴离子（$H_2AsO_3^-$、$HAsO_3^{2-}$、AsO_3^{3-}；$H_2AsO_4^-$、$HAsO_4^{2-}$、AsO_4^{3-}；CrO_4^{2-}、$Cr_2O_7^{2-}$）形式存在。二者在水体中安全阈值极低（分别为 0.005mg/L、0.01mg/L），因此含 As、Cr 重金属污水的危害更大，达标治理尤为困难。

砷、铬在水体中会随不同 pH 值范围而呈现出不同价态，不同价态的砷、铬离子，其毒性存在很大差异。Cr（Ⅱ）和单质铬基本无毒性，因为 Cr（Ⅱ）的化学性质非常不稳定，极易被氧化，在生物体内几乎不存在；而 Cr（Ⅲ）是人体所需要的微量元素之一，一方面它具有增强胰岛素的作用，调节人体中葡萄糖的代谢，同时还能降低人体内的胆固醇，可以预防和改善动脉硬化，所以 Cr（Ⅲ）毒性很小；而 Cr（Ⅵ）的毒性却超过 Cr（Ⅲ）数百倍，Cr（Ⅵ）在生理 pH 范围内，极易穿透细胞膜，在细胞内被还原成 Cr（Ⅲ），同时还会产生中间产物与 DNA 发生反应，使酶系统的正常运行受到阻碍，导致 DNA 的解旋或断裂。科学研究还发现：Cr（Ⅵ）还具有很强的迁移性。由于 Cr（Ⅵ）的溶解度较大，它可通过消化道、呼吸道、皮肤和黏膜侵入人体，一旦经吸收进入血液，在血红蛋白内部与生物大分子发生反应，阻碍和破坏血红蛋白的携带氧机能，使血液内缺氧，引起皮炎、严重腹泻、消化道出血和刺激呼吸道等，重则导致生物体窒息，是国际组织公认的致癌物。因此，我国规定居民饮用水中 Cr（Ⅵ）的浓度不能超过 0.05mg/L，工业水中的浓度应小于 0.25mg/L。砷元素有四种常见价态，-3 价的砷微乎其微，工业污水中主要存在着 +5 价和 +3 价砷，而 0 价砷（即单质砷）虽然存在但相当少见，具有灰砷、黄砷和黑砷三种同素异型体，不溶于水，也不会被生物体吸收，因此几乎没有毒性。砷最大的危险之处在于其化合物，毒性强且与价态有着密不可分的联系，已查明 As（Ⅲ）的毒性比 As（Ⅴ）更强，约为其 60 倍。自然水体中砷的化学形态复杂，可以分为无机类和有机类，前者毒性远远大于后者。当环境中氧气充足时，砷以 $H_3AsO_4^-$、$H_2AsO_4^-$、$HAsO_4^{2-}$、AsO_4^{3-} 等离子态 As（Ⅴ）形式存在；当处于还原厌氧环境时，砷则以 H_3AsO_3 等分子态 As（Ⅲ）形式存在。

6.1.2　含 As、Cr 废水处理技术

含 As、Cr 污染废水常见的治理方法有：化学沉淀法、电解法、离子交换法、吸附法、膜分离法、生物法等。吸附法因其简便、实用、便于规模化应用，是处理含 Cr、As 废水

最为有效的方法。

1. 化学沉淀法

化学沉淀法是利用不同物质间的化学反应产生沉淀，经过滤后达到净水的目的。砷、铬在水体中会以酸根阴离子形式存在，添加与之生成难溶或不溶物质的化学药剂，可以使其与水体分离开来。依据添加剂的种类和沉淀方式，化学沉淀法可细分为中和沉淀法、混凝沉淀法、硫化物沉淀法、铁氧体沉淀法等。化学沉淀法可以快速而又有效地去除废水中的有毒重金属离子，工艺流程也很简单，适合处理含砷浓度很高的废水。但是处理过后的含重金属沉淀物属于危废，目前尚没有有效地处理这些危废的方法，所以会造成二次污染，对于工业应用和可持续发展都不利。

2. 电解法

电解法主要是利用外加电场的作用，在直流电场下，使水中的砷、铬发生电化学反应，改变其价态，通过调节 pH 值形成沉淀，使重金属离子铬、砷分离。Hunsom 等利用氧化钌作为阴极、氧化钛作为阳极材料，在实验室条件下模拟研究了电解法对废水中 Cu^{2+}、Cr^{6+}、Ni^{2+} 的去除。研究结果表明：当控制反应溶液的 pH 为 1、通电电流密度为 $10 \sim 90A/m^2$ 时，电解法对 Cu^{2+}、Cr^{6+}、Ni^{2+} 的去除率均达到了 99% 以上，Cu^{2+}、Cr^{6+}、Ni^{2+} 的浓度分别由处理前的 $14.67mol/m^3$、$18.54mol/m^3$、$7.97mol/m^3$ 降低到处理后的 0.01 ~ 0.13mg/g、0.19 ~ 0.20mg/g、0.05 ~ 0.13mg/g。电解法具有工艺成熟、占地面积小、去除率高、所沉淀的重金属可回收利用等优点。但是电解法能耗非常大，并且易引起二次污染。

3. 离子交换法

离子交换法是采用特定吸附剂中离子交换剂的可交换离子（如 H^+、Na^+ 和 OH^-）与废水中的含铬、砷的阴离子（$H_2AsO_3^-$、$HAsO_3^{2-}$、AsO_3^{3-}；$H_2AsO_4^-$、$HAsO_4^{2-}$、AsO_4^{3-}；CrO_4^{2-}、$Cr_2O_7^{2-}$）进行交换吸附，从而将重金属铬去除。常用的离子交换材料有离子交换树脂、沸石、膨润土等。该方法费用较低，工艺比较成熟且易于操作，不易产生二次污染。但是，传统的离子交换吸附剂的目标选择性差，易受到其他电解质的干扰，在实际应用中去除离子的能力低。

4. 吸附法

吸附法是利用吸附的表面活性来吸附水中铬、砷污染物的方法。吸附法处理含重金属铬废水主要是利用吸附材料的高孔隙率、高比表面积，对重金属离子具有吸引力而使其停留在固体表面，并随固体一起与水体分离。吸附法对铬、砷的去除效率高，同时还能吸附其他共存的有毒离子，并能通过价态转化实现砷、铬离子的毒性降解。但吸附法在应用中常受限于吸附剂的吸附效能，因此开发具有多孔、大比表面积和丰富表面官能团的新型材料，是吸附法处理含 Cr、As 重金属离子废水的关键。吸附材料的有序孔道结构和合理孔径分布尤为重要，目前适合吸附重金属离子的多孔材料主要是活性炭、分子筛、人工合成多孔材料。其中分子筛、人工合成多孔材生产成本高，制约了其规模化应用；活性炭孔道结构不规则，且呈开孔状结构，容易解吸，无法达到深度处理重金属离子的要求，且该材料对 Cr、As 吸附容量最高为 0.442mmol/g、0.216mmol/g，工业应用需进一步处理。因此，高效、低成本吸附剂的制备成为吸附法处理含 Cr、As 重金属离子的技术关键。目前对吸附剂的研究方向有：①金属氧化物的表面无机改性或有机复合；②二元或三元复合金属氧化物；③新型复合吸附材料的开发。

5. 膜分离法

膜分离法是采用天然或者合成的膜材料，以一定的外界推动力将污水中的有毒重金属离子分离出来，这种方法能实现重金属离子的浓缩和富集。膜材料一般为微孔级，厚度从几微米到几十微米不等，其结构特点只允许特定成分通过，实现不同组分的分离提纯。根据其孔径大小可以分为微滤膜、超滤膜、纳滤膜和反渗透膜等。微滤和超滤这两种膜的孔径比砷离子的尺寸大，因此不能直接用于处理含砷污水；而纳滤膜和反渗透膜能够有效处理含 As（Ⅴ）污水，去除率能够达到 90% 以上，具有很好的发展前景。处理含铬废水工业上应用较多的是电渗析法和反渗透法。总体来说，膜分离法具有良好的净水效果，对铬、砷去除率高，无固废污染，但处理的成本过高，而且膜的污染、使用寿命和修复等一系列问题还亟待解决。

6. 生物法

砷的毒性能够随生物链进行迁移和转化。自然界中的一些植物、微生物能够凭借自身的新陈代谢降解砷的毒性，生物法除砷正是利用了生物的这一特点。在处理含砷污水时，耐砷生物将砷吸入体内富集浓缩起来，然后经过氧化、甲基化变为有机砷，其毒性相比于无机砷大大减小，从而实现污水中砷毒性的降低或消除。比如水葫芦这种常见植物。研究人员发现，水葫芦能够非常迅速地将水体中的砷以不同的有机质形态富集在根茎叶等部位，芦苇等植物也有类似的功能。可以看出，生物法具有材料来源广泛和低廉等诸多优点。生物法是建立在环境自净功能上的技术，具有无害化、资源化的特点，能够高效处理含砷等重金属离子的污水。该法是随着人类认识到水资源保护的重要性而发展起来的，是处理污水的研究热点，还处于起步阶段，应用于工程的难度非常大。

6.1.3　含 As、Cr 废水的毒性降解

含 Cr、As 重金属离子废水治理面临的另一个难题是 Cr、As 的毒性迁移，即其毒性可随水体、土壤在动植物的生物链进行迁移转化。因此吸附剂吸附 Cr、As 重金属离子之后的后继处理也是工业应用中需要迫切解决的问题。如何实现 Cr、As 的毒性（水体中或吸附固体产物）降解尤为重要。研究表明，Cr、As 重金属离子毒性与价态有关，如：六价 Cr 极易被胃肠道吸收，而三价 Cr 难以被吸收（吸收率为 0.1% ~0.2%），三价 Cr 的毒性远低于六价 Cr。三价砷化合物极易溶解并被人体各器官所吸收，而五价砷化合物溶解度极小，危害较轻。因此，在含 Cr、As 污水的吸附治理过程中，同步地将六价 Cr 还原成三价 Cr、三价 As 氧化成五价 As，就可实现吸附、毒性降解一体化。就化学反应理论而言，凡是可变价态的过渡金属元素均具有氧化还原特性，而 Fe 单质及二价 Fe 是被公认的六价 Cr 最廉价有效的还原剂，高价态锰是三价 As 最廉价有效的氧化剂。迄今为止，国内外相关研究工作开展较少，Ge 等采用模板法制备的多层级铁元素掺杂空心球状结构 γ-MnO_2，对三价砷具有较好的氧化效。而六价铬还原成三价铬的相关研究多集中在光催化还原方面。

1. 六价铬离子的光催化还原

光催化还原法处理含重金属离子污水是目前的研究热点。由于一些重金属离子，特别是重金属阴离子，在水体中能以不同的价态存在，而且不同价态的离子毒性差别很大，因

此吸引大量研究人员对光催化还原法处理这一类型的重金属离子做了大量研究。其中，比较典型的是铬离子研究人员对于利用光催化还原法处理 Cr（Ⅵ）进行了大量的研究工作。Wu 等人以 $Ce(NO_3)_3$为原料，采用水热法制备了 CeO_2纳米管和纳米线，并研究了所制备样品对 Cr（Ⅵ）的光催化还原性能，研究表明，紫外光下纳米结构的 CeO_2在草酸的协助下 50min 对 100mg/L Cr(Ⅵ）的去除率达到 98%，显示出了优良的光还原性能。Song 等人以低温水热的方式，使钛酸正丁酯（TBOB）水解，成功制备了 TiO_2-酵母的杂化微球，并应用于 Cr（Ⅵ）的光催化还原，研究表明，所制备的杂化微球直径随着 TBOB 添加量的增加而降低，对 Cr（Ⅵ）的光催化还原率能达到 99%，并在反复循环试验 5 次后没有明显的降低。Deng 等以乙醇为溶剂，采用溶剂热法在 160℃下加热 1h，制备了 SnS_2/TiO_2复合材料，并对样品在可见光下光催化还原 Cr（Ⅵ）做了详细研究，研究表明，在可见光下，SnS_2/TiO_2复合材料对 Cr（Ⅵ）的光还原效率远远高于纯的 SnS_2或 TiO_2，对于 50mg/L 的重铬酸钾溶液的降解率达到 87%。Zhen 等采用水热法，以 $ZnCO_3$为原料制备了多孔的单晶 ZnO 纳米片，在紫外光照射的条件下，测试了样品对 Cr（Ⅵ）的光还原性能，样品在 pH =7 的条件下，紫外光照射 80min 对 Cr（Ⅵ）的去除率达到 60%，而加入苯酚能够大大加快样品对 Cr（Ⅵ）的光还原效率，80min 对 Cr（Ⅵ）的去除率达到 99.8%。

2. 铌基催化剂还原处理污水

五氧化二铌是一种常见的 n 型半导体多晶型化合物，主要分为三种常见的晶型，分别为 H-Nb_2O_5晶型、O-Nb_2O_5晶型和 M-Nb_2O_5晶型。H-Nb_2O_5晶型属于六方晶系，O-Nb_2O_5属于正交晶系，M-Nb_2O_5晶型属于单斜晶系。三种晶型的 Nb_2O_5由于 Nb-O 结合方式不同导致不同晶型具有不同的物理及化学性质。Nb_2O_5是一种宽带隙的半导体材料，研究显示，Nb_2O_5的禁带宽度在 3.2eV 左右，与 TiO_2非常相似，所以 Nb_2O_5在光催化领域具有相当大的应用前景。Nb_2O_5作为一种新型的光催化材料，其本身以及其他铌的化合物和铌酸盐等，目前已被应用于有机物的光催化氧化。光催化降解污水和光催化产等方面。在这些研究中，五氧化二铌都显示出了其优良的光催化活性。Nb_2O_5由于其独特的催化性能在各领域已得到广泛的应用。研究人员通过调控不同的工艺条件，来控制所制备样品的形貌、晶体结构、粒径大小以及比表面积等，从而达到提高其催化活性。Prado 等人报道利用 Nb_2O_5 作为光催化剂降解靛胭脂染料，并研究不同条件（降解底物浓度和 pH）对 Nb_2O_5 光催化性能的影响。结果表明，在 $pH < 4.0$ 时，Nb_2O_5表现出优良的稳定性，经过循环利用 10 次后仍可以保持较好的光催化活性，相比 TiO_2和 ZnO 半导体材料在酸性条件下，因为结构被破坏而导致光催化活性降低，Nb_2O_5无疑显示出了其强大的优势。Chen 等人采用气相自组装法制备出介孔结构的纳米 Nb_2O_5，样品表面的介孔对产生的电子和空穴的运输和复合产生了影响，且这一影响导致了介孔 Nb_2O_5光催化性能高于块状 Nb_2O_5。Zhao 等人通过沉淀和焙烧制备了球状的 TT-Nb_2O_5，采用水热法制得（100）面生长的 TT-Nb_2O_5 纳米棒，并研究了各自的光催化性能。结果表明：纳米棒状 TT-Nb_2O_5对于 MB 具有较好的光降解效率。其原因是纳米棒状 TT-Nb_2O_5的（001）面暴露出了很强的 Lewis 酸性位点，致使更容易固定溶液中的有机分子。Fatemeh 等人先通过 EISA 然后煅烧的方法，制备了 Ni 和 Nb 不同比率的多孔 NiO/Nb_2O_5复合材料，并研究了在可见光下样品对 Cr（Ⅵ）的光降解性能，研究发现，NiO/Nb_2O_5复合材料的光催化性能远远高于纯的 Nb_2O_5。

3. 复合纳米结构材料对含砷污水的处理

纳米结构材料是表面活性官能团最为丰富的材料，可显著提高材料的比表面积、吸附效能以及氧化/还原化学反应活性。已有的研究表明，纳米花状或球状结构氧化铁或羟基氧化铁、纳米线状或花状结构氧化锰、纳米片状或花状结构氧化铝等，对 Pb、Zn、Cr、As 等重金属离子均具有良好的吸附性能。然而合成的氧化铁、氧化锰、氧化铝等纳米结构吸附剂存在颗粒团聚严重（影响吸附效能）和吸附剂难以后续处理（固液分离困难），且易于造成流失（浪费）和二次污染等问题。如何将高活性的纳米结构材料与大块体吸附材料有机结合，使其兼具纳米尺度的金属氧化物与微米尺度的多孔基体的优点，是在实际污水处理过程中推广运用纳米材料的关键所在。对砷而言，纳米结构氧化物材料不仅具有良好的吸附性能，还要具备一定的氧化活性，因此同时具备吸附和催化氧化活性的复合纳米结构材料非常重要。

纳米结构铁氧化物，无论是否具有磁性，对砷离子都具有很高的亲和力，能牢固地吸附住砷离子，因而在含砷污水的处理中应用相当广泛，具体的有纳米零价铁（nZVI）、铁的氧化物（Fe_2O_3、Fe_3O_4）和羟基氧化铁（FeOOH）等。Wang 等研究表明，以针铁矿为代表的这类羟基氧化铁有着对砷离子更为优异的去除能力，主要由于其比表面积更大、表面活性位点更多的原因。Bowell 和彭昌军在他们各自的研究中也有类似结论，并指出铁氧化物对砷的吸附容量与表面电荷、结构等性质有关。纳米花状、线状等形貌的铁氧化物多以在模板剂调控条件下的水热法制备为主，如 Wang 等以 $FeSO_4$ 为前驱体，在水/丙三醇反应体系中采用水热法合成了多级海胆状 α-FeOOH 空心微球，比表面积达 96.9m^2/g，在此过程中丙三醇既充当沉淀剂又充当模板剂。

纳米结构锰氧化物是水处理过程中一种重要的吸附载体材料，其表面活性很强，能够强烈吸附固定住某些重金属阳离子和有机污染物，还能将三价砷氧化为五价砷，使其毒性降低。锰氧化物比表面积大，具有一种隧道结构，内部空间可以容纳外来的重金属离子，因此具有优异的吸附能力。锰氧化物的合成多采用水热法和共沉淀法。Du 等就以 SDBS 为模板剂，以硫酸锰等不同的锰源，采用水热法在硅藻土上原位生长了纳米花状 γ-MnO_2 和线状、片状及棒状的 α-MnO_2，比表面积分别为 66.5、142.1、48.7 和 49.5（g/m^2）。

近年来，两种或两种以上金属氧化物的复合是纳米结构金属氧化物对含重金属离子废水处理的研究重点。这种复合吸附剂不仅具有各自单一组分的吸附特性，还由于不同金属氧化物间的协同作用，使吸附剂具有更高的表面活性和吸附效能。学者们对铁锰复合的研究已经相当广泛。相对于单一的铁氧化物或者锰氧化物，铁锰复合具有以下优点：①能够去除低价无机含氧酸；②表面微孔丰富，比表面积显著增加；③具有更多的活性位点，提升吸附效能；④提高对高价含氧酸的去除效率。铁氧化物和铝氧化物对砷酸根阴离子都具有特别敏感的吸附特性，也同样成本低廉，但是关于铝锰复合对重金属离子吸附的研究却相对缺乏。

综上所述，在选取或制备对铬、砷具有良好吸附性能纳米结构材料的同时，解决纳米结构材料的团聚非常关键，如在大块体材料或矿物材料（如硅藻土）上负载反应活性位和氧化/还原活性基元，如硅藻土矿物表面可变价态金属（Fe、Fe/Mn、Al/Mn、Fe/Mg、Fe/Zn 等）复合氧化物及铁酸盐纳米结构的可控制备，在保持客体 Fe、Mn 金属本征氧化、还原化学性能的同时，赋予硅藻土矿物材料高比表面积、高密度不饱和悬键、多类别表面功能基团，解决硅藻土原土对 Cr、As 酸根阴离子吸附容量低、选择性差以及无法降解毒性的问题。这是本章将要论述的主要内容。

6.2 硅藻土表面纳米结构氧化铌的制备与性能

吸附法是常用的处理 Cr（Ⅵ）废水的方法，硅藻土因其表面大量微孔、丰富的活性官能团、较大的比表面积，是一种良好的处理重金属离子的吸附剂。但是吸附法只是将 Cr（Ⅵ）转移而未消除其本身的毒性，后续的处理是一大难题。目前，半导体光催化还原技术是一种处理 Cr（Ⅵ）废水较为理想的方法，但由于粉体光催化剂回收分离困难等问题，限制了其在实际中的应用。采用负载型光催化材料解决实际应用的问题已成为研究热点。北京工业大学的杜玉成、张时豪等人以硅藻土为基体，在硅藻土表面负载纳米结构的 Nb_2O_5 光催化剂，不仅改善了硅藻土的吸附性能，而且在光催化还原 Cr（Ⅵ）的过程中，优良的吸附能力还能与 Nb_2O_5 形成协同效应，提高光催化活性。同时，还解决了后期回收再利用的问题。下面就相关研究工作进行详细介绍。

6.2.1 样品制备与性能检测方法

样品制备：称取一定量的 Nb_2O_5 粉末，放入反应釜中，加入氢氟酸溶解，再加入氨水沉淀制备铌酸粉体，待用。称取一定量的铌酸粉体水，放入盛有一定量冰醋酸的烧杯中，再分别加入一定量的草酸铵、十二烷基苯磺酸钠、硅藻土，恒温搅拌 40min，转入聚四氟乙烯反应釜中，置于 160℃ 的烘箱中恒温加热不同时间。然后取出反应釜，冷却至室温，将反应产物过滤，乙醇和去离子水清洗 3 ~4 次，低温干燥制得不同反应时间的样品。

Cr（Ⅵ）离子吸附检测：在锥形瓶中加入一定量已知浓度的 Cr（Ⅵ）标准溶液，用稀 HCl 和 NaOH 调节 pH 值，加入一定量所制备，水浴搅拌一定时间，用 0.22μm 针头过滤器过滤，取滤液，采用 ICP-AES 测定溶液中 Cr（Ⅵ）的浓度。

根据实验测得的溶液中 Cr（Ⅵ）浓度的变化，按下式计算其吸附率或吸附量。

$$E = (C_0 - C_e)/C_0 \times 100\% \tag{6-1}$$

$$Q_e = (C_0 - C_e) \times V/m \tag{6-2}$$

式中，Q_e 为平衡吸附量（mg/g）；C_0 为初始质量浓度（mg/L）；C_e 为平衡质量浓度（mg/L）；V 为溶液体积（L）；m 为吸附剂质量（g）。

Cr（Ⅵ）离子光降解实验及检测方法：准确配制初始浓度为 20、50、80、100、120、150、200（mg/L）的 Cr（Ⅵ）标准溶液，量取一定量上述含 Cr（Ⅵ）溶液，加入一定量纳米结构五氧化二铌修饰碳纤维或硅藻土复合材料和一定量草酸，室温下在黑暗中搅拌一段时间，待达到吸附和解析平衡后暴露在紫外光下恒温搅拌，每隔 20min 用 0.22μm 针头过滤器采集一定量溶液测试紫外吸收光谱。

其他表征测试方法参见第 3 章 3.3 节部分。

6.2.2 样品物相分析

图 6-1 为 Nb_2O_5 不同反应时间所得样品与硅藻原土样品的 XRD 图谱。由图 6-1 可知，硅藻土为非晶态物质，其中晶体衍射峰（101）为硅藻土中石英杂质。Nb_2O_5 不同反应时

间样品仍保有硅藻土非晶态衍射峰特征，但各样品同时存在晶体衍射峰。反应 8h、10h 样品 XRD 衍射峰与六方晶系的 H-Nb_2O_5（JCPDS28-0137）特征衍射峰非常吻合，表明硅藻土存在较纯正的 Nb_2O_5 晶体，且在 2θ 值为 24. 3°、27. 1°、36. 9°、28. 1°、56. 5°时出现的肩峰，对应晶面分别为（001）、（100）、（101）、（002）、（102）。随着反应时间的增加，样品 d 出现新的衍射峰，对比正交相 O-Nb_2O_5 标准卡片（JCPDS27-1003），晶面指数（120）、（180）、（200）、（201）与对应的衍射峰完全一致，表明此时产物不再是纯正的 H-Nb2O5 晶相，而出现正交相 O-Nb_2O_5晶体结构特征，且进一步增加反应时间，O-Nb_2O_5 晶体结构特征更加明显（如样品 e 所示）。

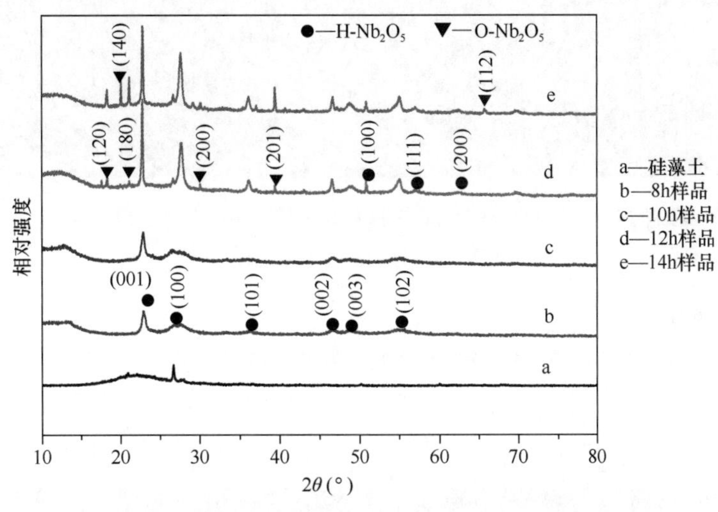

图 6-1　硅藻土及不同反应时间样品的 XRD 图谱

6. 2. 3　样品形貌分析

图 6-2 为硅藻原土与反应时间 8h、10h、12h、14h 各样品的扫描电镜图，其中图 6-2（f）为反应时间 14h 样品的局部放大图。

由图 6-2（a）~（c）可知，样品为具有多孔结构的圆盘藻，孔道均匀、分布有序，中间大孔孔径为 100 ~ 300nm，小孔孔径为 20 ~ 50nm（大孔内存在小孔为硅藻土孔结构特征，样品 BET 与 BJH 也有证明），边缘孔径为 30 ~ 80nm，整个藻盘表面光滑。反应时间 8h 后样品表面均匀附着一层类似花状结构的纳米颗粒，表面变得粗糙；进一步增加反应时间，样品可清晰地看到在硅藻土表面有花片状结构 Nb_2O_5形成。表明在反应初期氧化铌即已在硅藻土表面形核长大，并随时间的延长呈现出氧化铌逐渐生长过程，且 Nb_2O_5存在定向生长的趋势。由图 6-2（d）、（e）可知，12h 样品中硅藻盘上 Nb_2O_5产物呈现纳米棒结构，纳米棒长度为 100 ~ 150nm，直径为 10 ~ 20nm；14h 后样品纳米棒继续长大，长度为 500 ~ 700nm，直径为 25 ~ 35nm，反应时间 14h 样品局部放大图片［图 6-2（f）］可进一步证明这点。由图 6-2（b）~（e）可知，Nb_2O_5在硅藻土表面沉积生长过程中，存在由前期花片状结构向纳米棒状结构转化的过程，即随着时间的延长，呈现五氧化二铌逐渐生长趋势并出现形貌变化。

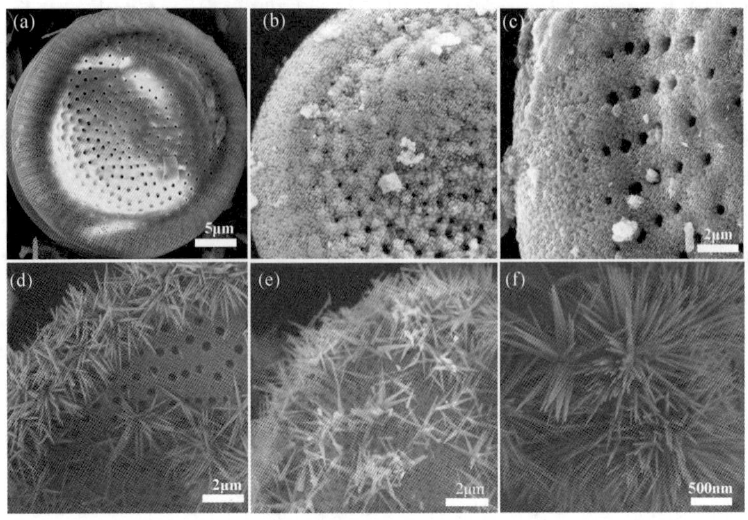

图6-2　硅藻土（a）及反应时间分别为8h（b）、10h（c）、12h（d）、(e)、14h（f）样品扫描电镜图像

6.2.3.1　样品微观形貌分析

图6-3为反应时间10h及14h样品的TEM和HRTEM图片。由图6-3（a）、(b）可清楚地看到花片状Nb_2O_5纳米结构，花状Nb_2O_5由非常薄的纳米片状结构组装形成。由图6-3（d）、(e）可以看出，反应时间14h样品的结晶度明显高于反应时间10h样品的，

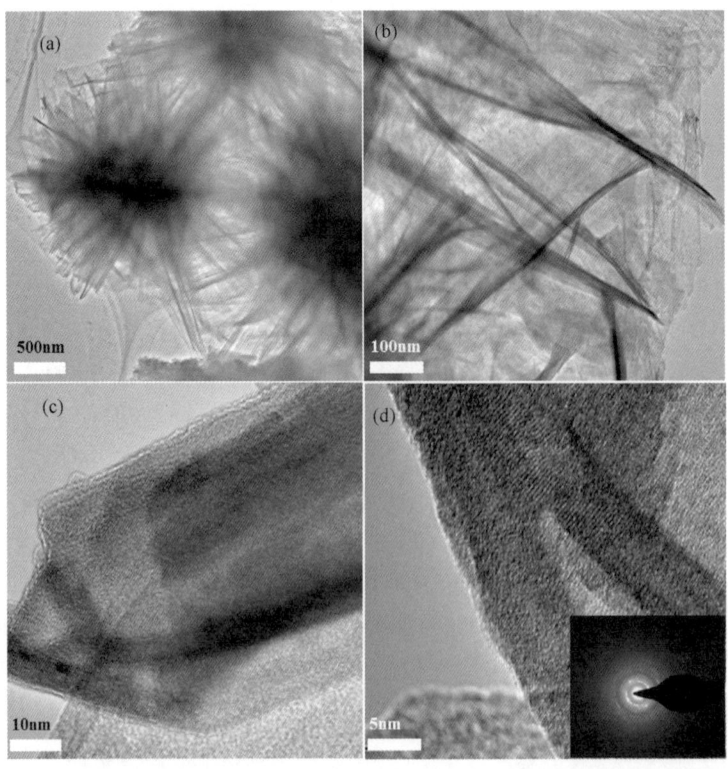

图6-3　反应时间10h（a）、(b）、14h（c）、(d）样品的TEM及HRTEM图

且此时 Nb_2O_5的结构已逐渐呈现出纳米棒状结构，表明存在由前期花片状结构向纳米棒状结构转化的过程。其 SAED 衍射图案呈电子衍射环状，表明反应时间 14h 的 Nb_2O_5 为多晶结构。

6.2.3.2　样品比表面积及孔结构分析

图 6-4 分别为硅藻土及反应时间 10h、14h 样品的氮气吸脱附曲线，内图为样品孔径分布曲线。由图 6-4 曲线 a 可知，硅藻原土样品氮气吸脱附曲线介于Ⅳ型、Ⅲ型之间，为不均匀孔径的多孔材料，在小孔范围内其孔径存在多个峰值，表明其孔结构的不均匀性，这与样品的 SEM 相吻合（如图 6-4 中曲线 a 所示)，并存在典型非均匀孔的 H3 迟滞环。硅藻土负载纳米结构 Nb_2O_5 反应时间 10h 样品、14h 样品，为Ⅳ型吸附等温线，表明 Nb_2O_5 沉积硅藻土反应时间 10h 样品、14h 样品存在介孔材料特征。在相对压力为 0.40 ~ 1.0 范围内 10h、14h 样品出现 H4 型滞留回环，归因于狭缝状孔道结构。存在毛细凝结的单层吸附情况。由孔径分布曲线可知，孔道结构分布比较均匀，孔径分别为 3nm 和 5nm。因硅藻土为不均匀孔径的多孔材料，表明经表面沉积生长氧化铌后，硅藻土中大孔相对减少，即随着水热反应时间的延长，样品的孔道结构由不均匀孔向均匀孔方向转化，这与此时生成的五氧化二铌纳米棒并逐渐长大有关，即硅藻土纳米结构五氧化二铌的生成，使硅藻土原来的多孔性受到影响，这与五氧化二铌在硅藻土表面发生附着、晶体成核、晶型转变并逐渐长大的 SEM 照片相吻合。

硅藻土、反应 10h 的样品、反应 14h 样品的比表面积分别为：$28g/m^2$、$135g/m^2$、$193g/m^2$，即硅藻土表面沉积氧化铌后，比表面积增加显著。

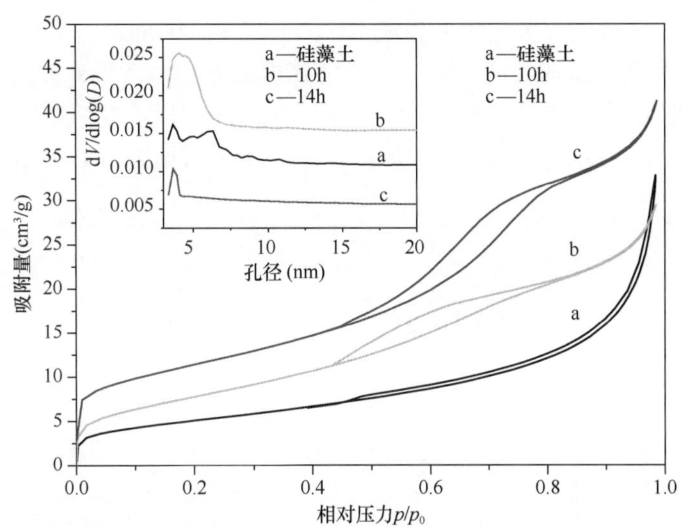

图 6-4　硅藻土及不同反应时间样品的氮气吸脱附曲线和孔径分布曲线

6.2.3.3　硅藻土基 Nb_2O_5纳米棒生长机理

通过对不同反应时间所形成 Nb_2O_5的晶相结构及相貌变化的研究发现，水热反应初期形成的 Nb_2O_5 为层片状结构 H-Nb_2O_5，水热反应后期形成的 Nb_2O_5 为纳米棒状结构 O-Nb_2O_5。根据实验结果并结合相关文献所提出的 Nb_2O_5的生长机理，我们提出有序纳米结构 Nb_2O_5/硅藻土的可能合成机理：在水热初期，铌酸与草酸铵反应，生成草酸铌。硅藻土化学成分为非晶态 SiO_2，呈短程有序、由硅氧四面体相互桥连而成的网状结构，由于硅原子数目的不确定性，导致网络中存在配位缺陷和氧桥缺陷等。因此，在表面 Si—O—“悬空键”上容易结合 H 而形成 Si—OH，即表面硅羟基。带有硅羟基的硅藻土能够很好地把溶液中草酸铌吸附于表面。在水热反应条件下，草酸铌开始在硅藻土表面分解并结晶。反应初期，六方晶系的 H-Nb_2O_5为主，对照 PDF 标准卡片，其晶胞参数为 $a=b=0.3607$nm，$c=0.3925$nm。由晶胞参数可知，晶体定向生长的趋势不强，易于形成球体形貌，在十二烷基苯磺酸钠（表面活性）结构导向作用下，生成花片状结构 H-Nb_2O_5晶体，但结晶度不高，反应初期样品的 XRD 和 SEM 可证实这点。随着反应时间的增加，H-Nb_2O_5晶体出现再结晶，并转化成 O-Nb_2O_5晶体，此时的水热反应起到 H-Nb_2O_5晶体加热转晶的作用，即反应 12h、14h 样品 XRD 出现 O-Nb_2O_5晶体特征衍射峰。此时其晶胞参数为 $a=0.6180$nm，$b=2.9312$nm，$c=0.3936$nm。依据晶体生长理论和能量最低原理，平衡状态下晶体生长基元将优先沉积于晶体的表面能相对较低的晶面，b 轴远大于 a 轴和 c 轴，结构各向异性较大，易于取向生长，晶体定向生长的趋势非常强，最终沿垂直于晶带轴［101］方向生长成纳米棒。而 a 轴又大于 c 轴近两倍，容易形成不对称的定向生长，但由于添加的十二烷基苯磺酸钠结构导向剂进一步抵消了晶体生长过程的不对称性趋势，最终生成纳米棒状结构，如反应时间 12h、14h 样品 SEM 图所示。

6.2.4 Nb_2O_5纳米棒/硅藻土对 Cr(Ⅵ) 吸附及光还原性能

6.2.4.1 不同光照条件下样品的吸附容量

图 6-5 是体积为 40mL、Cr(Ⅵ) 初始浓度为 20～1000mg/L、pH = 5、样品用量为 40mg 时，硅藻土原土、反应时间 14h 样品分别在可见光还是紫外光照射条件下，以吸附达到平衡时最大吸附量（q_e）对平衡吸附浓度（C_e）作图所绘制吸附等温线（各初始浓度条件下的最大吸附量）。其中硅藻土吸附实验条件为可见光，均采用 ICP 检测铬离子浓度。

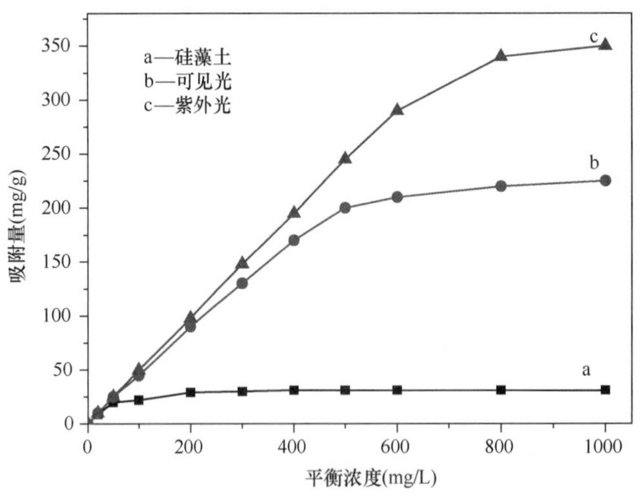

图 6-5　硅藻土、反应时间 14h 样品在可见光和紫外光下对 Cr（Ⅵ）的吸附等温线

由图6-5可以看出，硅藻土对Cr（Ⅵ）的吸附在较低浓度时已经接近饱和，表现为一条直线，最大吸附量为30mg/g。而反应时间14h经Nb_2O_5纳米结构修饰的硅藻土样品无论在可见光还是紫外光照射条件下，对初始配制的Cr（Ⅵ）均表现出良好的吸附性能，分别为205mg/g、340mg/g。且同一初始浓度，紫外光照射条件下的吸附性能要明显高于可见光条件下，但对Cr（Ⅵ）的吸附趋势相同。在初始浓度较低时，q_e增加较快，当Cr(Ⅵ)浓度较高时，q_e增加缓慢，并逐渐趋于平衡。原因在于紫外光照射条件下，样品对Cr（Ⅵ）在吸附的同时还发生着光还原反应，进一步促进Cr（Ⅵ）的吸附去除能力。

6.2.4.2 不同条件对样品光还原性能的影响

图6-6为在250mL锥形瓶中，加入100mL浓度为100mg/L的Cr（Ⅵ）标准溶液，采用40mg、反应时间14h样品，在25℃条件下水浴恒温搅拌60min后Cr（Ⅵ）的降解率图。其他条件如下：曲线a为加入草酸后紫外光照射搅拌；曲线b为加入草酸后可见光搅拌；曲线c为不加草酸紫外光照射搅拌；曲线d为加入草酸不加样品紫外光照射Cr（Ⅵ）标准溶液搅拌（空白实验）。

由图6-6中曲线a可以看出，在加入草酸及紫外光的照射下，样品对Cr（Ⅵ）表现出了优良的光还原性能，50min后对Cr（Ⅵ）降解率达到96%以上；图6-6中曲线b反映了样品在可见光下的光还原能力明显低于紫外光，这可能是样品对紫外光的吸收范围较短而导致的；图6-6中曲线c反映了草酸在Nb_2O_5纳米棒/硅藻土对Cr（Ⅵ）光还原反应中起到了明显的促进作用，提高了光降解的效率；而图6-6中曲线d空白实验的结果也表明，草酸只是样品对Cr（Ⅵ）光还原反应中的促进剂，其本身对Cr（Ⅵ）离子并无还原和吸附去除能力。

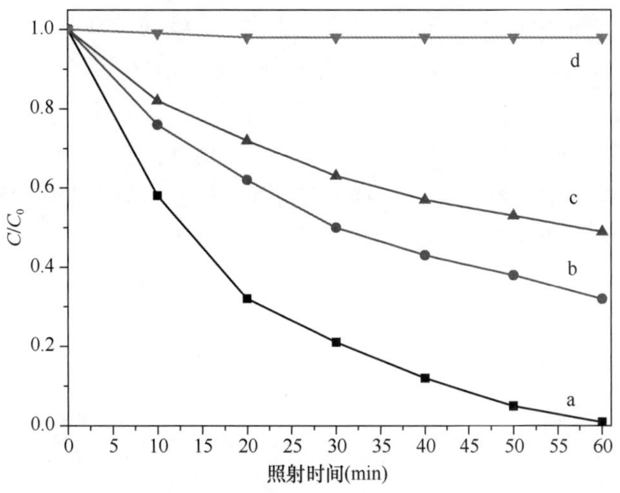

图6-6 不同条件下反应14h的样品对Cr（Ⅵ）的光降解效率随时间变化图

6.2.4.3 样品光还原性的稳定性

为了考察Nb_2O_5/硅藻土复合材料的光还原稳定性，选取反应时间14h的样品进行了循环降解实验。如图6-7所示，经过5次循环降解后，样品的光还原性能没有明显降低，到第5次实验后样品对Cr（Ⅵ）的降解率仍能保持在93%左右，表明Nb_2O_5纳米棒修饰

硅藻土复合材料具有很好的重复利用率。

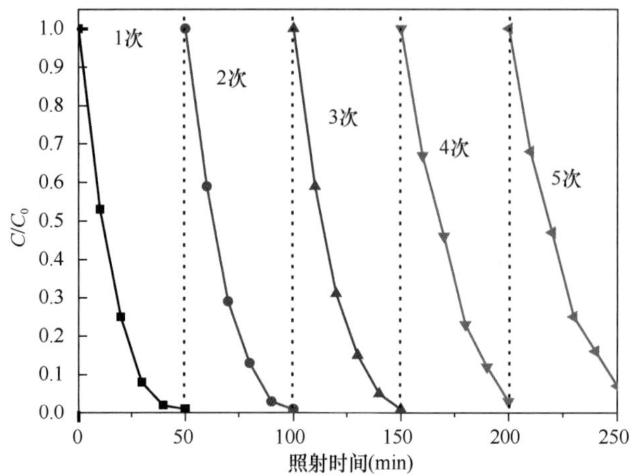

图 6-7　样品 5 次循环降解性能变化

6.2.5　Nb_2O_5纳米棒/硅藻土对 Cr（Ⅵ）吸附及光还原机理

6.2.5.1　吸附前后红外光谱分析

图 6-8 分别为硅藻原土、反应时间 14h 样品吸附 Cr（Ⅵ）前后的红外光谱。

由图 6-8 中曲线 a 可知，波数在 $3430cm^{-1}$和 $1637cm^{-1}$处宽而强的吸收峰分别是由吸附水中的 O—H 伸缩振动和扭曲振动引起的。在 $468cm^{-1}$和 $1096cm^{-1}$处的吸收峰是由于硅藻土本身 Si—O—Si 键的不对称伸缩振动模式引起。$532cm^{-1}$和 $791cm^{-1}$处的吸收峰，归因于 Si—O—Al（由硅藻原土中黏土的杂质成分引起）。反应 14h 的样品存在 $532cm^{-1}$、$622cm^{-1}$、$813cm^{-1}$、$878cm^{-1}$和 $1416cm^{-1}$五个新吸收峰，其中 $878cm^{-1}$归因于 Nb—OH 伸缩振动，$1416cm^{-1}$是由 Nb—OH 中—OH 的面内变形振动形成的，$532cm^{-1}$、$622cm^{-1}$归因于 Nb—O—Nb 键的伸缩振动和弯曲振动。样品吸附 Cr（Ⅵ）后，出现 813 cm^{-1}新的吸收峰，这是由吸附后 Cr—O 伸缩振动引起的。表明 RbS—04 样品对 Cr（Ⅵ）进行了有效吸附。

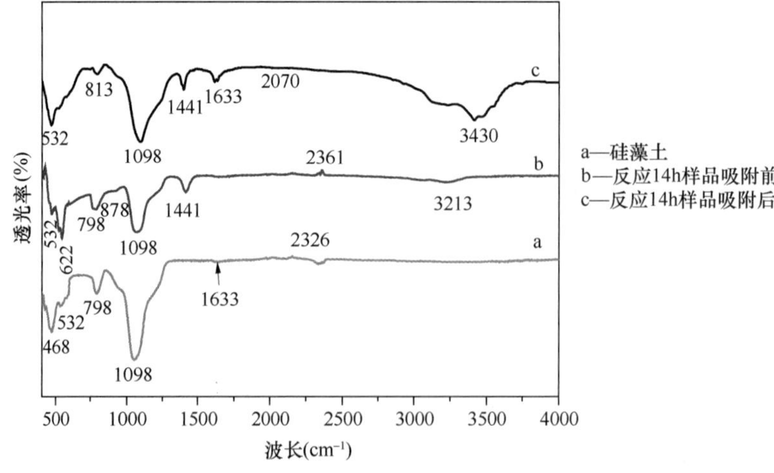

图 6-8　硅藻土、水热反应 14h 样品吸附 Cr（Ⅵ）前后的红外光谱图

6.2.5.2　吸附前后 XPS 分析

图 6-9 分别为 Nb_2O_5/硅藻土样品吸附及光还原 Cr（Ⅵ）前后的 XPS。从图 6-9（a）中明显看出，Nb_2O_5/硅藻土样品有 Nb 的特征光电子线，且在吸附后 Cr 的 2p 轨道明显有特征峰出现，分别在 576.7eV 和 586.7eV 位置，表明 Nb_2O_5/硅藻土样品对 Cr（Ⅵ）进行了有效吸附。图 6-9（b）为 Nb_2O_5/硅藻土样品吸附及光还原 Cr（Ⅵ）前后 Cr 的 2p 轨道能谱，可以看出，在样品表面 Cr 出现了 3 个特征峰，分别在 576.8eV、581.8eV、586.8eV 位置，而在 576.8eV 和 586.8eV 出现的两个较强的峰对应的 Cr 的价态均为 Cr（Ⅲ），581.8eV 位置对应为 Cr（Ⅵ），说明在吸附和光还原后，在样品表面 Cr 主要以 Cr（Ⅲ）的形式存在，这也证明了样品将 Cr（Ⅵ）还原为 Cr（Ⅲ）这一过程的存在。图 6-9（c）、（d）为吸附 Cr（Ⅵ）前后的 XPS 测试中 O1s 轨道能谱，分别存在 530.4eV 和 533.0eV 两个峰，归因于晶格氧、表面氧原子、Nb—O 键、羟基中氧原子以及吸附水。其中在吸附 Cr（Ⅵ）前，表面吸附氧（—OH）的峰值强度明显高于晶格氧（Nb—O），说明在吸附剂样品表面存在大量的羟基基团。但吸附后吸附剂表面的吸附氧（—OH）强度减弱，晶格氧（Nb—O）峰值强度增加，说明吸附 Cr（Ⅵ）后，部分吸附氧转变为晶格氧，表明 H—O 键被 $HCrO_4^-$、CrO_4^{2-}、$Cr_2O_7^{2-}$ 所取代，证明存在化学吸附。

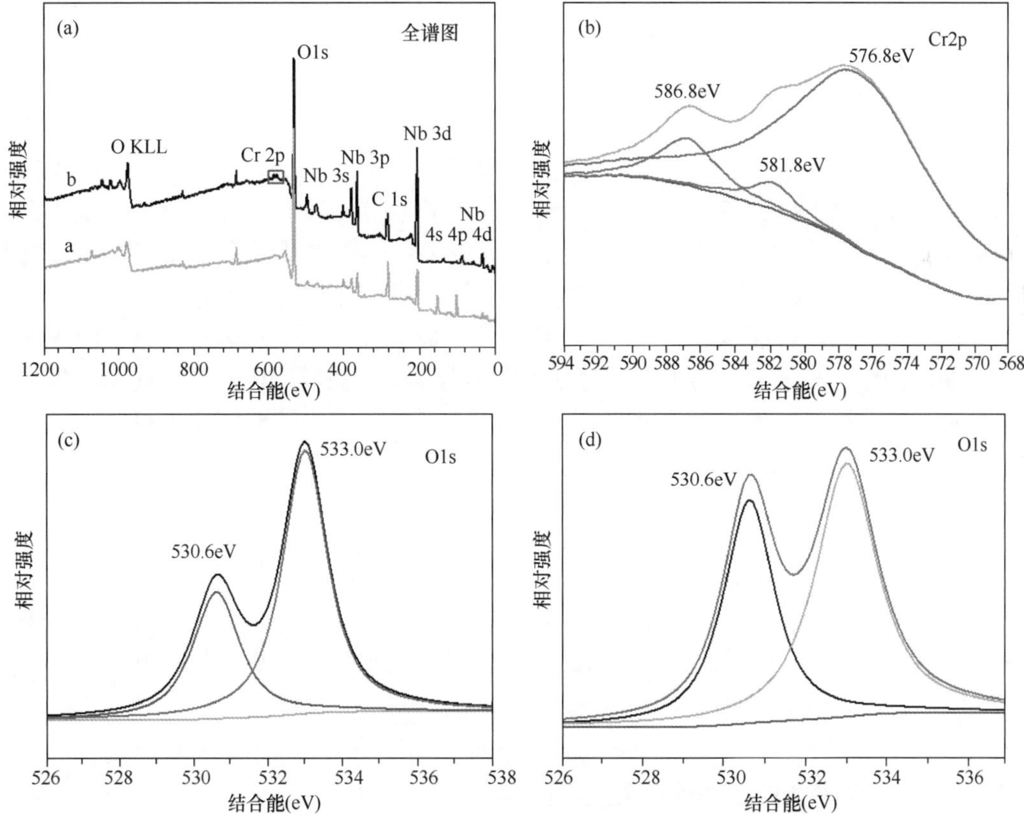

图 6-9　水热反应 14h 样品吸附 Cr（Ⅵ）前后的 XPS 全谱图（a）及吸附后 Cr2p 轨道（b）和样品吸附 Cr（Ⅵ）前（c）后（d）的 O1s 轨道高分辨 XPS 谱图

6.2.5.3 样品对 Cr(Ⅵ) 光还原机理分析

Nb_2O_5纳米棒/硅藻土样品对 Cr(Ⅵ) 的吸附和光还原过程分为如下三个步骤：①样品对 Cr(Ⅵ) 吸附的过程；②光照激发样品并在其表面产生电子和空穴，然后与表面吸附的 Cr(Ⅵ) 发生氧化还原反应；③Cr(Ⅵ) 被还原为 Cr(Ⅲ) 后从样品表面解吸附。

光催化反应主要发生在半导体光催化剂的表面，材料对 Cr(Ⅵ) 离子的吸附能力将对半导体光催化的反应速度产生重要的影响。有研究表明，半导体光催化剂表面的反应速率会随着半导体光催化剂表面吸附的目标污染物的增多而加快，被吸附的污染物与光生空穴或电子之间直接发生氧化还原反应。而硅藻土在负载纳米结构 Nb_2O_5表面依旧保持有大量规则有序的孔道结构，并在硅藻土表面生长有纳米结构 Nb_2O_5，使得材料表面存在大量活性羟基基团及不饱和键，这些不饱和键具有强烈的吸附作用，大量的羟基基团又为与 Cr(Ⅵ) 阴离子基团的离子交换提供了可能，并且经过纳米结构 Nb_2O_5化学修饰后的硅藻土比表面积大大增加，达到 $193m^2/g$，远远高于硅藻土原土的比表面积（$20 \sim 40m^2/g$），高的比表面积可以提供大量活性吸附位点。因此，经过纳米结构 Nb_2O_5化学修饰后的硅藻土能够大大提高硅藻土的吸附性能，同时对后续促进光还原 Cr(Ⅵ) 的效率有重要作用。

在紫外光的照射下，样品表面价带（VB）束缚的电子（e^-）受到激发而跃迁至导带（CB），并在价带（VB）上产生相应带正电的空穴（h^+），从而形成了电子/空穴对。在该体系中，光电子的转移与激发态金属离子络合体的失活存在着竞争关系，该关系取决于铬离子与电子施主之间相互作用的强度。据文献报道，在 Nb-草酸络合体内，电荷转移的方式往往采用配体向金属离子中心转移的模式。而在样品表面存在大量被吸附的 Cr(Ⅵ) 离子，Cr(Ⅵ) 作为一种强氧化剂，大量消耗样品表面光激发的电子，并被还原成 Cr(Ⅲ)；而草酸作为一种有机酸，也大量消耗了样品价带上光激发产生的空穴，有效地抑制了电子和空穴的再复合，促进了光还原的速率。因此，硅藻土负载 Nb_2O_5纳米棒，不仅改变了硅藻土表面的荷电性质，增加了硅藻土的比表面积，提供更多的活性羟基基团及活性吸附位点，使改性硅藻土与水体中 Cr(Ⅵ) 酸根阴离子的吸附作用力增加，碰撞概率增加，离子交换能力增强，提高了改性硅藻土对 Cr(Ⅵ) 的吸附性能；而且，在草酸和吸附性能的协助下，样品对 Cr(Ⅵ) 的光还原性能也得到了极大的提高。

硅藻土表面 Nb_2O_5形貌随着反应时间的延长，由片层状（8h）逐渐变为棒状结构（14h）。不同水热反应时间的 XRD 谱图分析表明，纳米结构 Nb_2O_5的晶型在反应过程中由六方晶系的 H-Nb_2O_5（JCPDS28-0317）晶体逐渐转变为 O-Nb_2O_5（JCPDS27-1003），并存在晶体形核逐渐长大的过程。TEM 图也反映了相变的过程和所制备纳米结构 Nb_2O_5为多晶结构。不同水热反应时间样片氮气吸脱附曲线及孔径分布曲线表明，经过 Nb_2O_5纳米棒/硅藻土复合材料的比表面积得到大大提高，最高可以达到 $193m^2/g$。

6.3 硅藻土表面纳米结构硅酸镁的制备与性能

6.3.1 硅藻土基纳米结构 MgO、$Mg_3Si_4O_{10}(OH)_2$的制备

纳米结构氧化镁由于具有较大的比表面积而具有很好的吸附性能，其所具有的花状、

棒状、片状结构又是吸附剂非常理想的形貌。纳米氧化镁的合成方法主要有热分解法、液相法、水热法、沉淀法和固相法等。水热法由于操作简单，同时可以控制形貌、晶体生长等优点，是目前研究最多的一种方法。在硅藻土藻盘上负载纳米结构氧化镁、羟基氧化镁，可充分提升硅藻土的吸附能力，又可改善纳米结构材料在水体中易团聚（降低性能）、易流失（造成浪费）的不足。北京工业大学杜玉成、王学凯等人采用水热法，通过调节、控制其相关合成工艺参数，在硅藻土基体上生长的纳米结构氧化镁、羟基氧化镁，具有良好的表面形貌和铬离子的吸附效能。

合成制备方法：称取提纯硅藻土2.5g加入30mL去离子水的烧杯中，然后加入5mL质量分数为25%的氨水。将烧杯放入水浴锅中，25℃搅拌10min。然后加入0.01g十六烷基三甲基溴化铵（CTAB），继续搅拌20min。配制一定浓度的$MgCl_2$溶液，通过恒流泵匀速滴加到上述硅藻土悬浊液中，继续常温搅拌30min。将得到的悬浊液转移到反应釜中，180℃反应0.5h。过滤，用去离子水和无水乙醇分别洗涤3～4次。将得到的产物放入干燥箱中60℃烘干，即可得到纳米$Mg(OH)_2$/硅藻土。将得到的氢氧化镁修饰硅藻土前驱体放入马弗炉中500℃煅烧3h，即可得到纳米氧化镁修饰硅藻土。当水热时间延长至5h时，可以得到$Mg_3Si_4O_{10}(OH)_2$/硅藻土样品。

Cr（Ⅵ）离子吸附及检测方法：在锥形瓶中加入一定量已知浓度的Cr（Ⅵ）标准溶液，用稀HCl和NaOH调节pH值，加入一定量纳米结构吸附剂，搅拌一定时间，用0.22μm针头过滤器过滤，取滤液，采用ICP-AES测定溶液中Cr（Ⅵ）的浓度。

根据实验测得的溶液中Cr（Ⅵ）浓度的变化，按下式计算其吸附率或吸附量。

$$E = (C_0 - C_e)/C_0 \times 100\% \tag{6-3}$$

$$Q_e = (C_0 - C_e) \times V/m \tag{6-4}$$

式中，Q_e为平衡吸附量（mg/g）；C_0为初始质量浓度（mg/L）；C_e为平衡质量浓度（mg/L）；V为溶液体积（L）；m为吸附剂质量（g）。

Cr（Ⅵ）离子光降解实验及检测方法：准确配制Cr（Ⅵ）标准溶液，量取一定量上述含Cr（Ⅵ）的溶液，加入一定量草酸和一定量吸附剂，室温下在黑暗中搅拌一段时间，待达到吸附和解析平衡后暴露在紫外光下恒温搅拌，每隔20min用0.22μm针头过滤器采集一定量溶液测试紫外吸收光谱。

表征测试方法参见第3章3.3节部分。

6.3.2 样品的物相分析

图6-10为硅藻土原土与不同水热反应时间后煅烧样品的XRD图。其中，曲线a为硅藻土原土XRD，曲线b为水热0.5hMgO/硅藻XRD图谱，曲线c、曲线d、曲线e分别为水热反应1h、3h、5h所得$Mg_3Si_4O_{10}(OH)_2$/硅藻土XRD谱图，硅藻土为非晶态物质，其中晶体衍射峰（101）为硅藻土中石英杂质。MgO不同反应时间样品仍保有硅藻土非晶态衍射峰特征，但各样品同时存在晶体衍射峰。反应0.5h样品XRD衍射峰与方镁石相的MgO（JCPDS45-0946）特征衍射峰非常吻合，表明硅藻土存在MgO晶体，且在2θ值为36.9°、42.9°、62.3°、78.6°出现的尖峰，对应晶面分别为（111）、（200）、（220）、（222）。此时晶面择优生长，最终片状生长为花状，与扫描电镜观测相符。随着反应时间的增加，样

晶 1h 出现新的衍射峰，对比标准卡片（JCPDS19-0770），此时产物为单斜晶系 $Mg_3Si_4O_{10}$-$(OH)_2$，XRD 图谱上的峰是由一系列峰组合而成的峰。所得产物同样证实氧化镁、氢氧化镁是通过硅羟基生长在硅藻土表面，而不是简单地附着或沉积。新物质的生成表明此时晶体存在溶解与再结晶。一些通过物理键或表面附着在硅藻土表面的镁元素通过化学键与硅藻土结合。再结晶导致产物形貌发生变化，对比 5h 样品 SEM 可以发现：片状氧化镁最终沿硅藻土表面斜向上杂乱生长，与 XRD 所示众多晶面相符。

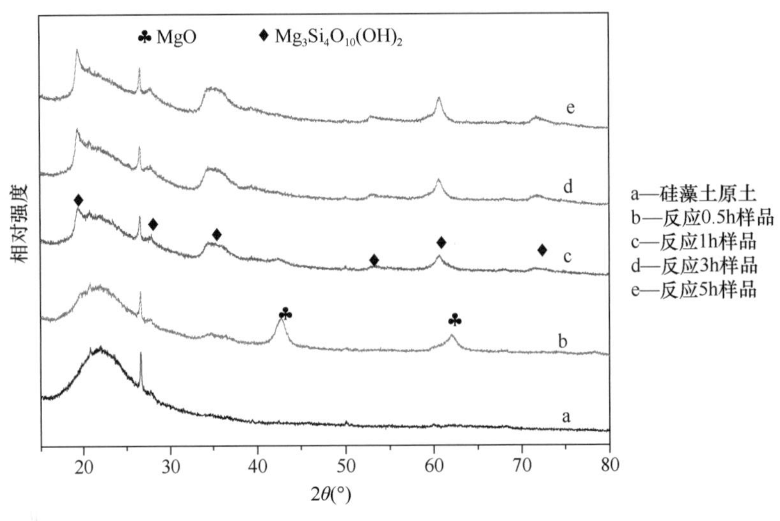

图 6-10　硅藻土原土与不同反应时间样品煅烧后的 XRD 图谱

为了揭示不同反应时间内 $Mg(OH)_2$ 与 $Mg_3Si_4O_{10}(OH)_2$ 的物质转化状态，我们对实验的中间产物进行了 XRD 测试分析。从图 6-11 可知，在水热反应 0. 5h 后未煅烧前，所得样品为 $Mg(OH)_2$/硅藻土，样品特征衍射峰较为尖锐，表明此时获得的 $Mg(OH)_2$/硅藻土样品结晶性能较好。随水热时间增加至 1h 后，所得样品的 $Mg(OH)_2$ 特征衍射峰开始减弱，同时伴随有 $Mg_3Si_4O_{10}(OH)_2$ 的特征衍射峰出现。当水热时间增加至 3h 后，$Mg(OH)_2$ 的特征衍射峰完全消失，表明此时产物中的 $Mg(OH)_2$ 已经完全消失。继续水热反应至 5h

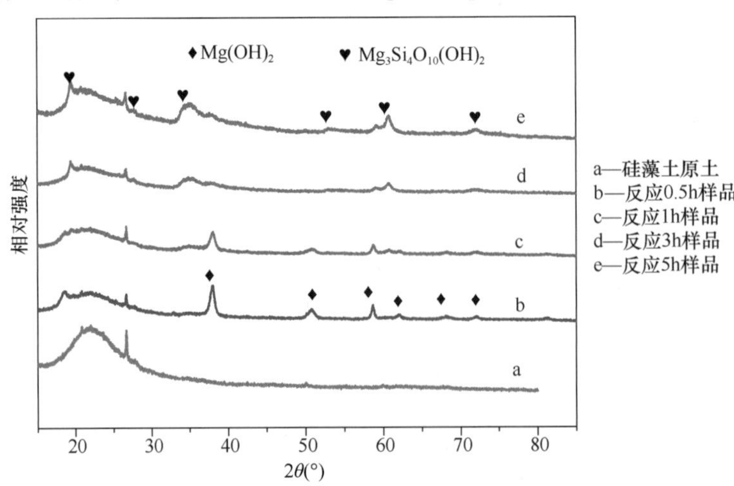

图 6-11　硅藻土原土与不同反应时间样品的 XRD 图谱

后，$Mg_3Si_4O_{10}(OH)_2$的特征衍射峰逐渐长大，表明此时产物为结晶度较为完全的$Mg_3Si_4O_{10}(OH)_2$/硅藻土。

6.3.3　样品的形貌特征分析

图 6-12 为不同水热反应时间所得 $Mg(OH)_2$/硅藻土样品的扫描电镜照片。图 6-12（a）、（b）为水热温度为 180℃、反应时间为 10min 所得样品。硅藻土本身表面光滑，同时散布规则的孔道结构。由图可知，反应 10min 后，硅藻土表面开始附着一些微小结构，表明此时已有 $Mg(OH)_2$开始在硅藻土表面形核，形核从表面能较低的位置开始，部分硅藻土的表面裸露在外面，并没有 $Mg(OH)_2$附着。由图 6-12（b）可以看出，此时形成的 $Mg(OH)_2$多为不规则的片状结构。片状结构“平铺”在硅藻土表面，并没有在三维方向进行组装。随水热反应时间的延长，从图 6-12（c）中可以看出硅藻土基体表面出现一些三维团絮状结构，$Mg(OH)_2$已经完成在硅藻土表面的生长，此时生成的 $Mg(OH)_2$开始从二维的平铺构造变为三维的自动组装。也就是说，新形成的 $Mg(OH)_2$开始以形核的不规则 $Mg(OH)_2$为附着点继续生长。从图 6-12（d）中可以看出，新形成的三维结构是以片状结构衬度较大处为中心进行生长的。

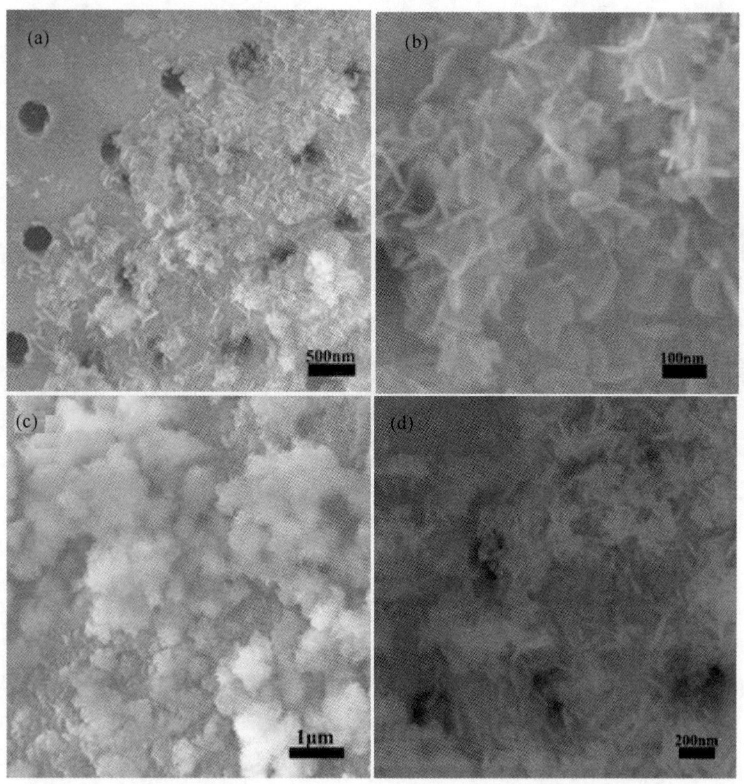

图 6-12　不同水热反应时间 $Mg(OH)_2$/硅藻土样品的扫描电镜照片

（a）、（b）反应时间 10min 所得扫描电镜照片；

（c）、（d）反应时间 20min 所得扫描电镜照片

图 6-13 为不同反应时间氧化镁/硅藻土和硅酸镁/硅藻土样品的扫描电镜照片。

图6-13（a）、（b）为水热反应0.5h所得MgO/硅藻土样品扫描电镜照片，（c）~（h）为水热时间分别为1h、3h、5h所得$Mg_3Si_4O_{10}(OH)_2$/硅藻土样品扫描电镜照片。

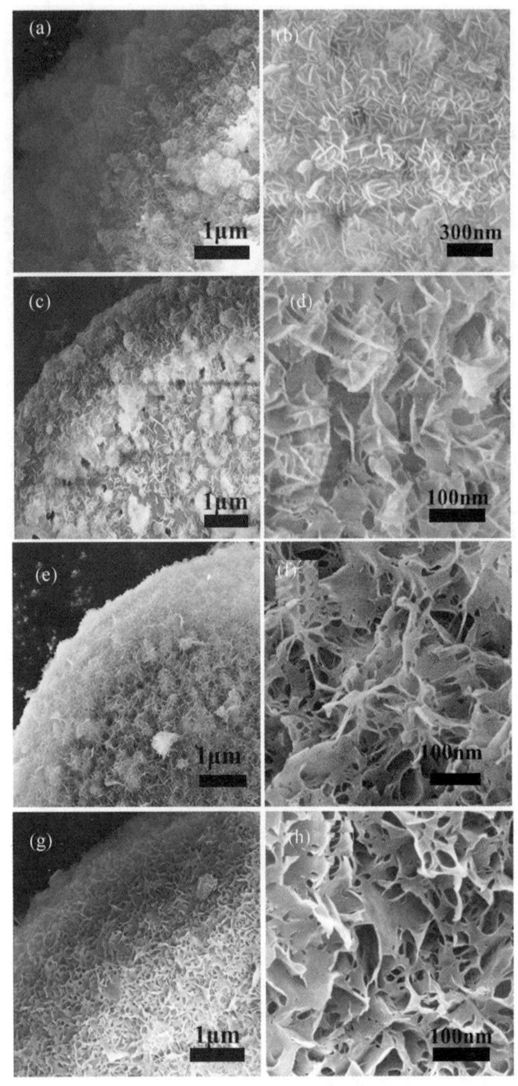

图6-13　不同反应时间MgO/硅藻土、$Mg_3Si_4O_{10}$（OH）$_2$/硅藻土样品的扫描电镜照片
（a）、（b）反应0.5h MgO/硅藻土样品的扫描电镜照片；（c）、（d）反应1h $Mg_3Si_4O_{10}(OH)_2$/硅藻土样品的扫描电镜照片

由图6-13（a）、（b）可知，反应0.5h时在硅藻土的藻盘上就已生长出花片状结构雏形的MgO，其中片的厚度为5~10nm、长度为100~150nm，此时样品形貌为完美花状。花状结构由一维纳米片自组装而成。当反应时间增加至1h后[图6-13（c）、（d）]，花状形貌逐渐溶解变为不完美的褶皱状。从图（c）中可以看到，片状结构在反应至3h后继续溶解，有变为一维片状结构的趋势。5h后，样品形貌转变为稳定的一维片状结构，片状结构无序堆积产生数量较多的介孔结构。此时样品完全转化为$Mg_3Si_4O_{10}(OH)_2$/硅藻土。

图6-14（a）为水热时间0.5h、水热温度为180℃条件下所得MgO/硅藻土样品的TEM及HRTEM图片。从图6-14（a）可清楚地看到硅藻土表面分布有纳米花状结构氧化镁。MgO/硅藻土样品的HRTEM可清楚地看到晶格间距不等的衍射条纹，其衍射晶面间距为0.2105nm，与MgO标准卡片（JCPDS PDF# 45-0946）的（200）晶面间距相符合。其SAED衍射图案呈电子衍射环状，表明所合成MgO纳米花为多晶结构。

图6-14（b）为水热时间5h、水热温度180℃条件下所得$Mg_3Si_4O_{10}(OH)_2$/硅藻土样品的TEM及HRTEM图片。由HRTEM可看到衍射条纹，其晶面间距为0.248nm，与单斜晶系$Mg_3Si_4O_{10}(OH)_2$标准卡片（JCPDS 19-0770）的（132）晶面间距相符合。其SAED衍射图案同样为环状，表明合成的$Mg_3Si_4O_{10}(OH)_2$为多晶结构。对比两种晶体SAED衍射环可以发现，$Mg_3Si_4O_{10}(OH)_2$的晶体衍射环较为暗淡，同时衍射环部清晰。这从侧面表明$Mg_3Si_4O_{10}$-$(OH)_2$的结晶度较差，这与XRD分析相符。

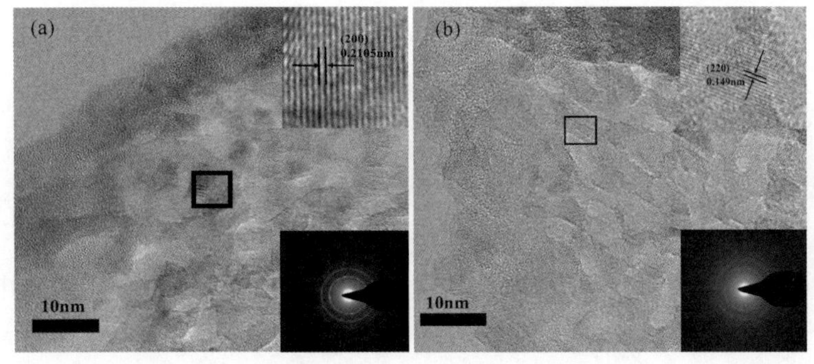

图 6-14　水热时间 0.5h MgO/硅藻土（a）和水热时间 5h $Mg_3Si_4O_{10}(OH)_2$/硅藻土样品（b）的 TEM 及 HTEM 图

6.3.4　样品的比表面积与孔结构分析

图 6-15 为样品的氮气吸脱附曲线与孔径分布曲线。图 6-15（a）为样品氮气吸脱附曲线，图（b）为孔径分布曲线。曲线 a、b、c 分别为水热时间 0.5h、1h、5h 所得样品，其比表面积分别为 $103m^2/g$、$106m^2/g$、$149m^2/g$。硅藻土原土比表面积约为 $28m^2/g$，纳米金属氧化物的沉积极大地增加了硅藻土的比表面积。水热反应后所得样品氮气吸脱附曲线均为Ⅳ型吸附等温线，表明样品存在介孔材料特征。在相对压力为 0.40 ~ 1.0 范围内，样品存在 H3 型滞回环，该滞回环归因于片状颗粒材料结构，存在毛细凝聚情况。由孔径分布曲线可知，孔道结构分布比较均匀，集中分布于 0 ~ 20nm 之间。因硅藻土为不均匀孔径的多孔材料，表明经表面沉积生长纳米金属氧化物后，硅藻土中大孔相对减少。即随着水热反应时间的延长，样品的孔道结构由不均匀孔向均匀孔方向转化，这与此时生成的片状结构的逐渐长大相关。即硅藻土纳米结构氧化镁、硅酸镁的生成，使硅藻土原来的多孔性受到影响，这与氧化镁、硅酸镁在硅藻土表面发生附着、晶体成核、晶型转变并逐渐长大的 SEM 照片相吻合。即硅藻土表面沉积 MgO 后比表面积增加显著，同时孔径分布更为集中。比表面积的增加在一定程度上更有利于后续吸附反应的进行。

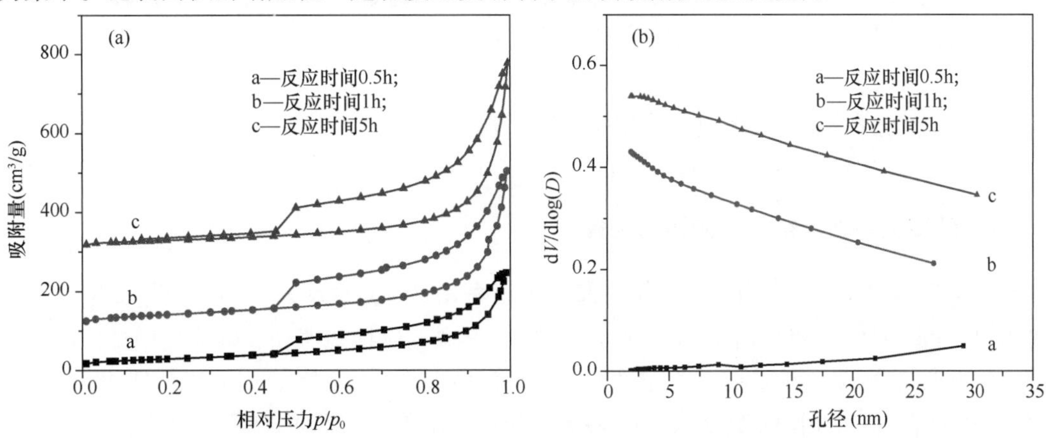

图 6-15　不同反应时间 MgO/硅藻土和 $Mg_3Si_4O_{10}(OH)_2$/硅藻土样品的氮气吸脱附曲线（a）及孔径分布曲线（b）

6.3.5 MgO/硅藻土和 $Mg_3Si_4O_{10}(OH)_2$/硅藻土形貌控制及生长机理分析

硅藻土化学成分为非晶态 SiO_2，呈短程有序、由硅氧四面体相互桥连而成的网状结构，由于硅原子数目的不确定性，导致网络中存在配位缺陷和氧桥缺陷等。因此在表面 Si—O— "悬空键" 上，容易结合 H 而形成 Si—OH，即表面硅羟基。表面硅羟基在水中易解离成 Si—O^- 和 H^+，使得硅藻土表面呈现负电性。

在水热反应体系中，$MgCl_2$和氨水按以下步骤逐步进行反应：氨水缓慢电离，反应初期由于 NH_4OH 所提供 OH^-不足，有大量的 Mg^{2+}、$Mg(OH)^+$生成。水解后带有正电荷的 Mg^{2+}和 $Mg(OH)^+$与带有负电荷的硅藻土表面发生电荷中和反应，在硅藻土表面生成镁羟基氧化物。随着时间的延长，沉积、附着在硅藻土表面的 Mg 羟基氧化物开始结晶并长大。对照 PDF 标准卡片，其晶胞参数为 $a = b = 3.142\text{nm}$，$c = 4.766\text{nm}$。晶体定向生长的趋势不强，易于形成花状形貌。此时的花状氢氧化镁纳米是由片状形貌自组装成的。但片状纳米片并不是随机堆砌在一起的，而是同时从衬度较大的中心处向外生长的。

$$NH_4OH \longrightarrow NH_4^+ + OH^- \tag{6-5}$$

$$MgCl_2 \longrightarrow Mg^{2+} + 2Cl^- \tag{6-6}$$

$$Mg^{2+} + OH^- \longrightarrow Mg(OH)^+ \tag{6-7}$$

$$Mg(OH)^+ + OH^- \longrightarrow Mg(OH)_2 \tag{6-8}$$

$$SiO_2 + 2OH^- \longrightarrow SiO_3^{2-} + H_2O \tag{6-9}$$

$$3Mg(OH)_2 + 4SiO_3^{2-} + 2H_2O \longrightarrow Mg_3Si_4O_{10}(OH)_2 + 8OH^- \tag{6-10}$$

随水热时间延长至 1h，花状形貌的 $Mg(OH)_2$开始溶解。从 SEM 图中可以看出，花状形貌溶解产生一种类似褶皱状的形貌。与此同时，硅藻土中的非晶态二氧化硅在碱性条件下开始水解反应。水解产生的硅酸根和溶解的氢氧化镁反应形成新物质片状单斜晶系 $Mg_3Si_4O_{10}(OH)_2$。当反应至 3h 后，花状形貌完全消失，同时片状 $Mg_3Si_4O_{10}(OH)_2$ 继续生长。随反应时间延长，片状形貌逐渐变得完整。根据晶体生长和能量最低原理，此时晶体的生长受热力学和动力学因素的影响。适宜的生长基元能够通过各向异性的化学键生长在晶体界面上，并且平衡状态下优先生长在晶体界面能较低的晶面。($\bar{3}31$) 和($\bar{1}32$) 晶面最初的生长趋势较强，因此形成片状 $Mg_3Si_4O_{10}(OH)_2$ 晶体。

6.4 硅藻土表面纳米结构铁酸镁的制备

6.4.1 硅藻土基纳米结构铁酸镁的制备

纳米结构 $MgFe_2O_4$作为尖晶石结构复合金属氧化物，其构成元素 Mg 和 Fe 之间存在协同作用，镁、铁元素对环境基本无危害。同时，其微弱磁性能够在实际应用中提供诸多便捷。凡可变价态的金属或过渡金属元素均具备 Cr(Ⅵ)的还原能力；光致催化也是 Cr(Ⅵ) 还原成 Cr(Ⅲ)较好的方法。铁酸镁作为一种廉价的光催化材料，其价格比常用的光催化材料 TiO_2、Nb_2O_5等低得多。同时，铁酸镁不但能够吸收紫外光，同时可以吸收可见光。因此，$MgFe_2O_4$在实际应用中具有广阔的前景。

样品制备方法：称取提纯硅藻土2.5g加入30mL去离子水的烧杯中，然后加入5mL质量分数为25%的氨水。将烧杯放入水浴锅中，25℃搅拌10min。然后加入0.01g十六烷基三甲基溴化铵（CTAB），继续搅拌20min。配制一定浓度的$MgCl_2$溶液及铁酸镁悬浊液（保持搅拌），通过恒流泵同时匀速滴加到上述硅藻土悬浊液中，继续常温搅拌30min。将得到的悬浊液转移到反应釜中，180℃反应若干时间。过滤，用去离子水和无水乙醇分别洗涤3～4次。将得到的产物放入干燥箱中60℃烘干。即可得到纳米$MgFe_2O_4$修饰硅藻土。

6.4.2　样品物相分析

图6-16为不同水热反应时间条件下所得$MgFe_2O_4$/硅藻土样品的XRD。曲线a为硅藻土原土。曲线b、c、d分别为水热时间7h、8h、9h。水热温度为180℃。

由图6-16曲线a硅藻土样品的XRD可知，样品中同样存在非晶态硅藻土的石英峰，同时存在$MgFe_2O_4$的晶体特征衍射峰。b、c、d样品的特征衍射峰与尖晶石结构$MgFe_2O_4$（JCPDS PDF# 71-1232）吻合较好。表明样品存在$MgFe_2O_4$晶体，且在2θ值为35.5°、62.7°存在尖峰，对应于（311）、（440）晶面。在水热条件下，片状结构最终自组装为网状结构。与SEM图片所示形貌相符。水热时间7h样品的XRD图谱开始有$MgFe_2O_4$晶体生成。水热8h后晶体的特征衍射峰进一步增强。9h后，样品结晶性能相对较好。

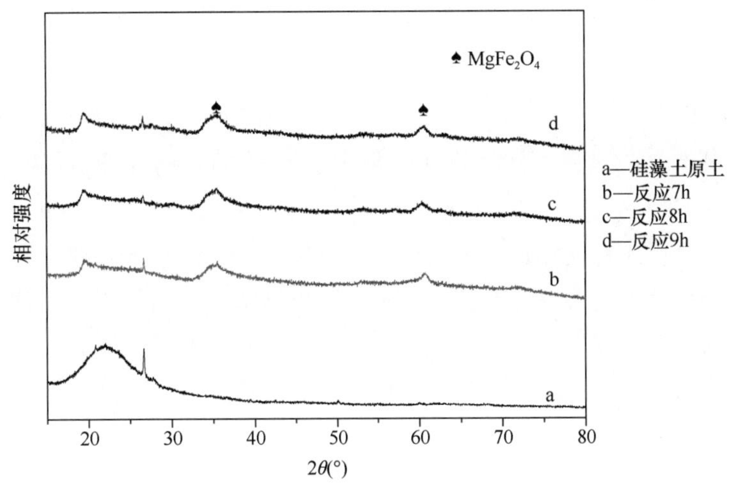

图6-16　硅藻土原土与不同反应时间样品的XRD图谱

6.4.3　$MgFe_2O_4$/硅藻土样品形貌分析

图6-17所示为水热时间8h和9h所制备$MgFe_2O_4$/硅藻土样品的扫描电镜照片。水热反应温度为180℃。从图6-17（a）中可以看出，硅藻土藻盘边缘及中心部位均分布有片状$MgFe_2O_4$纳米结构。片状结构细密分布在硅藻土藻盘上，同时并没有破坏硅藻土规则有序的孔道结构。片状$MgFe_2O_4$细密分布产生数量众多的微孔和介孔。对比图6-17（c）、（d）可以看出，当反应时间至9h时，片状$MgFe_2O_4$有轻微自组装为三维颗粒结构的趋势，但形貌仍以片状结构为主。

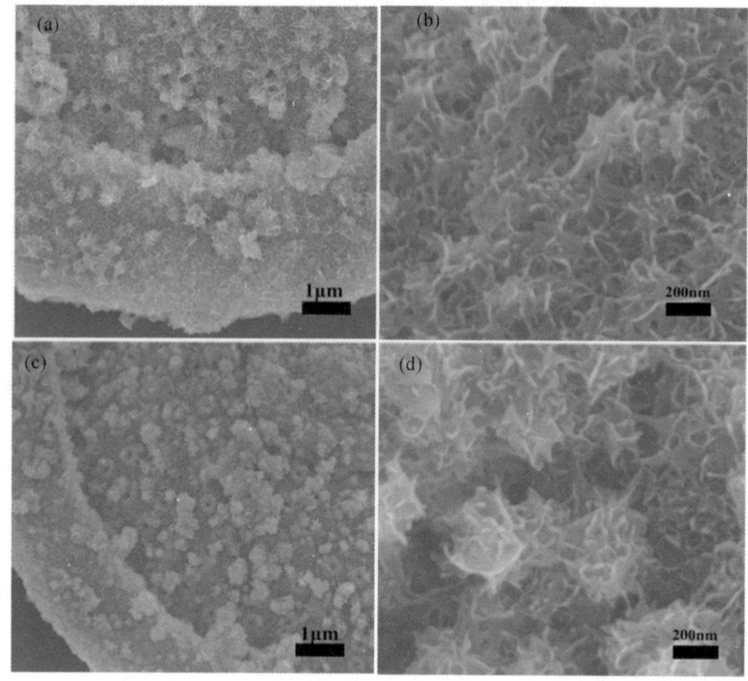

图 6-17 不同反应时间 8h（a）、（b）和 9h（c）、（d）$MgFe_2O_4$/硅藻土样品的扫描电镜照片

6.4.4 样品的 BET、BJH 分析

图 6-18 是 $MgFe_2O_4$/硅藻土样品的氮气吸脱附曲线与孔径分布曲线。

由图 6-18（a）曲线 a、b 可知，水热制备的 $MgFe_2O_4$/硅藻土样品氮气吸脱附曲线与 $Mg_3Si_4O_{10}(OH)_2$/硅藻土样品相近，仍为Ⅳ型吸附等温线。但平衡吸附量与比表面积均得到显著提高。同时 H3 型滞回环同样表明 $MgFe_2O_4$ 由纳米片状结构组成，这与扫描电镜照片相符。其中水热时间 8h 样品的比表面积为 $274m^2/g$，9h 样品为 $335m^2/g$。样品的孔径集中分布于 0 ~ 10nm 之间。$Mg_3Si_4O_{10}(OH)_2$/硅藻土样品为 0 ~ 20nm。通过对比发现，

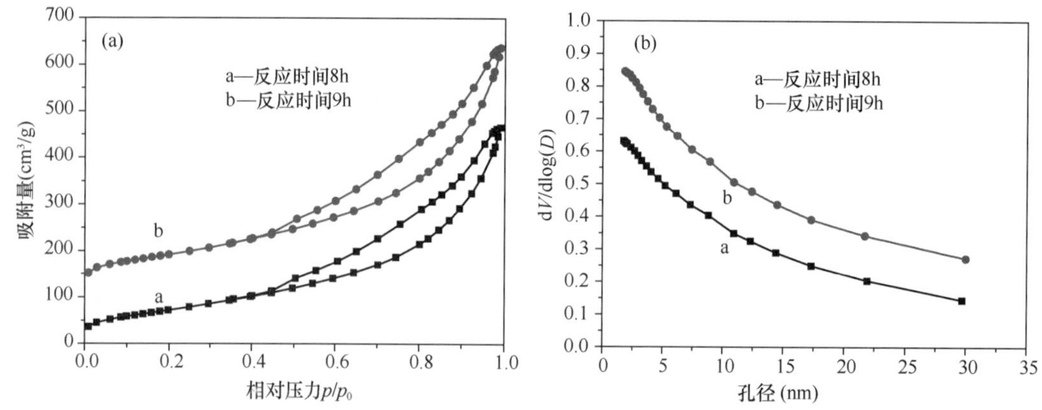

图 6-18 不同反应时间 $Mg_3Si_4O_{10}(OH)_2$/硅藻土和 $MgFe_2O_4$/硅藻土样品的氮气吸脱附曲线 a 及孔径分布曲线 b

$MgFe_2O_4$/硅藻土的孔径相对较小。较小的堆积孔对比表面积的贡献更大。硅藻土本身为不均匀孔径的多孔材料，经表面沉积生长 $MgFe_2O_4$ 后，硅藻土中大孔相对减少，集中分布于 0～10nm 之间，极大地改善了硅藻土的孔结构。

6.4.5　$MgFe_2O_4$/硅藻土样品吸光性能分析

图 6-19（a）为水热反应 8h 及 9h $MgFe_2O_4$/硅藻土样品的紫外-可见光漫反射光谱。水热温度为 180℃。由图可知，水热反应 8h $MgFe_2O_4$/硅藻土样品的吸收带位于 200～600nm 范围内。而水热反应 9h 获得的 $MgFe_2O_4$/硅藻土样品在 200～700nm 内均具有较好的光响应性。由于紫外光的波长范围为 10～400nm，可见光波长为 380～780nm，因此实验制备的 $MgFe_2O_4$/硅藻土样品在紫外光及可见光条件下均具有很强的光响应能力。$MgFe_2O_4$/硅藻土因而具有比 TiO_2、Nb_2O_5 更为广阔的光响应区。

图 6-19（b）为由 Kubelka-Munk 公式推导的样品漫反射图谱。$(\alpha h_v)^2 = A(h_v - E_g)$，其中 α 为吸收效率，h_v 为入射光子能量，A 为常数，E_g 为带隙能。由图 6-19（b）可知，样品水热 8h 样品带隙能约为 1.2eV，水热 9h 样品带隙能约为 1.6eV。

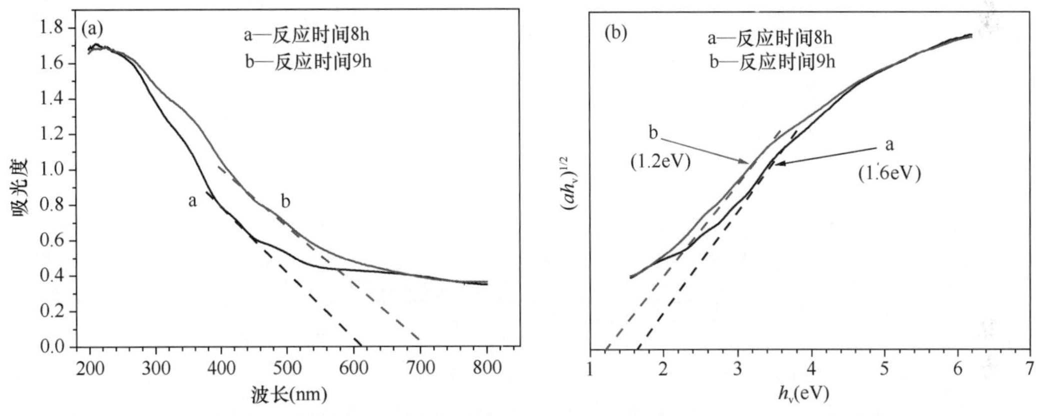

图 6-19　不同水热反应时间样品的紫外-可见光漫反射光谱（a）和 K-M 函数换算吸收谱（b）

总结：采用一步水热法控制相应工艺条件，可在硅藻土藻盘上合成具有光催化性能的尖晶石结构 $MgFe_2O_4$/硅藻土。经过 XRD 测试分析，$MgFe_2O_4$ 晶体与 JCPDS PDF# 71-1232 吻合较好。考察了不同水热时间对晶体结晶性能的影响，发现水热温度 180℃、水热时间 9h 样品结晶性能良好。通过扫描电镜观察分析，合成 $MgFe_2O_4$ 样品具有片状形貌，均匀生长在硅藻土表面。结合 BET 测试分析，样品具有Ⅳ型氮气吸脱附曲线，伴随 H3 型滞回环。样品孔径分布集中在 0～20nm，极大地改善了硅藻土的孔径分布。8h 与 9h 合成 $MgFe_2O_4$/硅藻土样品比表面积分别为 $274m^2/g$ 和 $335m^2/g$。极高的比表面积远高于常见的 Al_2O_3/硅藻土、Fe_2O_3/硅藻土吸附剂。结合紫外-可见光漫反射光谱测试，$MgFe_2O_4$/硅藻土样品可以吸收 200～700nm 波长范围内的光。也就是说，样品在可见光照射条件下同样具有光催化能力。$MgFe_2O_4$/硅藻土因其在可见光及紫外光条件下的优异光响应能力，比常见 TiO_2、Nb_2O_5 光催化剂低廉的价格，因此在光催化降解污染物领域有极大的应用潜力。

6.5 硅藻土基 $Mg_3Si_4O_{10}(OH)_2$、$MgFe_2O_4$ 样品对铬离子的吸附与毒性降解

以含 Cr(Ⅵ) 废水为研究对象，对硅藻土基 $Mg_3Si_4O_{10}(OH)_2$、$MgFe_2O_4$ 样品进行铬离子吸附能力测试。通过调节溶液体系 pH 值、Cr（Ⅵ）初始溶度、吸附剂用量等相关参数，对样品的吸附效能评价，并对其吸附作用机理进行分析。

6.5.1 Cr(Ⅵ)溶液初始浓度对吸附效果的影响

图 6-20 为实验温度 25℃，pH =4，Cr(Ⅵ) 溶液体积为 75mL，硅藻土、$MgFe_2O_4$/硅藻土和 $Mg_3Si_4O_{10}(OH)_2$/硅藻土吸附剂用量为 75mg，不同光照条件下 Cr（Ⅵ）溶液初始浓度对吸附剂吸附容量的影响。

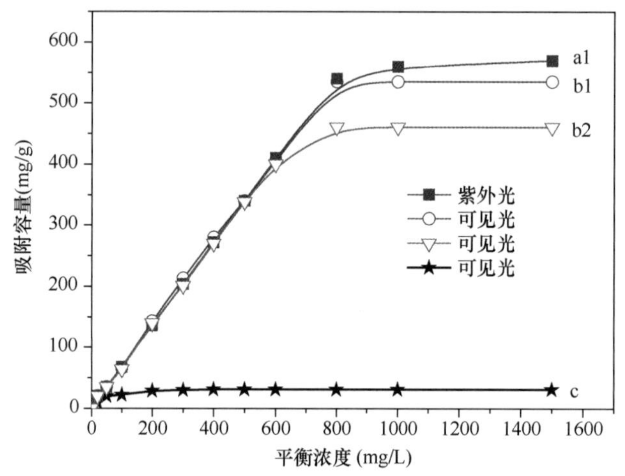

图 6-20 Cr(Ⅵ) 初始浓度对 $MgFe_2O_4$/硅藻土、$Mg_3Si_4O_{10}(OH)_2$/硅藻土和 MgO/硅藻土吸附容量的影响

图 6-20 中曲线 a1 为 $MgFe_2O_4$/硅藻土样品，曲线 b1 为 $Mg_3Si_4O_{10}(OH)_2$/硅藻土，曲线 b2 为 MgO/硅藻土，曲线 c 为硅藻土原土。从图中可以看出，硅藻土由于自身低比表面积以及官能团相对较少，导致其吸附量相对较低。而 a、b 样品在 Cr(Ⅵ) 浓度低于 800mg/L 时，表面活性官能团相对充足，因此样品对 Cr 的吸附容量随浓度增加而增加。当 Cr(Ⅵ) 浓度超过 800mg/L 后，样品表面的硅羟基、铁羟基、镁羟基等相对不足，导致增加速率显著衰减。样品表面活性位点吸附 Cr(Ⅵ) 后达到吸附饱和状态，导致样品表面自由能降低，并且最终达到吸附平衡状态。MgO/硅藻土样品由于比表面积相对较低，在 Cr(Ⅵ) 溶液浓度达到 800mg/L 时达到吸附平衡状态，其最大吸附容量为 461mg/g。对于 $Mg_3Si_4O_{10}(OH)_2$/硅藻土样品，$Mg_3Si_4O_{10}(OH)_2$ 内的 Si 元素来自硅藻土中非晶态的 SiO_2 水解，导致硅藻土中硅氧四面体结构更加不完整，从而产生更多 Si—O 悬键，进而促进 $Mg_3Si_4O_{10}$（OH）$_2$/硅藻土样品对 Cr(Ⅵ) 的吸附。Cr（Ⅵ）溶液浓度达到 1500mg/L 时，样品对 Cr（Ⅵ）溶液吸附达到平衡状态。其吸附平衡状态下最大吸附容量为 535mg/g。

$MgFe_2O_4$/硅藻土样品在可见光及紫外光条件下均具有光催化能力。同时 $MgFe_2O_4$/硅藻土样品比表面积高达 $335m^2/g$。此外，镁离子与铁离子的结合产生了协同效应。协同作用使 $MgFe_2O_4$ 具有光催化能力的同时，在相同条件下比 MgO、Fe_2O_3 或二者的混合物具有更优越的 Cr（Ⅵ）去除能力。$MgFe_2O_4$/硅藻土在紫外光下平衡最大吸附容量为570mg/g，可见光下为556mg/g，黑暗条件下为543mg/g。

6.5.2　吸附用量对 Cr(Ⅵ) 去除率的影响

图6-21为实验温度25℃、pH=4、Cr(Ⅵ) 溶液体积为75mL、初始浓度为20mg/L，不同光照条件下 $MgFe_2O_4$/硅藻土（a1、a2、a3）和 $Mg_3Si_4O_{10}(OH)_2$/硅藻土（b1）吸附剂投加量对去除率的影响。

由图6-21可见，在初始阶段随吸附剂用量的增加，样品对溶液中 Cr(Ⅵ) 的去除效率显著提高。至投加量为30mg时，去除率开始趋于平稳，继续投加吸附剂至70mg，样品对溶液 Cr(Ⅵ) 的去除率接近100%。当吸附剂投加量较小时，吸附剂所提供的吸附位点总量较小，去除率较低。随投加量增加，吸附剂提供的活性位点相对增加，表现为 Cr(Ⅵ)去除率的显著提高。当吸附剂投加量达到40mg后，吸附剂在溶液中含量增加，吸附剂之间碰撞增多，产生聚集效应。同时，溶液中痕量 Cr(Ⅵ) 酸根阴离子与吸附剂碰撞相对减小，表现为去除率缓慢提高直至趋于饱和。从a1、a2和a3曲线可以发现，相同实验条件下，$MgFe_2O_4$/硅藻土在紫外光下对 Cr(Ⅵ) 的去除能力优于可见光及无光照条件，表明紫外光及可见光都能促进 $MgFe_2O_4$/硅藻土对溶液 Cr(Ⅵ) 的去除。

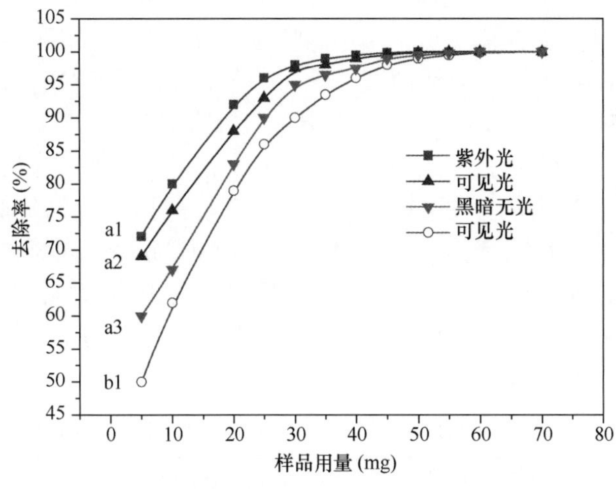

图6-21　吸附剂用量对 Cr（Ⅵ）去除率的影响

6.5.3　溶液 pH 对 Cr（Ⅵ）吸附去除率的影响

图6-22（a）为实验温度25℃、Cr(Ⅵ) 溶液体积为75mL、初始浓度为20mg/L、样品50mg，无光照条件下pH值对吸附效率的影响。图6-22（b）为实验温度25℃、pH=4、初始浓度为1500mg/L，黑暗条件下pH对样品吸附容量的影响。从图6-22（a）可以看出，样品在pH=3~4和8~9之间时，$Mg_3Si_4O_{10}(OH)_2$/硅藻土和 $MgFe_2O_4$/硅藻土对 Cr(Ⅵ) 均具有较高的去除效率（99%~100%）。此外，$MgFe_2O_4$/硅藻土样品在 pH=

2～12 范围内时对Cr(Ⅵ) 的去除效率均比 $Mg_3Si_4O_{10}(OH)_2$/硅藻土高。在 pH＝2～12 范围内，样品对 Cr(Ⅵ) 的去除效率均高于 93%。由图 6-22（b）可知，在黑暗条件下，pH＝2～12 范围内，$Mg_3Si_4O_{10}(OH)_2$/硅藻土和 $MgFe_2O_4$/硅藻土的最大吸附容量分别为 535mg/g 和 543mg/g。样品对溶液 Cr(Ⅵ) 的去除效率及吸附容量受 pH 影响显著。

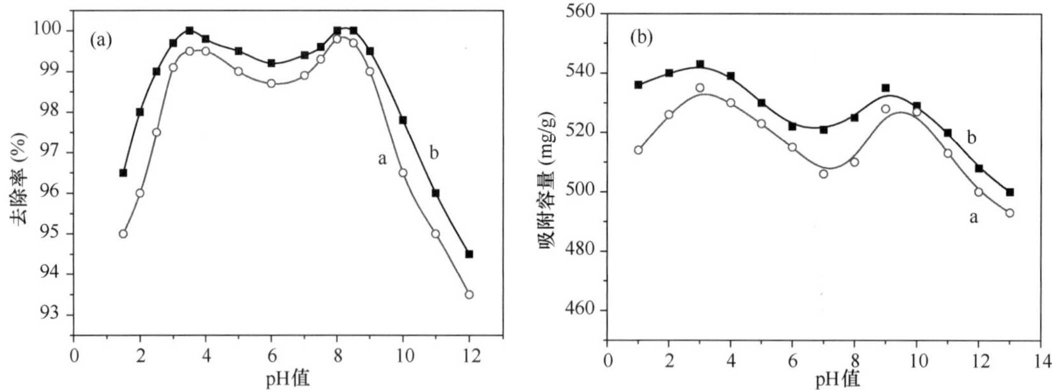

图 6-22　180℃水热反应 5h 制备的 $Mg_3Si_4O_{10}(OH)_2$/硅藻土 a 和 9h 的制备 $MgFe_2O_4$/硅藻土 b 样品 pH 值对 Cr(Ⅵ) 去除率的影响（a）及对吸附容量的影响（b）

6.5.4　合成样品吸附容量对比分析

吸附法是处理含 Cr(Ⅵ) 重金属污染水体最为简便实用的方法。而吸附剂的性能直接影响水处理效果。表 6-1 为文献中所记录不同吸附剂的种类及其吸附容量。从表中可以看出，CoFe 层状双氢氧化物、MgO/活性炭、$CoFe_2O_4$/活性炭、Ni/Mg/Al 层状双氢氧化物、花状 MgO、$BaCO_3$纳米球、Fe_3O_4-SiO_2-壳聚糖等纳米吸附剂的最大吸附容量在 28～236mg/g 之间。$Mg_3Si_4O_{10}(OH)_2$/硅藻土和 $MgFe_2O_4$/硅藻土对溶液 Cr(Ⅵ) 的最大吸附容量分别为 535mg/g 和 570mg/g，远高于上述吸附剂，但略低于硫酸掺杂二氨基吡啶聚合物/氧化石墨烯材料（610mg/g）。180℃水热反应 0.5h 制备的 MgO/硅藻土同样具有较高的吸附容量（461mg/g）。对比前期试验制备的 Nb_2O_5/硅藻土材料最大吸附容量为 115mg/g，$Mg_3Si_4O_{10}(OH)_2$/硅藻土和 $MgFe_2O_4$/硅藻土材料不仅制备方法简单、吸附容量大，同时价格低廉，在实际工程应用中具有巨大的优势。

表 6-1　不同吸附剂对溶液中 Cr（Ⅵ）吸附容量的比较

样品	Cr（Ⅵ）浓度 (mg/L)	Q_e (mg/g)	文献参考
$Mg_3Si_4O_{10}(OH)_2$/硅藻土	1500	535	当前工作
$MgFe_2O_4$/硅藻土	1500	570	当前工作
MgO/硅藻土	800	461	当前工作
Nb_2O_5/硅藻土	1000	115	当前工作
CoFe 层状双氧氧化物	25	28	F. L. Ling, et al
MgO/活性炭	300	73	S. Q. Hou, et al
$CoFe_2O_4$/活性炭	150	83	W. M. Qiu, et al

续表

样品	Cr（Ⅵ）浓度（mg/L）	Q_e（mg/g）	文献参考
Ni/Mg/Al layered double hydroxides	100	103	C. S. Lei, et al
Flower-like nanostructured MgO	300	139	H. Y. Zhao, et al
$BaCO_3$ spheres	100	227	Y. P. Su, et al
Fe_3O_4-SiO_2-hitosan-polyethylenimine	150	236	X. T. Sun, et al
Sulfuric acid – doped diaminopyridine polymers/graphene oxide	500	610	D. Dinda, et al

6.5.5　$Mg_3Si_4O_{10}(OH)_2$/硅藻土和 $MgFe_2O_4$/硅藻土样品对 Cr(Ⅵ) 吸附机理分析

1. 硅藻土负载 $Mg_3Si_4O_{10}(OH)_2$ 样品吸附 Cr（Ⅵ）离子前后 XPS 分析

图6-23为水热5h $Mg_3Si_4O_{10}(OH)_2$/硅藻土样品吸附 Cr(Ⅵ) 前后的 XPS 图谱。图6-23（a)为全谱，图（b）是pH为4时吸附Cr(Ⅵ) 前后的XPS测试中O1s轨道能谱，分别存在530.2eV、531.0eV 和 532.6eV 三个峰，归因于吸附氧、表面氧原子，Mg—O键，Si—O键。其中在吸附 Cr(Ⅵ) 前，表面吸附氧（—OH）的峰值强度与晶格氧（Mg—O）相差不多，说明在吸附剂样品表面存在大量的羟基基团。但吸附后吸附剂表面

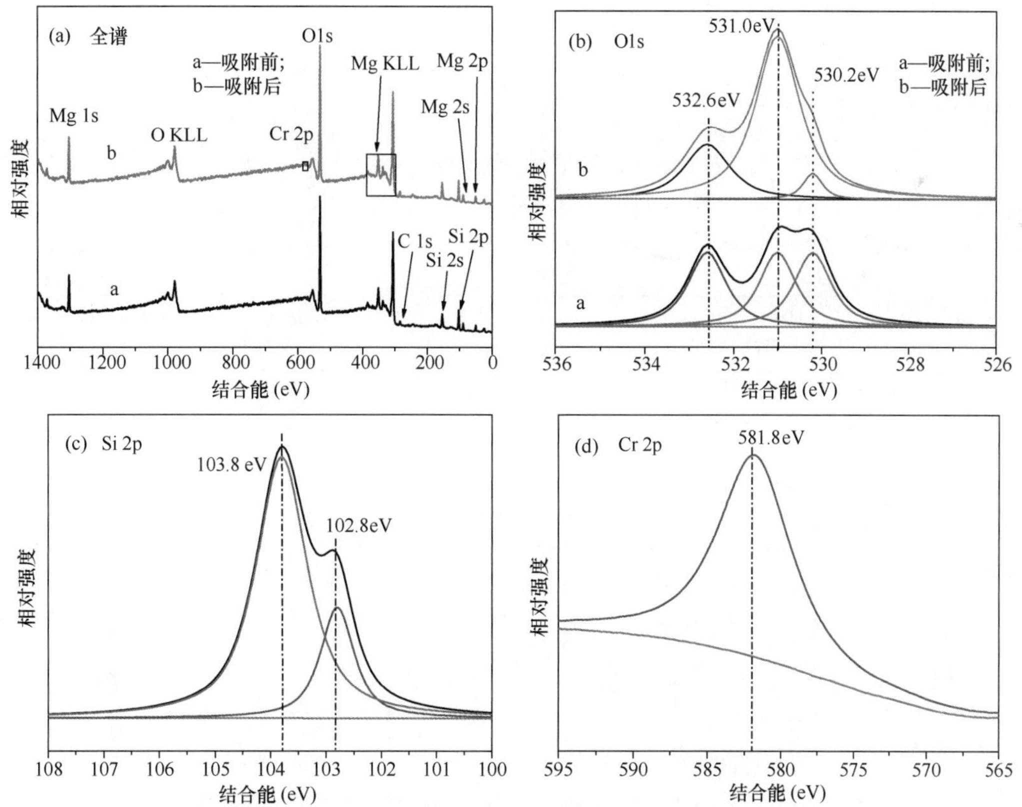

图6-23　水热反应5h样品吸附 Cr(Ⅵ) 前后的 XPS 全谱图（a）、O1s 轨道图（b）、Si 2p 轨道图（c）和 Cr 2p 轨道图（d）

的吸附氧（—OH）强度明显减弱，晶格氧峰值强度显著增加，说明吸附 Cr(Ⅵ）后，部分吸附氧转变为晶格氧，表明 H—O 键被 $HCrO_4^-$、CrO_4^{2-}、$Cr_2O_7^{2-}$ 所取代。图 6-23（a）、（c）中明显看出样品有 Si 的特征光电子线，并且 Si 2p 轨道可以分为 103.8eV 和 102.8eV 两个峰。其中 103.8eV 来源于硅藻土中的 SiO_2，102.8eV 来源于所合成的 $Mg_3Si_4O_{10}(OH)_2$。从图中可以看出硅藻土中只有 SiO_2参与体系反应；图 6-23（d）中，在吸附后 Cr 的 2p 轨道，主要分布在 581.8eV 位置附近，明显表明 $Mg_3Si_4O_{10}(OH)_2$/硅藻土样品对 Cr（Ⅵ）进行了有效吸附。581.8eV 位置对应为 Cr(Ⅵ)，表明样品表面 Cr 主要以 Cr（Ⅵ）形式存在。

2. 硅藻土负载 $MgFe_2O_4$样品吸附 Cr(Ⅵ）离子前后 XPS 分析

图 6-24 为 $MgFe_2O_4$/硅藻土样品吸附 Cr（Ⅵ）前后的 XPS。从图 6-24（a）、（b）中明显看出，样品有 Fe 的特征光电子线，并且 Fe 的 2p 轨道 XPS 结果同样表明硅藻土表面有 Fe 的氧化物；图 6-24（a）中，在吸附后 Cr 的 2p 轨道明显有特征峰出现，表明 $MgFe_2O_4$/硅藻土样品对 Cr(Ⅵ）进行了有效吸附。图 6-24（c）是 pH 为 7 时吸附Cr(Ⅵ)前后的 XPS 测试中 O1s 轨道能谱，分别存在 530.2eV、531.0eV 和 532.6eV 三个峰，归因于吸附氧、表面氧原子，晶格氧，Si—O 键三个峰。其中在吸附 Cr(Ⅵ）前，表面吸附氧（—OH）的峰值强度明显高于晶格氧，说明在吸附剂样品表面存在大量的羟基基团。但

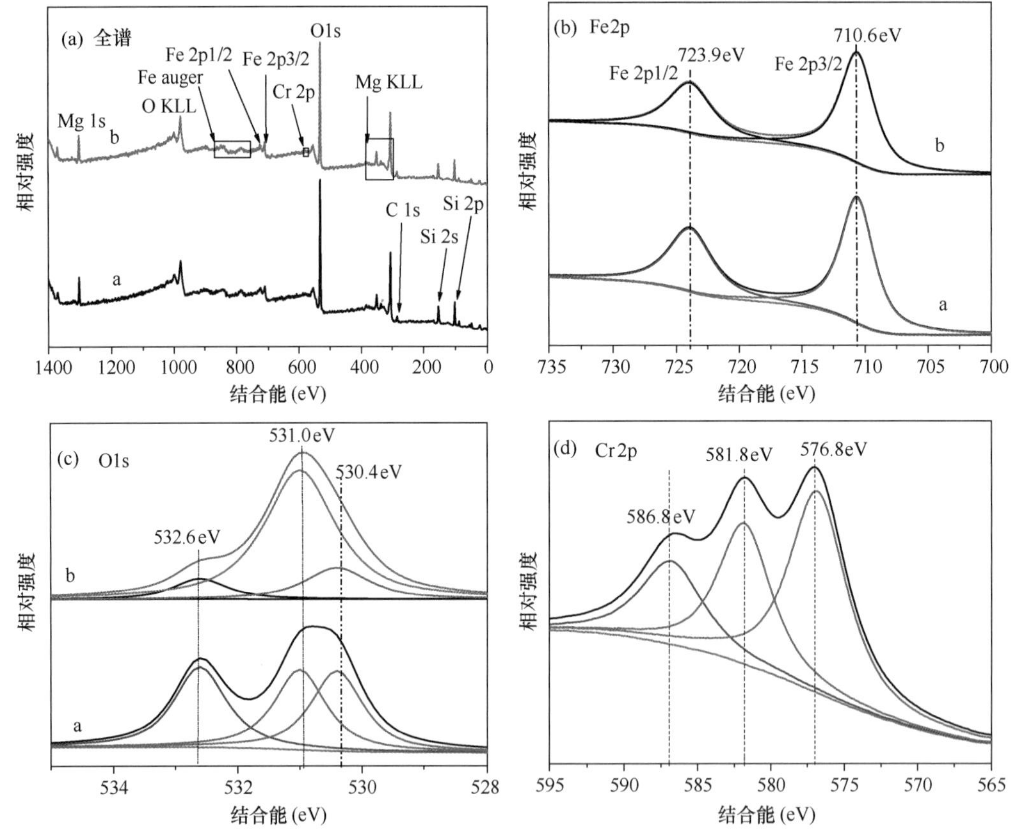

图 6-24　水热反应 9h$MgFe_2O_4$/硅藻土样品吸附 Cr(Ⅵ）前后的 XPS 全谱图（a）、Fe2p 轨道图（b）、O1s 轨道图（c）和 Cr 2p 轨道图（d）

a—吸附 Cr(Ⅵ）前；b—吸附 Cr(Ⅵ）后

吸附后吸附剂表面的吸附氧（—OH）强度减弱，晶格氧峰值强度增加，说明吸附 Cr(Ⅵ)后，部分吸附氧转变为晶格氧，表明 H—O 键被 $HCrO_4^-$、CrO_4^{2-}、$Cr2O_7^{2-}$ 所取代。图 6-24（d）为样品吸附及光还原 Cr(Ⅵ) 前后 Cr 2p 轨道能谱，可以看出，在样品表面 Cr 出现了三个特征峰，分别在 576.8eV、581.8eV、586.8eV 位置，而在 576.8eV 和 586.8eV 出现的两个较强的峰对应的 Cr 的价态均为 Cr(Ⅲ)，581.8eV 位置对应为Cr(Ⅵ)，说明在吸附和光还原后，在样品表面 Cr 大部分以 Cr(Ⅲ) 的形式存在，这也证明了样品将 Cr(Ⅵ) 还原为 Cr(Ⅲ) 这一过程的存在。

3. 样品对 Cr(Ⅵ) 离子吸附前后 FT-IR 分析

图 6-25 为硅藻原土、样品吸附 Cr(Ⅵ) 前后的红外光谱。由曲线 a 可知，波数在 $1630cm^{-1}$ 处的吸收峰由吸附水中的 O—H 扭曲振动引起。在 $468cm^{-1}$ 和 $1096cm^{-1}$ 处的吸收峰是由于硅藻土本身 Si—O—Si 键的不对称伸缩振动引起的。$532cm^{-1}$ 和 $791cm^{-1}$ 处的吸收峰，归因于 Si—O—Al 键（由硅藻原土中黏土的杂质成分引起）。$Mg_3Si_4O_{10}(OH)_2$/硅藻土样品存在 $437cm^{-1}$、$669cm^{-1}$、$902cm^{-1}$、$1442cm^{-1}$ 和 $3675cm^{-1}$ 五个新吸收峰，其中 $437cm^{-1}$ 归因于 MgO_6 八面体对称伸缩振动。$669cm^{-1}$ 特征峰是由 Si—O—Mg 伸缩振动引起的。Si—O—Mg 键的存在同样表明 $Mg_3Si_4O_{10}(OH)_2$ 晶体通过化学键与硅藻土结合在一起。样品吸附 Cr(Ⅵ) 后出现的 $902cm^{-1}$ 新的吸收峰，是由于吸附后 Cr—O 伸缩振动引起的。$1442cm^{-1}$ 处吸收峰是由于 Mg—O 键不对称伸缩振动引起的。$3675cm^{-1}$ 吸收峰由 Mg_3—OH 中—OH 伸缩振动形成。$Mg_3Si_4O_{10}(OH)_2$/硅藻土样品中，$1096cm^{-1}$ 处 Si—O—Si 键消失，同时伴随 $1014cm^{-1}$ 处吸收峰的出现。原因推测为镁原子的掺杂导致 Si—O—Si 键在红外光谱中出现蓝移。吸收峰的轻微蓝移以及吸收峰尖锐度的变化，表明硅酸镁中众多官能团配位环境的变化。

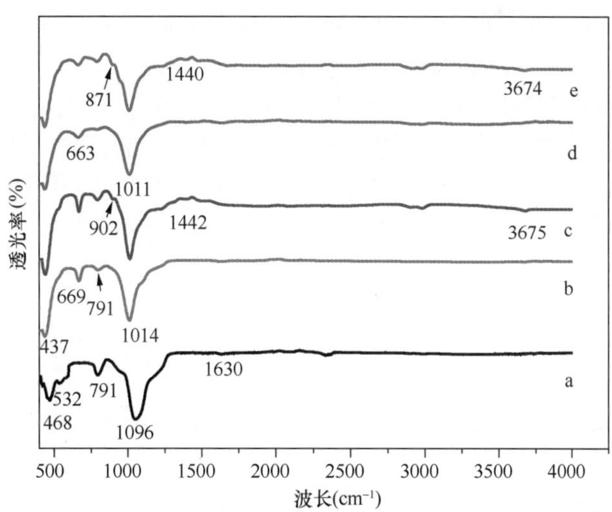

图 6-25　硅藻土原土（a），$Mg_3Si_4O_{10}(OH)_2$/硅藻土吸附前后（b）、（c），$MgFe_2O_4$/硅藻土样品吸附前后（d）、（e）的红外光谱图

水热时间 9h $MgFe_2O_4$/硅藻土样品存在 $437cm^{-1}$、$663cm^{-1}$、$1011cm^{-1}$、$1440cm^{-1}$ 和 $3674cm^{-1}$ 五个新吸收峰，其中 $437cm^{-1}$ 是由于 Mg—O 或 Fe—O 键伸缩振动引起的。

$663cm^{-1}$处特征峰是由 Si—O—Mg 及 Si—O—Fe 伸缩振动引起的，表明 $MgFe_2O_4$ 晶体通过化学键和硅藻土结合在一起，$3675cm^{-1}$是由 Mg_3—OH 中—OH 伸缩振动形成的。样品吸附 Cr(Ⅵ) 后，在 $792cm^{-1}$出现新的吸收峰，这是由吸附后 Cr—O 伸缩振动引起的，表明样品对 Cr(Ⅵ) 进行了有效吸附。$1440cm^{-1}$处吸收峰是由 Fe—OH 伸缩振动引起的。$MgFe_2O_4$/硅藻土样品中，$1096cm^{-1}$处 Si—O—Si 键消失，同时伴随 $1010cm^{-1}$处吸收峰出现，原因推测为铁酸镁的掺杂导致 Si—O—Si 键在红外光谱中出现蓝移。

4. 样品吸附 Cr(Ⅵ) 离子 Zeta 电位变化

图 6-26 为不同 pH 值下测得的改性硅藻土的 Zeta 电位。由图可知，在 pH 值由 2 到 10 的范围内，改性硅藻土的 Zeta 电位始终为负值，说明改性硅藻土在此 pH 值范围内始终带负电荷。同时，在此 pH 值范围内，溶液中的 Cr(Ⅵ) 均以酸根阴离子形式存在，因此我们认为静电吸引力对 Cr(Ⅵ) 的吸附没有起主要作用。

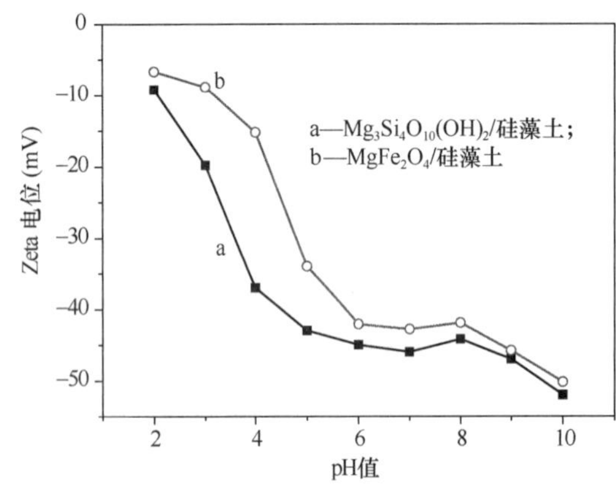

图 6-26　不同 pH 值条件下样品的 Zeta 电位

5. 对溶液中 Cr(Ⅵ) 的去除机理探讨

$Mg_3Si_4O_{10}(OH)_2$/硅藻土和 $MgFe_2O_4$/硅藻土同硅藻土原土相比具有很大的比表面积。从 XPS 分析和 FT-IR 测试中可以得出，样品表面具有很多活性羟基基团和不饱和键。由 O1s XPS 分析结果可得，吸附 Cr(Ⅵ) 后样品晶格氧强度显著增加。结合 Zeta 电位测试，推测样品对 Cr(Ⅵ) 的吸附以化学吸附为主。当 Cr(Ⅵ) 被吸附到 $MgFe_2O_4$/硅藻土样品表面后，在紫外光照射条件下，光还原过程开始进行。此时，电子从 $MgFe_2O_4$晶体的价带跃迁至导带，进而产生电子/空穴对。样品表面的 Cr(Ⅵ) 由于具有强氧化性从而可以吸收活跃电子，进而被还原为毒性较小的 Cr(Ⅲ)。吸附反应体系内的草酸不断消耗从价带产生的空穴，从而抑制光电子与空穴的复合，进而促进光还原过程的进行。最终，光还原过程产生的 Cr(Ⅲ) 被吸附到 $MgFe_2O_4$/硅藻土样品的表面，从而实现对溶液 Cr(Ⅵ) 的去除。

第7章 硅藻土吸附絮凝剂与除磷脱氮剂复合制备

7.1 概述

7.1.1 硅藻土矿物基吸附絮凝剂

絮凝是指使水或液体中悬浮微粒集聚变大或形成絮团，从而加快粒子的聚沉，实现固液分离的目的。凡是用来将水溶液中的溶质、胶体或者悬浮物颗粒产生絮状物（絮凝团）沉淀的物质都被称为絮凝剂。吸附絮凝剂是指同时具有吸附功能和絮凝作用的水处理剂。

硅藻土因其独特的天然微孔结构和表面硅羟基活性组分，对污水中不溶性或微溶性污染物具有良好的吸附功能，并且对可溶性的重金属离子也有很好的吸附功能。由于硅藻土没有絮凝性能（硅藻土颗粒本身不具有自絮凝特性），使得吸附污水中污染物以后的硅藻土颗粒需要再通过絮凝剂进行絮凝沉降去除。

目前在污水处理过程中，几乎所有的吸附剂均不具备自絮凝功能，其吸附后的产物均采用后继添加絮凝剂来实现絮体的固液分离，即作为复合材料进行配伍使用。这就带来两个问题：一是在污水处理过程中，因吸附剂添加量较小（在 ppm 级别），为能有效或最大限度发挥吸附剂的功能，往往会将吸附剂超细化（其粒径会在几微米或1μm 以下），因此这种以纳米、微米级为主的小尺度吸附剂，在污水处理过程中的吸附产物与水体分离非常困难；二是由于外来加入的絮凝剂（有机絮凝剂或无机絮凝剂），其掺量非常小，无法保证在污水处理过程中所加入的复合污水处理剂均匀有效。为解决上述问题，在污水处理过程中一般采用污水处理剂的二次添加或三次添加工艺，这会大大增加污水处理工艺的复杂性以及设备与运营成本。对临时性应急污水处理、大面积江河湖泊污水处置，没有动力条件或不具备添加主设备场地等状况的污水处理，会造成极大困难。能否从材料性能或功能本身加以改进，将吸附剂（人工合成多孔材料或天然多孔材料吸附剂）自身具备絮凝功能，即吸附颗粒具有自絮凝功能，来实现吸附絮凝一体化，是污水处理材料研究工作者一直追求的目标。

对以天然矿物为基础的用于污水处理的吸附材料，进行絮凝功能的复合制备与改进研究，是矿物材料功能化的主要研究方向，也是克服污水处理过程中吸附剂成本过高、无法规模化应用的最有效途径。相关矿物材料主要为膨润土、沸石、海泡石、高岭石、凹凸棒土、硅藻土等。在这些矿物材料中，硅藻土、沸石吸附能力较强，而膨润土、高岭石、凹凸棒土的絮凝能力较强，其絮凝功能主要来自蒙脱石本身的增稠絮凝特征，其中膨润土的主要成分为蒙脱石，高岭石、凹凸棒土的杂质成分中含有蒙脱石，但这种絮凝功能在实际污水处理过程中太微不足道（主要是添加量太小），因此矿物材料的絮凝功能均来自后期的矿物表面微结构的调控制备或絮凝组分的表面负载。

絮凝功能组分在矿物表面的负载有物理法和化学法两大类。物理法主要采用捏合工艺，工艺比较简单，但很难实现均匀性。化学法以液相化学法为主，非常容易实现均匀负载，但采用液相化学对矿物表面进行絮凝组分负载后，其絮凝功能会大大降低，主要是化学合成类絮凝剂进行水溶解后，在很短时间内其絮凝功能因其充分发挥而失效。如采用无机絮凝剂（PAC、PFS、PAS）进行液相化学负载后，几乎不具备絮凝性，即絮凝功能损失近100%；而采用有机絮凝剂（PAM、PAN）对矿物表面进行负载，其絮凝功能会损失90%以上。如何将具有良好絮凝能力的活性组分或官能团均匀负载到矿物吸附剂表面，且可完全保持其絮凝功能，是制备以天然矿物为基础的高效吸附絮凝剂的技术关键。

本研究以硅藻土、沸石为原材料进行絮凝组分的负载，制备具有吸附、絮凝双重功能的污水处理复合材料，即制备具有吸附净化、絮凝分离双重功能的高效污水处理剂，既解决了现有絮凝剂（有机絮凝剂或无机絮凝剂）与水体分离困难、没有吸附净化效能的难题，又解决了传统多孔材料无法絮凝分离的技术瓶颈。所制备材料具有溶解速度快、使用方便等特征，可与污水水体直接搅拌接触，并快速发生化学反应，进行吸附絮凝，实现水体净化目标，大大简化了污水处理过程中传统絮凝剂的溶解、添加过程，且吸附产物可自身絮凝，形成“宏观可视”凡花絮体（絮体尺度可达到5～15mm，能快速、便捷分离）。而大尺度凡花絮体在水体中的旋转流动，又进一步增大对污水中污染物的再吸附概率，进而显著改善复合材料的吸附效能，可从材料角度解决不具备安装大型溶解装置或无动力支持的施工现场、已有污水处理体系改造或提标等污水处理工程等应用领域的实际问题。

7.1.2 矿物基除磷脱氮剂与氮磷回收技术

氨氮、总磷超标废水的大量产生与排放，会加速水体的富营养化，污染人类赖以生存的河流、湖泊等水体生态。氮、磷的污染来源可简单分为内源性负荷和外源性负荷。内源性负荷是沉积物中氨氮、有机磷、无机磷的释放，水生动植物生命活动中的新陈代谢产物等。外源性负荷包括点源污染和面源污染。生活污水和工业废水属于点源污染。生活污水中含有有机氮和氨态氮，生活中的洗涤、厨房、饮食等行为是所排放的污水中氨氮、总磷的主要来源。食品加工、化肥生产过程产生的工业废水含有较高浓度的氮，磷化工业废水中含有较高浓度的磷酸盐。农业生产过程中排放的高浓度氮磷废水属于面源污染，面源性的农业污染物成为水体富营养化的直接营养源。畜禽养殖业废料和水生动物所产生的排泄物，氮、磷的含量相当高，也会大量进入河、湖等水体。外源性负荷是导致水体富营养化的最主要因素，Morse等的研究指出，欧盟国家的高磷废水主要来源于生活污水和畜禽废水。

氨氮的好氧特性会使水体的溶解氧降低，引起水体中的藻类及微生物大量繁殖，某些含氮化合物对人和其他生物有毒害作用。磷是全球储量第十一的元素，是构成一切生命的必备元素，也是一种储量有限的不可再生资源，分为有机磷和无机磷。有机磷在微生物作用下，可以通过矿化作用转化为无机磷。磷酸盐作为最主要的磷资源，主要应用于肥料、去污剂以及杀虫剂的生产。我国磷矿资源虽然储量丰富，仅次于摩洛哥，但品位贫乏，以中、低品位为主。据相关统计，现有的磷富矿资源仅能维持我国使用10年左右，磷矿已被列为我国2010年后不能满足国民经济发展需要的20种矿产之一。因此，如何回收利用宝贵的磷资源成为近几年的研究热点。

7.1.2.1　废水脱氮除磷技术

目前国内外报道脱氮除磷的方法主要有化学法、物理法、生物法和吸附法。物理法和化学法可以有效地从废水中去除氮和磷，如加碱曝气吹脱法、折点加氯法、选择性离子交换法可去除水体中的氨氮；化学沉淀法（铝盐、铁盐石灰混凝）、离子交换法、吸附法可去除水中的磷酸盐，但存在过程复杂且成本较高、沉泥容易产生二次污染、再生方法不完善等缺点。生物脱氮除磷技术是近 30 年发展起来的，已经成为应用最广泛、效果最稳定的废水脱氮除磷技术。目前基于传统的脱氮除磷机理，发展出 A/O、A^2/O、UCT、MUCT、SBR 等工艺。

人工湿地是 20 世纪 70 年代开始逐步发展并兴起的一种污水处理方式，利用动植物及微生物厌氧好氧特性，通过过滤、吸附、植物吸收和微生物分解等多种方式来实现对废水中有害物质的去除，同时通过营养物质和水分的循环实现对水的净化。近年来人工湿地以其投资费用低、建设运行成本低、处理过程能耗低、处理效果稳定、景观效应良好等优点多被用于改善景观水体水质。吸附技术以其高效快速、操作简单、无二次污染、吸附剂可再生利用等优点，越来越受到环境工作者的重视，但吸附剂的吸附容量偏低、吸附剂再生技术及置换成本偏高限制了吸附法的发展。

7.1.2.2　磷酸铵镁结晶法脱氮除磷技术

磷酸铵镁（$MgNH_4PO_4 \cdot 6H_2O$），俗称“鸟粪石”，斜方晶系，相对密度 1.71，溶度积常数为 $5.05 \times 10^{-14} \sim 3.98 \times 10^{-10}$，常温下 2.51×10^{-13}，其结构如图 7-1 所示。由磷酸铵镁的结构示意图可看到，每 6 个水分子和镁离子配位形成 $[Mg(H_2O)_6]^{2+}$，PO_4^{3-} 和 NH_4^+ 以离子键作用力结合在一起，形成 $MgNH_4PO_4 \cdot 6H_2O$。磷酸铵镁晶体呈白色结晶细颗粒或粉末状，微溶于冷水，25℃时在水中溶解度为 $0.018g \cdot cm^{-3}$，溶于热水和稀酸，不溶于乙醇。18 世纪时首次被人类发现。过去几十年，磷酸铵镁结晶法由于能从废水中同时脱氮除磷的特点而受到人们的广泛关注。相比于开采储量有限的磷矿资源，这为人类提供了更多可持续获取磷资源的方法。此前的研究已经证明磷酸铵镁具有同过磷酸钙和重过磷酸钙相当的磷肥价值。

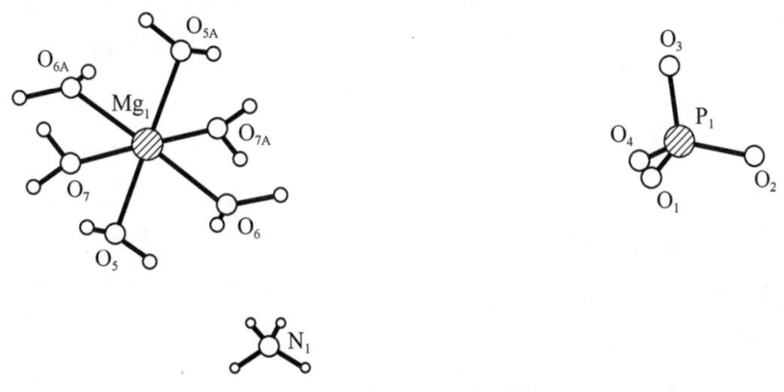

图 7-1　磷酸铵镁结构示意图

溶液值条件决定了组成的各种离子在水中达到平衡时的存在形态和浓度，只有当磷酸铵镁晶体构晶离子 $[NH_4^+]$、$[PO_4^{3-}]$、$[Mg^{2+}]$ 浓度的乘积大于 Ksp 值时，溶液过饱和，沉淀才可能生成。磷酸铵镁结晶分为两个化学过程：晶核形成和晶体生长。影响磷酸铵镁结晶的机理十分复杂，主要因素包括溶液体系中的物质浓度，热力学固液平衡，结晶动力学以及其他物理化学参数，如反应溶液 pH 值、过饱和度、温度、竞争离子等。

溶液 pH 值条件决定了组成的各种离子在水溶液体系中达到平衡时的存在形态和浓度。

$$H_2PO_4^- \longrightarrow H^+ + HPO_4^{2-} \tag{7-1}$$

$$HPO_4^{2-} \longrightarrow H^+ + PO_4^{3-} \tag{7-2}$$

$$NH_4^+ \longrightarrow NH_3 + H^+ \tag{7-3}$$

$$MgNH_4PO_4 \longrightarrow NH_4^+ + Mg^{2+} + PO_4^{3-}, pKsp = 12.6 \tag{7-4}$$

由上述反应方程式可知，不同 pH 值条件下，磷酸铵镁的溶解度和过饱和度会产生改变，构晶离子在水中达到平衡时的存在形态与浓度也有所不同，反映 pH 值是磷酸铵镁结晶过程中一个重要的影响因素。Neethling J B 和 Benisch M 等指出，污水处理厂中鸟粪石结垢的产生可能是由吹脱 CO_2 使溶液体系 pH 值升高（$HCO_3^- \longrightarrow CO_2\uparrow + OH^-$）引起的，当废水 pH 值升高时，废水中 OH^- 浓度增加，部分 NH_4^+ 会转化成 NH_3 从而影响磷酸铵镁结晶；当 pH 值降低时，反应过程中产生的 H^+ 会抑制 MAP 的形成。因此，存在一个使磷酸铵镁溶解度最小的一个 pH 值范围。对于不同废水水质情况，获得最佳晶体产物所需的 pH 值环境也有所区别。早在 1994 年，Buchanan 等人的研究便证实当 pH 值为 9.0 时，磷酸铵镁在水中的溶解度达到最小。此外，pH 值也能影响磷酸铵镁晶体的生长速率。

由于不同的镁源、氮源和磷源在水中的溶解度、反应过程中所使用的酸碱量不同，因此在结晶沉淀过程中脱氮除磷效果也有所不同。目前，常用的镁源主要有 $MgCl_2$、$MgSO_4$、MgO、$Mg(OH)_2$、海水、硬水、苦卤水、镁矿副产物等。Eddy Heraldy 等人利用淡化海水作为镁源，通过调整 NH_4^+、PO_4^{3-} 的投加量和 pH 值制备了不同形貌的鸟粪石晶体结构。目前在实验室和工业内应用最广泛的镁源是 $MgCl_2$，$MgCl_2$、$MgSO_4$ 在溶液中溶解度高但受限于成本高昂。$Mg(OH)_2$ 的成本低廉且自带碱性，但溶解度、反应活性较低，纳米级 $Mg(OH)_2$ 虽具备良好的反应活性，然而粒径细小极易流失，且反应过程中易发生团聚，在大块体多孔矿物基材上原位沉积纳米 $Mg(OH)_2$ 可有效解决这一问题。

磷酸铵镁结晶过程中，引入外来晶种可缩短晶体成核时间，对扩散过程提供有效支持，对促进生长具有正面影响。有研究认为投加晶种不能提高氮磷的最终回收率，但对结晶过程有影响，晶种投加能有效提高结晶速率，促进晶体生长，增强晶体的沉淀性能。

磷酸铵镁结晶法可以有效地去除水中的氮、磷，是目前公认的脱氮除磷的有效方法之一，生成的磷酸铵镁还可以作为缓释肥料用于农业和种植业，甚至可以制成清洁剂、化妆品等生活日用品，是一种集环境效益和经济效益于一体的水处理方法。磷酸铵镁晶体细小、难以回收的特点制约了其工业化的发展，因此磷酸铵镁晶体异相成核、定向生长、晶粒尺度控制非常关键。已有研究表明，合适的天然多孔矿物材料也可作为磷酸铵镁载体，是弥补其晶体细小、难以回收这一缺陷的有效方法。Haiming Huang 等用 $MgCl_2$ 溶液搅拌浸渍沸石，结合了沸石本身的离子交换功能和磷酸铵镁结晶法，模拟废水中氮、磷的同步回收，但存在吸附剂投加量过大、吸附效率偏低的问题。Peng Xia 等在硅藻土表面包覆纳米级 MgO，以同步回收废水中的氮、磷，样品对氨氮、磷酸盐的单位吸附量分别达 77.05mg/g 和 160.94mg/g。硅藻土不仅解决了纳米尺寸 MgO 难以固液分离的问题，同时可作为磷酸铵镁载体辅助氮磷资源回收。徐康宁等制备了含镁生物炭材料以回收黄水中的氮、磷，对氨氮、磷酸盐的单位吸附量分别为 47.5mg/g 和 116.4mg/g。

7.1.2.3　天然矿物基除氮脱磷在废水中的应用

水污染问题是我国目前环境污染的突出问题之一，与此同时，我国经济快速发展需水量与日俱增。加强对污染水体的治理已迫在眉睫，而传统的城市生化系统远不能满足各种废水的处置要求，因此，具备普适性、低成本、储量丰富的环境友好型的天然多孔矿物材料凸显出独特的优势，如硅藻土、海泡石、沸石、膨润土、蛭石等。目前，经提纯、改性后的天然矿物材料已广泛应用于含重金属、氮磷、有机物等废水的处置中。

海泡石（sepiolite）是一种天然纤维状富镁硅酸盐矿物，标准化学式为 $Mg_8(H_2O)_4$-$[Si_6O_{15}]_2(OH)_4 \cdot 8H_2O$，属于斜方（正交）或单斜晶系的层链状结构，其内部通道和孔洞具备吸附大量水或极性物质的能力，因此海泡石具有很大的比表面积。海泡石独特的孔道结构决定了其拥有优良的吸附性能和流变性能。天然海泡石存在较多杂质，吸附容量远未达到理论最大值，因此常常经过人工提纯和改性后使用，通过高温改性、酸改性等方法疏松或扩大孔道面积，增大吸附容量。Yin H 等对比了中国三处不同产地的天然富钙海泡石对磷的吸附能力，模拟计算得到天然富钙海泡石对磷的最大吸附容量能达到 32.0mg/g。张林栋等通过对天然海泡石进行酸活化、水热活化、酸-水热活化、钠离子交换等处理，其对氨氮的吸附容量最大达到 28.0mg/g。代娟等采用盐热和掺杂稀土元素制备了复合改性海泡石，对氨氮、总磷浓度均为 10mg/L 的模拟废水，去除率分别达到 79.46% 和 99.30%。

硅藻土是一种具有天然多孔结构的无机矿物材料，它的主要化学成分为非晶态 SiO_2，表面硅羟基丰富，但硅藻原土比表面积较小（25～30m^2/g），吸附容量受限。Xie F 等分别通过纳米结构 $Mg(OH)_2$ 和 MgO 修饰硅藻土，研究表明样品能以 Mg-PO_4 沉淀盐的形式有效去除富营养化河湖水体中的低浓度磷酸盐。范艺等通过锆改性硅藻土吸附水中的磷，结果表明改性后硅藻土的比表面积由 14.00m^2/g 增长为 75.22m^2/g，对水中的磷拟合单位吸附量为 10.56mg/g。

对海泡石、硅藻土等天然矿物材料应用于脱氮除磷领域的相关研究表明，矿物原土对氮或磷的吸附能力十分有限，要达到理想的去除率必然造成投加量的增大，会造成沉泥堆积、资源浪费等问题。而通过酸改性、盐改性、有机改性等常规方法处理过的矿物材料，虽然孔道结构、比表面积有可观的改善，吸附容量也有一定提高，但对中高浓度氮、磷废水的处理效果并不理想，且不能同时有效回收废水中的氮和磷。

7.2　硅藻土表面 AM 单体缩合制备

聚丙烯酰胺（polyacrylamide，简称 PAM）是一种线性水溶性高分子聚合物，由丙烯酰胺单体（AM）聚合而成。AM 即丙烯酰胺单体（分子式：$CH_2{=}CH{-}CONH_2$）是一种白色晶体，可作为成品，也是合成聚丙烯酰胺的原料。早期采用丙烯腈（AN）硫酸催化水合制备的丙烯酰胺单体再聚合制备的聚丙烯酰胺，属非离子型聚丙烯酰胺（非离子 PAM），即带有酰胺基支链的丙烯聚合物。在此基础上，通过碱式部分水解工艺（后水解法），在丙烯基主干上嫁接 $CO{-}NH{-}CH_2{-}OH$、$CO{-}NH{-}CH_2{-}SO_3Na$，合成制备了阴离子型聚丙烯酰胺（阴离子 PAM）。随着化工制备技术的发展，Merck 和 Halliburton 公司通过在丙烯基主干上嫁接 CO—NH—CH_2—OH—（N^+—3R），制备出二甲基二烯丙基氯化铵均聚物（PDMDAAC）和二甲基二烯丙基氯化铵均与丙烯酰胺共聚物［P（DMDAAC/AM）］，即阳离子型聚丙烯酰胺（阳离 PAM）。各离子形态聚丙烯酰胺均为颗粒状白色晶体，可用作絮凝剂、助滤剂、增强剂、分散剂等。我国聚丙烯酰胺的应用领域主要有水处理、造纸、冶金、洗煤以及石油开采等。聚丙烯酰胺作为絮凝剂用在水处理方面的优势很明显，可以针对不同的污水选择带有不同电荷的聚丙烯酰胺，在对污水中悬浮物吸附的同时，还会产生架桥絮凝的效果，从而强化固液分离过程。到目前为止，聚丙烯酰胺的合成方法主要有：水溶液聚合法、乳液/反相乳液聚合法、悬浮聚合法、辐射聚合法、沉淀聚合法等。水溶液聚合法是应用最广泛的一种聚合反应方法，操作相对简单，反应条件要求较低。

丙烯酰胺（AM）类高分子有机物改性无机矿物的研究有过相关报道，这方面研究目前主要集中在对膨润土的增稠改性方面，多采用溶液聚合法、反相悬浮聚合法、辐射聚合法。如季鸿渐等以丙烯酰胺、辽宁膨润土为原料，以过硫酸铵为引发剂，制备出含膨润土的部分水解交联聚丙烯酰胺高吸水性树脂；张俊平等及栾守杰也分别以钠基和钙基膨润土、丙烯酰胺为主要原料，以 N，N-亚甲基双丙烯酰胺为交联剂，以过硫酸铵为引发剂，经过水溶液中自由基接枝共聚，研制了一系列黏土基高吸水性复合材料和颗粒堵剂；张小红等以一定量的分散剂（Span-60）和环己烷作为油相，采用反相悬浮聚合法合成了聚［丙烯酸钠/2-丙烯酰胺基-2-甲基丙磺酸（AMPS）］/蒙脱石三元复合高吸水性树脂。但到目前为止，以聚丙烯酰胺类高分子聚合物改性处理硅藻土的研究很少，其中有研究者曾采用商用聚丙烯酰胺（即成品聚丙烯酰胺），通过水性溶解后去处理硅藻土来获得聚丙烯酰胺改性硅藻土，用以制备复合絮凝剂，其絮凝效果非常差，主要原因是聚丙烯酰胺水解后，其絮凝能力已全部释放，即其絮凝功能不可逆，因此后续的相关研究几乎终止。

本章主要讨论采用水溶液聚合法，通过在硅藻土基体上进行丙烯酰胺单体的聚合，来制备高分子聚合物负载硅藻土复合絮凝剂。由于是在硅藻土藻盘上直接进行丙烯酰胺的缩合，能最大限度地保存聚丙烯酰胺的絮凝能力，可有效解决聚丙烯酰胺产品通过水解再改性硅藻土而大大降低其自身絮凝功能的问题。

7.2.1 制备方法

（1）聚丙烯酰胺复合硅藻土制备方法一：称取一定量的硅藻土加入盛有去离子水的三口烧瓶中，搅拌 30min，制备硅藻土悬浊液；然后加入一定量的丙烯酰胺单体和丙烯酸钠溶液，将三口烧瓶置于恒温水浴池中，并通入氮气保护，搅拌 30min，得到前驱体混合溶液；将水浴池加热到一定温度，加入一定比例的引发剂偶氮二异丁腈（Na_2SO_3 溶液∶$K_2S_2O_8$溶液），继续搅拌；反应至胶状后，停止通氮气，停止搅拌，并陈化 4h；最后将反应产物烘干，得到 PAM 修饰硅藻土复合吸附剂样品，记为 C1。

（2）聚（丙烯酰胺-丙烯酸钠）复合硅藻土的制备方法二：用 1mol /L 的 NaOH 溶液中和丙烯酸至 pH 值 =7.0，制得丙烯酸钠，标记为 AANa。称取丙烯酰胺 1.5g，按照丙烯酰胺和丙烯酸钠的摩尔配比 3∶1，量取一定体积的丙烯酸钠溶液，再称取 8.0g 过 100 目筛的硅藻土，一同加入 100mL 的三口烧瓶中。向烧瓶中加入一定量去离子水，配制成 25% 左右的浆液，室温搅拌 1h 后，加入交联剂 N,N-亚甲基双丙烯酰胺 0.25g 和引发剂偶氮二异丁腈 0.01g，然后将三口烧瓶置于恒温水浴中升温至 90℃，继续搅拌至溶液逐渐变黏稠并聚合凝固。关闭搅拌器，保持恒温 1 ~ 2h，取出反应产物，110℃干燥至恒重，即得聚(丙烯酰胺-丙烯酸钠) 复合硅藻土，粉碎过筛取 60 ~ 80 目产品备用，标记为 C2。

(3) 聚丙烯酰胺复合硅藻土制备方法三：称取 9.0g 过 100 目筛的硅藻土和 1.0g 丙烯酰胺，加去离子水后配制成 25% 左右的浆液，在室温下搅拌 1h，然后加入引发剂偶氮二异丁腈 0.01g 和交联剂甲醛 0.5mL（38%），调节恒温水浴至 70℃，继续搅拌至溶液逐渐变黏稠并聚合凝固。关闭搅拌器，保持恒温 1 ~ 2h，取出反应产物，110℃干燥至恒重，即得聚丙烯酰胺复合硅藻土，粉碎过筛取 60 ~ 80 目产品备用，标记为 C3。

7.2.2　样品表面基团分析

图 7-2 为硅藻土原土、PAM 样品（用作对比）、PAM/硅藻土样品（标记 C1 样品）的红外光谱。由图 7-2 可知，硅藻土存在五个吸收峰，其中 1653cm^{-1} 和 2360cm^{-1} 处吸收峰分别是吸附水中的 O—H 伸缩振动和弯曲振动引起的；449cm^{-1} 和 1050cm^{-1} 处吸收峰分别归因于硅藻土本身 Si—O—Si 键的不对称弯曲振动和伸缩振动；794cm^{-1} 处吸收峰归因于 Si—O 对称伸缩振动。相对于硅藻土原土（曲线 a），PAM/硅藻土复合吸附剂样品增加了五个吸收峰（曲线 b），均系 PAM 的特征吸收峰（曲线 c）衍变而来。其中 2954cm^{-1} 和 2923cm^{-1} 处的吸收峰分别归因于—CH_2—反对称伸缩振动和弯曲振动；2853cm^{-1} 处吸收峰归因于—CH_2—对称伸缩振动；1456cm^{-1} 处吸收峰由—CH_2—变形振动引起；1653cm^{-1} 处吸收峰归因于 C ═O 伸缩振动。由图 7-2 所示的硅藻土原土、PAM/硅藻土、PAM 样品的红外光谱曲线可知，PAM/硅藻土复合吸附剂中的硅藻土上负载了 PAM 上的官能团，包括亚甲基、羰基、氨基等，即丙烯酰胺单体在硅藻土表面进行了聚合反应。

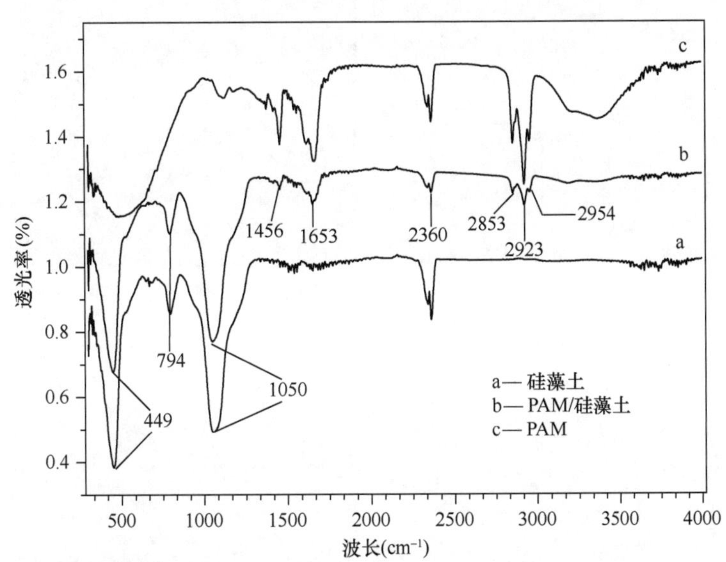

图 7-2　硅藻土、PAM 修饰硅藻土、纯 PAM 的红外光谱图

7.2.3　样品形貌分析

图 7-3 为采用 AM 单体与硅藻土不同质量比（AM: 硅藻土），进行 AM 缩合后所制备的 PAM/硅藻土复合吸附剂样品的 SEM。其中硅藻土采用圆盘藻，藻盘直径为 30 ~ 50μm，

可见到硅藻盘中的孔隙结构，大孔孔径为 300～500nm，小孔孔径为 50～80nm，大孔内存在小孔是硅藻土的主要孔结构特征，边缘孔径为 30～80nm。由图 7-3 可知，PAM/硅藻土复合吸附剂中硅藻土基体骨架仍然为圆盘状，但是在硅藻土表面多了一层絮状物，这表明 AM 单体在硅藻土表面进行了聚合反应。对比三组 AM 单体与硅藻土质量比的样品，质量比为 1∶12［图 7-3（c）、（d）］、1∶14［图 7-3（e）、（f）］时，仍可以看到硅藻土盘表面的孔道，而质量比为 1∶10［图 7-3（a）、（b）］时，硅藻土表面孔道完全被覆盖，这说明随着 AM 单体量的增加，PAM 对硅藻土表面的覆盖率会逐渐增加。但是结合后面的对复合吸附剂吸附性能及 BET 测试的结果可以知道，虽然 PAM 覆盖了硅藻土表面的孔道，但并没有影响硅藻土的比表面积和吸附性能，而且比表面积有所提高，吸附性能大大增加。这是由于硅藻土表面的 PAM 的官能团可以提高硅藻土的吸附效率，而且吸附后可以与硅藻土表面分离，不影响硅藻土对重金属离子的吸附。由此可知，AM 成功地在硅藻土表面进行了聚合反应，并且没有改变硅藻土本身的形貌和孔结构。

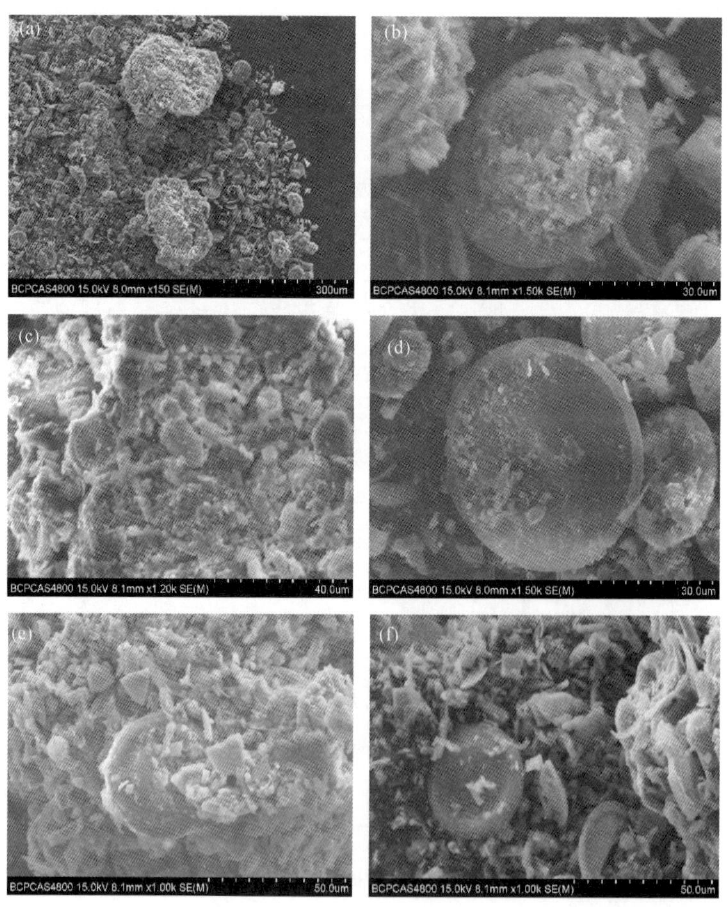

图 7-3　AM 单体与硅藻土不同质量比的复合吸附剂样品扫描电镜图

（a）、（b）1∶10；（c）、（d）1∶12；（e）、（f）1∶14

7.2.4　样品比表面积及孔结构分析

图 7-4（a）、（b）分别为硅藻土原土和经 AM 单位缩合制备样品（PAM/硅藻土）的

氮气吸脱附曲线、孔径分布曲线。由图 7-4（a）可知，曲线 a、b 分别为硅藻土、PAM/硅藻土复合吸附剂的吸附等温曲线。硅藻土原土为Ⅱ型吸附等温曲线，且存在 H4 型迟滞环，这说明硅藻土原土属于大孔材料，且孔道形状及尺寸都比较均匀，比表面积为 $38m^2/g$；PAM/硅藻土复合吸附剂也是Ⅱ型吸附等温曲线，但其迟滞环为 H3 型，这说明改性后的硅藻土仍为大孔材料，但是孔径分布有所改变，不如硅藻土原土均匀，比表面积为 $96m^2/g$。结合图 7-4（b）中的 a、b 曲线可知，PAM/硅藻土复合吸附剂相对于硅藻土原土有大量介孔和微孔增加，孔径范围主要集中在 2～13nm。由此可以看出，PAM 表面修饰硅藻土可以产生新的狭缝状微孔、介孔孔道，使得硅藻土的比表面积大大增加，更有利于对污水中污染物的吸附，提高样品吸附净化与絮凝功能。

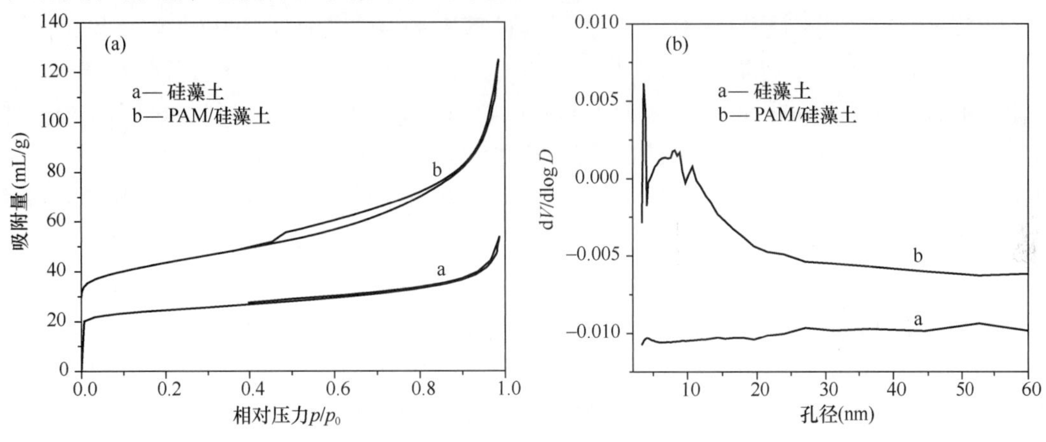

图 7-4　样品的氮气吸脱附和孔径分布曲线

7.2.5　WO-AM 乳液表面嫁接改性硅藻土吸附絮凝剂

采用商用 WO-AM 乳液对硅藻土进行表面微结构调控，以便在硅藻土表面形成一种由 WO-AM 嫁接来实现硅藻土本身的自絮凝功能。由于 WO-AM 乳液可由定点化工企业进行工业化生产，即如果采用该工艺进行硅藻土吸附絮凝剂具有很好的效果，则该样品进行规模化或工业化制备将更为方便可行。为此下面介绍采用商用 WO-AM 乳液对硅藻土进行表面处理的研究内容。

WO-AM 由胜利油田化工有限责任公司特定生产，为油包水聚丙烯酰胺乳液，是由丙烯酰胺单体、阳离子或阴离子单体在含有乳化剂的油相中聚合而成。其具有相对分子质量大、溶解速度快、使用方便等特点，特别适用于不具备安装大型溶解装置的施工现场。WO-AM 有阳离子、阴离子和非离子三种产品。阳离子聚丙烯酰胺油包水乳液主要用于城市生活污水处理、啤酒厂、淀粉厂、食品加工厂等工业污水处理，特别适用于酸性或弱酸性污水的有机悬浮物的絮凝沉降，在油田污水处理中可以用作除油剂，在造纸工业中可用作助留助滤剂以及造纸污水处理等；阴离子聚丙烯酰胺油包水乳液主要用于石油工业中的油井堵水调剂、三次采油、钻井泥浆助剂等，还可用于城市生活污水处理、造纸厂污水处理等；非离子聚丙烯酰胺油包水乳液主要用于化工和机械加工行业的污水处理，也可用作矿山选矿药剂，如铜矿，特别适合用作强酸环境下选矿的药剂。WO-PAM 是一种非常高效的污水处理絮凝剂，相对分子质量范围在 8×10^6～25×10^6。本书选用了三种乳液 CWO-PAM、AWO-

PAM、NOW-PAM（分别为阳离子、阴离子、非离子型聚丙烯酰胺油包水乳液）对硅藻土进行包覆改性，以期获得一种高效的吸附絮凝剂，并对改性后样品进行表征。

7.2.5.1 制备过程

将一定量的硅藻土放入恒温干燥箱内100℃干燥5h后取出待用；称取一定量的乳液（CWO-PAM、AWO-PAM、NOW-PAM）置于烧杯中，边搅拌边逐渐加入一定量干燥后的硅藻土，搅拌30min；停止搅拌后，陈化2h；然后将混合物取出，放在干燥的表面皿上，放入恒温干燥箱45℃烘干；最后将烘干的样品研磨成粉末，装袋待用。分别标记三种乳液CWO-PAM、AWO-PAM、NOW-PAM改性硅藻土样品为D1、D2、D3。

7.2.5.2 样品的表面基团分析

图7-5、图7-6分别是D1、D2两个样品与硅藻土及相应乳液的FT-IR（红外光谱图）。由图7-5、图7-6可知，硅藻土存在五个吸收峰，其中1653cm^{-1}和2360cm^{-1}处吸收峰分别是吸附水中的O—H伸缩振动和扭曲振动引起的；449cm^{-1}和1050cm^{-1}处吸收峰分别归因于硅藻土本身Si—O—Si键的不对称弯曲振动和伸缩振动；794 cm^{-1}处吸收峰归因于Si—O对称伸缩振动。而D1、D2两个样品相对于硅藻土，在保持硅藻土本来的五个特征吸收峰的基础上都有新的特征吸收峰增加，且这些增加的吸收峰都是由乳液的特征吸收峰衍变而来的。由图7-5可知，D1样品相对硅藻土原土增加了六个特征吸收峰，分别为1456cm^{-1}、1666cm^{-1}、1731cm^{-1}、2850cm^{-1}、2923cm^{-1}、2954cm^{-1}，其中1456cm^{-1}处吸收峰是由—CH_2—变形振动引起的；1666cm^{-1}和1731cm^{-1}处归因于C═O伸缩振动；2850cm^{-1}、2923cm^{-1}处是由亚甲基—CH_2的对称伸缩振动引起的；2954cm^{-1}处归因于甲基—CH_3的弯曲振动。由图7-6可知，D2样品相对硅藻土原土增加了七个特征吸收峰，分别为1398cm^{-1}、1456cm^{-1}、1558cm^{-1}、1653cm^{-1}、2850cm^{-1}、2923cm^{-1}、2953cm^{-1}，其中1398cm^{-1}处是由C—H的伸缩振动引起的；1456cm^{-1}处吸收峰是由—CH_2—变形振动引起的；1558cm^{-1}处是由N—H的弯曲振动引起的；1653cm^{-1}处归因于C═O伸缩振动；2850cm^{-1}、2923cm^{-1}处是由—CH_2—的对称伸缩振动引起的；2953cm^{-1}处归因于—CH_3的弯曲振动。由此可知，D1、D2两个样品保留了硅藻土的基本结构，而且增加了很多新官能团。

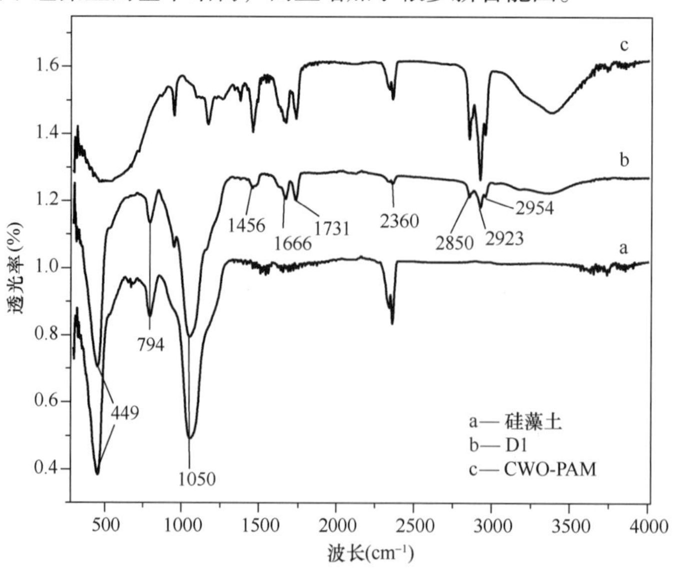

图7-5 硅藻土、D1、CWO-PAM的红外光谱图

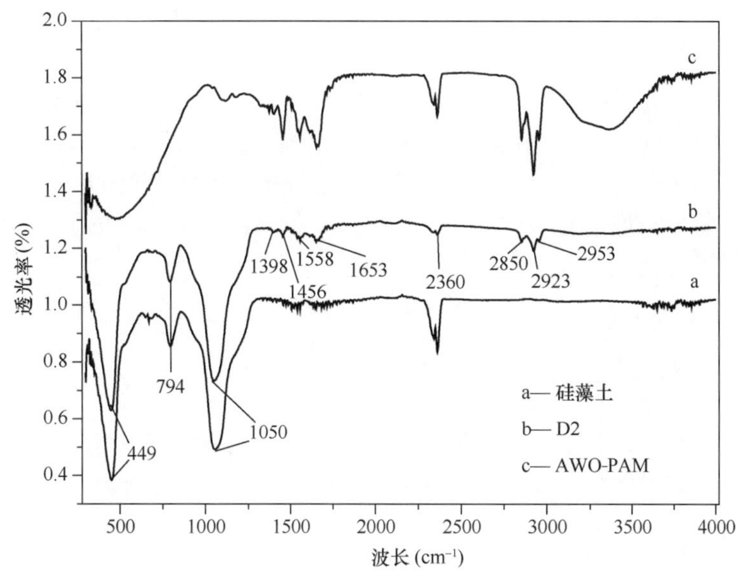

图 7-6　硅藻土、D2、AWO-PAM 的红外光谱图

7.2.5.3　样品形貌分析

图 7-7 分别为采用 CWO-PAM、AWO-PAM、NOW-PAM 乳液对硅藻土进行表面改性后样品 D1、D2、D3 的扫描电镜图。由图 7-7 可知，三种聚丙烯酰胺油包水乳液将硅藻土完全包覆，硅藻土表面的絮状物将硅藻土孔道完全遮盖。但是由于聚丙烯酰胺油包水乳液是极易溶于水的，当样品用于水处理中时，硅藻土表面的絮状物可以快速溶解，与污水中的重金属离子等结合、架桥形成絮体沉淀，而硅藻土可以吸附水中重金属离子等污染物。硅藻土吸附后也与乳液中的大分子结合，产生更大的絮体，可以实现快速的固液分离，从而去除水中的重金属离子等污染物。反过来看，乳液包覆了硅藻土，而硅藻土在乳液中起到了骨架作用，复合后的样品在使用过程中可以使乳液与污水的接触面积增加，加快乳液与重金属离子结合的效率，由此复合吸附剂就可以达到快速吸附后，快速固液分离的目的。

图 7-7　D1（a）、D2（b）、D3（c）样品扫描电镜图

7.2.5.4　样品比表面积及孔结构分析

图 7-8 为 D1、D2、D3 三个样品的氮气吸脱附曲线及孔径分布图。由图 7-8（a）可知，曲线 a、b、c 分别是阳离子、阴离子、非离子型聚丙烯酰胺乳液改性硅藻土样品的氮气吸脱附曲线，三条曲线均属于Ⅳ型吸附等温曲线，而且都存在较大的 H3 型迟滞环。说

明三种乳液改性后的硅藻土存在微孔、介孔结构，呈狭缝状孔道，孔径形状尺寸都不均匀，这与图7-7中三个样品的扫描电镜图片是一致的。D1、D2、D3三个样品均表现出多孔材料的特性，且存在狭缝状介孔结构，这非常有利于硅藻土对重金属离子的吸附。由图7-8（b)可知，a、b、c分别是D1、D2、D3样品的孔径分布曲线，三条曲线分别有一个峰值，孔径分布为7～9nm、28～30nm、29～31nm。比表面积分别为116m^2/g、88m^2/g、92m^2/g，相对于硅藻土原土显著增加，主要是因为狭缝状的微孔、介孔结构的增加。

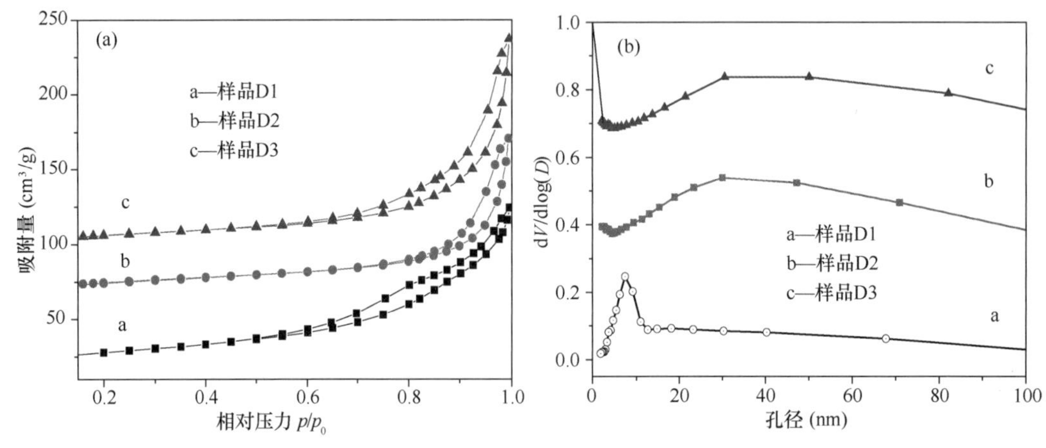

图7-8　样品的氮气吸脱附和孔径分布曲线

7.2.6　工业级产品制备技术

在前期实验研究基础上，通过对实验样品进行实际污水处理效果评价，采用三种乳液CWO-PAM、AWO-PAM、NOW-PAM改性硅藻土样品均取得较好的实验效果，当然对于不同污水所具有的胶体电荷特征，可选择采用非离子型、阴离子型或阳离子型。为能满足实际工业污水处理的大规模应用，需进行工业化级别硅藻土吸附絮凝剂（成百吨样品）的制备。实验研究制备工艺与工业化批量制备工艺是存在差异的，且工业品对物料形态、产成品性质、使用方法有严格的要求，需根据工厂实际状况进行多批次产品加工，来确定最佳工艺路线。现将工业级别产品加工方法过程介绍如下：

整个加工工艺共分三个单元，即AM单体/中间体与硅藻土（蒙脱石）母料制备单元、硅藻土（蒙脱石）造粒加工单元、母料与造粒成品的对辊破碎均匀混合单元。

（1）母料制备单元：将液态黏稠状AM中间体与硅藻土粉体均匀挤压混合成膏状物，在流动性不大的条件下进行均匀混合，需给出一定物料间反应时间；因膏状混合物黏度高，需要配套一定的挤压力方可完成该部作业；对已挤压均匀的膏状混合物进行线状挤压分散并同时切割，以方便后期的快速干燥；将切割分散的混合物采用低温干燥制备成母料待用（自然干燥或人工干燥，温度低于80℃）。

（2）造粒加工单元：将硅藻土粉料与蒙脱石粉料按一定比例连续添加到螺旋滚筒造粒机中，将PAC制备成5%的水溶液，按一定比例连续喷洒到螺旋滚筒造粒机中，进行造粒加工。粒径控制在10mm以下。

（3）对辊破碎均匀混合单元：母料与造粒成品按一定比例加入对辊破碎机中进行破

碎并实现均匀混合，其比例可根据不同污水水质通过实验确定。破碎粒度在不产生粉尘的条件下，应尽可能小，一般在0.5～1mm即可。

分别采用AM单体缩合，商用的CWO-PAM、AWO-PAM、NOW-PAM乳液对硅藻土表面进行高分子聚丙烯酰胺嫁接来制备硅藻土复合吸附絮凝剂，并利用FT-IR、SEM和BET表征技术对其基本性能进行表征。研究结果表明：四种新型的硅藻土基复合吸附剂相对于硅藻土原土，表面都有新官能团出现，如—NH_2、C ═O等；且增加了大量的微孔、介孔等狭缝状孔道结构，导致复合吸附剂比表面积显著提高，由$38m^2/g$（硅藻土原土）分别提高至$96m^2/g$、$116m^2/g$、$88m^2/g$、$92m^2/g$。

加工工艺如图7-9所示。

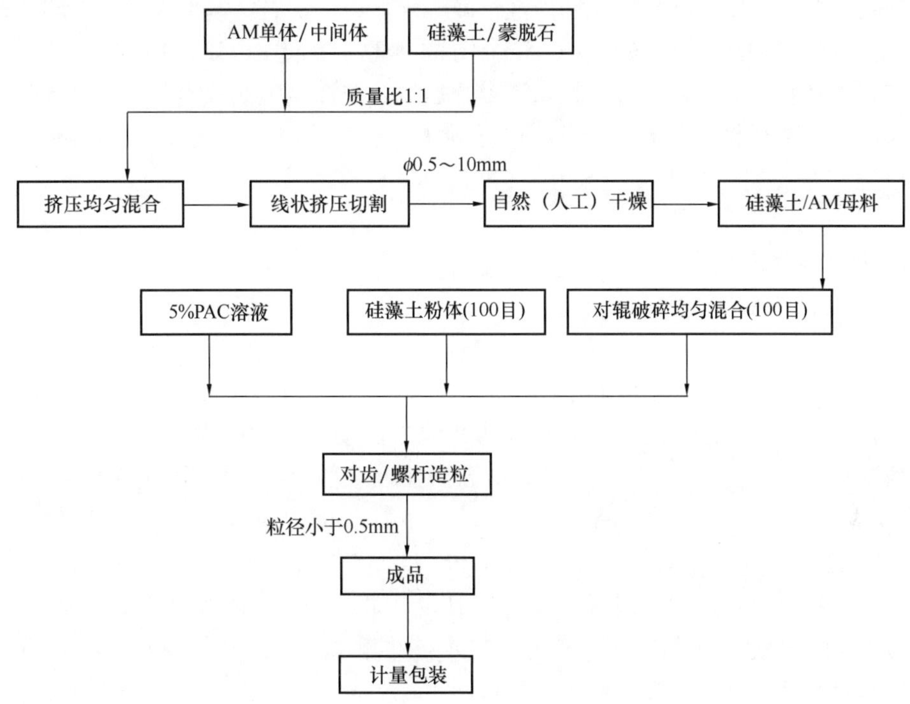

图7-9　工业级别硅藻土基矿物吸附絮凝剂加工工艺

7.3　壳聚糖（CTS）修饰硅藻土与沸石研究

壳聚糖（简称CTS）是甲壳素脱乙酰基的一种生物高分子产物，一般来说，乙酰基脱去55%以上就可以称之为壳聚糖，因此壳聚糖又称为脱乙酰甲壳素。壳聚糖是一种白色或灰白色半透明的片状或粉状固体，无味、无毒，相对分子质量为$3\times10^5\sim3\times10^7$，分子式为$(C_6H_{11}NO_4)N$。壳聚糖分子中含有大量的游离氨基和羟基，可以与重金属离子产生螯合作用，但壳聚糖不溶于水，只能溶于弱酸性溶液，且价格昂贵，因此在重金属污水处理方面的应用受到限制。而硅藻土、沸石是两种廉价的吸附重金属离子的天然多孔材料，将壳聚糖负载在硅藻土、沸石表面，可以利用壳聚糖大量的游离氨基提高其吸附效率。因此，本书采用壳聚糖对硅藻土、沸石进行表面修饰，制备两种新型无污染、廉价、高效的复合吸附剂，并对其性能进行测试表征。

7.3.1 制备过程

将浓度36%乙酸稀释至5%待用。取一定体积5%的乙酸盛于烧杯中，缓慢加入一定量的壳聚糖，配制一定浓度的壳聚糖溶液；取一定质量的硅藻土缓慢加入壳聚糖溶液，搅拌30min；将搅拌均匀的胶体逐滴滴入0.5mol/L的NaOH溶液中，滴加的过程中低速搅拌，可以得到颗粒状胶体混合物；将颗粒状混合物过滤、洗涤至中性，60℃干燥，研磨，即可得到壳聚糖修饰硅藻土复合吸附剂，记为CTS/硅藻土。

将浓度36%乙酸稀释至5%待用。取一定体积5%的乙酸盛于烧杯中，缓慢加入一定量的壳聚糖，配制一定浓度的壳聚糖溶液；取一定质量的沸石缓慢加入壳聚糖溶液，搅拌30min；将搅拌均匀的胶体逐滴滴入0.5mol/L的NaOH溶液中，滴加的过程中低速搅拌，可以得到颗粒状胶体混合物；将颗粒状混合物过滤、洗涤至中性，60℃干燥、研磨，即可得到壳聚糖修饰沸石复合吸附剂，记为CTS/沸石。

7.3.2 壳聚糖表面改性硅藻土吸附絮凝剂

7.3.2.1 样品表面基团分析

图7-10是硅藻土、CTS/硅藻土、CTS的红外光谱图，其中右侧1、2分别是左侧图中b曲线1、2两个区域的放大图。由图7-10可知，硅藻土存在四个吸收峰，其中1653cm^{-1}处吸收峰是吸附水中的O—H伸缩振动引起的；449cm^{-1}和1050cm^{-1}处吸收峰分别归因于硅藻土本身Si—O—Si键的不对称弯曲振动和伸缩振动；794cm^{-1}处吸收峰归因于Si—O对称伸缩振动。相对于硅藻土原土，CTS/硅藻土复合吸附剂增加了4个吸收峰（b曲线），即1409.17cm^{-1}、1563.95cm^{-1}、2880.03cm^{-1}、3368.06cm^{-1}，其中1409.17cm^{-1}处吸收峰归因于—CH_2和—CH_3的伸缩振动；1563.95cm^{-1}处吸收峰是由氨基中N—H的变形振动引起的；2880.03cm^{-1}处吸收峰是由C—H的弯曲振动引起的；3368.06cm^{-1}处吸收峰归因于O—H的伸缩振动。CTS/硅藻土的红外光谱测试表明，复合吸附剂中硅藻土负载了壳聚糖的氨基、羟基、甲基、亚甲基等官能团。

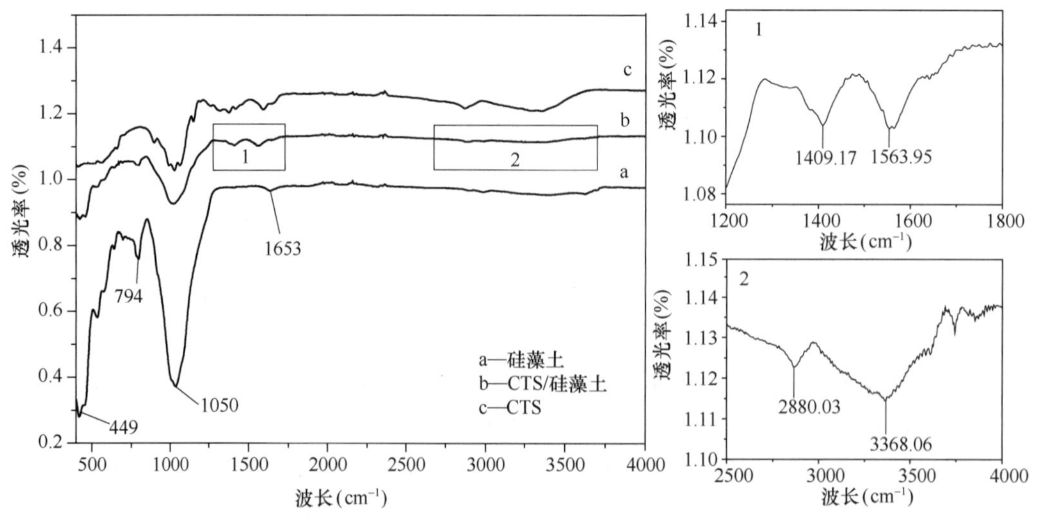

图7-10 硅藻土、CTS/硅藻土、CTS样品红外光谱图

7.3.2.2　样品形貌分析

图 7-11 为硅藻土原土及不同 CTS：硅藻土比例的 CTS/硅藻土复合吸附剂的扫描电镜图。由图 7-11 可知，硅藻土为管状，直径为 8 ~ 10μm，长为 10 ~ 20μm，管壁表面大孔孔径为 100 ~ 300nm，小孔孔径为 20 ~ 50nm。由图 7-11 中（c）、(e)、(g）可以看出，CTS 对硅藻土进行包覆改性没有改变硅藻土的基本结构形貌、孔道结构等，在硅藻土表面形成了一层 CTS 膜层，该膜层随着加入 CTS 比例的增加而变得致密。而且由图 7-11 中的（d)、(f)、(h）三个图可以清楚地看到 CTS 膜层上存在很多小孔。结合复合吸附剂的红外光谱图 7-10 可知，CTS 负载在硅藻土表面，不仅增加了硅藻土表面的官能团，还在硅藻土表面产生了很多小孔，这对提高硅藻土的比表面积及吸附性能非常有利。这说明本书

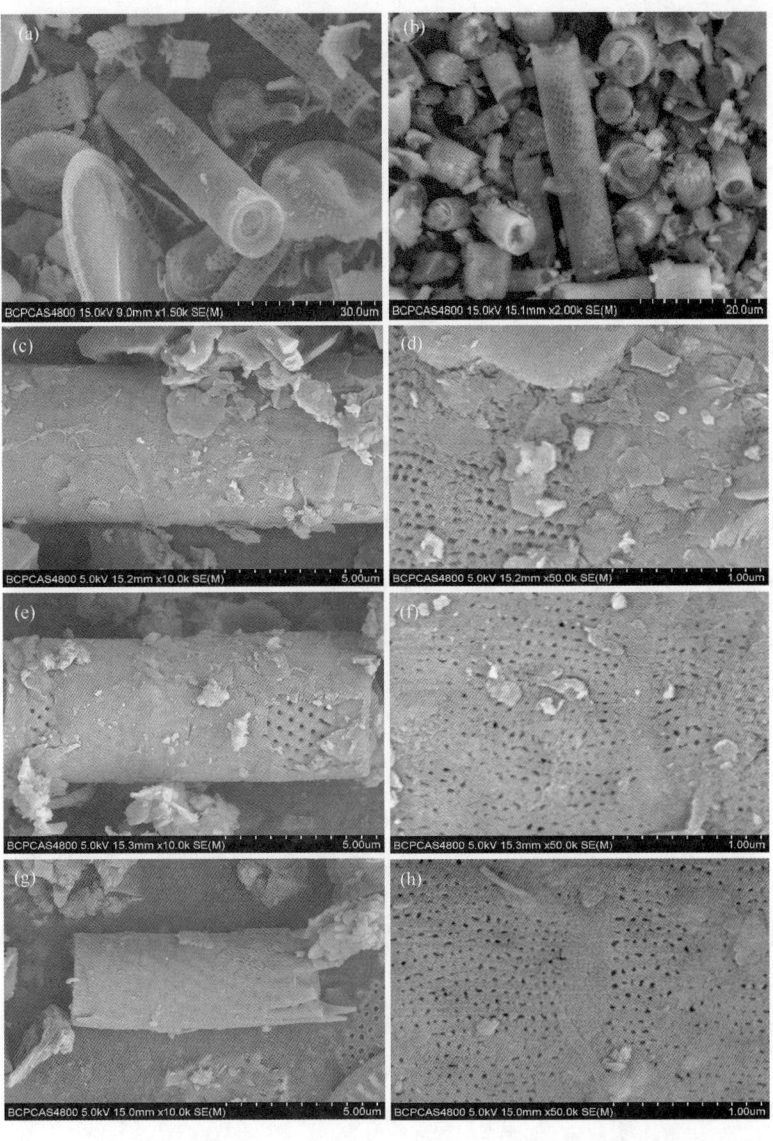

图 7-11　硅藻土原土、不同 CTS：硅藻土比例样品扫描电镜图

(a)、(b）硅藻土原土；(c)、(d）CTS：硅藻土比例为 1∶10；
(e)、(f）CTS：硅藻土比例为 1∶15；(g)、(h）CTS：硅藻土比例为 1∶20

制备的CTS/硅藻土复合吸附剂兼备硅藻土和壳聚糖的吸附性能方面的优势，且两者相互增益，最终得到的复合吸附剂比纯CTS或纯硅藻土的吸附性能将会显著提高。

7.3.2.3 样品比表面积及孔结构分析

图7-12是CTS/硅藻土样品的氮气吸脱附曲线及孔径分布图。由图7-12（a）可知，CTS/硅藻土的氮气吸脱附曲线属于Ⅳ型吸附等温曲线，且存在H3型迟滞环。说明壳聚糖改性硅藻土得到的新型复合吸附剂存在狭缝状的微孔、介孔结构，孔径形状尺寸不均匀。由图7-11中（d）、（f）、（h）复合吸附剂的SEM也可以看出复合吸附剂表面存在的微孔结构；由图7-12（b）可知，CTS/硅藻土的孔径分布曲线存在两个峰值：3～5nm、25～35nm。比表面积为$98m^2/g$，相对于硅藻土原土显著增加，这主要是由复合吸附剂狭缝状微孔、介孔结构的增加引起的。

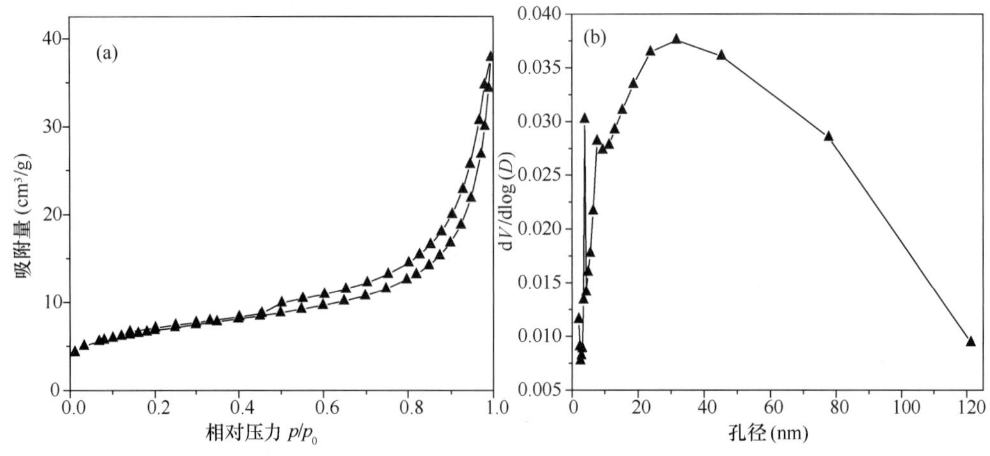

图7-12 CTS/硅藻土样品的氮气吸脱附曲线（a）及孔径分布曲线（b）

7.3.3 壳聚糖表面改性沸石吸附絮凝剂的制备

7.3.3.1 样品表面基团分析

图7-13是沸石、CTS/沸石、CTS的红外光谱图，其右侧1、2分别是左侧图中b曲线1、2两个区域的放大图。由图7-13可知，沸石存在五个特征吸收峰，其中$1637cm^{-1}$处吸收峰是沸石中吸附水O—H伸缩振动引起的；$468cm^{-1}$和$1048cm^{-1}$处吸收峰分别归因于沸石本身骨架Si—O—Si键的不对称弯曲振动和伸缩振动；$794cm^{-1}$处吸收峰归因于硅氧四面体Si—O—Si的对称伸缩振动；$599cm^{-1}$处的吸收峰是由四面体结构的伸缩振动引起的。由图7-13可知，CTS/沸石复合吸附剂相对于纯天然沸石增加了4个吸收峰（b曲线），即$1411cm^{-1}$、$1565cm^{-1}$、$2880cm^{-1}$、$3368cm^{-1}$，都是由CTS的特征吸收峰（曲线c）衍变而来的。其中$1411cm^{-1}$处吸收峰归因于—CH_2和—CH_3的伸缩振动；$1565cm^{-1}$处吸收峰是由氨基中N—H的变形振动引起的；$2880cm^{-1}$处吸收峰是由C—H的弯曲振动引起的；$3368cm^{-1}$处吸收峰归因于O—H的伸缩振动。CTS/沸石的红外光谱测试说明，复合吸附剂中沸石负载了壳聚糖的氨基、羟基、甲基、亚甲基等官能团，这将显著提高沸石对重金属离子的吸附性能。

7.3.3.2 样品形貌分析

图7-14为纯天然沸石以及CTS:沸石不同比例的CTS/硅藻土复合吸附剂的扫描电镜

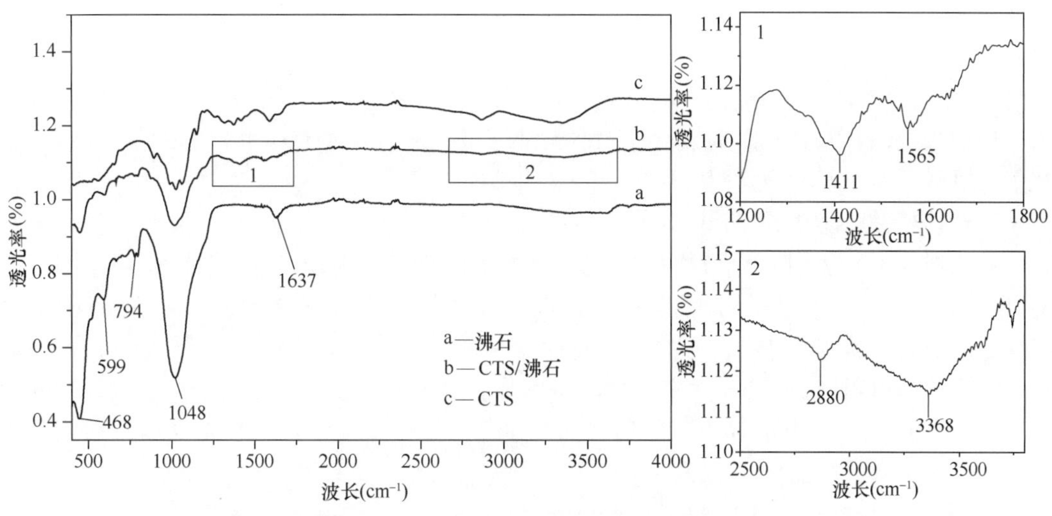

图 7-13　沸石、CTS/沸石、CTS 的红外光谱图

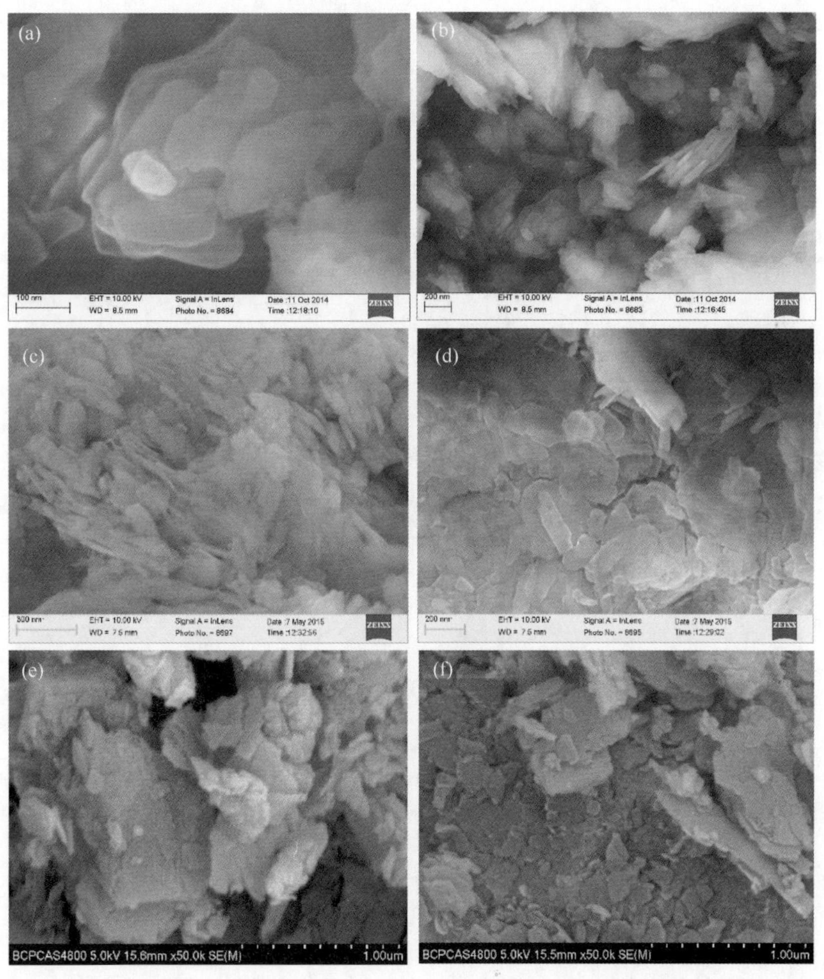

图 7-14　纯沸石以及 CTS: 沸石不同比例样品扫描电镜图

（a）、（b）纯沸石；（c）、（e）CTS: 沸石比例为 1∶10；（d）、（f）CTS: 沸石比例为 1∶20

图片。由图7-14中（a）、（b）可知，纯天然沸石属于层片状斜发沸石，片层厚度为10～30nm。由图7-14中（c）～（f）可知，CTS对沸石的改性没有改变其基本的层片状结构和层片厚度，但是沸石表面明显变得粗糙。这说明CTS对沸石完成了包覆改性，符合图7-13中沸石以及复合吸附剂的红外光谱测试结果，沸石表面成功负载了壳聚糖的氨基、羟基、甲基、亚甲基等官能团，而导致表面粗糙度的变化。

7.3.3.3 样品氮气吸脱附测试分析

图7-15（a）为CTS/沸石样品的氮气吸脱附曲线，图7-15（b）为孔径分布图。由图7-15（a）可知，CTS/沸石的氮气吸脱附曲线属于Ⅳ型吸附等温曲线，且存在H4型迟滞环。说明壳聚糖改性沸石得到的新型复合吸附剂存在狭缝状的微孔、介孔结构，孔径形状尺寸均匀；由图7-15（b）可知，CTS/沸石的孔径分布曲线存在两个峰值：2～5nm、30～35nm。比表面积为$87m^2/g$，相对纯沸石显著增加，这主要是由于复合吸附剂狭缝状微孔、介孔结构的增加。

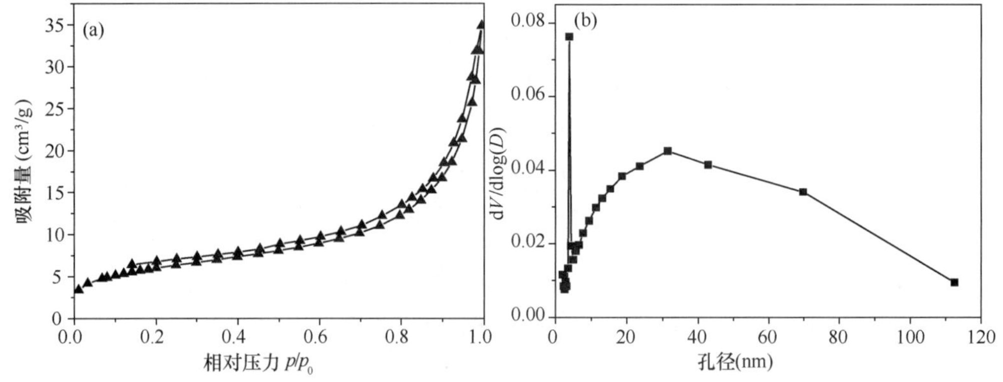

图7-15 CTS/沸石样品的氮气吸脱附曲线（a）及孔径分布曲线（b）

针对壳聚糖（CTS）表面修饰硅藻土复合吸附剂的制备，开展了样品的合成与表征工作。采用溶液分散法使CTS包覆在硅藻土、沸石表面，制备了两种新型复合吸附剂，并利用FT-IR、SEM和BET表征技术对其基本性能进行表征。研究结果表明：两种新型复合吸附剂相对于硅藻土原土、沸石，表面都出现了由壳聚糖衍变来的新官能团，如氨基、羟基、甲基、亚甲基等；且增加了大量的微孔、介孔等狭缝状孔道结构，导致复合吸附剂比表面积显著提高。

7.4 硅藻土吸附絮凝剂性能评价

7.4.1 硅藻土吸附絮凝剂处理ABS化工污水

采用实验样品、工业级别样品分别对吉化ABS污水、舟山石化ABS污水进行吸附絮凝实验研究，确定相关的最佳工艺条件，为工业级别产品在惠州石化污水处理工程中的应用提供设计参考。

1. 原水性质指标

要处理的吉化ABS污水分为两种：一种是未破乳废水（记作废水Ⅰ）；另一种是经破

乳处理后废水（记作废水Ⅱ）。

废水Ⅰ：COD 为 8097mg/L；SS 为 10960mg/L；pH 值 5.5；

废水Ⅱ：COD 为 1628mg/L；SS 为 3960mg/L；pH 值 7.5。

2. 处理后要求

对废水Ⅰ通过吸附絮凝处理将 COD 去除至 800mg/L，可作为大污水集中处理的给水。对废水Ⅱ通过吸附絮凝处理将 COD 去除至 100mg/L，作为中水回用。

3. 对污水处理方案的分析

以上废水Ⅰ、废水Ⅱ均为较典型的化工污水的点源处理，类似处理方式在一些大型化工企业非常普遍，如果通过前期的点源处理能够达到相应要求，可为该作业单元，节省相当大的费用，并大大减少后期污水处理单元的 COD 负荷和处理难度。

废水Ⅰ是原始废水，呈乳白色，有机物成分非常高，SS 量大，由于含有大量油性物质，采用直接絮凝剂无法絮凝，需进行破乳剂破乳处理。进行破乳处理后，又会增大污水的油性成分。

废水Ⅱ为经破乳处理后的污水，经油水分离后 COD 去除了 67%，由于 SS 还是非常高，废水仍呈乳白色，并存在大量有机物。采用无机絮凝剂无法进行处理；采用高分子絮凝剂可以进行絮凝处理，但消耗量大、成本高；由于存在大量油性 SS，采用吸附剂进行吸附处理会有好的效果。

基于上述分析，本研究采用硅藻土吸附絮凝剂进行前期处理，确定相关工艺及最佳参数。

絮凝实验所采用废水Ⅱ量均为 200mL。废水Ⅱ实验过程为：①单独采用阴离子 PAM、非离子 PAM、PAC 没有任何效果；②单独采用阳离子 PAM、硅藻土吸附剂有效果，但不显著；③采用阳离子改性硅藻土吸附絮凝剂效果较好，而采用阳离子改性硅藻土与 PAC 配合效果最好，且用量明显减少。

最佳用量如下：加入 0.1gS_{PAM}样品（样品 1）搅拌，浊度下降明显；加入 0.05gS_{PAM}样品（样品 2）搅拌，浊度下降明显，同样品 1 相比，存在少量小絮体未沉降，但几十秒至 1min 后小絮体也会沉降，浊度同样品 1 相比肉眼观察差别不大；加入 0.04gS_{PAM}样品，浊度下降明显，但肉眼观察不及样品 1 和样品 2 的清澈；加入 0.2gS_{PAC}搅拌，浊度下降不明显，有絮凝，但时间较长，污泥量大；加入 0.1gS_{PAC}同时加入 0.05S_{PAM}样品搅拌，浊度下降明显，絮凝沉淀速度较快；加入 0.1gS_{PAC}同时加入 0.04gS_{PAN}样品搅拌，同样能达到较好的水样，絮凝沉淀速度较快；加入 0.1gS_{PAC}同时加入 0.03gS_{PAN}样品搅拌，絮凝速度较慢，需约 3min 才可沉降，水质浊度较好；加入 0.05gS_{PAC}同时加入 0.03gS_{PAN}样品搅拌，絮凝速度最快，但水体中有小絮体，静置几分钟后可以自行沉降。

配比实验结果如下：

① 0.03gS_{PAM} 样品与 0.1gS_{PAC} 配合，处理后 COD 为 90.69mg/L，COD 去除率为 94.4%；

② 0.05gS_{PAM} 样品与 0.1gS_{PAC} 配合，处理后 COD 为 71.90mg/L，COD 去除率为 95.6%。

废水Ⅰ絮凝处理实验，絮凝实验所采用废水Ⅰ量均为 200mL，废水Ⅰ实验过程略，结果如下：

① 0.4gS_{PAM}样品与0.8gS_{PAC}配合，处理后COD为2110.5mg/L，COD去除率为73.9%；

② 0.6gS_{PAM}样品与1gS_{PAC}配合，处理后COD为1861.8mg/L，COD去除率为77.0%。

采用阳离子型乳液改性硅藻土制备吸附絮凝剂处理经破乳处理后的ABS化工废水，可获得很好的效果，COD去除率可达95%，且处理后水质清澈（图7-16），达到中水回用目标。处理未破乳的ABS化工废水，有一定效果，COD去除率最高可达77%，但仍未达到相应的指标要求。

图7-16 ABS化工实际废水处理实验效果

7.4.2 硅藻土吸附絮凝剂去除Cs^+性能评价

放射性废水处理技术和应急处置材料，受到世界各国的高度重视。铯（^{137}Cs）是核电尤其是民用核电中应用最多的元素，目前处理含铯放射性废水的主要方法有化学沉淀法、离子交换法、吸附法、蒸发浓缩法、生物处理法等。相比较而言，吸附法简便、实用，易于大规模工业化应用，对于低浓度含铯废水的浓缩效果最好，可获得较高的去污因数（DF）和浓缩倍数（CF）。在吸附法工业应用中，吸附剂的吸附效能（吸附速率、吸附容量、去除效率）非常关键，能大规模工业化、高性价比吸附剂的研制至关重要。多孔的工业矿物，因其价格低廉，是制备高性价比吸附剂的重要基础原料，主要有沸石、蛭石、高岭土、膨润土、硅藻土等。蛭石、高岭土、膨润土存在去污因数（DF）较低（分别为3.8、5.3、5.7）的缺陷，其应用受到限制；沸石具有较大的吸附能力和较好的净化效果以及较高的去污因数（65），除铯的研究与应用最多。相比较而言，硅藻土在除铯方面的研究与应用较少，但从其有序孔道结构及吸附一些重金属离子效果来看，对铯离子会有好的吸附性能。且由于硅藻土孔径（小孔孔径为20～50nm、大孔孔径为100～300nm），较沸石孔径大数倍至数十倍，吸附速率将大大提升。但过大的孔道结构，也将产生易于解吸的负面影响。能够有效解决硅藻土吸附铯离子后的解吸问题，或提高硅藻土对铯离子的吸附稳定性，是硅藻土类吸附材料在含铯废水处理应用中的技术关键。

硅藻土藻盘上负载丙烯酰胺/乙烯基阳（阴）离子单体并进行共聚物缩合，制备了两种硅藻土/WO-PAM复合吸附剂，由于WO-PAM具有丰富的表面活性官能团和高分子网状结构，使得复合吸附剂的吸附效能显著提高，比表面积由38m^2/g提高至88m^2/g、92m^2/g。^{133}Cs的最大容量为165mg/g、217mg/g。初始浓度为10mg/L的含^{133}Cs污水，一次吸附去除率均能达99%。硅藻土/WO-PAM复合吸附剂具有自絮凝功能，能实现含铯废水处理的吸附固化、絮凝净化、快速分离，可作为核事故污染快速应急处置材料，且易于工业化生产。

7.4.2.1　吸附实验方法

在250mL锥形瓶中，加入100mL已知浓度的^{133}Cs标准储备溶液，用稀HCl和NaOH溶液调节pH值，加入一定量（20～50mg）硅藻土/WO-PAM复合吸附剂（D1或D2）样品，在水浴搅拌（搅拌棒为聚四氟乙烯塑料）10～60min，用0.22μm针头过滤器过滤，取滤液，采用ICP测定溶液中^{133}Cs的浓度。

按式（7-5）和式（7-6）计算其去除率和吸附量：

$$E\ (\%) = \frac{C_0 - C_e}{C_0} \times 100\% \tag{7-5}$$

$$Q_e = \frac{(C_0 - C_e)\ V}{m} \tag{7-6}$$

式中，E为去除率；Q_e为平衡吸附量（mg/g）；C_0为初始浓度（mg/L）；C_e为平衡浓度（mg/L）；V为溶液体积（L）；m为吸附剂质量（g）。

7.4.2.2　样品吸附铯前后SEM、EDS测试分析

图7-17为D2吸附铯后各样品的SEM、EDS。由图7-17可知，硅藻土为管状藻，以短柱状为主，有个别长柱状。管状直径8～10μm，长10～20μm。管壁上大孔孔径为100～300nm，小孔孔径为20～50nm。经PAN化学修饰且完成铯的吸附后，对硅藻土形貌和孔结构未产生任何影响。

对样品进行EDS能谱分析可知，全视野和局部区域均出现Cs的能谱峰，说明样品对铯产生吸附；两样品对铯的吸附量分别为3.25%、2.44%，表明样品对铯的吸附较均匀。

7.4.2.3　样品（一）吸附Cs的影响因素及结果分析

1. 溶液pH值及初始浓度对Cs^+去除效果的影响

图7-18（a）为硅藻土原土、CWO-PAM/硅藻土、PAM/硅藻土三个样品，在室温25℃、吸附剂用量40mg（CsCl溶液体积为100mL）、吸附时间30min、初始Cs^+浓度为10mg/L的条件下，pH值对CsCl溶液中Cs^+去除率的影响。由图7-18（a）可知，pH值

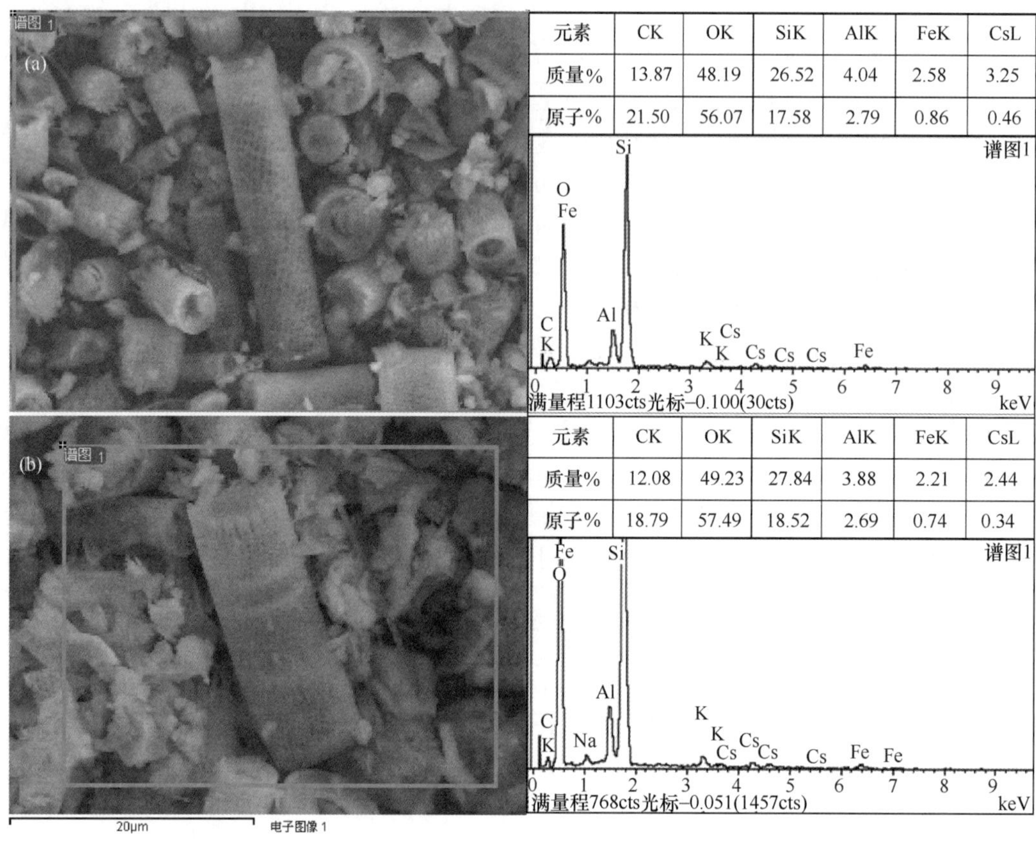

元素	CK	OK	SiK	AlK	FeK	CsL
质量%	13.87	48.19	26.52	4.04	2.58	3.25
原子%	21.50	56.07	17.58	2.79	0.86	0.46

元素	CK	OK	SiK	AlK	FeK	CsL
质量%	12.08	49.23	27.84	3.88	2.21	2.44
原子%	18.79	57.49	18.52	2.69	0.74	0.34

图 7-17　D2 吸附铯全视野（a）、区域（b）样品的 SEM 和 EDS

的变化对三个样品吸附 Cs^+ 的效率有显著的影响。总体上来说，CWO-PAM/硅藻土、PAM/硅藻土两种新型吸附剂对 Cs^+ 的去除率要明显高于硅藻土原土，pH 值在 3 ~ 10 范围内两种复合吸附剂对 Cs^+ 的去除率均在 90% 以上；在 pH 值分别为 3.5 和 8 时，两种新型复合吸附剂的曲线存在两个最高点，硅藻土原土曲线也存在两个最高点分别为 3 和 7.5，这表明当 pH 为 3.5 和 8 或者 3 和 7.5 时，三个样品分别达到其对 Cs^+ 的最大去除率；而当 pH <3.5 或者 pH >8 时，曲线呈下降趋势。吸附剂对 Cs^+ 去除率存在两个最高点的原因是，硅藻土存在两个等电点分别为 3 和 7.5，溶液 pH 值的变化会影响硅藻土表面的Zeta 电位；当 pH <3 或 pH >7.5 时，硅藻土表面显正电荷，这会与 Cs^+ 产生静电排斥作用，不利于硅藻土对 Cs^+ 的吸附，所以去除率呈下降趋势；而当 pH 值在 3.5 ~ 8 时，三个样品的 Zeta 电位均为负值，即样品表面带负电荷，与 Cs^+ 产生静电吸引作用，这非常有利于 Cs^+ 的吸附。本书中吸附实验探索其他条件对吸附率的影响时，控制 Cs^+ 溶液 pH 在 7.5 左右。

图 7-18（b）为硅藻土原土、CWO-PAM/硅藻土、PAM/硅藻土三个样品，在室温 25℃、吸附剂用量 40mg（CsCl 溶液体积为 100mL）、吸附时间 30min、pH 值为 7.5 的条件下，初始 Cs^+ 浓度的变化对单位质量吸附剂的吸附量的影响。由图 7-18（b）可知，随着 Cs^+ 初始浓度的增加，单位质量样品的吸附量开始快速增加；当 Cs^+ 初始浓度增加到 30mg/L 时，硅藻土原土吸附量增加缓慢；Cs^+ 初始浓度增加到 100mg/L 时，CWO – PAM/

硅藻土、PAM/硅藻土两种复合吸附剂的吸附量增长也趋于平缓，此时吸附趋于饱和，曲线变化平缓。造成这种现象的原因是，当 Cs^+ 初始浓度较低时，溶液中 Cs^+ 是微量的，也就是说吸附剂是相对过量的，吸附剂表面活性吸附位点过剩，随着 Cs^+ 初始浓度的增高，单位质量吸附剂的吸附量快速增加；随 Cs^+ 初始浓度继续增高，吸附剂表面活性吸附位点逐渐被占据，当 Cs^+ 初始浓度增高到一定值时，吸附剂表面活性位点被全部占据，此时 Cs^+ 的浓度是过量的，而吸附剂的吸附量趋于饱和，因此曲线逐渐变得平缓。此时，硅藻土的吸附量为32.8mg/g；CWO-PAM/硅藻土、PAM/硅藻土两种复合吸附剂的吸附量分别为151.6mg/g、136.3mg/g。由此可知，由AM单体聚合改性后的硅藻土和CWO-PAM改性的硅藻土相对于硅藻土原土的吸附量显著提高，对 Cs^+ 的吸附效率很高。

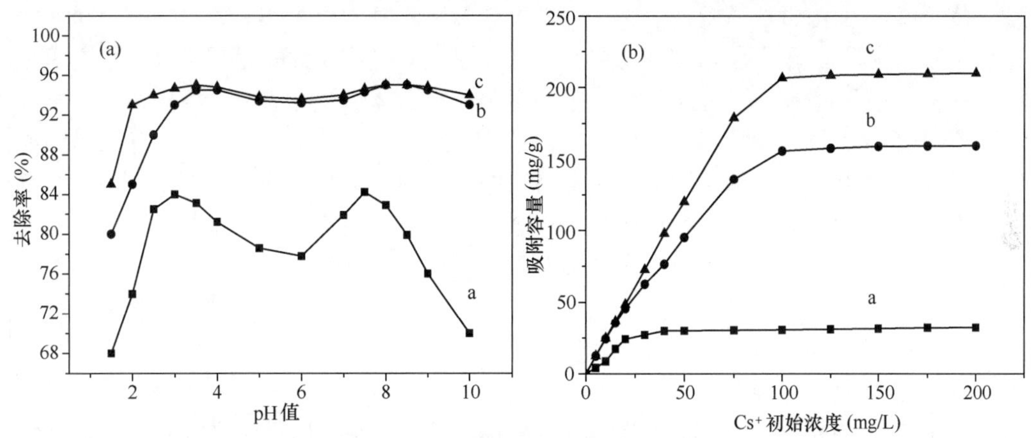

图7-18　pH值（a）、铯不同初始浓度（b）吸附 Cs^+ 效率的影响

a—硅藻土原土；b—CWO-PAM/硅藻土；c—PAM/硅藻土

2. 吸附絮凝剂用量与时间对 Cs^+ 去除效果的影响

图7-19（a）为硅藻原土、CWO-PAM/硅藻土、PAM/硅藻土三个样品，在室温25℃、Cs^+ 初始浓度为10mg/L（CsCl溶液体积为100mL）、吸附时间30min、pH值为7.5的条件下，吸附剂用量的变化对 Cs^+ 去除率的影响。由图7-19（a）可知，在吸附剂用量较小的初始阶段，随吸附剂用量增加，Cs^+ 的去除率迅速增加，当吸附剂用量增加到一定程度，复合吸附剂对 Cs^+ 的去除率趋于100%，而此时硅藻土原土对 Cs^+ 的去除率在80%左右。原因是当吸附剂用量较小时，溶液中 Cs^+ 相对过量，吸附剂不足以提供足够的活性吸附位点，所以随着吸附剂用量的增加，吸附剂提供的活性吸附位点快速增加，Cs^+ 的去除率也快速增大；继续增加吸附剂用量时，吸附剂表面活性吸附位点过剩，Cs^+ 的去除率逐渐趋于饱和，图中表现为曲线趋于平缓。由此可知，吸附剂用量的增加对 Cs^+ 的去除率贡献很大，当吸附剂用量为40mg时，CWO-PAM/硅藻土、PAM/硅藻土两种复合吸附剂对溶液中 Cs^+ 去除率已经达到98%以上。因此，本书实验探究其他影响吸附效率因素时，100mLCs^+ 溶液吸附剂用量定为40mg。

图7-19（b）为硅藻土原土、CWO-PAM/硅藻土、PAM/硅藻土三个样品，在室温25℃、Cs^+ 初始浓度为10mg/L（CsCl溶液体积为100mL）、吸附剂用量为40mg、pH值为7.5的条件下，吸附时间的变化对 Cs^+ 去除率的影响。由7-19（b）可知，吸附作用初始

阶段，无论是复合吸附剂还是硅藻土样品，对 Cs^+ 的吸附速率都很快，吸附速率明显大于解析速率，所以 Cs^+ 的去除率快速增长。随着吸附时间的延长，吸附剂表面的活性吸附位点被大量占据，吸附速率变缓，吸附阻力也增大，此时吸附速率与解吸速率达到平衡状态，Cs^+ 的去除率增长缓慢，几乎不变。造成这种现象的原因是，吸附初期复合吸附剂主要靠表面官能团和介孔、微孔等活性吸附位点对 Cs^+ 进行吸附，吸附驱动力远大于吸附阻力，吸附速率快，因此，Cs^+ 去除率快速增加；随着吸附时间的延长，吸附量也增大，吸附趋于饱和状态，此时吸附阻力也随之增大，驱动力减小，且吸附剂表面活性吸附位点也被占据，造成吸附速率明显下降，因此 Cs^+ 去除率也就不再增加，或增加缓慢。为了保证吸附剂的饱和吸附，本书中实验研究其他影响吸附效率因素时，吸附时间选为 30min。

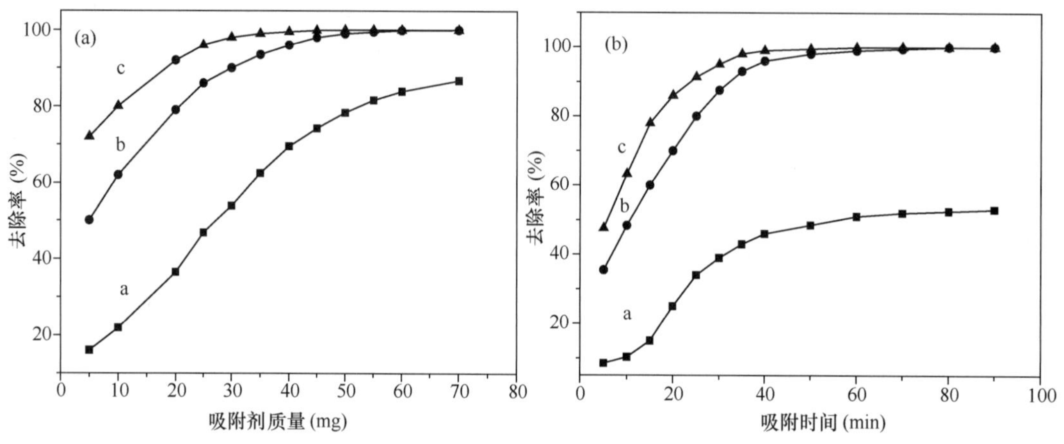

图 7-19　吸附剂用量（a）、吸附时间（b）对 Cs^+ 去除率的影响

a—硅藻土原土；b—CWO-PAM/硅藻土；c—PAM/硅藻土

7.4.2.4　样品（二）吸附 Cs 的影响因素

1. 溶液 pH 值及初始浓度对 Cs^+ 去除效果的影响

图 7-20（a）为 CTS/硅藻土、CTS/沸石两个样品，在室温 25℃、吸附剂用量 50mg（CsCl 溶液体积为 100mL）、吸附时间 30min、初始 Cs^+ 浓度为 10mg/L 的条件下，pH 值对 CsCl 溶液中 Cs^+ 去除率的影响。由图 7-20（a）可知，pH 值的变化对两个样品吸附 Cs^+ 的效率有显著的影响。总体上来说，CTS/硅藻土、CTS/沸石两种新型吸附剂对 Cs^+ 的去除率在 pH 值 3.5 ~ 10 范围内均在 95% 以上；在 pH 值分别为 3.5 和 8 时，CTS/硅藻土、CTS/沸石两种新型复合吸附剂的曲线存在两个最高点，这表明当 pH 为 3.5 和 8 时，两种新型复合吸附剂分别达到其对 Cs^+ 的最大去除率；而当 $pH < 3.5$ 或者 $pH > 8$ 时，曲线呈下降趋势，即 CTS/硅藻土、CTS/沸石复合吸附剂对 Cs^+ 的去除率降低。因此，本书中吸附实验探索其他条件对吸附效率的影响时，控制 Cs^+ 溶液 pH 值在 3.5 左右。

图 7-20（b）为 CTS/硅藻土、CTS/沸石两个样品，在室温 25℃、吸附剂用量 50mg（CsCl 溶液体积为 100mL）、吸附时间 30min、pH 值为 3.5 的条件下，初始 Cs^+ 浓度的变化对单位质量吸附剂的吸附量的影响。由图 7-20（b）可知，随着 Cs^+ 初始浓度的增加，单位质量样品的吸附容量开始快速增加，当 Cs^+ 初始浓度增加到 100mg/L 时，CTS/硅藻土、CTS/沸石两种复合吸附剂的吸附容量增长也趋于平缓，此时吸附趋于饱和，曲线变化平缓。造成这种现象的原因是，当 Cs^+ 初始浓度较低时，溶液中 Cs^+ 是微量的，也就是

说吸附剂是相对过量的，吸附剂表面活性吸附位点过剩，随着 Cs^+ 初始浓度的增高，单位质量吸附剂的吸附量快速增加；随 Cs^+ 初始浓度继续增高，吸附剂表面活性吸附位点逐渐被占据，当 Cs^+ 初始浓度增高到一定值时，吸附剂表面活性位点几乎被全部占据，此时溶液中 Cs^+ 的含量是相对过量的，而吸附剂的吸附容量趋于饱和，因此曲线逐渐变得平缓。此时，CTS/硅藻土、CTS/沸石两种复合吸附剂的吸附容量分别为 148.2mg/g、153.6mg/g。由此可知，壳聚糖改性后的硅藻土、沸石对 Cs^+ 的吸附效率都非常高。

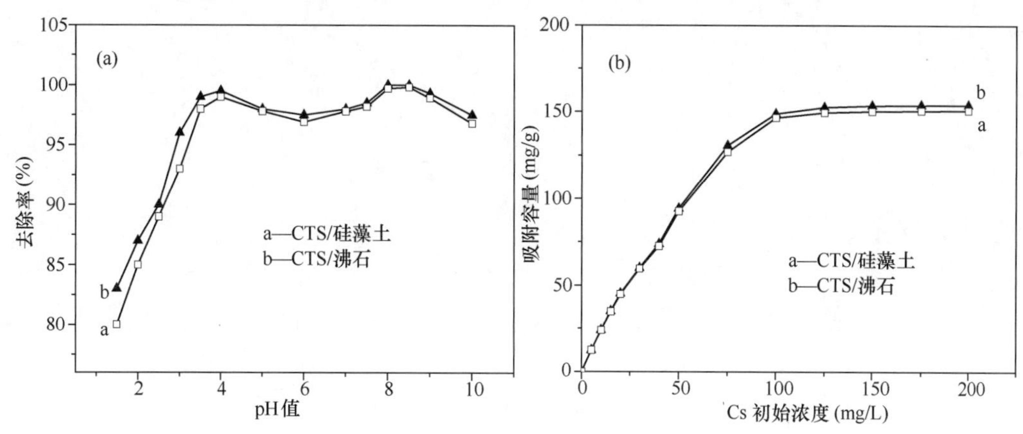

图 7-20 pH 值（a）、铯初始浓度（b）对 Cs^+ 吸附效率的影响

2. 吸附絮凝剂用量与时间对 Cs^+ 去除效果的影响

图 7-21（a）为 CTS/硅藻土、CTS/沸石两个样品，在室温 25℃、Cs^+ 初始浓度为 10mg/L（CsCl 溶液体积为 100mL）、吸附时间 30min、pH 值为 3.5 的条件下，吸附剂用量的变化对 Cs^+ 去除率的影响。由图 7-21（a）可知，在吸附剂用量较小的初始阶段，随吸附剂用量的增加，Cs^+ 的去除率迅速增加，当吸附剂用量增加到一定程度，复合吸附剂对 Cs^+ 的去除率趋于 100%。原因是当吸附剂用量较小时，溶液中 Cs^+ 相对过量，吸附剂不足以提供足够的活性吸附位点。随着吸附剂用量的增加，吸附剂提供的活性吸附位点快速增多，Cs^+ 的去除率也快速增大；继续增加吸附剂用量时，吸附剂表面活性吸附位点过剩，Cs^+ 的去除率逐渐趋于饱和，图中表现为曲线趋于平缓。由此可知，吸附剂用量的增加对 Cs^+ 的去除率贡献很大，当吸附剂用量为 50mg 时，CTS/硅藻土、CTS/沸石两种复合吸附剂对溶液中 Cs^+ 的去除率已经达到 98% 以上。因此，本书实验研究其他影响吸附效率因素时，规定 100mL Cs^+ 溶液的吸附剂用量为 50mg。

图 7-21（b）为 CTS/硅藻土、CTS/沸石两个样品，在室温 25℃、Cs^+ 初始浓度为 10mg/L（CsCl 溶液体积为 100mL）、吸附剂用量为 50mg、pH 值为 3.5 的条件下，吸附时间的变化对 Cs^+ 去除率的影响。由图 7-21（b）可知，吸附作用初始阶段，CTS/硅藻土、CTS/沸石两种复合吸附剂样品对 Cs^+ 的吸附速率都很快，吸附速率明显大于解析速率，所以 Cs^+ 的去除率快速增长。随着吸附时间的延长，吸附剂表面的活性吸附位点被大量占据，吸附速率变缓，吸附阻力也增大，此时吸附速率与解吸速率达到平衡状态，Cs^+ 的去除率增长缓慢，几乎不变。造成这种现象的原因是，吸附初期 CTS/硅藻土、CTS/沸石两种复合吸附剂主要靠表面官能团和介孔、微孔结构等活性吸附位点对 Cs^+ 进行吸附，吸附驱动力远大于吸附阻力，吸附速率快，因此，Cs^+ 的去除率快速增加；随着吸附时间延

长，吸附量也增大，吸附趋于饱和状态，此时吸附阻力也随之增大，驱动力减小，且吸附剂表面活性吸附位点也被占据，造成吸附速率明显下降，因此 Cs^+ 的去除率也就不再增加，或增加缓慢。为了保证吸附剂的饱和吸附，本书中实验研究其他影响吸附效率因素时，规定吸附时间为 30min。

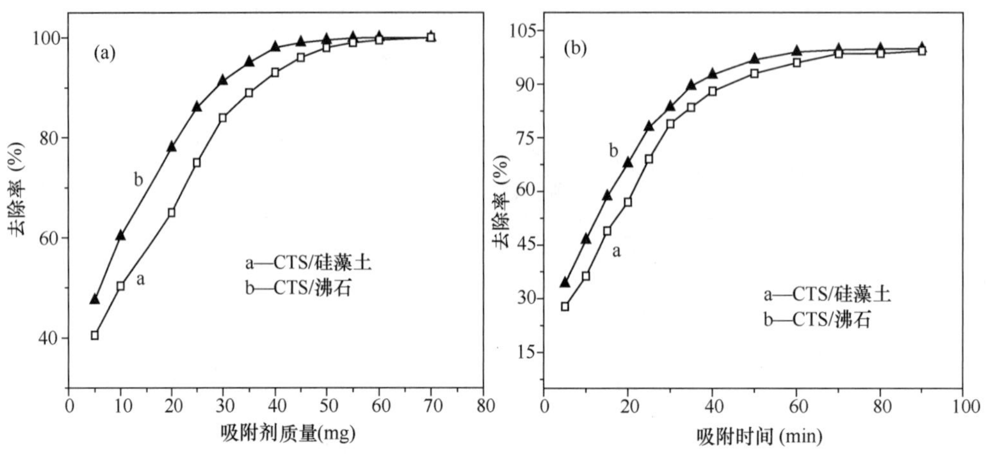

图 7-21　不同吸附剂用量（a）、吸附时间（b）对 Cs^+ 去除率的影响

7.4.3　复合吸附絮凝剂去除 Cs^+ 机理探讨

硅藻土表面存在大量硅羟基，并具有规则的孔道结构，可为重金属离子的吸附提供大量活性吸附位点；经过 PAM 化学修饰后的硅藻土表面，不仅保持有大量规则有序的孔道结构，同时还负载了大量的甲基、羰基、氨基等官能团等不饱和键，这些不饱和键具有强烈的吸附作用，可以极大地提高硅藻土对 Cs^+ 的吸附能力；且进一步提高了样品比表面积，高的比表面积可以提供大量活性吸附位点，从而增大复合吸附材料对重金属离子的吸附容量。

图 7-22 是不同 pH 值下测得的 PAM/硅藻土、CTS/硅藻土、CTS/沸石等复合吸附剂的 Zeta 电位。由图 7-22 可知，pH 在 2 ~ 11 范围内，PAM/硅藻土复合吸附剂的 Zeta 电位始终为负值，且在 pH = 7.5 左右时存在一个最低点，也就是说 PAM/硅藻土复合吸附剂在此 pH 范围内始终带负电荷，而在 pH 为 7.5 左右时负电性最强。利用 PAM/硅藻土复合吸附剂去除溶液中 Cs^+ 时，Cs^+ 在此 pH 值范围内带正电荷，所以可以认为静电吸附是 PAM/硅藻土复合吸附剂吸附 Cs^+ 的初始吸附驱动力。而 PAM/硅藻土复合吸附剂表面的甲基、羰基、氨基等官能团还可以与 Cs^+ 结合，形成化学吸附。也就是说，PAM/硅藻土复合吸附剂对 Cs^+ 的吸附既有静电吸附，又存在化学吸附。

沸石与硅藻土类似，也属于天然多孔材料，在沸石表面也存在大量的羟基，孔径大小为 0.35 ~ 0.4nm。本书中实验所采用的沸石为斜发沸石，主要化学成分包括 Na_2O、Al_2O_3、SiO_2、K_2O、CaO、TiO_2、MnO、Fe_2O_3 等。沸石的多孔结构和离子交换特性决定了其对溶液中 Cs^+ 的吸附作用包括物理吸附和离子交换。常见的斜发沸石对离子的选择交换顺序为：$Cs^+ > Rb^+ > K^+ > NH_4^+ > Pb^{2+} > Ag^+ > Ba^{2+} > Na^+ > Sr^{2+} > Ca^{2+} > Li^+ > Cd^{2+} > Cu^{2+} > Zn^{2+}$。沸石中的 Na^+、Ca^{2+} 都可以与溶液中的 Cs^+ 产生交换。结合前期的实验结果，经过壳聚糖改性后的硅藻土、沸石比表面积变大，表面负载了氨基、羟基、甲基、亚甲基等官能团。这些官能团对 Cs^+ 有强烈的吸附作用，可以大大增加复合吸附剂对重金属离子的吸附驱动力。因此，壳聚糖的改性硅藻土、沸石可以显著提高其对 Cs^+ 的吸附性能。

由图7-22（b）、（c）可知，pH 在 2～11 范围内 CTS/硅藻土、CTS/沸石两种复合吸附剂的 Zeta 电位始终为负值，也就是说两种复合吸附剂在此 pH 范围内始终带负电荷。而利用 CTS/硅藻土、CTS/沸石复合吸附剂去除溶液中 Cs^+ 时，Cs^+ 在此 pH 值范围内带正电荷，所以可以认为静电吸附是 PAM/硅藻土复合吸附剂吸附 Cs^+ 的初始吸附驱动力。而 CTS/硅藻土、CTS/沸石复合吸附剂表面的氨基、羟基、甲基、亚甲基等官能团还可以与 Cs^+ 结合，形成化学吸附。也就是说，CTS/硅藻土、CTS/沸石复合吸附剂对 Cs^+ 的吸附既有静电吸附，又存在化学吸附，而且 CTS/沸石吸附 Cs^+ 时还存在离子交换作用。

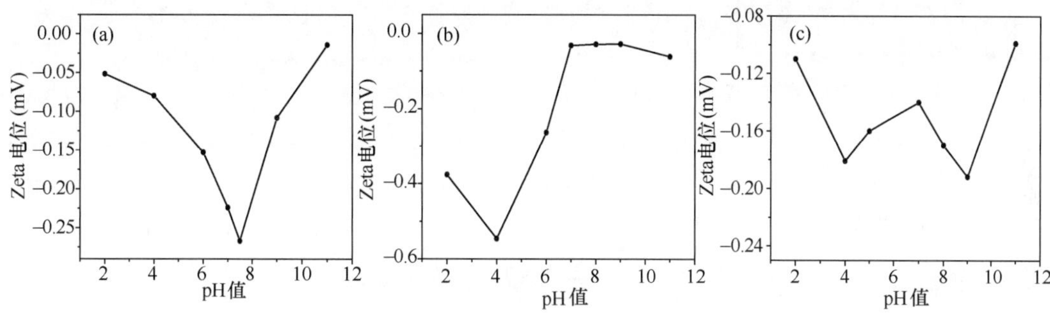

图7-22　不同 pH 条件下 PAM/硅藻土（a）CTS/硅藻土（b）、CTS/沸石（c）Zeta 电位

7.5　硅藻土除磷脱氮剂的复合制备

氮、磷超标废水过量排放会造成水体富营养化及生态污染，废水中氮、磷的深度处理是急需解决的难题。氮、磷是有机体生长的必要元素，在降低废水中氮、磷浓度的同时，有效回收氮、磷并资源化利用成为研究热点。磷酸铵镁结晶法是同步回收废水中氨氮、磷酸盐资源的最有效方法，其沉淀产物可作为缓释肥料再利用。磷酸铵镁晶体细小，难以回收，其反应物化学活性、产物晶体异相成核、定向生长、晶粒尺度控制非常关键。以大块体天然多孔矿物为基体，表面原位沉积纳米结构 $Mg(OH)_2$ 制备复合材料，可有效解决回收氮、磷的技术问题。

复合材料的化学反应活性、吸附容量及磷酸铵镁在矿物基体上沉积的有效控制是研究重点。

北京工业大学杜玉成、张丰等人以硅藻土作为大块体矿物基材，通过负载纳米结构 $Mg(OH)_2$ 活性基元来营造有利于生成磷酸铵镁的微环境，使污水中的氮、磷以磷酸铵镁结晶方式沉积在硅藻土基体上，在有效去除污水中氮、磷污染物的同时，进行氮、磷资源的回收利用。现就研究工作进行详细介绍。

7.5.1　硅藻土基纳米结构 $Mg(OH)_2$ 制备

（1）制备方法：称取 5.0g 的六水合氯化镁于 30mL 去离子水中溶解；称取 5.0g 的提纯

硅藻土于装有40mL氨水（25%）的烧杯中，并投加0.5g的十二烷基苯磺酸钠（SDBS），置于水浴锅中室温搅拌20min，制得硅藻土悬浊液；向硅藻土悬浊液中缓慢滴加预先配制的氯化镁溶液，待滴加完毕，将海泡石悬浊液移入蒸压釜，置于烘箱中，120℃水热反应1h，冷却、过滤，反复洗涤3~4次，干燥，制得$Mg(OH)_2$/硅藻土样品，标记为MDIA。

（2）氨氮、磷酸盐回收方法：将配制好的一定量已知浓度的氮磷废水转移至烧杯中，用稀HCl（8%）和NaOH（10%）溶液调节溶液初始pH值，然后将一定质量吸附剂投入烧杯中，搅拌一定时间。吸附后静置30min，取上层清液过0.22μm滤膜，测试氨氮、磷酸盐浓度，过滤，产物于40℃烘干，得回收沉泥。

（3）氨氮、磷酸盐检测方法：总磷浓度测定采用GB 11893—1989钼酸铵分光光度法；氨氮浓度测定采用GB 11893—1989纳氏试剂分光光度法。

按式（7-7）和式（7-8）计算吸附剂对模拟废水中氨氮、总磷平衡吸附容量q_e和去除率R_e。

$$q_e = (C_0 - C_e)V/m \tag{7-7}$$

$$R_e = [(C_0 - C_e)/C_0] \times 100\% \tag{7-8}$$

式中，q_e为平衡吸附容量（mg/g）；C_0和C_e分别为初始浓度和平衡浓度（mg/L）；V为溶液体积；m为吸附剂投加量；R_e为去除率。

7.5.2 硅藻土原位生长纳米结构$Mg(OH)_2$的结果表征

7.5.2.1 样品物相分析

图7-23为硅藻土、$Mg(OH)_2$/硅藻土样品的XRD图谱。由图7-23结果可知，在26.639°（101）处为硅藻土晶体SiO_2特征峰。对比发现，$Mg(OH)_2$/硅藻土样品在2θ值为18.527°、37.983°、50.785°、58.669°附近新出现4处高强度衍射峰，对应晶面分别为(001)、(011)、(012)、(110)，与$Mg(OH)_2$标准卡片（JCPDS PDF#44-1482）吻合，判定为$Mg(OH)_2$特征衍射峰，证明$Mg(OH)_2$/硅藻土样品的主要成分是硅藻土和$Mg(OH)_2$的混合物。

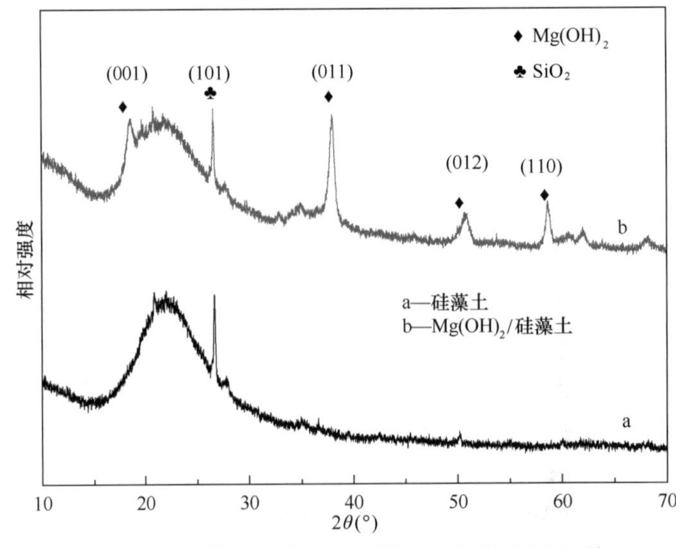

图7-23 硅藻土、$Mg(OH)_2$/硅藻土样品XRD图谱

7.5.2.2　样品 SEM 分析

图7-24(a)所示为硅藻土原土扫描电镜照片，其本身表面光滑，呈现出盘状结构，表面散布有均匀的孔道结构，为典型的硅藻土微观结构。图7-24(b)、(c)为水热反应0.5h获得的 $Mg(OH)_2$/硅藻土 SEM 图像。水热处理0.5h后硅藻土表面局部开始附着微小片状结构，部分硅藻土的表面仍然裸露，表明 $Mg(OH)_2$已经基于硅藻土基体形核，形核一般从表面能较低的位置开始。局部放大后视野见图7-24(c)，此时基体表面负载的$Mg(OH)_2$多为不规则的片状结构。片状结构随机“散落”在硅藻土表面，已有花瓣状结构雏形且有向三维方向生长的趋势。水热反应进行至1.0h后样品整体形貌见图7-24(d)～(f)，此时硅藻土圆盘表面已完全被粗糙的 $Mg(OH)_2$“颗粒”包裹，放大后显示，该种颗粒由大量直径约为50nm的纳米片相互穿插、沿三维方向无序发育成的花瓣状结构组成，此时生成的 $Mg(OH)_2$开始从图7-24(c)中的二维平铺构造变为三维的自动生长，即新形成的 $Mg(OH)_2$开始以形核的不规则 $Mg(OH)_2$为附着点继续生长。对照 $Mg(OH)_2$标准卡片(JCPDS PDF#44-1482)，其晶胞参数为 $a=b=3.142$nm，$c=4.766$nm，反映出晶体定向生长的趋势不强，易于形成花瓣状形貌。此时的花状氢氧化镁纳米是由片状形貌自组装而成，但片状纳米片并非随机堆砌，而是同时从衬度较大的中心处向外生长，且 $Mg(OH)_2$并没有覆盖硅藻土本身的孔道结构。综上，样品在120℃的水热体系下反应1.0h，可完成硅藻土表面纳米结构 $Mg(OH)_2$的原位生长，纳米片状 $Mg(OH)_2$密集沉积于硅藻土表面，且保留了硅藻土本身的孔道结构。本实验室的前期研究指出，继续延长反应时间，$Mg(OH)_2$会与硅藻土中的非晶态 SiO_2反应生成 $Mg_3Si_4O_{10}(OH)_2$，因此选取水热反应1.0h的 $Mg(OH)_2$/硅藻土样品进行后续的吸附实验。

图7-24　硅藻土原土、水热反应0.5h、1.0h $Mg(OH)_2$/硅藻土样品 SEM 图

7.5.2.3　样品比表面积及孔结构分析

图7-25为硅藻土原土和 $Mg(OH)_2$/硅藻土样品氮气吸脱附等温线及其孔径分布图。

由图7-25可知，硅藻土修饰前后均为Ⅳ型氮气吸附等温线，表明存在介孔结构，在相对压力0.40~1.0范围内出现H3型滞回环，可归因于片状颗粒材料结构。样品孔径分布均集中在0~20nm之间。$Mg(OH)_2$/硅藻土样品表面积为87.1m^2/g(表7-1)，而硅藻土原土样品比表面积为34.1m^2/g，可见硅藻土经过纳米$Mg(OH)_2$的原位生长显著地提高了其比表面积，为废水中氮、磷的吸附并回收提供了良好的条件。

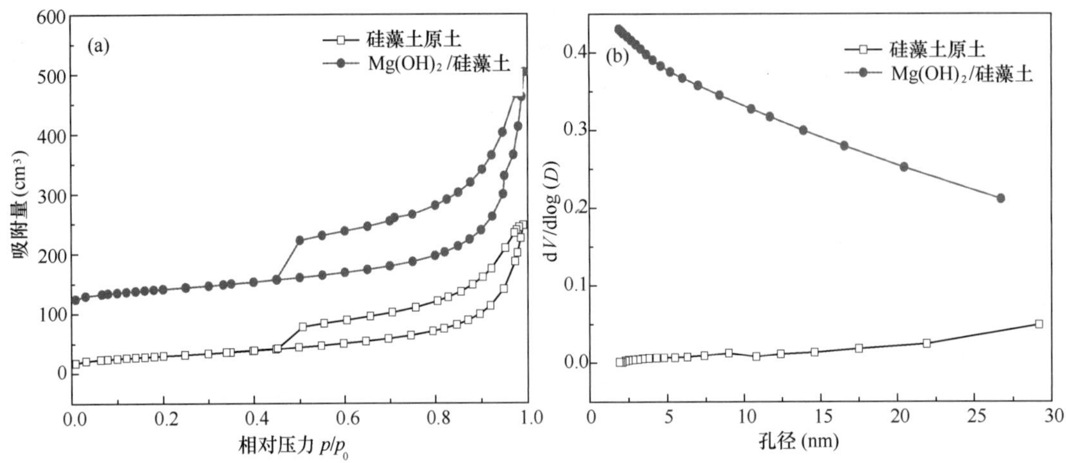

图7-25　硅藻土原土和$Mg(OH)_2$/硅藻土氮气吸脱附等温线（a）及其孔径分布（b）

表7-1　样品比表面积及孔结构特征

样品	比表面积（m^2/g）	孔容（mL/g）	平均孔径（nm）
硅藻土原土	34.067	0.094	9.430
$Mg(OH)_2$/硅藻土	87.120	0.285	12.780

7.5.3　硅藻土/$Mg(OH)_2$吸附回收废水中氮、磷的性能

7.5.3.1　氮、磷初始浓度的影响

图7-26为在溶液初始pH值为8.0、反应时间为30min、$Mg(OH)_2$/硅藻土样品投加量为0.8g/L的情况下，氨氮、磷酸盐初始浓度C_0对氨氮、磷酸盐平衡吸附量q_e的影响[硅藻土原土和$Mg(OH)_2$/硅藻土样品]。由图7-26结果可知，硅藻土原土对废水中相同浓度的氨氮、磷酸盐同步吸附的最大平衡吸附量分别为14.6mg/g和18.4mg/g，当废水中氨氮、磷酸盐浓度超过20mg/L以后，吸附效率会受到很大的限制。相比之下，$Mg(OH)_2$/硅藻土样品极大地提高了对废水中氨氮、磷酸盐的平衡吸附量，最高可达73.6mg/g和143.6mg/g，当氨氮、磷酸盐浓度超过120mg/L后，样品达到吸附饱和。

7.5.3.2　样品投加量的影响

图7-27为在溶液初始pH值为8.0、反应时间为30min的条件下，$Mg(OH)_2$/硅藻土投加量对平衡吸附量q_e和去除率R_e的影响。由图7-27可知，随着吸附剂投加量的增加，在0.2~0.8g/L范围内，吸附剂对氨氮、磷酸盐的去除率呈增长趋势，对应的平衡吸附量基本维持不变，这是由于样品投加量的加大使得溶液体系中活性反应位点增加。投加量达到0.8g/L之后，氨氮、磷酸盐的去除率分别达到49.1%和97.3%，此时$Mg(OH)_2$/硅藻

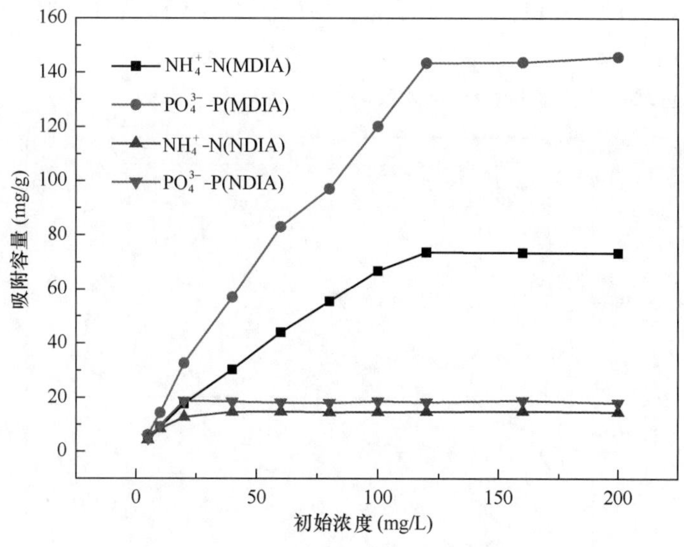

图 7-26　氨氮、磷酸盐初始浓度对平衡吸附量的影响

土样品对氨氮、磷酸盐的平衡吸附量分别达到 73.6mg/g 和 145.9mg/g；随着样品投加量的继续增加，对废水中氨氮、磷酸盐的去除率基本维持不变，相应平衡吸附量则明显回落，说明样品对氮、磷的吸附达到饱和，反应动力下降，因此 $Mg(OH)_2$/硅藻土样品的最佳投加量可确定为 0.8g/L。

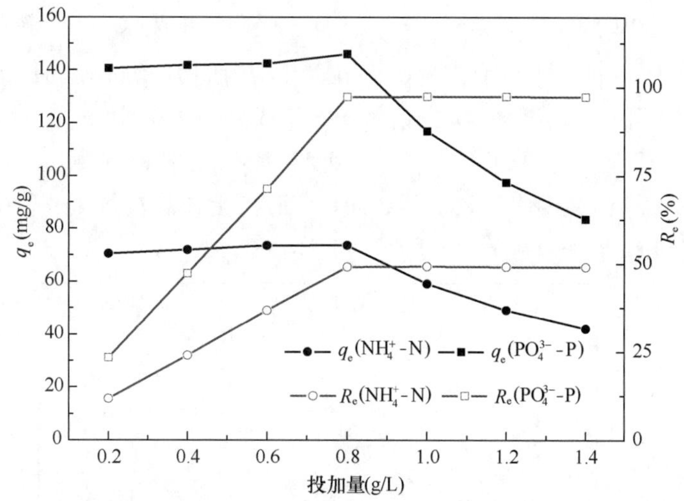

图 7-27　$Mg(OH)_2$/硅藻土样品投加量对平衡吸附量 q_e 和去除率 R_e 的影响
（pH = 8.0，反应时间为 30min）

7.5.3.3　反应时间的影响

图 7-28 为在模拟废水 pH 值为 8.0、$Mg(OH)_2$/硅藻土样品投加量为 0.8g/L 的条件下，反应时间对平衡吸附量 q_e 的影响。由图 7-28 可以看出，反应初始 15min $Mg(OH)_2$/硅藻土样品对溶液中氨氮、磷酸盐的平衡吸附量迅速增大，此时样品对废水中氨氮、磷酸盐的平衡吸附量已达 59.9mg/g 和 112.8mg/g。反应时间在 15 ~ 30min 阶段内，反应速度减

缓，但 q_e继续增加，进行到第 40min 时，$Mg(OH)_2$/硅藻土样品对模拟废水中氨氮和磷酸盐的平衡吸附量达到峰值，分别为 71.4mg/g 和 141.2mg/g。此后随着反应时间的延长，q_e趋于稳定。确定 30min 为反应最佳时间。

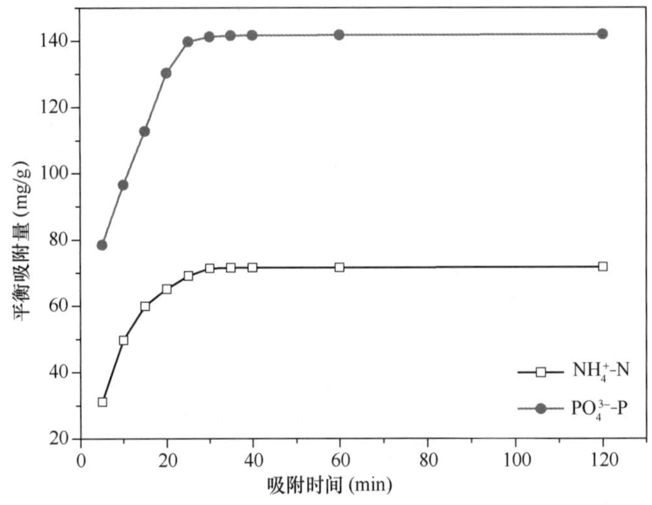

图 7-28　反应时间对平衡吸附量 q_e的影响

[pH =8.0，$Mg(OH)_2$/硅藻土样品投加量 0.8g/L]

7.5.3.4　溶液初始浓度的影响

图 7-29 为溶液初始 pH 值对 $Mg(OH)_2$/硅藻土吸附模拟废水中氮、磷平衡吸附量 q_e的影响。控制 $Mg(OH)_2$/硅藻土投加量为 0.8g/L，反应时间为 30min，pH 初始值设置为 5.5 ~10.0。由图 7-29 可知，溶液初始 pH 值低于 6.5 或高于 9.0 时，样品对氨氮、磷酸盐的吸附容量均较低，溶液初始 pH 值在 7.0 ~9.0 范围内时，样品对氨氮、磷酸盐有较高的吸附效果。溶液初始 pH 值为 8.0 时，$Mg(OH)_2$/硅藻土样品对氨氮、磷酸盐的吸附容量最大，分别为 73.4mg/g 和 144.7mg/g。

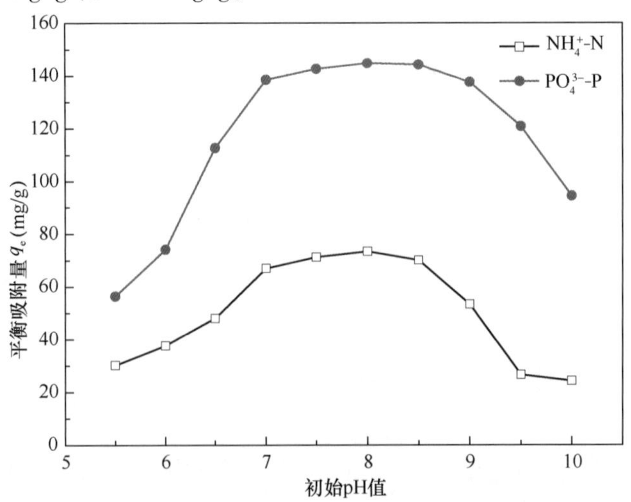

图 7-29　溶液初始 pH 值对平衡吸附量 q_e的影响

[反应时间 30min，$Mg(OH)_2$/硅藻土样品投加量 0.8g/L]

7.5.3.5　废水中氮、磷吸附热力学与动力学

图 7-30、图 7-31 分别给出 Langmuir 模型和 Freundlich 模型对 $Mg(OH)_2$/硅藻土吸附废水中氨氮、磷酸盐实验数据的拟合结果，表 7-2 为 $Mg(OH)_2$/硅藻土吸附氮、磷的 Langmuir 模型与 Freundlich 模型拟合参数结果。结果表明，$Mg(OH)_2$/硅藻土样品对废水中氨氮、磷酸盐的吸附过程更符合 Langmuir 等温吸附模型，相关系数 R^2 分别达到 0.991 和 0.999，说明符合单分子层吸附机制。由于化学吸附多发生在单分子层，物理吸附多发生在多分子层，因此可判断 $Mg(OH)_2$/硅藻土样品对废水中氨氮、磷酸盐的吸附为化学吸附，这个结果与吸附动力学分析结果一致。此外，样品对氨氮的吸附过程与 Freundlich 模型也有着较高的拟合优度（R^2 =0.949）。

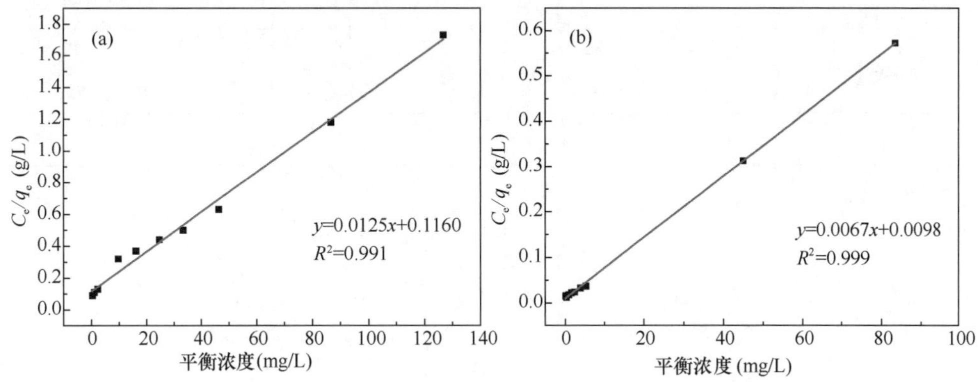

图 7-30　Langmuir 模型对 $Mg(OH)_2$/硅藻土吸附氨氮（a）、磷酸盐（b）过程的拟合

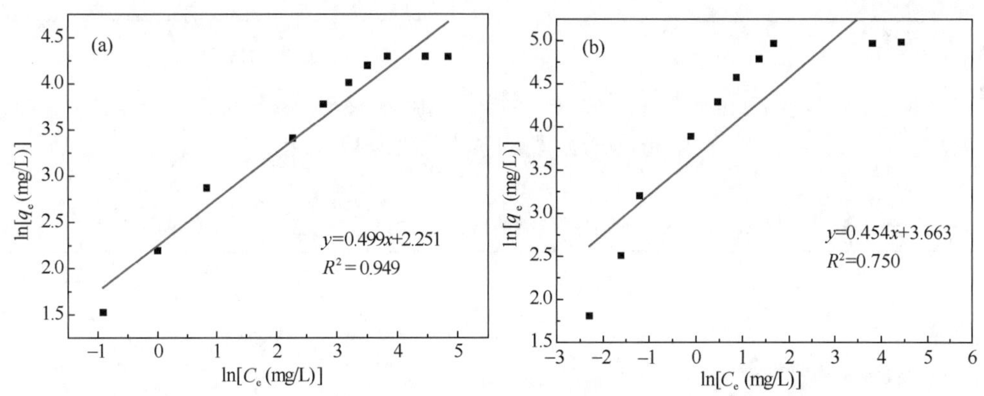

图 7-31　Freundlich 模型对 $Mg(OH)_2$/硅藻土吸附氨氮（a）、磷酸盐（b）过程的拟合

$Mg(OH)_2$/硅藻土样品对氨氮、磷酸盐单位平衡吸附量随时间的变化见图 7-32。图 7-32分别为准一级动力学模型（a）和准二级动力学模型（b）拟合实验数据和回归直线的结果，以此为基础得出的拟合相关系数见表 7-3。$Mg(OH)_2$/硅藻土样品对氨氮、磷酸盐吸附的准一级动力学模型拟合相关系数 R^2 分别为 0.396 和 0.372，理论平衡吸附量为 24.547mg/g 和 27.326mg/g，均远低于实验测得的平衡吸附量，因此准一级动力学模型不适用于描述 $Mg(OH)_2$/硅藻土对氮磷的吸附行为；准二级动力学模型拟合相关系数 R^2 分别为 0.996 和 0.998，理论平衡吸附量为 75.19mg/g 和 147.05mg/g，与实验测得的单位吸

附量非常接近，因此，该吸附动力学过程可使用准二级吸附动力学模型描述，说明 $Mg(OH)_2$/硅藻土材料对废水中氮、磷的吸附过程受固液界面发生的化学反应主导，此结果与 $Mg(OH)_2$/硅藻土样品对废水中氮、磷的吸附行为相同。

表 7-2 $Mg(OH)_2$/硅藻土吸附氮、磷的 Langmuir 模型与 Freundlich 模型拟合参数

	参数	氨氮	磷酸盐
	$q_{e,exp}$	73.4	144.7
Langmuir 模型	$q_{m,cal}$ (mg/g)	80.0	149.3
	K_L (L/mg)	0.108	0.684
	R^2	0.991	0.999
	n	2.000	2.203
Freundlich 模型	K_F (mg/g)	9.497	38.978
	R^2	0.949	0.750

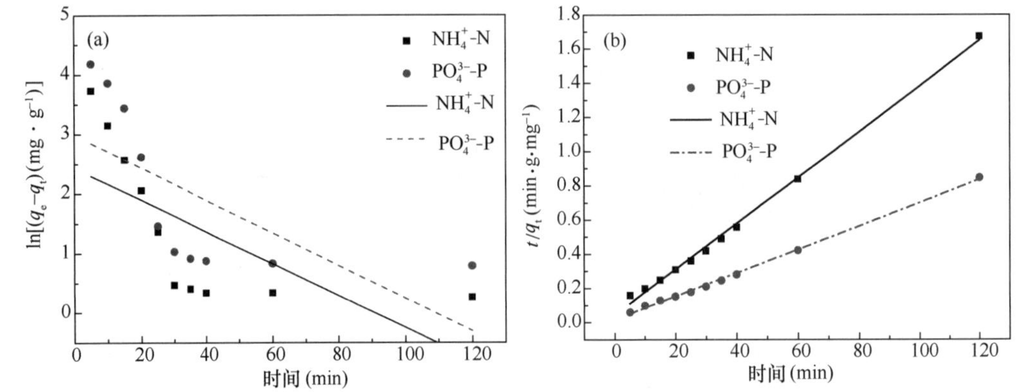

图 7-32 准一级动力学模型（a）和准二级动力学模型（b）拟合 $Mg(OH)_2$/硅藻土对氮、磷的吸附过程

表 7-3 $Mg(OH)_2$/硅藻土吸附氮、磷的准一级动力学与准二级动力学模型拟合

	参数	氨氮	磷酸盐
	$q_{e,exp}$	73.4	144.7
准一级动力学	$q_{e,cal}$ (mg/g)	13.19	23.88
	k_1 (min^{-1})	0.061	0.062
准二级动力学	R^2	0.396	0.372
	$q_{e,cal}$ (mg/g)	75.19	147.05
	k_2 [$g\cdot(mg\cdot min)^{-1}$]	0.004	0.002
	R^2	0.996	0.998

7.5.4 硅藻土/$Mg(OH)_2$吸附回收氮、磷机理探讨

$Mg(OH)_2$/硅藻土对废水中氮、磷的回收过程主要受化学反应主导。$Mg(OH)_2$/硅藻

土样品进入溶液体系后，沉积于硅藻土表面的 $Mg(OH)_2$开始溶解［式（7-9）］，［Mg^{2+}］和［OH^-］在硅藻土基体附近达到局部过饱和［式（7-10）］，［Mg^{2+}］作为构晶离子与溶液体系中［NH_4^+］和［PO_4^{3-}］反应生成磷酸铵镁晶体［式（7-11）］，并促使反应［式（7-11）］向右进行，$Mg(OH)_2$/硅藻土样品可持续释放活性镁源，达到一种动态平衡。同时，与 Mg^{2+}同时释放的 OH^-可抑制溶液体系呈酸性化的趋势，为磷酸铵镁合成提供合适的 pH 值范围，避免了额外的碱源投入。此外，硅藻土表面含有大量 Si—OH 基团，表面羟基是两性基团，碱性条件下可通过表面络合反应吸附溶液中的 OH^-［式（7-12）］，即可通过静电吸附机制回收溶液体系中的氨氮［式（7-13）］，也证实了吸附等温模型得出的结论，即废水中氨氮的去除可能受多种机制控制。

$$\mathrm{MDIA} \equiv \mathrm{Mg(OH)_2} \longrightarrow \mathrm{DIA} + \mathrm{Mg^{2+}} + 2\mathrm{OH^-} \tag{7-9}$$

$$K_{sp}[\mathrm{Mg(OH)_2}] = [\mathrm{Mg^{2+}}][\mathrm{OH^-}]^2 = 5.61 \times 10^{-12} \tag{7-10}$$

$$\mathrm{Mg^{2+}} + \mathrm{NH_4^+} + \mathrm{PO_4^{3-}} + 6\mathrm{H_2O} = \mathrm{MgNH_4PO_4} \cdot 6\mathrm{H_2O}\downarrow \tag{7-11}$$

$$\mathrm{Si{-}OH} + \mathrm{OH^-} \longrightarrow \mathrm{Si{-}O^-} + \mathrm{H_2O} \tag{7-12}$$

$$\mathrm{Si{-}O^-} + \mathrm{NH_4^+} \longrightarrow \mathrm{Si{-}O^-} \cdots \mathrm{NH_4^+} \tag{7-13}$$

图 7-33 为最佳反应条件下回收产物与 $Mg(OH)_2$/硅藻土样品 XRD 对比分析。可见，$Mg(OH)_2$/硅藻土样品经反应后，$Mg(OH)_2$特征峰消失，而回收产物 XRD 图谱中于 15.004°（101）、15.814°（002）、16.457°（011）、20.869°（111）、21.464°（012）等处出现磷酸铵镁晶体特征衍射峰（JCPD-SPDF#71-4089），证明回收产物为硅藻土和磷酸铵镁为主要成分的混合物。此外，样品于 25.701°（221）处出现微弱的 $MgHPO_4 \cdot 3H_2O$ 特征峰，说明磷酸铵镁结晶过程中伴随着副产物的生成［式（7-14）］。

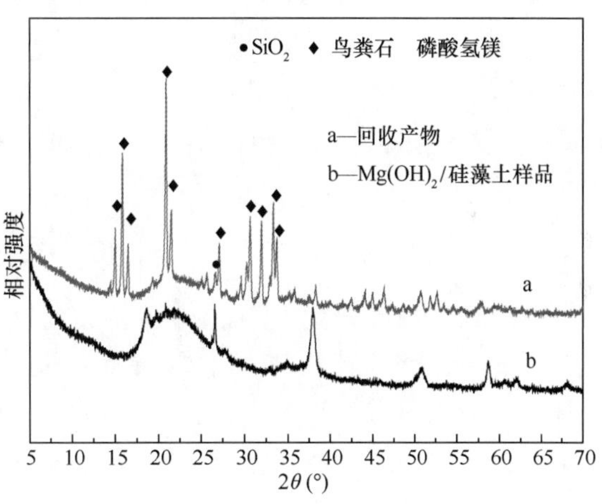

图 7-33　优化条件下回收沉泥样品 XRD 图谱

$$\mathrm{Mg^{2+}} + \mathrm{HPO_4^{2-}} + 3\mathrm{H_2O} = \mathrm{MgHPO_4} \cdot 3\mathrm{H_2O}\downarrow,\ \mathrm{p}K_{sp} = 10.62 \tag{7-14}$$

磷酸铵镁结晶是一个复杂的过程，可简单分为晶体形核和晶体生长两个阶段。按照晶体的形核方式可分为均相形核（自发）和非均相形核。磷酸铵镁自发形核需要较高的过饱和度，而具备盘状结构的硅藻土作为外来固体引入溶液体系后，可吸引构晶离子在硅藻土表面反应沉积，诱发非均相形核。磷酸铵镁晶核形成后，构晶离子继续与母晶核反应沉积并扩大尺寸，诱发二次形核。进入晶体生长阶段后，构晶离子可按一定的晶格定向有序地排列，长成大晶粒沉淀。

图 7-34 为最佳反应条件下回收产物 SEM-EDS 图片。由图 7-34（a）可见，由硅藻土为骨架团聚而成的大颗粒，表面附着大量形貌较为规则的棒状晶体，局部放大后视野如图 7-34（b）所示，棒状晶体附着于硅藻土表面呈径向团聚，夹杂有部分形状不规则的细小颗粒。结合晶体生长理论，可以推测 $Mg(OH)_2$/硅藻土样品进入溶液体系后，释放［Mg^{2+}］，同时吸引［NH_4^+］和［PO_4^{3-}］。当局部微区的构晶离子达到过饱和后，磷酸铵镁可依托硅藻土盘状平台形核发育，并继续作为母晶体诱导二次形核。与初次形核相比，二次形核所需的过饱和度较小，最终形成晶体定向有序的排列。由于在反应过程中溶液体系局部之间会有过饱和度、颗粒聚集密度等差异，造成磷酸铵镁晶体发育不完全、破损或断裂等情况，因此回收产物中磷酸铵镁的存在形态并非完全一致。硅藻土拥有大比表面积的盘状结构，这些直径 100μm 左右的藻盘为磷酸铵镁提供了形核发育的二维“平台”，直至形成数量不等的磷酸铵镁晶体“覆盖”于硅藻土表面的形态，不同于海泡石纤维的捕束作用，基于硅藻土表面生长的磷酸铵镁晶体的晶粒尺寸更长，为 20μm 左右。

图 7-34　最佳反应条件下回收沉泥样品 SEM-EDS 图

SEM-EDS 分析显示该棒状晶体主要成分包含 Mg、O、P 元素，为磷酸铵镁晶体的主要成分，进一步证实棒状晶体为磷酸铵镁。图 7-35 为硅藻土原土和最佳反应条件下回收沉泥样品 FTIR 图谱。对比发现，在波数为 $1431.19cm^{-1}$ 处出现 NH_4^+ 不对称变角振动，$996.09cm^{-1}$ 和 $562.87cm^{-1}$ 处分别出现 PO_4^{3-} 对称伸缩振动和不对称变角振动，进一步证实回收产物中含有磷酸铵镁。

用 XPS 分析进一步确定最佳反应条件下回收沉泥所含组分。图 7-36 为回收沉泥 XPS 图谱，图 7-36（a）为回收样品 XPS 全谱图，图 7-36（b）、（c）、（d）分别为 Mg 2s 轨道图、N 1s 轨道图、P 2p 轨道图。由图 7-36 可知，相应结合能处分别出现 P 2p、N 1s、O 1s、Mg 1s，可判定回收产物相较硅藻土基吸附剂新出现 P、N 两种元素。由图 7-36（b）可见，Mg 1s 轨道图谱显示回收沉泥中含有两种不同形态的 Mg^{2+}，1304.0eV 处则表明回收沉泥中磷酸铵镁晶体的构晶 Mg^2，1303.0eV 处可解释为 $MgHPO_4 \cdot 3H_2O$。N 1s 轨道可分为 400.7eV 和 402.2eV 两个峰，分别代表磷酸铵镁晶体的构晶离子 NH_4^+ 和与硅藻土表面 Si—O^- 通过静电吸附结合的 NH_4^+。P 2p 轨道可分为 132.9eV 和 133.8eV 两个峰，分别与 PO_4^{3-}、HPO_4^{2-} 相对应，PO_4^{3-} 的存在归结于磷酸铵镁晶体的生成，而少量的 HPO_4^{2-} 为副产物 $MgHPO_4 \cdot 3H_2O$。综上所述，回收沉泥为硅藻土和磷酸铵镁为主要成分的混合物，目

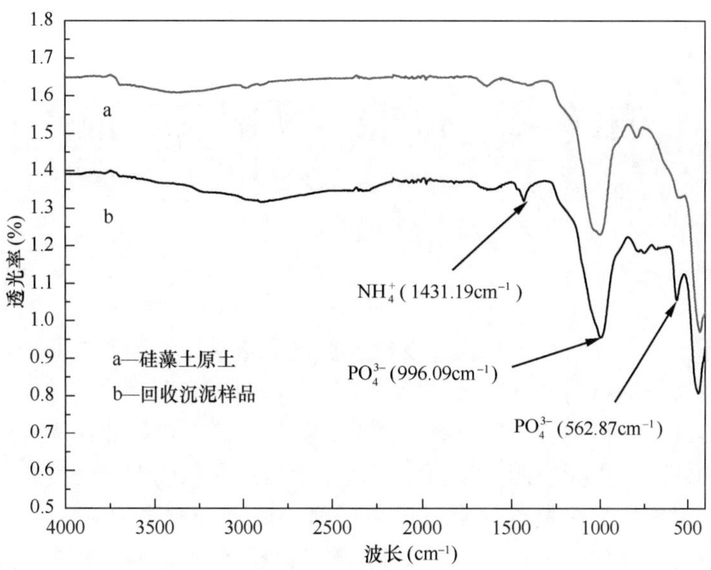

图 7-35　硅藻土原土和最佳反应条件下回收沉泥样品 FTIR 图

前已有将硅藻土作为缓释添加剂使用的报道，因此以硅藻土为载体的磷酸铵镁回收产物具备作为缓释肥使用的应用前景。

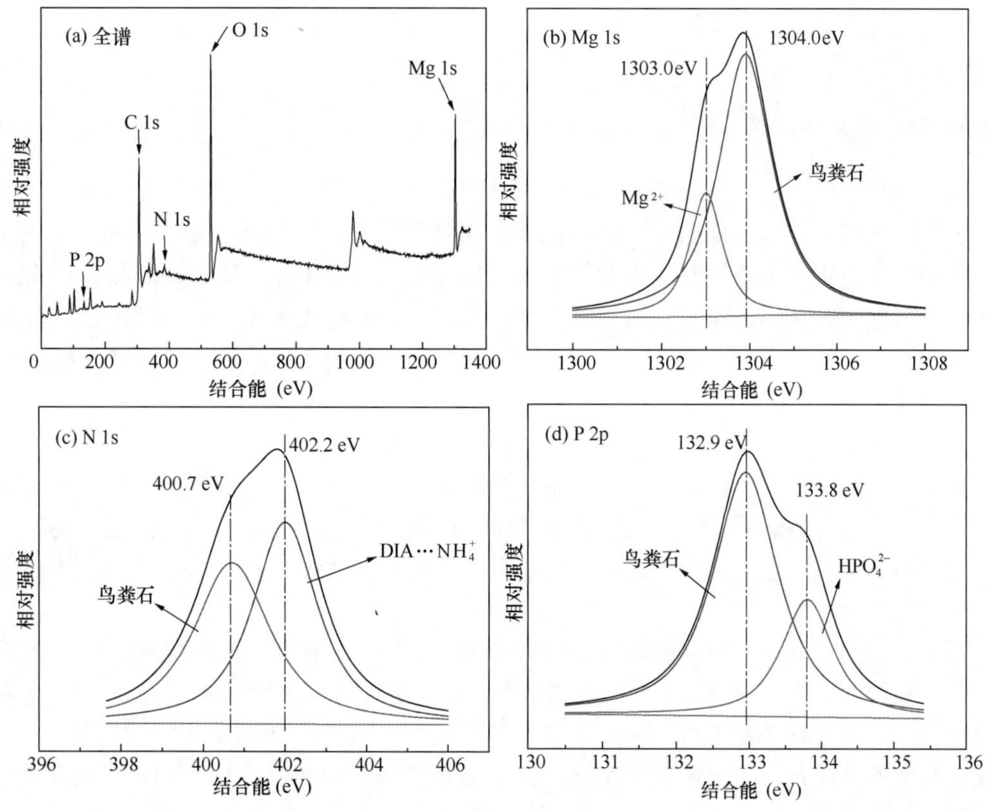

图 7-36　回收沉泥 XPS 全谱图（a）、Mg 2s 轨道图（b）、N 1s 轨道图（c）、P 2p 轨道图（d）

第8章　硅藻土塑料开口剂

8.1　概述

塑料高分子工业产品与技术的快速发展，促进了塑料相关产业链的进步与发展，尤其是塑料助滤剂及所需原材料的制备与技术分工。开口剂的出现、产品性能改进及其发展就是专业分工的体现。开口剂主要在塑料、橡胶、油墨、涂料等行业作为降低高分子材料表面自由能的助剂使用，主要应用于聚丙烯、低密度聚乙烯和线性低密度聚乙烯、聚氯乙烯等聚合物中。而聚丙烯、聚氯乙烯常通过单层薄膜或复合薄膜的形式应用于包装袋等领域。塑料薄膜在长期存放的过程中，由于塑料膜间的高分子链相互缠绕，膜间接触十分紧密，在使用过程中，要打开塑料袋变得困难。例如以聚酰胺（PA）、聚丙烯（PP）、聚氯乙烯（PVC）、聚乙烯（PE）、聚酯（PET）等树脂为基料的塑料薄膜制品，由于其自身表面张力的存在，在加工过程中或因加工工艺不同，两层薄膜间存在很大的粘结力，而已加工完的薄膜制品，在存放过程中，当受热或受压时，非常容易使薄膜粘结在一起，不能分离，导致无法使用。为了防止这种现象的发生，通常在塑料薄膜生产过程中，加入一定量的防粘结助剂，即开口剂。

8.1.1　开口剂及功能

塑料薄膜由于自身具有较高的表面摩擦系数，使得在加工过程中发生自动粘连附着在设备表面，使加工过程变得困难，损害机器。塑料制品会因为接触面积过大而发生粘连，以至于在使用过程中不易打开。为了能够较方便地将塑料薄膜加工成塑料制品，用于食品包装、药品包装、液体包装及塑料袋等方面，需要在制备过程中加入开口剂，降低其表面自由能。开口剂的加入会使塑料薄膜微观上凹凸不平，从而阻碍高分子链渗透，使塑料薄膜方便打开。

目前造成塑料薄膜相互粘连的主要原因有三：一是由于塑料薄膜表面光滑、接触紧密，几乎完全隔绝空气，薄膜间形成真空密合状态，不易分开；二是由于塑料薄膜成型后其表面存在大量的外露分子链，这些大分子链之间相互缠绕造成薄膜间的粘连，使其无法打开；三是静电吸附作用。所以开口剂的加入必须解决上述存在的技术问题，才能够达到防止塑料薄膜粘连的目的。

开口剂的加入能在塑料薄膜表面形成凹凸面，减少了塑料薄膜间的接触面积，降低薄膜的摩擦系数（COF），使薄膜易于层间滑动；由于塑料薄膜表面凸起的存在，空气易进入薄膜之间，减少膜间的负压，避免薄膜之间形成真空密合，从而防止了薄膜间的粘连。因此开口剂的粒度及粒度组成非常关键。由于塑料薄膜是一个高表面自由能的环境体系，因此降低其表面张力也是选择开口剂的关键因素之一。另外，塑料薄膜是一种透明或半透明的塑料制品，所加入开口剂的光学性能也很重要。

8.1.2　开口剂的类型

能用作塑料薄膜开口剂的材料可分为有机类和无机类两大类。有机类开口剂主要是油酸酰胺，无机类开口剂主要有滑石粉、硅藻土、二氧化硅等。

1. 有机类开口剂

有机类开口剂主要包括有机硅化合物、皂类、酸酞胺类［如芥酸酞胺（$CZIH_4$、CONHZ）、油酸酞胺（$C_{17}H_{33}CoNH$）等］、脂肪酸酞胺类、聚氧乙烯烷基酚醚、聚氧乙烯山梨醇配单油酸酯、甲基苯乙烯的低聚物等。芥酸酞胺是一种长链不饱和酞胺，是天然植物的衍生物。芥酸酞胺的最大用途是作为聚烯烃类塑料薄膜开口剂，早期的塑料薄膜开口剂主要使用芥酸酞胺。芥酸酞胺加入聚烯烃树脂后，会迁移到聚合物表面，移出来的酞胺由于内在分子相互吸引和相对极性作用形成润滑剂层，有效地分隔了相邻两薄膜表面，进而防止了塑料薄膜的粘连和结块。乙撑双硬脂酞胺（又称亚乙基二硬脂酞胺），是一种多功能的塑助开口剂，主要应用于聚氯乙烯、ABS 树脂、酚醛树脂、聚丙烯及氨基树脂生产及加工中。由于亚乙基二硬脂酞胺分子中存在着极性酞胺基团，因此其本身及其衍生物具有润滑作用，能显著降低薄膜表面的摩擦系数，是塑料薄膜开口剂所要求的性能。亚乙基二硬脂酞胺与聚合物树脂的相容性较差，可从制品内部缓慢迁移到薄膜表面，形成分子隔层，是一种迁移型开口剂。

有机类（酰胺类）开口剂的开口原理：酰胺类化合物加入塑料薄膜中，由于酰胺类化合物具有极性，可以改变薄膜表面的吸湿性，从而可以减弱薄膜间的静电吸附，改善薄膜的开口性。酰胺类开口剂可逐渐从薄膜内部迁移到薄膜表面，在膜的表面形成一层膜，这层膜降低了薄膜间的摩擦系数，使薄膜易于层间滑动，即可提高其开口性。

有机类开口剂的共同缺点为：其析出物附在塑料薄膜表面，影响塑料薄膜的印刷性、热封性及颜色，也影响其作为食品包装材料的安全性；此外有机开口剂需要在薄膜制作完成后，等待开口剂从薄膜内部迁移到表面，方可发挥作用，且随着时间的延长，开口剂的性能会下降，故导致应用领域受限制。

2. 无机类开口剂

相比较而言，无机类开口剂价格便宜且比较实用，在日常生活中应用较广泛。无机类开口剂主要是二氧化硅系列，如硅藻土及合成二氧化硅等；硅酸镁系列，如滑石粉、水合硅酸镁。此外，碳酸钙、磷酸氢钙、硫酸钙、火山岩和硫酸镁、硅铝化合物等也可作为塑料开口剂。

无机类开口剂中的滑石粉、硅藻土（未煅烧加工）、磷酸氢钙等，光学性能差，对加入塑料制品中的抗静电剂、爽滑剂、成核剂等助剂有吸附副作用，此外会有不同程度的污染，尤其是在食品包装、液体包装、药品包装等方面。二氧化硅是目前降低制品体系表面张力最好的粉体材料，光的折射率为 1.46，非常接近塑料工业中使用的大部分树脂折射率（1.4～1.6）。因此从材料成分而言，是塑料薄膜开口剂的首选。二氧化硅开口剂是一种人工合成无定型二氧化硅，是一种高效的抗粘连剂、抗结剂、开口剂，用作聚烯烃 IPP 薄膜、聚乙烯 LDPE 薄膜、BOPP 双向拉伸聚丙烯薄膜的高效开口剂。合成二氧化硅开口剂比传统二氧化硅开口剂更加有效率，有更好的光学度，是非结晶的，有更高的堆积密度，较低的开口辅助需求等同于较低的成本，分散更容易，操作更容易（较低的扬尘），有更好的母料加工性。人工合成的水合氧化硅（白炭黑）已大量用作塑料的开口剂，且高档塑料制品中全部采用白炭黑。但白炭黑开口剂价格昂贵，且由于其粒度界限较差（颗粒软），对增加塑料表面凹凸性受到一定影响。因此研究开发价格上有优势的白炭黑开口剂替代品，且又能解决白炭黑开口剂性能上的不足非常重要，并将会有很好的市场前景。

8.2 硅藻土开口剂

硅藻土开口剂属二氧化硅类开口剂，早期二氧化硅类开口剂以水合二氧化硅（白炭黑）为主。白炭黑是一种超微细粉末状或超细粒子状的非晶体二氧化硅，原始粒子极微细，小于0.3μm，相对密度2.319～2.653，熔点17℃，折射率1.46，容易吸潮形成聚合细颗粒。但此类二氧化硅开口剂化学性能稳定，不溶于水和酸、只溶于烧碱和氢氟酸，高温下不分解，具有良好的相容性，能吸附维生素、激素、氟化物抗生素、酶制剂及化妆品中常用的许多活性成分，并具有很高的绝缘性、补强性，质轻，无毒、无味、无污染，作为高分子复合材料具有良好的应用前景。

硅藻土是最早使用的塑料开口剂，是一种天然的硅质岩石，由古代硅藻的遗骸组成，成分主要是二氧化硅，材料内部含有较多的孔洞。硅藻土的煅烧品，主要成分为二氧化硅，煅烧加工后，白度大大增高，同时仍保留其自身的孔隙结构。当加入塑料薄膜中时，使塑料薄膜的表面凹凸不平，减少了膜间的接触面积和粘结力，有利于降低塑料薄膜的表面张力，具备了塑料开口剂的物性条件，使塑料薄膜容易分开。经后期加工，完全可以达到塑料开口剂高档制品的性能要求。传统的硅藻土开口剂制品的主要缺点是使塑料薄膜透明性降低，煅烧硅藻土克服了这一缺点。目前Celite公司已有硅藻土煅烧品在塑料开口剂领域的研发与应用。

8.2.1 硅藻土开口剂的特点

硅藻土开口剂通常用于塑料袋制品。塑料袋是人们日常生活中必不可少的物品，塑料袋本身廉价，质量轻，容量大，便于收纳，所以使用范围广。但由于其极难降解，已被国家限制使用。日常使用的塑料袋多以聚乙烯薄膜制成，无毒、无味。日渐发展的塑料开口剂必须满足以下要求：不含任何易挥发物及析出物，保证被包装物的质量；提高塑料薄膜的透明性及表面光洁性；对薄膜有补强作用，提高抗蠕变性能；无毒、无污染，可用于食品、医药等行业。采用硅藻土为原料进行开口剂的制备加工，均可满足上述要求。早期的硅藻土开口剂会在薄膜表面产生大量析出物从而影响塑料薄膜的透明度和强度；同时如同其他无机类开口剂一样存在分散困难等问题。所以用作开口剂使用的硅藻土在后期加工（高煅烧）时，必须能够解决传统开口剂存在的问题。经高温煅烧加工后的硅藻土煅烧品有以下特征：去除了硅藻土的有机物，将硅全部转化为二氧化硅的形态，增加硅藻土的通透性，同时解决了传统开口剂影响塑料薄膜透明度的缺点，去除硅藻土中有机物后，减少析出物，增加了二氧化硅的浓度，二氧化硅由于其对塑料薄膜有补强作用，可提高塑料薄膜的抗蠕变性能，具有极高的触变性、光散射性、流动性、分散性；无毒、无害、无污染，可用于食品、医药等行业的塑料包装；添加二氧化硅所得的塑料薄膜的加工性、印刷性、热封性好；同时不含任何易挥发物及析出物，保证了塑料薄膜的质量，提高了薄膜的透明性和表面光洁性，是目前最为理想的塑料开口剂。

8.2.2　硅藻土开口剂的作用原理

硅藻土是最早的无机类开口剂。我国硅藻土资源丰富，主要集中在吉林、云南、四川、山东等地。硅藻土有圆盘藻、直链藻、羽状藻。硅藻土质轻、多孔，天然硅藻土会存在有机物及黏土杂质，且传统的硅藻土开口剂不易分散均匀，加入塑料制品中影响美观。作为开口剂，在使用过程中，有机物会对塑料薄膜制品产生污染，进而污染被包装物，尤其是食品、医药方面。将硅藻土经过煅烧，目的相当于提纯，去除掉天然硅藻土中的有机物及其他杂质，并将硅全部转化为效果更好的二氧化硅，改善其性能。可加入助熔剂，例如氯化钠、碳酸钠等，使硅藻土变白，效果更佳。

在塑料薄膜制备时加入一定比例的硅藻土煅烧品，能够在塑料薄膜表面形成凹凸不平的表面，由于颗粒极小，宏观上看不出来，不影响美观，这样减少了塑料薄膜间的接触面积；另外由于凸起的存在，空气可以进入塑料薄膜之间，减少膜间的负压，避免了薄膜间的真空闭合，使塑料薄膜易于开口，阻止其粘连。

硅藻土类开口剂的原理如下：硅藻土开口剂加入原料树脂中，能均匀分散在塑料薄膜中，在薄膜表面形成许多凸起，渗入的空气减小了膜间的负压和薄膜间的接触面积，使薄膜分离，从而防止了薄膜间的粘连，作用机理如图 8-1 所示。硅藻土颗粒既可以使塑料薄膜表面产生凸起，也具有封闭大分子链端的功能。在塑料薄膜生产加工过程中，大分子链的末端被二氧化硅颗粒的空隙吸入，成为成核中心，加快了聚合物的结晶速度，从而大大减少外露分子链，使两膜接触时无大分子链的缠绕，即可降低膜间分子链的相互缠绕，解决了开口问题。同时由于分子链不外露，薄膜在经过物体摩擦时也减轻了吸附力，从而增加了爽滑性。

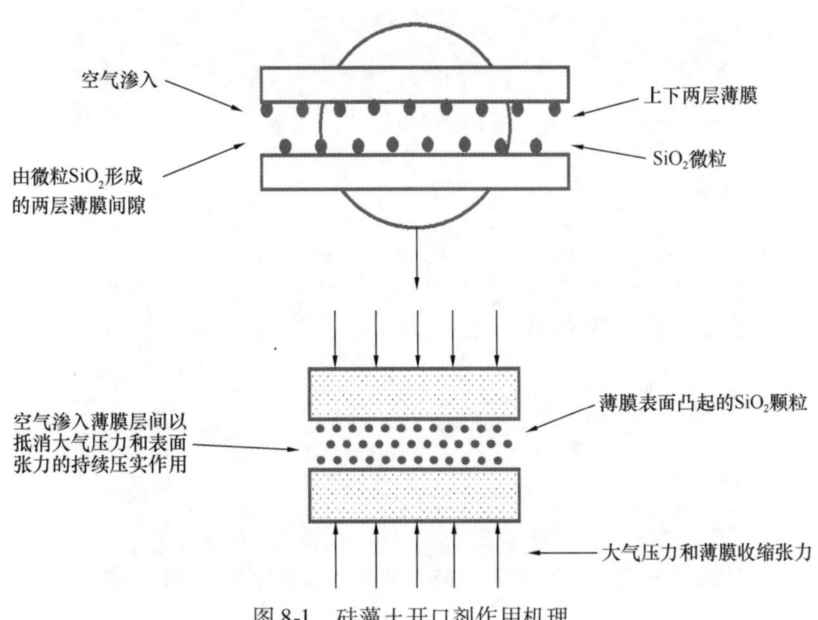

图 8-1　硅藻土开口剂作用机理

8.2.3 硅藻土开口剂的性能表征

现已应用的煅烧硅藻土开口剂有两种产品（商用样品 S1 和商用样品 S2），其不同之处在于粒度级别的分布和白度。S1 和 S2 样品的白度分别为 89 度和 88 度。

样品 SEM 测试结果见图 8-2、图 8-3。由图 8-2、图 8-3 可知，样品为硅藻土煅烧产物，分别存在圆盘藻、直链藻（羽状为主）、管状藻等多个藻型，样品的最大颗粒可达 20μm。

图 8-2　S1 样品 SEM

图 8-3　S2 样品 SEM

由图 8-2、图 8-3 可知，S1 以圆盘藻和直链藻为主，S2 大多为管状藻，但多表现为硅藻组合形式。或许因这种多藻型的组合才是进一步提高硅藻土开口剂性能的关键。

样品的 XRD 测试结果见图 8-4。由图 8-4 可知，样品特征衍射峰与方石英的特征峰非常吻合，表明样品为纯正的方石英晶体。

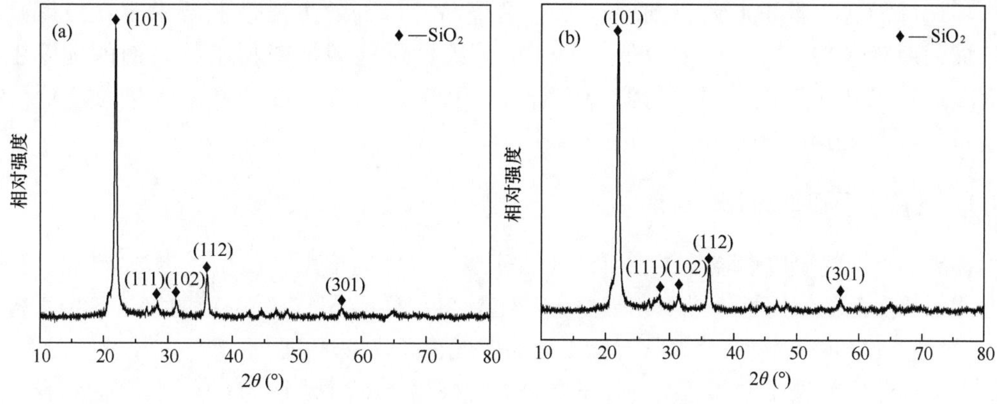

图 8-4　样品 S1（a）、样品 S2（b）XRD 图谱

样品各粒级的粒度组成详见表 8-1。

表 8-1　样品比表面积与粒度测试结果

样品	粒度分布（μm）					BET 比表面积（m^2/g）	备注
	D_{10}	D_{25}	D_{50}	D_{75}	D_{90}		
S1	2. 29	4. 28	6. 55	9. 67	11. 51	3	Winner 2000 激光粒度分析仪测试
S2	2. 17	3. 70	5. 91	8. 87	11. 71	3	

样品 FT-IR 测试结果如图 8-5 所示。由图 8-5 可知，红外吸收峰为羟基、Si—基特征峰。该样品为硅藻土煅烧产物，且无有机基团存在，表明该样品没有经过表面改性处理。

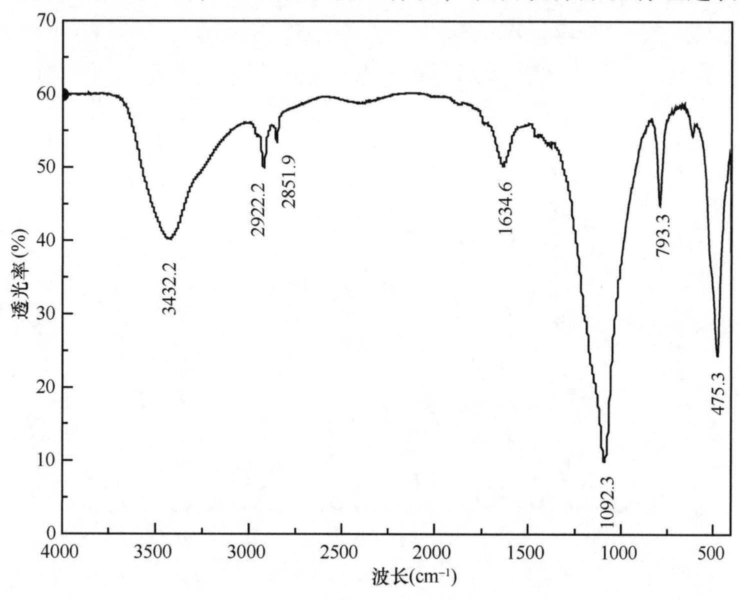

图 8-5　S1 样品红外光谱

8.3 硅藻土开口剂制备方法

煅烧硅藻土用作塑料开口剂，除要满足光学性能及化学性能要求外，其机械力学性能与物理性能也非常重要。目前对硅藻土煅烧品开口剂的主要性能要求有：粒度及粒度组成、白度、吸油率、堆密度等。杜玉成等人针对能满足塑料用开口剂的硅藻土煅烧后期加工来开展工作，先进行实验室样品制备工作研究，在此基础上进行工业样品的制备与应用实验。

8.3.1 硅藻土开口剂的制备研究

样品的选取主要以煅烧硅藻土所涉及的藻型和白度为依据，藻型决定产物的功能性，而白度影响产品的应用性。在商用煅烧硅藻土开口剂样品 S1 中有一定的直链藻，对样品的松散性和降低堆密度非常有利，且 S1 样品白度较高（89.0 度）。

煅烧硅藻土首先要保证白度。在不影响大规模生产的前提下，应有一定的直链藻，如有必要时可将不同产地、不同藻型的煅烧硅藻土进行复合配料。本研究在吉林煅烧硅藻土两个厂区选取 6 个产品，分别为：400 号、600 号助滤剂和齿科样品，702 号助滤剂，白微细样品两个。另外选取内蒙古化德硅藻土助滤剂 700 号和 1000 号，因化德硅藻土存在大量直链藻。通过对所选样品进行各种性能的综合比较，选取吉林齿科、化德 1000 号为原料。其中齿科样品白度较高，为 87 度；化德 1000 号白度为 85 度；白微细白度可达 87 度。其制备过程为：以齿科材料样品为主原料，配伍一定量的化德硅藻土 1000 号。力图解决下列问题：①白度问题，首先选取现场白度较好的样品进行再加工，以便以后的工业化生产；如现场样品的白度达不到要求，需进行增白实验。增白实验即加入一定比例的钛白粉。②细度问题，采用砂磨机研磨工艺处理，在保证对产品白度不损失的前提下进行。③吸油率问题，在白度、细度达到要求后，检测样品的吸油率，如达不到指标要求时，可添加高吸油树脂或一定比例白炭黑（以生产成本最低为目标）。

吉林齿科样品的 XRD 测试结果如图 8-6 所示。由图 8-6 可知，特征衍射峰与方石英的

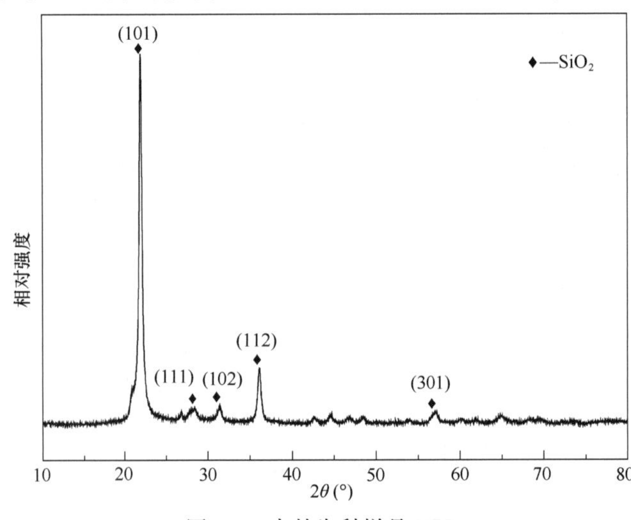

图 8-6　吉林齿科样品 XRD

特征峰非常吻合，表明样品为纯正的方石英晶体，且与商用样品的 XRD 非常接近。

产品粒度组合实验：作为塑料开口剂的粉体填料，其粒度大小要适当，并不是越大越好，也不是越小越好。粒径过粗，虽然开口效果好，但影响了塑料薄膜表面的光泽和透明性，也在一定程度上因摩擦缩短了机器的使用寿命；反之，开口剂颗粒过细，既影响颗粒的分散性，也因过细使薄膜表面形成的凹凸不足，导致抗粘连效果不明显。因此，塑料薄膜开口剂微粒的尺寸必须与塑料薄膜的种类和厚度相匹配。对于给定的塑料薄膜，当开口剂粒径与塑料薄膜厚度相对应时，开口效果最好，且粒径分布得越窄，其开口效率越高。通常情况下，粒径在 0.5 ~ 8μm 为最好。

基于上述分析，进行了齿科材料（本身粒度太大）的研磨实验。各研磨时间的实验结果如图 8-7 所示。

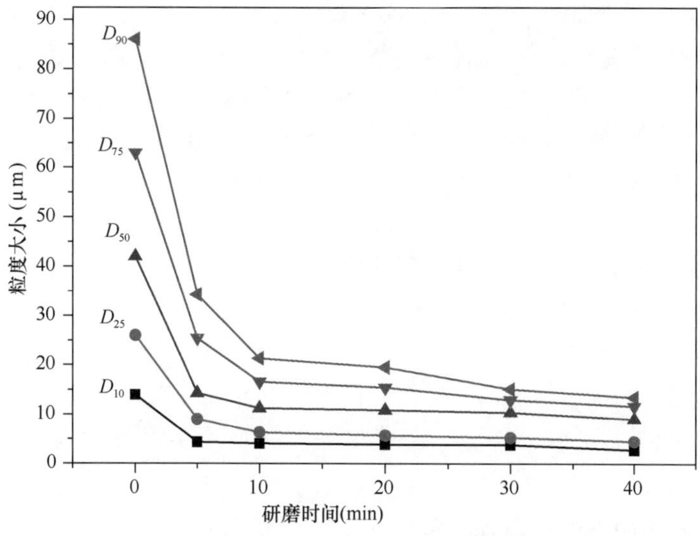

图 8-7　研磨时间对粒度的影响

不同研磨时间对应各样品 D_{10}、D_{25}、D_{50}、D_{75}、D_{90} 粒度值与商用样品 1、2 粒度组成见表 8-2。

表 8-2　齿科硅藻土分别研磨后样品的主要性能

样品	D_{10}	D_{25}	D_{50}	D_{75}	D_{90}	白度值	亚麻籽油吸油率（g/g）
齿科原料	14	26	42	63	86	87.2	0.88
5min	4.36	9.03	14.32	25.40	34.25	88.5	0.85
10min	4.09	6.30	11.25	16.57	21.31	88.9	0.72
20min	3.86	5.70	9.88	15.46	19.51	89.4	0.70
30min	3.82	5.26	8.41	11.96	13.11	89.9	0.66
40min	2.76	4.53	8.04	10.70	12.50	89.6	0.63
S1	2.29	4.28	6.55	9.67	11.51	89.0	1.39
S2	2.17	3.70	5.91	8.87	11.71	88.0	1.41

由图8-7和表8-2实验结果可知，研磨40min后，产物样品已接近商用硅藻土开口剂样品的粒度组成，且已达到通常情况下塑料开口剂粒径要求（粒径0.5～8μm）。

产品白度研究：齿科材料原料的白度较高，为87.2，但仍低于商用样品（89.0、88.1）。经过研磨后，由于粒度较细，样品检测时表面光学性能有了很大改善，样品的白度也得到相应提高，其中当研磨20min后，样品的白度提高近2度，已高于89度。表明采用本研究工艺进行研磨处理，在满足粒度要求的同时，不但没有影响产物的白度值，反而大大改善了产物的白度。白度测试结果详见表8-2。

产品吸油值研究：吸油值是表征开口剂微观结构的重要指标之一，主要反映开口剂粒子的孔隙率和表面疏水性能。作为塑料薄膜的SiO_2类开口剂，应有其适宜的吸油值，其值过低将影响开口剂和高分子材料的结合，过高会使体系稠度增高，造成混合和流动困难。根据目前工厂应用数据，吸油值在1.4～1.6mL/g为最佳。

本研究分别对齿科材料原料和各研磨条件下所得产物进行吸油值的检测，检测结果见表8-2。由表8-2可知，吸油值随研磨时间的延长而降低，最大可降低0.2g/g，但即使是齿科材料原料，其吸油值也只有0.88g/g，达不到塑料开口剂所要求的最佳值。需要说明的是，实验研究所采用的测试方法为每克样品的吸油量以质量表示，其数值要比以体积表示的测试数值低10%左右，因此，如以质量表示，开口剂最佳吸油值为1.26～1.44g/g。由此可知，商用开口剂样品具有最佳的吸油值。

基于上述分析，需对样品进行增加吸油值实验。采用两个途径进行吸油值增加实验：①加入少量高吸油树脂，在提高吸油值的同时，对产品的后继应用不产生影响；②在研磨过程中加入一定量的高吸油值的白炭黑，因白炭黑本身就可作为开口剂应用，且增稠作用明显，过多的白炭黑掺入量还会影响白炭黑制品的性能，两者配伍恰恰可实验两种材料的性能互补。

方法①中，由于高吸油树脂对样品的研磨性能影响较大，只能进行后期添加方式，当研磨硅藻土（30min样品）1g中加入0.05～0.08g，即5%～8%高吸油树脂时，所制备样品的吸油值就达到1.13～1.41g/g。存在两个不利因素：一是对堆密度降低贡献小；二是成本增加较大。

方法②实验结果见表8-3。

表8-3　白炭黑掺量与样品吸油值

掺量（%）	5%	10%	15%	20%	25%
吸油值（g/g）	0.80	0.95	1.11	1.30	1.41

表8-3中的实验数值基本符合线性方程：$y=3x+0.65$。详见图8-8。

由表8-3中的实验结果可知，当掺量大于15%时，吸油率大于1.11；当掺量为25%时，可达到塑料开口剂所要求吸油值的最佳值。

不同研磨条件下各样品的粒度、白度与S1样品的对比见表8-4，其中白炭黑掺入量为15%。由表8-4结果可知，适当实验条件下，可制备出符合商用要求的硅藻土类开口剂样品。

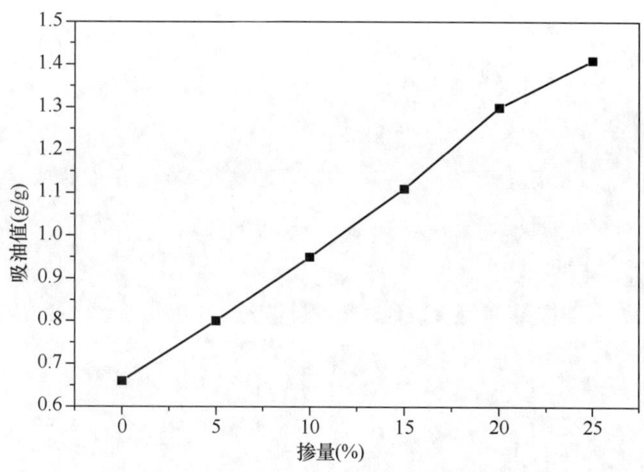

图 8-8　白炭黑掺量对样品吸油值的影响

表 8-4　不同研磨条件下各样品粒度、白度、吸油值测试分析结果

样品	D_{10}	D_{25}	D_{50}	D_{75}	D_{90}	白度值	亚麻籽油吸油值（g/g）
20min	2. 76	4. 60	7. 16	10. 67	12. 22	90. 2	1. 14
30min	2. 42	4. 21	6. 51	9. 36	11. 31	90. 9	1. 36
40min	1. 96	3. 51	6. 04	8. 71	10. 58	91. 6	1. 38
S1	2. 29	4. 28	6. 55	9. 67	11. 51	89. 0	1. 39
S2	2. 17	3. 70	5. 91	8. 87	11. 71	88. 0	1. 41

8. 3. 2　硅藻土开口剂的性能评价与应用性能

传统的硅藻土煅烧品与助熔煅烧品是在 800 ~ 1100℃ 温度下进行煅烧，煅烧品显粉红色，而添加 NaCl、$NaCO_3$ 等助熔剂进行助熔煅烧的硅藻土则显白色。本次实验均添加助熔剂煅烧硅藻土。经过对硅藻土煅烧品的性能测试分析，发现两种产物从粒度、白度等方面性能都良好。粒度较细，在塑料薄膜加工过程中有利于分散，消除了传统无机类开口剂分散困难的弊端。此外，加入助熔剂后白度较白，不至于影响美观，作为无机类填料是非常合适的。其未经过表面改性处理，为今后的研究留下了广阔的探索空间。同样地，在助熔煅烧条件下，硅藻土大部分微孔熔融，同时，硅藻孔道之间的熔融会使硅藻孔径增大，导致助熔煅烧的硅藻土比表面积大幅下降，吸附能力会削弱。定型产品 SEM 如图8-9 所示。

煅烧硅藻土开口剂主要应用于日常塑料袋。塑料袋以其方便、价廉且使用广泛，在市场上很受欢迎。由于塑料袋表面接触面积过大，导致使用过程中不易打开，故在其制备过程中加入粒度大小合适且均匀的煅烧硅藻土颗粒，该颗粒可均匀地分散在塑料薄膜中，使塑料袋表面形成许多微观的凸起，在使用过程中方便打开，达到开口的目的。

为了使薄膜厂家使用方便，常常将开口剂做成开口母粒的形式。母粒是指在塑料加工成型过程中，为了操作上的方便，将所需要的各种助剂、填料与少量载体树脂先进行混合混炼，经过挤出机等设备计量、混合、熔融、挤出、切粒等加工过程制得的颗粒料。母粒

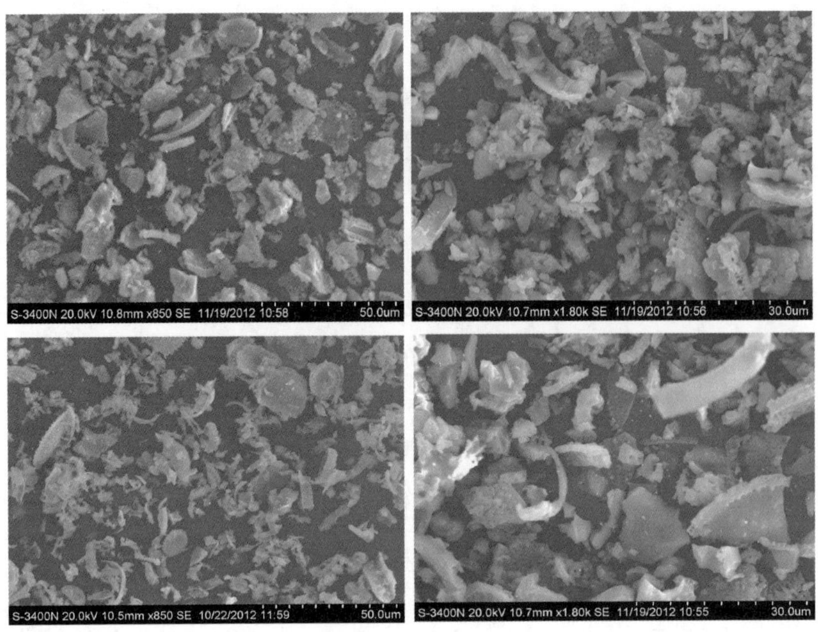

图 8-9 样品 SEM

中助剂的限度或填料的含量比实际塑料制品中的需要量要高数倍至十几倍。将硅藻土煅烧品做成硅藻土母粒形式，更加适应现在市场的需要。

商用硅藻土类开口剂的性能指标见表 8-5。

表 8-5 商用硅藻土开口剂的性能

性能	样品				
	Super Floss	Super Floss	White Mist PF	Micro-Ken 801	Super Floss MX
粒径中值（μm）	5.2	7.5	11.2	17.0	9.0
颜色					
亮度（蓝光）	90	89	89	91	91
Hunter b 值（干）	<2	2	<2	3	<2
Hunter b 值（湿）	4.2	4.7	5.3	9.0	6.5
折射系数	1.48	1.48	1.48	1.45	1.48
水分含量（%）	<0.5	<0.5	<0.5	<0.5	<0.5
相对密度	2.3	2.3	2.3	2.3	2.3
主要化学成分含量（%）					
SiO_2	91.6	91.6	91.8	92.0	91.9
Al_2O_3	2.7	2.7	3.2	1.5	2.5
Na_2O+K_2O	3.3	3.3	2.9	2.7	2.3
Fe_2O_3	0.9	0.9	1.0	1.2	1.1
CaO	0.1	0.1	0.6	0.3	0.4
MgO	0.6	0.6	0.5	0.6	0.5

第9章　硅藻土调湿材料

9.1　湿度及调湿材料

9.1.1　概述

湿度是表示空气中水蒸气含量多少的尺度。空气的温度越高，它容纳水蒸气的能力就越高，不含水蒸气的空气被称为干空气。常用来表示空气湿度的方法有绝对湿度、相对湿度和含湿量。绝对湿度，定义为每立方米湿空气在标准状态下所含水蒸气的质量，即湿空气中的水蒸气密度，单位是千克/立方米。相对湿度（用 *RH* 表示），表示空气中的绝对湿度与同温度下的饱和绝对湿度的比值，得数是一个百分比。绝对湿度只能说明湿空气中实际所含水蒸气的质量，而不能说明湿空气干燥或潮湿的程度及吸湿能力的大小。相对湿度表征空气中水蒸气接近饱和含量的程度。比值小，说明湿空气饱和程度小，吸收水蒸气的能力强；比值大，则说明湿空气饱和度大，吸收水蒸气的能力弱。相对湿度有两种计算方法：一种是单位体积空气内实际所含的水气密度（用 d_1 表示）和同温度下饱和水气密度（用 d_2 表示）的百分比，即 $RH(\%)=(d_1/d_2)\times100\%$；另一种是实际的空气水气压强（用 P_1 表示）和同温度下饱和水气压强（用 P_2 表示）的百分比，即 $RH(\%)=(P_1/P_2)\times100\%$。含湿量是表示每千克干空气所含有的水蒸气量，单位是千克/(千克·干空气)。

随着社会的发展及生活水平的提高，人们的环保和健康意识明显增强，对居住环境的舒适度和安全性要求越来越高。室内温度、空气相对湿度、空气质量是居住舒适及对人民身体健康影响的重要环境参数。因此，湿度的作用和危害在国内日益受到关注，关于湿度控制和调节的研究也越来越受到重视。相对湿度低于40%时，会导致家装涂料和竹木家具变形龟裂，影响人体代谢和各器官正常工作。湿度太高影响人的体温调节功能，引起血管舒张、脉搏加快甚至出现头晕等症状，更加速微生物繁殖，使人们极易感染疾病；对于精密贵重仪器而言，湿度过高的危害不仅仅是缩短仪器寿命，更使得仪器的精密程度大大降低。由此可见，湿度控制无论对人居环境，还是物品、仪器保护方面都十分重要。加拿大学者 Anthony 综合了各种因素，考虑湿度对微生物生长、人体发病以及物品变质等各种影响后，推荐最佳的相对湿度（*RH*）范围在40%～60%之间。

9.1.2　湿度的调节方式

按是否消耗人工能源，可将湿度控制调节分为主动式方法和被动式方法。空调和加湿器是最常见的主动式调湿方法，但是这些利用机械的传统方法必然提高对整个系统建筑结构的要求，对热舒适和空气质量产生影响，引发“建筑综合征”和“室内空气质量”问题，而且设备投资、机械日夜运转及其能量消耗等方面花费昂贵，要消耗大量电能，污染环境和破坏生态。被动式方法即利用调湿材料或智能调湿材料的吸放湿特性来调节湿度，无须任何机械设备和能源消耗，因而是一种生态性的控制调节方法。

9.1.3 调湿材料及调湿原理

“调湿材料”这一概念是由西藤、宫野等首先提出来的，是指不需要借助任何人工能源和机械设备，依靠自身的吸放湿性能，感应所调空间空气湿度的变化，自动调节空气相对湿度的材料。将调湿材料作为室内装饰的一部分，在环境湿度较高的时候，调湿材料吸附水蒸气，降低环境湿度；当环境湿度降低时，调湿材料则会释放其吸收的水分，稳定环境湿度，从而使建筑室内环境保持在人体适宜的湿度范围内。因此，就调湿材料的作用而言，也可以将其视为一种具有自动蓄放湿能力的容器。

调湿材料具有丰富的多孔结构，可以吸附大量水蒸气分子，在一定条件下水蒸气分子也可以脱附于材料，从而达到调湿效果。调湿过程伴随热量传递，对温度也能进行一定程度的调节。材料的调湿性能是用吸放湿性能来描述的，它包含两个方面的内容：①吸放湿量的大小；②吸放湿的快慢。前者反映吸放湿能力，后者反映吸放湿的应答性。理想调湿材料的调湿原理可从图 9-1 所示的调湿材料吸放湿曲线来说明，当空气相对湿度超过某一值 Φ_2 时，平衡含湿量急剧增加，材料吸收空气中的水分，阻止空气相对湿度增加；当空气相对湿度低于某一值 Φ_1 时，平衡含湿量迅速降低，材料放出水分加湿空气，阻止空气相对湿度下降。因此，只要材料的含湿量处于 $U_1 \sim U_2$ 之间，室内空气相对湿度就自动维持在 $\Phi_1 \sim \Phi_2$ 范围内。调湿材料的具体作用机理因种类差别而不同。

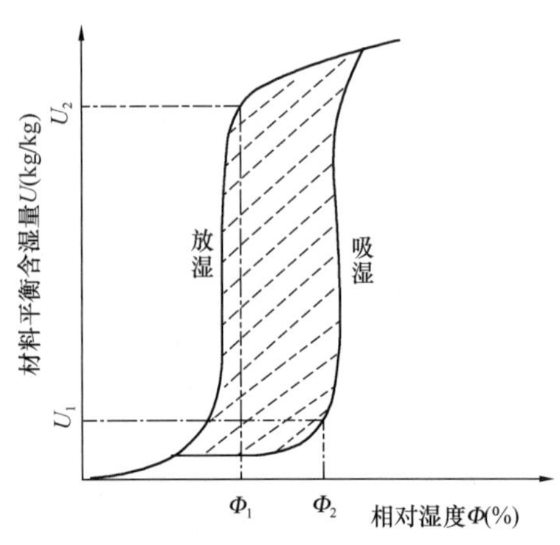

图 9-1 理想调湿材料的吸/放湿曲线

分析图 9-1 可以看出，材料具有如下特征时其调湿性能较好：

（1）图中阴影部分越窄越好。当图中阴影部分狭窄时（即吸放湿曲线间滞后环宽度足够小），材料的吸放湿能力很接近，这样材料可以将吸收的水分最大限度地释放到环境中，才能起到真正“调湿”的作用。

（2）图中斜率越大越好。对于室内环境调湿而言，图中 $\Phi_1 \sim \Phi_2$ 之间斜率越大越好，这样调湿材料可使室内的相对湿度稳定在相当窄小的范围内，材料的调湿精度比较高，真正达到“自律型”调湿的目的。

9.2 调湿材料国内外制备研究现状

9.2.1 日本对调湿材料的研究

从 20 世纪 60 年代“调湿材料”这一概念被日本研究者提出后，相关人员就前赴后继地展开了调湿材料的研究及应用工作，这也奠定了日本在调湿材料研究领域的主导地位。目前研究开发的调湿材料虽然有很多种，但主要的可归纳为四类。

第一类是硅酸钙水合物系调湿材料，是日本旭硝子开发本部小野公平等以石灰或水泥和硅砂为主要原料，经不同的工艺过程相继研制而成。一种直接混合成型，称为 ALC 板；另一种是用抄造法生产的硅酸钙板。这两种都是 1983 年研制开发的。另一种是 1989 年用湿浆法将石灰与硅酸原料在水中混合，于 1.0×10^{3}kPa 下进行热水反应合成后，压制成型，再进行特殊的化学反应，使其具有调湿能力，最后干燥加工而成。经测试比较，用抄造法和湿浆法制得的硅酸钙板，其最大平衡含湿量不及木材，但其吸放湿速度和调湿力较木材强，且不燃、尺寸稳定。湿浆法制得的调湿硅酸钙板还具有相当强的吸水能力，可用于防止住宅结露和日周期波动的湿度调节。

第二类是以天然沸石为原料研制开发出来的板状吸放湿板。主要有 A 型沸石板、B 型沸石板和灰浆护墙板三种。A 型沸石板是由町长治、牧田昭信等人于 1972 年研制，以 30% 的天然沸石与水泥及纤维混合，经发泡成型后，再在高压蒸气中养护而成。B 型沸石板于 1987 年开发，是 60% 的天然沸石板与水泥及纤维混合，在室温下养护而成。A 型由于经过发泡工艺，故其孔隙率较 B 型大，导热系数比 B 型小，抗压强度和抗弯强度都不及 B 型。灰浆护墙板由鹿岛建设技研所寒河昭夫等人于 1987 年研究开发，是将天然沸石研磨成细小颗粒，置换一部分砂，与灰浆直接混合调制而成。其吸放湿能力随置换率的增加而增强，抗压强度和抗弯强度随置换率的增加而下降。置换率为 50% 左右时可兼顾其吸放湿性和各种力学性能。经比较，灰浆护墙板的吸放湿量不及抄造法生产的硅酸钙板，比纯灰浆板高两倍，与木材相当。但在可造型、耐久性、防腐、防火性、强度、成本、尺寸稳定性等方面较木材性能优越，可作为室内装修材料代替木材使用。

第三类是硅藻土系调湿材料。日本市场上出售的硅藻土系调湿材料主要是用稚内、石川和秋田三地硅藻土支撑的板状材料。用硅藻土制成的调湿材料虽然吸放湿性能不及上述两类材料，但由于有很多细孔（直径一般为 0.1 ~ 0.2μm），故在吸放空气中水分的同时，有绝热、脱臭、吸声等作用，特别适于有功能要求的场所。

第四类是纸类调湿材料。由于前三类调湿材料的透气性差，与空气接触面积小，存在着应答性慢的缺点，不能满足温湿度急剧变化的调试要求。传统的纸类调湿材料如布壁纸、纸壁纸等，具有一定的吸放湿能力，但调湿能力却不理想。中野修和友竹义明等先后开发了酸、碱性吸湿纸、传热率高的吸湿纸，但调湿能力最好的是 1990 年开发的称为 SHC 的调湿纸。这种纸是以少量木质纤维和多量的无机吸湿粉体为原料在水中混合分散，加入一定的粘结剂，进行聚离子反应后，在掺纸金属网上压紧脱水成型而制成。将 SHC 纸与桐木置于钢制密闭的实验箱中进行比较，发现 2kg/m^{3}的 SHC 纸比 8.5kg/m^{3}的桐木还好，相对湿度在平均值附近的波动仅为 3%，而桐木为 5%。

9.2.2　西方国家对调湿材料的开发研究

西班牙、美国、德国等西方国家也相继展开了调湿材料的研究与应用。1998 年，西班牙的 Catutlaf 等对产自西班牙的海泡石进行热活化，测定经过不同温度热活化的海泡石的调湿性能。2000 年，西班牙的 Gonzalez 等研究了以海泡石为基材，与活性炭或无机盐复合而成的调湿材料。美国的 W. P. Grace 公司 Chemiacl Divisoin 生产的中等密度硅胶（DI59）、规则密度硅胶（RD）均具有较高的吸湿容量和较好的调湿性能。德国一家研究所研制出一种新型调湿墙纸，这种墙纸具有可收缩和扩大的微小气孔，冬天气孔收缩防止水蒸气在墙表面凝结，夏天气孔扩大，使墙体水分排出。

9.2.3 我国对调湿材料的开发研究

我国关于调湿材料的研究大多是借鉴国外的研究经验与成果，研究对象主要集中在对硅胶、无机盐、无机多孔矿物质、高吸水树脂及复合材料上。

调湿材料的研究最早始于1990年清华大学土木系建材研究室开展的调湿建筑材料研究，该室于1991年与日本大学的笠井芳夫等联合发表了“关于采用天然沸石作调湿材料的试验”的论文。1994年清华大学冯乃谦等人以沸石为原材料研制调湿材料，发现放置沸石调湿材料样品的容器内湿度稳定在60% ~70%之间，而没有放置调湿材料的容器内部湿度在50% ~90%之间浮动。1997年上海博物馆罗曦芸综述了几类常用的调湿材料，并采用海泡石为载体与无机添加剂复合制成一种吸湿剂。同年，魏超平进行了石膏板的吸湿解潮性能研究。1999年王新江与日本名古屋工业技术研究所渡村信泊进行了利用煤系高岭土制备自律型调湿材料的研究。2001年华侨大学冉茂宇研究了硅胶的吸放湿性能，同时探讨了材料的吸湿机理。2002年清华大学黄季宜等利用高分子树脂吸收$CaCl_2$、LiCl盐溶液后形成的凝胶（Gel），其蓄湿能力优于硅胶材料。2003年河北工业大学梁金生等人利用海泡石、木质纤维等制成了一种具有自调湿功能的建材添加剂。2004年北京工业大学环能学院的李双林等人研制出新型调湿涂料，可使密闭空间内的相对湿度在40min内由92.5%降低到79.5%。2005年中国建筑材料科学研究院的金宗哲、吕荣超等对海泡石、沸石、硅藻土进行吸放湿性能的基础研究。2006年天津大学利用农作物秸秆、多孔矿物质和水泥配制调湿墙体材料。2007年华东理工大学邓最亮制备了凹凸棒石改性的水泥基复合材料并考察了凹凸棒石对复合材料内部结构及调湿性能的影响。

我国对调湿材料在吸湿性研究方面的论著较多，但对某种调湿材料的具体吸、放湿机理的研究还不多见。而且，国内相关调湿产品尚处于初级开发阶段，未见价格适中、性能良好的调湿材料产品推出。

9.3 调湿材料的分类

自调湿材料这一概念被提出后，国内外学者竞相开发和研究各类调湿材料。总结归类国内外开发的调湿材料，可大致分为天然调湿材料和人工合成调湿材料两种。

9.3.1 天然调湿材料

天然调湿材料有木材、竹炭和木炭。调湿性是木材具备的独特性能之一，也是其作为室内装修材料、家具材料的优点所在。其调湿性是靠木材自身的吸湿及解吸作用，缓和室内空间的湿度变化。1994年、1997年王松永等对31种木质内装材料的调湿性能进行了研究，得出经树脂处理或贴面的木基材料的调湿性能差于未处理的木基材料。1999年曹金珍等的研究同样得出木材及木质材料具有较好的环境湿度调节性能，能够缓和室内环境湿度的急骤变化。

竹炭是竹子在无氧高温下炭化烧制而成。竹炭的平衡含水率随炭化终点温度的升高而升高，于700 ~800℃炭化的竹炭的调湿能力最强。木炭的生产过程与竹炭类似，不同品种的木材烧制而成的木炭的孔结构不同，其调湿性能也不同。

9.3.2　人工合成调湿材料

硅胶是一种多孔结构的无定型二氧化硅，其化学组成为 $SiO_2 \cdot nH_2O$，过渡中间产物 $Si(OH)_4$ 自动聚合成三维交联、因含水而膨胀的橡胶状凝胶，其孔径一般为 1.5～20nm。由电子显微图可见，硅胶粒子由很多细颗粒的附聚物组成，这使硅胶有微孔结构。硅胶经各种“活化”处理后其有效比表面积可达 $700m^2/g$，并且对极性分子（H_2O）的吸附能力超过对非极性分子的吸附能力。正是这一特性使硅胶在工业上主要用作吸湿剂。硅胶虽然是一种公认的最有效的湿度控制剂，但由于其在水的吸附与解吸循环中呈现较严重的滞后现象，使其应用受到很大的限制。目前，人们正在通过改变硅胶的颗粒直径、孔径大小和分布等措施来提高其吸湿容量和响应速度。美国的 W. P. Grace 公司生产的中等密度硅胶（ID59）、规则密度硅胶（RD）具有较高的吸湿容量。

无机盐类调湿材料，如 $LiCl \cdot 6H_2O$、$CaCl_2 \cdot 6H_2O$、$NaNO_3$、NH_4Cl、$Pb(NO_3)_2$ 等，其调湿原理在于无机盐饱和盐溶液对应于一定的饱和蒸汽压，吸湿量大且吸湿速度快。在同样温度下，饱和盐溶液的蒸汽压越低，所控制的相对湿度也越低。在差不多整个湿度范围内能通过选择适当的盐水饱和溶液来维持一定的相对湿度，但是由于大部分固体无机盐随着吸湿量的增加，自身会慢慢潮解，而且在常温下不稳定，极容易产生盐析，并随着时间的延长日趋严重，从而对保存物品产生污染，因此其使用受到了限制。

9.3.3　无机矿物类

应用于调湿材料的无机矿物比较多，如蒙脱石、硅藻土、沸石、海泡石、高岭土等，这类无机矿物的主要特点是内部微孔多、比表面积大、吸附能力强。以这类无机矿物为基材，通过一定的制备工艺，可以制备出各类调湿材料。

以天然高岭土为原料，通过烧结和选择性溶解技术制备出孔径范围在 1～100nm 的多孔粉体材料，加入适量的高岭土压制成适当的形状，比如块状、板状材料，再经烧结得到最终湿度调节材料。这种材料的最大水蒸气吸附量能达到本身质量的25%，具有耐酸碱、耐高温、高强度和耐久性。制备过程中能对材料的孔径进行适当控制，从而使最终的湿度调节材料能将空气中的湿度保持在不同的范围内。

蒙脱土是膨润土的主要成分，是一种具有层状结构的铝硅酸盐矿物，并且具有两个非常重要的性质：层间阳离子的可交换性与在极性溶剂作用下层间距的可膨胀性。蒙脱土的层状结构以及能吸附和释放水蒸气的特性，使其成为天然的调湿材料，但它的湿容量很小。通常所指的蒙脱土调湿材料是指利用天然蒙脱土在强极性分子作用下所具有的可膨胀性及阳离子的可交换性，通过交联将有机或无机阳离子引入其层间而制得。黄剑锋等将钙基膨润土交换成镍基膨润土，然后使丙烯酰胺在膨润土中配位插层聚合制备出聚丙烯酰胺/膨润土复合调湿膜。

沸石是沸石族矿物的总称，具有网架状结构的含水碱金属硅铝酸盐矿物。由于沸石孔穴中含有阳离子，骨架中含有负电荷，使得沸石对极性、不饱和及易极化分子具有优先选择吸附作用。人造沸石有大的比表面积，内部中孔结构较多，微孔、中孔、大孔之间的匹配性好，因此水分向内部的渗透性强，吸放湿能力较强。日本已经开发出多种以天然沸石为原料的吸放湿板，前已述及。

郭振华等采用物理和化学方法对天然海泡石材料进行纤维剥离和活化处理，发现当活化温度为 200 ~250℃、加热6h 时材料的孔隙度和比表面积最大，自调湿性能最为理想。张连松等利用纤维桩海泡石对纳米二氧化钛进行吸附，并与沸石、硅藻土等多孔材料进行选择复配，研制成一种具有净化空气、抗菌、调湿、诱生空气负离子等功能的内墙粉末装饰涂料。吕荣超等研究认为，海泡石和白水泥复合调湿材料可以使一定环境内的湿度稳定在 40% ~50% 。GonzalezJ. C. 等也利用海泡石制备成高效调湿材料。

9.4 硅藻土调湿功能材料

硅藻土是一种生长在海洋或湖泊中的单细胞植物硅藻的遗骸长期沉积形成的硅质岩石。硅藻土有 2∶1 链状结构以及蛋白质 A 结构的无定型 SiO_2，由通过氧和羟基连接的硅氧四面体构成，具有细腻、质轻、松散、内部微孔多、比表面积大、吸附性和渗透性强（能吸收其自身质量的 1.5 ~4 倍的水）、化学稳定性好（除溶于氢氟酸外，不溶于任何强酸，但能溶于强碱溶液中）等特性，因此被广泛应用于化工、石油、建材、食品、环保等领域。

9.4.1 硅藻土调湿材料的调湿性能

孔伟等对海泡石、硅藻土和沸石三种矿物材料的吸放湿能力进行的研究中发现，硅藻土的吸湿能力不如沸石，但是其放湿能力要高于其他两种矿物，且吸放湿循环性能好，具有吸放湿速度快、放湿量可观、湿容量小的调湿特点。硅藻土凭借其放湿量可观、环保价廉、多功能性等特点成为较适用于规模工业应用的调湿材料。硅胶的多孔性和表面羟基的亲水性，使其具有较高的吸湿量和较快的吸湿速度，吸湿性较好，同时吸水膨胀性导致其放湿性差，特别是水的吸附与解析循环中呈现较严重的滞后现象，限制了它的工业应用。有机高分子类的调湿材料如聚丙烯酸（PAA）内部松散的网络结构和强亲水性基团决定其有较高的吸水率和保水性，但大分子结构也造成其吸放湿的速度慢、放湿性能差、制作工艺复杂等缺点，限制了它的工业应用。干燥剂氧化钙遇水发生化学反应，生成氢氧化钙是其具有吸湿性的原因，这也决定了其放湿量很低。无机矿物材料如硅藻土、沸石、海泡石等主要依靠内部较多的孔道与极大的比表面产生的水分子吸附、脱附作用，表现为吸湿量有限，放湿再生能力较好。

硅藻土是一种天然材料，不含有害化学物质，除了具有防水、调湿特点外，还有不燃、隔声、质量轻以及隔热、除臭、净化室内空气等作用，而且硅藻土造价低，无须复杂加工，非常适合大面积的推广与应用。日本是最早将硅藻土制成调湿材料的国家，如硅藻土和合成树脂制成调湿内墙涂料、硅藻土板材等。目前，日本和我国市场上已出现以硅藻土、硅藻泥为主要成分的涂料、瓷砖、墙体及壁材等调湿建筑材料，但是这些硅藻土调湿建材仍存在吸湿性较低等缺点，限制了硅藻土在调湿领域的规模应用。因此，进一步研究硅藻土的结构特征和调湿机理，提纯硅藻土、改善硅藻土的孔结构以及提高硅藻土的吸湿性，成为硅藻土调湿应用亟待研究和解决的问题。

9.4.2 硅藻土调湿机理

硅藻土作为一种无机矿物材料，其主要成分是无定型 SiO_2，但是它不同于其他形式 SiO_2 的方面在于它特殊的表面化学性质，硅藻土的颗粒骨架与多孔结构，使硅藻土具备了作为自律调湿材料的基本条件。硅藻土对水蒸气的吸附能力也是物理吸附和化学吸附共同作用的结果。许多学者认为，硅藻土中 SiO_2 的化学吸附作用主要是由表面存在大量的羟基所决定的，因此硅藻土的调湿性在于其表面羟基结构和硅藻孔结构。

硅藻氧化硅羟基的亲水性使其表面通常是由一层羟基和吸附水覆盖，硅藻土中的 SiO_2 一旦与湿空气接触，表面上的 Si 原子就会和水"反应"，以保持氧的四面体配位，满足表面 Si 原子的化合价，形成的羟基表面对水有相当强的亲和力，水分子可以不可逆地或可逆地吸附在表面。前者是键合到表面 Si 原子上的羟基与单分子水氢键键合，是化学吸附的水；后者是毛细效应吸附在表面的分子水，也就是物理吸附的水。

硅藻土是由一个个多孔结构的硅藻壳堆积而成的，硅藻壳颗粒堆积形成的不规则孔道和硅藻壳本身的多孔结构，赋予硅藻土独特的多孔性，孔隙率高、比表面积大，具有强大的吸附性。硅藻颗粒堆积形成的不规则孔道和硅藻壳面中心部分圆柱形的通孔，提供了水蒸气扩散及进出的通道，通孔结构和较高孔隙率有利于水蒸气的扩散，吸放湿速度快，湿环境应答性好；硅藻壳上下壳层的"盒子"构造和硅藻盘边缘的墨水瓶形孔道，提供了较大的水和水蒸气的储蓄空间，吸水量大、湿容量大，调湿缓冲能力强。硅藻土的湿容量和湿环境响应值接近理想调湿材料，因此硅藻土具有较强的调湿潜力。

9.4.3 硅藻土调湿材料及制备研究

硅藻土孔隙率高、比表面积大，具有极强的吸附能力，理论上能吸收其自身质量 1.5 ~4 倍的水。然而，天然产出的硅藻土矿常夹杂、包裹着黏土矿物、石英、长石以及有机质等，宏观表现通道小、孔隙率小、表面酸性弱等缺陷，硅藻土原矿的吸附能力并未达到理论值。提高硅藻土的纯度有利于改善其调湿性能。目前硅藻土提纯的常用方法有擦洗法、酸浸法、碱溶法、煅烧法、综合提纯等。直接采用纯度很好的硅藻土，即一级硅藻土进行调湿材料的后期制备，也是一个不错的选择。

孔伟等研究表明，碱和酸处理的硅藻土饱和吸湿率较高，均在 13% 以上，且二者的吸湿速度快；擦洗土和原土的吸湿性接近，吸湿率接近 10%。碱溶和酸浸提纯方法增大了硅藻土的比表面积和孔容积，有利于水分子的扩散和湿容量的增大，因而二者的吸湿速度较快，饱和吸湿量较大；擦洗的硅藻土比表面积和孔容积略增，吸湿性也与原土类似。

郑佳宜等研究了煅烧硅藻土对硅藻土调湿性能及硅藻土基调湿材料的调湿性能的影响，从未处理及经过 500℃、3h 煅烧处理的硅藻土的宏观调湿性能对比实验结果可以看出，经过煅烧处理后的硅藻土的吸湿量和吸湿速率都有所增加，这是因为煅烧后硅藻土表面细密孔隙及裂痕的出现使其毛细吸湿能力增强。从放湿角度看，虽然放湿量的变化不大，但放湿速率更加均匀，这是由于煅烧后硅藻土表面细小孔隙的出现会增强其锁水能力，从而使硅藻土的湿释放更加平稳。因此，煅烧处理可以提高硅藻土的调湿性能。

煅烧温度和煅烧时间长短对硅藻土的孔隙结构影响显著，800℃ 以上的煅烧温度以及 8h 以上的煅烧时间都会导致硅藻土孔隙结构的破坏，从而恶化硅藻土的调湿能力。在相同煅烧温度（500℃）下，煅烧3h时的硅藻土的调湿性能最佳，此后（5h、8h）硅藻土的调湿性能逐渐降低；在相同煅烧时间（3h）下，过高的煅烧温度（800℃）或者过低的煅烧温度（200℃）都不能使硅藻土的调湿性能达到最佳，而是存在500℃的最佳煅烧温度。硅藻土的宏观调湿性能的差异源于其微观结构的不同及元素成分的改变。硅藻土的孔隙越小而密、细小的裂缝越多，其调湿性能越好；煅烧可提高硅藻土的纯度，有助于提高硅藻土和水蒸气的作用。

基于上述分析，北京工业大学杜玉成、孔伟等采用长白一级硅藻土（SiO_2含量高于95%，硅藻土含量高于98%），进行调湿材料的制备研究。采用适当的工艺条件进行加工处理，可制备出良好的硅藻土调湿材料。现就相关研究工作进行详细介绍。

9.4.3.1　样品调湿性能测试

研究工作中，材料吸放湿性检测采用干燥器法（即静态吸附法），吸放湿实验装置设备自行设计，测试方法参考行业标准《建筑材料吸放湿性能测试方法》（JC/T 2002—2009）进行，过程及装置如图9-2、图9-3所示。

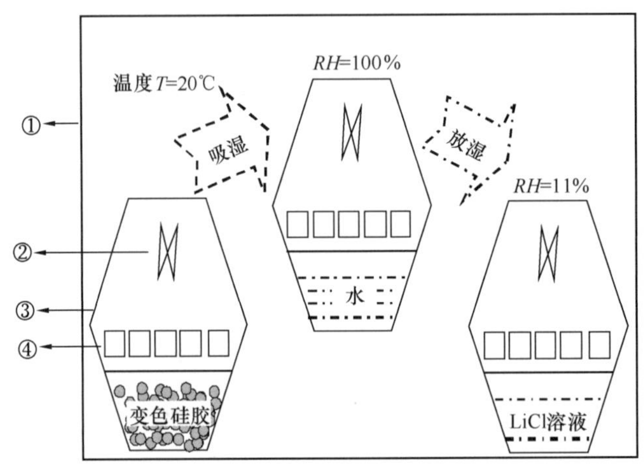

图9-2　干燥器法测定吸/放湿性示意图

①—恒温室；②—温湿度测定仪；③—干燥器；④—称量瓶

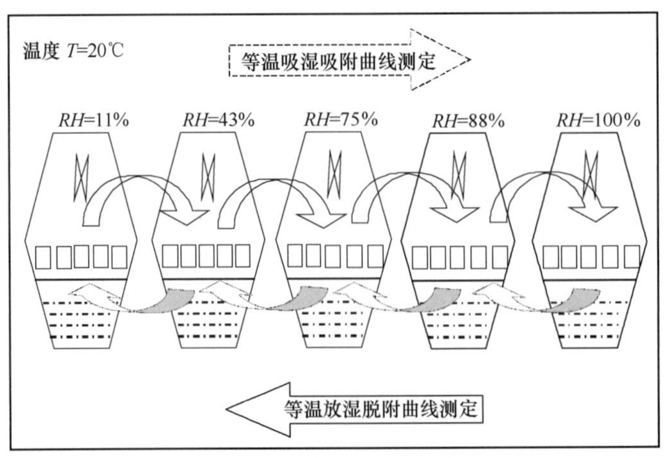

图9-3　干燥器法测定等温吸/放湿曲线示意图

1. 吸湿测试

（1）吸湿测试过程：①称量有密封盖不吸湿的 40mm × 25mm 的扁称量瓶的干重，记为 M_0。将 2g 左右样品放入扁称量瓶中，移至干燥箱中烘干至恒重，干燥箱温度设定为 105℃，当 2h 质量变化不超过 0.002g 时，认为达到恒重。②将烘干至恒重的样品和扁称量瓶从烘干箱里拿出，盖上密封盖放在硅胶干燥器中冷却至室温后，拿掉密封盖放在电子天平上称重，记为干重 M_1。③迅速将扁称量瓶和样品放入容积为 3L 的干燥器内，干燥器底部装有饱和水溶液（$RH = 100\%$），将干燥器放入恒温室内，设定温度为 20℃，使干燥器内的温度恒定。④每隔一段时间，把样品取出进行精确称重，记作 M_n（$n = 1, 2, 3, \cdots$），然后迅速放入干燥器中继续让其吸湿直至饱和，样品的质量不再变化为止，记作 M_{max}。则调湿材料在一定时间内的吸湿率 u_n 和饱和吸湿率 u_{max} 的计算公式为：

$$u_n = \frac{M_n - M_1}{M_1 - M_0} \times 100\% \tag{9-1}$$

$$u_{max} = \frac{M_{max} - M_1}{M_1 - M_0} \times 100\% \tag{9-2}$$

（2）结果处理：以吸湿时间为横坐标，吸湿率为纵坐标，将在 20℃、$RH = 100\%$ 的湿度环境下测得的吸湿数据用 Origin 绘图软件绘制成图，得到吸湿动力学曲线。

2. 放湿实验

（1）放湿实验过程：①将样品放入相对湿度（RH）为 100% 的环境中吸湿，待吸湿饱和后放到电子天平上称重并记为 W_{max}；②将样品放入较低相对湿度环境（$RH = 11\%$）的干燥器中进行放湿，相对湿度同样由饱和盐溶液提供，干燥器放入人工气候箱内，设定温度为 20℃，使干燥器内温度恒定；③每隔一段时间，把样品取出进行精确称重，记作 W_t（$t = 1, 2, 3, \cdots$），然后迅速放入干燥器中继续让其放湿，直至样品的质量不再变化为止，即为达到该湿度环境下的湿平衡，记作 W_{min}。则调湿材料在一定时间内的放湿率 η_t 和最大放湿率 η_{max} 的计算公式为：

$$\eta_t = \frac{M_{max} - W_t}{M_1 - M_0} \times 100\% \tag{9-3}$$

$$\eta_{max} = \frac{M_{max} - W_{min}}{M_1 - M_0} \times 100\% \tag{9-4}$$

（2）结果处理：以放湿时间为横坐标，放湿率为纵坐标，将在 20℃、$RH = 11\%$ 湿度环境下测得的放湿数据用 Origin 绘图软件绘制成图，得到放湿动力学曲线。

3. 吸/放湿吸附

（1）吸/放湿吸附曲线：将烘干至恒重的样品和扁称量瓶从烘干箱里拿出后，盖上密封盖放在空气中冷却，冷却到室温后拿掉密封盖，放在电子天平上称重（M_1）；将上述样品依次放入相对湿度（RH）为 11%、43%、75%、88%、100% 的环境下吸湿（在某一湿度下吸湿完毕后，再放入较高湿度下继续吸湿）；吸湿稳定后在电子天平上称重（M_a），计算在各湿度下样品的含湿率：

$$R_a = \frac{M_a - M_1}{M_1 - M_0} \times 100\% \tag{9-5}$$

以相对湿度为横坐标，该湿度下对应的材料含湿率为纵坐标，绘制得到样品的等温吸湿曲线；将上述相对湿度（RH）100%的环境达到吸湿饱和的样品，依次放入相对湿度（RH）为88%、75%、43%、11%环境下进行放湿（在某一湿度下放湿完毕后，再放入较低湿度下继续放湿），待放湿稳定后，放在电子天平上称重（M_d），计算在各湿度环境下样品的含湿率：

$$R_d = \frac{M_d - M_1}{M_1 - M_0} \times 100\% \tag{9-6}$$

（2）结果处理：以相对湿度为横坐标，该湿度下对应的材料含湿率为纵坐标，绘制得到样品的等温放湿曲线。

9.4.3.2 各种矿物调湿性能对比

将硅藻土与其他矿物或调湿材料的吸放湿性进行对比测试，结果如图9-4所示。图9-4（a）为几种常见调湿材料的等温吸湿曲线，图9-4（b）为等温放湿曲线。由测试结果可知，有机高分子类如聚丙烯酸（PAA）饱和平衡含湿量最高（达52%），表现为较大的湿容量，吸湿曲线斜率变化较小，吸湿速度较慢，饱和放湿率较低（3%左右），放湿曲线的斜率变化小，放湿速度慢。硅胶的最大吸湿量接近30%，50h后基本达到吸湿平衡，湿容量较大，吸湿速度中等，表现与PAA类似的放湿行为，饱和放湿率在5%左右。氧化钙的饱和含湿率在10%左右，吸湿曲线斜率变化大，吸湿速度较快，其对应的饱和放湿率在2%左右，放湿曲线的斜率较大，放湿速度快。无机矿物材料类的饱和含湿量都比较低，沸石接近10%，硅藻土为5%，海泡石为3%左右，三种无机矿物类调湿材料的放湿性较好，其中硅藻土放湿率可达10%，沸石接近8%，海泡石在2%左右，放湿曲线的斜率变化大，放湿速度较快。

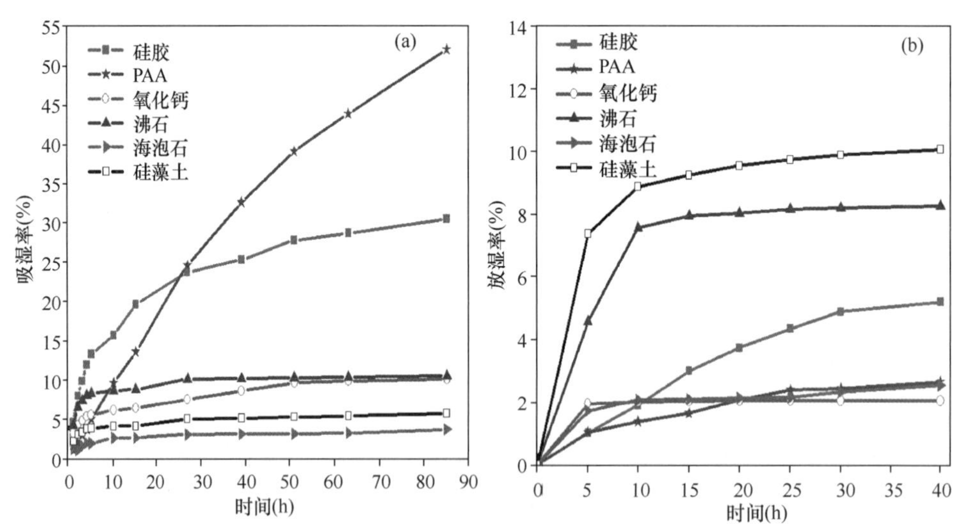

图9-4 不同调湿材料的吸湿率随时间的变化曲线（a）和放湿率随时间的变化曲线（b）

9.4.3.3 不同硅藻土（产地）调湿性能对比

对各地硅藻土的吸湿性进行测试，结果如图9-5所示。图9-5为各矿区硅藻土的吸湿率随时间的变化曲线。图中，云南先锋硅藻土的吸湿性最好，饱和吸湿率达13%；其次是吉林临江硅藻土，饱和吸湿率接近10%；广东海康和浙江嵊县硅藻土的饱和吸湿率较低，为 5% 左右。硅藻土的吸湿性与硅藻矿种属构成有关。硅藻土的产地不同，硅藻种属构成和矿物组成不同，硅藻壳形态各异，进而表现为不同的孔结构、吸附性质，造成吸湿性能差异。云南先锋硅藻土其圆筛形和宽椭圆形的硅藻壳，比表面积和孔容积较大，有利于水分子的自由扩散和存储，同时富含的有机质极易吸附水分子，因此吸湿性较好。但是，富含的有机质和夹杂的褐煤成分使得硅藻土呈现褐色或者黑色，SiO_2 含量低，硅藻土品位低，不利于工业应用；广东海康杆形硅藻土和浙江嵊县筒形硅藻土，受硅藻壳形状限制，吸湿性较差；吉林临江的冠盘或圆筛形硅藻土，圆筛状硅藻壳面增大了与空气中水蒸气分子的接触面积，盒状的上下壳结构增大了硅藻土的湿容量，吸湿性较好，而且 SiO_2 含量较高，硅藻土品位较高，较适合应用于调湿建材领域。

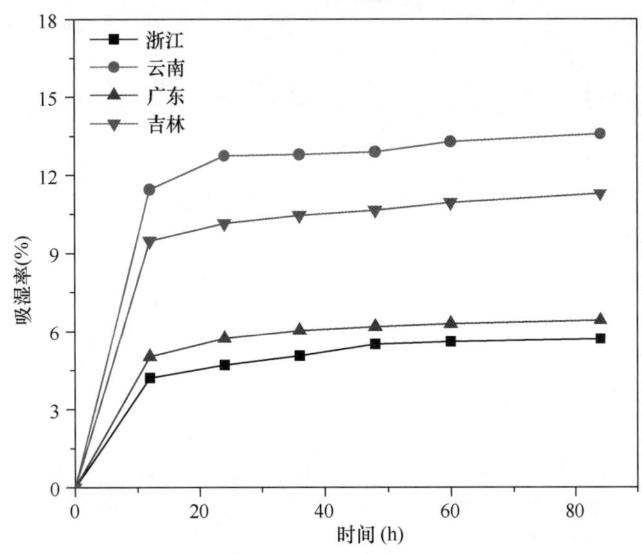

图 9-5 各矿区硅藻土吸湿率随时间变化曲线

9.4.3.4 硅藻土无机盐处理对吸/放湿性能的影响

利用正交试验优化的工艺，制备 LiCl、$MgCl_2$、$CaCl_2$、NaCl 修饰的硅藻土，研究无机盐改性对硅藻土调湿性的影响。

图 9-6 和图 9-7 分别是无机盐改性硅藻土的吸湿和放湿曲线。由图 9-6 可知，LiCl、$CaCl_2$、$MgCl_2$ 改性硅藻土样品吸湿性提高很大，饱和吸湿率均在 60% 以上，吸湿曲线的斜率较大，吸湿速率较快。LiCl 改性的样品饱和吸湿率最高达 100%；NaCl 改性的样品饱和吸湿率约 25%，仍有较大提高。添加适量的无机盐，提高了硅藻土内部离子的浓度和水分子的渗透压，增强了硅藻土对水分子的吸收程度。不同盐改性的样品吸湿性不同，对应于不同无机盐饱和蒸汽压差不同。

由图 9-7 可知，$CaCl_2$ 和 $MgCl_2$ 改性的样品放湿性较好，饱和放湿率分别是 35%、25%，两者放湿曲线的斜率较大，放湿速度快。NaCl 改性样品的放湿率为 15%；LiCl 改性的样品和硅藻酸精土表现出类似的放湿曲线。各盐对应的饱和蒸汽压与外界环境湿度（$RH = 10\%$）的差值是样品放湿的推动力，$CaCl_2$ 和 $MgCl_2$ 相当于 $RH = 33\%$，NaCl 约为 75%，差值较大，动力也较大；LiCl 对应 $RH = 10\%$，与放湿环境差值很小，LiCl 盐基本不起作用，因而与硅藻酸精土表现类似的放湿行为。

无机盐改性的硅藻土的吸湿能力优于放湿能力，这也是众多调湿材料普遍存在的问题。无机盐修饰改性的硅藻土在吸湿过程中，一方面无机盐和水发生水合反应；另一方面水分子受到硅藻土结构中羟基氢键吸引，产生水化作用，被吸附在外表面或孔穴孔道内表面上。这两部分化学吸附水难以脱附，而且物理吸附水也不能完全脱附，因此改性后的硅藻土的饱和吸湿率大于放湿率。

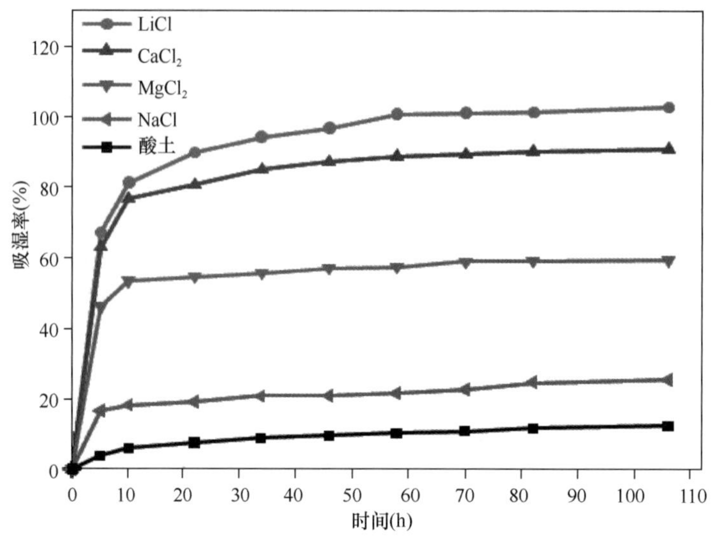

图 9-6　无机盐修饰的硅藻土的吸湿率随时间的变化曲线

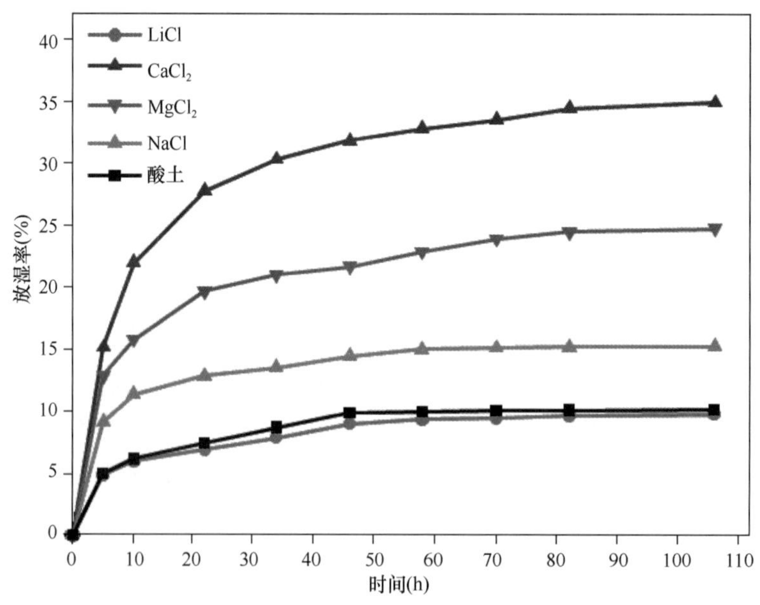

图 9-7　无机盐修饰的硅藻土的放湿率随时间的变化曲线

9.4.3.5　无机盐改性硅藻土的吸/放湿吸附回线

在 20℃下，测量无机盐改性样品的等温吸/放湿吸附回线，结果如图 9-8 所示。由

图 9-8 可得：①在各个相对湿度下，无机盐改性后硅藻土的吸附量均比未改性的大；②不同无机盐对应的吸附回线不同，对应于不同种类无机盐饱和蒸汽压差不同；③样品的吸湿曲线均与第Ⅱ型吸附等温线（Brunauer 分类）相似。无机盐改性硅藻土对水蒸气的吸附是发生毛细凝结、化学反应和多层吸附的过程。当相对湿度较低时（$RH=11\%$），无机盐改性和未改性样品的吸湿率大体相当，此时主要是硅藻土孔结构的毛细凝结和羟基氢键作用吸附水蒸气；在中等相对湿度下（$RH=43\%\sim75\%$），LiCl、$CaCl_2$、$MgCl_2$ 改性样品的等温线吸附量迅速增加，各无机盐在其对应的饱和蒸汽压差的作用下产生不同的吸湿性能，开始产生滞后环，此时主要是无机盐的化学反应吸附水蒸气；在较高的相对湿度（$RH=88\%\sim100\%$）下，无机盐改性样品的吸附量继续增加，说明样品中存在着大孔，产生多层吸附。吸附层中的分子不仅与固体相互作用，也与吸附层内相邻分子相互作用。在某种程度上，紧密单层起到固体延伸的作用，从气相中吸附更多的气体分子，但这种吸附比较微弱。

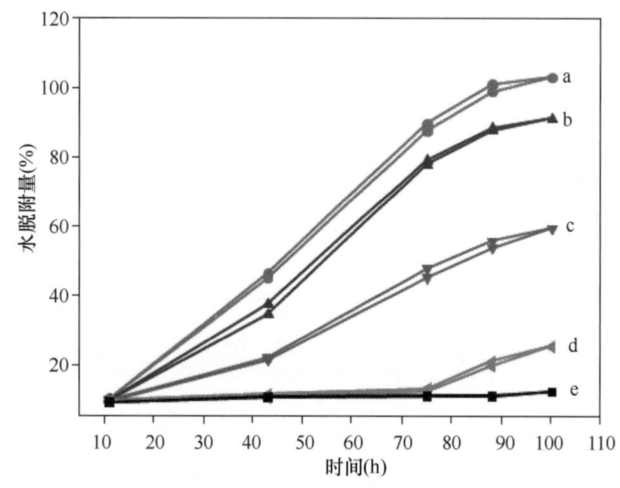

图 9-8　无机盐修饰的硅藻土吸/放湿吸附回线

a—LiCl 修饰；b—$CaCl_2$ 修饰；c—$MgCl_2$ 修饰；d—NaCl 修饰；e—硅藻酸土

对吸湿率而言，影响其大小的主次因素依次是：无机盐的种类 > 无机盐的浓度 > 盐浴时间 > 盐浴温度。在试验因素水平范围内，LiCl、$CaCl_2$ 改性后的硅藻土的吸湿性显著提高；盐浓度和盐浴温度越高，材料吸湿率越高；盐浴时间对吸湿率的影响呈现先增大后减小的影响趋势，即 90min 时材料的吸湿率最高。改性后硅藻土的比表面积间接反映无机盐在硅藻土孔道和其表面的包覆情况，比表面积越小，代表无机盐包覆量越大；孔体积体现无机盐对硅藻土孔道的填入情况，比表面积和孔体积结合体现无机盐对硅藻土孔结构的填充和包覆量。影响其大小的主次因素依次是：无机盐的种类 > 盐浴时间 > 盐浴温度 > 无机盐的浓度。在试验因素水平范围内，LiCl、$CaCl_2$ 改性后的硅藻土的比表面积和孔容积较小，表明填入和包覆量较多；盐浴时间和温度对孔结构呈现开口向下的抛物线影响趋势；盐浓度呈现先减小后增大的影响趋势，即当盐浓度为 20% 时，比表面积最小，盐填入和包覆量最大。

无机盐改性硅藻土的吸湿机理是：①无机盐添加剂的水合作用，无机盐种类不同会导致其吸湿性差异。以 $CaCl_2$ 为例，环境中的水蒸气与 $CaCl_2$ 进行如下反应：生成水合物、发生化学吸附。②硅藻土本身的吸湿性，即硅藻土孔结构的毛细凝聚和表面羟基的水化作用。

$$CaCl_2 + H_2O = CaCl_2 \cdot H_2O \tag{9-7}$$

$$CaCl_2 \cdot H_2O + H_2O = CaCl_2 \cdot 2H_2O \tag{9-8}$$

$$CaCl_2 \cdot 2H_2O + 2H_2O = CaCl_2 \cdot 4H_2O \tag{9-9}$$

$$CaCl_2 \cdot 4H_2O + 2H_2O = CaCl_2 \cdot 6H_2O \tag{9-10}$$

第 10 章　硅藻土空气悬浮颗粒过滤净化材料

10.1　概述

雾霾是一种灾害天气现象，其降低了区域大气环境质量，严重影响了民众的身体健康和生活质量。为扭转雾霾天气增多、大气环境日趋恶化的状况，维护人民的身体健康，国家加大了大气污染治理的力度。作为气体污染物的一个常用指标——$PM_{2.5}$成为民众关注的焦点，其污染治理也成为科研工作者研究的一个热点。颗粒物是雾霾大气污染物的重要组成部分，一般将空气动力学直径≤100μm 的颗粒物称为总悬浮颗粒物（TSP），而其中空气动力学直径≤2. 5μm 的细颗粒物（$PM_{2.5}$）形状不规则，在大气中悬浮时间较长，能够吸附大量毒性化合物，被人体吸入后滞留在终末细支气管和肺泡中，对人类健康造成威胁。

悬浮颗粒物污染防护通常可以采取污染源头治理、传播途径治理或污染受体治理等措施，针对大气污染形成机理，三种治理途径均可实施。污染源头治理多用于工业工程的点源治理。采用纤维过滤技术和静电除尘技术是针对相对封闭空间的环境空气治理手段，属于气体污染物传播途径治理措施，而个体佩戴防护口罩是污染物治理中污染受体采取的措施，二者均是通过吸附过滤空气中的污染物达到净化目的，从而保护人体。在这类悬浮颗粒物污染防护的措施中，吸附过滤材料的选用直接影响到污染治理的效果。

10.1.1　空气悬浮物

雾霾的主要成分是大气中长期处于悬浮状态的颗粒物和一定的 VOC 气体产物。VOC 属于挥发性有机物气体，可通过吸附过滤对其进行一定程度的净化，但主要采用催化降解来实现净化。

悬浮颗粒物是指气体中沉降速度可以忽略的固体粒子和液体粒子，或者说是固体粒子和液体粒子在气体介质中的悬浮体，属气溶胶类污染物。其粒径范围在 10^{-7} ~ 10^{-1}cm，其中肉眼可见微粒，一般直径（空气动力学直径）大于 10μm；显微微粒是在普通显微镜下可以观察的粒子，直径为 0. 25 ~ 10μm；超显微微粒是在电子显微镜下可以观察的粒子，直径小于 0. 25μm，而对人类污染最严重的粒子属于这类。

10.1.2　空气污染对人居环境的影响

空气污染物对人居环境的危害，主要有危害人身健康、降低工作效率，造成经济损失。

1. 危害人身健康

空气污染物对人体可引发各种刺激性病症，可导致各种疾病的发生，甚至产生致畸、致突变和致癌（通称为“三致”）严重危害。空气污染物有数百种（以室内为例），每一种有害物质对人体都存在不同作用方式和危害途径，并且由于是多种有害物质同时存在于室内，共同作用于人体，彼此相加或协同地对人体产生影响，危害性更大，可引发各种病症和疾病。因此污染物的危害，其影响人群大、危害面广。

（1）不适建筑综合征（SBS）：主要症状表现为眼睛、鼻和喉等感官的刺激，包括干燥、疼痛、刺痛感、嘶哑和音调改变；皮肤刺激，包括发红、疼痛、刺痛、发痒和皮肤干燥等；神经系统症状，包括头痛、恶心、困倦、乏力和记忆力衰退等；非明确的过敏反应，如流泪、流鼻涕和非哮喘者的哮喘等；感觉不出气味和味道，对其产生了适应性。

（2）建筑物并发症（BRI）：主要特征表现为当人们搬进“病态建筑物”时，少则瞬间、几天，多则数周或数月内，便有人感到眼、喉刺激，头痛，疲劳，萎靡不振等不适症状，并迅速在整座建筑物内蔓延；患者离开该建筑物时，症状明显减轻，甚至消失。

（3）多种化学物质过敏症（MCS）：主要表现为神经系统、消化系统和免疫系统障碍，出现疲劳、恶心、哮喘和皮炎等症状。临床上表现为发烧、过敏性肺炎、哮喘和传染性疾病；病因可以鉴别确定，并可找到直接的致病污染物，乃至污染源；即便是患者离开犯病的所在建筑物，病症也不会减轻或消失。

目前认为，不适建筑综合征和建筑物过敏症等是由多个影响因素综合作用的结果，除室内通风不良或室内温度、湿度、风速、采光和噪声等舒适因素控制失调外，主要是由室内空气污染物引起的，其中具有刺激性的挥发性有机物（VOC_3）是主要的致病源；此外，还有气味、CO、CO_2、NO_2和悬浮颗粒物，包括生物气溶胶等。

（4）导致呼吸系统和神经系统疾病：室内空气中的刺激性污染物，如氨气（NH_3）、SO_2、甲醛（HCHO）、挥发性有机化合物（VOC）、氮氧化物（NO_x）、可吸入颗粒物（PM_{10}）和病菌等，刺激人体呼吸道迷走神经末梢，将会引起支气管收缩，呼吸道阻力增加；如果长时间吸入受污染的空气，则使黏膜的分泌物增加，黏膜层变厚，纤维运动受阻，导致呼吸道的抵抗力降低，诱发各种炎症。在开始阶段，一般表现为咳嗽、咳痰、呼吸短促和喘息，进一步发展为气管炎、支气管炎、肺气肿和哮喘等。

长期接触有毒性的污染物质，特别当浓度突然大量超过安全标准时，会使人中毒。常见的比较典型的就是一氧化碳（CO）中毒、氟中毒、酚中毒和吸烟导致的慢性中毒。

（5）各种过敏疾病：室内空气中的可吸入颗粒物、灰尘螨、宠物狗和猫等的致敏原，是引发过敏哮喘、过敏鼻炎、过敏皮炎、过敏湿疹等的主要致病原。我国在这方面研究还不够，而一些工业发达国家做了大量调查研究。在这些过敏疾病中，特别是哮喘，严重威胁着人们的健康。

（6）诱发癌症：国内外研究者和相关权威机构认为，室内空气污染物中的致癌物质主要是苯并（a）芘、苯、甲醛和氡气等。

2. 工作效率降低、发病率增加，造成经济损失

室内空气污染的危害，除了前面介绍的直接危害人的健康外，还有因其导致身体不适而使工作效率降低；因其引起发病率增加，致使病休和缺勤增多，公共医疗费用提高，从而造成经济损失。

欧洲研究者在一项控制良好的模拟实验室进行的研究中，通过有无附加污染源建立两种不同室内空气质量环境。两种不同室内空气质量环境分别对应欧洲室内环境设计指南规定的低污染建筑和非污染建筑。其污染源为使用过的地毯中存在有污染颗粒的挥发性污染

物，并采用污染源对受视者不可见的“单盲法”，以打字员的打字效率计算，结果表明，受试者在无污染源时的工作效率要比有污染源时提高 6.5%。

欧洲室内环境与能源国际研究中心的研究者同样进行了改善室内空气质量对受试者正面影响的研究。应用过滤净化效果不同的空气过滤器作为提高室内空气品质的设备。在两间其他室内环境因素相同情况下，一间现场采用新安装的空气过滤器进行空气净化；另一间则安装已使用过六个月的空气过滤器进行空气净化。以模拟现场话务中心接线员工作效果为测试项目，新安装空气过滤器的模拟实验室，其工作的接线员接线谈话时间缩短 9%，工作效率显著提高。

10.2　雾霾治理现状

10.2.1　空气过滤材料与过滤技术

20 世纪 80 年代以前，空气过滤材料的分级大体分为初效和中高效两种过滤级别。HEPA 过滤材料的过滤效率一般要求高于 99.97%，故人们认为它已经能够满足使用要求；80 年代以来，随着新的测试方法的出现、使用评价技术的提升以及对过滤材料要求的提高，人们发现 HEPA 过滤材料存在一些问题，于是新一代的 ULPA 过滤材料应运而生，它对 0.12μm 的粒子过滤效率高于 99.999%；进入 90 年代以后，美国的 Lydall 公司从应用的角度对过滤材料的分级重新进行了调整，将过滤材料分为 4 级，即 Class 1000ASHRAE、Class 2000 Prefilter /Hospital、Class 3000 HEPA 和 Class 5000 ULPA，其中后两者属于高效过滤材料。按照我国国家标准《空气过滤器》（GB/T 14295—2008）和《高效空气过滤器》（GB 13554）的规定，在额定风量下空气过滤分为粗效、中效、高中效、亚高效和高效，其中高效过滤是对粒径 ≥ 0.1mm 粒子的过滤效率 ≥ 99.999%。近年来，随着科技的发展和新型纤维材料的出现，空气过滤技术在滤料的研制及开发、过滤机理的研究及过滤设备的开发与应用等方面都取得了很大的发展。

过滤介质主要有纤维滤料、复合滤料和功能性滤料等。纤维滤料具有比表面积大、体积蓬松、价格低廉、容易加工、多孔性和柔性等特点，现已成为空气过滤材料的主导产品，使用原料包括天然纤维、合成纤维、玻璃纤维、陶瓷纤维、金属纤维等。复合滤料是将不同性能的纤维交织在一起形成的滤料，以克服单一纤维滤料在性能上的缺陷。如玻璃纤维与涤纶复合滤料，可兼具玻璃纤维滤料的耐高温、耐腐蚀、高强度、低阻力，以及涤纶的耐折、耐磨性好等优点。作为过滤材料，必须满足 3 个基本要求：适当的气流速度、稳定的产品质量和优越的物理化学性能。用纤维制品进行气体过滤的优势在于其孔径的大小和纤维的形状可广泛地进行选择，并能进行结构设计。两种或两种以上的纤维可以形成强力和过滤性能较好的织物；采用不同的纱线和编织方法可生产出织物组织松紧度不同的机织过滤材料，并可确定孔径的大小。纤维过滤材料还具有结构和操作简单、能耗低以及收集物处理方便等优点，尤其是当粒径 ≤ 1μm 时更为明显。纤维过滤材料可以是机织物、针织物和非织造材料，其中非织造材料在气体过滤中应用最为广泛（占所有过滤材料的 70% 左右）。在非织造材料中，由于不必考虑编织方法、纱线捻度、编织密度等因素，单根纤维的性能就起到决定性作用。

随着西方工业的发展，特别是合成纤维的出现，作为过滤烟尘的纤维过滤材料，不再靠单纯的纺织工艺提高滤料的性能，而是引入了物理和化学的加工、处理方法，使滤料的强度、耐热、耐腐、透气、阻燃等性能显著提高，价格更加低廉，品种日趋多样化。至20世纪80年代，欧美已研制出一些性能更加优越的纤维滤料，如美国戈尔（Gore）公司生产的聚四氟乙烯（PTFE）覆膜滤料能够高效地捕集亚微米粒子；由美国唐纳森公司研发的褶皱滤料的过滤面积比普通滤料大数倍，而今已经能够过滤数百摄氏度的高温烟气。纤维滤料发展到今天，不仅可以接近100%地过滤超细粒子，而且可以过滤高温甚至黏性较高或湿度较高的烟尘。

目前，国外过滤材料的研究、生产、测试和应用已形成一个较完整的系统。其高效空气过滤材料的研究开发已经向采用高技术高性能纤维（如玻璃纤维、聚四氟乙烯、芳香族聚酰胺纤维、碳纤维、金属纤维等）开发非织造过滤材料、复合膜技术过滤材料和高功能过滤材料的方向发展。

我国的高效过滤材料和袋式除尘技术是同步发展的。20世纪70年代开发了玻璃纤维机织滤料、208涤纶绒布、729聚酯机织滤料。80年代初，随着非织造材料的发展，研制成功了合成纤维针刺毡，使袋式除尘器的除尘效果提高了一个数量级；之后，又研制成功了芳砜纶针刺毡滤料，可耐210℃的高温，并应用于钢铁、有色、炭黑等工业的高温烟气处理；防静电、耐高温、抗腐蚀、防油防水等合成纤维针刺毡产品的开发和生产基本满足了除尘的需求。90年代后期，我国又开发了聚四氟乙烯微孔覆膜滤料，实现了表面过滤，达到高效低阻的效果。目前我国已能生产玻纤机织布、常温化纤针刺毡、防静电针刺毡、防油防水针刺毡、耐高温耐腐蚀针刺毡、驻极熔喷过滤材料、各种玻纤滤料及聚四氟乙烯覆膜滤料等。

目前，我国高效过滤用纤维的研制仍处于起步阶段，多数依赖进口。例如用于高炉煤气净化的国产耐高温滤料品种较少，使用纤维的品种主要集中在玻璃纤维和间位芳纶两种原料上。水泥、电力、钢铁、垃圾焚烧等行业除尘应用的P84纤维主要依赖进口，价格昂贵；PPS（聚苯硫醚）纤维目前国内已能批量生产；PTFE目前国内已有公司生产，在垃圾焚烧炉袋式除尘器和火电厂燃煤锅炉袋式除尘器上都有应用。虽然如此，高端滤料市场主要还是为美国和欧洲一些国家和地区的滤料公司所垄断，在新建的大型项目上更是如此。

与世界上先进的高效过滤材料相比，我国的过滤材料尽管在过滤效率和机械强度等指标上能够达到甚至超过它们，但是在整体上还存在一定的差距，主要是材料均匀度差，抗形变能力普遍较差，防水、防火、防霉等特殊性能的研究还不够深入。

10.2.2 新型高效空气过滤材料

近年来，高效空气滤料的发展很快，品种繁多、性能各异，主要有以下几大类型：

（1）加厚型膨体玻纤布过滤材料。

（2）各种耐高温纤维滤料：P84纤维、PPS纤维、芳香族聚酰胺纤维、预氧化碳纤维等分别和玻纤混配复合，制成针刺过滤毡滤料。

（3）覆膜滤料：表面经覆膜形成光滑面，其除尘机理为微孔筛滤，除尘效率高，对极细的粉尘也十分有效，粉尘剥离性能好，并且能够在高温下工作。

（4）驻极熔喷非织造滤料：使用驻极熔喷非织造材料制成的滤料，具有过滤效率高、容尘量大、空气阻力小、过滤效率随时间衰减不明显及价格便宜等优点，这种材料在通风、空调和净化工程中具有广阔的应用前景。另外，使用聚丙烯生产的熔喷滤料化学稳定性高，吸湿低。同时在需要深层过滤的情况下，熔喷非织造材料因其纤维细、比表面积大、孔隙率高以及优良的深层过滤效能等特点，被认为是最具有前途的过滤材料。目前国际上有预防病毒功能（包括 SARS 病毒）的手术口罩（N95、N97、N99）中就采用了这种过滤材料。

10.2.3　高效空气滤料加工的新技术

1. 覆膜技术

覆膜过滤技术即表面过滤技术，是在滤料表面构造一层微孔膜态物。它依赖于成型膜的致密度以及附着在膜表面的粉尘层过滤微米数量级及其以上粒径的颗粒物。该膜态物本身具有耐水、耐油、耐腐蚀、透气性好、透气量高、微粒过滤等物理特性，扩大了袋式除尘器的使用范围。覆膜滤料微孔结构的滤尘效率极高，比普通的滤料提高了一个数量级，可满足严格的排放要求，特别是对人体可吸入性粉尘（ $<5\mu m$）同样有很好的过滤效果。

2. 复合技术

复合滤料是指采用两种以上方法制成或由两种以上材料复合而成的滤料。各种复合滤料制造技术将有效地推动高效滤料的系列化和多功能化，适应不同工况需求。主要体现在以下方面：

（1）纤维材料复合：主要是将化学纤维和玻璃纤维进行复合，并进行特殊的化学处理。发挥了两种或两种以上纤维的优点，克服了化学纤维不耐高温、玻璃纤维不耐折的缺点，是价廉物美的耐高温滤料新品种。复合滤料的开发立足于市场的需求，针对各行业的实际工况精心设计，满足客户的要求，弥补了合成纤维性能之间的空白，更适合我国的实际情况。

（2）渐进式滤料：这种工艺是指滤料在加工时根据具体工况的需要选择不同细度的纤维和各层面不同的针刺密度加工工艺，使滤料结构具有不同的密度梯度。迎尘面的超细纤维层主要起过滤作用，有少数超细颗粒会进入超细纤维层。但穿透这层纤维的颗粒很少在滤料深层停留，将会被气流带走，其清洁阻力比 PPS 覆膜滤料约低 35%，因此可保证滤料的高过滤精度和低而稳定的压差。另外，其余层面采用较粗的纤维，并在保障强力剥离的情况下适当降低针刺密度，确保粉尘不进入滤料深层，具有高效的三维过滤效果。

10.2.4　过滤纺织品研究现状

1. 静电纳米纤维纺丝技术与材料

静电纺丝技术是聚合物溶液或熔体在静电作用下进行喷射拉伸而获得纳米级纤维的纺丝方法。其最早可追溯到 20 世纪 30 年代，与传统纺丝方法相比，静电纺丝技术操作简单、适用范围广，且不改变溶液自身特性，用于制备超细纤维，直径最小可至 1nm。电纺膜比表面积大、孔隙率高、内部连通性好，可广泛应用于过滤、组织工程、药物缓释、传感器、电极等领域。利用静电纺丝法可得到直径几十或几百纳米的纳米级纤维，很适合用于过滤材料。将其应用于空气过滤技术中，为高精度空气过滤材料的制备提供了一种新途径。环境污染问题日益严重，空气过滤用复合过滤媒介的研究逐渐成为热点问题。静电纺纳米纤维膜可有效拦截空气中一定尺寸的有害微粒。影响空气过滤器过滤性能最重要的参数为：纤维直径、填充率、粒子直径和空气流速。一般来说，纤维越细，填充得越密实，可过滤的粒子越小，过滤效率越高。美国一项专利研发了含有支撑层纳米纤维膜的灰尘过滤袋，并且用于采矿车车内空气的过滤。纳米纤维膜通过共混特定聚合物或载入功能无机物，除具有传统过滤功能外，还可用于检测和过滤化学和生物武器。

随着中国经济的不断增长，环境问题逐渐成为阻碍发展日益突出的问题之一。刘阳生等对北京不同地区室内空气中的 PM_{10}、$PM_{2.5}$和 PM_1 进行测定，其平均 PM_{10}浓度均接近或超过 150μg/m^3，43% 以上的颗粒物属于 $PM_{2.5}$的范畴内。文献表明，悬浮颗粒物的粒径取决于颗粒的生成过程，燃烧后颗粒粒径一般在 10 ~ 50nm，但其与其他颗粒结合，成较大微粒，形成的较大微粒破裂并释放到空气中，破裂的小微粒粒径一般在 0.5μm 以上，与静电纺可过滤粒径相吻合。

静电纺纳米纤维直径小、比表面积大，在空气过滤领域将发挥重要作用。非织造布本身就是一种具有三维杂乱分布的多孔介质材料，而静电纺丝非织造材料在此基础上又有超细纤维结构，通过拦截、惯性沉积、静电效应、重力沉降、扩散沉积等机理分离空气中的固相杂质，可应用于医院、研究室、高精度电子元件、食品和生物技术等对空气净化要求严格的领域。

杜晓明等以滑石粉粉尘和香烟烟雾为代表，对静电纺丝聚氯乙烯纳米纤维膜对 PM_{10} 的去除效果进行研究，结果表明，供试的两类静电纺丝聚氯乙烯纳米纤维膜对粉尘的平均去除率分别为 93.2% 和 97.8%，明显高于同类非静电纺丝纤维过滤材料的去除效果。同时对香烟烟雾 4h 的去除率为 82.4%。其对 PM_{10}的过滤作用主要发生在表层，主要机理为拦截和惯性碰撞。对于静电纺纳米纤维膜用于过滤空气中直径小于 2.5μm 的颗粒物尚在研究阶段。

2. *有机高分子聚合物过滤技术与材料*

Gil Tae Kim 等研究了静电纺 PA6 纳米纤维膜去除超细颗粒的特性，纤维直径 100 ~ 730nm 具有最佳的过滤效果。其压降与气流成正比，平均直径为 100nm 的 PA6 纳米纤维膜与商业 HEPA 过滤媒介比具有更小的压降（测试颗粒物粒径 0.02 ~ 1.0μm，效率为 99.98%）。高晓艳等以不同过滤效果的传统空气过滤材料为基布，用于制备 PA6 纳米纤维复合材料，分析了复合材料的孔隙特征并测试了试样的透气率、过滤效率和过滤阻力。结果表明，复合材料中的孔隙数目按指数规律增加，平均孔隙面积、孔隙率和透气率则按指数规律下降，透气率与孔隙率之间呈线性关系。

相关学者对电纺聚氧乙烯（PEO）和聚乙烯醇（PVA）纳米纤维膜的过滤性能进行研究，并与传统过滤材料相比较。实验结果表明，静电纺 PEO、PVA 比熔喷无纺布和针刺过滤材料拥有更好的过滤性能，得出相同纺丝条件下纺制不同材料，均有较高的过滤效率。并且提出了不同材料具有不同的渗透性，提醒研究者关注此问题。

电纺膜的物理结构和化学构成对空气的过滤性能均有一定的影响。随着空气过滤器的使用，其表面会生长不同的细菌或真菌，不但会降低空气过滤材料的性能，而且会降低材料的使用寿命。因而，功能性、亲和性电纺膜成为近期研究的热点，一些学者通过修饰电纺膜表面，使其具有特殊的功能。

基于纳米纤维的尺寸效应和壳聚糖的功能性，含壳聚糖的纳米纤维过滤媒介表现出独特的优势，可应用于水过滤或空气过滤。Keyur Desai 等人将 PEO 与壳聚糖共混，制备不同直径的复合纳米纤维。研究表明，随纤维直径的增加，复合纳米纤维膜的过滤效率降低，在于纤维间的孔隙增大。万倩华等将接触性抗菌剂纳米 Ag 和光催化抗菌剂 TiO_2 应用于静电纺丝，制备了 PA6/Ag/TiO_2 共混纳米纤维膜，在纳米粉体质量分数一定的条件下，研究两种粉体的比例与纤维形态、结晶结构及力学性能的关系。结果表明，纳米粉体的加入，可有效地提高 PA6 纤维的结晶度和拉伸强度，且 Ag 和 TiO_2 的比例对纤维结构的影响不大。

10.3　硅藻土基空气悬浮物过滤材料

目前用于空气过滤净化的纤维材料，主要是有机纤维。由直径为 50～100nm、长10～20μm 的纤维组成多孔的纤维薄膜制成空气过滤材料，对空气中悬浮颗粒（包含 $PM_{2.5}$）的过滤净化方式主要是通过多层纤维进行阻隔截留，但是该方法存在着过滤性能与透气性相矛盾的问题。即当材料能有效地过滤微细、超微细颗粒（以 $PM_{2.5}$ 为例）时，所需纤维层必须厚且致密、组成的孔结构小，这导致了材料本身的透气性变得非常差；而当透气性较好时，却又无法有效地过滤微细、超微细颗粒。因此用于封闭环境空气净化器的滤芯或口罩的吸附过滤材料应在能够高效阻隔截留空气中悬浮颗粒物的同时，满足一定的透气量要求。如果透气量小，对于口罩来说则不能满足人体呼吸气量的需要，对于作室内空气过滤器滤芯来说则会增大能耗，并会缩短滤芯的寿命。所以材料制备应同时满足高效过滤吸附和较大透气量的要求。

如果采用具有吸附功能的多孔植物纤维，并在其关键节点上担载一定量的多孔矿物或矿物纤维材料作为吸附活性中心，可实现对微细、超微细颗粒过滤的同时产生吸附作用，这样即使具有较大的孔隙也能产生良好的净化作用，在有效解决过滤性能与透气性矛盾的同时，又可以很好解决对超微细（$PM_{0.3}$）颗粒有效吸附净化的问题。基于上述设想，北京工业大学杜玉成等人采用材料复合技术，在具有吸附功能的多孔植物纤维上复合嫁接了一定量的多孔矿物纤维（人工后续处理的硅藻土），制备了具有吸附功能的纤维过滤复合材料。该材料在具有良好透气性的同时，具有很强的吸附性和过滤净化效能。对微细（$PM_{2.5}$）、超微细（$PM_{0.3}$）悬浮颗粒具有良好的吸附净化功能。较传统 HEPA 过滤材料，在吸附净化效能和对 $PM_{0.3}$ 以下悬浮颗粒去除效率方面具有很强的技术性能优势。检测表明：当纤维质量比为 4∶1、单位面积质量为 100.5g/m^2、厚度为 400μm、紧度为 0.2g/cm^3、透气量为 200L/(m^2·s) 时，所制备的吸附过滤材料样品对大气中 $PM_{2.5}$ 的去除率可达 90.1%。

10.3.1　材料制备与性能表征

10.3.1.1　制备方法

称取一定量的木纤维＋水＋分散剂（其比例为 10∶1000∶3～4），经搅拌、打浆制成分散均匀的纤维浆悬浊液；取 500mL 悬浊液，在其中加入不同量的矿物纤维粉体（即经过人工处理后的硅藻土，其质量范围是 0～10g），搅拌后使其成为均匀的悬浊液，然后用筛网将附着有粉体的纤维捞出并抚平，在电热鼓风干燥箱中经过 120℃ 恒温烘干；取出样品，将粘合衬布附在样品的两面并分别编号进行测试。

10.3.1.2 实验方法与测试

（1）透气量测试：采用过滤纸透气仪，在负压为13mm水柱（128Pa）抽滤条件下，考察ϕ9cm样品在单位时间内所通过的气体量，经换算成单位时间、单位面积的气体流量，单位为$L/(m^2 \cdot s)$。

（2）容尘量：将材料装入指定（标准）过滤器中，在额定风量下进行抽滤，其终阻力达到初阻力时，过滤器所沉积的尘埃质量按下式计算。

$$P_0 = T_0 N_1 Q_0 \eta \times 10^{-3} \tag{10-1}$$

式中，P_0为空气过滤器容尘量（g）；T_0为测试时间（h）；N_1为过滤器前端处的空气含尘量（mg/m^3）；Q_0为过滤器的额定风量（m^3/h）；η为过滤器计量效率。

10.3.1.3 大气中$PM_{2.5}$颗粒物测试

把试验测试样品裁成直径为（90±2）mm，将试验测试样品和标准空白样品同时在电热鼓风干燥箱经过120℃恒温烘干3h；将样品取出称重，分别记为M_{i1}和M_{01}，并放进TH-150D2大气颗粒物采样器的金属切割器中；启动采样器，采样流量设置为100L/min，采样时间设置为3~5h（随空气污染情况而定）；采样结束后，记录采样器显示的累计实际采样体积、累计标况采样体积、累计采样时间、采样过程的平均温度；并将样品在电热鼓风干燥箱经过120℃恒温烘干3h，烘干结束后将样品取出称重，分别记为M_{i2}和M_{02}。

按式（10-2）计算其$PM_{2.5}$的去除率。

$$E(\%) = \frac{M_{i2} - M_{i1}}{M_{02} - M_{01}} \times 100\% \tag{10-2}$$

式中，E为去除率；M_{01}、M_{02}为标准空白样品采样前后的质量；M_{i1}、M_{i2}为试验测试样品采样前后的质量。

10.3.2 材料制备工艺条件与结果

10.3.2.1 样品形貌分析

图10-1、图10-2、图10-3分别为植物纤维材料、矿物纤维材料、复合纤维吸附过滤材料的扫描电镜图像。由图10-1可看到，所用植物纤维直径为10~30μm、长500~

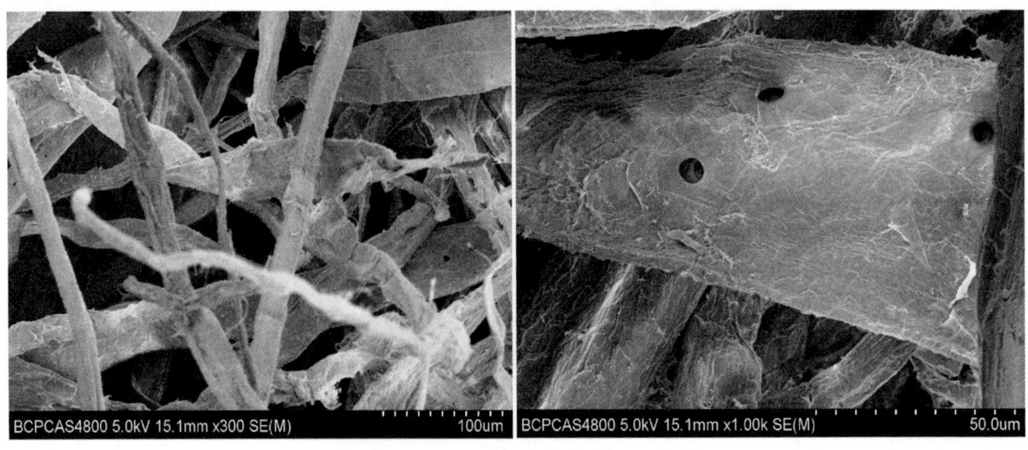

图10-1 植物纤维样品扫描电镜照片

2000μm，具有多孔结构，且表面褶皱较为粗糙。粗糙褶皱的表面增加了比表面积，提供了更多的吸附位点，增大了其吸附大气污染物的能力。由图 10-2 可知，经过处理后的矿物纤维，有大量直径 10～30nm、长 100～300nm 的花、线状结构沉积于多孔矿物硅藻土表面。花状或线状纳米结构可以增加硅藻土的比表面积，并可以改变硅藻土表面的电位，从而可以增加其对大气中细颗粒、超细颗粒物的吸附能力。由图 10-3 可以看到复合纤维吸附过滤材料中植物纤维交叉层叠，较小的矿物纤维在大尺度植物纤维上的沉积，说明矿物纤维材料可以和植物纤维材料很好地复合，达到增加吸附过滤材料良好透气性的同时，具有很强的吸附性和过滤净化效能。

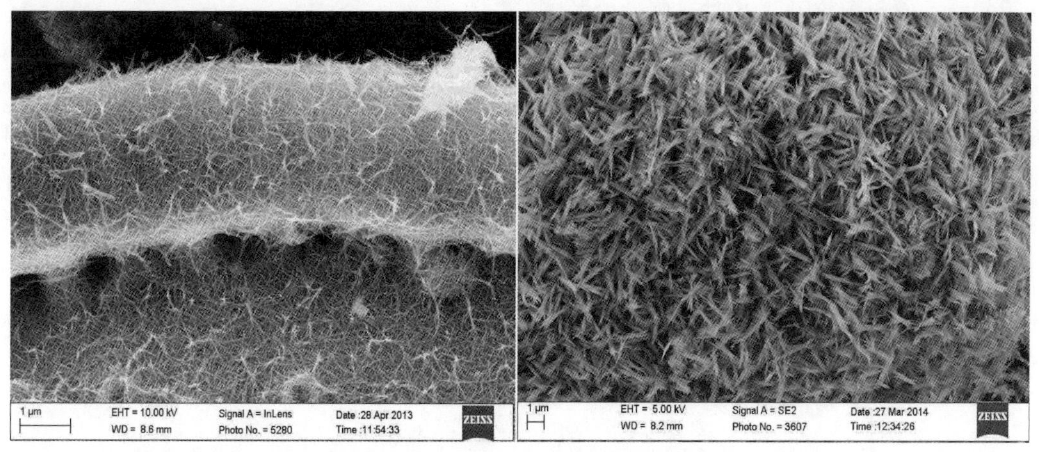

图 10-2　多孔矿物纤维样品扫描电镜照片

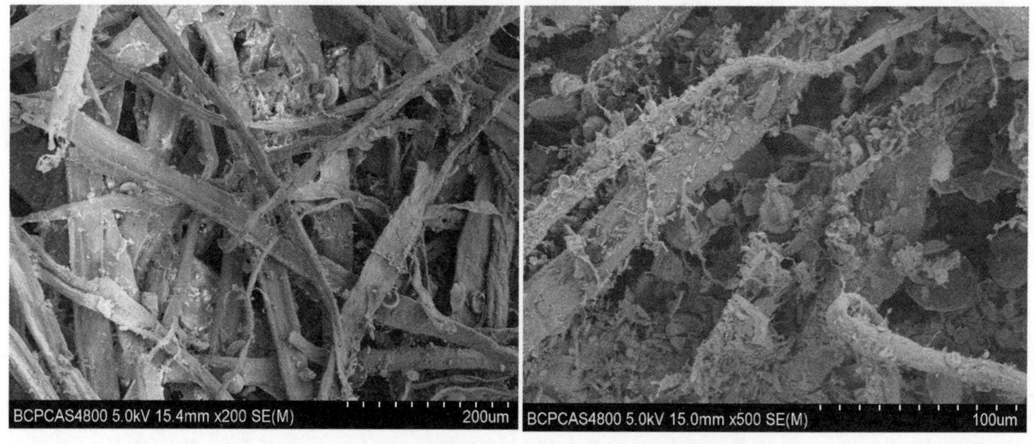

图 10-3　复合纤维吸附过滤材料样品扫描电镜照片

材料的吸附过滤性能主要是利用多孔材料的高比表面积以及各种微孔结构对物质的较强吸附力，对混合物中的物质实现过滤去除。$PM_{2.5}$是一种细小的气溶胶颗粒，其中一半以上是具有极性的 SO_4^{2-}，NO_3^-、NH_4^+ 等水溶性离子，理论上，只要多孔吸附材料的孔径合适并具备一定极性，就能让 $PM_{2.5}$深入多孔吸附材料孔隙，并被捕捉到颗粒内部，达到吸附分离的效果。材料的多孔性不仅大幅度提高 $PM_{2.5}$的截留效率，同时可以减少因 $PM_{2.5}$在滤料颗粒之间积聚而造成的床层堵塞。

硅藻土作为天然的硬化的二氧化硅胶凝体，是一种含水非晶质或胶质的活性 SiO_2，表面分布着大量的活性羟基基团，内部有大量孔径大小不一的孔道，可以作优良的吸附材料。从图 10-2 中可以看到：硅藻土表面有许多小孔，其经过人工处理后得到的矿物纤维粉体表面呈现出毛绒针状和片状无序聚集状物，其片层厚度可达 100nm，由此交叠形成了不同形态的多孔聚集体的结构形式，该结构形态使矿物纤维材料中产生了大量微米、纳米级多孔结构，增大了硅藻土的比表面积；同时，毛绒针状和片状无序聚集状物可以改变硅藻土表面的电荷极性，增加了其对空气中极性水溶性离子的定向吸附能力，从而使矿物纤维材料表现出很好的吸附过滤性能。

10. 3. 2. 2 原料配比及工艺对透气性的影响

1. 纤维配比对样品透气性的影响

研究表明，增大植物纤维用量可显著改善样品的厚度，进而改善样品的透气性能，但植物纤维对吸附微细颗粒物的活性不高；矿物纤维一方面可提高样品对微细颗粒物的吸附活性，但另一方面增加了样品的紧度（紧度 = 单位面积质量/厚度），不利于改善样品的透气性和容尘量。为此，本研究在尽可能稳定样品单位面积质量的条件下，考察植物纤维与矿物纤维对复合材料透气性和紧度的影响，其结果如图 10-4 所示。

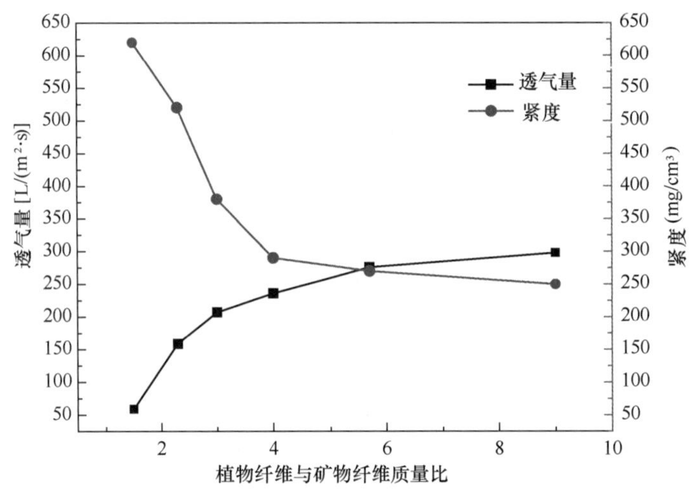

图 10-4 样品植物纤维与矿物纤维配比的关系

由图 10-4 结果可知，在样品总质量相对稳定的条件下，随着植物纤维与矿物纤维质量比在 0 ~4 时，样品的紧度显著减小，随之而来样品的透气量显著增大；在植物纤维与矿物纤维质量比为 4∶1 之后，紧度和透气量的变化趋于平缓。因此本研究的植物纤维与矿物纤维的质量比在 4∶1 时，既能提供一定的紧度又能够较好地满足透气量的要求。

2. 单位面积质量对样品透气性的影响

图 10-5 是在植物纤维和矿物纤维质量比约为 4∶1 时样品单位面积质量的增加对厚度、透气性的影响。由图 10-5 可知，在植物纤维和矿物纤维质量比一定的条件下，样品单位面积质量增加，其厚度将相应增大，但样品的透气量却会随之降低。随着样品单位面积质量增加，样品的紧度变化不大。

随着样品的单位面积质量增加（由 55. 5g/m^2 增加至 94. 4g/m^2），厚度增加率为

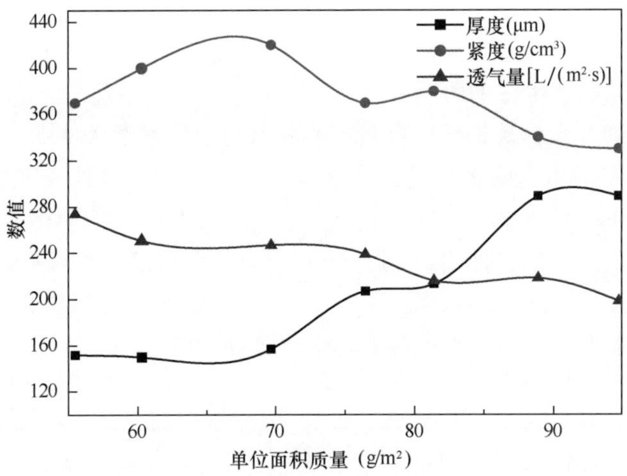

图 10-5　样品单位面积质量与厚度、透气量、紧度的关系

70.1%，但透气量并没有呈现等比例减少，只减少了 27.7%。其原因在于，样品在单位面积质量增加过程中，紧度并没有大的改变。而样品的单位面积质量增加、厚度增大，将改善样品对 $PM_{2.5}$ 微细颗粒的容尘增加。因此，在对样品透气量减少可接受的前提下，应尽可能增大样品的单位面积质量和厚度。

3. 紧度对样品厚度、透气性的影响

图 10-6 是在植物纤维和矿物纤维质量比约为 4∶1、没有采用真空抽滤、尽可能稳定样品单位面积质量条件下，所得样品的透气量与紧度的关系。由图 10-6 可知，样品紧度增加对其透气量的影响非常显著，当样品的紧度由 0.25mg/cm^3 增大至 0.46mg/cm^3 时，其透气量损失了近 200%，且紧度大小对厚度的影响非常显著，其大小是改善样品透气量的关键因素。因此如何制备较小紧度的样品，是整个材料制备的重要考量。

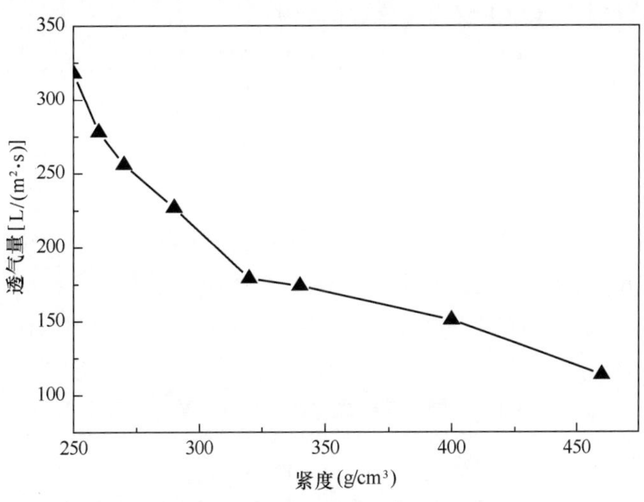

图 10-6　样品紧度与透气量关系

10.3.3 材料物化性能测试结果

10.3.3.1 工艺条件对容尘量的影响

在保持一定植物纤维与矿物纤维质量比和相对稳定的紧度条件下，增大样品的单位面积质量，样品的厚度将随之增大，进而增加样品的容尘量，来改善其吸附性能。图 10-7 为各加工工艺条件下，样品容尘量大小的变化。由图 10-7 可知，样品的单位面积质量增加，厚度和容尘量随之增大，但增加幅度不同。因此当样品的紧度增大不明显时，随着单位面积质量增加，其厚度随之增大，容尘量亦大幅度增大，当单位面积质量在 100 ~ 110g/m^{2}时容尘量增幅最大。因此当单位面积质量在 100 ~ 110g/m^2、紧度在 0.3g/cm^3 左右时，样品的容尘量指标较合适。

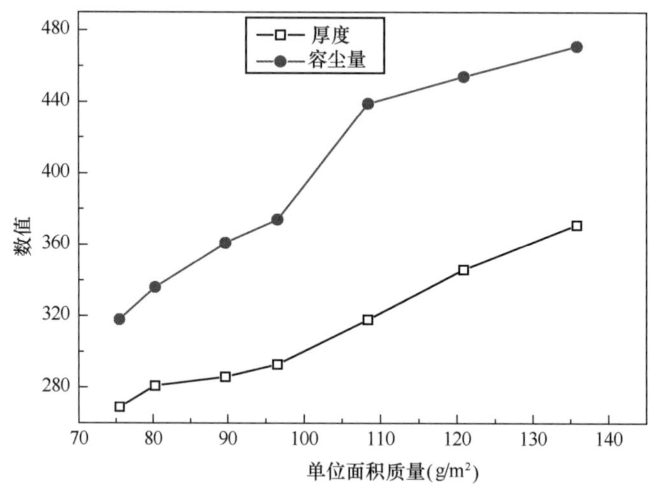

图 10-7 样品单位面积质量与厚度（μm）、容尘量（g）的关系

10.3.3.2 工艺条件对大气中 $PM_{2.5}$ 去除率的影响

表 10-1 为各工艺条件下所得样品对大气中 $PM_{2.5}$ 悬浮颗粒的去除率测试结果。由表 10-1 可知，当样品透气量为 200L/(m^2·s)、单位面积质量为 100.5g/m^2、厚度为 400μm、紧度为 0.26g/cm^3，其 $PM_{2.5}$ 去除效果最好，达到 90.1%（测试时大气中 $PM_{2.5}$ 浓度为 269μg/m^3，4 号样品一次性过滤后为 26.6μg/m^3）。可以看出，不同的工艺参数（样品的厚度、单位面积质量、紧度）对样品的透气性及去除大气中 $PM_{2.5}$ 效果具有较大影响。当样品在较大单位面积质量、较小紧度时，得到较大厚度和蓬松的样品，改善样品的透气性。这样不仅提高了样品对 $PM_{2.5}$ 的截留效率，也减少了因 $PM_{2.5}$ 在样品内积聚而造成的床层堵塞影响其透气性。

表 10-1 不同工艺样品过滤大气中 $PM_{2.5}$ 的效率

样品编号	1	2	3	4
透气量［L/(m^2·s)］	166	227	318	220
单位面积质量（g/m^2）	69.5	79.5	75.1	100.5
厚度（μm）	206	270	261	400
紧度（g/cm^3）	0.33	0.29	0.28	0.26
$PM_{2.5}$ 去除率（%）	82	63	87.5	90.1

10.3.4　对真实大气 $PM_{2.5}$ 去除测试

对室外真实空气中 $PM_{2.5}$ 检测结果表明，当空气中 $PM_{2.5}$ 含量为 427μg/m³（0.427mg/m³，该数值为六级严重污染），经一层 3 号样品吸附过滤，可将 $PM_{2.5}$ 降至 49.2μg/m³（该数值为一级优），对 $PM_{2.5}$ 去除率达 88.5%。

对室外真实空气中 $PM_{2.5}$ 检测结果表明，当空气中 $PM_{2.5}$ 含量为 269μg/m³（0.269mg/m³，该数值为五级重度污染），经一层矿 6 号样品吸附过滤，可将 $PM_{2.5}$ 降至 26.6μg/m³（该数值为国际标准的一级优），对 $PM_{2.5}$ 去除率达 90.11%。空气中 $PM_{2.5}$ 含量与空气质量的关系见表 10-2。

表 10-2　空气中 $PM_{2.5}$ 含量与空气质量的关系

项目	国际标准 $PM_{2.5}$（24h 平均值）（μg/m³）	国内标准 $PM_{2.5}$（24h 平均值）（μg/m³）
一级　优	0～35	0～50
二级　良	35～75	51～100
三级　轻度污染	75～115	101～150
四级　中度污染	115～150	151～200
五级　重度污染	150～250	210～300
六级　严重污染	250～500	>300

10.3.5　工业化产品及性能

对上述最佳效果材料配比进行重复性实验制备基础上，进行批量生产和相应制品的研制。片材类加工量为 10t（宽度 1.8m 的卷轴，每卷 500kg），并采用该片材加工口罩 20 万只；制备过滤器滤芯 10 万份；整套加工商用空气净化器 1000 台。经具有 CMA 资质单位检测，对实际大气 $PM_{2.5}$ 去除率大于 95%、对室内空气 $PM_{2.5}$ 去除率大于 99%。

参考文献

[1]《非金属矿工业手册》编辑委员会. 非金属矿工业手册[M]. 北京：冶金工业出版社，1992.

[2] 鲍长利，周波，刘淑霞，等. 沸石负载 TiO_2 的制备及其对农药敌敌畏的光降解性能[J]. 应用化学，2003，20(12)：1222-1224.

[3] 不破敬一郎. 生物体与重金属[M]. 北京：中国环境科学出版社，1985.

[4] 曹斌，何松洁，夏建新. 重金属污染现状分析及其对策研究[J]. 中央民族大学学报，2009，18(1)：29-33.

[5] 曹畅，梁绮雯，田宇，等. 硅藻土、改性海泡石对氮磷钾吸附和缓释作用的研究[J]. 中国农学通报，2016，32(18)：136-141.

[6] 曹德康，苏建忠，等. $PM_{2.5}$与人体健康研究状况[J]. 武警医院，2012(9)：803-805.

[7] 曹吉林，刘秀伍，居荫轩，等. 高岭土碱法活化合成 P 型沸石及其对水中钾离子的吸附[J]. 过程工程学报，2007，7(5)：916-921.

[8] 曹吉林，谭朝阳，李春旭. 膨润土深加工制备 P 型沸石[J]. 化工矿物与加工，2007(1)：6-8.

[9] 曹嘉洌，罗曦芸，张文清，等. 壳聚糖基调湿材料的制备及性能[J]. 化工新型材料，2009，37(3)：94-96.

[10] 曾敏，伍江涛，冯猛，等. 碳系填料在聚合物基导电复合材料中的应用[J]. 橡胶工业，2010，57(6)：378-382.

[11] 柴春玲. 粘胶基活性炭纤维的制备及应用[D]. 大连：大连理工大学，2010.

[12] 陈程，陈明. 环境重金属污染的危害与修复[J]. 环境保护，2010，3：55-57.

[13] 陈明，王道尚，张丙珍. 综合防控重金属污染 保障群众生命安全：2009 年典型重金属污染事件解析[J]. 环境保护，2010，3：49-51.

[14] 陈全莉，亓利剑，张琰. 绿松石及其处理品与仿制品的红外吸收光谱表征[J]. 宝石和宝石学杂志，2006，8(1)：9-12.

[15] 陈少飞. 北江原水铊污染应急处理技术应用实例[J]. 城镇供水，2011，6：41-44.

[16] 陈水挟，罗颖，董国华，等. 活性炭纤维的结构修饰及其吸附氙性能的研究[J]. 离子交换与吸附，2004，20(6)：481-493.

[17] 陈永亨，谢文彪，吴颖娟，等. 中国含铊资源开发与铊环境污染[J]. 深圳大学学报，2001，1：57-63.

[18] 陈优霞. 二氧化硅塑料薄膜开口剂的研制[D]. 南昌：南昌大学，2011.

[19] 陈喆. 空气过滤材料及其技术进展[J]. 纺织导报，2011，7：86-88.

[20] 陈作义. 硅藻土复合调湿材料的调湿性能研究[J]. 化工新型材料，2011，39(5)：48-49.

[21] 陈作义. 建筑节能中调湿材料的应用及研究进展[J]. 化工新型材料，2010，38(7)：20-22.

[22] 代娟，刘洋，熊佰炼，等. 复合改性海泡石同步处理废水中的氮磷[J]. 环境工程学报，2014，8(5)：1732-1738.

[23] 邓景衡，等. 吸附法处理重金属废水研究进展[J]. 工业水处理，2014，34(11)：4-7.

[24] 邓妮，武双磊，陈胡星. 调湿材料的研究概述[J]. 材料导报，2013，27(s2)：368-371.

[25] 邓勤. 水处理吸附剂的研究进展[J]. 钦州学院学报，2010，25(3)：19-22.

[26] 邓最亮，郑柏存，傅乐峰. 凹凸棒石改性水泥基材料自调湿性能研究[J]. 非金属矿，2007(4)：

27-31.

[27] 丁远昭. 改性斜发沸石治理六价铬地下水污染及泡沫输送纳米铁的可行性研究[D]. 北京：北京大学，2011.

[28] 杜玉成，史树丽，丁杰，等. 煅烧硅藻土消光剂对涂层表面光散射的影响[J]. 中国粉体技术，2010，16(2)：31-33.

[29] 杜玉成，王利平，郑广伟，等. 硅藻土基 α-MnO_2 纳米线沉积制备及吸附 Cr(Ⅵ)性能研究[J]. 非金属矿，2013(5)：71-75.

[30] 杜玉成，王学凯，侯瑞琴，等. 硅藻土原位生长 Nb_2O_5 纳米棒及表面 Cr(Ⅵ)吸附转化行为研究[J]. 无机材料学报，2018(5)：557-564.

[31] 杜玉成，颜晶，孟琪，等. Sb-SnO_2 包覆硅藻土多孔导电材料制备及表征[J]. 无机材料学报，2011，26(10)：1031-1036.

[32] 段惠莉，李君文. 纳米颗粒在生物学检测中的研究进展[J]. 中国公共卫生，2005，21(7)：887-889.

[33] 尔丽珠，秦晓丹，张惠源. 离子交换法移动处理重金属废水[J]. 电镀与精饰，2007，29(2)：48-51.

[34] 范艺，王哲，赵连勤，等. 锆改性硅藻土吸附水中磷的研究[J]. 环境科学，2017，38(4)：1490-1496.

[35] 付俊. 铬离子对人成骨样细胞株 MG63 的毒性与其氧化应激关系的实验研究[D]. 成都：四川大学，2007.

[36] 付忠田，黄戊生，郑琳子. 化学沉淀法处理葫芦岛锌厂含镉废水的研究[J]. 环境保护与循环经济，2010，30(10)：44-46.

[37] 高保娇，姜鹏飞，安富强，等. 聚乙烯亚胺表面改性硅藻土及其对苯酚吸附特性的研究[J]. 高分子学报，2006，2(1)：70-75.

[38] 高新，杨清翠，李稳宏，等. 云母基浅色导电粉末的制备工艺[J]. 化学工程，2005，33(1)：40-43.

[39] 葛忠华，唐刚伟，陈银飞. 国内外非金属矿资源的开发与应用[J]. 化工生产与技术，1995(2)：3-7.

[40] 巩志坚，田原宇，李文华，等. 铁氧化物的热特性研究[J]. 洁净煤技术，2006，12(3)：95-97.

[41] 谷晋川，刘亚川，张允湘. 硅藻土提纯研究[J]. 非金属矿，2003，26(1)：46-47.

[42] 郭明莉. 突发环境污染事件应急法制的思考：从重金属污染切入[J]. 湘南学院学报，2012，33(4)：32-36.

[43] 郭楠，田义文. 中国环境公益诉讼的实践障碍及完善措施：从云南曲靖市铬污染事件谈起[J]. 环境污染与防治，2013，35(1)：96-99.

[44] 郭效军，李雨甜，李静. 氢氧化镁改性硅藻土对水中活性红的吸附性能研究[J]. 硅酸盐通报，2014，33(9)：2170-2175.

[45] 郭新彪，魏红英. 大气 $PM_{2.5}$ 对健康影响的研究进展[J]. 科学通，2013(13)：1171-1177.

[46] 郭燕妮，等. 化学沉淀法处理含重金属废水的研究进展[J]. 工业水处理，2011，12(31)：9-13.

[47] 郭燕妮，方增坤，胡杰华，等. 化学沉淀法处理含重金属废水的研究进展[J]. 工业水处理，2011，31(12)：9-13.

[48] 郭轶琼，宋丽. 重金属废水污染及其治理技术进展[J]. 广州化工，2010，38(4)：18-20.

[49] 郭振华，尚德库，梁金生，等. 海泡石纤维自调湿性能的研究[J]. 功能材料，2004(z1)：2603-2606.

[50] 郭振华，尚德库，梁金生，等. 活化温度对海泡石纤维自调湿性能的影响[J]. 硅酸盐学报，

2004(11)：1405-1409.

[51] 韩非，顾平，张光辉．去除放射性废水中铯的研究进展[J]．工业水处理，2012，32(1)：10-14.

[52] 韩玲玲，曹惠昌，代淑娟，等．重金属污染现状及治理技术研究进展[J]．有色矿冶，2011，27(3)：94-97.

[53] 韩晓刚，黄廷林．我国突发性水污染事件统计分析[J]．水资源保护，2010，26(1)：84-86.

[54] 何龙，张健，平清伟，等．碱浸硅藻土提纯工艺探讨及其对亚甲基蓝吸附的热力学研究[J]．硅酸盐通报，2012，31(6)：1593-1598.

[55] 贺明和，吴纯德，金伟，等．硅藻土与混凝剂复配处理城镇生活污水的研究[J]．工业水处理，2005，25(5)：25-27.

[56] 胡玉才．热处理对聚乙烯/炭黑复合材料 PTC 性能的影响[J]．材料科学与工艺，2008，16(3)：335-337.

[57] 黄成彦．中国硅藻土及应用[M]．北京：科学出版社，1993.

[58] 黄德锋．人工湿地净化富营养化景观水的效果及机理研究[D]．上海：同济大学，2007.

[59] 黄季宜，金招芬．调湿建材调节室内湿度的可行性分析[J]．暖通空调，2002，1：105-107.

[60] 黄剑锋，曹丽云．膨润土/PAM 插层复合调湿膜的性能[J]．膜科学与技术，2004(2)：19-22.

[61] 黄君涛，熊帆，谢伟立，等．吸附法处理重金属废水研究进展[J]．水处理技术，2006，32(2)：9-12.

[62] 黄小欧．$PM_{2.5}$的研究现状及健康效应[J]．广东化工，2012(5)：292-293，299.

[63] 贾光明，张喆，张贵忠，等．用 Mie 氏散射理论测量聚苯乙烯微球的折射率[J]．光子学报，2005，10：1473-1475.

[64] 姜洪义，栾聪梅．改性海泡石粉体的孔结构与调湿性能[J]．武汉理工大学学报，2010，32(5)：9-11.

[65] 蒋正武．调湿材料的研究进展[J]．材料导报，2006，20(10)：8-11.

[66] 金超，李伟善，杨新宏．涂料消光原理及其应用[J]．广东化工，2003(6).

[67] 阚小华，赵济强．电镀综合废水处理新技术——高压脉冲电凝系统[J]．污染防治技术，2002，15(4)：40-42.

[68] 康建雄，吴磊，朱杰，等．生物絮凝剂 Pullulan 絮凝 Pb^{2+} 的性能研究[J]．中国给排水，2006，22(19)：62-64.

[69] 孔伟，杜玉成，卜仓友，等．硅藻土基调湿材料的制备与性能研究[J]．非金属矿，2011，34(1)：57-59.

[70] 雷川华，吴运卿．我国水资源现状、问题与对策研究[J]．节水灌溉，2007(4)：41-43.

[71] 雷鸣，田中干也，廖柏寒，等．硫化物沉淀法处理含 EDTA 的重金属废水[J]．环境科学研究，2008，21(1)：150-154.

[72] 冷阳，陈龙，张心亚，等．锰改性活性炭对 Cr(Ⅵ)的吸附研究[J]．四川环境，2013，32(1)：6-11.

[73] 李道玉，罗冬梅，叶坤，等．高电导率炭系复合高分子材料的研制[J]．高分子材料科学与工程，2007，23(2)：230-234.

[74] 李定龙，申晶晶，姜晟，等．电吸附除盐技术进展及其应用[J]．水资源保护，2008，24(4)：63-66.

[75] 李光辉．重金属污染对畜禽健康的危害[J]．中国兽医杂志，2006，42(4)：54-55.

[76] 李国胜，梁金生，丁燕，等．海泡石矿物材料的显微结构对其吸湿性能的影响[J]．硅酸盐学报，2005，33(5)：604-608.

[77] 李会东．含铬重金属废水微生物处理技术与机理研究[D]．长沙：湖南师范大学，2008.

[78] 李健，石凤林，尔丽珠，等. 离子交换法治理重金属电镀废水及发展动态[J]. 电镀与精饰，2003，25(6)：28-31.

[79] 李靖宇，施冬梅，邢万宏. ATO纳米粉体的性能特点与制备研究现状[J]. 表面技术，2009，38(3)：80-82.

[80] 李门楼. 改性硅藻土处理含锌电镀废水的研究[J]. 湖南科技大学学报(自然科学版)，2004，19(3)：81-83.

[81] 李平，马晓鸥，莫天明，等. 膜法在镀镍漂洗废水处理中的应用[J]. 广东化工，2010，201(31)：103-104.

[82] 李青山，张金朝. 沉淀条件对纳米级 Sb/SnO_2 粒度和电性能的影响[J]. 应用化学，2002，19(2)：163-167.

[83] 李秋成. 磷酸铵镁结晶法回收废水中高浓度氮磷技术研究[D]. 南京：南京大学，2012.

[84] 李升清，祖恩东，孙一丹，等. 犀牛角及其替代品的红外光谱分析[J]. 光谱实验室，2011，28(6)：3186-3189.

[85] 李双林，吴玉庭，马重芳，等. 新型调湿涂料调湿性能的初步试验研究[J]. 工程热物理学报，2004，25(3)：502-504.

[86] 李维焕，孟凯，李俊飞，等. 两种大型真菌子实体对 Cd^{2+} 的生物吸附特性[J]. 生态学报，2011，31(20)：6157-6166.

[87] 李文春，沈烈，孙晋，等. 多壁碳纳米管/聚乙烯复合材料的制备及其导电行为[J]. 应用化学，2006，23(1)：64-68.

[88] 李小云，王丽萍. 氢氧化铝对重金属离子的吸附性能研究[J] 光谱实验室，2010，2(27)：408-412.

[89] 李鑫，李忠，刘宇，等. 金属盐改性对硅胶的水蒸气吸附性能影响[J]. 离子交换与吸附，2005，2(5)：391-396.

[90] 李鑫，朱海清. 二氧化硅消光剂粉碎技术研究[J]. 无机盐工业，2008，40(9)：51-53.

[91] 李雅丽. 用于导电油墨的银包覆铜微粉工艺研究[J]. 科学技术与工程，2012，12(1)：210-212.

[92] 李英品，周晓荃，周慧静. 纳米结构 MnO_2 的水热合成、晶型及形貌演化[J]. 高等学校化学学报，2007，28(7)：1223-1226.

[93] 李咏梅，刘鸣燕，袁志文. 鸟粪石结晶成粒技术研究进展[J]. 环境污染与防治，2011，33(6)：71-75.

[94] 李增新，梁强，段春生. 天然沸石负载壳聚糖去除废水中铜离子的研究[J]. 非金属矿，2007，30(1)：57-59.

[95] 梁金生，梁广川，郭振华，等. 具有自调湿功能的建材添加剂及其制备方法和应用：CN03112380. 5[P]. 2003-10-22.

[96] 梁永仁，杨志懋，丁秉钧. 金属多孔材料应用及制备的研究进展[J]. 稀有金属材料与工程，2006，2：30-34.

[97] 刘波，魏小兰，王维龙，等. In625合金和316L不锈钢在 $NaCl$-$CaCl_2$-$MgCl_2$ 熔盐中的腐蚀机理[J]. 化工学报，2017，68(8)：3202-3210.

[98] 刘超英，左岩，许杰. 掺铝氧化锌透明导电膜的研究进展[J]. 材料导报，2010，24(19)：126-131.

[99] 刘成楼. 蓄能调湿抗菌净味硅藻泥的研制[J]. 现代涂料与涂装，2013，16(11)：5-9.

[100] 刘恩文. 活性炭纤维的制备及在核生化防护服中的应用[J]. 国防技术基础，2008(5)：55-58.

[101] 刘敬勇，常向阳，涂湘林，等. 广东某含铊硫酸冶炼堆渣场土壤中重金属的污染特性[J]. 中国环境监测. 2008，24(2)：74-81.

[102] 刘可星，郑超，廖宗文．磷资源危机与磷的高效利用技术[J]．化肥工业，2006，33(3)：21-23.

[103] 刘莉峰，宿辉，李凤娟，等．氨氮废水处理技术研究进展[J]．工业水处理，2014，34(11)：13-17.

[104] 刘鹏，陈银广．污水脱氮除磷新工艺研究进展[J]．化工进展，2013，32(10)：2491-2496，2506.

[105] 刘书宇．景观水体富营养化模拟与生态修复技术研究[D]．哈尔滨：哈尔滨工业大学，2007.

[106] 刘婷婷，潘志东，黎振源，等．用于吸附重金属离子的磁性纳米伊/蒙黏土的制备[J]．硅酸盐学报，2017(1)：35-42.

[107] 刘晓慧．我国农村生活污水排放现状初析[J]．安徽农业科学，2015，43(23)：234-235，238.

[108] 刘铮，韩国成，王永燎．钛-铁双阳极电絮凝法去除电镀废水中的Cr(Ⅵ)[J]．工业水处理，2007，27(10)：51-54.

[109] 刘子熙，王会娟．我国环境污染防治的问题与前景[J]．北方环境，2011，23(7)：20-24.

[110] 娄霞，朱冬梅，张玲，等．Al掺杂含量对纳米ZAO粉体性能的影响[J]．功能材料，2008，39(4)：667-669.

[111] 鲁俊文，等．纳米氧化镁的吸附及分解性能研究进展[J]．硅酸盐通报，2011，30(5)：1094-1098.

[112] 罗道成．改性硅藻土对废水中Pb^{2+}、Cu^{2+}、Zn^{2+}的吸附性能研究[J]．中国矿业，2005，14(7)：69-71.

[113] 罗文连，吴晓芙．锰氧化物改性硅藻土吸附Pb^{2+}特性的研究[J]．中南林业科技大学学报，2013，33(11)：134-138.

[114] 吕丹丹，张阳生，张菲菲．浅析人水和谐与水环境的可持续发展[J]．地下水，2011，33(1)：63-68.

[115] 吕荣超，冀志江，张连松，等．海泡石应用于调湿材料的研究[J]．岩石矿物学杂志，2005(4)：329-332.

[116] 吕荣超．海泡石硅藻土沸石作为调湿建筑材料的基础研究[D]．北京：中国建筑材料科学研究院．2005.

[117] 马久远，曹勋，王国祥，等．壳聚糖改性硅藻土对太湖含藻水体处理效果的研究[J]．环境污染与防治，2014，36(7)：22-30.

[118] 马乐宽，王金南，王东．国家水污染防治“十二五”战略与政策框架[J]．中国环境科学，2013，2：377-383.

[119] 马明广，周敏，蒋煜峰，等．不溶性腐殖酸对重金属离子的吸附性能研究[J]．安全与环境学报，2006，6(3)：68-71.

[120] 马鹏飞，马宏瑞，罗羿超，等．制革染色废水中铬的电化学去除行为研究[J]．环境科学与技术，2015(12)：237-241.

[121] 马万征，徐俊仪，赵凤，等．改性硅藻土处理印染废水的研究[J]．应用化工，2013，42(5)：825-827.

[122] 马文奇，张福锁，张卫锋．关乎我国资源、环境、粮食安全和可持续发展的化肥产业[J]．资源科学，2005，27(3)：33-40.

[123] 满卓．以硅藻土为原料合成沸石分子筛的探索研究[D]．大连：大连理工大学．2006.

[124] 孟超，孟庆庆．化学沉淀法处理含铬电镀废水的工程应用研究[J]．环境科学与管理，2013，38(4)：106-110.

[125] 莫德锋，毛凡，何国求．还原中和共沉淀法处理实验室铬洗液废水的研究[J]．实验室研究与探

索，2006，25(11)：1347-1349.

[126] 聂海平. 爽滑剂和防粘开口剂在塑料薄膜中的应用[J]. 塑料助剂，2017(3)：19-22.

[127] 牛海根. 水体重金属污染现状及其治理技术[J]. 资源节约与环保，2016(12)：185-185.

[128] 潘璐璐，符泽华. 不同吸附材料对水中 Cr(Ⅵ)吸附性能初探[J]. 企业技术开发，2011，30(7)：21-23.

[129] 彭珂，张庆堂，陈国强，等. 基体诱导法制备碳纳米管/云母复合导电粉[J]. 无机材料学报，2007，22(6)：1131-1134.

[130] 齐建英，李祥平，刘娟，等. 环境水体中铊的测定方法研究进展[J]. 矿物岩石地球化学通报，2008，27(1)：81-88.

[131] 邱明亮，罗丹，丁晓静，等. 化学沉淀法处理含铬废水的成本比较[J]. 环境保护与循环经济，2012，3：61-65.

[132] 荣葵一. 非金属矿物与岩石材料工艺学[M]. 武汉：武汉工业大学出版社，1996.

[133] 沙保峰，赵亮，田振邦，等. 改性聚丙烯腈纤维处理电镀废水的试验研究[J]. 中国给排水，2008，24(7)：82-84.

[134] 石磊，赵由才，牛冬杰. 铬渣的无害化处理和综合利用[J]. 中国资源综合利用，2004，10：5-8.

[135] 司友斌，王慎强，陈怀满. 农田氮、磷的流失与水体富营养化[J]. 土壤，2000，32(4)：188-193.

[136] 苏育炜，杨志军，周永章. 硅藻土对重金属离子的吸附作用及其用于环境重金属污染修复的研究评述[J]. 中山大学研究生学刊(自然科学与医学版)，2007(1)：94-101.

[137] 孙宝岐. 非金属矿物深加工[M]. 北京：冶金工业出版社，1995.

[138] 孙光闻，朱祝军，方学智，等. 我国蔬菜重金属污染现状及治理措施[J]. 北方园艺，2006，2：66-67.

[139] 陶飞飞，田晴，李方，等. 共存杂质对磷酸铵镁结晶法回收磷的影响研究[J]. 环境工程学报，2011，5(11)：2437-2441.

[140] 天津化工研究院. 涂料工业用二氧化硅消光剂最新研究进展[J]. 中国粉体工业，2006(1).

[141] 田素燕. 重金属离子废水的处理技术进展[J]. 盐湖研究，2012，4(20)：67-72.

[142] 童潜明. 开发湖南优势矿产资源海泡石用于 BB 肥生产[J]. 磷肥与复肥，2005，20(4)：20-22.

[143] 屠振密，郑剑，李宁，等. 三价铬电镀铬现状及发展趋势[J]. 表面技术，2007，36(5)：59-63.

[144] 汪家权，陈晨，郑志侠. 沉积物中重金属植物修复技术研究进展[J]. 现代农业科技，2013，2：224-226.

[145] 汪形艳，王先友，黄伟国. 溶胶-凝胶模板法合成 MnO_2 纳米线[J]. 材料科学与工程学报，2005，23(1)：112-116.

[146] 王昶，等. 含磷废水处理技术研究进展[J]. 水处理技术，2009，35(12)：16-21.

[147] 王冬波. SBR 单级好氧生物除磷机理研究[D]. 长沙：湖南大学，2011.

[148] 王国惠. 一种生物絮凝剂产生菌的筛选及絮凝活性研究[J]. 微生物学通报，2006，35(5)：107-111.

[149] 王国慧. 霉菌菌丝球对重金属 Cr(Ⅵ)的吸附特性[J]. 中山大学学报(自然科学版)，2007，46(3)：112-116.

[150] 王海东，方凤满，谢宏芳. 中国水体重金属污染研究现状与展望[J]. 广东微量元素科学，2010，17(1)：14-18.

[151] 王宏镔，束文圣，蓝崇钰. 重金属污染生态学研究现状与展望[J]. 生态学报，2005，25(3)：

1-4.
[152] 王湖坤，龚文琪，李凯．膨润土吸附去除铜冶炼废水中的铜离子[J]．有色金属，2007，59(1)：108-110.
[153] 王吉会，王志伟．调湿材料及其发展概况[J]．高新技术，2007，25：5-9.
[154] 王纪滨．轻质硅藻土板材制作工艺：CN CN200510017254.5[P]．2007-05-09.
[155] 王建龙，刘海洋．放射性废水的膜处理技术研究进展[J]．环境科学学报，2013，33(10)：2639-2655.
[156] 王剑华，彭关怀，孔令彦，等．锑掺杂氧化锡包覆氧化钛浅色导电粉的过程与模型[J]．中国粉体技术，2008，1：24-29.
[157] 王金山，尹彦．水环境质量现状研究[J]．科学与财富，2012(2)：185.
[158] 王磊，刘娜，徐旭，等．碳纳米管吸附阿特拉津对其生物可利用性的影响[J]．环境化学，2013，32(4)：577-583.
[159] 王明远，肖静．莱茵河化学污染事件及多边反应[J]．环境保护，2006，42(4)：54-55.
[160] 王晴，刘颖琦，丁兆洋，等．调湿硅藻土基建筑材料的制备与性能研究[J]．混凝土，2016(11)：80-82.
[161] 王文祥，刘铁梅，梁展星．电镀含铬废水及其沉淀污泥中铬的回收工艺[J]．广东化工，2009，36(7)：179-181.
[162] 王雪瑾，朱霞萍，蓝路梅．镁铝层状超分子化合物去除废水中的六价铬[J]．应用化学，2017，34(1)：98-104.
[163] 王瑛玮，李金娜，赵以辛，等．蒙脱石基ATO纳米核壳结构导电粉的制备[J]．矿产综合利用，2008(2)：18-22.
[164] 王瑗，盛连喜，李科，等．中国水资源现状分析与可持续发展对策研究[J]．水资源与水工程学报，2008，19(3)：10-14.
[165] 王志伟．复合调湿抗菌材料的制备与性能研究[D]．天津：天津大学，2006.
[166] 王祝，苏思强，邵蓓，等．高压密闭消解-电感耦合等离子体原子发射光谱/质谱法测定鸡蛋中16种元素的含量[J]．理化检验：化学分册，2017，53(4)：474-478.
[167] 吴克明，曹建保，等．离子交换树脂处理钢铁钝化含铬废水的研究[J]．给水排水态，2005，1(1)：29-31.
[168] 吴明在，等．磁场辅助水热法合成α-Fe_2O_3粒子研究[J]．武汉科技大学学报，2012，3：195-197.
[169] 武秀梅．国内外除砷技术研究现状[J]．时代经贸，2012，14：49-50.
[170] 夏俊芳，曹海云．膜分离技术处理电镀废水的实验研究[J]．上海环境科学，2006，25(2)：68-73.
[171] 向兰，北京，金永成，等．氢氧化镁的结晶习性研究[J]．无机化学学报，2003，19(8)：837-842.
[172] 肖逸帆，柳松．二氧化硅改性二氧化钛光催化活性研究进展[J]．无机盐工业，2007，39(9)：5-8.
[173] 徐成斌，裴晓强，马溪平．六价铬对玉米种子萌发及生理特性的影响[J]．环境保护科学，2008，34(4)：44-47.
[174] 徐峰．二氧化硅消光剂及应用[J]．涂料助剂，2009(2)：39-41.
[175] 徐如人，庞文琴，等．分子筛与多孔材料化学[M]．北京：科学出版社，1987：206.
[176] 徐如人，庞文琴，屠昆岗，等．沸石分子筛的结构与合成[M]．长春：吉林大学出版社，1987：1-46.
[177] 徐如人．无机合成与制备化学[M]．北京：高等教育出版社，2009.
[178] 徐颖，张方．重金属捕集剂处理废水的试验研究[J]．河海大学学报(自然科学版)，2005，33

(2)：153-156.

[179] 许国志，岑茵，叶小军，等. 碳纤维分布状态对 PE-HD/EVA/CF 复合材料导电性能的影响[J]. 中国塑料，2008，22(7)：27-31.

[180] 许海. 河湖水体浮游植物群落生态特征与富营养化控制因子研究[D]. 南京：南京农业大学，2008.

[181] 许乃，马向荣，乔山峰，等. 不同晶型和形貌 MnO_2 纳米材料的可控制备[J]. 化学学报，2009，22(67)：2566-2572.

[182] 许乃才，刘宗怀，王建朝，等. 二氧化锰纳米材料水热合成及形成机理研究进展[J]. 化学通报，2011，11(74)：1041-1046.

[183] 许乃才，马昌，王建朝，等. 不同形貌氧化锰纳米材料的研究进展[J]. 化学通报，2010，8：467-468.

[184] 许士洪，上官文峰，李登新. TiO_2 光催化材料及其在水处理中的应用[J]. 环境科学与技术，2008，31(12)：94-100.

[185] 许树成. 硅藻土开发应用与特性研究[J]. 阜阳师范学院学报(自然科学版)，2009，17(3)：29-31.

[186] 许延娜，牛明雷，张晓云. 我国重金属污染来源及污染现状概述[J]. 资源节约与环保，2013，2：55.

[187] 许振良，张永锋. 络合-超滤-电解集成技术处理重金属废水的研究进展[J]. 膜科学与技术，2003，23(4)：141-144，150.

[188] 严瑞瑄. 水处理剂应用手册[M]. 北京：化学工业出版社，2000.

[189] 颜东亮，吴建青，钟燚. 锑掺杂氧化锡包覆氧化硅导电粉的制备及电性能[J]. 硅酸盐学报，2009，37(4)：591-595.

[190] 颜东亮. 金属氧化物导电粉体的研究进展[J]. 中国陶瓷，2008(8)：13-15.

[191] 杨华明，胡岳华，张慧慧，等. Sb-SnO_2/$BaSO_4$ 导电粉末的制备与表征[J]. 硅酸盐学报，2006，34(7)：776-781.

[192] 杨晶，郑思佳，陈红磊. 中国水资源利用和污染状况以及改善措施[J]. 环球人文地理，2016(6)：276.

[193] 杨立玲. 以伊利石合成 4A 沸石分子筛的实验研究[D]. 西安：西安科技大学，2005.

[194] 杨清翠，曹莉，高新，等. 云母基复合导电粉末的制备[J]. 应用化工，2006，4：273-374.

[195] 杨庆，侯立安，王佑君. 中低水平放射性废水处理技术研究进展[J]. 环境科学与管理，2007，32(9)：103-106.

[196] 杨文，王平，王韬远，等. PAM 包覆改性硅藻土吸附模拟废水中的 Cd^{2+}[J]. 中南林业科技大学学报，2011，7(31)：130-135.

[197] 杨永凡，费学宁. TiO_2 光催化去除废水中重金属离子的研究进展[J]. 工业水处理，2012，32(7)：9-14.

[198] 杨正亮，冯贵颖，呼世斌，等. 水体重金属污染研究现状及治理技术[J]. 干旱地区农业研究，2005，23(1)：219-222.

[199] 姚超，吴凤芹，林西平，等. 浅色导电云母粉研制[J]. 非金属矿，2003，26(4)：15-18.

[200] 姚焱，陈永亨，王春霖，等. ICP-MS 测定水稻中的铊等重金属及铊污染水稻安全评价[J]. 食品科学，2008，7：386-388.

[201] 姚仲鹏. 空气净化原理、设计及应用[M]. 北京：中国科学技术出版社，2014：70-71.

[202] 叶力佳，杜玉成. 非金属矿物材料吸附重金属离子的研究进展[J]. 中国非金属矿工业导刊，2002，6：27-28.

[203] 叶为标，高群玉，刘垚，等. 淀粉黄原酸酯研制及其在水处理中应用[J]. 粮食与油脂，2008，2：13-15.
[204] 尹奋平，何玉凤，王荣民，等. 黏土矿物在废水处理中的应用[J]. 水处理技术，2005，31(5)：1-6.
[205] 于杰. 碳纤维/树脂基复合材料导电性能研究[D]. 武汉：武汉理工大学，2005.
[206] 于萍，任月明. 处理重金属废水技术的研究进展[J]. 环境科学与管理，2006，31(7)：103-108.
[207] 于天. 原纤化超细纤维复合空气过滤材料的制备与性能研究[D]. 广州：华南理工大学，2012.
[208] 于欣伟，陈姚. 白炭黑的表面改性技术[J]. 广州大学学报(自然科学版)，2002，1(6)：15-19.
[209] 余凤斌，刘贞，陈莹，等. 化学镀法制备铜银双金属粉及其抗氧化性研究[J]. 电工材料，2010(1)：23-25.
[210] 余志，范跃华. 水处理电絮凝技术的应用与发展[J]. 浙江化工，2006，37(3)：25-27.
[211] 袁丹. 六方片状氢氧化镁微纳米晶体的制备工艺研究[D]. 大连：大连理工大学，2010.
[212] 袁鹏，吴大清，等. 硅藻土表面羟基的1H魔角旋转核磁共振谱[J]. 科学通报，2001，46(4)：342-344.
[213] 袁鹏，吴大清，林种玉，等. 硅藻土表面羟基的漫反射红外光谱(DRIFT)研究[J]. 光谱学与光谱分析，2001，21(6)：783-786.
[214] 袁绍军，等. 电解法净化含重金属离子废水的试验研究[J]. 化学工业与工程，2003，1(20)：7-10.
[215] 张榜，郑占申，阎培起. 锑掺杂二氧化锡(ATO)导电粉体的研究进展[J]. 中国陶瓷，2009，3：3-6.
[216] 张东升，刘正锋. 碳系填充型电磁屏蔽材料的研究进展[J]. 材料导报，2009(15)：13-34.
[217] 张凤君. 硅藻土加工与应用[M]. 北京：化学工业出版社，2006.
[218] 张昊，谭欣，赵林. 废水中重金属离子的光催化还原研究进展[J]. 天津理工学院学报，2004，20(3)：28-32.
[219] 张吉阜，刘敏，周克崧，等. 超音速火焰喷涂金属陶瓷涂层与电镀硬铬在盐雾气氛下的腐蚀-磨损机制研究[J]. 稀有金属材料与工程，2016，43(10)：2492-2497.
[220] 张晶，何伟，张其土. 共沉淀法制备ATO纳米粉末及其光吸收性能[J]. 材料科学与工程学报，2009，27(2)：225-228.
[221] 张立志. 除湿技术[M]. 北京：化学工业出版社，2005.
[222] 张丽芳，姜春阳. 黑曲霉对水中Ni^{2+}的吸附研究[J]. 电镀与精饰，2014，4(36)：9-12.
[223] 张莉，张文莉，倪良. 乳液法制备单分散纳米二氧化锰[J]. 化工新型材料，2006，34(6)：33-37.
[224] 张连松，冀志江，王静，等. 空气净化抗菌调湿功能内墙粉末涂料[J]. 中国建材科技，2005(2)：1-5.
[225] 张林栋，王先年，李军，等. 海泡石的改性及其对废水中氨氮的吸附[J]. 化工环保，2006，26(1)：67-69.
[226] 张强，周学东. 硅藻土的微观结构特点及其应用[J]. 中国建筑卫生陶瓷，2005，12：116-117.
[227] 张蕊. 六价铬在土壤中迁移转化影响因素研究及风险评价[D]. 吉林：吉林大学，2013.
[228] 张淑琴，童仕唐. 活性炭对重金属离子铅镉铜的吸附研究[J]. 环境科学与管理，2008，33(4)：91-94.
[229] 张涛. 基于磷酸铵镁结晶法的氨氮回收技术过程研究[D]. 南京：南京大学，2011.
[230] 张旺，万军. 国际河流重大突发性水污染事故处理：莱茵河、多瑙河水污染事故处理[J]. 水利

发展研究，2006，3：56-58.

[231] 张晓．中国水污染趋势与治理制度[J]．中国软科学，2014(10)：11-24.

[232] 张雪乔．电镀废水中六价铬离子分离方法的研究[D]．西安：西安理工大学，2004.

[233] 张志军，刘东飞，覃静，等．化学沉淀-微滤法处理含铬电镀废水实验研究[J]．工业水处理，2011，31(12)：70-72.

[234] 张志雄．矿石学[M]．北京：冶金工业出版社，1981.

[235] 赵芳玉，薛洪海，李哲，等．低品位硅藻土吸附重金属的研究[J]．生态环境学报，2010，9(12)：2978-2981.

[236] 赵洪石，何文，罗守全，等．硅藻土应用及研究进展[J]．山东轻工业学院学报(自然科学版)，2007，21(1)：80-82.

[237] 赵济强．高压脉冲电凝系统治理电镀涂装废水[J]．材料保护，2003，36(3)：5.

[238] 赵济强．高压脉冲电凝系统治理电镀涂装废水[J]．材料保护，2003，36(3)：51-52.

[239] 赵明．工业场地周围环境介质中重金属污染状况分析[D]．济南：山东大学，2015.

[240] 赵其仁，李林蓓．硅藻土开发应用及其进展[J]．化工矿产地质，2005，27(2)：96-102.

[241] 赵如金，吴春笃．常温铁氧体处理重金属离子废水研究[J]．化工保护，2005，25(4)：263-266.

[242] 赵伟．固相法制备掺铝 ZnO 粉体导电性能研究[J]．武汉理工大学学报，2014，14：11-15.

[243] 赵晓蓉．空气过滤技术及应用[J]．山西建筑，2010，36(21)：179-180.

[244] 赵卓雅，李祥高，王世荣，等．六角片状氢氧化镁(001)晶面优先生长条件的研究[J]．人工晶体学报，2014，43(7)：1611-1619.

[245] 郑佳宜．硅藻土基调湿材料内热湿迁移过程及其在建筑中的应用研究[D]．南京：东南大学，2015.

[246] 舟成．我国水资源现状与问题研究[J]．资源节约与环保，2013(10)：64.

[247] 周成．铬(Ⅵ)对小麦和玉米生长的影响[J]．滁州学院学报，2008，10(3)：87-89.

[248] 周伟，杜卫刚，许干．改性凹凸棒土处理含铜废水的研究[J]．四川化工，2007，10(3)：43-46.

[249] 周玉松，任福民，夏四清，等．化学生物絮凝工艺去除城市污水中重金属的研究[J]．中国给水排水，2006，22(5)：10-18.

[250] 周志刚．什么是空气湿度[J]．第二课堂，2006，5：9-10.

[251] 朱春雨，王惠玲，徐世增，等．二氧化硅消光剂研究进展[J]．硅铝化合物，2005，37(3)：1-5.

[252] 朱健，王平，雷明婧，等．硅藻土理化特性及改性研究进展[J]．中南林业科技大学学报，2012，32(12)：61-66.

[253] 朱健．应用硅藻土处理含重金属离子废水相关理论基础及关键技术研究[D]．长沙：中南林业科技大学生命科学与技术学院，2013.

[254] 朱贤，陈桂娥，叶琳．膜分离在镀镍废水处理中的应用[J]．上海应用技术学院学报，2006，2(6)：141-148

[255] 邹照华，何素芳，韩彩芸，等．吸附法处理重金属废水研究进展[J]．环境保护科学，2010，36(3)：22-24.

[256] AHSAN H，CHEN Y，PARVEZ F，et al. Arsenic exposure from drinking water and risk of premalignant skin lesions in bangladesh：baseline results from the health effects of arsenic longitudinal study[J]. American journal of epidemiology，2006，163(12)：1138-1148.

[257] AIVALIOTI M，VAMVASAKIS I，GIDARAKOS E. BTEX and MTBE adsorption onto raw and thermally modified diatomite[J]. Journal of Hazardous Materials，2010，178：136-143.

[258] AJOUYED O, HUREL C, AMMARI M, et al. Marmier N. Sorption of Cr(Ⅵ) onto natural iron and aluminum(oxy)hydroxides: Effects of pH, ionic strength and initial concentration[J]. Journal of Hazardous Materials, 2010, 174: 616-622.

[259] AL-DEGS Y, KHRAISHEH M A M, TUTUNJI M F. Sorption of lead ions on diatomite and manganese oxides modified diatomite[J]. Water Research, 2001, 35(15): 3724-3728.

[260] ALGHOUTI M A, KHRAISHEH M A M, AHMAD M N M, et al. Adsorption behaviour of methylene blue onto Jordanian diatomite: a kinetic study[J]. Journal of Hazardous Materials, 2009, 165(1-3): 589-598.

[261] AL-HARAHSHEH M. Surface modification and characterization of Jordanian kaolinite: Application for lead removal from aqueous solutions[J]. Applied Surface Science, 2009, 255: 8098-8103.

[262] AL-SALEH M H, SUNDARARAJ U. A review of vapor grown carbon nano fiber /polymer conductive composites[J]. Carbon, 2009, 47(1): 2-22.

[263] ANDERSON M W, HOLMES S M, HANIF N, et al. Hierarchical pore structures through diatom zeolitization[J]. Angewandte Chemie International Edition, 2010, 39(15): 2707-2710.

[264] ANNENKOV V V, DANILOVTSEVA E N, ZELINSKIY S N, et al. Novel fluorescent dyes based on oligopropylamines for the in vivo staining of eukaryotic unicellular algae[J]. Analytical Biochemistry, 2010, 407(1): 44-51.

[265] ANTONIETTA F M, PRINCIPIA D, LUCA D S, et al. Optical properties of diatom nanostructured biosilica in arachnoidiscus sp: Micro-optics from mother nature[J]. PLoS ONE, 2014, 9(7): e103750.

[266] ARAI Y, SPARKS D L, DAVIS J A. Arsenate adsorption mechanisms at the Allophane-water interface [J]. Environmental Science Technology, 2005, 39: 2537-2544.

[267] ARECO M M, MEDINA L S, TRINEILIM A, et al. Adsorption of Cu(Ⅱ), Zn(Ⅱ), Cd(Ⅱ) and Pb(Ⅱ) by dead Avena fatuabiomass and the effect of these metals on their growth[J]. Colloids and Surfaces B: Biointerfaces, 2013, 110: 305- 312.

[268] ARMBRUST E V, BERGES J A, BOWLER C, et al. The genome of the diatom Thalassiosira pseudonana: ecology, evolution, and metabolism. Science 306: 79-86[J]. Science, 2004: 79-86.

[269] ARNOLD L L, NYSKA A, GEMERT M, et al. Dimethylarsinic acid: Results of chronic toxicity/oncogenicity studies in F344 rats and in B6C3F1 mice[J]. Toxicology, 2006, 223: 82-100.

[270] AW M S, SIMOVIC S, ADDAI-MENSAH J, et al. Silica microcapsules from diatoms as new carrier for delivery of therapeutics[J]. Nanomedicine, 2011, 6(7): 1159-1173.

[271] AW M S, SIMOVIC S, YU Y, et al. Porous silica microshells from diatoms as biocarrier for drug delivery applications[J]. Powder Technology, 2012, 223: 52-58.

[272] AZAM A F, TAKEO H, ALI R M, et al. Synthesis and gas-sensing properties of nano-and meso-porous MoO_3-doped SnO_2[J]. Sensors and Actuators B: Chemical, 2010, 147: 554-560.

[273] BAIO J E, ZANE A, JAEGER V, et al. Diatom mimics: Directing the formation of biosilica nanoparticles by controlled folding of lysine-Leucine peptides[J]. Journal of the American Chemical Society, 2014, 136(43): 15134-15137.

[274] BALCI S. Nature of ammonium ion adsorption by sepiolite: analysis of equilibrium data with several isotherms[J]. Water Research, 2004, 38(5): 1129-1138.

[275] BALMENOU G, STATHI P, ENOTIADIS A, et al. Physicochemical study of amino-functionalized organosilicon cubes intercalated in montmorillonite clay: H-binding and metal uptake[J]. Journal of Colloid and Interface Science, 2008, 325: 74-83.

[276] BANERJEE K, AMY G L, PREVOST M, et al. Kinetic and thermodynamic aspects of adsorption of arsenic onto granular ferric hydroxide(GFH)[J]. Water Research, 2008, 42(13): 3371-3378.

[277] BAO Z, ERNST E M, YOO S, et al. Syntheses of Porous Self-Supporting Metal-Nanoparticle Assemblies with 3D Morphologies Inherited from Biosilica Templates(Diatom Frustules)[J]. Advanced Materials, 2010, 21(4): 474-478.

[278] BAO Z. Chemical reduction of three-dimensional silica microassemblies into microporous silicon replicas [J]. ChemInform, 2007, 38(23).

[279] BARAKAT M A. New trends in removing heavy metals from industrial wastewater[J]. Arabian Journal of Chemistry, 2011, 4: 361-377.

[280] BARAN A, BICAK E, BAYSAL S H, et al. Comparative studies on the adsorption of Cr(Ⅵ) ions on to various sorbents[J]. Bioresource Technology, 2006, 98(3): 661-665.

[281] BARIANA M, AW M S, KURKURI M, et al. Tuning drug loading and release properties of diatom silica microparticles by surface modifications[J]. International Journal of Pharmaceutics, 2013, 443(1-2): 230-241.

[282] BAYRAMOGLU G, AKBULUT A, ARICA M Y. Immobilization of tyrosinase on modified diatom biosilica: Enzymatic removal of phenolic compounds from aqueous solution[J]. Journal of Hazardous Materials, 2013, 244-245(2): 528-536.

[283] BAYRAMOGLU M, EYVAZ M, KOBYA. Treatment of the textile wastewater by electrocoagulation Economical evaluation[J]. Chemical Engineering Journal, 2007, 128(2): 155-161.

[284] BELEGRATIS M R, SCHMIDT V, NEES D, et al. Diatom-inspired templates for 3D replication: natural diatoms versus laser written artificial diatoms[J]. Bioinspiration & Biomimetics, 2014, 9(1): 016004.

[285] BELLOMO E G, DEMING T J. Monoliths of aligned silica-polypeptide hexagonal platelets. [J]. Journal of the American Chemical Society, 2006, 128(7): 2276-2279.

[286] BILGE A, SEVIL V. Kinetics and equilibrium studies for the removal of nickel and zinc from aqueous solutions by ion exchange resins[J]. Journal of Hazardous Materials, 2009, 167: 482-488.

[287] BLIN J L, LESIEUR P, STÉBÉ M J. Nonionic fluorinated surfactant: investigation of phase diagram and preparation of ordered mesoporous materials[J]. Langmuir, 2004, 20: 491-498.

[288] BOZARTH A, MAIAER U, ZAUNER S. Diatoms in biotechnology: modern tools and applications[J]. Applied Microbiology & Biotechnology, 2009, 82(2): 195-201.

[289] BRAYBER R, BOZON-VERDURAZ F. Niobium pentoxide prepared by soft chemical routes: morphology, structure, defects and quantum size effect[J]. Physical Chemistry Chemical Physics, 2003, 5 (7): 1457-1466.

[290] BRUNNER E, GROGER C, LUTZ K, et al. Analytical studies of silica biomineralization: towards an understanding of silica processing by diatoms[J]. Applied Microbiology & Biotechnology, 2009, 84 (4): 607-616.

[291] CABEZA R, STEINGROBE B, RÖMER W, et al. Effectiveness of recycled P products as P fertilizers, as evaluated in pot experiments[J]. Nutrient Cycling in Agroecosystems, 2011, 91(2): 173-184.

[292] CAI W Q, YU J G, JARONIEC M. Template-free synthesis of hierarchical spindle-like γ-Al_2O_3 materials and their adsorption affinity towards organic and inorganic pollutants in water[J]. Journal of Materials Chemistry, 2010, 20: 4587-4594.

[293] CAI Y, DICKERSON M B, HALUSKA M S, et al. Manganese-doped zinc orthosilicate-bearing phos-

phor microparticles with controlled three-dimensional shapes derived from diatom frustules[J]. Journal of the American Ceramic Society, 2007, 90(4): 1304-1308.

[294] CAIW Q, YU J G, CHENG B, et al. Synthesis of boehmite hollow core/shell and hollow microspheres via sodium tartrate-mediated phase transformation and their enhanced adsorption performance in water treatment[J]. The Journal of Physical Chemistry C, 2009, (113)33: 14739-14746.

[295] CALISKAN N, KUI A R, ALKAN S A, et al. Adsorption of Zinc(Ⅱ) on diatomite and manganese-oxide-modified diatomite: A kinetic and equilibrium study[J]. Journal of Hazardous Materials, 2011, 193: 27-36.

[296] CAMPBELL B, IONESCU R, TOLCHIN M, et al. Carbon-coated, diatomite-derived nanosilicon as a high rate capable Li-ion battery anode[J]. Sci Rep, 2016, 6: 33050.

[297] CAO C Y, LI P, QU J, et al. High adsorption capacity and the key role of carbonate groups for heavy metal ion removal by basic aluminum carbonate porous nanospheres[J]. Journal of Materials Chemistry, 2012, 22: 19898-19903.

[298] Cao C Y, Qu J, Yan W S, et al. Low-cost synthesis of flowerlike α-Fe_2O_3 nanostructures for heavy metal ion removal: Adsorption property and mechanism[J]. Langmuir, 2012, 28(9): 4573-4579.

[299] Cervantes C, Campos-Gracia J, Devras S, et al. Interactions of chromium with microorganisms and plants[J]. FEMS Microbiology Reviews, 2001, 25: 335-347.

[300] CHAISENA A, RANGSRIWATANANON K. Synthesis of sodium zeolites from natural and modified diatomite[J]. Materials Letters, 2005, 59(12): 1474-1479.

[301] CHAKRAVARTY S, DUREJA V, BHATTACHARYYA G, et al. Removal of arsenic from groundwater using low cost ferruginous manganese ore[J]. Water Research, 2002, 36(3): 625-632.

[302] CHANDRASEKARAN S, MACDONALD T J, GERSON A R, et al. Boron-doped silicon diatom frustules as a photocathode for water splitting[J]. Acs Applied Materials & Interfaces, 2015, 7(31): 17381.

[303] CHANDRASEKARAN S, SWEETMAN M J, KANT K, et al. Silicon diatom frustules as nanostructured photoelectrodes. [J]. Chemical Communications, 2014, 50(72): 10441-10444.

[304] CHE H W, HAN S H, HOU W G, et al. Ordered mesoporous tin oxide with crystalline pore walls: Preparation and thermal stability[J]. Microporous and Mesoporous Materials, 2010, 130: 1-6.

[305] CHEN D H, LI Z, WAN Y, et al. Anionic surfactant induced mesophase transformation to synthesize highly ordered large-pore mesoporous silica structures[J]. Journal of Materials Chemistry, 2006, 16: 1511-1519.

[306] CHEN F, HONG H, ZHANG Y, et al. In Vivo Tumor Targeting and Image-Guided Drug Delivery with Antibody-Conjugated, radio labeled mesoporous silica nanoparticles[J]. ACS Nano, 2013, 7(10).

[307] CHEN L, SHEN Y , XIE A , et al. Seed-mediated synthesis of unusual struvite hierarchical superstructures using bacterium[J]. Crystal Growth & Design, 2010, 10(5): 2073-2082.

[308] CHEN S, YUE Q, GAO B, et al. Equilibrium and kinetic adsorption study of the adsorptive removal of Cr(Ⅵ) using modified wheat residue[J]. Journal of Colloid & Interface Science, 2010, 349(349): 256-264.

[309] CHEN S, ZHU J, HAN Q F, ZHENG Z J, YANG Y, WANG X. Shape-controlled synthesis of one-imensional MnO_2 via a facile quick preeipitation procedure and its electrochemical properties[J]. Crystal Growth & Design, 2009, 9: 4356-4361.

[310] CHEN X, YU T, FAN X, et al. Enhanced activity of mesoporous Nb_2O_5, for photocatalytic hydrogen production[J]. Applied Surface Science, 2007, 253(20): 8500-8506.

[311] CHEN Y H, LI F A. Kinetic study on removal of copper(II)using goethite and hematite nano-photocatalysts[J]. Journal of Colloid and Interface Science, 2010, 347: 277-281.

[312] Chen Y, Wu Q, Ning P, et al. Rayon-based activated carbon fibers treated with both alkali metal salt and Lewis acid[J]. Microporous & Mesoporous Materials, 2008, 109(1-3): 138-146.

[313] CHENG K, ZHOU Y M, SUN Z Y, et al. Synthesis of carbon-coated, porous and water-dispersive Fe_3O_4 nanocapsules and their excellent performance for heavy metal removal applications[J], Dalton Transactions, 2012, 41: 5854-5861.

[314] CHIA C W, YUAN C W, T F Lin, et al. Removal of arsenic from waste water using surface modified diatomite[J]. Journal of the Chinese Institute of Environmental Engineering, 2005, 4(15): 255-261.

[315] CHOONG T S Y, CHUAH T G, ROBIAH Y, et al. Arsenic toxicity, health hazards and removal techniques from water: an overview[J]. Desalination, 2007, 217: 139-166.

[316] CHOUYYOK W, WIACEK R J , PATTAMAKOMSAN K, et al. Phosphate removal by anion binding on functionalized nanoporous sorbents[J]. Environmental Science & Technology, 2010, 44(8): 3073-3078.

[317] CHU D W, ZENG Y P, JIANG D L, et al. In_2O_3-SnO_2 nano-toasts and nanorods: Precipitation preparation, formation mechanism, and gas sensitive properties[J]. Sensors and Actuators B: Chemical, 2009, 137: 630-636.

[318] CICCO S R, VONA D, DE GIGLIO E, et al. Chemically modified diatoms biosilica for bone cell growth with combined drug-delivery and antioxidant properties[J]. Chempluschem, 2015, 80(7): 1104-1112.

[319] CICCO S R, VONA D, LEONE G, et al. From polydisperse diatomaceous earth to biosilica with specific morphologies by glucose gradient/dialysis: a natural material for cell growth[J]. MRS Communications, 2017, 7(2): 214-220.

[320] CONNOR J, LANG Y, CHAO J, et al. Nano-structured polymer-silica composite derived from a marine diatom via deactivation enhanced atom transfer radical polymerization grafting[J]. Small, 2014, 10(3): 469-473.

[321] CORRE K S L, VALSAMI-JONES E, HOBBS P, et al. Impact of calcium on struvite crystal size, shape and purity[J]. Journal of Crystal Growth, 2005, 283(3-4): 514-522.

[322] CORRE K S L, VALSAMIJONES E, HOBBS P, et al. Phosphorus recovery from wastewater by struvite crystallization: a review[J]. Critical Reviews in Environmental Science & Technology, 2009, 39(6): 433-477.

[323] CQROLIN L, CHRISTIAN B. Silaffins in silica biomineralization and biomimetic, silica precipitation [J]. Marine Drugs, 2015, 13(8): 5297-5333.

[324] CRISTINA-VERONICA G, GELU B. Removal of chromium(Ⅵ)from aqueous solutions using a polyvinyl-chloride inclusion membrane: Experimental study and modeling[J]. Chemical Engineering Journal, 2013, 220: 24-34.

[325] DABROWSKI A, HUBICKI Z. PODKOSCIELNY P, et al. Selective removal of the heavy metal ions from waters and industrial wastewaters by ion-exchange method[J]. Chemosphere, 2004, 56: 91-106.

[326] DALAGAN J Q, ENRIQUEZ E P, LI L J. Simultaneous functionalization and reduction of graphene oxide with diatom silica[J]. Journal of Materials Science, 2013, 48(9): 3415-3421.

[327] DANTAS T N D C, DANTAS NETO A A, MOURA M C P. Removal of chromium from aqueous solutions by diatomite treated with microemulsion[J]. Water Research, 2001, 35(9): 2219-2224.

[328] DE STEFANO L, RENDINA I, DE STEFANO M, et al. Marine diatoms as optical chemical sensors

[J]. Applied Physics Letters, 2005, 87(23): 233902.1-233902.3.

[329] DEGS Y A, KHRAISHEH M A M, TUTUNJI M F. Sorption of lead ions on diatomite and manganese oxides modified diatomite[J]. Water Research, 2001, 15(35): 3724-3728.

[330] DELALAT B, SHEPPARD V C, GHAEMI S R, et al. Targeted drug delivery using genetically engineered diatom biosilica[J]. Nature Communications, 2015, 6: 8791.

[331] DENG L, LIU H, GAO X, et al. SnS_2/TiO_2, nanocomposites with enhanced visible light-driven photoreduction of aqueous Cr(Ⅵ)[J]. Ceramics International, 2016, 42(3): 3808-3815.

[332] DESCLES J, VARTANIAN M, HARRAK A E, et al. New tools for labeling silica in living diatoms [J]. New Phytologist, 2010, 177(3): 822-829.

[333] DOLATABADI J E N, GUARDIA M D L. Applications of diatoms and silica nanotechnology in biosensing, drug and gene delivery, and formation of complex metal nanostructures[J]. Trac Trends in Analytical Chemistry, 2011, 30(9): 1538-1548.

[334] DU Y C, SHI S L, DAI H X. Water-bathing synthesis of high-surface-area zeolite P from diatomite [J]. Particuology, 2011, 9: 174-178.

[335] DU Y C, SHI S L, HE H, et al. Fabrication and characterization of $Ce_{0.7}Zr_{0.3}O_2$ nanorods having high specific surface area and large oxygen storage capacity[J], Particuology, 2011, 9: 63-68.

[336] DU Y C, YAN J, MENG Q, ea tl. Fabrication and excellent conductive performance of antimony-doped tin oxide-coated diatomite with porous structure[J]. Materials Chemistry and Physics. 2012, 133: 907-912.

[337] DU Y, WANG X, WU J, et al. Adsorption and photoreduction of Cr(Ⅵ) via diatomite modified by Nb_2O_5 nanorods[J]. Particuology, 2018.

[338] DU Y, WANG X, WU J, et al. $Mg_3Si_4O_{10}(OH)_2$, and $MgFe_2O_4$, in situ grown on diatomite: Highly efficient adsorbents for the removal of Cr(Ⅵ)[J]. Microporous & Mesoporous Materials, 2018, 15 (271): 83-91.

[339] DU Y, YAN, MENG Q, et al. Fabrication and excellent conductive performance of antimony-doped tin oxide-coated diatomite with porous structure[J]. Materials Chemistry & Physics, 2012, 133(2-3): 907-912.

[340] DUDLEY S, KALEM T, AKINC M. Conversion of SiO_2 Diatom Frustules to $BaTiO_3$ and $SrTiO_3$[J]. Journal of the American Ceramic Society, 2006, 89(8): 2434-2439.

[341] EDDY HERALDY, FITRIA RAHMAWATI, HERIYANTO, et al.. Preparation of struvite from desalination waste[J]. ournal of Environmental Chemical Engineering. 2017, 5: 1666- 1675.

[342] ELIZALDE-GONZALEZ M P, MATTUSCH J, WENNRICH R, et al. Uptake of arsenite and arsenate by clinoptilolite-rich tuffs[J]. Microporous and Mesoporous Materials, 2001, 46: 277-286.

[343] ER L, XIANGYING Z, YUEHUA F. Removal of chromium ion(Ⅲ) from aqueous solution by manganese oxide and microemulsion modified diatomite[J]. Desalination, 2009, 238: 158-165.

[344] ER L. Removal of heavy metals from wastewater using CFB-coal fly ash zeolitic materials[J]. Journal of Hazardous Materials, 2010, 173: 581-588.

[345] EREN E. Removal of copper ions by modified Unye clay, Turkey[J]. Journal Hazardous Materials, 2008, 159: 235-244.

[346] ESTEVES A, OLIVEIRA L C A, RAMALHO amalho T C, et al. New materials based on modified synthetic Nb_2O_5 as photocatalyst for oxidation of organic contaminants[J]. Catalysis Communication, 2008, 10: 330-332.

[347] FALCON-RODRIGUEZ C I, OSORNIO-VARGAS A R, ISABEL S O, et al. Aeroparticles, composi-

tion, and lung diseases[J]. Frontiers in Immunology, 2016, 7: 3.

[348] FAN M, BOONFUENG T, XU Y, et al. Modeling Pb sorption to microporous amorphous oxides as discrete particles and coatings[J]. Journal of Colloid and Interface Science, 2005, 281: 39-48.

[349] FATTAKHOVA ROHLFING D, BREZESINSKI T, RATHOUSKY J, et al. Transparent conducting films of indium tin oxide with 3D mesopore architecture[J]. Advanced Material, 2006, 18(22): 2980-2983.

[350] FENGA D ALDRICHB. Adsorpt ion of heavy metals by biomaterials derived from the marine alga ecklonia maxima[J]. Hydrometallurgy, 2003, 73(11): 1-10.

[351] FENGLIAN F, QI W. Removal of heavy metal ions from wastewaters: A review[J]. Journal of Environmental Management, 2011, 92: 407-418.

[352] FIROOZ A A, MAHJOUB A R, KHODADADI A A. Highly sensitive CO and ethanol nanoflower-like SnO_2 sensor among various morphologies obtained by using single and mixed ionic surfactant templates [J]. Sensors and Actuators B: Chemical, 2009, 141: 89-96.

[353] FIROOZ A A, MAHJOUB A R, KHODADADI A A. Preparation of SnO_2 nanoparticles and nanorods by using a hydrothermal method at low temperature[J]. Materials Letters, 2008, 62: 1789-1792.

[354] FIROOZ A A, MAHJOUBA R, KHODADADI A A. Effects of flower-like, sheet-like and granular SnO_2 nanostructures prepared by solid-state reactions on CO sensing[J]. Materials Chemistry and Physics, 2009, 115: 196-199.

[355] FORD N R, HECHT K A, HU D, et al. Antigen binding and site-directed labeling of biosilica-immobilized fusion proteins expressed in diatoms[J]. ACS Synthetic Biology, 2016, 5(3): 193-199.

[356] FU F L, WANG Q. Removal of heavy metal ions from wastewaters: A review[J]. Journal of Environmental Management, 2011, 92: 407-418.

[357] FU P, YONG L, DAI X. Preparation of activated carbon fibers supported TiO_2, photocatalyst and evaluation of its photocatalytic reactivity[J]. Journal of Molecular Catalysis A: Chemical, 2004, 221 (1-2): 81-88.

[358] FURUKAWA S, SHISHIDO T, TAMURA K, et al. Reaction mechanism of selective photooxidation of hydrocarbons over Nb_2O_5[J]. Journal of Physical Chemistry C, 2014, 115(39): 19320-19327.

[359] FURUKAWA S, TAMURA A, SHISHIDO T, et al. Solvent-free aerobic alcohol oxidation using Cu/Nb_2O_5: Green and highly selective photocatalytic system[J]. Applied Catalysis B Environmental, 2011, 110(45): 216-220.

[360] GALE D K, GUTU T, JIAO J, et al. Photoluminescence detection of biomolecules by antibody-functionalized diatom biosilica[J]. Advanced Functional Materials, 2009, 19(6): 926-933.

[361] GALTIERI A F. Synthesis of sodium zeolites from a natural halloysite[J]. Physics and Chemistry of Minerals, 2001, 28(10): 719-728.

[362] GAO B J, JIANG P F, AN F Q, et al. Studies on the surface modification of diatomite with polyethyleneimine and trapping effect of the modified diatomite for phenol[J]. Applied Clay Science, 2005, 250 (1-4): 273-279.

[363] GASPAROTTO A, BARRECA D, BEKERMANN D, et al. F-doped Co_3O_4 photocatalysts for sustainable H2 generation from water/ethanol[J]. Cheminform, 2012, 43(14): 19362.

[364] GAUTAM S, KASHYAP M, GUPTA S, et al. Metabolic engineering of TiO_2 nanoparticles in Nitzschia palea to form diatom nanotubes: an ingredient for solar cells to produce electricity and biofuel[J]. Rsc Advances, 2016, 6(99): 97276-97284.

[365] GE J R, DENG K J, CAI W Q, et al. Effect of structure-directing agents on facile hydrothermal prepa-

ration of hierarchical γ-Al_2O_3 and their adsorption performance toward Cr(Ⅵ) and CO_2[J]. Journal of Colloid and Interface Science, 2013, 401: 34-39.

[366] GERENTE C, LEE V K C, CLOIREC P L, et al. Application of chitosan for the removal of metals from wastewaters by adsorption – mechanisms and models review[J]. Critical Reviews in Environmental Science and Technology, 2007, 37(1): 41-127.

[367] GHOUTI M A A, DEGS Y S. New adsorbents based on microemulsion modified diatomite and activated carbon for removing organic and inorganic pollutants from waste lubricants[J]. Chemical Engineering Journal, 2011, 173: 115-128.

[368] GNANAMOORTHY P, ANANDHAN S, PRABU V A. Natural nanoporous silica frustules from marine diatom as a biocarrier for drug delivery[J]. Journal of Porous Materials, 2014, 21(5): 789-796.

[369] GOLDMAN E R, MEDINTZ I L, WHITLEY J L, et al. Hybrid quantum dot antibody fragment fluorescence resonance energy transfer-based TNT sensor[J]. Journal of the American Chemical Society, 2005, 127(18): 6744-6751.

[370] GORDON R, LOSIC D, et al. The Glass Menagerie: diatoms for novel applications in nanotechnology [J]. Trends in Biotechnology, 2009, 27(2): 116-127.

[371] GU Z, FANG J, DENG B. Preparation and evaluation of GAC-based iron-containing adsorbents for arsenic removal[J]. Environmental. Science. Technology, 2005, 39: 3833-3843.

[372] GUAN X H, DU J S, MENG X G, et al. Application of titanium dioxide in arsenic removal from water: A review[J]. Journal of Hazardous Materials, 2012, 215-216: 1-16.

[373] GUAN X H, SU T Z, WANG J M. Removal of arsenic from water using granular ferric hydro-xide: Macroscopic and microscopic studies[J]. Journal Hazardous Materials, 2009, 166: 39-45.

[374] GUAN X H, WANG J M, CHUSUEI C C. Removal of arsenic from water using granular ferric hydroxide: Macroscopic and microscopic studies[J]. Journal Hazardous Materials, 2008, 156: 178-185.

[375] GUETTAÏ N, AIT AMAR H. Photocatalytic oxidation of methyl orange in presence of titanium dioxide in aqueous suspension. Part I: Parametric study[J]. Desalination, 2005, 185(1): 427-437.

[376] GULAY B, MEHMET Y A. Adsorption of Cr(Ⅵ) onto PEI immobilized acrylate-based magnetic beads: Isotherms, kinetics and thermodynamics study [J]. Chemical Engineering Journal, 2008, 139: 20-28.

[377] GUO D S, WANG S W, HU J, et al. Adsorption of Pb(Ⅱ) on diatomite as affected via aqueous solution chemistry and temperature[J]. Colloids and Surfaces A: Physicochem, Eng. Aspects, 2009, 339: 159-166.

[378] GUO W, ZHANG F, LIN C, et al. Direct growth of TiO_2 nanosheet arrays on carbon fibers for highly efficient photocatalytic degradation of methyl Orange[J]. Advanced Materials, 2012, 24(35): 4761-4764.

[379] GUO X L, KUANG M, LI F, et al. Tailoring kirkendall effect of the KCu_7S_4 microwires towards CuO @ MnO_2 core-shell nanostructures for supercapacitors[J]. Electrochimica Acta, 2015, 20(174): 87-92.

[380] GUODONG S, SUOWEI W, JUN H, et al. Adsorption of Pb(Ⅱ) on diatomite as affected via aqueous solution chemistry and temperature[J]. Colloids and surfaces A: Physicochemical and engineering aspects, 2009, 339: 159-166.

[381] GÜRü M, VENEDIK D, MURATHAN A. Removal of trivalent chromium from water using low-cost natural diatomite[J]. Journal of Hazardous Materials, 2008, 160(2-3): 318-323.

[382] GUTIÉRREZ-BÁEZ R, TOLEDO-ANTONIO J A, CORTES-JÁCOME M A, et al. Effects of the SO_4

groups on the textural properties and local order deformation of SnO_2 rutile structure[J]. Langmuir, 2004, 20: 4265-4271.

[383] GUTU T, GALE D K, JEFFRYES C, et al. Electron microscopy and optical characterization of cadmium sulphide nanocrystals deposited on the patterned surface of diatom biosilica[J]. Journal of Nanomate-rials, 2009, 2009(30): 9.

[384] H HUANG, D ZHANG, J LI, et al. Phosphate recovery from swine wastewater using plant ash in chemical crystallization[J]. Cleaner Production, 2017(168): 338-345.

[385] HADJAR H, HAMDI B, JABER M, et al. Elaboration and characterisation of new mesoporous materials from diatomite and charcoal[J]. Microporous and Mesoporous Materials, 2007, 107: 219-226.

[386] HAN X, WONG Y S, WONG M H, et al. Effects of anion species and concentration on the removal of Cr(Ⅵ)by a microalgal isolate, Chlorella miniata. [J]. Journal of Hazardous Materials, 2008, 158(2-3): 615-620.

[387] HARKER A H. Bioinspired photonics: Optical structures and systems inspired by nature by viktoria greanya[J]. Contemporary Physics, 2016, 57(2): 271-272.

[388] HASHEMZADEH F, GAFFARINEJAD A, RAHIMI R. Porous p-NiO/n-Nb_2O_5, nanocomposites prepared by an EISA route with enhanced photocatalytic activity in simultaneous Cr(Ⅵ)reduction and methyl orange decolorization under visible light irradiation[J]. Journal of Hazardous Materials, 2015, 286: 64-74.

[389] HEMPEL F, BOZARTH A S. LINDENKAMP N, et al. Microalgae as bioreactors for bioplastic production[J]. Microbial Cell Factories, 2011, 10(1): 81.

[390] HEMPEL F, MAIER U G. An engineered diatom acting like a plasma cell secreting human IgG antibodies with high efficiency[J]. Microbial Cell Factories, 2012, 11(1): 126.

[391] HILDEBRAND M, FRIGERI L A. Synchronized growth of Thalassiosira pseudonana(Bacillariophyceae) provides novel insights into cell-wall synthesis processes in relation to the cell cycle[J]. Journal of Phycology, 2010, 43(4): 730-740.

[392] HILDERBRAND M. Diatoms, biomineralization processes, and genomics[J]. Chemical Reviews, 2008, 108(11): 4855.

[393] HO Y S. Review of Second - Order Models for Adsorption Systems[J]. Cheminform, 2006, 136(3): 681-689.

[394] HU J, CHEN G H, LO I M C. Removal and recovery of Cr(Ⅵ)from waste water by maghemite nanoparticles[J]. Water Research, 2005, 39: 4528-4536.

[395] HU P W, YANG H M. Controlled coating of antimony-doped tin oxide nanoparticles on kaolinite particles[J]. Applied Clay Science, 2010, 48: 368-374.

[396] HUANG H, XIAO D, PANG R, et al. Simultaneous removal of nutrients from simulated swine wastewater by adsorption of modified zeolite combined with struvite crystallization[J]. Chemical Engineering Journal, 2014, 256(6): 431-438.

[397] HUANG J, LIU Y, JIN Q, et al. Adsorption studies of a water soluble dye, reactive redMF-3B, using sonication-surfactant-modified attapulgite clay[J]. Journal of Hazardous Materials, 2007, 143: 541-548.

[398] HUNSOM M, PRUKSATHOM K, DAMRONGLERD S, et al. Electrochemical treatment of heavy metals(Cu^{2+}, Cr^{6+}, Ni^{2+}) from industrial effluent and modeling of copper reduction[J]. Water Research, 2005, 39(4): 610-616.

[399] JAIN M, GARG V K, KADIRVELU K. Chromium(Ⅵ)removal from aqueous system using helianthus

annuus(sunflower) stem waste[J]. Journal of Hazardous Materials, 2009, 162(115): 365-372.

[400] JANG M, MIN S H, PARK J K, et al. Hydrous ferric oxide incorporated diatomite for remediation of arsenic contaminated groundwater[J]. Environmental Science and Technology, 2007, 41: 3322-3328.

[401] JANTSCHKE A, HERRMANN A K, LESNYAK V, et al. Decoration of diatom biosilica with noble metal and semiconductor nanoparticles(<10ânm): Assembly, characterization, and applications[J]. Chemistry-An Asian Journal, 2012, 7(1): 85-90.

[402] JEFFRAYES C, GUTU T, JIAO J, et al. Insertion of nanostructured TiO_2 into the patterned biosilica of the diatom pinnularia sp. by a two-stage bioreactor cultivation process[J]. Acs Nano, 2008, 2(10): 2103.

[403] JEFFRAYES C, GUTU T, JIAO J, et al. Two-stage photobioreactor process for the metabolic insertion of nanostructured germanium into the silica microstructure of the diatom Pinnularia sp[J]. Materials Science & Engineering C, 2008, 28(1): 107-118.

[404] JEFFRAYES C, SOLANKI R, RANGINENI Y, et al. Electroluminescence and photoluminescence from nanostructured diatom frustules containing metabolically inserted germanium[J]. Advanced Materials, 2010, 20(13): 2633-2637.

[405] JEFFRYES C, CAMPBELL J, LI H, et al. The potential of diatom nanobiotechnology for applications in solar cells, batteries, and electroluminescent devices[J]. Energy & Environmental Science, 2011, 4(10): 3930-3941.

[406] JEON H J, JEON M K, KAND M, et al. Synthesis and characterization of antimony-doped tin oxide (ATO) with nanometer-sized particles and their conductivities. Materials Letters, 2005, 59: 1801-1810.

[407] JI L, LIU M, XUE D. Polymorphology of sodium niobate based on two different bidentate organics[J]. Materials Research Bulletin, 2010, 45(3): 314-317.

[408] JIA Y, HAN W, XIONG G, et al. A method for diatomite zeolitization through steam-assisted crystallization with in-situ seeding[J]. Materials Letters, 2008, 62(16): 2400-2403.

[409] JIA Y, HAN W, XIONG G, et al. Layer-by-layer assembly of $TiO_{(2)}$ colloids onto diatomite to build hierarchical porous materials[J]. Journal of Colloid & Interface Science, 2008, 323(2): 326-331.

[410] JIANG H Y, DAI H X, XIA Y S, et al. Synthesis and characterization of wormhole-like mesoporous SnO_2 with high surface area[J]. Chinese Journal of Catalysis, 2010, 31: 295-301.

[411] JIANG M X, YANG T Z, GU Y Y, et al. Preparation of antimony-doped nanoparticles by hydrothermal method[J]. Transactions of Nonferrous Metals Society of China, 2005, 15(3): 702-705.

[412] JIAO K, ZHANG B, YUE B, et al. Growth of porous single-crystal Cr_2O_3 in a 3D mesopore system [J]. Chemical Communications, 2005, 5618-5620.

[413] JIM R H, YAO D D, LEVI R T. Biomimetic synthesis of shaped and chiral silica entities templated by organic objective materials[J]. Chemistry - A European Journal, 2014, 20(24): 7196-7214.

[414] JIN R H, YUAN J J. Biomimetically controlled formation of nanotextured silica/titania films on arbitrary substrates and their tunable surface function[J]. Advanced Materials, 2009, 21(37): 3750-3753.

[415] JING Y, LE Z, REN F, et al. Ultra-sensitive immunoassay biosensors using hybrid plasmonic-biosilica nanostructured materials[J]. Journal of Biophotonics, 2014, (9999): 659-667.

[416] Jo B H, Kim C S, Jo Y K, et al. Recent developments and applications of bioinspired silicification [J]. Korean Journal of Chemical Engineering, 2016, 33(4): 1125-1133.

[417] JORDI L, MOHAMMED S. K, JOAN L. Feasibility study on the recovery of chromium(Ⅲ) by polymer enhanced ultrafiltration[J]. Desalination, 2009, 249: 577-581.

[418] KAWASAKI T, TANAKA H. Structural origin of dynamic heterogeneity in three-dimensional colloidal

glass formers and its link to crystal nucleation[J]. Journal of Physics-Condensed Matter, 2010, 22(23): 232102.

[419] KHEZHAMI L, CAPART K. Removal of Chromium(Ⅵ) fromaqueous solution by activated carbons: Kinetic and equilibrium studies[J]. Journal of Hazardous Materials, 2005, 123(1-3): 223-231.

[420] KHRAISHEH M A M, Al-DEGES Y S, MCMINN W A M. Remediation of wastewater containing heavy metals using raw and modified diatomite[J]. Chemical Engineering Journal, 2004, 99(2): 177-184.

[421] KHRAISHEH M A M, AL-GHOUTI M A, ALLEN S J, et al. Effect of OH and silanol groups in the removal of dyes from aqueous solution using diatomite[J]. Water Research, 2005, 39(5): 922-932.

[422] KIM E J, KIM J W, CHOI S C, et al. Sorption behavior of heavy metals on poorly crystalline manganese oxides: roles of water conditions and light[J]. Environmental Science: Processes Impacts, 2014, 16: 1519-1525.

[423] KOCAOBA S, AKCIN G. Removal of Chromium(Ⅲ) and Cadmium(Ⅱ) from Aqueous Solutions[J]. Desalination, 2005, 180(1 -3): 151-156.

[424] KOJI M, TAKAHIRO K, KUNIHIKO I. Method of producing particle-shape water-absorbing resin material[J]. 2012.

[425] KOLLE M, STEINER U. Photonic structures inspired by nature[M]. Berlin: Springer-Verlag, 2011.

[426] KRGER N. Prescribing diatom morphology: toward genetic engineering of biological nanomaterials[J]. Current Opinion in Chemical Biology, 2007, 11(6): 662-669.

[427] KRISHNAKUMAR T, JAYAPRAKASH R, PINNA N, et al. Structural, optical and electrical characterization of antimony-substituted tin oxide nanoparticles[J]. Journal of Physics and Chemistry of Solids, 2009, 70: 993-999.

[428] KUCKI M, FUHRMANN-LIEKER T. Staining diatoms with rhodamine dyes: control of emission colour in photonic biocomposites[J]. Journal of the Royal Society Interface, 2012, 9(69): 727-733.

[429] KUN H, DANIEL P, MICHAEL G, et al. Dye-anchored mesoporous antimony-doped tin oxide electrochemiluminescence cell[J]. Advanced Materials, 2009, 21: 2492-2496.

[430] KUZAWA K, JUNG Y J, KISO Y, et al. Phosphate removal and recovery with a synthetic hydrotalcite as an adsorbent[J]. Chemosphere, 2006, 62: 45-52.

[431] LAKSHNIPATHIRAJ P, UMAMAHESWARI S, RAJU G B, et al. tudies on adsorption of Cr(Ⅵ) onto strychnos potatorum seed from aqueous solution[J]. Environmental Progress & Sustainable Energy, 2013, (32)1: 35-41.

[432] LANG Y, DEL MONTE F, COLLINS L, et al. Functionalization of the living diatom Thalassiosira weissflogii with thiol moieties[J]. Nature Communications, 2013, 4(3683).

[433] LANG Y, MONTE F D, RODRIGUEZ B J, et al. Integration of TiO_2 into the diatom Thalassiosira weissflogii during frustule synthesis[J]. Sci Rep, 2013, 3(11): 3205.

[434] LE C, ZHA Y, LI Y, et al. Eutrophication of lake waters in China: cost, causes, and control[J]. Environmental Management, 2010, 45(4): 662.

[435] LEANDRO J M, PEREIRA P H F, SILVA M L C P D. Preparation and characterization of cellulose/hydrous niobium oxide hybrid[J]. Carbohydrate Polymers, 2012, 89(3): 992-996.

[436] LECHNER C C, BECKER C F W. Silaffins in silica biomineralization and biomimetic silica precipitation[J]. Marine Drugs, 2015, 13(8): 5297-5333.

[437] LEE C G, FLETCHER T D, SUN G. Nitrogen removal in constructed wetland systems[J]. Engineering in Life Sciences, 2010, 9(1): 11-22.

[438] LEE C T, YU Q X. Effects of plasma treatment on the electrical and optical properties of indium tin

oxide films fabricated by r. f. reactive sputtering[J]. Thin Solid Films, 2001, 386: 105-110.

[439] LEE D S, CHEN H J, CHEN Y W. Photocatalytic reduction of carbon dioxide with water using $InNbO_4$, catalyst with NiO and Co_3O_4, cocatalysts[J]. Journal of Physics & Chemistry of Solids, 2012, 73(5): 661-669.

[440] LENOBLE V, LACLAUTRE C, DELUCHAT V, et al. Arsenic removal by adsorption on iron(Ⅲ) phosphate[J]. Journal Hazardous Materials, 2005, 123: 262-268.

[441] LI E, ZENG X Y, FAN Y. H. Removal of chromium ion(Ⅲ) from aqueous solution by manganese oxide and microemulsion modified diatomite[J]. Desalination, 2009, 238: 158-165.

[442] LI H Y, LU Y, ZHENG J W, et al. Biochemical and genetic engineering of diatoms for polyunsaturated fatty acid biosynthesis[J]. Marine Drugs, 2014, 12(1): 153-166.

[443] LI H, LI W, ZHANG Y, et al. Chrysanthemum-like α-FeOOH microspheres produced by a simple green method and their outstanding ability in heavy metal ion removal[J]. Journal of Materials Chemistry, 2011, 21(22): 7878-7881.

[444] LI L P, PAN Y Z, CHEN L J, et al. One-dimensional α-MnO_2: Trapping chemistry of tunnel structures, structural stability, and magnetic transitions[J]. Journal of Solid State Chemistry, 2007, 180(10): 2896-2904.

[445] LI R, WANG J J, ZHOU B, et al. Simultaneous capture removal of phosphate, ammonium and organic substances by MgO impregnated biochar and its potential use in swine wastewater treatment[J]. Journal of Cleaner Production, 2017, 147: 96-107.

[446] LI W C, LU A H, WEIDENTHALER C, et al. Hard-templating pathway to create mesoporous magnesium oxide[J]. Chemistry of Materials, 2004, 16: 5676-5681.

[447] LIM G W, LIM J K, AHMAD A L, et al. Influences of diatom frustule morphologies on protein adsorption behavior[J]. Journal of Applied Phycology, 2015, 27(2): 763-775.

[448] LIN H Y, YANG H C, WANG W L. Synthesis of mesoporous Nb_2O_5, photocatalysts with Pt, Au, Cu and NiO cocatalyst for water splitting[J]. Catalysis Today, 2011, 174(1): 106-113.

[449] LIN K C, KUNDURU V, BOTHARA M, et al. Biogenic nanoporous silica-based sensor for enhanced electrochemical detection of cardiovascular biomarkers proteins[J]. Biosensors & Bioelectronics, 2010, 25(10): 2336-2342.

[450] LIU J, WANG H l, LU C X, et al. Remove of heavy metals(Cu^{2+}, Pb^{2+}, Zn^{2+} and Cd^{2+}) in water through modified diatomite[J]. Chemical Research in Chinese Universities, 2013, 29(3): 445-448.

[451] LO I M C, LAM C S C, LAI K C K. Hardness and carbonate effects on the reactivity of zero-valent iron for Cr(Ⅵ) removal[J]. Water Research, 2006, 40: 595-605.

[452] LONG H, WU P X, YANG L, et al. Efficient removal of cesium from aqueous solution with vermiculite of enhanced adsorption property through surface modification by ethylamine[J]. Journal of Colloid and Interface Science, 2014, 428: 295-301.

[453] LOSIC D, MITCHELL J G, LAL R, et al. Rapid fabrication of micro- and nanoscale patterns by replica molding from diatom biosilica[J]. Advanced Functional Materials, 2007, 17(14): 2439-2446.

[454] LOSIC D, MITCHELL J G, VOELCKER N H. Diatomaceous lessons in nanotechnology and advanced materials[J]. Advanced Materials, 2009, 21(29): 2947-2958.

[455] LOSIC D, ROSENGARTEN G, MITCHELL J G, et al. Pore architecture of diatom frustules: Potential nanostructured membranes for molecular and particle separations[J]. Journal of Nanoscience and Nanotechnology, 2006, 6(4): 982-989.

[456] LOSIC D, TRIANI G, EVANS P J, et al. Controlled pore structure modification of diatoms by atomic

layer deposition of TiO_2[J]. Journal of Materials Chemistry, 2006, 16(41): 4029-4034.

[457] LOSIC D, YU Y, AW M S, et al. Surface functionalisation of diatoms with dopamine modified iron-oxide nanoparticles: toward magnetically guided drug microcarriers with biologically derived morphologies [J], Chemical Communications, 2010, 46(34): 6323-6325.

[458] MALAMIS S. et al. Assessment of metal removal, biomass activity and RO concentrate treatment in an MBR-RO system[J]. Journal of Hazardous Materials, 2012, 209-210: 1-8.

[459] MAO L, LIU S, et al. Sonochemical fabrication of mesoporous TiO_2 inside diatom frustules for photocatalyst[J]. Ultrasonics Sonochemistry, 2014, 21(2): 527-534.

[460] MARIA F, EDOARDO D T, GIUSEPPE C, et al. Diatom valve three-dimensional representation: A new imaging method based on combined microscopies[J]. International Journal of Molecular Sciences, 2016, 17(10): 1645.

[461] MARYAM LATIFIAN, JING LIU, BO MATTIASSON. Struvite-based fertilizer and its physical and chemical properties. Environmental Technology. 2012, 33(24): 2691-2697.

[462] MEHMET E A. Activation of pine cone using Fenton oxidation for Cd(Ⅱ) and Pb(Ⅱ) removal[J]. Bioresource Technology, 2008, 99: 8691-8698.

[463] MEHTA C M, BATSTONE D J. Nucleation and growth kinetics of struvite crystallization[J]. Water Research, 2013, 47(8): 2890-2900.

[464] METIN G, DUYGU V, AYSE M. Removal of trivalent chromium from water using low-cost natural diatomite, Journal of Hazardous Materials[J]. 2008, 160: 318-323.

[465] MING-QIN J, XIAO-YING J, XIAO-QIAO L et al. Adsorption of Pb(Ⅱ), Cd(Ⅱ), Ni(Ⅱ) and Cu (Ⅱ) onto natural kaolinite clay[J]. Desalination, 2011, 252: 33-39.

[466] MOHAN D, PITTMAN C U J R. Activated carbons and low cost adsorbents for remediation of triand hexavalent chromium from water[J]. Journal of Hazardous Materials, 2006, 137(2): 762-811.

[467] MOHAN D, PITTMAN C U. Arsenic removal from water/wastewater using adsorbents-A critical review [J]. Journal Hazardous Materials, 2007, 142: 1-53.

[468] MOUEDHEN G, FEKI M, DE PETRIS-WERY M, et al. Electrochemical removal of Cr(Ⅵ) from aqueous media using iron and aluminum as electrode materials: Towards a better understanding of the involved phenomena[J]. Journal of Hazardous Materials, 2009, 168(2-3): 983-991.

[469] MYROSLAV S, IRYNA K, BOGUSŁAW B. The separation of uranium ions by natural and modified diatomite from aqueous solution[J]. Journal of Hazardous Materials, 2010, 181: 700-707.

[470] NAGENDRAN A, VIJAYALAKSHMI A, LAWRENCE AROCKIASAMY D, et al. Toxic metal ion separation by cellulose acetate/sulfonated poly(ether imide) blend membrances: Effect of polymer composition and additive[J]. Journal of Hazardous Materials, 2008, 155: 477-485.

[471] NASSIF N, LIVAGE J. From diatoms to silica-based biohybrids [J]. Chemical Society Reviews, 2011, 40(2): 849-859.

[472] Nath K, Singh S, Sharma YK. Phytotoxic effects of chromium and tannery effluent on growth and metabolism of Phaseolus mungo roxb[J]. Journal of Environmental Biology, 2009, 30: 227-234.

[473] NAVARRO R R, WADA S, TATSUMI K. Heavy metal precipitation by polycationpolyanion complex of PEI and its phosphonomethylated derivative[J]. Journal of Hazardous Materials, 2005, 123(1-3): 203-209.

[474] NECLA C, ALI R K, SALIH A, et al. Adsorption of Zinc(Ⅱ) on diatomite and manganese-oxide-modified diatomite: A kinetic and equilibrium study[J]. Journal of Hazardous Materials, 2011, 193: 27-36.

[475] NEMMAR A, HOLME J A, ROSAS I, et al. Recent advances in particulate matter and nanoparticle toxicology: a review of the in vivo and in vitro studies[J]. Biomed Research International, 2013(4): 465-469.

[476] NICOLETTA R, FLAVIA N I. Heavy metal hyperaccumulating plants: how and why do they do it and what makes them so interesting[J]. Plasma Science and Technology, 2011, 180(2): 169-181.

[477] NISHIHAMA S, NISHIMURA G, HIRAI T, et al. Separation and recovery of Cr(Ⅵ) from simulated plming waste using microcapsules containing quaternary ammonium salt extractant and phosphoric acid extractant[J]. Industrial & Engineering Chemistry Research, 2004, 43(3): 751-757.

[478] Nütz T, Haase M. Wet-chemical synthesis of doped nanoparticles: Optical properties of oxygen-deficient and antimony-doped colloidal SnO_2[J]. Journal of Physical Chemistry B 2000, 104: 8430-8437.

[479] OMAR G C N, RORRER G L. Control of chitin nanofiber production by the lipid-producing diatom cyclotella Sp. through fed-batch addition of dissolved silicon and nitrate in a bubble-column photobioreactor [J]. Biotechnology Progress, 2017, 33(2).

[480] PAKARINEN J, KOIVULA R, LAATIKAINEN M, et al. Nanoporous manganese oxides as environmental protective materials-effect of Ca and Mg on metals sorption[J]. Journal of Hazardous Materials, 2010, 180: 234-240.

[481] PAMIRSKY I E, GOLOKHVAST K S. Silaffins of diatoms: From applied biotechnology to biomedicine [J]. Marine Drugs, 2013, 11(9): 3155-3167.

[482] PAN B G. Highly efficient removal of heavy metals by polymer-supported nanosized hydrated Fe(Ⅲ) oxides: Behavior and XPS study[J]. water research, 2010, 44: 815-824.

[483] PATWARDHAN S V. ChemInform Abstract: Biomimetic and Bioinspired Silica: Recent Developments and Applications[J]. Cheminform, 2011, 47(27): 7567-7582.

[484] PENA M E, KORFIATIS G P, PATEL M, et al. Adsorption of As(Ⅴ) and As(Ⅲ) by nanocrystalline titanium dioxide[J]. Water Research, 2005, 39: 2327-2337.

[485] PENG Y, DONG L, FAN M, et al. Removal of hexavalent chromium[Cr(Ⅵ)] from aqueous solutions by the diatomite-supported/unsupported magnetite nanoparticles[J]. Journal of Hazardous Materials, 2010, 173(1-3): 614-621.

[486] PIMENTEL P M, OLIVEIRA R M P B, MELO D M A, et al. Characterization of retorted shale for use in heavy metal removal[J]. Applied Clay Science, 2010, 48: 375-378.

[487] PIMOLPUM K, PITT S. Preparation and adsorption behavior of aminated electrospun polyacrylonitrile nanofiber mats for heavy metal ion removal[J]. ACS Applied materials &interfaces, 2010, 12(2): 3619-3627.

[488] POUGET E, DUJARDIN E, CAVALIER A, et al. Hierarchical architectures by synergy between dynamical template self-assembly and biomineralization[J]. Nature Materials, 2007, 6(6): 434-439.

[489] POULSEN N, CHESLEY P M, KROGER N. Molecular genetic manipulation of the diatom Thalassiosira pseudonana(Bacillariophyceae)[J]. Journal of Phycology, 2010, 42(5): 1059-1065.

[490] POULSEN N, KROGER N. A new molecular tool for transgenic diatoms[J]. Febs Journal, 2005, 272(13): 3413-3423.

[491] PRADO A G S, BOLZON L B, PEDROSO C P, et al. Nb_2O_5, as efficient and recyclable photocatalyst for indigo carmine degradation[J]. Applied Catalysis B Environmental, 2008, 82(3): 219-224.

[492] QIN T, GUTU T, JIAO J, et al. Biological fabrication of photoluminescent nanocomb structures by metabolic incorporation of germanium into the biosilica of the diatom nitzschia frustulum[J]. Acs Nano, 2008, 2(6): 1296-304.

[493] QUINTELAS C, SOUSA E, SILVA F, et al. Competitive biosorption of ortho-cresol, phenol, chlorophenol and chromium(Ⅵ) from aqueous solution by a bacterial biofilm supported on granular activated carbon[J]. Process Biochemistry, 2006, 41(9): 2087-2091.

[494] RADAKOVITS R, JINKERSON R E, DARZINS A, et al. Genetic engineering of algae for enhanced biofuel production[J]. Eukaryotic Cell, 2010, 9(4): 486-501.

[495] RAMESH A, HASEGAWA H, MAKI T. et al. Adsorption of inorganic and organic arsenic from aqueous solutions by polymeric Al/Fe modified montmorillonite[J]. Separation and Purification Technology, 2007, 56: 90-100.

[496] REA I, RENDINA I, STEFANO L D, et al. Lensless light focusing with the centric marine diatom Coscinodiscus walesii[J]. Optics Express, 2007, 15(26): 18082.

[497] REA I, TERRACCIANO M, CHANDRASEKARAN S, et al. Bioengineered silicon diatoms: Adding photonic features to a nanostructured semiconductive material for biomolecular sensing[J]. Nanoscale Research Letters, 2016, 11(1): 405.

[498] REA I, TERRACCIANO M, DE STEFANO L. Synthetic vs natural: Diatoms bioderived porous materials for the next generation of healthcare nanodevices[J]. Advanced Healthcare Materials, 2017, 6(3): 1601125.

[499] REN F, CAMPBELL J, RORRER GL, et al. Surface-enhanced Raman spectroscopy sensors from nanobiosilica with self-assembled plasmonic nanoparticles[J]. IEEE Journal of Selected Topics in Quantum Electronics, 2014, 20(3): 127-132.

[500] REYNOLDS M, ARMKNECHT S, JOHNSTON T, et al. Undetectable role of oxidative DNA damage in cell cycle, cytotoxic and clastogenic effects of Cr(Ⅵ) in human lung cells with restored ascorbate levels[J]. Mutagenesis, 2012, 27(4): 437-443.

[501] ROSI N L, THAXTON C S, MIRKIN C A. Control of nanoparticle assembly by using DNA - modified diatom templates[J]. Angewandte Chemie, 2010, 43(41): 5500-5503.

[502] RYAN D, GADD A, KAVANAGH J, et al. A comparison of coagulant dosing options for the remediation of molasses process water[J]. Separation and Purification Technology, 2007, 58(1): 347-352.

[503] SABAH E, TURAN M, ÇELIK M S. Adsorption mechanism of cationic surfactants onto acid- and heat-activated sepiolites[J]. Water Research, 2002, 36(16): 3957-3964.

[504] SAITO K, KUDO A. Controlled synthesis of TT phase niobium pentoxide nanowires showing enhanced photocatalytic properties[J]. Bulletin of the Chemical Society of Japan, 2009, 82(8): 1030-1034.

[505] SANDHAGE K H, DICKERSON M B, HUSEMAN P M, et al. Novel, bioclastic route to self-assembled, 3D, chemically tailored meso/nanostructures: Shape-preserving reactive conversion of biosilica (diatom) microshells[J]. Advanced Materials, 2010, 14(6): 429-433.

[506] SANG Y M. Hervy metal-contaminated groundwater treatment by a novel nanofiber membrane[J]. Desalination, 2008, 223: 349-360.

[507] SANHUEZA V, LOPEZ-ESCOBAR, LOPOLDO, et al. Synthesis of a mesoporous material from two natural sources[J]. Journal of Chemical Technology & Biotechnology, 2006, 81(4): 614-617.

[508] SECKBACH J, KOCIOLEK J P. The diatom world[D]. Springer Netherlands, 2011.

[509] SHARMA V K, SOHN M. Aquatic arsenic: Toxicity, speciation, transformations, and remediation [J]. Environment International, 2009, 35: 743-759.

[510] SHEN X F, DING Y S, LIU J, et al. Control of nanometer-scale tunnel sizes of porous manganese oxide octahedral molecular sieve nanomaterials[J]. Advance Materials, 2005, 17(7): 805-809.

[511] SHENG G D, HU J, WANG X K. Sorption properties of Th(Ⅵ) on the raw diatomite-Effects of contact

time, pH, ionic strength and temperature[J]. Applied Radiation Isotopes, 2008, 66: 1313-1320.

[512] SHENG G D, WANG S W, HU J, et al. Adsorption of Pb(Ⅱ) on diatomite as affected via aqueous solution chemistry and temperature[J]. Colloids and Surfaces A: Physicochemical and Engineering Aspects, 2009, 339: 159-166.

[513] SHEPPARD V C, SCHEFFEL A, POULSEN N, et al. Live diatom silica immobilization of multimeric and redox-active enzymes[J]. Applied and Environmental Microbiology, 2012, 78(1): 211-218.

[514] SIDDHARTH V, PATWARDHAN, RONAK M, et al. Conformation and Assembly of Polypeptide Scaffolds in Templating the Synthesis of Silica: An example of a polylysine macromolecular "Switch" [J]. Biomacromolecules, 2006, 7(2): 491-497.

[515] SIJIVIC M, SMICIKLAS I, PEJANOVICE S, et al. Comparative study of Cu^{2+} adsorption on a zeolite, a clay and a diatomite from Serbia[J]. Applied Clay Science, 2009, 43: 33-40.

[516] SIMS P A, MANN D G, MEDLIN L K. Evolution of the diatoms: insights from fossil, biological and molecular data[J]. Phycologia, 2006, 45(4): 361-402.

[517] SOMERSET V S, PETRIK L F, WHITE R A, et al. Alkaline hydrothermal zeolites synthesized from high SiO_2 and Al_2O_3 co-disposal fly ash filtrates[J]. Fuel, 2005, 84(18): 2324-2329.

[518] SONG R, BAI B, JING D. Hydrothermal synthesis of TiO_2-yeast hybrid microspheres with controllable structures and their application for the photocatalytic reduction of Cr(Ⅵ)[J]. Journal of Chemical Technology & Biotechnology, 2015, 90(5): 930-938.

[519] SONG X C, ZHAO Y, ZHENG Y F. Synthesis of MnO_2 nanostructures with sea urchin shapes by a sodium dodecyl sulfate-assisted hydrothermal process[J]. Crystal Growth & Design, 2007, 7(1): 159-162.

[520] SONG Y, SHAN D, CHEN R, et al. A novel phosphate conversion film on Mg-8. 8Li alloy[J]. Surface & Coatings Technology, 2009, 203(9): 1107-1113.

[521] SPRYNSKYY M, KOVALCHUK I, BUSZEWSKI B. The separation of uranium ions by natural and modified diatomite from aqueous solution[J]. Journal Hazardous Materials, 2010, 181: 700-707.

[522] SRIVASTAVA N K, MAJUMDER C B. Novelbiofiltration methods for the treatment of heavy metals from industrial wastewater[J], Journal of Hazardous Materials, 2008, 151: 1-8.

[523] STEFANO L D, LAMBERTI A, ROTIROTI L, et al. Interfacing the nanostructured biosilica microshells of the marine diatom Coscinodiscus wailesii with biological matter[J]. Acta Biomaterialia, 2008, 4(1): 126-130.

[524] Stephen M, Catherine N, Brenda M, et al. Oxolane-2,5-dione modified electrospun cellulose nanofibers for heavy metals adsorption[J]. Journal of Hazardous Materials, 2011, 192(2): 922-927.

[525] SU J, HUANG H G, JIN X Y, et al. Synthesis, characterization and kinetic of a surfactant-modified bentonite used to remove As(Ⅲ) and As(Ⅴ) from aqueous solution[J]. Journal Hazardous Materials, 2011, 185: 63-70.

[526] SU Q, PAN B C, WAN S L, et al. Use of hydrous manganese dioxide as a potential sorbent for selective removal of lead, cadmium, and zinc ions from water[J]. Journal of Colloid and Interface Science, 2010, 349: 607-612.

[527] SUMPER M, BRUNNER E, Learning from diatoms: Nature's tools for the production of nanostructured silica[J]. 2006, 16(1): 17-26.

[528] SUNGWORAWONGPANA S, PENGPRECHA S. Calcination effect of diatomite to chromate adsorption [J]. Procedia Engineering, 2011, 8: 53-57.

[529] TANG N, TIAN X K, YANG C, et al. Facile synthesis of α-MnO_2 nanorods for high-performance alkaline batteries[J]. Journal of Physics and Chemistry of Solids, 2010, 71: 258-262.

[530] TANSEL B, LUNN G, MONJE O. Struvite formation and decomposition characteristics for ammonia and phosphorus recovery: A review of magnesium-ammonia-phosphate interactions[J]. Chemosphere, 2018, 194 : 504-514.

[531] THAKKAR M, WU Z, WEI L, et al. Water defluoridation using a nanostructured diatom-ZrO_2 composite synthesized from algal Biomass[J]. J Colloid Interface Sci, 2015, 450: 239-245.

[532] TIAN P, HAN X Y, NING G L, et al. Synthesis of porous hierarchical MgO and its superb adsorption properties[J]. ACS Applied Materials & Interfaces, 2013, (23)5: 12411-12418.

[533] TOMMASI E D, REA I, et al. Multi-wavelength study of light transmitted through a single marine centric diatom[J]. Optics Express, 2010, 18(12): 12203-12212.

[534] TOSHEVA L, VAILCHEV V P . Nanozeolites: Synthesis, crystallization mechanism, and applications [J]. Cheminform Mater, 2005(17): 2494-2513.

[535] TOSTER J, IYER K S, XIANG W, et al. Diatom frustules as light traps enhance DSSC efficiency[J]. Nanoscale, 2012, 5(3): 873-876.

[536] TOSTER J, QIN L Z, SMITH N M, et al. In situ coating of diatom frustules with silver nanoparticles [J]. Green Chemistry, 2013, 15(8): 2060-2063.

[537] TOWNLEY H, PARKER A, WHITE-COOPER H. Exploitation of diatom frustules for nanotechnology: Tethering active biomolecules[J]. Advanced Functional Materials, 2008, 18(2): 369-374.

[538] TRONG ON D, NGUYEN S V, KALIAGUINE S. New SO_2 resistant mesoporous La-Co-Zr mixed oxide catalyst for hydrocarbon oxidation[J]. Physical Chemistry Chemical Physics, 2003, 12: 2724-2729.

[539] U. S Department of Health and Human Services Public Health service national toxicology program. Report on carcinogens[M]. Twelfth edition. America, 2011: 106-107.

[540] UENO S, FUJIHARA S. Effect of an Nb_2O_5 nanolayer coating on ZnO electrodes in dye-sensitized solar cells[J]. Electrochimica Acta, 2011, 56(7): 2906-2913.

[541] VAN EYNDE E, LENAERTS B, TYTGAT T, et al. Effect of pretreatment and temperature on the properties of Pinnularia biosilica frustules[J]. RSC Advance. 2014. 4(99): 56200-56206.

[542] VERMA R, DWIVEDI P. Heavy metal water pollution-A case study[J]. Recent research in science and technology, 2013, 5(5): 98-99.

[543] VONA D, LEONE G, RAGNI R, et al. Diatoms biosilica as efficient drug-delivery system[J]. MRS Advances, 2015, 1: 1-6.

[544] VONA D, PRESTI M L, CICCO S R, et al. Light emitting silica nanostructures by surface functionalization of diatom algae shells with a triethoxysilane-functionalized π-conjugated fluorophore[J]. MRS Advances, 2016, 1(57): 3817-3823.

[545] VONA D, URBANO L, BONIFACIO M A, et al. Data from two different culture conditions of Thalassiosira weissflogiidiatom and from cleaning procedures for obtaining monodisperse nanostructured biosilica [J]. Data in Brief, 2016, 8(C): 312-319.

[546] VRIELING E G, SUN Q, TIAN M, et al. Salinity-dependent diatom biosilicification implies an important role of external ionic strength[J]. Proceedings of the National Academy of Sciences, 2007, 104 (25): 10441-10446.

[547] VUKUSIC P, SAMBLES J R. Photonic structures in biology[J]. Nature, 2003, 424(6950): 852-855.

[548] WAKIHARA T, OKUBO T. Hydrothermal synthesis and characterization of zeolites[J]. Chemistry Letters, 2005, 34(3): 276-281.

[549] WANG H, YUAN X Z, WU Y, et al. Adsorption characteristics and behaviors of graphene oxide for Zn(Ⅱ)removal from aqueous solution[J], Applied Surface Science, 2013, 279: 432- 440.

[550] WANG L K, HUNG Y T, SHAMMAS N K. Physicochemical Treatment Processes[M]. USA: Humana Press, 2005: 359-378.

[551] WANG L X, LI J C, JIANG Q, et al. Water-soluble Fe_3O_4 nanoparticles with high solubility for removal of heavy-metal ions from waste water[J]. Dalton Transactions, 2012, 41: 4544-4551.

[552] WANG X, LI Y D. Synthesis and Formation mechanism of manganese dioxide nanowires/nanorods[J]. Chemistry A European Journal, 2003, 9(1): 300-306.

[553] WANG Y D, CHEN T. Nonaqueous and template-free synthesis of Sb doped SnO_2 microspheres and their application to lithium-ion battery anode[J]. Electrochimica Acta, 2009, 54: 3510-3515.

[554] WANG Y D, MU Q Y, WANG G F, et al. Sensing characterization to NH_3 of nanocrystalline Sb-doped SnO_2 synthesized by a nonaqueous sol-gel route[J]. Sensors and Actuators B Chemical, 2010, 145: 847-853.

[555] WANG Y ZHANG D CAI J, et al. Biosilica structures obtained from Nitzschia, Ditylum, Skeletonema, and Coscinodiscusdiatom by a filtration-aided acid cleaning method[J]. Applied Microbiology and Biotechnology, 2012, 95(5): 1165-1178.

[556] WANG Y, ZHANG D, PAN J, et al. Key factors influencing the optical detection of biomolecules by their evaporative assembly on diatom frustules[J]. Journal of Materials Science, 2012, 47(17): 6315-6325.

[557] WANG Y. ZHANG D. CAI J, et al. Biosilica structures obtained from Nitzschia, Ditylum, Skeletonema, and Coscinodiscusdiatom by a filtration-aided acid cleaning method[J]. Applied Microbiology and Biotechnology, 2012, 95(5): 1165-1178.

[558] WEATHERSPOON M R, DICKERSON M B, WANG G, et al. Thin, conformal, and continuous SnO_2 coatings on three-dimensional biosilica templates through hydroxy-group amplification and layer-by-layer alkoxide deposition[J]. Angewandte Chemie International Edition, 2007, 46(30): 5724-5727.

[559] WEI M, QI Z M, ICHIHARA M, et al. Synthesis of single-crystal niobium pentoxide nanobelts[J]. Acta Materialia, 2008, 56(11): 2488-2494.

[560] WENHUI X, JIAN P. Development and characterization of ferrihydrite-modified diatomite as a phosphorus adsorbent[J]. water research, 2008, 42: 4869-4877.

[561] WETHERBEE R. The diatom glasshouse[J]. Science, 2002, 298(5593): 547.

[562] WISE S S, HOLMES A L, WISE S J P, et al. Particulate and soluble hexavalent chromium at cytotoxic and genotoxic to human lung epithelial cell[J]. Mutation Research-Genetic Toxicology and Environmental Mutagenesis, 2006, 610: 2-7.

[563] WU C D, XUA X J, LIANG J L, et al. Enhanced coagulation for treating slightly polluted algae-containing surface water combining polyaluminum chloride(PAC) with diatomite[J]. Desalination, 2011, 1-3(279): 140-145.

[564] WU J L, YANG Y S, LIN J H. Advanced tertiary treatment of municipal wastewater using raw and modified diatomite[J]. Journal of Hazardous Materials B, 2005, 127: 196-203.

[565] WU J, WANG J, DU Y, et al. Chemically controlled growth of porous CeO_2, nanotubes for Cr(Ⅵ) photoreduction[J]. Applied Catalysis B Environmental, 2015, 174-175: 435-444.

[566] WU J, WANG J, LI H, et al. New fluorine-doped $H_2(H_2O)Nb_2O_6$ photocatalyst for the degradation of organic dyes[J]. Crystengcomm, 2014, 16(41): 9675-9684.

[567] WU J, WANG J, LI H, et al. Surface activation of $MnNb_2O_6$, nanosheets by oxalic acid for enhanced photocatalysis[J]. Applied Surface Science, 2017, 403: 314-325.

[568] XIA P, WANG X, WANG X, et al. Struvite crystallization combined adsorption of phosphate and am-

monium from aqueous solutions by mesoporous MgO-loaded diatomite[J]. Colloids & Surfaces A Physicochemical & Engineering Aspects, 2016, 506: 220-227.

[569] XIONG W H, PENG J, HU Y F. Use of X-ray absorption near edge structure (XANES) to identify physisorption and chemisorption of phosphate onto ferrihydrite-modified diatomite[J]. Journal of Colloid and Interface Science, 2012, 368: 528-532.

[570] XIONG W H, PENG J. Development and characterization of ferrihydrite-modified diatomite as a phosphorus adsorbent[J]. Water Research, 2008, 42: 4869-4877.

[571] XU K, LIN F, DOU X, et al. Recovery of ammonium and phosphate from urine as value-added fertilizer using wood waste biochar loaded with magnesium oxides[J]. Journal of Cleaner Production, 2018, 187: 205-214.

[572] XU M W, ZHAO M S, WANG F, et al. Facile synthesis and electrochemical properties of porous SnO_2 micro-tubes as anode material for lithium-ion battery[J]. Materials Letters, 2010, 64: 921-923.

[573] XU M, WANG H J, LEI D, et al. Removal of Pb(Ⅱ) from aqueous solution by hydrous manganese dioxide: Adsorption behavior and mechanism[J]. Journal of Environmental Sciences , 2013, 25(3): 479-486.

[574] XU X, GAO B Y, TAN X, et al. Characteristics of amine-crosslinked wheat straw and its adsorption mechanisms for phosphate and chromium(Ⅵ) removal from aqueous solution[J]. Carbohydrate Polymers, 2011, 84: 1054-1060.

[575] YAN C, XUE D. Formation of Nb_2O_5, nanotube arrays through phase transformation[J]. 2008, 20(5): 1055-1058.

[576] YANG C, SCHMIDT W, KLEITZ F. Pore topology control of three-dimensional large pore cubic silica mesophases[J]. Journal of Materials Chemistry, 2005, 15: 5112-5114.

[577] YANG F, ZHANG X J, WU X, et al. Preparation of highly dispersed antinomy-doped tin oxide nanopowders by azeotropic drying with isoamyl acetate[J]. Transactions of Nonferrous Metals Society of China, 2007, 17: 626-632.

[578] YANG X L, WANG X Y, FENG Y Q, et al. Removal of multifold heavy metal contaminations in drinking water by porous magnetic Fe_2O_3@AlO(OH) super structure[J]. Journal of Materials Chemistry A, 2013, 1: 473-477.

[579] YANG Z, WANG B, ZHANG J, et al. Factors influencing the photocatalytic activity of rutile TiO_2 nanorods with different aspect ratios for dye degradation and Cr(Ⅵ) photoreduction[J]. Physical Chemistry Chemical Physics, 2015, 17(28): 18670-18676.

[580] YAO H, GUO L, JIANG B H, et al. Oxidative stress and chromium(Ⅵ) carcinogenesis[J]. Journal of Environmental Pathology Toxicology & Oncology Official Organ of the International Society for Environmental Toxicology & Cancer, 2008, 27(2): 77-88.

[581] YIN H, YUN Y, ZHANG Y, et al. Phosphate removal from wastewaters by a naturally occurring, calcium-rich sepiolite[J]. Journal of Hazardous Materials, 2011, 198(2): 362-369.

[582] YU Y, ADDAI-MENSAH J, LOSIC D. Functionalized diatom silica microparticles for removal of mercury ions[J]. Science and Technology of Advanced Materials, 2012, 13(1): 015008.

[583] YU Y, ADDAI-MENSAH J, LOSIC D. Synthesis of self-supporting gold microstructures with three-dimensional morphologies by direct replication of diatom templates[J]. Langmuir the Acs Journal of Surfaces & Colloids, 2010, 26(17): 14068.

[584] YUAN A B, WANG X L, WANG Y Q, et al. Comparison of nano-MnO_2 derived from different manganese sources and influence of active material weight ratio on performance of nano-MnO_2/activated carbon

supercapacitor[J]. Energy Conversion and Management, 2010, 51: 2588-2594.

[585] YUAN P, LIU D, FAN M. D, et al. Removal of hexavalent chromium[Cr(Ⅵ)] from aqueous solutions by the diatomite-supported/unsupported magnetite nanoparticles[J]. Journal of Hazardous Materials, 2010, 173: 614-621.

[586] YUAN P, WU D Q, HE H P, et al. The hydroxyl species and acid sites on diatomite surface: a combined IR and Raman study[J]. Applied Surface Science, 2004, 227(1-4): 30-39.

[587] ZENG L, LI X. Nutrient removal from anaerobically digested cattle manure by struvite[J]. Journal of Environmental Engineering & Science, 2006, 5(4): 285-294.

[588] ZHAN S L, LIN J X, FANG M H. Adsorption of anionic dye by magnesium hydroxide-modified diatomite[J]. Rare Metal Materials and Engineering, 2008, 37(3): 644-647.

[589] ZHANG D WANG Y PAN J, et al. Separation of diatom valves and girdle bands from Coscinodiscusdiatomite by settling method[J]. Journal of Materials Science, 2010, 45(21): 5736-5741.

[590] ZHANG G, XUE H, XIAOJIAN T, et al. Adsorption of anionic dyes onto chitosan-modified diatomite [J]. Chemical Research Chinses Universities, 2011, 27(6): 1035-1040.

[591] ZHANG H J, HANG J, PING Q W, et al. Kinetics and equilibrium studies from the methylene blue adsorption on diatomite treated with sodium hydroxide[J]. Applied Clay Science, 2013, 83-84: 12-16.

[592] ZHANG H, WANG Y, YANG D, et al. Directly hydrothermal growth of single crystal $Nb_3O_7(OH)$ nanorod film for high performance dye-sensitized solar Cells[J]. Advance Materials, 2012, 24 : 1598-1603.

[593] ZHANG J R, GAO L. Synthesis and characterization of antimony-doped tin oxide(ATO) nanoparticles by a new hydrothermal method[J]. Materials Chemistry and Physics, 2004, 87: 10-13.

[594] ZHANG L C, LIU Z H, LV H, TANG V, OOI K. Shape-controllable synihesis and eleetroehemieal properties of various nano-structured manganese oxides[J]. The Journal of Physieal Chemistry C, 2007, 111: 8418-8423.

[595] ZHANG Y X, JIA Y, JIN Z, et al. Self-assembled, monodispersed, flower-like γ-AlOOH hierarchical superstructures for efficient and fast removal of heavy metal ions from water[J]. CrystEngComm, 2012, 14: 3005-3007.

[596] ZHANG Y X, SUN X W, CHAPTER 8: Diatom silica as an emerging biomaterial for energy conversion and storage[J]. Rsc Nanoscience & Nanotechnology, 2017: 175-200.

[597] ZHAO L, SONG Y, PU J, et al. Effects of repeated Cr(Ⅵ) intratracheal instillation on club(Clara) cells and activation of nuclear factor-kappa B pathway via oxidative stress[J]. Toxicology Letters, 2014, 231(1): 72.

[598] ZHAO Y, ELEY C, HU J, et al. Shape-dependent acidity and photocatalytic activity of Nb_2O_5 nanocrystals with an active TT(001) surface. [J]. Angew Chem Int Ed Engl, 2012, 51(124): 3846-3849.

[599] ZHAO Y, ZHOU X, YE L, et al. Nanostructured Nb_2O_5 catalysts[J]. Nano Reviews, 2012, 3(1).

[600] ZHEN J, ZHANG Y X, MENG F L, et al. Facile synthesis of porous single crystalline ZnO nanoplates and their application in photocatalytic reduction of Cr(Ⅵ) in the presence of phenol[J]. Journal of Hazardous Materials, 2014, 276(9): 400-407.

[601] ZHEN L, FORD N, DEBRA K, et al. Photoluminescence detection of 2,4,6-trinitrotoluene(TNT) binding on diatom frustule biosilica functionalized with an anti-TNT monoclonal antibody fragment[J]. Biosensors and Bioelectronics, 2016, 79: 742-748.

[602] ZHONGL S, HU J S, LIANG H P, et al. Self-assembled 3D flowerlike iron oxide nanostructures and

their application in water treatment[J]. Advance Material. 2006, 18: 2426-2431.

[603] ZHOU H, FAN T X, LI X F, et al. Bio-inspired bottom-up assembly of diatom-templated ordered porous metal chalcogenide meso/nanostructures[J]. 2009, 2009(2): 211-215.

[604] ZHOU Y, QIU Z, LU M, et al. Preparation and characterization of porous Nb_2O_5, nanoparticles[J]. Materials Research Bulletin, 2008, 43(6): 1363-1368.

[605] ZHU T, CHEN J S, DAVID. Glucose-assisted one-pot synthesis of FeOOH nanorods and their transformation to Fe_3O_4@ carbon nanorods for application in lithium ion batteries[J]. The Journal of Physical Chemistry C, 2011, 115(19): 9814-9820.

[606] ZOLLFRANK C, SCHEEL H, GREIL P. Regioselectively ordered silica nanotubes by molecular templating[J]. Advanced Materials, 2007, 19(7): 984-987.

[607] ZONG Y, GAO YL, JIA D Z, et al. The enhanced gas sensing behavior of porous nanocrystalline SnO_2 prepared by solid-state chemical reaction[J]. Sensors and Actuators B: Chemical, 2010, 145: 84-88.

作者简介

杜玉成　工学博士；北京工业大学研究员/教授。现任中国非金属矿工业协会硅藻土专业委员会秘书长、专家组长；中国装饰装修材料协会硅藻泥专业委员会专家组副主任。

研究方向：天然多孔矿物的环境净化材料、环境修复材料及合成微、介孔材料制备与工程应用。

承担国家、省部级项目 12 项，与企业合作 12 项；发表 SCI 论文 80 余篇，获发明专利 70 余项。成果规模化应用于 200 多项环保工程。获得省部级一等奖两项、二等奖一项。

基于硅藻土环境净化方面的工作，多次接受中央及地方电视媒体以及平面媒体采访。